D1748983

IRIS RÖTZEL-SCHWUNK
ADOLF RÖTZEL

PRAXISWISSEN
UMWELTTECHNIK – UMWELTMANAGEMENT

TECHNISCHE VERFAHREN UND BETRIEBLICHE PRAXIS

Aus dem Programm
Umwelttechnik

Handbuch Abfallwirtschaft und Recycling
von K. O. Tiltmann

Chemie und Umwelt
von A. Heintz und G. Reinhardt

Chefsache Qualitätsmanagement – Umweltmanagement
von J. Jäger und V. Seitschek

Abfallentsorgung im Ausland
Die EG-Abfallverbringungsverordnung
von K. O. Tiltmann, H. Schlizio und M. Flöth

Praxiswissen
Umwelttechnik – Umweltmanagement
von I. Rötzel-Schwunk und A. Rötzel

Energie- und Umweltpolitik
von Internationale Energie Agentur (Hrsg.)

Bergehalden des Steinkohlenbergbaus
von H. Wiggering und M. Kerth (Hrsg.)

Mikrobieller Schadstoffabbau
von C. Knorr und T. v. Schell

Umwelt-Bioverfahrenstechnik
von P. Kunz

Ökologikum
von V. Best

Weltsimulation & Umweltwissen
CD-Rom mit Benutzerhandbuch
von H. P. Nowak und H. Bossel

Vieweg

IRIS RÖTZEL-SCHWUNK
ADOLF RÖTZEL

PRAXISWISSEN UMWELTTECHNIK UMWELTMANAGEMENT

TECHNISCHE VERFAHREN UND BETRIEBLICHE PRAXIS

Mit 260 Abbildungen
und 60 Tabellen

vieweg

Alle Rechte vorbehalten
© Friedr. Vieweg & Sohn Verlagsgesellschaft mbH, Braunschweig/Wiesbaden, 1998

Der Verlag Vieweg ist ein Unternehmen der Bertelsmann Fachinformation GmbH.

Das Werk einschließlich aller seiner Teile ist urheberrechtlich geschützt. Jede Verwertung außerhalb der engen Grenzen des Urheberrechtsgesetzes ist ohne Zustimmung des Verlages unzulässig und strafbar. Das gilt insbesondere für Vervielfältigungen, Übersetzungen, Mikroverfilmungen und die Einspeicherung und Verarbeitung in elektronischen Systemen.

http://www.vieweg.de

Technische Redaktion: Wolfgang Nieger, Wiesbaden
Satz und Bilder: Graphik & Text Studio Dr. Wolfgang Zettlmeier, Laaber-Waldetzenberg
Druck und buchbinderische Verarbeitung: Lengericher Handelsdruckerei, Lengerich
Gedruckt auf säurefreiem Papier
Printed in Germany

ISBN 3-528-03854-3

Vorwort

Der Umweltschutz ist heute ein gesellschaftliches Ziel von zentraler Bedeutung und bestimmt das Handeln aller in immer stärkerem Maße. Er basiert auf die Gesamtheit der Maßnahmen, die dazu dienen, natürliche Lebensgrundlagen von Pflanzen, Tier und Menschen zu erhalten bzw. ein gestörtes ökologisches Gleichgewicht wieder auszugleichen. Umweltschutz ist im engeren Sinne der Schutz vor negativen Auswirkungen, die von der ökonomischen Tätigkeit des Menschen, z.B. seinen technischen Einrichtungen und Dienstleistungen, ausgehen.

Umweltschutz entwickelt sich in den Unternehmen zu einer strategischen Aufgabe. Von der anfänglich nachsorgenden Vorgehensweise wird zur Vorsorge übergegangen. Dies bedeutet die Integration von Maßnahmen und Techniken zur Vermeidung oder Verminderung der Entstehung von umweltgefährdenden Stoffen, Produkten und Prozessen. Der Mensch hat also begonnen, die Folgen seines Tuns in größeren Zusammenhängen zu erkennen und Schritte zu einer Umkehr einzuleiten. Es gilt dabei, sich verstärkt den ökonomischen und arbeitsmarktpolitischen Auswirkungen von Umweltschutzmaßnahmen zu widmen, da jedes unternehmerische Handeln, Auswirkungen auf die Umwelt hat. Dabei ist die umweltorientierte Unternehmensführung bzw. die Integration des Umweltschutzes in unternehmerisches Handeln nicht nur bei Großunternehmen, sondern auch bei klein und mittleren Unternehmen von großer Wichtigkeit. Ziel des Buches ist es, Firmeninhabern, Lieferanten, Umweltschutzbeauftragte, Sicherheitsfachkräfte, Mitarbeiter wie Ingenieure, Techniker und Meister in Form eines Nachschlagewerkes wertvolle Anregungen geben zu können. Darüber hinaus dem Studierenden an Fach- und Hochschulen als Lehrbuch dienen.

Die in diesem Buch bereitgestellten Informationen, sollen ein Verständnis der wechselseitigen Abhängigkeiten zwischen den naturwissenschaftlich-technischen und den gesellschaftlich-ökonomischen Rahmenbedingungen ermöglichen.

Allen, die am Zustandekommen des Buches beteiligt waren, sei auf diesem Wege gedankt. Besonderen Dank gebührt meiner Frau Ilse Rötzel für ihre mühsame und umfangreiche Arbeit bei der Gestaltung der Texte am PC.

Aach/Hegau, Mai 1998 *Iris Rötzel-Schwunk*
Adolf Rötzel

Inhaltsverzeichnis

1 **Umgang mit festen Abfallstoffen** 1
  1.1 Umwelt, Umweltschutz 1
  1.2 Abfälle, Abfallarten, Abfallgesetz, Abfallwirtschalt und
      Abfallerfassung (Einsammeln) 3
      1.2.1 Abfälle 3
      1.2.2 Abfallarten ....
      1.2.3 Abfallrecht, Abfallgesetz (AbfG) und Kreislaufwirtschaftgesetz 5
            1.2.3.1 Abfallrecht 5
            1.2.3.2 Abfallgesetz 5
            1.2.3.3 Kreislaufwirtschaftsgesetz 6
      1.2.4 Abfallwirtschaft 6
      1.2.5 Abfallmenge 6
      1.2.6 Abfallerfassung (Einsammeln) 8
            1.2.6.1 Sammelsysteme 8
            1.2.6.2 Getrennte Sammlung 8
  1.3 Thermische Behandlung von Abfällen 10
      1.3.1 Abfallverbrennung 10
            1.3.1.1 Verbrennung von Hausmüll 11
            1.3.1.2 Verbrennung von Klärschlamm 21
            1.3.1.3 Verbrennung von Brennstoffen in Wärmekraftwerken
                      (im fossil befeuerten Kraftwerk) 24
      1.3.2 Pyrolyse 39
      1.3.3 Vergasung 46
  1.4 Behandlung von Sonderabfällen 50
      1.4.1 Begriff Sonderabfall (siehe auch Kapitel 1.2.2) 50
      1.4.2 Sonderabfallbehandlung 51
            1.4.2.1 Einführung 51
            1.4.2.2 Sonderabfallverbrennung 52
            1.4.2.3 Chemisch-physikalische Behandlung der Sonderabfälle 55
  1.5 Die Deponie 58
      1.5.1 Multibarrierenkonzept 58
      1.5.2 Deponiebetrieb 63
      1.5.3 Deponiegas- und der Umgang mit dem Gas 63
            1.5.3.1 Deponiegas 63
            1.5.3.2 Deponieentgasung 64
            1.5.3.3 Deponiegasbehandlung 64
            1.5.3.4 Deponiegasfackeln 65
            1.5.3.5 Deponiegasnutzung 65
      1.5.4 Sonderabfalldeponie 66
            1.5.4.1 Die Untertagedeponie (Spezialdeponien in Steinsalz-
                      formationen stillgelegter Salzbergwerke 67
  1.6 Kompostierung 69
      1.6.1 Allgemeines 69
      1.6.2 Kompostierung und die verschiedenen Phasen der Kompostierung 73

	1.6.2.1	Kompostierung	73
	1.6.2.2	Die verschiedenen Phasen der Kompostierung	74
	1.6.2.3	Kompostierung in Mieten	76
	1.6.2.4	Kompostierung im Kompostturm	76
	1.6.2.5	Kompostierung in Rottezellen	77
	1.6.2.6	Kompostwerk Heidelberg	78

1.7 Recycling 79
    1.7.1 Algemeines 79
    1.7.2 Gewinnbare Stoffe und Verwertung 81
        1.7.2.1 Altpapierverwertung 81
        1.7.2.2 Verwertung von Verpackungsmaterial 82
        1.7.2.3 Glasherstellung aus Reststoffen 83
        1.7.2.4 Verwertung von magnetischen und nicht magnetischen Metallen 86
        1.7.2.5 Kunststoffverwertung 88
    1.7.3 Lackschlammaufbereitung in der Automobilindustrie 91
        1.7.3.1 Allgemeines 91
        1.7.3.2 Lackschlammverwertung (Fallbeispiel von der Firma Envilack, GmbH Duisburg 91
        1.7.3.3 Lacke im Kreislauf (Fallbeispiel über die Achsenlackierung bei Mercedes-Benz in Untertürkheim) 94

1.8 Altlasten sanieren 95
    1.8.1 Einführung 95
    1.8.2 Erkundung und Beurteilung altlastenverdächtiger Flächen 98
    1.8.3 Bodenaustausch als Sicherungsverfahren 101
    1.8.4 In-situ-Verfahren 101
        1.8.4.1 Mikrobiologische In-situ-Samierung (Fallbeispiel von Degussa Frankfurt) 102
        1.8.4.2 Bodenluftabsaugung 104
        1.8.4.3 Hydraulische Verfahren 104
        1.8.4.4 Chemische Behandlung 104
    1.8.5 Ex-situ-Verfahren 105
        1.8.5.1 Einführung 105
        1.8.5.2 Extraktions- oder Waschverfahren 105
        1.8.5.3 Thermische Behandlungsverfahren 107
        1.8.5.4 Mikrobiologische Bodenreinigung 108
        1.8.5.5 On-site-Verfahren 109
    1.8.6 Rechtsvorschriften Belange 109

2 Umgang mit Abwasser 112
2.1 Einführung 112
    2.1.1 Wasserkreislauf 114
    2.1.2 Grund- und Oberflächenwasser 114
        2.1.2.1 Grundwasser 114
        2.1.2.2 Oberflächenwasser 115
2.2 Abwasser, Abwasserbehandlung und Abwasserreinigung 115
    2.2.1 Abwasser 115
        2.2.1.1 Schwermetalle im kommunalen Abwasser 117
    2.2.2 Abwasserbehandlung 118
        2.2.2.1 Maßnahmen bei der Abwasserbehandlung bei Gewerbe- und Industriebetrieben 118

2.2.3 Abwasserreinigung.. 120
    2.2.3.1 Aufbau einer komunalen Kläranlage (Anlage zur Wasserreinigung) 120
    2.2.3.2 Weitergehende Abwasserreinigung 122
2.3 Abwasserrecht.. 125
  2.3.1 Rechtliche Grundlagen zum Abwasserrecht................................ 125
    2.3.1.1 Einleitende Bestimmungen 125
    2.3.1.2 Wasserhaushaltsgesetz (WHG).................................. 128
    2.3.1.3 Abwasserabgabengesetz (AbwAG) 130
    2.3.1.4 Wasch- und Reinigungsmittelgesetz (WRMG) 132
    2.3.1.5 EU-Regelungen und EU-Umweltzeichen Waschmittel............ 134
2.4 Abwasserarme/abwasserfreie Produktionsverfahren 135
  2.4.1 Maßnahmen zur Verminderung der Wassermengen 135
    2.4.1.1 Mehrfachnutzung des Wassers................................... 136
    2.4.1.2 Kaskadennutzung (Teil der Kreislaufführung) 136
    2.4.1.3 Kreislaufnutzung (Kreislaufführung)......................... 137
2.5 Anlagen und Verfahren zur Abwasserreinigung 141
  2.5.1 Mechanische Verfahren 142
    2.5.1.1 Rechenanlagen (Entfernung von Grobstoffen durch Rechenanlagen)............................ 143
    2.5.1.2 Siebanlagen 145
    2.5.1.3 Filtration... 147
    2.5.1.4 Membran-Trennverfahren 151
  2.5.2 Physikalische Verfahren.. 162
    2.5.2.1 Adsorption.. 162
    2.5.2.2 Sedimenttation.. 164
    2.5.2.3 Flotation.. 168
  2.5.3 Biologische Verfahren 172
    2.5.3.1 Einleitung 172
    2.5.3.2 Aerobe Verfahren... 174
    2.5.3.3 Anaerobe Abwasserbehandlung................................. 179
    2.5.3.4 Bio-Hochreaktor 181
  2.5.4 Chemische Verfahren.. 183
    2.5.4.1 Einführung.. 183
    2.5.4.2 Neutalisation... 183
    2.5.4.3 Fällung/Fällungsbehandlung des Abwassers und Flockung...... 187
    2.5.4.4 UV-Oxidationsverfahren (Naßoxidationen) 190
  2.5.5 Chemisch-physikalische Verfahren 191
    2.5.5.1 Einführung.. 191
    2.5.5.2 Ionenaustauscher 192
    2.5.5.3 Elektolyse 193
    2.5.5.4 Elektrodialyse... 193
    2.5.5.5 Thermische Aufkonzentrierung 196
2.6 Schlammbehandlung.. 200
  2.6.1 Einleitung 200
  2.6.2 Ziele und Kriterien einer erfolgreichen Schlammbehandlung 200
  2.6.3 Die Schlammfaulung... 201
  2.6.4 Techniken der Schlammfaulung 202

3 Reinhaltung der Luft 210
3.1 Einführung 210
3.1.1 Das natürliche CO_2-O_2-Gleichgewicht 210
3.1.2 Vier große Probleme 210
3.1.3 Zusammensetzung und Aufbau der Atmosphäre, sowie wirksame Spurengase 216
3.2 Emissionsquellen, Wirkungen der Luftverschmutzungen und Gesundheitsgefährdung 219
3.2.1 Allgemeines 219
3.2.2 Beschreibung der häufigsten Schadstoffe 221
   3.2.2.1 Gase 221
   3.2.2.2 Stäube 224
   3.2.2.3 Fasermaterial (Asbest) 225
3.2.3 Pfade für die Aufnahme von Luftverunreinigungen beim Menschen 225
2.3.4 Schädigung von Materialien durch Verunreinigungen der Luft 228
3.3 Messungen von Emissionen und Immissionen zur Luftreinhaltung 228
3.3.1 Einführung in die Aufgaben und Probleme 228
3.3.2 Durchführung der Messungen von Luftschadstoffen 229
   3.3.2.1 Luftqualität in Nordrhein-Westfalen (Fallbeispiel über die Tätigkeit der Landesanstalt für Immissionsschutz Nordrhein-Westfalen- LIS genannt) 231
3.4 Reinigung von Abluft- oder Abgase 233
3.4.1 Einführung 233
3.4.2 Verfahren zur Abluft- oder Abgasreinigung 234
   3.4.2.1 Einleitung 234
   3.4.2.2 Staubabscheidung 234
3.5 Abscheidung von gasförmigen Luftschadstoffen 247
3.5.1 Einführung in die Thematik bezüglich Abscheidung gasförmiger Schadstoffe 247
3.5.2 Absorptionsverfahren für die Gasreinigung 250
3.5.3 Adsorptionsverfahren für die Abluftreinigung 252
3.5.4 Abluftreinigungsverfahren durch thermische Nachverbrennung 256
   3.5.4.1 Praxis der Abluftreinigung 258
3.5.5 Abluftreinigung durch katalytische Nachverbrennung 259
3.5.6 Rauchgasentschwefelung (siehe auch Kapitel 1.3.1.3) 261
   3.5.6.1 Allgemeines 262
   3.5.6.2 Nasse Entschwefelungsverfahren 262
   3.5.6.3 Trockenes Entschwefelungsverfahren 263
3.5.7 Rauchgasentstickung (siehe hierzu Kapitel 1.3.1.3) 265
3.6 Bundes-Immissionsschutzgesetz (Blm SchG) 266
3.6.1 Zweck des Bundes-Immissionsschutzgestzes 267
3.6.2 Begriffsbestimmungen 267
3.6.3 Errichtung und Betrieb von Anlagen 267
3.6.4 Pflichten der Betreiber genehmigungsbedürftiger Anlagen 267
3.6.5 Genehmigungsvoraussetzungen 267
3.6.6 Rechtsanspruch auf eine immissionsschutzrechtliche Genehmigung 267
3.6.7 Gesetzliche Pflichten der Betreiber nicht genehmigungsbedürftiger Anlagen 268
3.6.8 Vorsorgebestandteil des Blm SchG für Betreiber genehmigungsbedürftiger Anlagen 268

		3.6.9 Rechtliche Konsequenzen des Vorsorgeprinzips 268
		3.6.10 Verwaltungsdokumente nach BIm SchG 268
		3.6.11 Vorbescheid 268
		3.6.12 Genehmigungsverfahren 268
		3.6.13 Wesentliche Änderungen genehmigungsbedürftiger Anlagen 268
		3.6.14 Vorzeitiger Beginn bei wesentlicher Änderung 269
		3.6.15 Mitteilungs- und Anzeigepflicht 269
		3.6.16 Vereinfachtes Verfahren 269
		3.6.17 Konzentrationsprinzip einer immissionsschutzrechtlichen
			Genehmigung 269
	3.7 Bundes-Immissionsschutzverordnungen BIm SchV) 269
		3.7.1 Gliederung der Gesetze 269
	3.8 Verwaltungsvorschrift TA Luft 270
		3.8.1 Allgemeines 270
		3.8.2 Vorschriften zur Reinhaltung der Luft 271
		3.8.3 Anlagenbezogene Festlegung der TA Luft nach den Vorsorgeprinzip 272
	3.9 Technik der Luftreinhaltung 273

4 Lärm und Lärmschutzmaßnahmen 276
	4.1 Lärm 276
		4.1.1 Allgemeines 276
		4.1.2 Auswirkungen von Lärm 276
		4.1.3 Schall und Geräusche 277
	4.2 Lärmmessung 284
		4.2.1 Schallmeßinstrumente 284
	4.3 Lärmschutz 287
		4.3.1 Allgemeine Beschreibung des Lärmschutzes 287
			4.3.1.1 Lärmbereiche 288
		4.3.2 Lärmschutz durch Lärmbekämpfung 289
		4.3.3 Gesetzliche Bestimmung zum Lärmschutz 292
	4.4 Lärmminderung 296
		4.4.1 Lärmminderungspläne und Maßnahmen zur Lärmminderung 296
		4.4.2 Anwendung für die Planung von lärmarmen Arbeitsstätten 297
		4.4.3 Organisatorische Handhabung der Geräuschangabe
			durch den Einkauf 297
		4.4.4 Lärmarm konstruieren 299
			4.4.4.1 Konstruktive Maßmahmen zur Reduzierung
				der Geräuschemission 299
		4.4.5 Schallschluckende Maßnahmen - Schalldämpfung 303
		4.4.6 Schalldämmung 305
		4.4.7 Veringerung der Schallemissionen bei einem Zerspannungsprozeß 309

5 Umweltschutzmanagementsystem 312
	5.1 Einleitung 312
		5.1.1 Bedeutung und Chancen eines modernen Umweltmanagements 313
	5.2 Die Umweltpolitik 316
		5.2.1 Festlegung der Umweltpolitik 316
		5.2.2 Umweltpolitische Prinzipien 318
			5.2.2.1 Vorsorgeprinzip 318
			5.2.2.2 Verursacherprinzip 318
			5.2.2.3 Kooperationsprizip 318

5.2.3 Die Umweltpolitik bei Bizerba
(Fallbeispiel von Bizerba GmbH & Co, Werk Balingen) 318
5.3 Die Organisation 319
  5.3.1 Organisatorische Regelungen : Beispiel 319
    5.3.1.1 Verantwortungszuordnung 321
5.4 Schulung 324
5.5 Umweltmanagementhandbuch 325
  5.5.1 Einleitung 325
  5.5.2 Gliederung eines Umweltmanagementhandbuches
        nach DIN/ISO 9001 325
    5.5.2.1 Kurze Beschreinung zur Gliederung des
            Umweltmanagementhandbuches 328
5.6 EU-Öko-Audit-Verordnung über die freiwillige Beteiligung
    gewerblicher Unternehmen an einem Gemeinschaftssystem 333
  5.6.1 Allgemeines 333
  5.6.2 Bausteine des Umweltmanagements 336
  5.6.3 Von der Umweltbetriebsprüfung zur Zertifizierung 342
5.7 Ökobilanzen und Öko-Controlling 345
  5.7.1 Ökobilanzen 345
    5.7.1.1 Ökoaudit und Ökobilanzen 345
    5.7.1.2 Ökobilanzierung 345
    5.7.1.3 Der Kontenrahmen 348
    5.7.1.4 Die Arbeitsschritte zur Erstellung der ersten Betriebsbilanz 350
    5.7.1.5 Ökologische Schwachstellenanalyse (Bewertungsverfahren) 352
  5.7.2 Öko-Controlling 353
    5.7.2.1 Allgemeines 353
    5.7.2.2 Aufgabe des Öko-Controllings 353
    5.7.2.3 Ablauf eines Öko-Controlling-Verfahrens 353
    5.7.2.4 Produktbilanz und Produktbaumanalyse 356
  5.7.3 Fallbeispiele 356
    5.7.3.1 Ökobericht (Kurzfassung) (Fallbeispiel von
            Firma Kunert,AG,Immenstadt) 356
    5.7.3.2 Öko-Bilanz und Öko-Controlling (Fallbeispiel von
            Neumark Lammbräu) 366
5.8 Normung zum Thema Umweltmanagement 377
  5.8.1 Normenbezug zum Qualitätsmanagement (nach Darstellung von
        DGQ, Frankfurt/Main) 377
  5.8.2 Qualitätsmanagement und Umweltmanagement 379
    5.8.2.1 Allgemeines 379
    5.8.2.2 Implementierung von Qualitätsmanagementsystemen
            mit integrierten Umweltschutz (Fallbeispiel von DGQ,
            Frankfurt/Main) 380
    5.8.2.3 Anwendung des Qualitätsmanagements auf den
            Umweltschutz 385
    5.8.2.4 Eine fast vollständige Analogie zwischen beiden Systemen 386
    5.8.2.5 Normen zum Umweltschutz:
            Analogien der Managementsysteme 388

Beantwortung der Wiederholungsfragen 395
Literaturverzeichnis 413
Sachwortverzeichnis 417

1 Umgang mit festen Abfallstoffen

1.1 Umwelt, Umweltschutz

Umwelt

Die Entdeckung der Umwelt als Lebensbasis erfolgte parallel mit der schockierenden Erkenntnis, daß unsere Erde ein sog. Raumschiff ist, welches sich selbst versorgen muß. Eine solche Überlegung mußte sich schon aufdrängen, als die Menschen ihre Raumschiffe in den Weltraum schickten. Diese konnten zu ihrer Heimatbasis zurückkehren. Die Erde aber hat keine Heimatbasis, d.h. sie wird immer von dem leben müssen, was sie an Bord hat. Sich mit der Umwelt beschäftigen, heißt also heute: Eine Bestandsaufnahme des Inventars der Erde und der dem Menschen verbleibenden Möglichkeiten vornehmen.

Unsere Erde ist, sieht man von Energiequellen durch Strahlung der Sonne ab – die der Erde zugeführt wird – ein geschlossenes Ökosystem.

In ihm wirken verschiedene, seinen Zustand beeinflussende Parameter komplex zusammen. Es ist geprägt von menschlichem Tun, von der Tier- und Pflanzenwelt, von Landmassen, von Ozeanen und anderen Gewässern und auch vom Klima. Eine Art des Zusammenwirkens wird durch einen vereinfachten Stoffkreislauf (Bild 1.1) verdeutlicht.

Das Ökosystem ist eine räumlich abgegrenzte Lebensgemeinschaft aus Tieren und Pflanzen und deren Lebensraum, die alle voneinander funktionell abhängig sind.

Die belebten und unbelebten Komponenten eines Ökosystems sind durch allseitige Wechselbeziehungen miteinander verknüpft.

Ein sog. Umweltverderbnis erstreckt sich in der Hauptsache auf folgende Bereiche:
- Luftverunreinigung,
- Wasserverschmutzung,
- Lärmerzeugung,
- Abfallanhäufung,
- Verbrauch oder Zerstörung von Natur und Landschaft,
- chemische Vergiftung des Bodens und damit eine Beeinträchtigung der biologischen Kreisläufe.

Da nicht nur die chemischen Stoffe synergetisch (zusammenwirkend) wirken, sondern auch andere Faktoren verstärkend hinzukommen, ergab sich die Notwendigkeit, das ganze Gefüge der organischen Welt mit einzubeziehen. Es entstand eine neue Wissenschaft, die *Ökologie* als die Lehre vom Haushalt der Natur oder besser gesagt von den Wechselbeziehungen zwischen den Lebewesen untereinander und mit ihrer Umwelt.

Die erste politische Reaktion auf Umweltprobleme bestand in der Einführung von Gesetzen und Vorschriften. Da hier meist die Folgen moderner Technik mit technischen Mitteln bekämpft werden sollten, bürgerte sich der Begriff *technischer Umweltschutz* ein. Es stellte sich aber schnell heraus, daß es vernünftiger ist, Schäden gar nicht erst entstehen zu lassen, statt sie nachher zu beseitigen. Oft ist die nachträgliche Beseitigung meist undurchführbar.

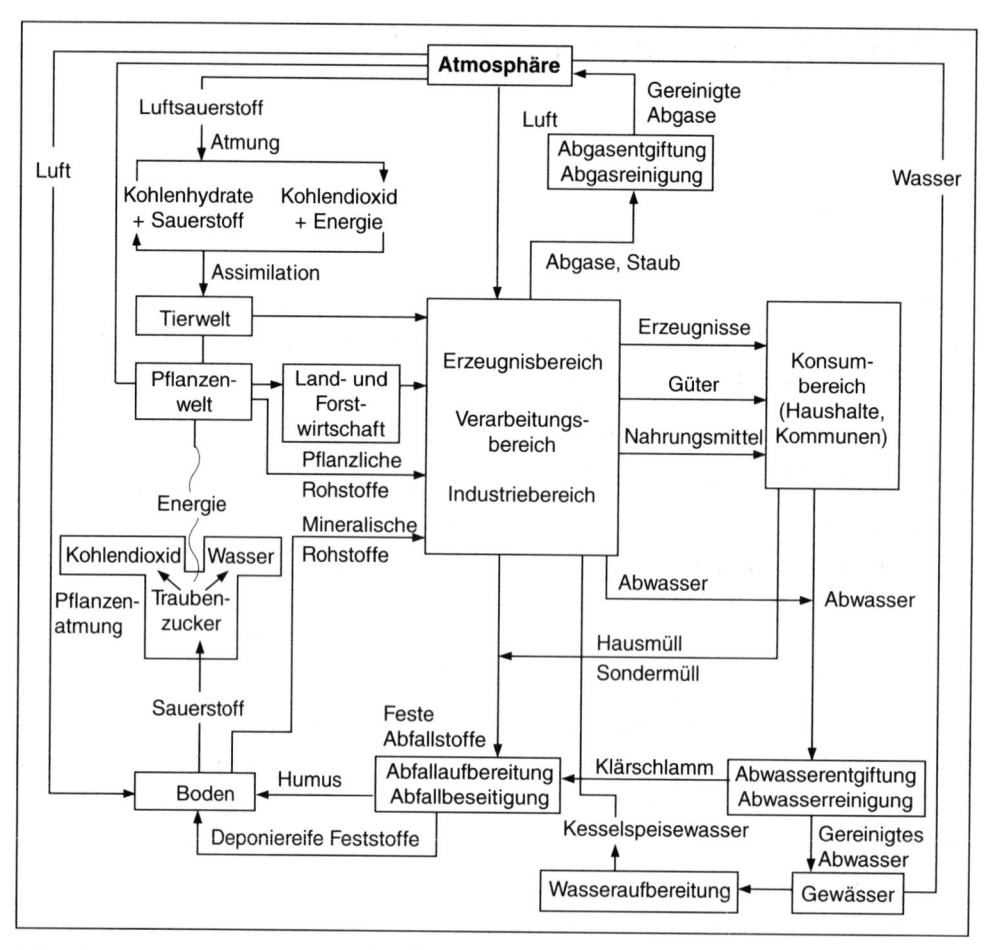

Bild 1.1: Schematischer Stoffkreislauf im Ökosystem der Erde (vereinfachte Darstellung)

Umweltschutz

Unter Umweltschutz versteht man die auf Umweltforschung und Umweltrecht basierende Gesamtheit der Maßnahmen, die dazu dienen, die natürlichen Lebensgrundlagen von Pflanze, Tier und Mensch zu erhalten bzw. ein gestörtes ökologisches Gleichgewicht wieder auszugleichen. Im engeren Sinne ist Umweltschutz der Schutz vor negativen Auswirkungen, die von der ökonomischen Tätigkeit des Menschen und seinen technischen Einrichtungen ausgehen, wobei die Umweltvorsorge (d.h. Maßnahmen und Techniken, die Schäden gar nicht erst aufkommen zu lassen) effektiver und billiger ist als nachträglich Maßnahmen einzuleiten. Der Umweltschutz geht über den bloßen Naturschutz (z.B. Jagdschutz) und Maßnahmen zur Vermeidung oder Beseitigung von Zerstörung durch Naturgewalten hinaus. Zum Umweltschutz gehören auch nicht nur die Verhinderung fortschreitender Verkarstung, Versteppung und Verwüstung (z.B. durch Grundwasserabsenkung oder Überweidung) oder der Schutz des Bodens vor Erosion und Deflation, sondern vor allem zahlreiche und umfangreiche technische Maßnahmen. Diese sind beispielsweise folgende Maßnahmen:
- Bewahrung von Boden und Wasser (Gewässerschutz, Wasserhaushaltsgesetz) vor
  - Verunreinigungen durch chemische Fremdstoffe sowie

- durch Abwasser (Abwasserbeseitigung, Abwasserreinigung),
- durch Auslaugung abgelagerter Stoffe auf Deponien (Abfallbeseitigung infolge Deponieren) und
- durch Erdöl (auch Ölpest – Bezeichnung für die Verschmutzung von Oberflächengewässern)
• Vorschriften und Auflagen, z.B. zur Erreichung größerer Umweltverträglichkeit von Wasch- und Reinigungsmitteln (Waschmittelgesetz) usw.

Ein engmaschiges Netz von Rechtsvorschriften und Auflagen dient u.a. dem Schutz der Bevölkerung und der Umwelt vor ihrer etwaigen Gefährdung durch z.B. Pflanzenschutzmittel. Ferner wird der Verunreinigung der Luft und Rauchschäden durch Emissionen (vor allem von Industriebetrieben und Kraftfahrzeugen) entgegengewirkt.
Die Berufsgenossenschaften haben z.B. in vielen Betrieben Lärmmessungen durchgeführt und Anordnungen zur Lärmbekämpfung getroffen (Unfallverhütungsvorschrift „Lärm"). Eine besondere Aktualität hat der Strahlenschutz im Hinblick auf die Standortwahl von Kernkraftwerken und Lagerung von radioaktiven Stoffen gewonnen. Atomrechtliche Genehmigungsverfahren legen die jährlich erlaubten Emissionsraten und Kurzzeitabgaben radioaktiver Stoffe fest.
Eine bedeutende Rolle beim Umweltschutz spielt die Wiedergewinnung von Abfallstoffen (Recycling) und die Abwärme.
Zu einem wirksamen Umweltschutz gehört schließlich die Aufklärung der Bevölkerung (Entwicklung des Umweltbewußtseins) und deren Mitwirkung – sowie Klärung des Verursacherprinzips.

Aspekte des Umweltschutzes sind in zahlreichen Gesetzen, Rechtsverordungen und Verwaltungsvorschriften des Bundes und der Länder geregelt.

Umweltgesetze haben zum Ziel, die Umwelt funktionsfähig zu erhalten.

Auf die vielen Gesetze und Vorschriften näher einzugehen, würde den Rahmen des Buches sprengen. Teilaspekte der Gesetze zum Umweltschutz werden statt dessen bei den nachfolgenden Kapiteln, falls erforderlich, kurz behandelt.
Abschließend ist noch anzumerken, daß ein wirksamer Schutz der Umwelt nur länderübergreifend erfolgen kann. Es ist somit notwendig, über die derzeitigen Einzelvereinbarungen hinaus, einen umfassenden internationalen Rechtsrahmen zum Umweltschutz zu schaffen.

1.2 Abfälle, Abfallarten, Abfallgesetz, Abfallwirtschaft, Abfallmenge, Abfallerfassung (Einsammeln)

1.2.1 Abfälle

Abfälle im Sinne des Gesetzes sind bewegliche Sachen, deren sich der Besitzer entledigen will und deren geordnete Entsorgung zur Wahrung des Wohls der Allgemeinheit, insbesondere des Schutzes der Umwelt, geboten ist.

1.2.2 Abfallarten

Nach ihrer Herkunft gibt es folgende Abfallarten:
• *Hausmüll:*
  Sind Abfälle aus den Haushalten, die über die kommunale Müllabfuhr entsorgt werden (rechtliche Grundlage: Abfallgesetz AbfG, kommunale Abfallsatzung).

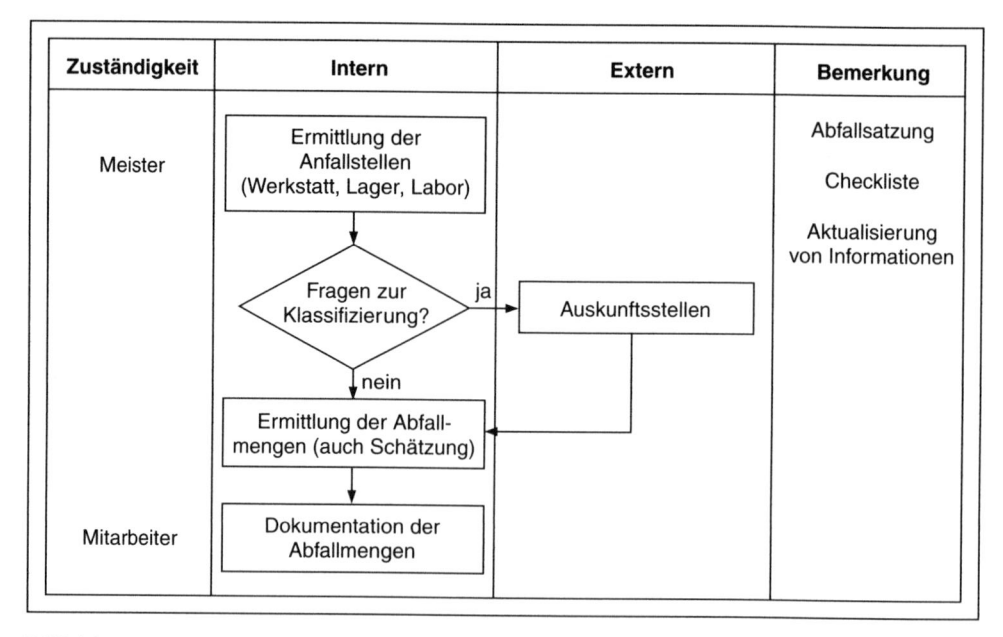

Zuständigkeit	Intern	Extern	Bemerkung
Meister	Ermittlung der Anfallstellen (Werkstatt, Lager, Labor) → Fragen zur Klassifizierung? —ja→ Auskunftsstellen; nein ↓ Ermittlung der Abfallmengen (auch Schätzung)		Abfallsatzung Checkliste Aktualisierung von Informationen
Mitarbeiter	Dokumentation der Abfallmengen		

Bild 1.2: Ablaufdiagramm als Faden zur Ermittlung der Ablaufarten

- *Hausmüllähnliche Gewerbeabfälle:*
  Sind Abfälle aus dem Gewerbe, die zusammen mit dem Hausmüll entsorgt werden können, z.B. nicht verwertbare Kunststoffe (rechtliche Grundlage: Abfallgesetz, kommunale Abfallsatzung).
- *Sonderabfälle (besonders überwachungsbedürftige Abfälle):*
  Sind Abfälle, die Menschen oder unsere Umwelt (Pflanzen, Tiere, Wasser, Boden) in besonderem Maße gefährden können. Sie dürfen nicht zusammen mit dem hausmüllähnlichen Gewerbeabfall entsorgt werden (z.B. Lackschlamm, fett- und ölhaltige Abfälle, Metallstäube und Schlämme aus Abbsaug- und Filteranlagen). Entsorgungspflichtig ist in der Regel der *Abfallerzeuger* (rechtliche Grundlage: Abfallgesetz, Abfall- bzw. Reststoffbestimmungsvorschrift).
- *Werkstoffe und Reststoffe:*
  Sind Produktionsrückstände, die verwertet bzw. wiederverwertet werden können, z.B. Lösemittel (Reststoffe), Glas, Papier und Pappe. Wichtig sind die Regelungen zu den Verpackungen (Verpackungsordnung) (rechtliche Grundlage: Abfallgesetz, kommunale Abfallsatzung, Reststoffbestimmungsverordnung).
- *Radioaktive Abfälle im Sinne des Atomgesetzes*

Abfall besteht aus verwertbaren Bestandteilen (Wertstoffen) und nicht verwertbaren Bestandteilen (Restmüll).

Bild 1.2 zeigt ein Ablaufdiagramm als Faden für die Ermittlung der Abfallarten.

1.2.3 Abfallrecht, Abfallgesetz (AbfG) und Kreislaufwirtschaftsgesetz

1.2.3.1 Abfallrecht

Das Abfallrecht wurde mit dem *1. Gesetz zur Änderung des AbfG* von 1976 fortentwickelt, insbesondere zur Verbesserung der Kontrolle gefährlicher Sonderabfälle (§ 2 Abs. 2 besonders überwachungsbedürftige Abfälle).

Das Abfallrecht enthält Vorschriften zur umweltgerechten Entsorgung von Abfällen. Es stellt somit das Zentrum des Umweltrechts dar und hat Auswirkungen auf fast alle anderen Gebiete des Umweltschutzes wie z.B. den Naturschutz, den Gewässerschutz und den Immissionsschutz.

Durch das Abfallrecht wurde eine umfassende Neuorganisation der Abfallbeseitigung in qualitativer wie auch organisatorischer Sicht erreicht. Es wurde insbesondere erreicht, daß ca. 50 000 von 1972 vorhandenen weitgehend unkontrollierten Müllkippen geschlossen wurden.

1.2.3.2 Abfallgesetz

Einleitung: Am 11. Juni 1972 wurde mit dem Abfallgesetz die Behandlung von Abfällen neu geregelt und auf eine einheitliche Rechtsgrundlage gestellt. Hierbei wurde festgelegt, daß
- die Beseitigungspflicht den Körperschaften des öffentlichen Rechts obliegt (§ 3 legt die Beseitigungspflicht fest);
- Abfallbeseitigungspläne nach überörtlichen Gesichtspunkten aufzustellen sind;
- die Behandlung von Abfällen nur in zugelassenen Anlagen erfolgen darf (§ 4 definiert die Beseitigungsanlagen zur Behandlung und Lagerung von Abfällen);
- eine Abfallentsorgung sich mit der Gewinnung von Stoffen oder Energie aus Abfällen (Abfallverwertung) und Maßnahmen des Einsammelns der Abfälle zu befassen hat.

Gesetz vom 1.11.1986 über die Vermeidung und Entsorgung von Abfällen: Seit dem 1. November 1986 gibt es das „Gesetz über die Vermeidung und Entsorgung von Abfällen" (Abfallgesetz) des Bundes. Seine Bezeichnung weist auf die veränderte Prioritätensetzung hin. Der anstelle von „Abfallbeseitigung" eingeführte Begriff „Abfallentsorgung" umfaßt nunmehr die Abfallverwertung und das Ablagern von Abfällen sowie die hierzu erforderlichen Maßnahmen des Einsammelns, Beförderns, Behandelns und Ablagerns. Abfälle sollen mit Vorrang vermieden werden (Vermeidungsgebot). Mit entsprechenden Maßnahmen soll die Abfallmenge verringert werden. Die dann noch verbleibenden Abfälle sind in umweltverträglicher Form zu beseitigen.

Zielsetzung der Bundesregierung: In **Umsetzung von § 14 Abs. 2 Satz 1 des Abfallgesetzes** will die Bundesregierung weitere Verordnungen erlassen, um eine endgültige Abkehr von der Wegwerfgesellschaft zu erreichen. Die Instrumente dafür sind *umfangreiche Rücknahmeverpflichtungen* und die *Erhebung einer Sonderabgabe* auf Abfälle.

Zum neuen Gesamtkonzept zur Abfallwirtschaft der Bundesregierung gehören:
- Die Novelle des Abfallgesetzes mit folgenden Schwerpunkten:
  - absoluter Vorrang der Abfallvermeidung
  - Entsorgungsverantwortung von Produzenten und Handel für Ihre Produkte
  - Verbot von Produkten, für die keine umweltverantwortliche Entsorgung nachgewiesen werden kann.
  - Förderung von Ökobilanzen zur Klärung des optimalen Entsorgungsweges
  - Offenlegung der umweltrelevanten Betriebsarten sowie ein
  - Abfallabgabengesetz

1.2.3.3 Kreislaufwirtschaftsgesetz

Seit dem 7.10.1996 ist das neue Kreislaufwirtschaftsgesetz des Bundes in Kraft getreten. Die Rechtsverordnung, welche die Produktverantwortung regelt, liegt noch nicht vor. Mit dieser Regelung soll ein selektiver (trennscharfer) Abbau von beispielsweise Elektronikschrott, Batterien, Stahl, Eisen usw. erreicht werden (Materialien werden getrennt).
Für die privaten Haushalte wird sich vorerst nichts ändern. Anders sieht es also bei der Industrie aus. Doch das Ausmaß der Auswirkungen wird erst mit den Landesabfallgesetz und den neuen Abfallsatzungen der öffentlich rechtlichen Entsorgungsträger erkennbar.

Ziel des Kreislaufwirtschaftsgesetzes ist die langfristige Umorientierung von der Wegwerfgesellschaft in eine neue Kreislaufwirtschaft.

1.2.4 Abfallwirtschaft

Abfälle aus der gewerblich industriellen Produktion und aus Haushaltungen sind zum Schutz von Wasser, Boden, Landschaft und Luft umweltverträglich zu entsorgen. Bei unsachgemäßer Entsorgung können nachhaltige Schäden für Menschen, Tiere und Pflanzen drohen. Ziel der Abfallwirtschaft ist es deshalb, das Abfallaufkommen zu verringern, auf die weitgehende Verwertung von Abfallstoffen hinzuarbeiten und durch Formen des Einsammelns, Transportierens, Behandelns, Lagerns und Ablagerns von Abfällen die Umwelt vor Beeinträchtigungen zu schützen.

Die wichtigsten Aufgaben der Behörden in der Abfallwirtschaft sind:
- Hinwirken auf Maßnahmen zur Verringerung des Abfallaufkommens und zur Verwertung von Abfällen;
- Gewährleistung eines ordnungsgemäßen Einsammelns, Beförderns, Behandelns, Lagerns und Ablagerns von Abfällen;
- Festlegung von Standorten für Abfallentsorgungsanlagen.

1.2.5 Abfallmenge

Bei der Erfassung der Abfallmengen kann man wie folgt vorgehen:
- Ermitteln der Anfallstellen, indem die Betriebsbereiche festgelegt bzw. analysiert werden, in denen Abfälle/Werkstoffe anfallen (z.B. Verwaltung, Werkstatt, Lager usw.).
- Bestimmen der Menge, z.B. der Abfall-/Werkstoffmengen, nach Volumen (m^3, l) oder Gewicht (t/kg).
- Dokumentation des
  - Abfuhrrhythmus,
  - Behältervolumens,
  - Füllgrades der Behälter.

Nachfolgende Angaben geben Hinweis auf Maßnahmen, die man für eine Dokumentation der erhobenen Daten ergreifen sollte:
- Erstellen einer für die jeweiligen Betriebsverhältnisse angepaßten Checkliste.
- Errichten einer separaten Ablage für die im Zusammenhang mit der Abfallwirtschaft erhobenen Daten.
- Eine Dokumentation zur Abfallwirtschaft ist so einzurichten, daß man schnell auf Daten und Informationen zugreifen kann.
- Aktualisierung der Informationen.
- Benennung eines Mitarbeiters, der für die vorgenannten Maßnahmen verantwortlich ist.

1.2 Abfälle, Abfallarten, Abfallgesetz, Abfallwirtschaft, Abfallmenge, Abfallerfassung

Rechenbeispiele zur Ermittlung der Abfallmenge

A. Allgemein:

1. Gesamtvolumen des Behälters im Jahr (m^3 oder l)

$$\text{Gesamtvolumen} = \frac{\text{Volumen des Behälters} \times \text{durchschnittliche Auslastung in \%}}{100}$$

Behälter pro Jahr

2. Gesamtvolumen eines Abfalls im Jahr (m^3 oder l)

$$\text{Gesamtvol.} = \frac{\text{Gesamtvol. Behälter pro Jahr} \times \text{durchschnittl. Anteil des Abfalls in \%}}{100}$$

Abfall pro Jahr

Beispiel:
Gegeben: Behältervolumen: 1,1 m^3
Auslastung: ca. 80 %
Anzahl der Leerung pro Woche: 1 mal, d.h. 52 mal im Jahr
Abfallstoffe: Holzschalung ca. 20 %; Verpackung ca. 80 %.
Gesucht: Gesamtvolumen jedes Abfalls

1. Gesamtvolumen des Behälters pro Jahr:

$$\text{Gesamtvolumen des Behälters pro Jahr} = \frac{1{,}1 \text{ m}^2 \times 80}{100} \times 52 = \text{ca. } 46 \text{ m}^2 \text{ pro Jahr}$$

2. Gesamtvolumen Abfall pro Jahr:

$$\text{Gesamtvolumen der Holzschalung pro Jahr} = \frac{46 \text{ m}^2 \times 20}{100} = \text{ca. } 9 \text{ m}^2 \text{ pro Jahr}$$

Analog sind dann die Verpackungen zu berechnen (auf die verzichtet werden soll)!

B. Müllmenge und Müllvolumen

Müllmenge

Die Müllmenge wird auch für einen bestimmten Erfassungszeitraum gravimetrisch (gewichtsmessend) über das Müllgewicht ermittelt. Hierzu sind die zum Mülltransport eingesetzten Sammelfahrzeuge laufend oder während im „allgemeinen" zweier Bezugswochen pro Monat im leeren und beladenen Zustand zu erfassen und zu wiegen; die Wägedifferenz entspricht dann dem Gewicht der Müllladung. Die Jahresmenge des Mülls m^x, angegeben in t/a oder kg/a, ergibt sich aus Gl. 1

$$m^x = 2 \sum_{1}^{26} m_w^x = 52 \sum n_i \cdot z_i \cdot m_i \qquad \text{Gl. 1}$$

worin bedeutet:
m_w^x (kg/Woche) = gesamte Müllmasse pro Erfassungswoche
m_i (kg) = Müllmasse eines Transportfahrzeuges
n_i = Zahl der Transportfahrzeuge
z_i (1/Woche) = Zahl der Wägungen pro Transportfahrzeug i und Woche

Müllvolumen

Müllmassen m^x, Müllvolumen V^x und Müllraumdichte sind durch folgende Beziehungen verknüpft:

$$m^x = V^x \cdot \rho_M \qquad \text{Gl. 2}$$

Das Müllvolumen V^x läßt sich anolg. Gl.1 aus der Zahl $n_{s,i}$ der wöchentlich geleerten Sammelgefäße und deren Einzelvolumina $V_{s,i}$ bestimmen:

$$V^x = 52 \sum_{s,i} n_{s,i} \cdot V_{s,i} \qquad \text{Gl. 3}$$

Das Müllvolumen ist aber wegen der unterschiedlichen Kompressibilität des Mülls nicht eindeutig festlegbar, d.h. es eignet sich daher nicht für statistische Untersuchungen als Grundlage von Abfallwirtschaftsplanungen.
Die Müllraumdichte ρ_M ergibt sich als Ergebnis statistischer Auswertungen für einen untersuchten Bereich des einwohnerspezifischen wöchentlichen Müllvolumens aus sog. Abschätzgleichungen, die zudem entsprechend der Änderung des Mülls bemessen werden müssen (auf die Gleichung von ρ_M soll daher verzichtet werden).

1.2.6 Abfallerfassung (Einsammeln)

1.2.6.1 Sammelsysteme

Die Sammlung der Abfälle umfaßt alle Vorgänge vom Einfüllen der Abfälle in die Sammelgefäße bis zur Beladung der Sammelfahrzeuge. In der Regel erfolgt die Sammlung im gleichen Bezirk einmal wöchentlich, in Ausnahmefällen (z.B. dichte Innenstadtbebauung mit hohem Geschäftsanteil) öfter. Grundsätzlich kann man folgende Verfahren anwenden:
- Umleersystem,
- Gefäßwechselsystem und die
- Einwegpackung.

Für Hausmüll wird in der Bundesrepublik in der Regel das Umleersysytem angewendet. Dabei werden Behälter in Sammelfahrzeuge entleert und zur erneuten Füllung bereitgestellt. In ländlichen Bereichen sind teils noch Mülltonnen mit 35, 50 und 110 l Fassungsvermögen im Gebrauch.
Beim Gefäßwechselsystem handelt es sich um Absetz- bzw. Abrollbehälter mit 5–35 m³ Fassungsvermögen, die von Spezialfahrzeugen regelmäßig oder nach Bedarf gefüllt abgeholt werden. Dieses System wird oft für Industrie- und Gewerbeabfälle sowie für die Abfälle größerer Gebäudeteile (z.B. Hochhäuser) angewandt.
Bei der Einwegpackung werden die Abfälle in Säcke aus Papier oder Kunststoff eingefüllt, die zusammen mit den Abfällen weiterbehandelt oder abgelagert werden. Dieses System eignet sich z.B. für eng bebaute Altstadtgebiete ohne Aufstellmöglichkeiten für Wechselbehälter.

1.2.6.2 Getrennte Sammlung

Zur Realisierung einer geordneten Abfallentsorgung ist es erforderlich, Getrenntsammelsysteme für die im Betrieb anfallenden, unterschiedlichen Abfallarten einzurichten. Eine effektive Getrenntsammlung führt zu einer Reduzierung der zu entsorgenden Abfallarten und letztlich zu einer Kostenreduzierung für den Betrieb.
Neuere Erkenntnisse auf dem Gebiet des Recycling und der Kompostierung führten also in letzter Zeit vermehrt zur Anwendung von diesen Getrenntsammelsystemen (siehe Bild 1.3). Durch diese Maßnahme sollen Wertstoffe (sauberes Papier, Metall, Glas) bzw. Kompostmüll (Küchen- und Gartenabfälle, verschmutztes Papier) getrennt vom Restmüll erfaßt und somit

1.2 Abfälle, Abfallarten, Abfallgesetz, Abfallwirtschaft, Abfallmenge, Abfallerfassung   9

so den zu ihrer Verarbeitung jeweils geeigneten Anlagen zugeführt werden. Der Restmüll wird dann zur Müllverbrennungsanlage oder zur Deponie transportiert.
Ein Betrieb sollte z.B. 3 Sammelsysteme einrichten:
- Getrennte Sammlung von Wertstoffen (z.B. Verpackungen),
- Getrennte Erfassung von Sonderabfällen,
- Erfassung der Restabfälle.

Ergänzend hierzu wird in Abschnitt 1.7 (Recycling) nochmals auf die Sammelsysteme Bezug genommen.

Sonderabfälle dürfen nicht in die Hausmülltonne und nicht in den Abguß gegeben werden!
Bei der Sammlung und Bereitstellung ist mit größter Sorgfalt vorzugehen!

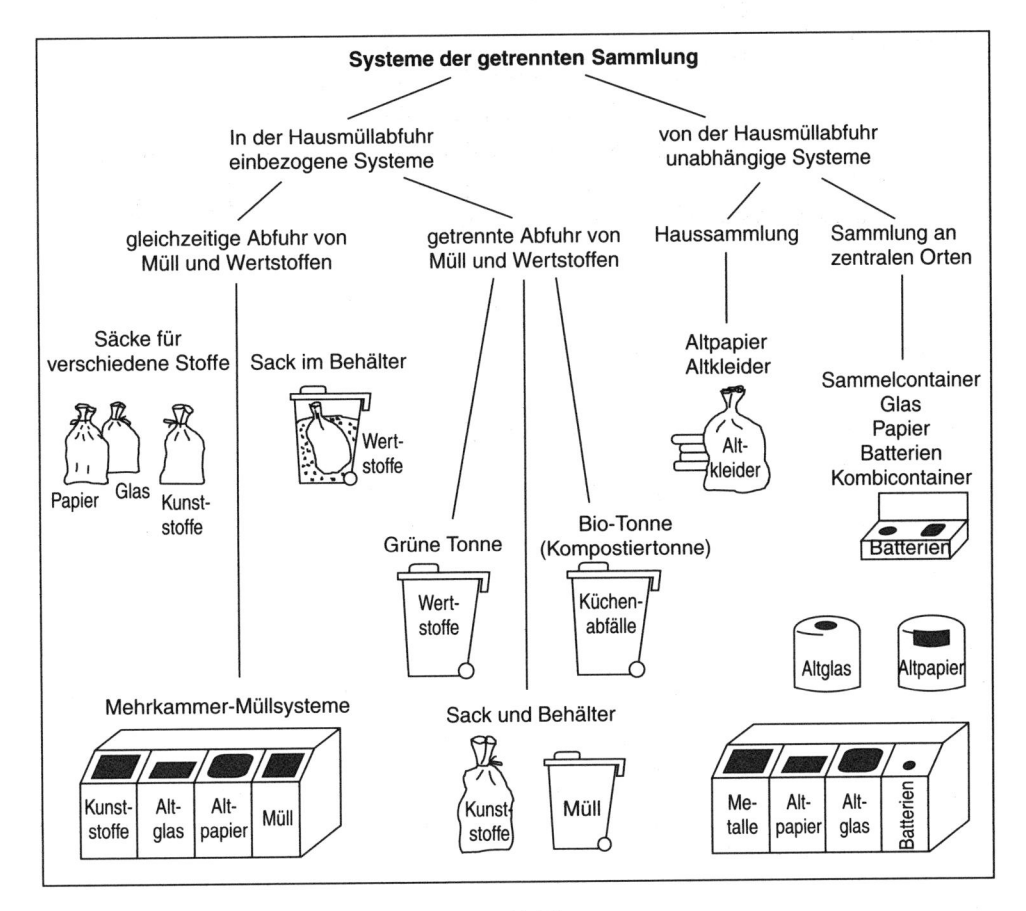

Bild 1.3: Systeme der getrennten Sammlung von Abfällen

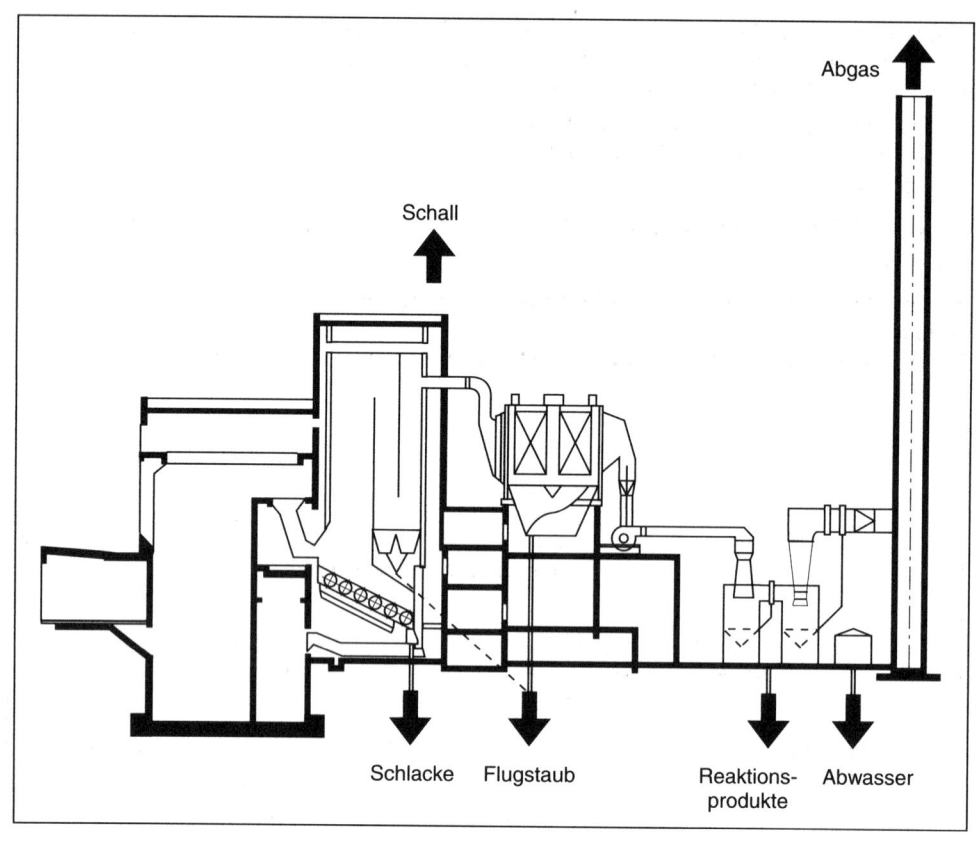

Bild 1.4: Müllverbrennungsanlage mit Reststoffströmen

1.3 Thermische Behandlung von Abfällen

Die thermische Behandlung von Abfällen umfaßt folgende Methoden:
- Verbrennung,
- Entgasung oder Pyrolyse,
- Vergasung.

1.3.1 Abfallverbrennung

Unter Abfallverbrennung versteht man die Abfallentsorgung durch Verbrennung in entsprechenden Anlagen.

Hierzu gehört u.a. die Verbrennung von „Hausmüll", „Klärschlamm" und „Sonderabfälle". Soweit als möglich, ist dabei die im Verbrennungsprozeß entstehende Wärmeenergie für Heizzwecke (z.B. bei der Hausmüllverbrennung verwirklicht) und – bei Kopplung mit einem Kraftwerk – für die Elektroenergieerzeugung zu nutzen.

Abfallverbrennungsanlage (allgemeine Darstellung)

In der Bundesrepublik Deutschland werden zur Zeit (Stand 1992) in 50 Abfallverbrennungsanlagen ca. 8,9 Mio t Abfälle (im wesentlichen „Hausmüll", „Sperrmüll", „hausähnlicher

Gewerbe- und Industriemüll", „Klärschlamm") entsorgt. Der Abfall von etwa 22 Mio Einwohnern ist an diesen Anlagen angeschlossen. Etwa 99 % der verbrannten Abfälle werden in Anlagen mit Wärmeverwertung (Strom, Fernwärme, Dampf) entsorgt. In 66 % der Anlagen findet eineSchlackenaufbereitung bzw. Schlackenverwertung statt und 80 % verfügen über eine Eisenschrottauslese. Bei der Abfallverbrennung wird der unbehandelte Abfall in einander übergehenden Phasen getrocknet, entgast, gezündet, durch- und ausgebrannt. Die Verbrennung des Abfalls verläuft meist ohne Zusatzfeuerung bei Temperaturen zwischen 850 °C und 1000 °C. Bild 1.4 zeigt eine Müllverbrennungsanlage.

In den Müllverbrennungsanlagen fallen Reststoffströme an, die Schadstoffe enthalten. Bei der Verbrennung entstehen ca. 4000–5000 m^3 Abgase je t Müll, die gereinigt werden müssen. Ferner verbleiben bei der Verbrennung feste Reststoffe (verwertbare Schlacke und Schrott), die noch etwa 5–10% des Ausgangsvolumens und 25–35% des aufgegebenen Müllgewichts ausmachen.

Aus der Abgasentstaubung fallen etwa 20–40 kg Filterstaub je t Abfall und als Reaktionsprodukte aus der Schadgasabscheidung je nach Reinigungsverfahren zusätzlich etwa 15–45 kg je Abfall an. Zur Entstaubung werden meist Elektro- und Gewebefilter eingesetzt. Filterstaub und Reaktionsprodukte müssen als Sonderabfall deponiert werden.

Die Schadgasabscheidung erfolgt nach trocken, quasi–trocken oder naß arbeitenden Verfahren. Das bei der nassen Schadgasabscheidung anfallende Abwasser wird entweder in der Anlage in einem Sprühtrockner eingedampft oder nach der Reinigung in einen Vorfluter der Kanalisation eingeleitet.

Beim Betrieb der Anlage (ungedämpft) beträgt der Schallpegel bei Maschinen- und Strömungsgeräuschen in ca. 1000 m Entfernung etwa 50–60 dB(A). Mit den heute zur Verfügung stehenden Mitteln kann der Schallpegel um 20–25 dB(A) gesenkt werden. Dies wird in modernen Anlagen bereits realisiert.

1.3.1.1 Verbrennung von Hausmüll

Hausmüllentsorgung

Die Problematik der Hausmüllentsorgung verlangt dringend nach Problemlösungen, die als Gesamtkonzept alle Möglichkeiten der Vermeidung, Verwertung und Beseitigung miteinander verbinden und die aufgrund einer hohen Umweltverträglichkeit bei akzeptabler Kostenbelastung realisierbar sind. Bild 1.5 zeigt ein mögliches Gesamtkonzept für die Entsorgung von Hausmüll.

Bereits der Einsammlung von Hausmüll kommt eine hohe Bedeutung zu. Wenn es gelingt, Wertstoffe getrennt einzusammeln, steigen die Chancen der Vermarktung dieser Wertstoffe. Denn in der Bundesrepublik werden wie erwähnt, jährlich etwa 22 Mio t Hausmüll, hausmüllähnlichen Gewerbemüll und Sperrmüll von der Müllabfuhr eingesammelt.

Müllzusammensetzung

Emissionen aus Verbrennungsanlagen hängen eigentlich davon ab, aus welchen Bestandteilen das aufgegebene Brenngut besteht. Da Müll ein an sich heterogenes Gemisch unterschiedlicher Abfallstoffe darstellt, ist seine Zusammensetzung nicht nur direkt bekannt, sondern auch erheblichen „zeitlichen Schwankungen" ausgesetzt.

Man kann zwar heute angeben, daß in erster Näherung ca. 20 % Papier, 10 % Kunststoffe, 5 % Metalle, 10 % Glas und 50 % biologisches Material enthalten sind. Verläßliche Werte für den Gehalt an Halogenen, d.h. vor allem Chlor und Schwefel fehlen. Trotz dieser Schwierigkeiten können die aus Stichprobenmessungen an Schlacken und Flugstäuben gewonnene Anhaltswerte (siehe Tabelle 1. 1) zugrunde gelegt werden.

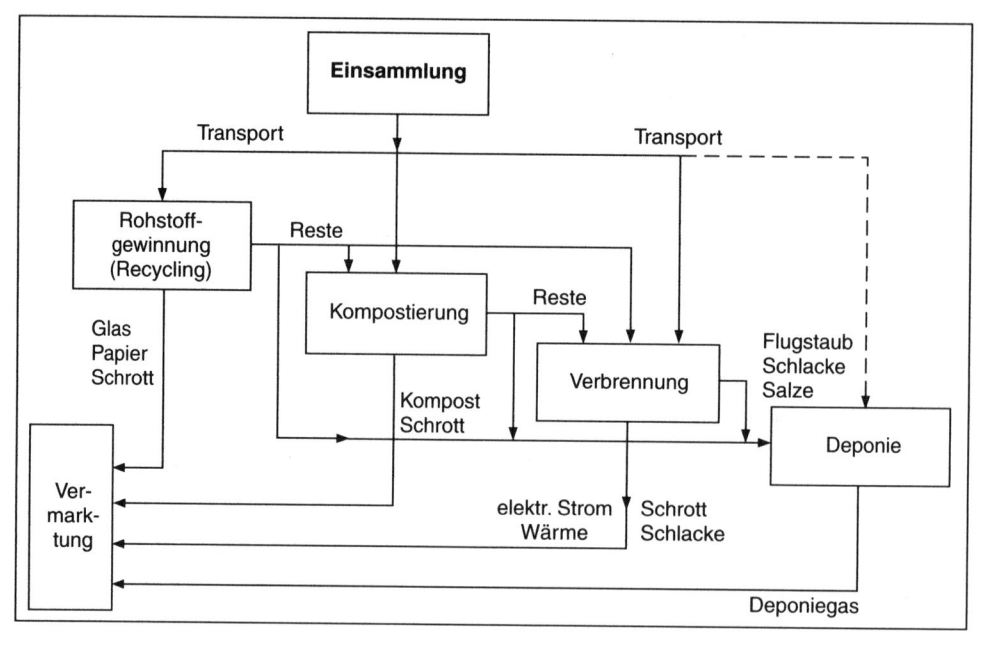

Bild 1.5: Gesamtkonzept einer Entsorgung von Hausmüll

Schadstoffe

Einige Inhaltsstoffe des Hausmülls führen in dem als chemischer Hochtemperaturprozeß zu verstehenden Verbrennungsvorgang zur Bildung von Schadstoffen, die mehr oder minder stark in den Abgasstrom freigegeben werden. So entstehen aus Chlor und Schwefel die *Schadgase* HCl und SO_2, der Stickstoff des Brenngutes wird zumindest teilweise in NO_x umgesetzt. Andere Bestandteile des Mülls stellen selbst Schadstoffe dar. So werden mit dem Abgas *Stäube* mitgeführt, die wegen ihrer teilweise beachtlichen Schwermetallgehalte als Schadstoffe betrachtet werden müssen. Schwermetalle werden bei Verbrennungstemperaturen von 800–900 °C, wie sie bei der Hausmüllverbrennung herrschen, teilweise in die Gasphase freigesetzt, und zwar sowohl in Form ihrer Oxide als auch ihrer Chloride. Nach Abkühlung der Rauchgase kondensieren diese an den Stäuben und werden zusammen mit diesen abgeschieden. Quecksilber bzw. Quecksilberverbindungen nehmen eine Sonderstellung ein, da sie wegen niedriger

Tabelle 1.1: Konzentrationen umweltschädlicher Elemente im Hausmüll

Elemente	Konzentrationen (Anhaltswerte)
Chlor	ca. 0,5 %
Zink	ca. 0,3 %
Blei	ca. 0,2 %
Schwefel	ca. 0,1 %
Kupfer	ca. 0,1 %
Cadmium	ca. 0,002 %
Quecksilber	ca. 0,0005 %
Nickel	ca. 0,01 %

1.3 Thermische Behandlung von Abfällen

Dampfdrücke nur zu geringen Anteilen staubförmig vorliegen. Die Hauptmenge des Quecksilbers bleibt gasförmig und führt bei der Rauchgasreinigung zu großen Problemen.
Neben den erwähnten anorganischen Schadstoffen treten durch ungenügende Verbrennung auch *organische Schadstoffe* auf, die besonders in letzter Zeit Anlaß zu angeregten Diskussionen über die Gefährlichkeit der Abfallverbrennung geführt haben.

Emissionen in den Luftpfad

Anorganische Schadstoffe

In Bild 1.6 ist der Verlauf der Schadstoffemissionen aus Müllverbrennungsanlagen seit den 60er Jahren einschließlich einer Prognose für die 90er Jahre dargestellt.
Während man sich am Anfang mit Maßnahmen zur Grobentstaubung begnügte, werden heute bzw. künftig Methoden zur Feinentstaubung in Verbindung mit modernen chemischen Verfahren zur Entfernung vor allem von Schadgasen angewandt. Aus der Gruppe der Schwermetalle sind vor allem die beiden ökotoxikologisch bedeutsamsten Elemente Cadmium (Cd) und Quecksilber (Hg) aufgeführt.
Es ist (siehe Bild) nicht zu übersehen, daß drastische Reduktionen in den Emissionen erreicht wurden. Die vorgeschriebenen Werte der TA-Luft lassen sich zum Teil deutlich unterschreiten. In modernen Müllverbrennungsanlagen sind die für einzelne Schadstoffe vorhergesagten Emissionswerte bereits jetzt realisiert. Die TA-Luft wurde 1983 erlassen und inzwischen mehrfach novelliert.

Die TA Luft regelt die Genehmigung und Überwachung umweltgefährdender Anlagen. Sie enthält allgemeine „Emissionswerte" für staub- und gasförmige Stoffe sowie „Immissionswerte" zum Schutz vor Gesundheitsgefahren und vor erheblichen Belästigungen.

Organische Stoffe

Dioxine und Furane sind im Zusammenhang mit Müllverbrennungsanlagen als die herausragenden Vertreter organischer Schadstoffe bekannt geworden. In den letzten Jahren wurden sie besonders heftig diskutiert. Neue Erkenntnisse über die Bildung dieser Substanzen im Abhitzkessel sowie der mittlerweile verstandene Mechanismus der Entstehung eines Dioxin- bzw. Furanmoleküls eröffnen neue Möglichkeiten zu einer primärseitigen Minderung.

Begriffsdefinitionen von Dioxin und Furan:
a) Dioxin ist eine Sammelbezeichnung für über zweihundert unterschiedliche Kohlenwasserstoffverbindungen aus der Gruppe der polychlorierten Dibenzo-*p*-dioxine (PCDD) und Dibenzofurane (PCDF). Dioxine entstehen als unerwünschte Nebenprodukte bzw. produktionsbedingte Verunreinigungen z.B. bei Verbrennungsprozessen.
Strukturformeln der Dioxine (es sind einige der 75 möglichen Varianten):

Merkmale der Dioxine:
2 Benzolringe sind über 2 Sauerstoffbrücken miteinander verbunden. Werden Wasserstoffatome am Benzolring durch F, Cl, Br, J ersetzt, so entstehen zum Teil extrem giftige und extrem langlebige Verbindungen.

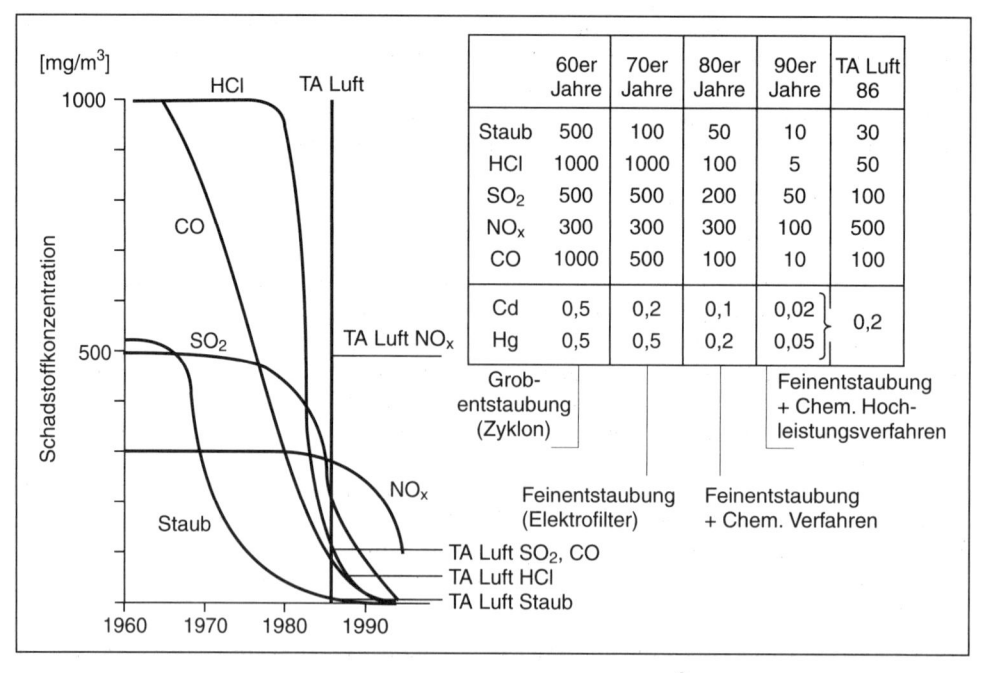

Bild 1.6: Schadstoffemissionen aus Müllverbrennungsanlagen in mg/m^3

	60er Jahre	70er Jahre	80er Jahre	90er Jahre	TA Luft 86
Staub	500	100	50	10	30
HCl	1000	1000	100	5	50
SO$_2$	500	500	200	50	100
NO$_x$	300	300	300	100	500
CO	1000	500	100	10	100
Cd	0,5	0,2	0,1	0,02	0,2
Hg	0,5	0,5	0,2	0,05	

Grobentstaubung (Zyklon) — Feinentstaubung (Elektrofilter) — Feinentstaubung + Chem. Verfahren — Feinentstaubung + Chem. Hochleistungsverfahren

b) Furane
Strukturformeln der Furane:

Merkmale der Furane:
2 Benzolringe sind über eine Sauerstoffbrücke verbunden. Bei Ersatz von Wasserstoffatomen durch F, Cl, Br, J entstehen zum Teil ebenso giftige und problematische Stoffe wie bei Dioxinen (135 verschiedene Formen).

Polychlorierte Dibenzodioxine und -furane (PCDD bzw. PCDF) haben als eine sehr toxische Substanzklasse in den letzten Jahren bei der Fachwelt zunehmend Interesse gefunden. Besonders Verbrennungsprozesse von z.B. Haus- und Sondermüll sowie Prozeßrestgase stellen eine relevante Quelle für diese Verbindungen dar. In mehreren Ländern wurden bereits Grenzwerte festgelegt, so beispielsweise in der Bundesrepublik Deutschland mit der „17. BImSchV" (Verordnung über Verbrennungsanlagen für Abfälle und ähnliche brennbare Stoffe) ein Dioxin- und Furan-Äquivalenzgrenzwert von maximal 0,1 ng TE/m^3 (TE = Toxizitätsäquivalent).

Die Einhaltung dieses geforderten Grenzwertes verlangt effiziente Verfahren zur Dioxin- und Furanminderung an bestehenden und neu zu errichtenden Anlagen.

1.3 Thermische Behandlung von Abfällen

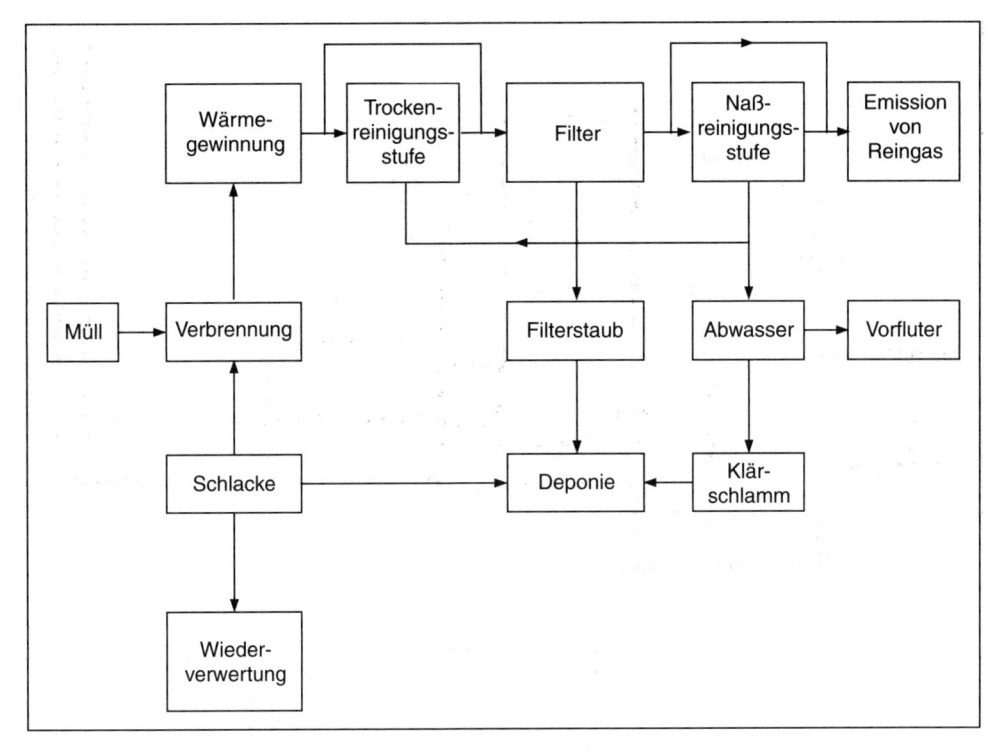

Bild 1.7: Verfahrensschema einer Müllverbrennung

Schlacken

Schlacken sind geschmolzene Rückstände aus (Metall-) Schmelzvorgängen.
Schlacken stellen den größten Feststoffstrom dar. Dessen Verwertung macht eine Schlackenqualität erforderlich, die die Rückführung der Schlacken in die Umwelt ohne Gefahr zuläßt. Dies erfordert eine ausreichend gute Einbindung oder Entfernung der Restschadstoffe, so daß die Auslaugbeständigkeit gewährleistet ist.
Durch eine gute Verbrennungsführung läßt sich erreichen, daß die in den Schlacken verbleibenden Schwermetalle mineralisiert werden und praktisch nicht mehr herauslösbar sind. Damit kann die Schlacke als Bau- und Verfüllmaterial weiterverwendet werden.

Rauchgasreinigung

Rauchgasreinigung zur Verringerung der staub- und gasförmigen Verunreinigungen der Atmosphäre und zum Schutz von Vegetation und wertvoller Bausubstanz vor toxischen und aggressiven Einflüssen luftfremder Stoffe ist eine der wichtigsten Aufgaben der Umwelttechnik.

Rauchgasreinigung beim Müllverbrennungsprozeß

Durch den Müllverbrennungsprozeß treten im Abgas hohe Schadstoffkonzentrationen auf. Deshalb müssen die Rauchgase nach erfolgter Wärmegewinnung einer systematischen Reinigung durch entsprechende verfahrenstechnische Maßnahmen unterzogen werden.

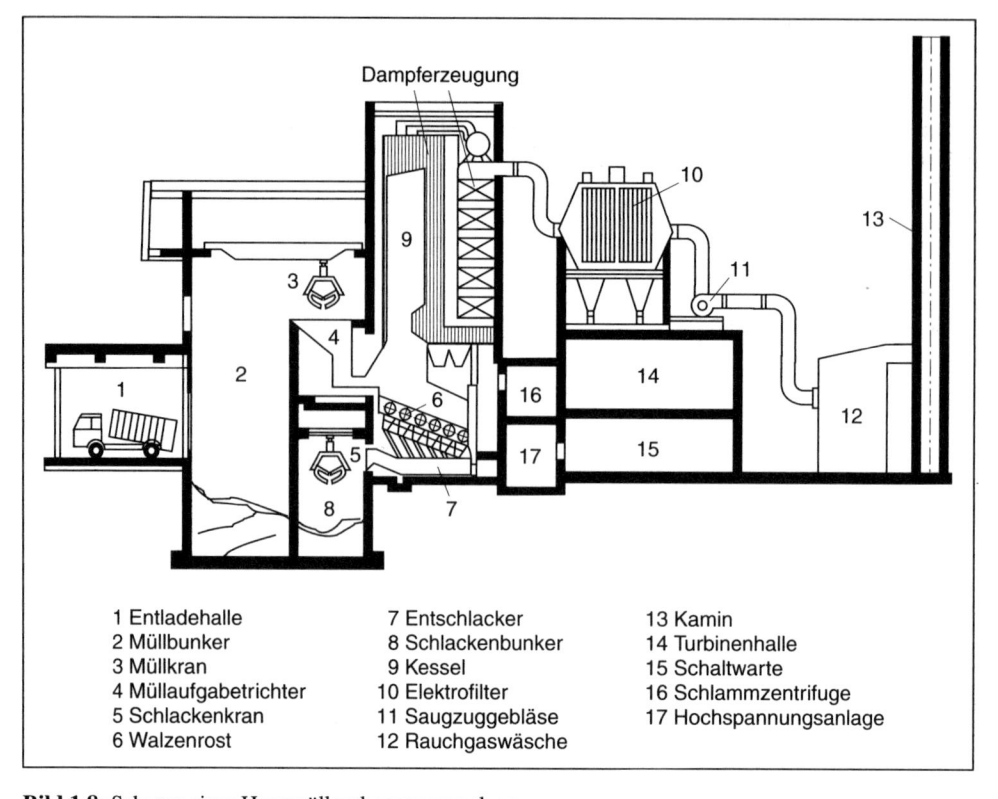

Bild 1.8: Schema einer Hausmüllverbrennungsanlage

Legende:
1 Entladehalle
2 Müllbunker
3 Müllkran
4 Müllaufgabetrichter
5 Schlackenkran
6 Walzenrost
7 Entschlacker
8 Schlackenbunker
9 Kessel
10 Elektrofilter
11 Saugzuggebläse
12 Rauchgaswäsche
13 Kamin
14 Turbinenhalle
15 Schaltwarte
16 Schlammzentrifuge
17 Hochspannungsanlage

In der Reihenfolge der Entwicklung ist zunächst die Entstaubung mit Hilfe von Elektrofiltern zu nennen, die ausgehend von 5 g Staub je m³ im Rohgas, anfangs mit Wirkungsgraden von > 90 %, eine drastische Verminderung der Staubemission brachte. Der Entstaubung folgte die Abtrennung des Schadgases HCl. Heute werden auch noch die Absenkung des SO_2- und NO_x-Gehaltes im Abgas verlangt und Minimierungen sowohl der Schwermetallemissionen unter besonderer Berücksichtigung des vorwiegend gasförmig auftretenden Quecksilbers als auch der Emission organischer Schadstoffe gefordert.

Im folgenden soll gezeigt werden, welche Verfahren zur Verfügung stehen und welche Tendenzen in der weiteren Entwicklung sich abzeichnen. Im Müllverbrennungsschema von Bild 1.7 sind im Rauchgasteil die verschiedenen Verfahren zur Abgasbehandlung und ihre Kombinationsmöglichkeiten dargestellt.

Hausmüllverbrennungsvorgang

Der Hausmüll wird über die Wendeplattform (1) transportiert und in den Müllbunker (2) gekippt. Von dort wird er mittels Kran (3) in den Müllaufgabetrichter (4) geworfen. Auf dem Walzenrost (6) trocknet und verbrennt der Müll praktisch vollständig. Der Transport des Brenngutes erfolgt beim Walzenrost – der sich aus mehreren nacheinander horizontal angeordneten Walzen zusammensetzt – über Drehbewegung der einzelnen Rostwalzen. Die verbleibenden Reststoffe gelangen über den Entschlacker (7) in den Schlackenbunker (8). Die heißen Rauchgase geben einen Teil ihrer Wärmemengen an den Kessel (9) zur Dampferzeu-

1.3 Thermische Behandlung von Abfällen

Tabelle 1.2: Verteilung von Elementen in Müll, Schlacke, Flugstau und Rauchgas

Element		Input Müll g/kg	Output Schlacke %	Staub %	Gas %
Kohlenstoff	C	250	1,0	0,5	98,5
Schwefel	S	5	35	25	40
Fluor	F	0,2	35	40	25
Chlor	Cl	7	10	20	70
Eisen	Fe	70	99	1	–
Kupfer	Cu	0,4	90	10	–
Zink	Zn	1,0	50	50	–
Blei	Pb	0,8	60	40	–
Cadmium	Cd	0,01	10	90	–
Quecksilber	Hg	0,004	–	25	75

Verteilung von Elementen in Müll, Schlacke, Flugstaub und Rauchgas

gung ab und werden im Elektrofilter (10) und in der Rauchgaswäsche (12) gereinigt und danach über den Schornstein (13) abgeleitet.

Tabelle 1.2 zeigt die Verteilung von Elementen, die als Müllbestandteile in die Verbrennung gelangen, sowie bezüglich Rückständen, Schlacken, Flugstaub und Rauchgas.

Kohlenstoff verläßt dabei die Anlage im Abgas in Form von CO_2. Schwefel (als SO_x), Fluor (als HF), Chlor (als HCl) und Quecksilber werden in der Rauchgaswaschanlage abgeschieden. Aus dem abgeschiedenen Schwefeldioxid kann z.B. Gips hergestellt werden.

Tabelle 1.3 enthält Angaben über Reststoffqualitäten und Rauchgaskonzentrationen bei einer Gleichstromfeuerung (Betriebswerte von Deutsche Babcock Anlagen AG).

Rückstandsbehandlung (Reststoffbehandlung)

Ober- und untertägige Deponierung

Die Entsorgung der Hauptmenge an Filterstäuben und der durch chemische Umsetzungen erzeugten Rauchgasreinigungsprodukte aus der Abfallverbrennung erfolgt z.B. mit Sicker-

Tabelle 1.3: Reststoffqualitäten und Rauchgaskonzentrationen bei der Gleichstromfeuerung

Stoffstrom	Einheit	Konzentration
Rauchgase nach Kessel		
CO	mg/m³	kleiner 20
C_{ges}	mg/m³	kleiner 2
NO_2	mg/m³	im Mittel 250
PCDD/PCDF	ng TE/m³	0,11/0,12
Rostschlacke		
Rest-C	%	kleiner 1
PCDD/PCDF	ng TE/g	0,007
Flugstaub (Elektrofilter)		
Staub nach Kessel	g/m³	kleiner 2
Rest-C	%	im Mittel 1
PCDD/PCDF	ng TE	0,213

wasserführungen ausgestatteten obertägigen Deponien (d.h. in Form einer Monodeponie) oder mit Müllverbrennungsschlacken vermischter Ablagerung.

Eine Monodeponie ist eine oberirdische Deponie, in der Abfälle, die nach Art, Schadstoffgehalt und Reaktionsverhalten vergleichbar sind, zeitlich unbegrenzt abgelagert werden.

Eine Ablagerung soll insbesondere dann erfolgen, wenn aufgrund der Schadstoffgehalte im Abfall eine Mobilisierung der Schadstoffe und nachteilige Reaktionen mit anderen Abfällen ausgeschlossen werden sollen (z.B. Verbrennungsrückstände).

In Baden-Württemberg wird die untertägige Verbringung von Produkten aus abwasserlosbetriebenen Rauchgasreinigungsverfahren in ein stillgelegtes Salzlager in Heilbronn durchgeführt. Salzlager sind besonders günstig, da Satzstöcke im allgemeinen nicht mit wasserführenden Schichten in Verbindung stehen.

Verfestigung

Mittels Verfestigungsverfahren will man einer Mobilisierung von Inhaltsstoffen in den Rauchgasreinigungsrückständen bei Kontakt mit wässerigen Medien entgegenwirken. Dies geschieht durch Zugabe von Schlacken, Zement oder anderen Bindemitteln. Dazu gibt es eine größere Anzahl von Entwicklungsverfahren, jedoch mit dem Nachteil, daß eine Volumenvergrößerung um den Faktor 2 oder mehr in Kauf genommen werden muß.

3R-Verfahren zur Behandlung von Schwermetallen (Fallbeispiel vom Forschungszentrum Karlsruhe und Deutsche Babcock Anlagen GmbH, Oberhausen)

Im Gegensatz zu den Verfestigungsverfahren, die eine Immobilisierung (Unbeweglichkeit) der Schadstoffe in den Filterstäuben durch Zuschlagstoffe erreichen wollen, besteht die Idee des im Kernforschungszentrum Karlsruhe entwickelten 3R-Verfahren (Rauchgasreinigung mit Rückstandsbehandlung) darin, durch einen im sauren Milieu ablaufenden Extraktionsprozeß, gefährliche Inhaltsstoffe den Filterstäuben zu entziehen. Mobilisierbare Schwermetalle werden hierbei entfernt bzw. in eine nicht mobilisierbare Form übergeführt.

Durchführung des 3R-Verfahrens:

Der Prozeß dieses Verfahrens besteht aus 2 Stufen:
Der *erste Schritt* ist die Laugung der Rückstände mit der salzsauren Waschlösung der 1. Wäscherstufe innerhalb des Rauchgasreinigungskonzeptes einer Abfallverbrennungsanlage. In den Rückständen enthaltene mobilisierbare Schwermetalle, wie z.B. Cadmium, Zink, Kupfer usw. werden durch schwachsaure Extraktion (Herausziehung bei pH 3) in Lösung gebracht. Enthält die eingesetzte Waschlösung Quecksilberanteile, dann wird diese in einer vorgeschalteten Trennstufe (z.B. Ionenaustauscher) abgeschieden.
Zur Fest/Flüssig-Tennung der eluierten (ausgeschlämmten) Filter- und Kesselstäube von der schwermetallhaltigen Lösung wird meist ein Vakuumfilter eingesetzt. Aus dem Filtrat werden die Schwermetalle entweder gemeinsam angereichert oder durch Trennverfahren zurückgewonnen.
Der anfallende Filterkuchen selbst wird in dem nun folgenden „zweiten Prozeßschritt" mit einem Bindemittel (z.B. Ton) zu Pellets (hergestellte kugelförmige Stückchen) verfestigt. Die erhaltenen Teile werden in den Feuerraum des vorhandenen Müllverbrennungsofens zurückgeführt. Dabei werden einerseits bei Temperaturen von ca. 900 °C die organischen Inhaltsstoffe wie Dioxine und Furane weitgehend (ca. 99 %) zersetzt, andererseits die mineralische Substanz der Preßlinge einem Sintervorgang unterzogen. Aufgrund der hohen Abriebfestigkeit der Pellets werden keine Rückstandsteile aus dem Feuerraum in den Absaugweg freigesetzt. Es entsteht das fertige 3R-Produkt, das mit der Schlacke ausgetragen wird. Bild 1.9 zeigt eine Verfahrensschaltung des 3R-Verfahrens.

1.3 Thermische Behandlung von Abfällen

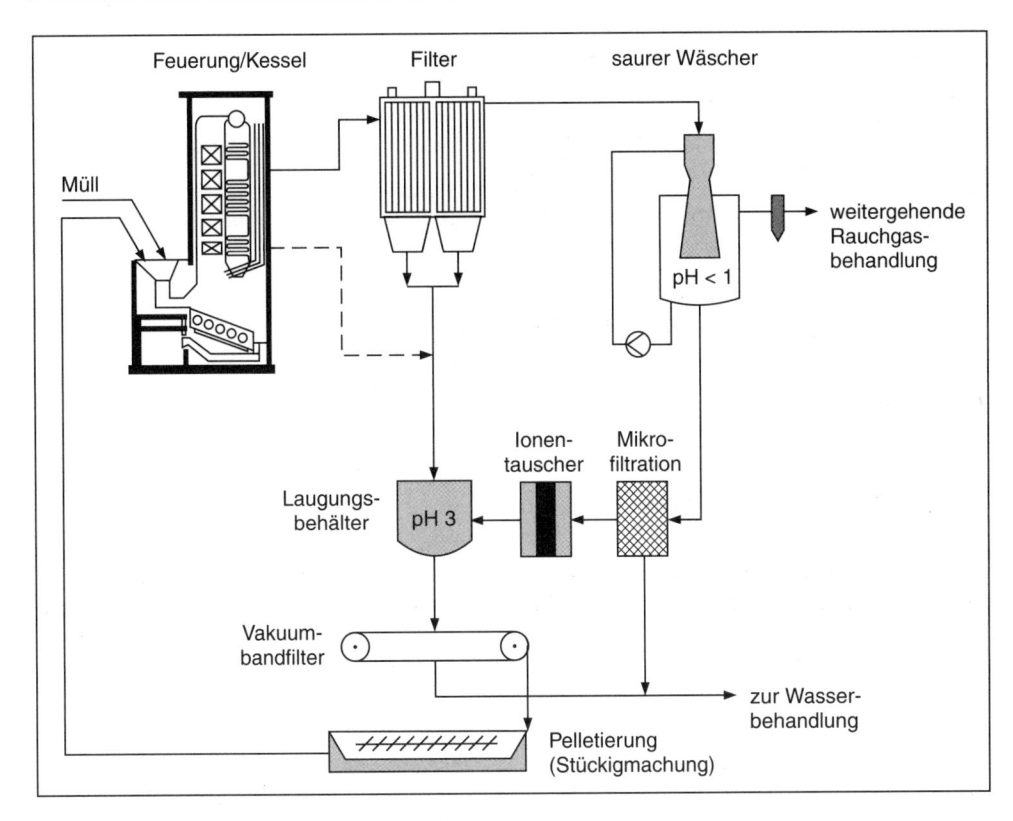

Bild 1.9: Verfahrensschaltung des 3R-Verfahrens

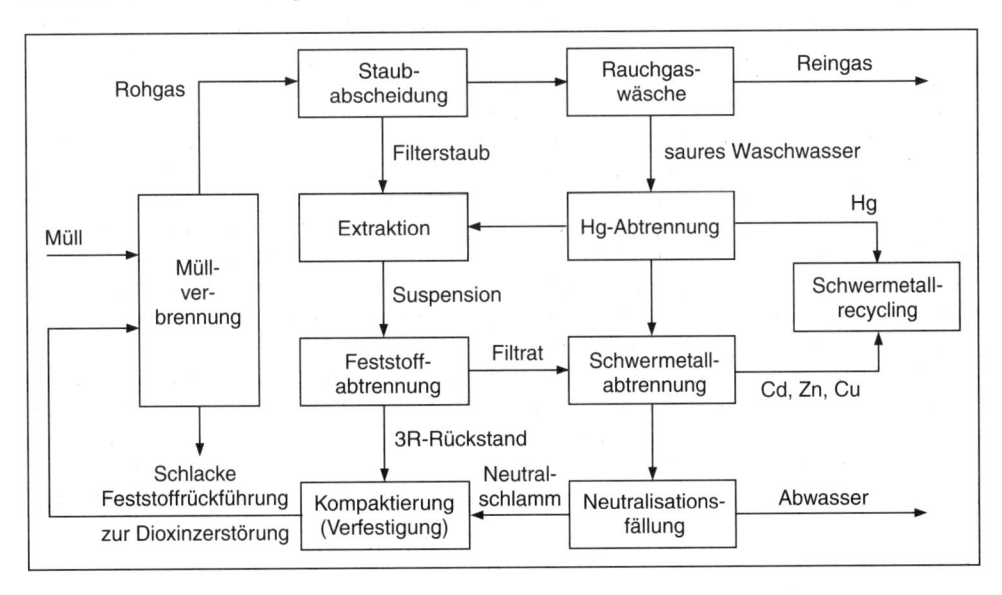

Bild 1.10: Verfahrensschema des 3R-Verfahrens

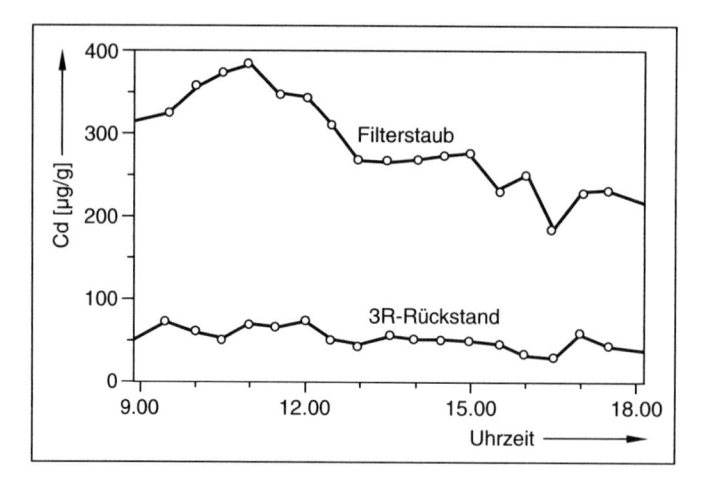

Bild 1.11: Cadmiumkonzentration der Anlage DORA

Das 3R-Verfahren kann als partieller Löseprozeß verstanden werden, in dem vor allem das ökotoxisch bedeutsame Schwermetall Cadmium (Cd) nahezu quantitativ, daneben aber auch noch größere Mengen an Zink und bestimmte Anteile an Kupfer und Nickel extrahiert und nach einer Neutralisationsfällung als Konzentrat abgeschieden werden.

Der 3R-Prozeß als saure Extraktion von Schwermetallen

Der 3R-Prozeß stellt eine chemisch-technische Umwandlung von Filterstäuben in Schlakkequalität dar. Das Verfahrensschema des 3R-Prozesses ist in Bild 1.10 dargestellt.

Wichtigster Schritt ist also die Zusammenführung des Filterstaubstroms aus dem Staubabscheider und der Abfallsäure aus der sauren Wäschestufe (saurer Wäscher), die dort in ausreichender Menge anfällt. Die saure Waschlösung selbst enthält bereits das gesamte Quecksilber (Hg), während die anderen Schwermetalle zusammen mit dem Filterstaub anfallen. Da Quecksilber bei der Extraktion nicht in der flüssigen Phase bleibt (Quecksilberproblem), sondern sich umgekehrt fest an den Filterstaub anlagert, muß es vor der Extraktion aus dem Rauchgaswaschwasser entfernt werden. Das kann mit Ionenaustauscher (siehe Bild 1.9) vorgenommen werden. Da diese Abtrennung hochspezifisch ist, bietet sich ein Recycling des Quecksilbers an.

Beim eigentlichen Extraktionsschritt gehen in kurzer Zeit 90 % des Cadmiums und 60 % des Zinks in Lösung. Vom gesamten Feststoff lösen sich ca. 20 %. Der Extraktion schließt sich eine Flüssigkeit/Feststoff-Trennung an. Die in Lösung befindlichen Schwermetalle werden entweder durch Neutralisationsfällung gemeinsam angereichert oder durch Trennverfahren, z.B. Ionenaustauschverfahren zurückgewonnen.

Um den Prozeß unter realen Bedingungen zu testen, wurde die halbtechnische Versuchsanlage DORA von der Deutschen Babcock Anlagen AG Oberhausen (DBA) und dem Kernforschungszentrum Karlsruhe (KfK) errichtet. Dabei ist DBA verantwortlich für den Betrieb der Anlage und wird meßtechnisch vom KfK betreut. Bild 1.11 gibt z.B. den Konzentrationsverlauf für Cadmium in den Eingangs- und Ausgangsmassenströmen der Anlage DORA für einen Meßtag wieder.

Vorteile des 3R-Verfahrens:
- Ökotechnisch bedeutsame Schwermetalle, wie z.B. Cadmium sowie ökologisch bedenkliche, weil bioverfügbare mobile Verbindungen von Kupfer, Blei, Zink, werden nahezu vollständig entfernt.

- Organische Schadstoffe (PCDD, PCDF) werden quantitativ zerstört; d.h. die PCDD- und PCDF-Inhalte in den 3R-Produkten werden beim Durchgang durch den Verbrennungsofen einer MVA bis auf vernachlässigbare Restkonzentrationen sicher zerstört.
- Hoher Mineralisierungsgrad des 3R-Produktes.
- Das 3R-Produkt kann gemeinsam mit der Schlacke der Müllverbrennungsanlage (MVA) verwertet oder entsorgt werden.

Das Ziel des 3R-Prozesses ist es, die mobilisierbaren toxischen Metalle möglichst quantitativ aus den Filterstäuben zu entfernen.

1.3.1.2 Verbrennung von Klärschlamm

Klärschlamm

Klärschlamm ist die Bezeichnung für den bei der mechanischen oder biologischen Reinigung von Abwässern anfallenden Schlamm.

Klärschlamm wird z.B. in sogenannten Faultürmen ausgefault, wobei sich *Biogas* (Methangas) bildet, das meist zur Energieversorgung der Anlage (Klärschlammverbrennung) herangezogen wird. Der ausgefaulte Schlamm wird entweder in Trockenbeeten stichfest gemacht oder maschinell entwässert. Klärschlamm aus häuslichen Abwässern enthält viele Nähr- und Humusstoffe und kann unter bestimmten Voraussetzungen als Düngemittel verwendet werden. Einzelheiten hierzu regelt die *Klärschlammverordnung,* durch die die landwirtschaftliche Verwertung von Klärschlamm von 71 % (1989) auf unter 50 % (1991) gesunken ist. Da die Menge des heute in der Bundesrepublik Deutschland erzeugten Klärschlamms von der Landwirtschaft nicht mehr aufgenommen werden kann, wird ein Teil des jährlich anfallenden Klärschlamms (1990 ca. 250 000 t Trockenmasse) verbrannt.
Geeignete Abscheideeinrichtungen sollen eine Belastung der Umwelt mit dem im Klärschlamm enthaltenen Schwermetallen bzw. bei der Verbrennung entstehenden Schadgasen verhindern.

Organische Schadstoffe im Klärschlamm

Der Einsatz von Klärschlamm in der Landwirtschaft ist wegen des Angebots an Pflanzennährstoffen und der Verbesserung der Bodenstruktur anzustreben.
Beschränkt wird die landwirtschaftliche Verwertung von Klärschlamm durch toxische und ökotoxische Schwermetalle.
Die Klärschlammverordnung (AbfKlärV) vom 15. April 1992 enthält deshalb aus Vorsorgegründen für sieben Schwermetalle Klärschlamm- und Bodengrenzwerte und für die Stoffgruppen Dioxine/Furane, polychlorierte Biphenyle (PCB) und den Summenparameter AOX (Adsorbierbare organische Halogenverbindungen) Klärschlammgrenzwerte.

Klärschlammbehandlung

Aktuelle und zukünftige gesetzliche Regelungen stellen in wachsendem Maße umfangreiche Anforderungen an die Effizienz von Entsorgungsverfahren. Denn Kompostierung, Verwendung als Düngemittel oder Deponie werden aus unterschiedlichen Gründen schwieriger. Hier ist die thermische Behandlung wegen der Volumenreduktion und der inerten (reaktionsträgen) Asche in den Vordergrund gerückt.
Der Bau von Kläranlagen trägt z.B. dazu bei, die Probleme des Gewässerschutzes zu lösen. Andererseits ergibt sich daraus ein neues Problem. Mit zunehmender Zahl der Kläranlagen und der Erhöhung der Reinigungsleistungen der Kläranlagen steigt die anfallende Klärschlamm-menge. Die Möglichkeiten der Verwertung von Klärschlamm in der Landwirtschaft

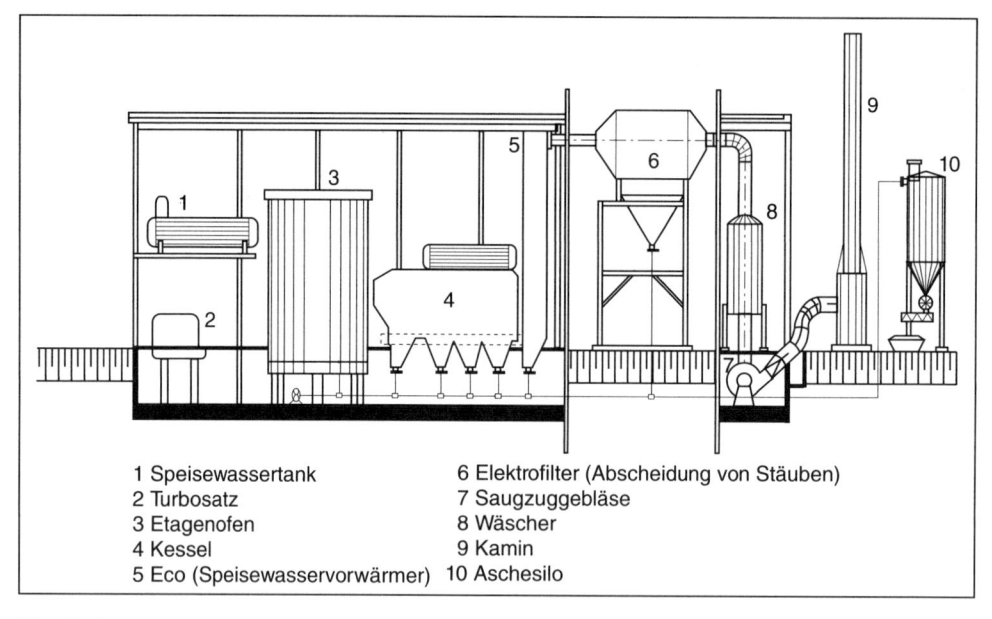

Bild 1.12: Etagenofen zur Verbrennung von Raffinerieklärschlamm (Werksfoto von Fa. Lurgi)

1 Speisewassertank
2 Turbosatz
3 Etagenofen
4 Kessel
5 Eco (Speisewasservorwärmer)
6 Elektrofilter (Abscheidung von Stäuben)
7 Saugzuggebläse
8 Wäscher
9 Kamin
10 Aschesilo

und Kompostierung sind (wie erwähnt) begrenzt und der verfügbare Deponieraum wird immer knapper.

Es empfiehlt sich somit bei der Behandlung von kommunalen Klärschlämmen und Industrieschlämmen, einer thermischen Behandlung des Klärschlammes den Vorzug zu geben. Als Ofensystem für die Verbrennung solcher Abfälle haben sich Etagen- und Wirbelschichtöfen bewährt, da bei beiden Ofentypen große Oberflächen für den Wärmeaustausch und entsprechende Materialmassen als Wärmespeicher zur Verdampfung des Wassers angeboten werden.

Etagen- und Wirbelschichtöfen kommen zum Einsatz bei:
- Abwasserschlämmen aller Art, z.B. aus der kommunalen und/oder industriellen Abwasseraufbereitung,
- zerkleinertem Hausmüll in Kombination mit Abwasserschlämmen,
- fetthaltigen Abfallstoffen,
- bei Rinden und Schlämmen aus Zellstoff- und Papierfabriken.

Der Etagenofen wird aufgrund gleichbleibend gutem Ausbrand vorwiegend bei stark schwankendem Schlammanfall eingesetzt und insbesondere dann, wenn sehr aschereiche Schlämme zu behandeln sind. Bild 1.12 zeigt einen Etagenofen zur Verbrennung von Raffinerie-Klärschlamm.

Im folgenden soll der Wirbelschichtofen etwas näher beschrieben werden.

Wirbelschichtofen

Im Wirbelschichtofen stellt die Wirbelschicht Wärmespeicher und Oberfläche zugleich dar. Im wirbelnden Bett aus Quarzsand wird der Schlamm zerteilt, getrocknet und das organische Material verbrannt. Entscheidend für den Ausbrand ist die gleichbleibende Verteilung der Verbrennungsluft durch die Ausbildung des Wirbelrostes (Rost/Anströmboden) und der intensive Wärmeaustausch in der Wirbelschicht.

1.3 Thermische Behandlung von Abfällen

A Verbrennungsluft	1 Aufgabevorrichtung	9 Abgasstutzen
B Wirbelschicht	2 Düsenboden	10 Verbrennungs-
C Brennraum	3 Wirbelschichtofen	luftetritt
D Feuerfeste Auskleidung	4 Heißluftvorwärmer	11 Heißgaseintritt
	5 Frischluftgebläse	12 Vorrichtung für
	6 Zyklon-Entstauber	Zusatzbrennstoff
	7 Ascheaustrag	
	8 Stützbrenner	

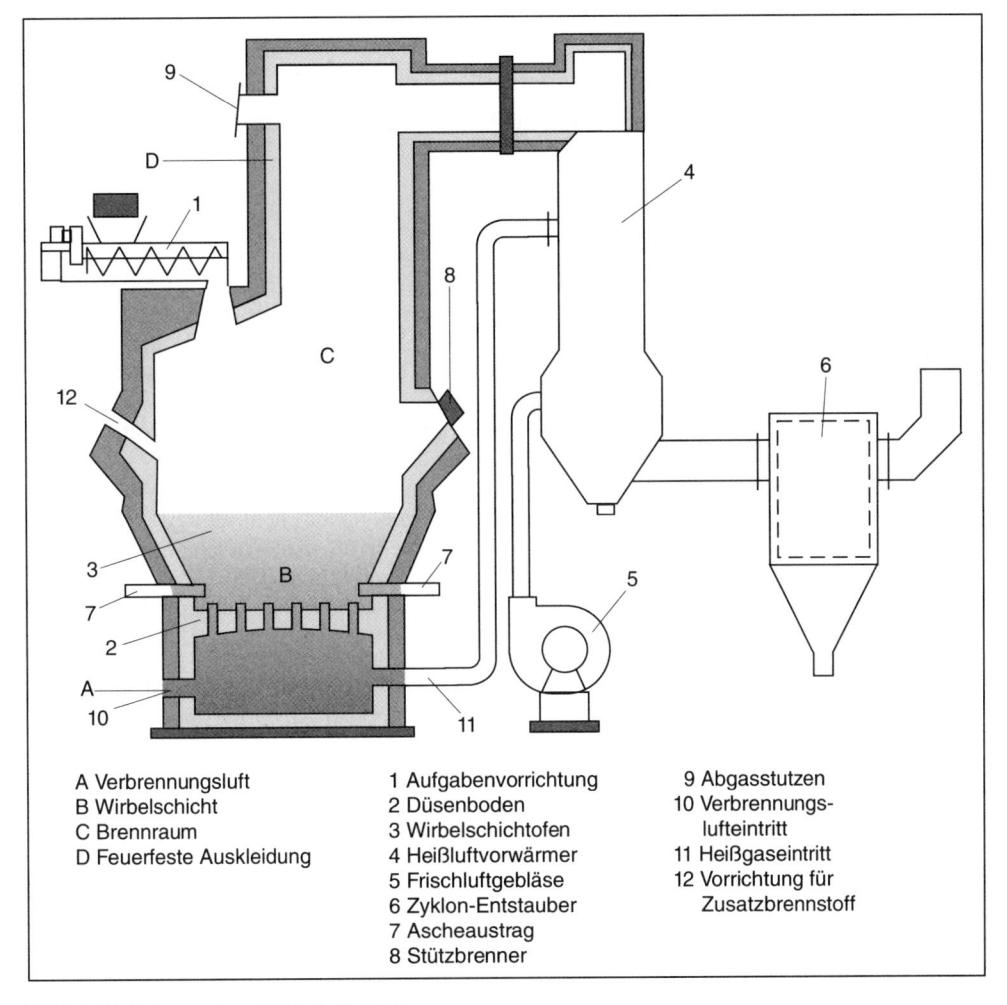

Bild 1.13: Schema einer Wirbelschichtfeuerung

Die Verbrennungsgase verlassen oberhalb der Wirbelschicht den Brennraum und werden z.B. einem Wärmetauscher zugeführt.
Die Ascheteile gelangen teilweise mit den Rauchgasen aus dem Verbrennungsraum und werden über einen Entstauber (Zyklon-Entstauber) abgeschieden. Ein Teil verläßt den Brennraum über einen Auslauf (Ascheaustrag) oberhalb des Anströmbodens.
Die abgekühlten Rauchgase werden in einer nachgeschalteten Rauchgaswäsche behandelt. Über Saugzug und Schornstein werden dann die Rauchgase in die Atmosphäre abgeleitet; der Rauchgaspfad ist in Bild 1.13 nicht mehr aufgeführt.

Verwendung: Die Wirbelschichtfeuerung ist geeignet für feste rieselfähige Abfälle und für Klär- und Industrieschlämme sowie für flüssige und pastöse Abfälle (bei einer speziellen Brennkammer). Besonders zweckmäßig ist der Einsatz von Wirbelschichtöfen bei Schlämmen mit niedrigem Aschegehalt und unproblematischer Asche.

Vorteile: Hohe Turbulenzen im Feuerraum, große Brennmaterialoberflächen, große Wärmekapazität, guter Wärmeausgleich.

1.3.1.3 Verbrennung von Brennstoffen in Wärmekraftwerken (im fossil befeuerten Kraftwerk)

Wärmekraftwerk:

Elektrische Energie ist in großen Mengen nicht direkt speicherbar. Sie muß vielmehr im gleichen Augenblick, in dem sie vom Verbraucher angefordert wird, in den Kraftwerken erzeugt werden. In der Bundesrepublik Deutschland werden dazu hauptsächlich Wärmekraftwerke eingesetzt. Ein Wärmekraftwerk ist in der Regel ein Dampfkraftwerk, in dem durch Verbrennung von Kohle, Gas und Öl, Dampf erzeugt wird. Der Dampf verrichtet in einer Turbine mechanische Arbeit (Bild 1.14).

Kraftwerke wandeln *Primärenergien* in elektrische Energie um, z.B. ein Kohlekraftwerk die chemisch gebundene Energie der Kohle in die *Sekundärenergie* Elektrizität.

Vereinfacht sieht z.B. eine Energieumwandlungskette für ein *fossil* befeuertes Kraftwerk (Kohle, Öl oder Gas) wie folgt aus: Die im Brennstoff gebundene chemische Energie wird in Wärmeenergie, diese in Bewegungsenergie und diese wiederum in elektrische Energie umgewandelt. Diese Umwandlung vollzieht sich also in mehreren Stufen (Bild 1.15).

Die Energieumwandlung in einem Wärmekraftwerk wirkt auf die Bereiche Luft, Wasser und Erde ein (Bild 1.16).

Die Umwelteinflüsse eines Wärmekraftwerkes lassen sich also wie folgt beschreiben:
- über den Schornstein werden die Rauchgase und ein Teil der Abwärme abgegeben;
- im Kühlturm, über den ein anderer Teil der Abwärme abgeführt wird, erwärmt sich die Luft und wird mit Wasserdampf angereichert;
- im Kessel und im Elektrofilter fällt Asche an;
- das in der Entschwefelungsanlage zurückgehaltene Schwefeldioxid wird meist in Gips umgewandelt;
- die Stickoxide werden in der Entstickungsanlage bei Zugabe von Ammoniak (NH_3) in Anwesenheit eines Katalysators reduziert, es entstehen dabei Stickstoff und Wasserdampf;
- die Anlage emittiert außerdem Lärm.

Steinkohlekraftwerk

Maßnahmen zur Verringerung der Umweltbeeinflussung am Beispiel eines Steinkohlekraftwerks

Beispiel: In einem Steinkohlekraftwerk mit einer elektrischen Leistung von 740 MW werden pro Tag bei voller Auslastung etwa 6000 t Steinkohle zur Stromerzeugung verbrannt, eine Menge, die eine Schachtanlage mit 2000 Beschäftigten pro Tag liefern kann. Es handelt sich dabei im allgemeinen um Kohle mit einem Aschegehalt von 6–9 %, einem Wasseranteil von 10 %, einem Schwefelanteil von 1 % sowie geringen Anteilen von Chlor und Fluor.

Etwa 5–10 % der im Kohlekraftwerk anfallenden Asche fällt als Grobasche direkt im Dampferzeuger an. Die restliche Asche wird bis zu 99.9 % im Elektrofilter aus den Rauchgasen abgeschieden. Die Asche kann nach entsprechender Aufbereitung als Füllstoff in der Betonindustrie oder im Straßenbau verwendet werden.

Elektrofilter

Elektrofilter haben die Aufgabe, die im Rauchgas enthaltenen Stäube abzuscheiden (Bild 1.17). In einem Gehäuse werden geerdete Elektroden, *Niederschlagselektroden* genannt,

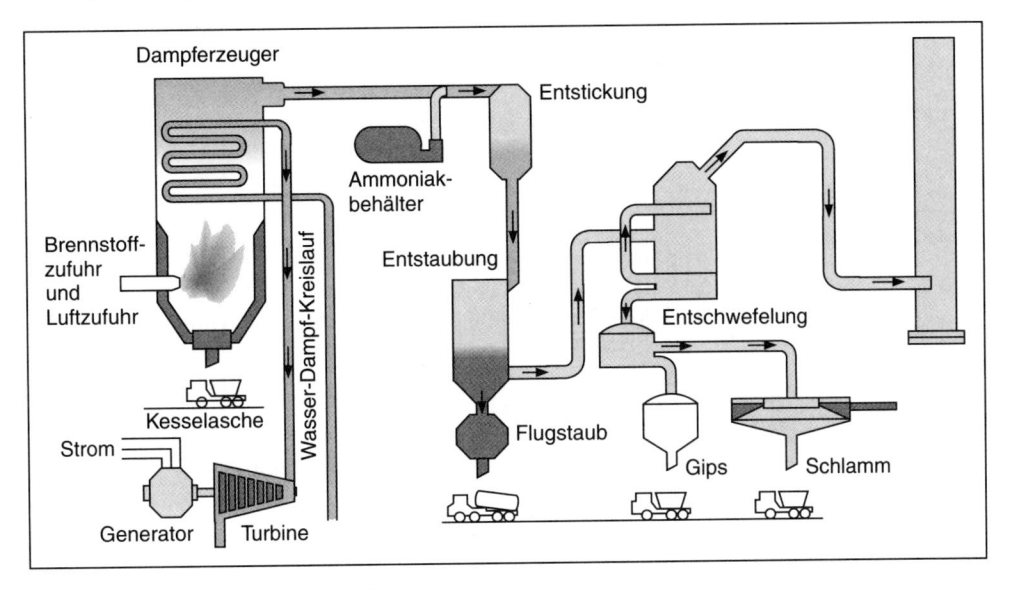

Bild 1.14: Schema eines Wärmekraftwerks

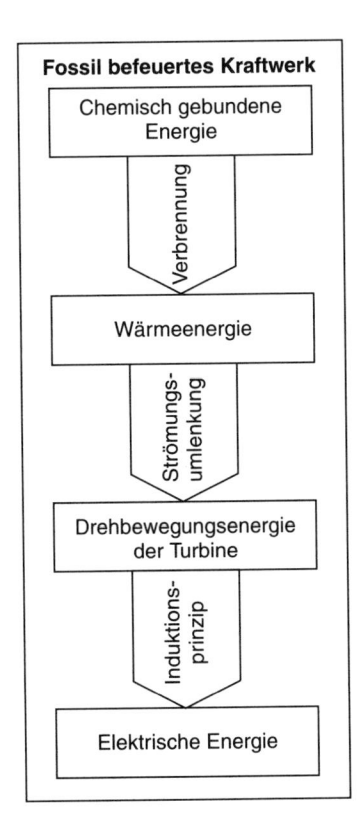

Bild 1.15: Schema einer Energieumwandlungskette

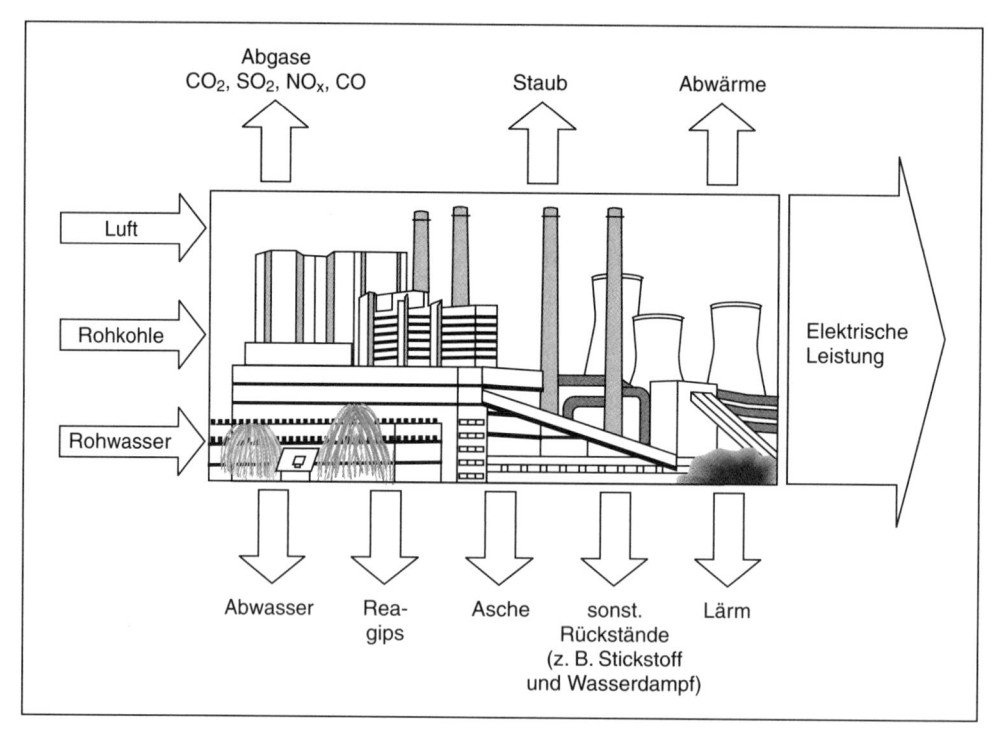

Bild 1.16: Umweltbeeinflussungen eines Wärmekraftwerkes

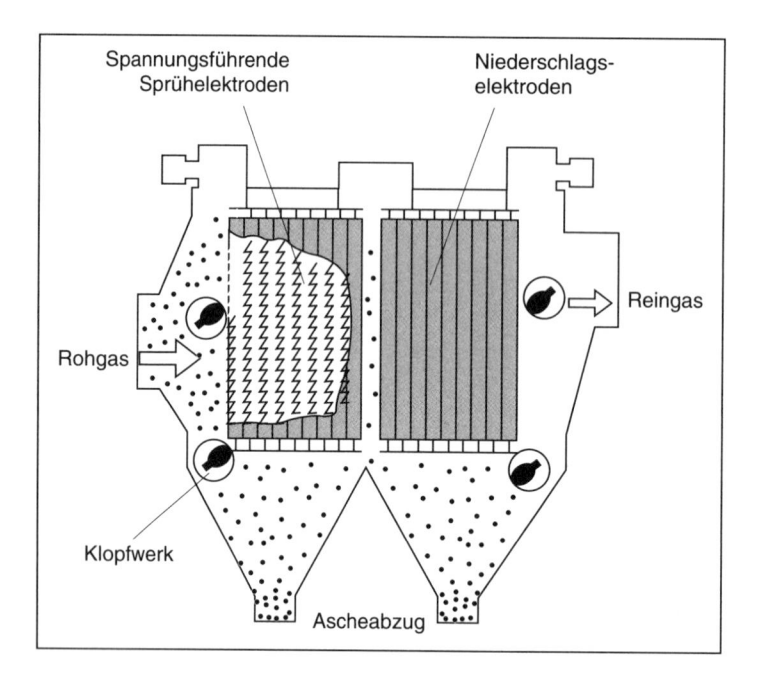

Bild 1.17: Schemazeichnung eines Elektrofilters

1.3 Thermische Behandlung von Abfällen

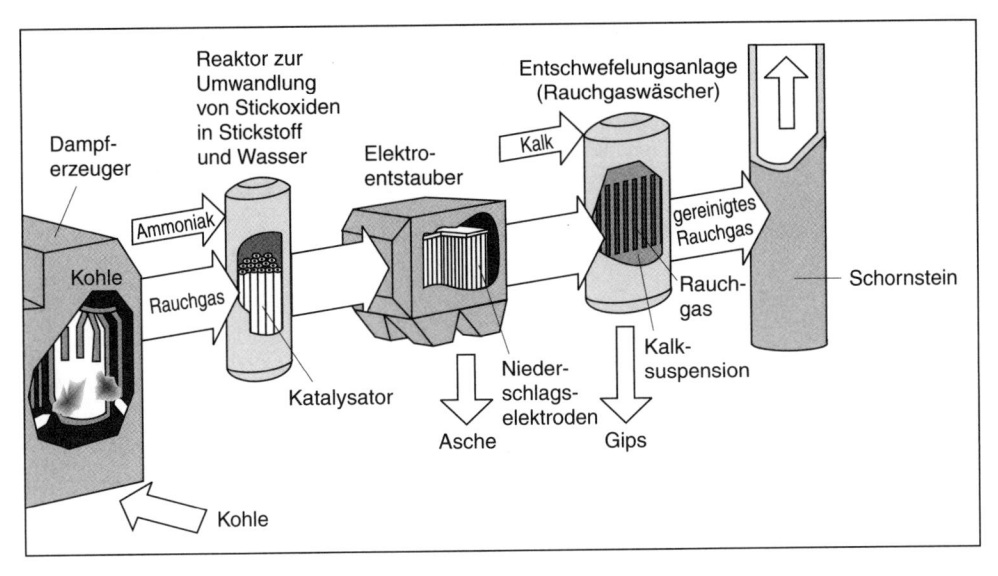

Bild 1.18: Vereinfachte schematische Darstellung einer Rauchgasreinigung in einem Kohlekraftwerk

eingebaut. Zwischen ihnen werden weitere Elektroden, die *Sprühelektroden,* angeordnet. An die Sprüh- und Niederschlagselektroden wird eine Gleichspannung angelegt. Zwischen den Elektrodengruppen bildet sich dadurch ein elektrisches Feld aus.
Die Rauchgase durchströmen dann gleichmäßig den gesamten Querschnitt des Filters. Unter dem Einfluß des elektrischen Feldes laden sich die Staubteilchen negativ auf und setzen sich an den geerdeten Niederschlagselektroden ab. Eine Klopfvorrichtung schlägt periodisch gegen die Niederschlagselektroden, dadurch fallen die Staubteilchen in einen Aschetrichter und werden abtransportiert.

Rauchgasreinigung

Bei der Erzeugung von Strom aus fossilen Energieträgern (Kohle, Gas, Öl) in Wärmekraftwerken entstehen Schadstoffe, die soweit wie technisch möglich zurückgehalten und unschädlich gemacht werden müssen, damit sie nicht die Umwelt belasten. Hierbei handelt es sich vor allem um Schwefeldioxid (SO_2), Stickoxide (NO_x) und Staub.

Die Rauchgasreinigung bezieht sich somit auf eine
- Entschwefelung
- Entstickung und
- Entstaubung

Bild 1.18 zeigt eine vereinfachte schematische Darstellung über eine Rauchgasreinigung in einem Kohlekraftwerk. Tabelle 1.4 zeigt eine Übersicht über Rauchgasreinigungs-Verfahren.

Verfahren zur Rauchgasentschwefelung

Viele Wege führen zur effektiven Entschwefelung.

Grundsätzlich kann man drei Verfahrensarten zur Entschwefelung unterscheiden, die sich ihrerseits wieder in Varianten unterscheiden:

Tabelle 1.4: Übersicht über verschiedene Verfahren zur Rauchgasreinigung und ihre Bewertung

Kriterien \ Verfahren	Naßabsorptionsverfahren	Kondensationswäsche	Sprühabsorptionsverfahren	Trockenabsorptionsverfahren	Trocken-Alkaliverfahren	Trocken-additivverfahren	Aktiv-Koksverfahren
Entstaubung	–	–	++	++	++	++	++
Entschwefelung	+	0	+	0	+	– –	++
Endproduktentsorgung	–/0	–	0	+	– –	–	++
Verfügbarkeit	0	0	0	0	+	+	+/++
Gesamtkosten	+/–	–/+	+	0	0	+	– –
Andere Kriterien	0	+	0	0	0	+	+
Entwicklungsstand	+	+	+	+	–	+	–
Akzeptanz	–	+	+	+	–	+	++
Platzbedarf	+	0	–	–	+	+	–
NO_x-Minderung	–	–	–	–	–	–	++
Wärmerückgewinnung	–	++	–	+	+	+	+
Gesamtbewertung	0	0	+/0	0/+	–	–/+	+

Definition der Zeichen	++ sehr gut	+ gut	0 befriedigend	– ausreichend	– – nicht akzeptabel

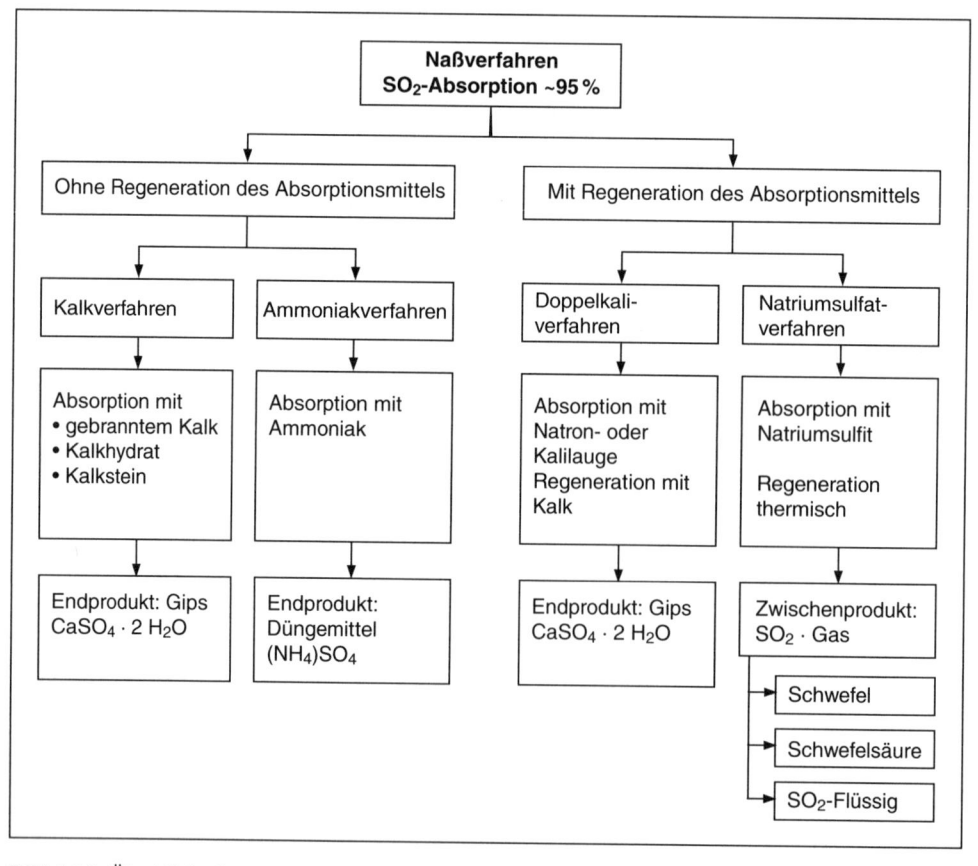

Bild 1.19: Überblick über das Naßverfahren zur Rauchgasentschwefelung

- **Naßverfahren** SO_2-Absorption ~95 %
  - **Ohne Regeneration des Absorptionsmittels**
    - Kalkverfahren
      - Absorption mit
        - gebranntem Kalk
        - Kalkhydrat
        - Kalkstein
      - Endprodukt: Gips $CaSO_4 \cdot 2\,H_2O$
    - Ammoniakverfahren
      - Absorption mit Ammoniak
      - Endprodukt: Düngemittel $(NH_4)SO_4$
  - **Mit Regeneration des Absorptionsmittels**
    - Doppelkaliverfahren
      - Absorption mit Natron- oder Kalilauge
      - Regeneration mit Kalk
      - Endprodukt: Gips $CaSO_4 \cdot 2\,H_2O$
    - Natriumsulfatverfahren
      - Absorption mit Natriumsulfit
      - Regeneration thermisch
      - Zwischenprodukt: $SO_2 \cdot$ Gas
        - Schwefel
        - Schwefelsäure
        - SO_2-Flüssig

- das Additivverfahren
- das Sprühabsorptionsverfahren und
- das Naßverfahren

Sortiert man die in deutschen Kraftwerken angewendeten Entschwefelungsanlagen nach der Verfahrensart, ergeben sich ungefähr die folgenden Anteile: An der Spitze stehen die Naßverfahren mit 86 %, nur 2 % sind „sonstige Naßverfahren", 8 % Trockenverfahren und 4 % Additivverfahren. Daher soll mit dem Naßverfahren begonnen werden.

Entschwefelung: Bild 1.19 zeigt einen Überblick über das Naßverfahren zur Rauchgasentschwefelung.

Bild 1.19 zeigt also einige Verfahren der Rauchgasentschwefelung. Durch die eingesetzten Absorptionsmittel können außer dem Endprodukt „Gips", als Endprodukte auch flüssiges Schwefeldioxid, Schwefelsäure, elementarer Schwefel usw. entstehen.

Naßverfahren mit dem Endprodukt REA-Gips

Bei der Rauchgasentschwefelungsanlage (REA-Anlagen) der Kohlekraftwerke haben sich bisher hauptsächlich die Naßverfahren durchgesetzt, wobei das Verfahren auf Kalkbasis – gebrannter Kalk CaO, gelöschter Kalk $Ca(OH)_2$ oder Kalkstein $CaCO_3$ – mit dem Endprodukt REA-Gips (Calcium-Dihydrat, $CaSO_4 \cdot 2H_2O$) überwiegt.

Vorgang: Beim Naßverfahren auf Kalksteinbasis werden die im Elektrofilter vom Staub befreiten Rauchgase (Entstaubung) in einen Wäscher (Absorber) geleitet, wo ihnen über

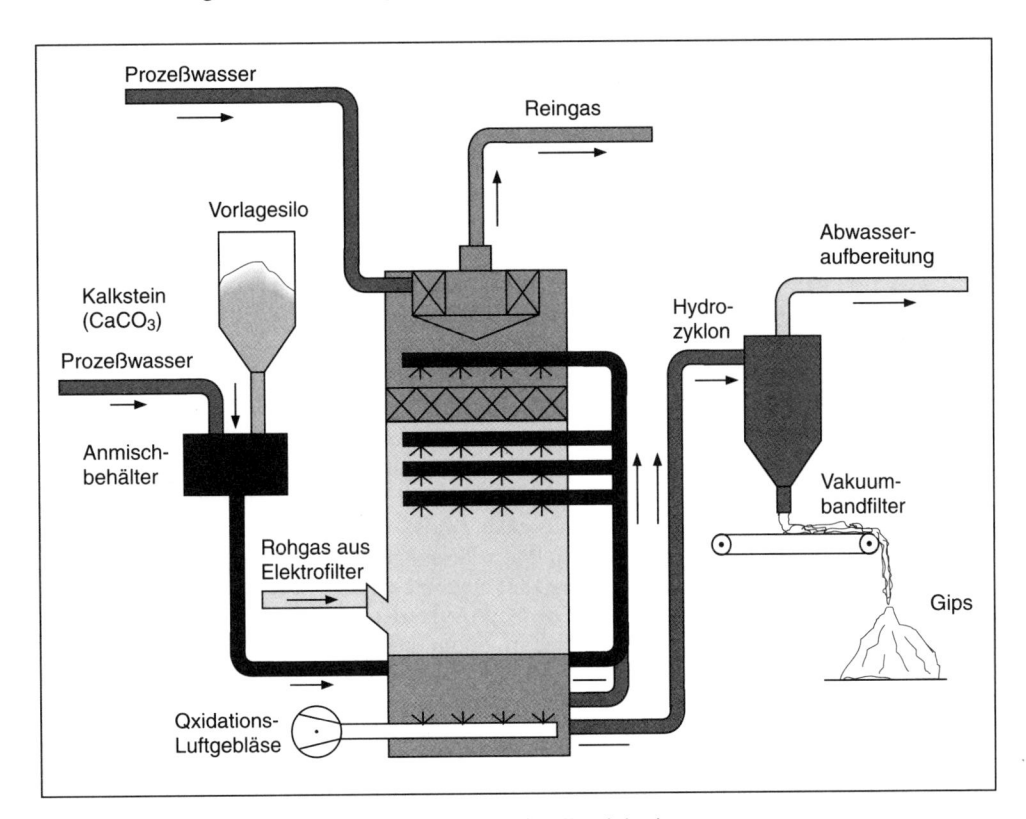

Bild 1.20: Schema der Rauchgasentschwefelung auf Kalksteinbasis

Rieseleinheiten eine Absorptionsflüssigkeit (Kalksteinsuspension) entgegenströmt, die aus Wasser und feinstgemahlenem Kalkstein besteht. Dabei kühlen sich die Rauchgase von etwa 120–140 °C auf ca. 60 °C ab. Das Schwefeldioxid des Rauchgases wird von dieser Suspension aufgenommen. Es entsteht Calciumsulfid, das mit dem Restsauerstoff der Rauchgase und zusätzlich eingeblasener Luft zum Calciumsulfat aufoxidiert wird. Das Calciumsulfat-Dihydrat ($CaSO_4 \cdot 2H_2O$) kristallisiert mit einer Reinheit von 99 % aus. Durch diesen Vorgang verläßt das Reingas die Entschweflungsanlage mit einem SO_2-Gehalt von weniger als 400mg/m^3 und wird aufgeheizt über den Kühlturm abgeführt.

Die chemischen Reaktionen laufen im wesentlichen nach folgenden Gleichungen ab:

$$CaCO_3 + SO_2 \rightarrow CaSO_3 + CO_2$$

$$CaSO_3 + 1/2\ O_2 \rightarrow CaSO_4$$

$$CaSO_4 + 2\ H_2O \rightarrow CaSO_4 \cdot 2\ H_2O$$

Bild 1.20 zeigt ein Schema der Rauchgasentschweflung auf Kalksteinbasis.

Bei diesem Naßwaschverfahren werden gleichzeitig der im Rauchgas enthaltene Chlorwasserstoff und der Fluorwasserstoff als Calciumchlorid bzw. Calciumfluorid entfernt und sammeln sich in der Gipssuspension an.

$$CaCO_3 + 2HCl \rightarrow CaCl_2 + H_2O + CO_2$$

$$CaCO_3 + 2HF \rightarrow CaF_2 + H_2O + CO_2$$

In der nachgeschalteten Gipsanlage wird die Gipssuspension, die aus dem „Sumpf" des Absorbers abgeführt wird, mit Hilfe von Eindickern und Zentrifugen entwässert, wodurch ein rieselfähiges Pulver (REA-Gips, Calciumsulfat-Dihydrat) mit einer Restfeuchte von 6–10 % entsteht. In Bild 1.21 wird nochmals ein Verfahrensschema von Rauchgaswäschen auf Kalksteinbasis mit einer Erzeugung von Gips als Endprodukt gezeigt (Rauchgasreinigung bei Großfeuerungsanlagen).

Waschverfahren mit Endprodukt Gips bei Großfeuerungsanlagen
(Fallbeispiel Hamburger Elektrizitätswerk)

Ablauf: Nach der Entstaubung im Elektrofilter werden die Rauchgase abgekühlt, durchströmen dann den Wäscher und verlassen nach der Wiederaufheizung auf Temperaturen über 85 °C die Reinigungsanlage. Besonderen Aufwand erfordern hier die Gipsentwässerung und die Abwasserbehandlung.

Als Wäschertyp werden heute vorwiegend Sprühturmwäscher verwendet, die sich durch einen geringen Druckverlust, glatte Wände und das Nichtvorhandensein von schlecht durchströmten Bereichen auszeichnen. Damit werden Verbackungen und Verkrustungen weitgehend verhindert. Die Reaktionsführung ist entweder ein- oder zweistufig.

In der einstufigen Ausführung wird innerhalb der gesamten Absorberzone die Waschwasserphase im Kreislauf geführt und gleichzeitig Luft eingeblasen. Die Luft verdrängt CO_2 aus der Lösung, so daß Kalkstein zunehmend gelöst wird. Außerdem oxidiert sie bei pH-Werten von 4,8–5,5 gelöste HSO_3^--Ionen zu SO_4^{2-}, so daß im Sumpf bereits Gips ausfällt.

Eine zusätzliche Stufe vor der Hauptabscheidung des SO_2 kann bei stark saurem pH zur Abscheidung von Staub und damit der Schwermetalle sowie der Halogene dienen. Damit läßt sich das schwermetall- und halogenhaltige Wasser gesondert gewinnen. Außerdem werden diese Verunreinigungen vom produzierten Gips ferngehalten.

Es bestehen auch Verfahren mit zweistufiger Reaktionsführung für eine SO_2-Auswaschung. Dabei wird in einer ersten Stufe mit Calciumcarbonatüberschuß gearbeitet, wobei sich Calciumsulfit an die Oberfläche der Calciumcarbonatkristalle anlagert. In der zweiten Stufe

1.3 Thermische Behandlung von Abfällen

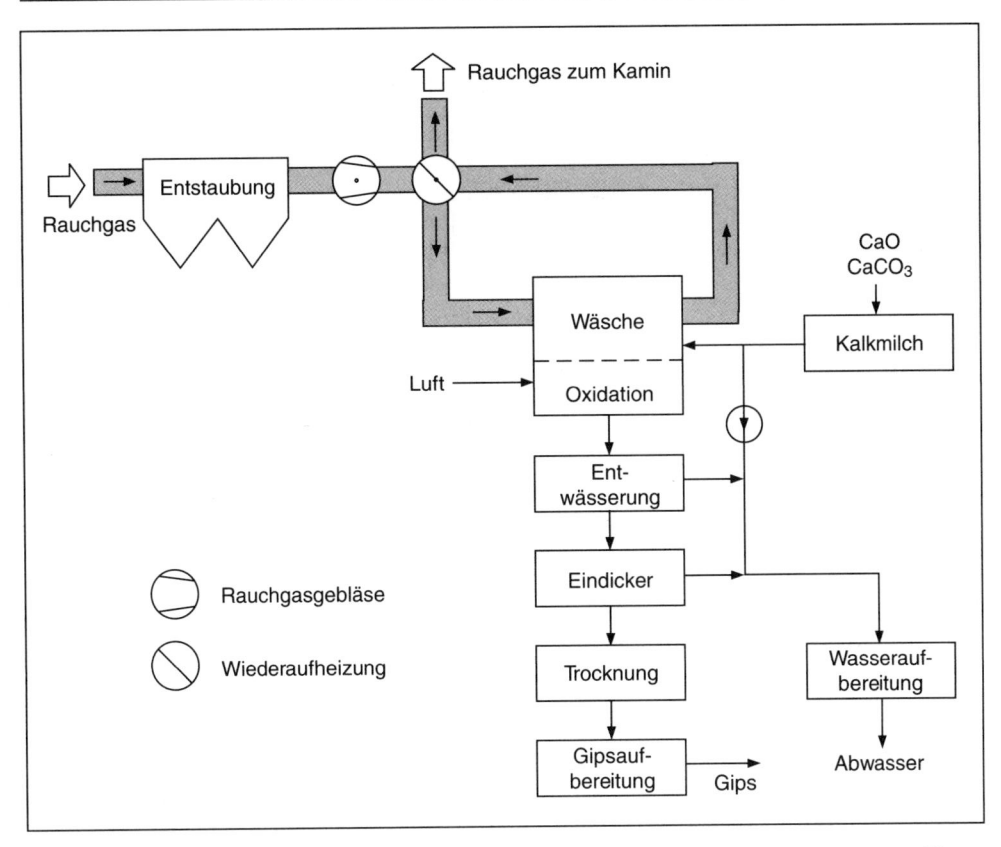

Bild 1.21: Verfahrensschema von Rauchgaswäschen auf Kalksteinbasis mit der Erzeugung von Gips als Endprodukt.

mit SO_2-Überschuß wird dann bei niedrigerem pH-Wert die Bildung von löslichen HSO_3^--Ionen erreicht und diese mit Luft zu $CaSO_4$ oxidiert.

Meist erhält man Gips von hoher Reinheit (bis zu 99 %) zum Teil in groben Kristallen, die sich leicht entwässern lassen. Die anfallende Gipssuspension, die im allgemeinen eine Feststoffkonzentration von 8–12 Gew.-% enthält, wird zunächst in einem nachgeschalteten Eindikker aufkonzentriert. Zur Entwässerung des Gipses können Vakuumbandfilter eingesetzt werden, denen Hydrozyklone (Aggregate zum Abscheiden von Feststoffteilchen aus Flüssigkeiten) vorgeschaltet sind. Auf den Vakuumbandfilter kann dann die Gipssuspension in einem Arbeitsgang entwässert und in zwei nachfolgenden Stufen im Gegenstrom gewaschen werden. Der vom Bandfilter abgeworfene Gipskuchen wird an einen Trockner gegeben, der mit Heißluft bei einer maximalen Temperatur von 140 °C arbeitet und mit einem dampfbeheizten Mantel ausgerüstet ist. Am Ende wird der staubtrockene Gips in Staubfilter abgeschieden.

Anderes Naßwaschverfahren

Ein anderes Naßwaschverfahren ist das Natriumsulfitverfahren, das als Absorptionsmittel Natriumsulfit einsetzt. Schwefeldioxid reagiert mit dem Natriumsulfat. Durch thermische Zersetzung (Regeneration) wird SO_2 als Gas wieder abgegeben und die Natriumsulfitlösung ist wiederverwendbar.

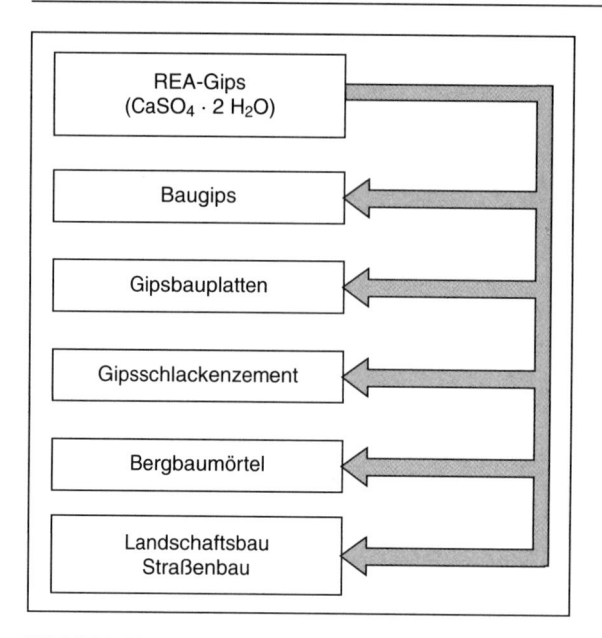

Bild 1.22: Verwendungsmöglichkeiten von REA-Gips

REA-Gipsverwertung

Je nach Schwefelgehalt der Kohle und Ausnutzungsgrad der Kohlekraftwerke fällt REA-Gips in unterschiedlichen Mengen an. In einem modernen Kraftwerksblock mit 750 MW elektrischer Leistung sind dies 175200 t pro Jahr. Das bedeutet, daß pro Jahr in der Bundesrepublik Deutschland aus Steinkohlekraftwerken ca. 2,5 Mio t REA-Gips anfallen.
In der Bundesrepublik Deutschland bestand 1987 ein Bedarf von ca. 4,7 Mio t Naturgips. Der größte Teil dieser Gipsmenge gelangte nach Aufbereitung und Hinzufügung verschiedener *Additive* (Zusatzstoffe, die schon in geringer Beimengung die Eigenschaften eines Produktes verändern können) als Baustoffe in den Hochbau. Die haupsächlichen Produkte sind Baugips, Gips-Kartonplatten und Gips-Wandbauplatten. Die Zementindustrie ist ebenfalls ein Großverbraucher von Naturgips.
Eine Substitution des Naturgips durch REA-Gips setzt voraus, daß dieser im Hinblick auf Eigenschaften und Preis dem Naturgips entspricht. Aufgrund der Qualität des REA-Gips können pro Jahr 3 Mio t Naturgips ersetzt werden. Die hauptsächlichen Verwertungsmöglichkeiten von REA-Gips sind in Bild 1.22 dargestellt.

Entschwefelung nach dem Additivverfahren

Eine direkte Entschwefelung bei der Verbrennung im Feuerraum wird durch das Additivverfahren ermöglicht. Dies Verfahren ist verfahrenstechnisch betrachtet das einfachste Prinzip zur Begrenzung der Schwefeldioxidemission. Die Entschwefelung erfolgt dabei durch Zugabe eines trockenen Additivs (daher die Verfahrensbezeichnung). Zumeist handelt es sich hierbei um Substanzen auf Calciumbasis, wie etwa Kalksteinmehl ($CaCO_3$) oder Kalkhydrat $Ca(OH)_2$.
Kalkstein ($CaCO_3$) oder gelöschter Kalk ($Ca(OH)_2$) wird in den Feuerraum eingeblasen oder der Kohle zugemischt. Bei nicht zu hohen Temperaturen im Feuerraum zerfallen die Additive

und bilden dadurch eine große Oberfläche. Ein Teil des Schwefeldioxids reagiert an den Oberflächen der basischen Additive unter Bildung von Sulfiten/Sulfaten.
Vereinfacht dargestellt erfolgt die Absorption des Schwefels gemäß folgenden chemischen Reaktionsabläufen:
- $CaCO_3 \rightarrow CaO + CO_2$ (bei Kalksteinmehl)
- $Ca(OH)_2 \rightarrow CaO + H_2O$ (bei Kalkhydrat)
- $CaO + SO_2 + 1/2\ O_2 \rightarrow CaSO_4$

Das bei der Verbrennung entstandene Schwefeldioxid – sowie das in geringerem Umfang entstandene Schwefeltrioxid (SO_3) – wird so in Calciumsulfat = Gips umgewandelt.
Wegen des vergleichsweise einfachen apparativen Aufwandes eignet sich das Additivverfahren für Feuerungsanlagen kleinerer Leistung, d.h. für Anlagen bis zu 300 MW Feuerungswärmeleistung. Das Additivverfahren eignet sich auch gut für Feuerungen mit zirkulierender Wirbelschicht (ZWS).

Zirkulierende Wirbelschichtfeuerung (ZWS)

Die Anwendung des Verfahrens der zirkulierenden Wirbelschichtfeuerung in der Kraftwerkstechnik ermöglicht durch die Verbrennung der Kohle bei niedriger Temperatur und durch Zugabe von Kalkstein eine wirksame Minderung der Schadstoffemissionen.

Verbrennung

Bei der Wirbelschichtverbrennung wird feinkörnig gemahlene und mit Kalkstein vermischte Kohle seitlich in die Brennkammer eingebracht und bei einer Temperatur von ca. 850 °C verbrannt (Bild 1.23). Die Verbrennungsluft wird mehrstufig zugeführt. Ein Teil der zur Verbrennung benötigten Luft (Primärluft) wird durch die Düsen in die Brennkammern geführt, während weitere Luft als Sekundärluft in höher gelegene Ebenen der ZWS-Brennkammer zugegeben wird. Die Brennstoffkörner werden in die zirkulierende Wirbelschicht – zusammen mit der Asche aus dem oberen Teil der Brennkammer – in den Abscheide-Zyklon (Rückführ-Zyklon) geleitet. Dort werden die noch unverbrannten Feststoffteilchen von den heißen Verbrennungsgasen abgetrennt und wieder in den unteren Teil der Brennkammer geleitet. Diese Zirkulation der Feststoffe gewährleistet eine hohe Verweildauer des Brennstoffs in der Wirbelschicht und damit einen guten Ausbrand trotz niedriger Verbrennungstemperatur.
Die niedrige Verbrennungstemperatur gewährleistet, in Verbindung mit einer gestuften Zugabe der Verbrennungsluft, eine geringe Stickoxidbildung.

Rauchgasreinigung:

Die abgekühlten Rauchgase werden durch Elektrofilter geleitet und dort nahezu vollständig von dem mitgerissenen Feinstaub gereinigt. Zusätzliche Rauchgasentschwefelungs- und/oder Entstickungsanlagen sind in ZWS-Kraftwerken nicht erforderlich.

Entschwefelungsvorgang:

Der für die Entschwefelung erforderliche feinkörnige Kalkstein wird in die Brennkammer seitlich zudosiert. Die Entschwefelung läuft dann unmittelbar im Feuerraum ab. Sie läßt sich durch folgende Reaktionsgleichungen beschreiben:
- Die Verbrennung des im Brennstoff enthaltenen gebundenen Schwefels:

$$S + O_2 \rightarrow SO_2$$

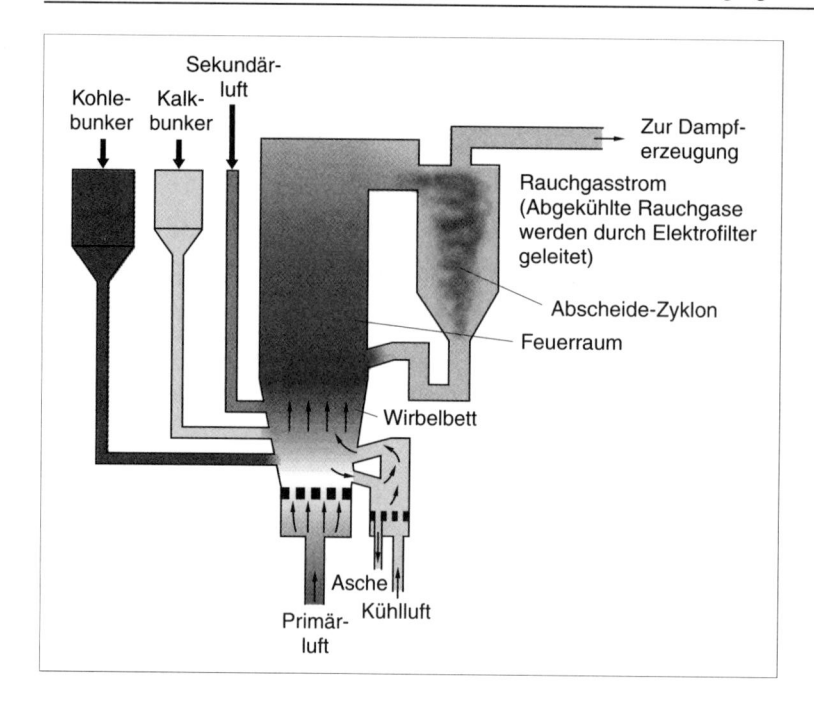

Bild 1.23: Wirbelschichtfeuerungssystem

- Die Kalzinierung des Kalksteins zu Calciumoxid:

$$CaCO_3 \rightarrow CaO + CO_2$$

- Reaktion zur Gipsbildung:

$$CaO + SO_2 + 1/2\ O_2 \rightarrow CaSO_4$$

Stickoxidunterdrückung:

Bei 850 °C entstehen aus Luftstickstoff noch keine Stickoxide. Durch die mehrstufige Verbrennungsführung wird die Bildung von Stickoxiden aus den in den Brennstoffen vorhandenen Stickstoffverbindungen weitgehend unterdrückt. Somit entstehen nur sehr geringe NO_x-Emissionen (< 200 mg/m^3).
Chlor- und Fluorverbindungen werden weitgehend in die Asche eingebunden.

Asche:

Als einziges Nebenprodukt fällt trockene Asche an, welche die Ballaststoffe des Brennstoffs, den gebildeten Gips sowie einen geringen Anteil an freiem Kalk (CaO) enthält und einen niedrigen Restkohlenstoffgehalt aufweist. Sie eignet sich als Zuschlag für Zement und andere Baustoffe. Aufgrund ihrer Basizität und ihrer hydraulischen Eigenschaften ist ihre Deponie unproblematisch.

Einsatz, Betrieb:

Feuerungen mit zirkulierender Wirbelschicht (ZWS) eignen sich für Kraftwerksleistungen im Bereich von 60–1000 MW je Block. Sie sind verwendbar für den Einsatz in Heizkraftwerken sowie für die industrielle Strom- und Wärmeerzeugung.

Sprühabsorptionsverfahren

Aus der Erkenntnis, daß SO_2 an feuchten Kalkpartikeln besser absorbiert als an trockenen, hat sich die „Sprühabsorptionstechnik" entwickelt.

Die Sprühabsorptionsverfahren zur SO_2-Entfernung werden auch als Halbtrockenverfahren oder Quasitrockenverfahren bezeichnet, da das alkalische Absorptionsmittel, z.B. Kalkmilch, zwar flüssig eingedüst, das Endprodukt Calciumsulfit-sulfat aber staubförmig abgezogen wird.

Verfahrensverlauf: Das Rauchgas gelangt über eine Vorentstaubung, für die z.B. der Elektrofilter des Kraftwerks verwendet wird, in den Reaktor, in dem die Absorbersuspension durch Rationzerstäuber oder Zweistoffdüsen versprüht wird. Im Wechselspiel löst sich SO_2 in einen Tropfen und reagiert mit Calciumhydroxid zu Calciumsulfit, während Wasser verdampft. Im nachgeschalteten Staubabscheider (meist aus Gewebefilter bestehend) wird der Staub abgeschieden.

Der Staub besteht aus
- Calciumsulfit (während Wasser verdampft),
- Calciumsulfat (das aus der teilweisen Oxidation des Sulfits stammt),
- Calciumchlorid,
- Calciumfluorid (welches durch die Reaktion mit Halogenen des Rauchgases entsteht),
- Calciumhydroxid.

Im Staubabscheider reagiert noch ein Teil des nicht im Reaktor abgeschiedenen SO_2 mit dem dort befindlichen Feststoff. Das alkalische Absorptionsmittel, z.B. eine Kalkmilchsuspension, wird also in einem Sprühabsorber fein zerstäubt und mit dem heißen Rauchgas in Kontakt gebracht.

Chemischer Reaktionsablauf: Der chemische Reaktionsablauf gleicht dem des Trockenadditivverfahrens. Der Wasseranteil der Suspension verdampft, und es entsteht ein trockenes, feinkörniges Endprodukt.

Das auf diese Weise gebildete Endprodukt hat z.B. folgende typische Zusammensetzung:
- $CaSO_3 \cdot 1s/2\ H_2O$
- $CaSO_4 \cdot 2\ H_2O$
- $Ca(OH)_2$
- $CaCO_3$
- $CaCl_2$ und Flugasche.

Das besondere Merkmal von Trockenverfahren ist, daß die Temperatur der Rauchgase während des Reaktionsprozesses entweder nahezu unverändert hoch bleibt oder aber nur soweit abgesenkt wird, daß sie, nach dem Austritt aus der Entschwefelungsanlage, in jedem Fall über dem Wasserdampftaupunkt bleibt. Eine Wiederaufheizung der gereinigten Rauchgase ist daher entbehrlich; im Prinzip sind diese Verfahren auch abwasserfrei.

Verfahren zur Stickstoffreduktion (Entstickung)

Kohle, Öl und Gas enthalten Stickstoffe. Durch Reaktionen mit dem in der Verbrennungsluft vorhandenen Sauerstoff bilden sich Stickoxide (NO_x), die zu etwa 90 % aus Stickstoffmonoxid (NO) und zu 10 % aus Stickstoffdioxid (NO_2) bestehen. Hinsichtlich der Bildungsmechanismen des NO_x unterscheidet man zwischen dem „Brennstoff NO_x", das durch die Oxidation des Stickstoffs in der Kohle entsteht, und dem „thermischen NO_x", das durch die Oxidation des Luftstickstoffs während der Verbrennung entsteht. Beide NO_x-Entstehungsmechanismen sind abhängig von der Verbrennungstemperatur und der Sauerstoffkonzentration in der Verbrennungszone. Ebenfalls beeinflussen die Verweilzeit der Verbrennungsluft im Feuerraum und zu einem geringen Anteil auch der Sauerstoffgehalt der Verbrennungsluft die Bildung thermischer Stickoxide.

Prinzipiell gibt es zwei Möglichkeiten, den Ausstoß von Stickstoffoxiden zu reduzieren:
- Maßnahmen zur Verminderung der Stickoxidbildung durch konstruktive Veränderungen an den Brenner (Primärmaßnahmen).
- Entfernung der Stickoxide durch chemische Vorgänge aus dem Rauchgas (Sekundärmaßnahmen).

Primärmaßnahmen

Unter Primärmaßnahmen versteht man also Eingriffe am Entstehungsort der Stickoxide innerhalb der Feuerungsstätte, z.B. am Brenner. Am bekanntesten sind speziell entwickelte NO_x-arme Brennersysteme, sogenannte Stufenbrenner. Sie ermöglichen eine der geforderten Brennerleistungsstufe entsprechende Luftversorgung und durch die einstellbare Luftführung eine optimale Durchmischung des Kohlenstaubs mit der Verbrennungsluft. Durch konstruktive Maßnahmen wird hier eine intensive Zündung des Kohlen-Luft-Gemisches erreicht und der Verbrennungsvorgang soweit beschleunigt, daß sich schon in Brennernähe ein Luftmangel ausbildet, der eine Reduktion der Brennstoffstickoxide bewirkt. Eine kompakte, kurze Flammenausbildung sorgt dafür, daß auch noch in einiger Entfernung von der Brennermündung eine gute Einmischung der Luft in die Ausbrennzone stattfindet. Außerdem wird durch Wiedereinführung von Rauchgasen in die Flamme eine Temperaturabsenkung der Flamme erreicht und die Bildungsrate der thermischen Stickoxide herabgesetzt. Diese Maßnahmen führen dann zu einer Verringerung der NO_x-Emissionen.

Sekundärmaßnahmen (SCR-Verfahren)

Beim selektiven katalytischen Reduktionsverfahren (SCR-Verfahren) wird in den Rauchgasstrom im Temperaturbereich von 330–400 °C Ammoniak (NH_3) zugegeben. An den Katalysatoren werden mit Hilfe des Ammoniaks die Stickoxide reduziert. Es entstehen molekularer Stickstoff (N_2) und Wasserdampf. Das Ammoniak wird vor dem Umwandlungsort, dem Reaktor, in den Rauchgasstrom über Düsen eingebracht und mit den Rauchgasen vermischt. Die Einbringung erfolgt gasförmig, in dem man flüssiges Ammoniak verdampft und mit Luft vermischt in den Rauchgasstrom einbläst. Das Rauchgas strömt dann in den Reaktor, wo auf der Oberfläche des Katalysators die Reaktion zwischen Ammoniak und Stickoxid stattfindet.

Die chemische Reaktion wird durch einen Katalysator beschleunigt, ohne das Reaktionsprodukt dabei zu verändern. Für die NO_x-Minderung, also die Reaktion von Ammoniak und Stickoxid, wird häufig eine Vanadium-Sauerstoffverbindung (Vanadiumpentoxid, V_2O_5) eingesetzt. Diese wird auf ein Trägermaterial (Titanoxid, TiO_2) aufgebracht, welches meist wabenförmigen Aufbau besitzt. Neben der Reduktion von Stickoxid zu Stickstoff findet im Reaktor auch eine Oxidation von Schwefeldioxid zu Schwefeltrioxid statt. Aus Schwefeltrioxid kann sich durch Reaktion mit Ammoniak ein Ammoniumsulfat als unerwünschtes Nebenprodukt bilden, das die nachgeschalteten Aggregate (z.B. Luftvorwärmer) schädigen würde. Diese Reaktion tritt vor allem bei Temperaturen unterhalb von 280 °C auf. Die Oxidation zum Schwefeltrioxid muß somit möglichst gering gehalten werden.

Der Arbeitsbereich der Katalysatoren liegt zwischen 330 und 400 °C. Das bedingt, daß der Reaktor im Rauchgaskanal unmittelbar hinter dem Kessel eingebaut werden muß, wo dann auch die erforderliche Reaktionstemperatur vorhanden ist.

Grundsätzlich gibt es mehrere Möglichkeiten, den Katalysator anzuordnen: Man kann ihn vor den Luftvorwärmer (LUVO) und damit auch vor den Elektrofilter plazieren – dies ist die sog. „High dust"-Schaltung (Hoch-Staub-Schaltung) bzw. das „High dust"-Verfahren (Bild 1.24). Diese Schaltung hat den Vorteil, daß das Rauchgas die notwendige Temperatur bereits

1.3 Thermische Behandlung von Abfällen

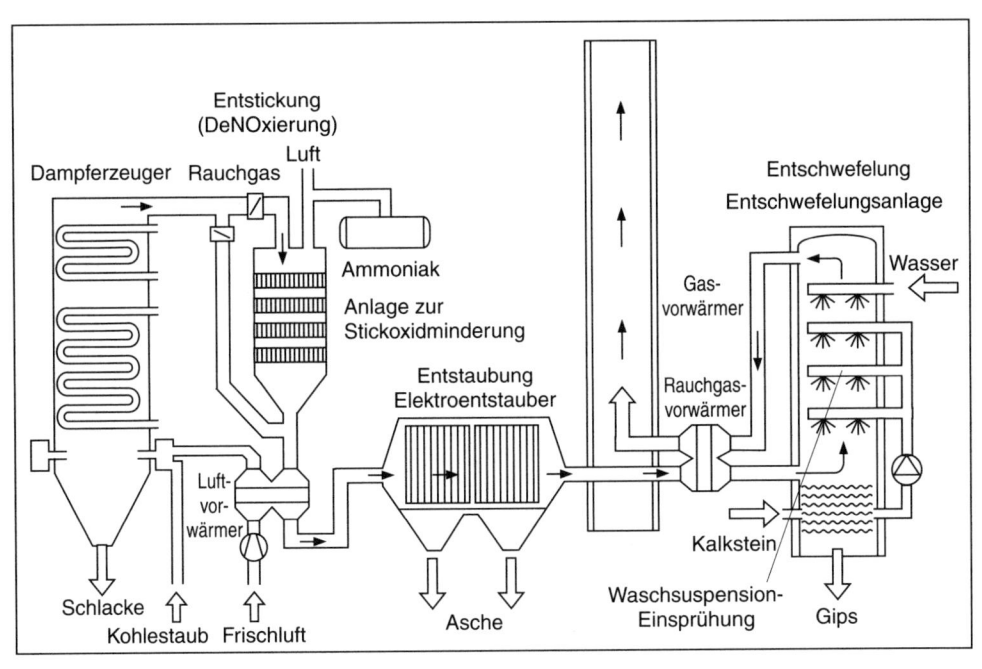

Bild 1.24: Schaltung der DeNO$_x$-Anlage zwischen Dampferzeuger und Elektroentstauber (High dust-Verfahren)

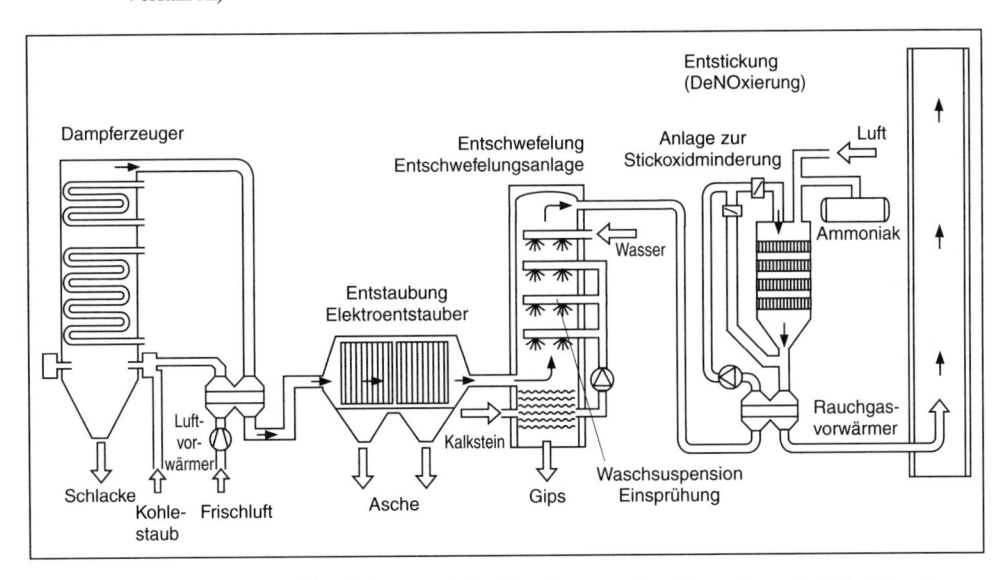

Bild 1.25: Schaltung der DeNO$_x$-Anlage nach der Rauchgasentschweflung (Low dust-Verfahren)

aufweist. Allerdings ist das Rauchgas in diesem Fall noch nicht entstaubt, was nachteilig für den Katalysator sein kann. Es drohen dann mechanische Schäden durch Erosion und frühzeitiger Katalysator-Vergiftung, insbesondere durch Arsen, das beim Verbrennen der Kohle frei wird. Wird der Katalysator nach dem Elektrofilter angeordnet – die sog. „Low dust"-Schaltung (Niedrig-Staub-Schaltung) – werden die erwähnten Nachteile begrenzt (Bild 1.25). Dies erfordert allerdings eine Wiederaufheizung der an dieser Stelle bereits abgekühlten Rauchgase. Welche Schaltung letztlich gewählt wird, muß im Einzelfall vom Betreiber bestimmt werden.

Schlußbetrachtung:

Gesetzgeber und Kraftwerkbesitzer bemühen sich gemeinsam, den Ausstoß an den Luftschadstoffen SO_2 und NOx durch Rauchgasentschwefelungsanlagen (REA) und Entstickungs- (DeNOxierungs-) Anlagen nach den jeweils gegebenen verfahrenstechnischen Möglichkeiten abzusenken. Technisch möglich und verwirklicht sind Entschwefelungsgrade von über 90 % und NOx-Reduktionsgrade von über 80 %.
Die „REA" ist eine chemische Fabrik in einem Kraftwerk bei der Rauchgasentschwefelung. Die „DeNOxierungsanlage" ist eine chemische Fabrik in einem Kraftwerk bei der Entstickung.

Die Entstaubung

Staub darf so gut wie keine Chance haben..
Die Vorschriften zur Luftreinhaltung enthalten neben Emissionsbegrenzungen für SO_2 und NO_x auch Anforderungen an die Staubreduzierung.
In der Bundesrepublik Deutschland ist die Staubabscheidung gesetzlich vorgeschrieben. Die TA Luft enthält die zugelassenen *Immissionswerte*. Die Staubemissionen sind im früheren Bundesgebiet seit Beginn der siebziger Jahre kontinuierlich zurückgegangen. Auch die Staub-emissionen aus den Kraftwerken haben sich deutlich verringert.

Die Abscheidung von Staub aus den Rauchgasen der Kraftwerke erfolgt auf vielerlei Weise in:
- Fliehkraftabscheidung (Zyklonabscheidung)
- Elektrofilter
- Filternde Entstauber
- Naßabscheider

Fliehkraftabscheider

Unter den mechanischen Entstaubungsverfahren ist der als Zyklon ausgebildete Fliehkraftentstauber die bekannteste Bauweise. Für die Staubabscheidung nutzt man dabei die Zentrifugalkraft. Der in das runde Gehäuse eintretende Gasstrom wird in Rotation versetzt, wobei die Staubteilchen durch die Zentrifugalbeschleunigung an die Gehäusewand geschleudert werden. Dort rutschen sie nach unten ab und fallen am verjüngten Ende des trichterförmigen Zyklonteils in einen Staubsammelbehälter. Die Abscheidungsgrade betragen bei den Zyklonen bis zu 90 %.
Bessere Entstaubungsergebnisse kann man mit Multizyklonen erreichen, einer Kombi- nation vieler kleiner Zyklone, die integriert sind in einen großen Zyklon.
Für die Rauchgasreinigung im konventionellen Kraftwerksbereich hat diese Entstaubungstechnik keine Bedeutung mehr, da mit ihr die vorgeschriebenen Staubkonzentrationen nicht eingehalten bzw. unterschritten werden können. Allerdings erfolgt bei der zirkulierenden Wirbelschichtfeuerung (ZWS) die Rückführung der Grobasche nach deren Abscheidung aus den Verbrennungsgasen mit Hilfe eines Fliehkraftabscheiders bzw. Zyklons.

Elektrofilter

Die Anwendung von Elektrofiltern (Elektroentstauber) hat eine lange Tradition. Bereits in den 20er Jahren wurde sie in Kohlekraftwerken eingesetzt. Mit dieser Technik sind einerseits hohe Staubabscheidungsgrade zu erreichen – über 99 % des Staubes werden heute zurückgehalten – und andererseits werden auch kleinste Partikel abgeschieden, bis zu einer Korngröße von weniger als 1 tausendstel Millimeter (1 µm). Die wichtigsten Bauteile von Elektrofiltern sind

die spannungsführenden drahtförmigen Sprühelektroden, die Niederschlagselektroden sowie das Klopf- oder Hammerwerk (siehe Bild 1.17).
Da das Abscheidungsprinzip des Elektrofilters im Abschnitt „Steinkohlekraftwerk" bereits erläutert wurde, kann auf eine weitere Beschreibung hier verzichtet werden.

Filternde Entstauber

Bei filternden Entstaubern wird das Rauchgas durch ein Gewebe (Gewebefilter) mit feinster Maschenweite geführt. Besondere Sorgfalt ist bei dieser Entstaubungstechnik auf die Auswahl des Gewebematerials zu legen, da dessen Wirksamkeit stark beeinflußt wird von Temperatur, Festigkeit und chemischer Zusammensetzung des zu filternden Mediums. Die Reinigungswirkung wird hier verstärkt durch den auf der Anströmseite sich aus den Staubpartikeln selbsttätig aufbauenden „Filterkuchen". Filternde Entstauber (filternde Abscheider) besitzen eine noch bessere Reinigungswirkung als Elektrofilter, jedoch auch einen höheren Energiebedarf.

Naßabscheider

Bei naßarbeitenden Abscheidern (z.B. Venturiwäschern) wird in das Abgas eine Flüssigkeit gesprüht, deren Tropfen die Staubpartikel binden und somit aus dem Abgas waschen. Das Waschwasser muß anschließend von Staubpartikeln gereinigt werden. Denn es ist zu beachten, daß bei der nassen SO_2^-/NO_x^--Abscheidung der im Wäscher abgeschiedene Staub das Endprodukt verunreinigt.

1.3.2 Pyrolyse

Unter Pyrolyse, auch Entgasung, Verkohlung, trocken oder destruktive (zerstörende) Destillation, Schwelung und Verkohlung genannt, versteht man die thermische Zersetzung organischer Verbindungen ohne Zufuhr von Sauerstoff unter Bildung von Gasen, kondensierbaren Produkten und festen kohlenstoffhaltigen Rückständen.

Die Pyrolyse wird also zur Entgasung von Holz, Gummi, Kabelabfällen, Altreifen, Torf, Kohle und Mineralöl erfolgreich angewandt.
Vorgang: Die organischen Verbindungen in Abfällen werden beim Erhitzen instabil und zersetzen sich in einfache Zersetzungsprodukte. Als Rückstand fällt Koks (mit Schwermetallanteilen) an, der auf Deponien abgelagert werden kann. Bei der Pyrolyse werden je nach Temperaturstufe unterschiedliche Phasen durchlaufen (siehe Tabelle 1.5).

Wahl der richtigen Temperatur und der Entgasungszeit (Kontaktzeit)

Entscheidend für den Erfolg eines Pyrolysevorgangs ist die Wahl der richtigen Temperatur für die Pyrolyse und der richtigen Entgasungszeit in bezug auf den zu vergasenden Stoff. Eine zu hohe Temperatur und/oder eine zu lange Entgasungszeit führt unter Umständen zur völligen Zerstörung einer Verbindung, d.h. dem Zerfall in die Elemente. Im umgekehrten Fall, also bei zu niedrigen Temperaturen und/oder zu kurzer Entgasungszeit bleibt evtl. die gewünschte Reaktion aus oder die Ausbeute des zu gewinnenden Stoffes ist nur gering.

Beispiel: Bei zunehmender Reaktionsdauer und Temperatur über etwa 500 °C sind nur noch die Elemente C und H sowie Verbindungen wie H_2O, CO, CO_2, CH_4, Diene und Aromaten stabil.

Verfahrensprinzipien

Es gibt bei der Pyrolyse *zwei Verfahrensprinzipien*, die sich in Deutschland als großtechnisch erwiesen haben: das *indirekt beheizte Drehrohr* (= Drehtrommel) und die *indirekt beheizte*

Temperaturbereich (°C)	Chemische Reaktionsphasen
100 bis 120	Thermische Trocknung: z. B. Wasserabspaltung
bis 200	Aufheizung: z. B. Abspaltung von Kohlendioxid
bis 500	Verschwelung (langsames Verbrennen)
>1000	Die Gasabgabe hört bei über 1000 °C auf.

Tabelle 1.5: Reaktionsphasen in Abhängigkeit der Temperatur

Wirbelschicht. Zwei weitere Reaktortypen wie der *Schachtreaktor* und der *Autoklave* haben bei der Pyrolyse nur geringe Bedeutung.

Die Entgasung findet in verschiedenen Temperaturbereichen statt.
Bis 450 °C spricht man von *Tieftemperaturentgasung* (Niedertemperaturpyrolyse, Schwelbrand). In diesem Bereich fallen flüssige Zersetzungsprodukte wie Öl und Teer an. Hier arbeitet die Drehtrommel.
Die *Wirbelschicht* arbeitet im oberen Bereich des Mitteltemperaturbereichs, der bis 900 °C geht. Die Ausbeute an heizwertreichen Gasen ist hoch, dafür fallen aber weniger Öle und Teere an.
Bei Temperaturen über 900 °C beginnt die *Hochtemperaturentgasung*, bei der hauptsächlich die heizwertärmeren Gase anfallen.

Drehtrommelreaktoren (Drehrohr)

In der geneigten Drehtrommel wird der aufgegebene Abfall mit 0,5 – 2 U/min umgewälzt und von außen beheizt. Dabei werden die Abfälle entgast und partiell oxidiert. Die Stoffführung ist im *Gleichstrom-* oder im *Gegenstrombetrieb* möglich. Der Gegenstrombetrieb erhöht z.B. den thermischen Wirkungsgrad, weil ein Teil der Wärme aus den gasförmigen Produkten zurückgewonnen wird. Dabei wird aber die *Aufgabevorrichtung* hohen Temperaturen ausgesetzt.

Vorteile dieses Reaktortyps:
- nur eine Grobzerkleinerung notwendig,
- Nichtoxidation von Metall und Glas,
- geringe Korrosion und geringe Wärmeverluste.

Nachteile:
- Abdichtungsprobleme durch bewegliche Teile,
- lange Verweilzeit des Materials (> 20 min),
- geringer Kontakt zwischen Gas und Feststoff,
- Wärmespannungen in der Reaktorwand durch abwechselnden Kontakt von bereits erhitzten und noch kalten Chargen während der Umwälzung,
- es fällt ein breites Produktspektrum an Ölen und Gasen an, die meist zur direkten Energieerzeugung weiterverwendet werden müssen.

1.3 Thermische Behandlung von Abfällen

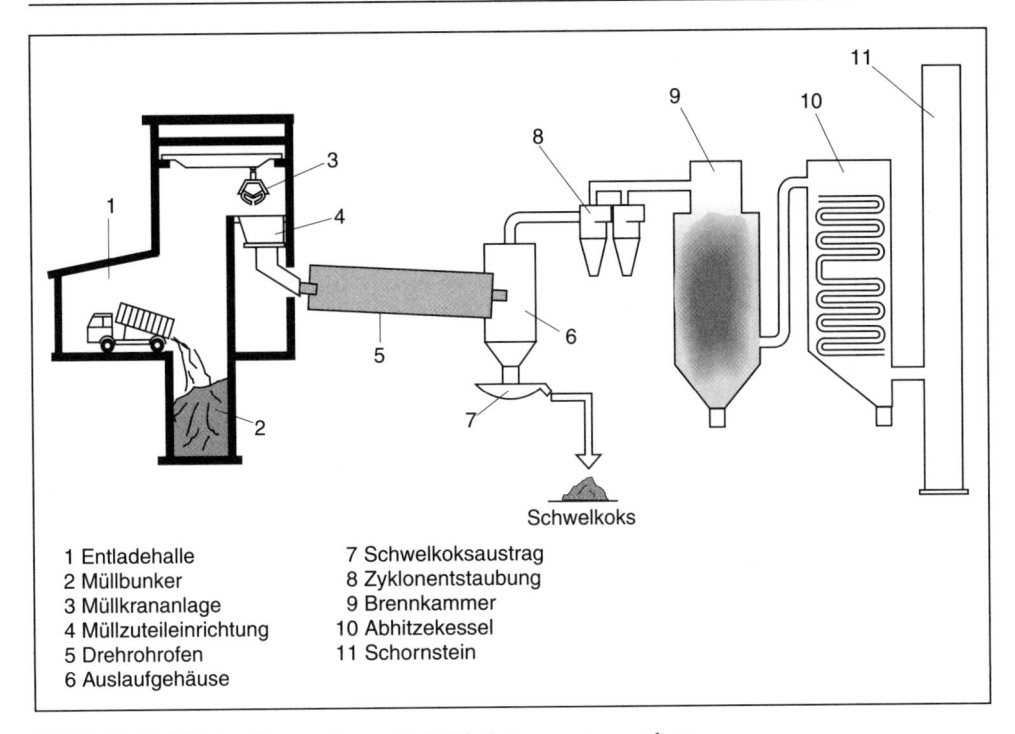

1 Entladehalle	7 Schwelkoksaustrag
2 Müllbunker	8 Zyklonentstaubung
3 Müllkrananlage	9 Brennkammer
4 Müllzuteileinrichtung	10 Abhitzekessel
5 Drehrohrofen	11 Schornstein
6 Auslaufgehäuse	

Bild 1.26: Abfallbehandlungsanlage mittels Niedertemperaturpyrolyse

Verfahrensablauf einer Niedertemperaturpyrolyse im Drehrohr (Fallbeispiel von Deutsche Babcock Anlagen GmbH):

Der Gedanke, mittels Niedertemperaturpyrolyse die Probleme der Abfallbeseitigung und -verwertung zu lösen, ist für die Fachwelt naheliegend. Denn seit Jahren laufen in vielen Ländern einschlägige Versuche in dieser Richtung.

Bild 1.26 zeigt schematisch den Aufbau einer Abfallbehandlungsanlage mit Niedertemperaturpyrolyse.

Das Pyrolyseverfahren – von Anlagenbau der Deutschen Bacock entwickelt – beruht auf dem Prinzip der Verschwelung unter Luftabschluß. Dabei werden die organischen Bestandteile des Mülls wie Papier, Pappe, Kunststoffe, Küchenabfälle usw. bei Temperaturen um 450 °C in Schwelgase umgesetzt.

Der Schweler ist ein indirekt beheiztes Drehrohr. Hier werden die nach einer Grobzerkleinerung geschleusten Abfallstoffe getrocknet. Ihre Entgasung erfolgt bei langsam ansteigenden Temperaturen bis 450 °C. Als Schwelgas entstehen die brennbaren Gase Wasserstoff, Kohlenmonoxid, Methan, höhere Kohlenwasserstoffe sowie Kohlendioxid und Wasserdampf. Das Schwelgas gelangt von dem Auslaufgehäuse des Drehrohrs in eine Zyklonbatterie. Dort wird es von mitgetragenen Staubteilen gereinigt. Unter Zufuhr von Luft verbrennt das Schwelgas in der nachfolgenden Brennkammer bei Temperaturen von ca. 1200 °C.

Die gasförmigen Schadstoffkomponenten (Chlorwasserstoff, Schwefeldioxid, Schwefelwasserstoff, Fluorwasserstoff) werden durch Zugabe basischer Zuschlagstoffe wie z.B. Kalk in den Schweler eingebunden und in einem nachgeschalteten Entstauber abgeschieden. Als Rückstand verbleibt der Schwelkoks, der zu 80–90 % aus den organischen Bestandteilen der

Abfallstoffe (Asche, Glas, Metall) und aus reinem inerten Kohlenstoff besteht. Nach dem Ausschleusen des Schwelkoks werden die „Wertstoffanteile", das sind vor allem nicht oxidierte Metalle separiert. Der Rest, ca. 10 % des ursprünglichen Abfallvolumens, wird deponiert.

Wirbelschichtreaktor

Wirbelschichtreaktoren arbeiten stationär oder zirkulierend
Die Wirbelschicht wird durch ein feinkörniges Material (z.B. Ruß oder Sand) erzeugt, das von unten durch ein Inertgas angeströmt wird. Die stationäre Wirbelschicht hebt ab und gerät in axiale Bewegung. Sie verhält sich in diesem Zustand wie eine Flüssigkeit, was eine homogene Temperaturverteilung bewirkt. Um eine Durchmischung auch in radialer Richtung zu erreichen, muß für eine Rezirkulation durch Einbauten gesorgt werden. Wenn die Leerraumgeschwindigkeit der Partikel die Sinkgeschwindigkeit überschreitet, werden die Partikel ausgetragen oder fallen teilweise auch zurück. Dies führt zu einer intensiven Durchmischung. Das mitgerissene Wirbelbettmaterial wird in einem Zyklon (= Staubabscheider) abgeschieden und in die Wirbelschicht rezirkuliert (zirkulierende Wirbelschicht).

Die *Vorteile* der Wirbelschicht sind:
- Einfacher Ofenbau und isothermer Betrieb (= Betrieb mit selbsterzeugtem Gas).
- Kurze Verweildauer von Material und Entgasungsprodukten (dies ergibt ein einheitliches Produktspektrum).
- Keine beweglichen Teile in der heißen Zone.
- Völlig geschlossene Systeme, deshalb leichtere Abdichtung.

Die *Nachteile* der Wirbelschicht sind folgende:
- Aufbereitung der Abfälle wie Vorzerkleinerung und Aussortierung schwerer Bestandteile ist notwendig.
- Hohe Staubbelastung des Gases durch Verwirbelung.
- Spezielle Systeme für den Austrag schwerer Systeme sind erforderlich.

Bild 1.27 zeigt in einer vereinfachten Darstellung eine Pyrolyse im Wirbelbett.

Großtechnische Pyrolysedemonstrationsanlage

Es gibt zur Zeit in Deutschland für dieses Projekt verschiedene Anlagen:

- *Goldhöfe bei Aalen:*
Pyrolyse von Hausmüll im Drehrohr nach den *Kienerverfahren* (Fa.KWU) mit 3 t/h Durchsatz (vgl. Bild 1.28). Seit Herbst 1982 ist diese Anlage im Betrieb.
Beispiel: Bei dieser Anlage gelangt vorzerkleinerter Abfall unter Luftabschluß über eine Stopfschnecke in die Drehtrommel. Die Verweilzeit beträgt 60 – 90 Minuten, je nach Feuchte des Mülls, bei Temperaturen um 500 °C. Das im Drehrohr entstandene Schwelgas wird im Zyklon entstaubt und im Gaswandler mit über 1050 °C verbrannt. So bewirkt der Gaswandler mit einem Koksbett eine höhere Gasausbeute bei gleichbleibender Qualität. Das nach der Gaswäsche entstandene Gas steht zur energetischen Nutzung in einem Gasmotor zur Verfügung. Eine Verwertung von Metallen, Glas und Asche ist nach der Entgasung möglich.

- *Burgau bei Günzburg:*
Beispiel: Pyrolyse von Hausmüll und Klärschlamm im Drehrohr *nach dem BKMI-Verfahren* (Fa. Deutsche Babcock Anlagen)
    - Reaktordurchsatz: 2×3 t/h,

1.3 Thermische Behandlung von Abfällen

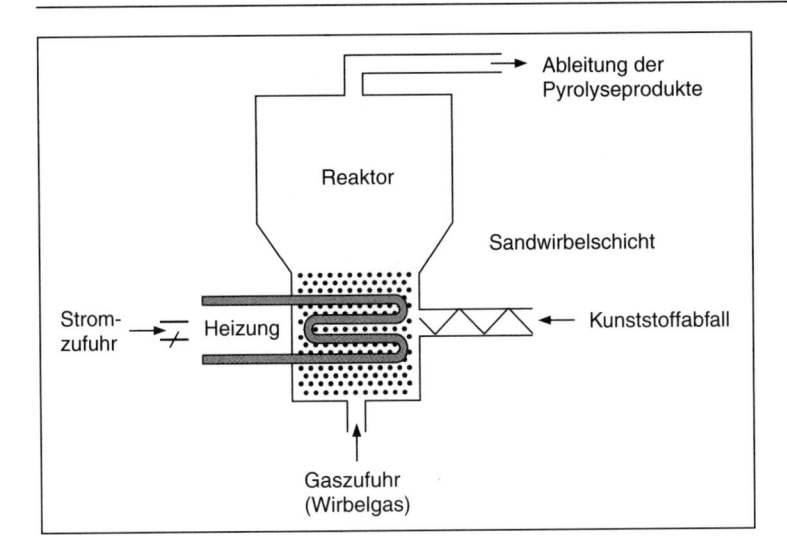

Bild 1.27: Prinzip einer Pyrolyse im Wirbelbett

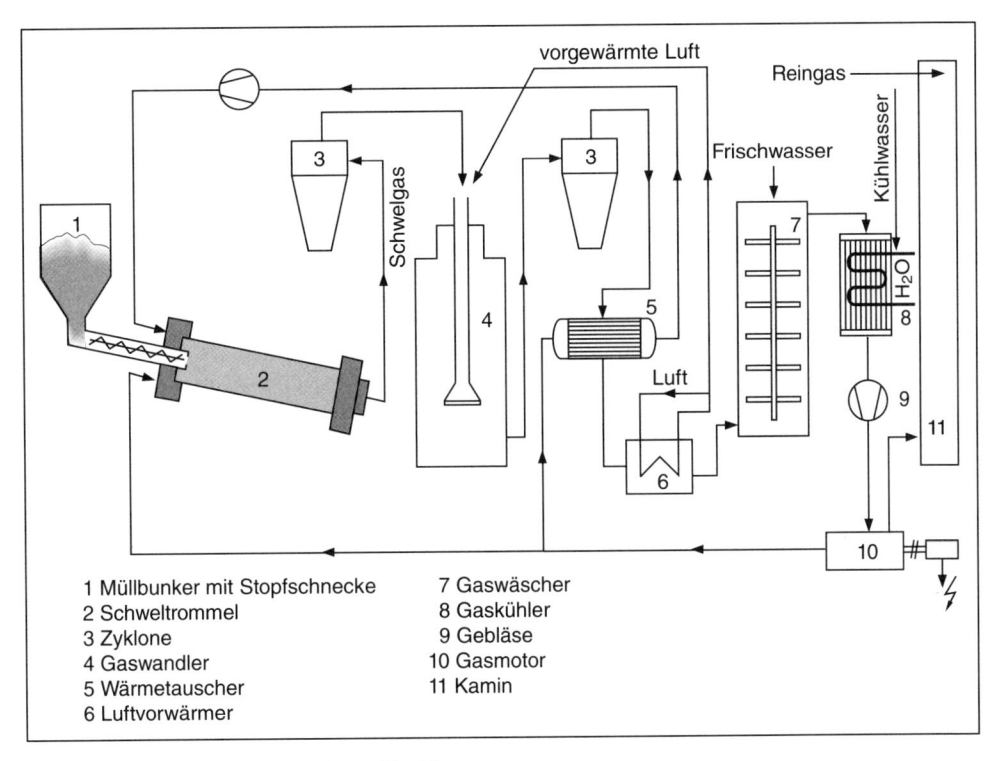

Bild 1.28: Pyrolyse nach dem Kiener-Verfahren

1 Müllbunker mit Stopfschnecke
2 Schweltrommel
3 Zyklone
4 Gaswandler
5 Wärmetauscher
6 Luftvorwärmer
7 Gaswäscher
8 Gaskühler
9 Gebläse
10 Gasmotor
11 Kamin

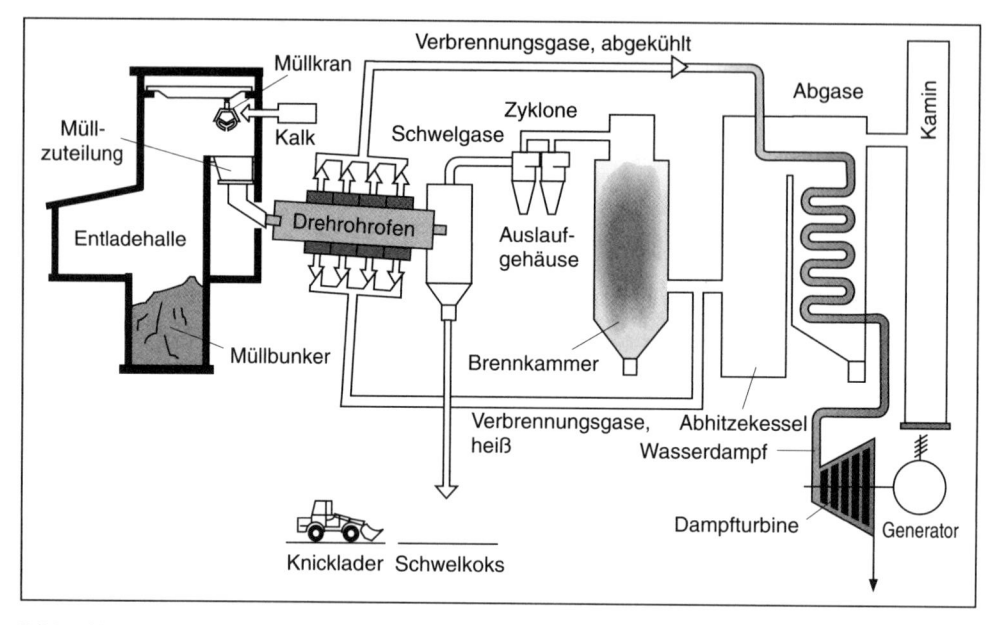

Bild 1.29: Anlage zur Pyrolyse von Hausmüll und Klärschlamm

- Einsatzgebiet: 100 000 Einwohner,
- 30 000 t/a Hausmüll, 5000 t/a Klärschlamm,
- Energieerzeugung: 2,2 MW (elektrisch),
- Volumenreduktion: 80–85 %,
- Seit Frühjahr 1983 im Erprobungsbetrieb.

Bei diesem Verfahren werden pro Tonne ca. 16 kg Kalk zugegeben. Damit will man Schadgase binden und auf die Gaswäsche verzichten. Das Verfahren arbeitet somit abwasserfrei. Problematisch ist allerdings die Verwertung der Reststoffe. Aus wirtschaftlichen Gründen wird nur das Gas zur Energiegewinnung genutzt. Bei Fortschreibung der Grenzwerte für Staub- und Schadgasemissionen ist eine Abgasreinigungsstufe erforderlich. Bild 1.29 zeigt eine Anlage zur Pyrolyse von Hausmüll und Klärschlamm nach dem BKMI-Verfahren.

Umweltbedeutung der Pyrolyse

Aus dem Pyrolyseprozeß entstehen schadstoffbelastete Abgase, Abwässer und feste Rückstände.
Pyrolysegase müssen ebenfalls gereinigt werden.
Bei der direkten Verbrennung des Pyrolysegases reicht eine trockene oder quasitrockene Reinigung des Abgases. Wenn das Pyrolysegas aber im Gasmotor genutzt werden soll, ist eine nasse Reinigung die Voraussetzung dafür. Der zu reinigende Abgasstrom ist um 70 – 75 % geringer als bei der Müllverbrennung. Deshalb ist auch der verfahrenstechnische Aufwand geringer und damit auch die Kosten.

Das bei der nassen Gaswäsche entstehende Abwasser von etwa 400 l/t Abfall muß behandelt werden.

1.3 Thermische Behandlung von Abfällen

Bei der Pyrolyse entstehen aus einer Tonne Hausmüll folgende *Reststoffe*:
- 300 – 400 kg feste Rückstände,
- ca. 30 kg Filterstäube,
- ca. 10 kg Salzabfälle aus der Gasreinigung.

Reststoffe sind auf ihre Verwertbarkeit zu prüfen. Aufgrund ihrer Inhaltsstoffe sind in der Regel Reststoffe aber zu deponieren. Bei niedrigen Pyrolysetemperaturen enthalten die festen Rückstände „höhere" Schwermetall- und Salzgehalte als Müllverbrennungsschlacke. Die festen Rückstände können im Straßen- und Wegebau nicht verwendet werden. Dies ist z.B. aus bautechnischen Gründen wegen des hohen Kohlenstoffgehalts von 15 – 20 % nicht möglich.

Reststoffe müssen deponiert werden!

Die Filterstäube und Reaktionsrückstände aus der Gasreinigung müssen sogar auf eine Sonderabfalldeponie.
Der Bundesrat hat am 21.9.1990 die 17. BImSchV verabschiedet. Zielsetzung der 17. BImSchV ist die verbindliche Festlegung der Betreiberpflichten in bezug auf den Stand der Emissionsminderungstechnik. Diese Verordung gilt für alle nach dem Bundesimmissions-Schutzgesetz (BImSchG) genehmigungsbedürftigen Anlagen, in denen feste oder flüssige oder ähnliche brennbare Stoffe eingesetzt werden.
Gegenüber den bisher gültigen Emissionswerten nach der TA Luft sind die meisten Grenzwerte um etwa die Hälfte vermindert worden.

Schwel-Brennverfahren (Fallbeispiel von Siemens/KWU Erlangen)

In der Bundesrepublik fallen zur Zeit ca. 40 Mio Tonnen Siedlungsabfälle, d.h. Hausmüll, hausmüllähnlicher Gewerbemüll, Sperrmüll und Klärschlamm, an, die jährlich von Landkreisen und Kommunen zu entsorgen sind. Etwa 75 % dieser Siedlungsabfälle werden heute noch durch Deponierung beseitigt, etwa 20 % durch Müllverbrennungsanlagen und etwa 5 % durch Kompostierung und Recycling entsorgt.
Entsprechend der neuen Abfallgesetzgebung soll die herkömmliche Abfallbeseitigung zu einer umweltverträglichen Abfallwirtschaft fortentwickelt werden: Abfälle sollen vermieden und insbesondere verwertet werden.
Zur umweltgerechten Entsorgung der Abfälle wurde von der Kraftwerk Union Umwelttechnik Erlangen das Schwel-Brennverfahren entwickelt, mit dem umweltneutrale, direkt verwertbare Stoffe abgegeben und die noch zu deponierenden Reste so gering wie möglich gehalten werden.
Das Schwel-Brennverfahren ist eine Kombination aus Hochtemperaturverbrennung und vorgeschalteter Verschwelung (Pyrolyse). Bild 1.30 zeigt eine Schwelbrennanlage von Siemens.

Vorgang: In der Schwelbrennanlage wird der angelieferte Abfall zerkleinert. Anschließend wird alles – ggf. mit Klärschlamm vermischt – bei ca. 450 °C unter Luftabschluß verschwelt. Danach werden die aus dem Drehrohr kommenden Reststoffe (Pyrolyserückstände) z.B. Eisen und NE-Metalle und feste Bestandteile des Mülls aussortiert. Aus dem heterogenen Abfall werden durch die Verschwelung die homogenen Brennstoffe Schwelgas und kohlenstoffhaltiger Reststoff erzeugt, die in der anschließenden Hochtemperaturverbrennung bei 1300 °C verbrannt werden. Dabei werden die brennbaren Stoffe umgesetzt und die schädlichen organischen Verbindungen einschließlich Dioxine und Furane zerstört.
Zurück bleibt als Sekundärrohstoff ein hochwertiges Schmelzgranulat, das als umweltsicherer Baustoff vorwiegend im Straßen- und Wegebau einsetzbar ist.
Der im nachgeschalteten Abhitzkessel produzierte Dampf wird z.B. in einer Entnahmekondensationsturbine zur Stromerzeugung entspannt. Neben elektrischer Energie kann dabei auch Fern- und/oder Prozeßwärme abgegeben werden.

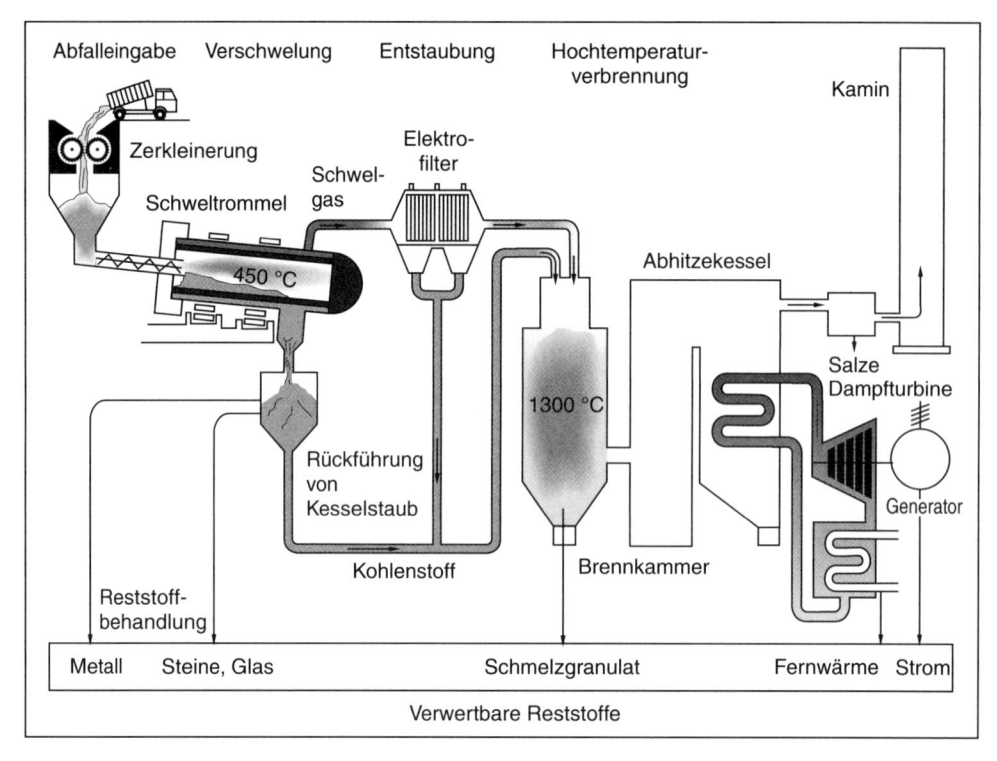

Bild 1.30: Kombination von Verschwelung (Pyrolyse) und Hochtemperaturverbrennung

Die Schwelbrennanlage (Bild 1.30) ist also im wesentlichen in folgende Verfahrensschritte gegliedert:
- Abfallbehandlung (Zerkleinerung des Abfalls),
- Verschwelung,
- Reststoffbehandlung,
- Hochtemperaturverbrennung,
- Energieumwandlung.

Die Schadstoffemissionen liegen zum Teil erheblich unterhalb der 17. BImSchV vom Dezember 1990.

Das Verfahrenskonzept wurde im Herbst 1987 erstmals der Öffentlichkeit vorgestellt. Alle wesentlichen Verfahrensstufen des Schwel-Brennverfahrens wurden an einer Versuchsanlage in einer Durchsatzleistung von 150–250 kg/h in Ulm-Wiblingen in der Zeit von 1988 bis Frühjahr 1990 erprobt. Diese Untersuchungen erfolgten in enger Abstimmung mit einem vom Bundesminister für Umwelt eingesetzten Arbeitskreis „Pyrolyse", der sich aus Vertretern von Umweltbehörden des Bundes und der Länder zusammensetzt.

1.3.3 Vergasung

Unter Vergasung versteht man ein Verfahren zur Abfallbehandlung bei teilweiser Zersetzung und Verbrennung der eingesetzten Materialien.

Im Gegensatz zur Pyrolyse erfolgt die Wärmezufuhr nicht indirekt von außen, sondern direkt über die heißen aus der Verbrennungszone aufsteigenden Gase. Je nach Höhe der eingesetzten

Temperaturen erfolgt eine Trocknung, Verschwelung und Gasbildung bei gleichzeitiger Verbrennung von Kohlenstoff und organischen Stoffen.

Einführung:

Die festen und voraufbereiteten Abfallstoffe werden getrocknet und entgast. Der Kohlenstoff in dem verbleibenden Entgasungs- und Schwelrückstand verbrennt dabei teilweise mit Luft oder Sauerstoff als Vergasungsmittel exotherm (Wärme freisetzend) gemäß folgenden Formeln:

$$C + 1/2\ O_2 \rightarrow CO$$

$$C + O_2 \rightarrow CO_2$$

zu Kohlenmonoxid und Kohlendioxid, wobei das Brennstoffbett zum Glühen kommt. Das Kohlendioxid ist eine sehr beständige Verbindung und steht bei hohen Temperaturen mit dem Kohlenmonoxid im Gleichgewicht, das sich bei steigenden Temperaturen nach rechts verschiebt:

$$CO_2 + C \rightarrow 2\ CO$$

d.h. unter Bildung von Kohlenmonoxid findet eine weiter Reaktion statt; mit steigender Temperatur nimmt also der CO-Anteil zu. Dieses Gleichgewicht wird als *Boudouard-Gleichgewicht* bezeichnet (Bild 1.31).

Je höher die Bettemperatur gewählt wird, desto mehr verschiebt sich also das Boudouard-Gleichgewicht nach rechts. Wird Wasserdampf der Vergasungsluft beigemischt, dann verläuft die Vergasung des Kohlenstoffs endotherm (wärmeaufnehmend) bei niedrigen Temperaturen gemäß

$$C + 2\ H_2O \rightleftharpoons CO_2 + 2\ H_2 \qquad \text{Gl. 1}$$

und bei hohen Temperaturen gemäß

$$C + H_2O \rightleftharpoons CO + H_2 \qquad \text{Gl. 2}$$

ab.

Die Vergasungsgeschwindigkeit hängt neben der Temperatur auch von
- Porosität,
- Porenabmessungen und
- innerer Diffusion des Brennstoffbetts

ab. Die erforderliche Reaktionswärme wird durch eine Teilverbrennung von Kohlenstoff im Vergasungsreaktor selbst erzeugt.

Neben diesen (heterogenen) Vergasungsreaktionen spielen sich in der Vergasungszone des Reaktors auch Gas-Gas-Reaktionen ab, wie z.B.:

$$CO + H_2O \rightleftharpoons CO_2 + H_2 \qquad \text{Gl. 3}$$

$$CH_4 + H_2O \rightleftharpoons CO + 3\ H_2 \qquad \text{Gl. 4}$$

Im Temperaturbereich von 800–1100 °C durchgeführte Hochtemperaturvergasungen liefern dabei die höchste Ausbeute an jedoch heizwertarmen Gas. Bei Höchsttemperaturvergasungen (1400 °C) für heizwertreiche Abfälle fallen feste Vergasungsrückstände als Schlackenschmelze an. Das erhaltene Schlackengranulat kann weiter verwendet werden.

Die Phasenführung im Vergasungsreaktor beeinflußt sehr den thermischen Wirkungsgrad der Abfallbehandlung. Die *Gegenstromführung* von Feststoffen und Vergasungsmittel mit direktem Wärmeaustausch ermöglicht einen hohen thermischen Wirkungsgrad. Die *Gleichstromführung* führt dagegen zu kleineren Wirkungsgraden und läßt nur niedrigere Beseitigungska-

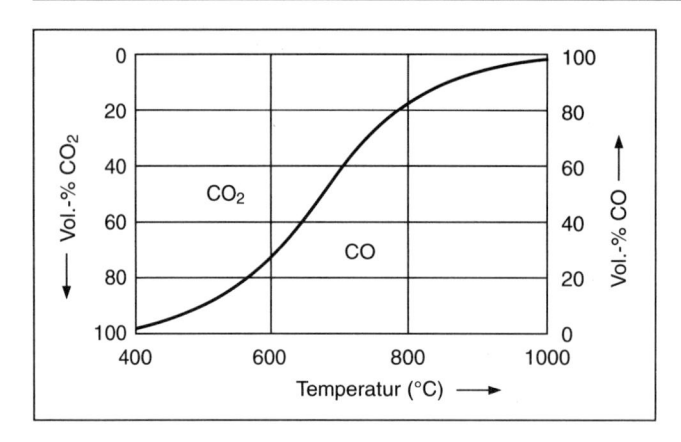

Bild 1.31:
Das Boudouard-Gleichgewicht zwischen Kohlendioxid (CO_2) und Kohlenmonoxid (CO)

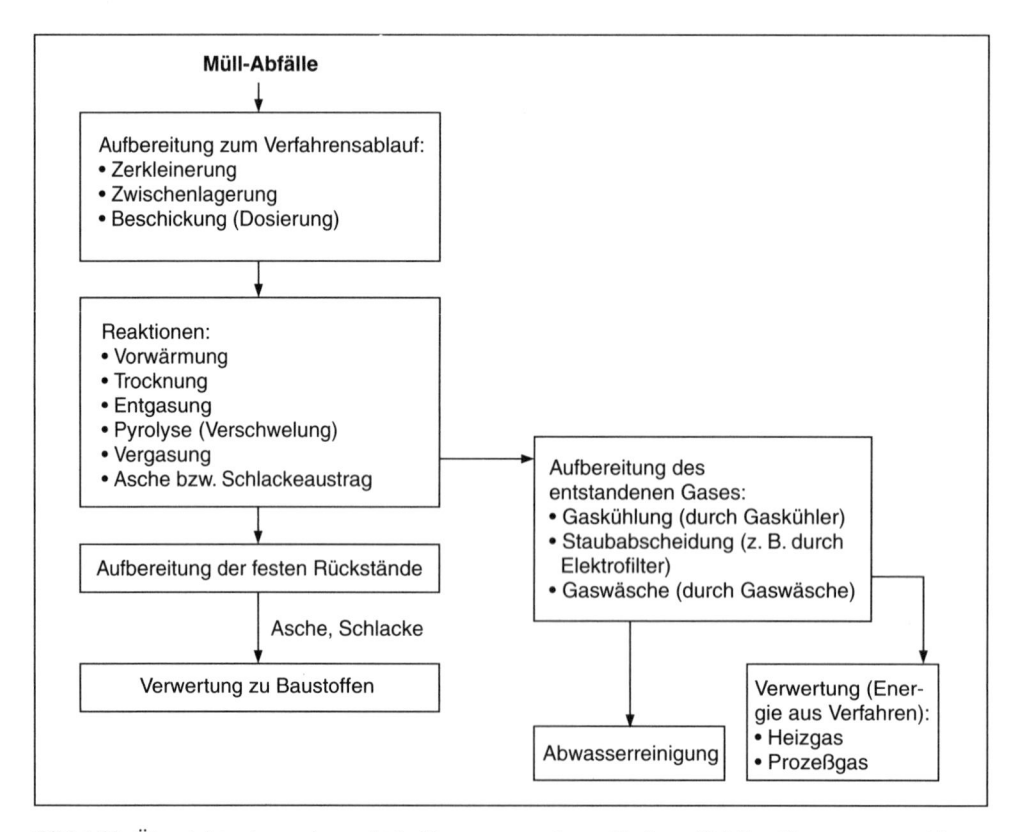

Bild 1.32: Übersichtsschema der meist in Vergasungsanlagen für feste Abfallstoffe zusammenwirkenden Verfahrensstufen

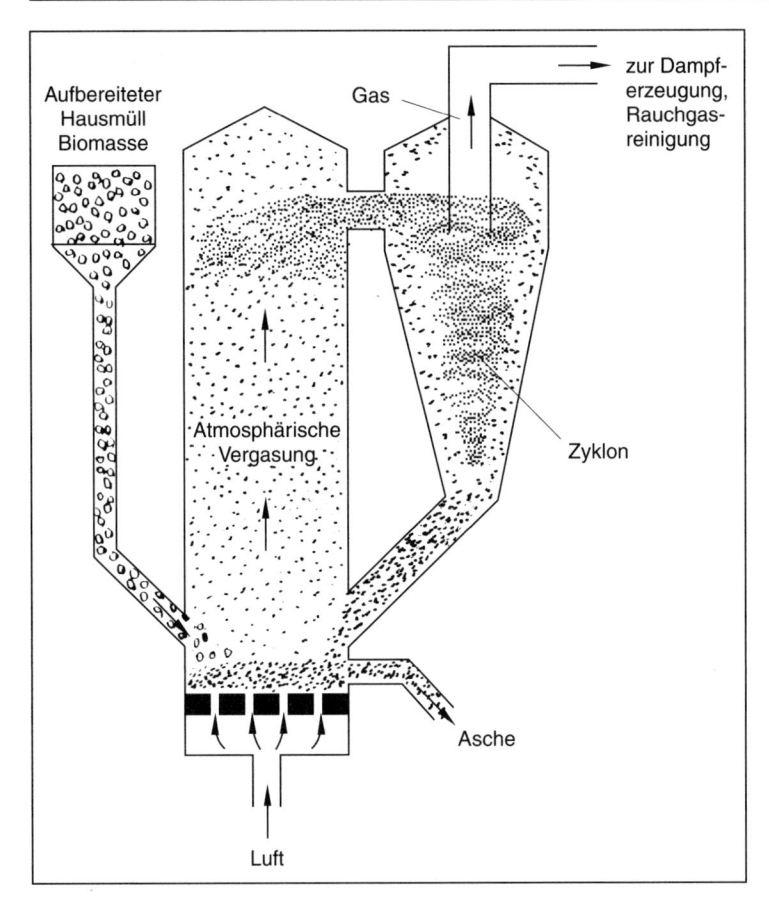

Bild 1.33: Vergasung von Abfall in der zirkulierenden Wirbelschicht (ZWS)

pazitäten zu. Bild 1.32 gibt eine vereinfachte, schematische Übersicht über den Verfahrensablauf bei der Vergasung fester Abfälle.

Atmosphärische Vergasung in der zirkulierenden Wirbelschicht

Kennzeichnend für dieses Verfahren ist das Erzeugen von nieder- und mittelkalorischem Brenngas. Es wird nach der Entchlorung und Entstaubung (im Elektrofilter) als Substitut (Ersatz) anderer Brennstoffe verwendet.

Nachstehend einige Beispiele hierzu:
- zur Kalzinierung (Verkalken durch Erhitzen) von Kalk, Tonerde usw.,
- zum Brennen von Zement,
- als Brennstoff zur Dampferzeugung in bereits vorhandenen Kraftwerken (Bild 1.33)

In Bild 1.34 wird die Vergasung von Rinden in der zirkulierenden Wirbelschicht – als Energie aus Biomasse – dargestellt.

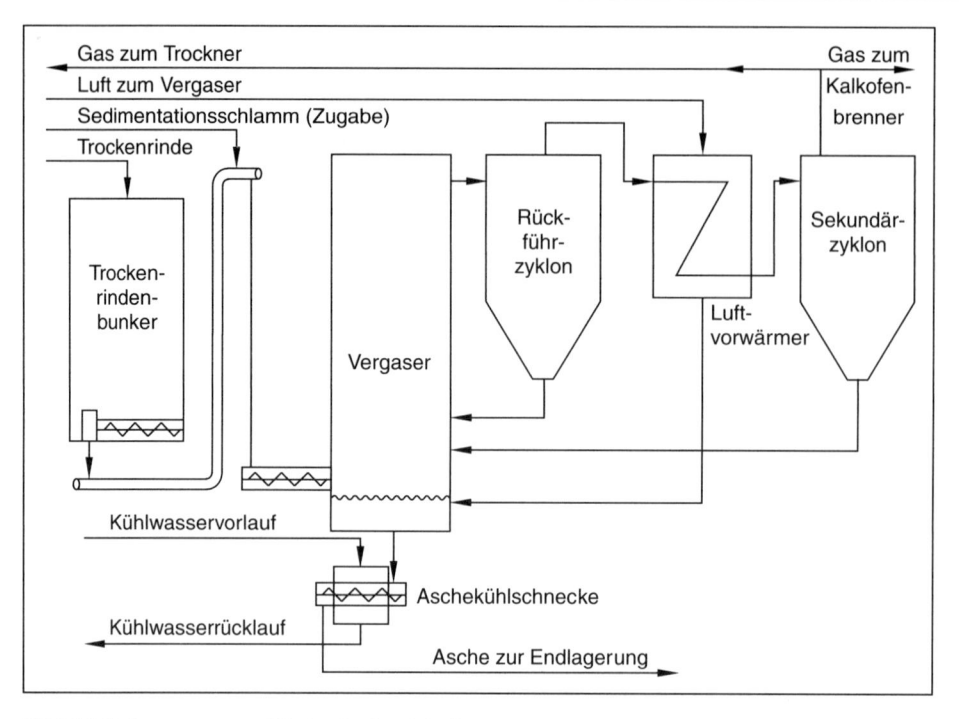

Bild 1.34: Vergasung von Rinden in der zirkulierenden Wirbelschicht (ZWS)

1.4 Behandlung von Sonderabfällen

1.4.1 Begriff Sonderabfall (siehe Kapitel 1.2.2)

Sonderabfälle sind Problemstoffe, die aufgrund ihrer umweltbelastenden Eigenschaften nicht mit „normalem" Hausmüll entsorgt werden können.

Besonders problematische Sonderabfälle (z.B. solche, die Lösemittel, Industrieschlämme, Säuren, Pflanzenschutzmittel, Dioxine usw. enthalten) unterliegen einer besonderen Überwachung gemäß § 2 Abs. 2 des Abfallgesetzes. Welche Abfallsorten im einzelnen dazu gehören, regelt die Abfallbestimmungsverordnung. 1988 fielen im alten Bundesgebiet 13,5 Mio t nachweispflichtige Sonderabfälle an, davon allein 55,5 % aus der chemischen Industrie.Die Daten über Sonderabfälle weichen jedoch aufgrund unterschiedlicher Erhebungsarten und unterschiedlicher Abgrenzungen des Begriffs „Sonderabfall" stark voneinander ab.
Die Technische Anleitung Abfall Teil 1 von 1990 enthält Anforderungen an Entsorgung von überwachungsbedürftigen Abfällen nach dem Stand der Technik, sowie damit zusammenhängende Regelungen (siehe Tabelle 1.6); dies ist erforderlich, damit das Wohl der Allgemeinheit gewahrt bleibt.

Unter TA versteht man eine allgemeine Verwaltungsvorschrift zum „Abfallgesetz".

1.4.2 Sonderabfallbehandlung

1.4.2.1 Einführung

Sonderabfall kann, abhängig von seiner Zusammensetzung, an dafür geeigneten Plätzen abgelagert (Sonderabfalldeponien, Untertagedeponien wie z.B. das ehemalige Salzbergwerk Herfa-Neurode), in Spezialanlagen an Land verbrannt oder anderweitig (z.B. chemisch-physikalisch behandelt werden). In der Bundesrepublik Deutschland gab es 1987 13 Sonderabfalldeponien, 60 Verbrennungsanlagen, 61 chemisch-physikalische Vorbehandlungsanlagen. Anforderungen an Sonderabfälle sind in der

- TA Sonderabfall und der
- 17. Verordnung zur Durchführung des „Bundesimmissionsschutzgesetzes" festgelegt.

Die vorhandenen Anlagen reichen heute nicht mehr aus, um die in der Bundesrebuplik Deutschland anfallenden Sonderabfälle zu entsorgen. Nach Ermittlungen der Bundesländer und des Umweltbundesamts müßte vor allem die Anzahl der Sonderverbrennungsanlagen verdoppelt werden.

Tabelle 1.6: Aufbau und Regelungen der Technischen Anleitung Abfall

Aufbau
- Anwendungsbereich
- Allgemeine Vorschriften
- Katalog über besonders überwachungsbedürftige Abfallarten
- Zulassung von Abfallentsorgungsanlagen
- Zuordnung von Abfällen zu den Entsorgungswegen
- Überwachung der Abfallströme
- Organisatorische Regelungen
- Sammelstellen, Zwischenlager und Lager
- Chemisch-physikalische Behandlung
- Verbrennung von Sondermüll
- Rückstandsbehandlung
  - obertägige Deponie (z. B. Monodeponie)
  - untertägige Deponie
- Regelungen von Altanlagen

Regelungen (z. B. Ziele)
- Verringerung der Abfälle durch eine Förderung von Vermeidungs- und Verwertungsverfahren
- Verbesserung des Standes der Entsorgung durch strengere Verfahrensanordnungen
- Einführung einer allgemein verbindlichen Klassifizierung von Abfällen und ihre Zuordnung zu bestimmten optimalen Entsorgungswegen
- Sicherstellung der bundeseinheitlichen Umsetzung der technischen Entsorgungsstandards, der Klassifizierung und der Zuordnung sowie deren behördlichen Überwachung
- Erhöhung der Akzeptanz einer umweltverträglichen Entsorgung

1.4.2.2 Sonderabfallverbrennung

Die thermische Behandlung von Sonderabfällen ist zentraler Teil der Entsorgungsverfahren für Abfälle, die nach Art und/oder Menge nicht mit Hausmüll behandelt werden können. Ziel ist es, das Gefährdungs- und Schadstoffpotential der Abfälle weitesgehend zu verringern, deren Menge und Volumen zu reduzieren, anfallende Reststoffe in eine verwertbare oder ablagerungsfähige Form zu bringen und die freiwerdende Energie zu nutzen. Die zu entsorgenden Sonderabfälle stellen häufig ein Gemisch aus festen, pastösen und flüssigen Abfällen dar. Hierfür hat sich in den letzten Jahren der Drehrohrofen (Bild 1.35) bewährt.

Die Temperaturen im Drehrohr liegen im Bereich um 900 °C bei Reaktionszeiten des Verbrennungsgases bis zu 4 Sekunden und Aufenthaltszeiten der Feststoffe von 30–60 Minuten. Die Drehrohröfen werden durchweg mit einer Nachbrennkammer betrieben, in der maximale Temperaturen von 1200–1300 °C bei Gasverweilzeiten von 2–4 Sekunden erreicht werden.

Die unterschiedlichen Zusammensetzungen der Sonderabfälle stellen nicht nur an das Verbrennungssystem, sondern auch an die Abgasreinigung große Anforderungen, da hohe und schwankende Schadstoffkonzentrationen im Abgas bewältigt werden müssen. Die dabei entstehenden Schlacken und die festen Reststoffe aus der Abgasreinigung werden ober- oder untertägig abgelagert.

**Sonderabfallbehandlungsanlage mit Drehrohrofen
(Fallbeispiel von Deutscher Babcock Anlagen GmbH).**

Die nicht ablagerungsfähigen, z.B. industriellen Abfallstoffe (Sonderabfälle) rufen bekanntlich besondere Gefahren oder starke Belästigungen wegen ihrer Zersetzung, Wasserlöslichkeit und Giftigkeit für Luft und Wasser hervor.

Vorbehandlung: Bevor der Sondermüll zur Verbrennung oder Lagerung freigegeben werden kann, muß zuvor eine mechanische, physikalische oder chemische Vorbehandlung erfolgen. Die Behandlung vollzieht sich im allgemeinen unter Anwendung eines oder mehrerer Verfahren, die nachfolgend aufgeführt sind:
- Neutralisieren und Entgiften,
- Eindicken und Entwässern (chemisch/mechanisch/thermisch),
- Reinigen von Abwasser zwecks Einleitung in ein Kanalnetz bzw. in einen Vorfluter.

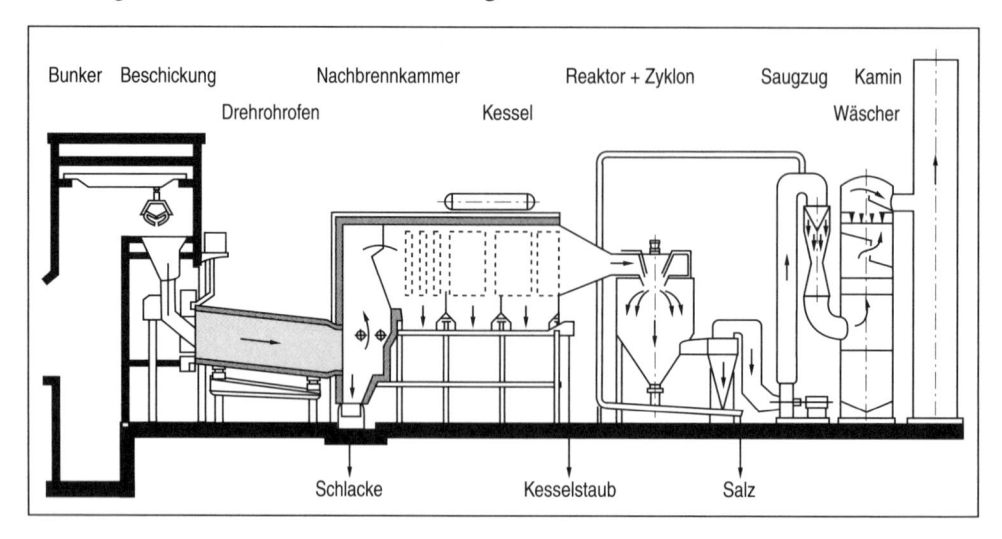

Bild 1.35: Verfahrensschema (schematisch) der Sondermüllverbrennungsanlage Biebesheim

1.4 Behandlung von Sonderabfällen

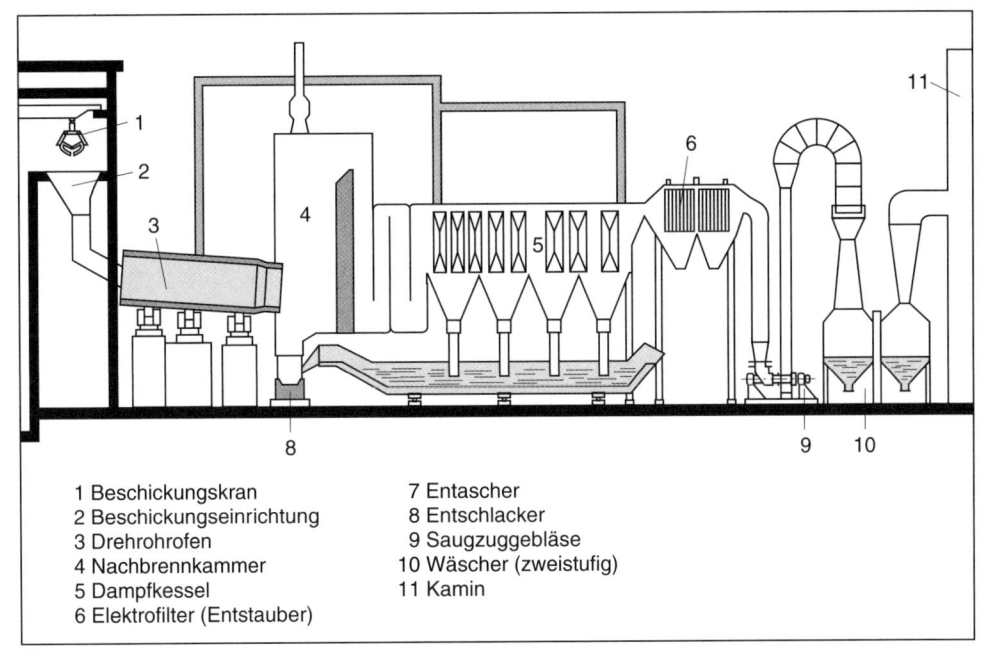

1 Beschickungskran
2 Beschickungseinrichtung
3 Drehrohrofen
4 Nachbrennkammer
5 Dampfkessel
6 Elektrofilter (Entstauber)
7 Entascher
8 Entschlacker
9 Saugzuggebläse
10 Wäscher (zweistufig)
11 Kamin

Bild 1.36: Abfallbehandlungsanlage mit Drehrohrofen für die Sonderabfallverbrennung

Anschließend werden die zu behandelnden Abfallstoffe klassifiziert und in die entsprechenden Bunker und Tanklager gebracht.

Entscheidend für die thermische Beseitigung des Sonderabfalls ist seine Brennfähigkeit. Die Verbrennungstechnik wird dabei vor allem durch die brenntechnischen Eigenschaften der Sonderabfälle bestimmt wie Heizwert, Aggregatzustand, Zündpunkt und Aschegehalt.

Mit Hilfe des Drehrohrofens (Bild 1.36) werden dann die Abfallstoffe thermisch behandelt.

Verbrennungsvorgang: Feste Abfälle kommen über eine spezielle Eintragsvorrichtung in den Drehrohrofen. Flüssige und pastöse Abfälle werden über Brenner oder Lanzen eingetragen. Wenn der Heizwert oder die Zündfähigkeit der Sonderabfallstoffe nicht ausreichen, wird die Verbrennung über einen Zünd-/Stützbrenner in Gang gesetzt und aufrecht gehalten. Rotation und Neigung des Drehrohrofens bewirken eine intensive Vermischung der Abfälle. Die erforderliche Verbrennungsluft wird als Primärluft über Brenner und Lanzen sowie als Sekundärluft über die Stirnwand zugeführt. Die Verbrennung geschieht dann in den üblichen Stufen:
- Trocknung,
- Entgasung,
- Verbrennung.

Die Verbrennungstemperatur liegt je nach Art der Abfälle zwischen 900 °C und 1100 °C. Ein vollkommener Ausbrand aller organischen Abfallstoffe wird durch die Verweilzeit im Drehrohrofen gewährleistet.

Tabelle 1.7: Einsatzbereiche für verschiedene Verbrennungssysteme zur thermischen Behandlung von Abfällen

Abfallart \ Verbrennungssystem	Drehrohr mit Nachbrennkammer	Rostfeuerung	Wirbelschichtfeuerung	Etagenofen	Brennkammer
Gase	+	–	+	–	+ +
Flüssige Abfälle: • organische Lösungsmittel • organ. Halogenverbrennung • organ. belastete Wässer • ölhaltige Rückstände	+ +	–	+	–	+ +
Pastöse Abfälle mit großer Zähigkeit	+ +	–	+	–	–
Schlämme (wäßrig und organisch angereichert)	+ +	–	+ +	+	–
Feste Abfälle: • organische Abfälle mit niedrig schmelzender Asche	+ +	–	+	–	–
• körnige, stückige Abfälle (aschereich)	+ +	–	+ +	+ +	–
• sperrige Abfälle	+ +	+ +	–	–	–
• Abfälle in Fässern	+ +	+	–	–	–

Definition der Zeichen: + + gut geeignet   + bedingt geeignet   – nicht geeignet

Alle gasförmigen Bestandteile der Sonderabfälle gelangen aus dem Drehrohrofen in die nachgeschaltete Nachbrennkammer und werden durch Zufeuerung von heizwertreichen gasförmigen oder flüssigen Abfallstoffen auf die zur Zersetzung notwendige Temperatur erhöht. Die Konzeption der Industrieabfallverbrennung sieht eine Energienutzung vor. Die in den Abfallstoffen enthaltene Energie wird durch die Verbrennung freigesetzt. Der Wärmeinhalt dieser Rauchgase wird in Abhitzkesseln in Form von Dampf zurückgewonnen. Die Energieerzeugung erfolgt dann mittels einer Turbine.

Die Entsorgung der anfallenden festen Rückstände stellt nach dieser thermischen Behandlung kein Problem dar; d.h. die Ablagerung erfolgt über eine Deponie.

Bei diesen Industrieabfallverbrennungsanlagen müssen besondere Anforderungen an die Rauchgasreinigung gestellt werden, da durch die verschiedenartige Zusammensetzung der Sonderabfälle relativ hohe Schadstoffkonzentrationen erreicht werden können.

Das verbreiteste thermische Behandlungsverfahren für Sonderabfälle ist die Verbrennung. Sie ist insbesondere für organische Abfälle geeignet, die den Hauptteil der nicht ablagerungsfähigen Reststoffe ausmachen.

Die Verbrennungsanlagen bestehen in der Regel aus:
- Aufgabe- und Dosiereinrichtungen,
- Verbrennungsofen (je nach Aggregatzustand bzw. Konsistenz der zu verbrennenden festen, pastösen und flüssigen Sonderabfälle kommen Brennkammern, Drehrohröfen, Brennereinrichtungen in Nachbrennkammern zum Einsatz),

1.4 Behandlung von Sonderabfällen

- Nachbrennkammer,
- Abhitzkessel,
- Rauchgasreinigung,
- ggf. Schlacken- und Ascheabzug,
- Ver- und Entsorgungseinrichtungen.

Abschließend werden in Tabelle 1.7 Einsatzbereiche für verschiedene Verbrennungssysteme für die thermische Behandlung von Abfällen aufgeführt.

1.4.2.3 Chemisch-physikalische Behandlung der Sonderabfälle

Bei der chemischen-physikalischen Behandlung wird ein begrenztes Spektrum von Sonderabfällen, meist flüssiger, pumpfähiger Art mit überwiegend organischer Belastung (Emulsionen, Öl-Wasser-Gemische, Öl-/Fettschlämme usw.) einer angepaßten Kombination von physikalischen (z.B. Entwässerung, Eindampfung, thermische Emulsionstrennung usw.) und chemischen Prozessen (z.B. chemische Emulsionsspaltung, Fällung/Flockung usw.) unterworfen.

Bild 1.37 zeigt ein Verfahrensbeispiel (Ausschnitt aus einem Fließbild) zur Aufbereitung flüssiger Sonderabfälle (Anlagenbeispiel).

Die Aufbereitungsanlage besteht aus vier Stufen:
- *Mechanische Reinigungsstufe:* Rollsiebe trennen die Grobstoffe von der flüssigen Phase. Ausgetragener Feinschlamm sedimentiert (sedimentieren = ablagern) im Aufnahmebecken unterhalb des Rollsiebs aus und wird mittels Räumer in den Schlammtrichter entfernt. Aufschwimmende Leichtstoffe werden an der Oberfläche abgezogen. Das Abwasser fließt dem Speicherbecken zu.
- *Chemische Behandlung:* Dem Abwasser werden Chemikalien (Kalkmilch, Natronlauge, Natriumhypochlorit, Salzsäure, Eisen-III-Chlorid, Natriumsulfid und Wasserstoffperoxid) zugegeben. Im nachgeschalteten „Reaktorbehälter" werden die Emulsionen aufgespalten und die Schadstoffe im Abwasser durch Reduktion, Oxidation, Fällung usw. so umgewandelt, daß sie unschädlich, d.h. abtrennbar sind. Dabei bildet sich eine Schlammsuspension, die aus Ölen, Hydroxidflocken und feinen Feststoffteilchen besteht.
- *Physikalische Behandlung:* Es findet eine „Entspannungsflotation" des Abwassers statt. Dabei werden mit Hilfe von kleinen Luftblasen ungelöste Öle, Schad- und Schmutzstoffe an die Wasseroberfläche befördert, wo sie dann als schwimmender Schlamm durch eine Absaugvorrichtung entfernt, im Zyklonabscheider vom Luftstrom getrennt und dem Schlammbehälter zugeführt werden. In der Klarphase nach der Flotation sind nur noch organische Schadstoffe und Ammonium enthalten.
- *Biologische Behandlung:* Die organischen Schadstoffe und Ammonium (NH_4^+) werden in mehreren Stufen biologisch abgebaut:
  - Denitrifikations- und mehrere Biologiebecken dienen zum Abbau der organischen Schadstoffe und zur Umwandlung der Nitrate (z.B. in Stickstoff, Wasser und Sauerstoff).
  - Nachklärbecken, Abgabebehälter und Aktivkohlefilter dienen zur Trennung in biologisch gereinigtes Abwasser und Belebtschlamm und zur Abgabe des Reinwassers an die Kläranlage oder in den Vorfluter.
  - Die Abluft der verschiedenen Reinigungsstufen wird in einer Abluftreinigungsanlage behandelt.

Alle bei der Abwasser- und Abluftbehandlung anfallenden Rückstände (Grobstoffe, Schlämme, Öle usw.) werden direkt oder über Zwischenbehälter einer Sondermüllverbrennungsanlage zugeführt.

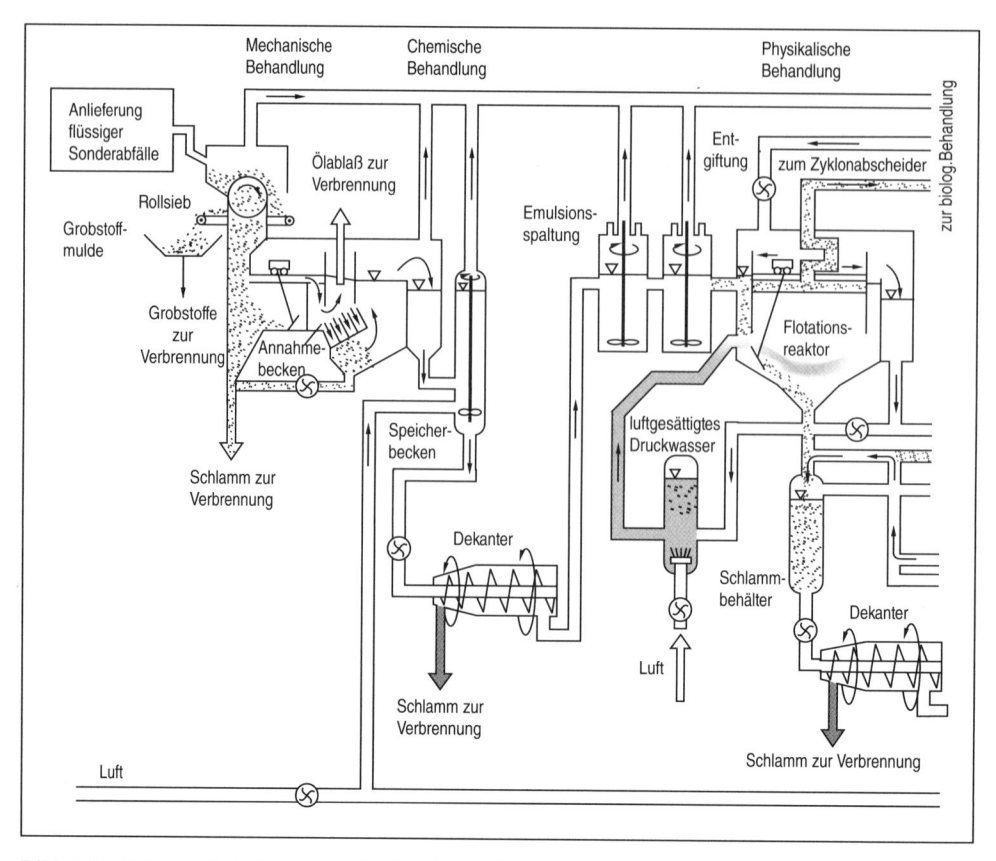

Bild 1.37: Schema einer Anlage zur Aufbereitung flüssiger Sonderabfälle (Darstellung bezogen auf Unterlagen der Firma Siemens, Unternehmensbereich KWU Erlangen)

Unter Denitrifikation versteht man einen durch Bakterien vorgenommenen Abbau von Nitrat zu Stickstoff, Wasser und Sauerstoff. Die Bakterien entnehmen den Sauerstoff, und Stickstoff wird frei (siehe Kapitel 1.6.1).

Ölrückgewinnung aus Altölschlämmen

Unter Altöl versteht man gebrauchte Öle aus Motoren, Getrieben, Turbinen usw. auf Mineralölbasis. Altöl ist ein stark gewässerschädigender Stoff und enthält Verunreinigungen, die eine direkte Wiederverwertung ausschließen.

Altölaufbereitung in Raffinerien (Verfahren der Tochtergesellschaft Flottweg Kraus-Maffei AG München, für die Ölgewinnung aus Altölschlämmen).

In Raffinerien fallen weltweit mehrere Millionen Tonnen Altölschlämme an. Dabei handelt es sich z.B. um Rückstände aus der Tankreinigung, d.h. um Flotationsschlämme oder Schlämme aus Absetzbecken und Lagerteichen. Früher wurden die Schlämme gesammelt und anschließend deponiert oder verbrannt.

1.4 Behandlung von Sonderabfällen

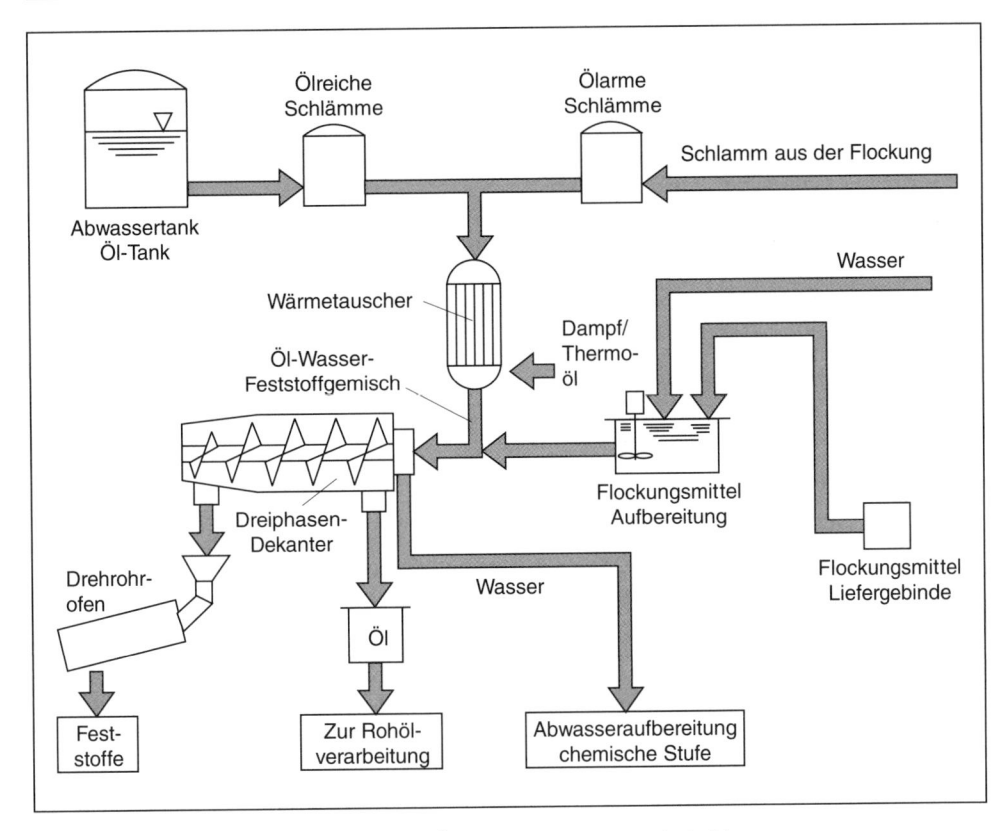

Bild 1.38: Schematische Darstellung einer Ölrückgewinnung aus Altölschlämmen

Diese Schlämme können jedoch verschiedenen Behandlungen unterzogen werden, um das Schlammvolumen zu reduzieren und Öl zurückzugewinnen (Recycling). Die anzuwendenden Verfahren müssen dabei für ganz unterschiedliche Zusammensetzungen der Altölschlämme aus Öl, Emulsion, Wasser und Feststoffen geeignet sein.

Es wurde ein Verfahren entwickelt, das auf der Technik des Emulsionsspaltens und der Dekantertechnik (Flüssigkeit von einem Bodensatz vorsichtig abgießen) basiert.
Vorgang: In der ersten Prozeßstufe erfolgt eine Destabilisierung der Emulsion durch eine Wärmebehandlung und durch eine chemische Behandlung. Anschließend wird das Öl-Wasser-Feststoff-Gemisch einem Dreiphasendekanter zugeführt, der die ungelösten Feststoffe entwässert und den Flüssigkeitsstrom in Öl und Wasser klärt. Das rückgewonnene Öl wird wieder in die Anlage zurückgeführt, und das Abwasser kann ohne weitere Behandlung in die Kläranlage eingeleitet werden.
Der hoch verdichtete Feststoff, der zur Verbrennung gebracht wird, beträgt jetzt nur noch 10–20 % des Ausgangsschlammvolumens, wodurch z.B. die Transportkosten erheblich reduziert werden. Bild 1.38 zeigt eine schematische Darstellung einer Ölrückgewinnung aus Altölschlämmen.

Tabelle 1.8: Auf Deponien in Deutschland abgelagerte Abfallmenge (in 1000 t)

Region	Deponien, einschließlich ungeordnete Ablagerungen	Hausmülldeponien	Bodenaushub- u. Bauschuttdeponien	Bodenaushubdeponien (ausschließlich)	Restedeponien	andere/sonstige Deponien (z. B. Sonderdeponien)	ungeordnete Ablagerungen
Alte Bundesländer	90.908	45.361	36.491	6.429	1.963	665	
Neue Bundesländer	39.328	32.685	4.992	115		753	783
Gesamtdeutschland (gesamt)	130.236	78.046	41.483	6.544	1.963	1.418	783

1.5 Die Deponie

Die Deponie ist eine Abfallentsorgungsanlage zur endgültigen, geordneten und kontrollierten Ablagerung von Abfällen. Die Ablagerung von Abfällen auf Deponien ist die Entsorgungsmethode für Restabfälle, die nicht vermieden, nicht verwertet und nach Möglichkeit vorbehandelt werden sollen.

Auf Deponien mit unterschiedlichen abgelagerten Abfällen (Hausmülldeponien, Sonderabfalldeponien) laufen die physikalischen, chemischen und mikrobiologischen Prozesse im Deponiekörper weitgehend unkontrolliert ab. Die dadurch ausgehenden Sickerwasser- und Deponiegasemissionen sind durch geeignete technische Maßnahmen zu minimieren. Grundlage für Planung, Bau und Betrieb aller (oberirdischer) Deponien sollte das „Multibarrierenkonzept" sein.

1.5.1 Multibarrierenkonzept

Damit Abfälle auf Dauer so abgelagert werden können, daß die von ihnen ausgehenden Restemissionen umwelt- und standortverträglich sind, sollte Grundlage für Planung, Bau und Betrieb aller (oberirdischen) Deponien das sog. „Multibarrierenkonzept" sein. **Mit Hilfe des Multibarrierenkonzept wird ein mehrfach redundantes (zusätzlich vorhandenes) System von Rückhaltebarrieren gegen Emissionen geschaffen.**
Das Multibarrierenkonzept ist ein im Rahmen der Deponieplanung verwendeter Begriff.

Als Barrieren gelten
- der Deponiestandort,
- das Deponiebasisabdichtungssystem,
- der Deponiekörper,
- die Deponieoberflächenabdichtung,
- das Deponielangzeitverhalten und die Nachsorge.

Der Deponiestandort

Aus Gründen mangelnder Akzeptanz in der Bevölkerung bei der Errichtung von Abfallentsorgungsanlagen (Deponien) ist es schwer, neue Standorte für die Deponien durchzusetzen und damit neue Deponien zu errichten. Deshalb wird auch das verfügbare Deponievolumen ständig knapper werden.
Zu den jährlich auf Deponien in Deutschland abgelagerten Abfallmengen steht als aktuellstes, derzeit verfügbares Datenmaterial die Statistik der öffentlichen Abfallbeseitigung des Stati-

1.5 Die Deponie

```
Thüringen              50
Schleswig-Holstein      9
Sachsen-Anhalt         54
Sachsen                65
Saarland                2
Rheinland-Pfalz        27
Nordrhein-Westfalen    42
Niedersachsen          46
Mecklenburg-Vorpommern 53
Hessen                 19
Brandenburg            61
Bayern                 55
Baden-Württemberg      63
```

Summe der Deponien: 546; davon neue Bundesländer: 283
alte Bundesländer: 263

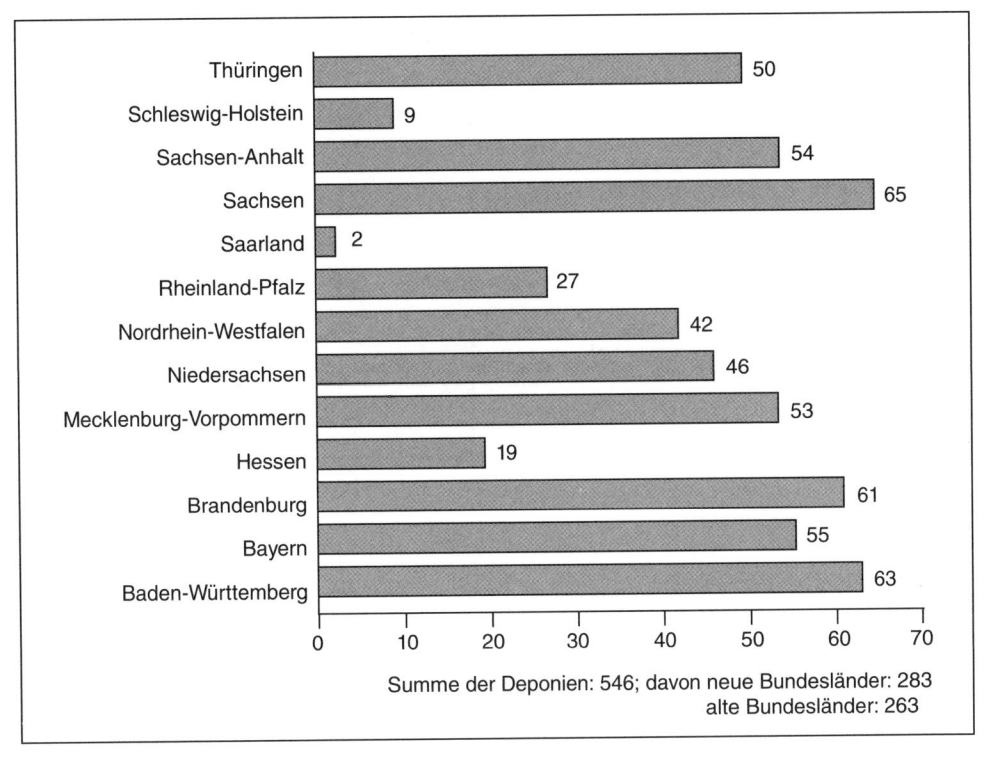

Bild 1.39: Bestand der Hausmülldeponien im Jahr 1993

stischen Bundesamt für das Jahr 1990 (vorläufiges Ergebnis) zur Verfügung (vgl. Tabelle 1.8). Der geeignete Deponiestandort sollte hydrologisch und geologisch geeignet sein (z.B. hohes Adsorptionsvermögen). Dieser Standort sollte außerdem möglichst unempfindlich gegen die Ableitung von Sickerwasser sein, das auf Dauer trotz einer Basisabdichtung in den Untergrund gelangen kann. Er muß ferner vom Boden und Wasserhaushalt her so beschaffen sein, daß Sickerwasser, welches langfristig nach Verfüllung der Deponie anfällt, direkt in den Untergrund abgeleitet werden kann.

Kriterien zum Deponiestandort sind also der Untergrund im Ablagerungsbereich (geologische Barriere) und das Deponieumfeld.

Abschließend zeigt Bild 1.39 den Bestand an Hausmülldeponien im Jahr 1993.

Deponiebasisabdichtungssystem

Das Deponiebasisabdichtungssystem sollte für eine lange Zeit unterbinden, daß Sickerwasser in den Untergrund gelangt.

Begründung: Aus den Abfällen gelangen Schadstoffe (z.B. Schwermetalle, Lösemittelrückstände, Altöle) ins Sickerwasser. Das Sickerwasser darf in der Regel nicht unbehandelt in das Grundwasser abgeleitet werden. Deshalb muß an der Deponiebasis eine Abdichtung vorhanden sein. Die Abdichtung kann technisch durch die Injektion (Einspritzung) einer Abdichtungsmasse von der Oberfläche her durchgeführt werden. Heute werden in der Bundesrepublik keine Hausmüll- und Sondermülldeponien mehr ohne Basisabdichtung genehmigt.

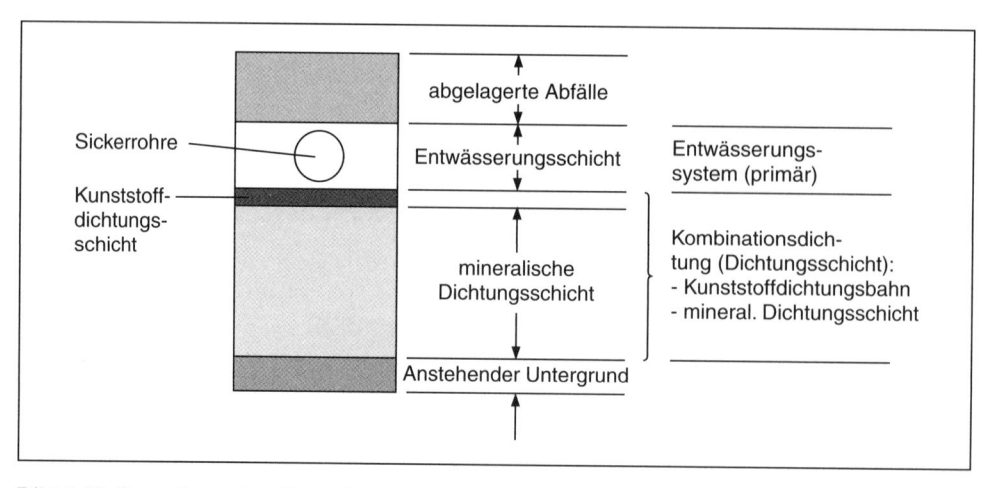

Bild 1.40: Darstellung einer Deponiebasisabdichtung

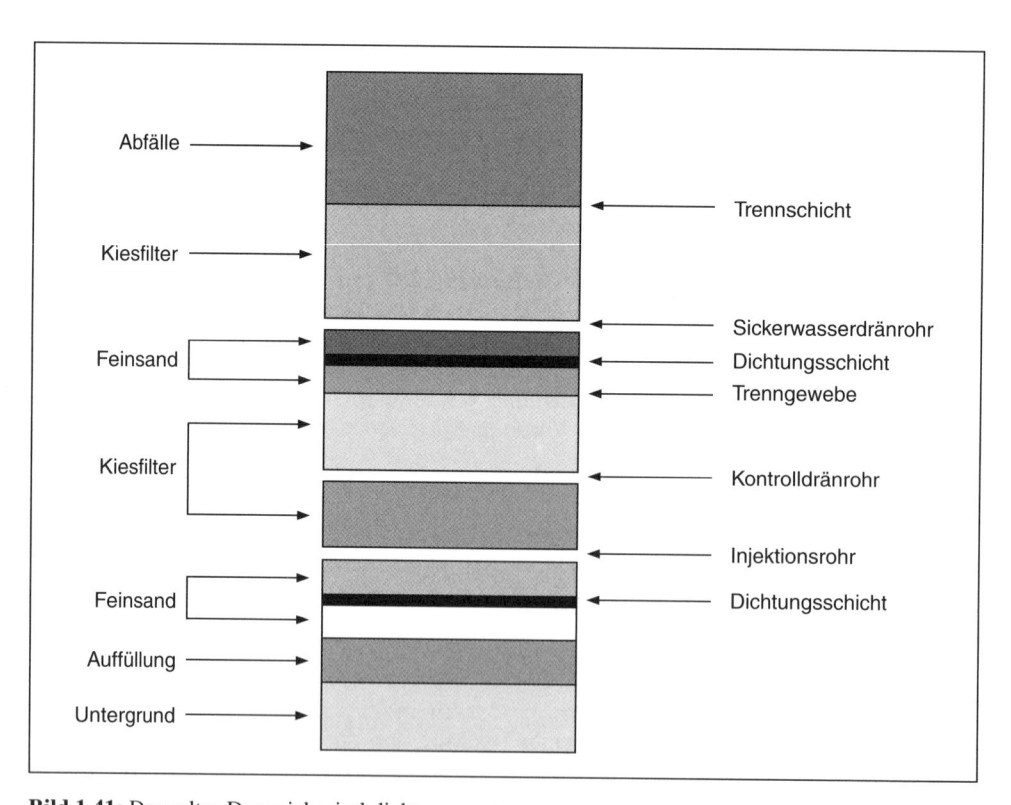

Bild 1.41: Doppeltes Deponiebasisabdichtungssystem

Die Basisabdichtungen bestehen in der Regel aus folgenden Komponenten:
- hochverdichtetes, mit dem erforderlichen Gefälle profiliertes Deponieauflager,
- dichtende Schichten,
- Entwässerungsschicht mit Entwässerungsröhren,
- Feinmüllschicht.

Um einen kontrollierten Abwasserfluß zu garantieren, ist eine funktionsfähige Entwässerung und eine kontinuierliche Sickerwasserableitung im freien Gefälle erforderlich.
Als Dichtungsmaterialien werden natürliche Materialien (z.B. Ton) und künstliche Materialien (z.B. Dichtungsbahnen aus Kunststoff wie Polyäthylen, Polyester) verwendet. Weder für natürliche Materialien noch für Kunststoffdichtungsbahnen kann eine absolute „ewige" Dichtheit garantiert werden. Deshalb muß die Deponiebasisabdichtung so konstruiert werden, daß sie mindestens solange funktioniert, bis kein Sickerwasser mehr in den Untergrund gelangt (siehe Merksatz). Die Funktionsfähigkeit muß also langfristig kontrolliert werden können, und Wartungsarbeiten sollen mit gewissem Aufwand möglich sein.
Die Kontrollierbarkeit dieses Dichtungssystems ist nur indirekt gegeben, d.h. einmal durch Messung der Setzungen in den Dränagerohren (Setzungsmessungen) und zum anderen in den Grundwassermeßstellen (hier allerdings erst mit mehrjähriger Verzögerung).
Reparierbar (oder wartbar) wird ein Dichtungssystem erst, wenn die Schadstelle auch lokalisiert werden kann. Bild 1.40 zeigt eine Deponiebasisabdichtung.
Bild 1.40 zeigt schematisch den Aufbau einer Deponiesohle. Es werden gemäß Abbildung, Dichtungs- und Entwässerungsschichten mit Gefälle eingebaut. Die Dichtungsschicht wird hier als Kombinationsdichtung ausgeführt.
Bild 1.41 gibt eine schematische Übersicht über ein doppeltes Deponiebasisabdichtungssystem. Über ein Unterdrucksystem ist es möglich, die Dichtigkeit der oberen Dichtbahnen zu überprüfen und im Bedarfsfall Teilbereiche der Kontrolldrainage mit einer dichtenden Schicht über die Manschettenauspreßrohre nachträglich auszufüllen.

Deponiekörper

Unter Deponiekörper versteht man die auf einer Deponie abgelagerten Abfälle.

Im Deponiekörper sollen sich die Abfallstoffe weitgehend immobil verhalten. Stoffe, die miteinander reagieren und somit ein Umweltrisiko darstellen, sind von der Ablagerung auszuschließen (Zuordnungskriterien). Die Abfallstoffe sollen in den Deponiekörper hochverdichtet und hohlraumarm eingebaut werden, damit der Deponiekörper standfest ist und nur geringe Setzungen auftreten können. Der Deponiekörper muß also in sich selber und in bezug auf seine Umgebung mechanisch stabil hergestellt werden (Verdichtung). Die Zusammensetzung des Deponiekörpers und damit das Deponieverhalten (Deponiesickerwasser- und Deponiegasemissionen, Setzungen) hängt von den abgelagerten Abfällen ab. Der Deponiekörper ist so aufzubauen, daß keine nachteiligen Reaktionen der Abfälle untereinander oder mit dem Sickerwasser erfolgen. Das Eindringen von z.B. Niederschlagswasser (und somit Bildung von Sickerwasser) in den Deponiekörper muß durch eine Deponieoberflächenabdichtung minimiert werden.

Deponieoberflächenabdichtung

Die Deponieoberflächenabdichtung verhindert also das Eindringen von Niederschlagswasser und somit die Bildung von Sickerwasser. Die Deponieoberflächenabdichtung sollte möglichst schnell nach Verfüllung eines Deponieabschnitts aufgebracht werden. Dem steht aber entgegen, daß die Setzungen des Deponiekörpers zuvor abgeklungen sein müssen, um die Deponieoberflächenabdichtung nicht durch übermäßige Verformungen zu beschädigen.
Setzungen sind minimierbar durch gut verdichtenden Einbau von möglichst mineralischen Abfällen, die keinen volumenverminderten Abbauvorgängen unterworfen sind.

Tabelle 1.9: Anforderungen, Aufbau, Funktionen und Vorteile einer Deponieoberflächenabdichtung

Daten: Oberflächen-abdichtung	Kurzbeschreibung und schematische Darstellung des Abdichtungssystems
Anforderungen an eine Oberflächen-abdichtung	• Wasserdichtigkeit (Verhinderung des Einsickerns von Niederschlagswasser in die Deponie) und Gasdichtigkeit • Oberflächendränage zur unbeschadeten Ableitung von Niederschlagswasser oberhalb der Dichtungsschicht • Standsicherheit, Setzungsunempfindlichkeit und Erosionssicherheit • Begeh- und Befahrbarkeit, Rekultivierbarkeit und Reparierbarkeit
Schema über den Aufbau eines Abdichtungssystems für die Deponieoberfläche	Deponieoberflächendichtungssystem (von oben nach unten): — Bewuchs — Mutterboden — Rekultivierungsschicht — Entwässerungsschicht — Kunststoffdichtungsbahn ⎫ — mineralische Dichtungsschicht ⎬ Kombinationsdichtung — Gasdränschicht — Abfälle
Funktionen der Oberflächenabdichtung	• Begrenzung des Eindringens von Niederschlagswasser • Verhinderung der Kapillarbewegung an die Bodenoberfläche • Kontrolle der Flüssigbewegung im Boden • Kontrolle und Ableitung von Gas, welches z. B. aus der Altlast emittiert
Vorteile einer Oberflächenabdichtung	• Minimierung der Gefahr von Bränden • Verringerung oder Eliminierung der Gefahr von Giftwirkungen des Bodens an der Oberfläche • Verhütung von biologischen Verschiebungen potentiell schädlicher Chemikalien • Unterstützung des Vegetationswachstums • Verbesserung der Anpassung an das Landschaftsbild

Für die Deponieoberflächenabdichtung wird in der Technischen Anleitung Abfall verlangt, daß Undichtigkeiten für die Dauer der Nachsorge lokalisiert und repariert werden können.

In Tabelle 1.9 sind nochmals alle wichtigen Aspekte einer Deponieoberflächenabdichtung festgehalten.

Deponielangzeitverhalten

Das Deponielangzeitverhalten wird vom zeitlichen Verlauf der Auslaugungs-, Gasbildungs- und Setzungsprozesse der abgelagerten Abfälle bestimmt und hängt im wesentlichen vom

1.5 Die Deponie

Deponietyp (Mineralstoff-, Hausmüll-, Sonderabfälle) ab. In Deponien, insbesondere Hausmülldeponien mit relativ mobiler Abfallvielfalt, laufen ungesteuerte biologische, chemische und physikalische Prozesse ab, die von den Eigenschaften der Abfälle (organisch, anorganisch, sauer, alkalisch, fest, flüssig) abhängen und sich nicht zuverlässig vorhersagen lassen. Bei der Deponieplanung müssen die für einen umweltverträglichen Betrieb erforderlichen Maßnahmen (Deponiebasisabdichtungssystem, Deponiesickerwassererfassung und -behandlung, Deponiegaserfassung und -behandlung, Deponieoberflächenabdichtungssytem) berücksichtigt werden. Der Einsatz solcher Maßnahmen muß aufgrund regelmäßiger Eigenkontrollen gesteuert werden.

Deponienachsorge

Deponien bedürfen unbedingt der Nachsorge. Sie beginnt zum Zeitpunkt der Schlußabnahme durch die Behörde. Es sind insbesondere Langzeitsicherungsmaßnahmen und Kontrollen des Deponieverhaltens durchzuführen und zu dokumentieren, wie z.B. Funktionsfähigkeit, Verformungen und Wasserhaushalt des Deponieoberflächenabdichtungssystems. Darüber hinaus sollten weitere Kontrollen durchgeführt werden, um darauf zu achten, daß Rekultivierung und Nutzung der stillgelegten Deponien den behördlichen Vorgaben entsprechen.

1.5.2 Deponiebetrieb

Der Deponiebetrieb ist ein Sammelbegriff für alle auf der Deponie in Zusammenhang mit der Ablagerung ablaufenden Vorgänge.

Der Deponiebetrieb wird für das Betriebspersonal durch eine Betriebsanweisung und durch eine Benutzungsordnung für die Anlieferer der Abfälle geregelt. Wichtig für den Deponiebetrieb ist die Eingangskontrolle. Die angelieferten Abfälle werden auf ihre Zulässigkeit zur Ablagerung kontrolliert und nach Art und Menge im Betriebstagebuch aufgenommen. Die Abfälle werden so eingebaut und verdichtet (Abfallverdichtung), daß die Deponie standfest ist und somit möglichst geringe Setzungen auftreten. Durch geeignete Einbautechnik und/oder andere betriebliche Maßnahmen (Zwischenabdeckung, Errichtung von Schutzwällen) lassen sich die Emissionen auf einer Deponie (Sickerwasser, Deponiegas, Staub usw.) entscheidend beeinflussen.

Zum Deponiebetrieb gehören
- die Behandlung von Sickerwasser,
- regelmäßige Untersuchungen des Langzeitverhaltens,
- die Unterhaltung und Instandhaltung von Anlagen zur Fassung und Ableitung des Oberflächenwassers und
- die Überprüfung der Emissionen.

Außerdem sollte schon beim Deponiebetrieb auf die geplante *Rekultivierung* nach der Verfüllung eines Deponieabschnitts geachtet werden.

Ein ordnungsgemäßer Deponiebetrieb vermindert erheblich das von einer Deponie ausgehende Gefährdungspotential.

1.5.3 Deponiegas – und der Umgang mit dem Gas

1.5.3.1 Deponiegas

Deponiegas entsteht bei der Ablagerung von organischen Stoffen, insbesondere auf Hausmülldeponien. Die Hauptbestandteile des Deponiegases sind Methan (zu 55 %) und Kohlendioxid (zu ca. 45 %). Darüber hinaus enthält das Deponiegas in geringeren Konzentrationen

Sauerstoff und Stickstoff aufgrund des Eintritts von Luft sowie eine Anzahl von Spurenstoffen. Dazu zählen insbesondere organische Verbindungen und Schwefelwasserstoff. Aufgrund seines Gehalts an Methan sowie anderer Gaskomponenten und -spurenstoffe gefährdet das Deponiegas sowohl die „Rekultivierung" von Deponien als auch Einrichtungen auf Deponien (Explosionsgefahr) sowie die deponienahe Atmosphäre (Deponieoberfläche). Deshalb müssen Deponien in der Regel entgast werden (Deponieentgasung). Das dabei anfallende Gas kann energetisch genutzt werden.

Die insgesamt produzierte Gasmenge (Gaspotential) liegt pro Tonne Hausmüll nach Laborversuchen zwischen 150 und 250 m^3.

1.5.3.2 Deponieentgasung

Um von der Deponie ausgehende gasförmige Emissionen in die Atmosphäre so weit wie möglich zu vermindern, müssen sie „entgast" werden. Die Entgasung ist vor allem erforderlich bei Hausmülldeponien, Klärschlammdeponien und Altablagerungen, auf denen organische Abfälle abgelagert wurden. Auch Brand- und Explosionsgefahren sowie Beeinträchtigungen des Planzenwuchses auf und in der Umgebung der Deponie werden so verhindert. Es ist zu unterscheiden nach der passiven Entgasung und der aktiven Entgasung von Deponien. Bei der passiven Entgasung wird das Deponiegas durch den sich im Deponiekörper aufbauenden Gasdruck aus der Deponie gedrückt. Bei der aktiven Entgasung wird das Gas dagegen mit Hilfe von Gasfördereinrichtungen aus der Deponie abgesaugt. Eine zufriedenstellende Gasfassung läßt sich aber nur mit Hilfe der aktiven Entgasung erreichen. Die passive Entgasung kommt nur bei Altdeponien mit sehr geringem Gasaufkommen zur Anwendung. Mit der Entgasung sollte bereits während des Deponiebetriebs begonnen werden. Die Wirksamkeit der Deponieentgasung ist durch Messungen zu überprüfen. Dazu sind z.B. Messungen mit Gasspürgeräten (z.B. Flammenionisationsdetektoren) an den offenen und abgedichteten Deponieoberflächen und an den Randbereichen erforderlich. Weiterhin muß in der Vegetationsschicht der Gaspegel überprüft werden.

1.5.3.3 Deponiegasbehandlung

Das aufgrund der Deponieentgasung anfallende Gas kann wegen der damit verbundenen Umweltbeeinträchtigung nicht unmittelbar in die Atmosphäre abgeleitet werden. Es muß daher in der Regel einer Behandlung zugeführt werden. Nur in Ausnahmefällen wie z.B. bei Schutzentgasung von bebauten Altablagerungen, wo nur geringe Gasmengen anfallen, wird Deponiegas gelegentlich unmittelbar abgeleitet.

Bei der Deponiegasbehandlung ist zu unterscheiden nach der Behandlung mit und ohne Energienutzung.

Die Deponiegasbehandlung ohne Energienutzung erfolgt in Fackeln oder Brennmuffeln. Eine Behandlung mit Energienutzung kann einerseits in Feuerungsanlagen, Verbrennungsmotorenanlagen oder Gasturbinen und anderseits in Anlagen zur Aufbereitung von Deponiegas zu Erd- oder Flüssiggas erfolgen. Die Verbrennung ohne Energienutzung sollte wegen der damit verbundenen Energieverschwendung nur in Ausnahmefällen erfolgen. Da auch das aufbereitete Deponiegas bei der Nutzung verbrannt wird, ist die Deponiebehandlung mit oder ohne Energienutzung letztlich immer eine thermische Behandlung. Dabei wird das im Deponiegas enthaltene Methan zu Kohlendioxid und Wasserdampf umgesetzt.
Halogenkohlenwasserstoffe werden zu Chlor- und Fluorwasserstoffen umgesetzt; aus Schwefelwasserstoff entstehen Schwefeloxide. Bei unvollständiger Verbrennung können Halogenverbindungen auch zu Emissionen an hochtoxischen und persistenten Stoffen wie polychlorierten Dibenzodioxinen (PCDD) und polychlorierten Dibenzofuranen (PCDF) führen. Eine Deponiegasreinigung vor der thermischen Behandlung ist erforderlich, wenn die Spurenge-

halte im Deponiegas zu Grenzwertüberschreitungen bei den Schadstoffemissionen aus Gasnutzungsanlagen führen oder wenn Korrosionsprobleme an Gasnutzungsanlagen zu befürchten sind. Es stehen dabei verschiedene Technologien zur Deponiegasreinigung zur Verfügung. Auf den Deponien Kapitaltal (Rheinland-Pfalz) und Brandholz (Hessen) sind Aktivkohleverfahren zur Gasreinigung im Einsatz. Auf den Deponien Berlin-Wannsee und Braunschweig (Niedersachsen) erfolgt die Gasreinigung durch Absorption mit organischen Lösemitteln.

1.5.3.4 Deponiegasfackeln

Unter Deponiegasfackeln versteht man Anlagen zur Verbrennung von Deponiegas ohne Energienutzung.

Auf etwa 30 % der in Betrieb befindlichen Hausmülldeponien erfolgt die Deponiegasbehandlung in Deponiegasfackeln. Obwohl zukünftig eine umfassende Verwertung des anfallenden Deponiegases angestrebt wird, werden auch dann in vielen Fällen noch Fackeln als Sicherheitseinrichtung für den Ausfall der Gesamtnutzungsanlage benötigt. Der einfachste und für lange Zeit am verbreitetsten Fackeltyp ist die Bunsenfackel mit offener Flamme. Die Verbrennungsgüte dieses Fackeltyps wird durch äußere Witterungseinflüsse wie z.B. Wind stark beeinflußt. Durch ungünstige Verbrennungsbedingungen kann es zu erheblichen Schadstoffemissionen kommen. Dieser Fackeltyp zählt zu den Niedertemperaturfackeln.
Neuere Fackeln haben vollständig umschlossene Verbrennungsräume aus hitzebeständigem Stahl mit mehr oder weniger keramischer Auskleidung. Das Emissionsverhalten dieser Fackeln ist deutlich besser. Ein guter Abgasausbrand ist etwa bei Verbrennungstemperaturen ab 1000 °C zu erwarten. Besonders niedrige Emissionswerte wurden bei Fackeln (Brennmuffeln) mit Verbrennungstemperaturen von etwa 1200 °C ermittelt (sog. Hochtemperaturfackeln).

1.5.3.5 Deponiegasnutzung

Aufgrund seines hohen Gehaltes an Methan besitzt Deponiegas einen hohen Heizwert (mittlerer Heizwert rd. 20 000 kJ/m3) und stellt örtlich ein Energiepotential dar, dessen Nutzung zunehmend an Interesse gewinnt. 1 m3 Deponiegas hat etwa den Energiegehalt von 0,3–0,4 l Heizöl.

Der Schwerpunkt der Deponiegasnutzung in Deutschland liegt bei der Stromerzeugung mit Hilfe von Verbrennungsmotorenanlagen und der Erzeugung von Raum- und Prozeßwärme durch Verbrennung in Feuerungsanlagen. Ende 1991 verfügten 32 % der 295 in Betrieb befindlichen Hausmülldeponien über Anlagen zur Deponienutzung.

Die Nutzung von Deponiegas kann z.B. über folgende Verfahren erfolgen:
- Verbrennung in Dampf- und Warmwasserkesseln zur Gewinnung von Raum- und Prozeßwärme.

Gaskomponenten	Anteil der Gaskomponenten (in Vol.-% bzw. bei H_2S in mg/m^3)
Methan (CH_4)	ca. 60
Kohlendioxid (CO_2)	ca. 38
Sauerstoff (O_2) + Argon (Ar)	ca. 0,13
Stickstoff (N_2)	ca. 0,45
Schwefelwasserstoff (H_2S)	ca. 90

Tabelle 1.10:
Mittlere Zusammensetzung des Deponiegases

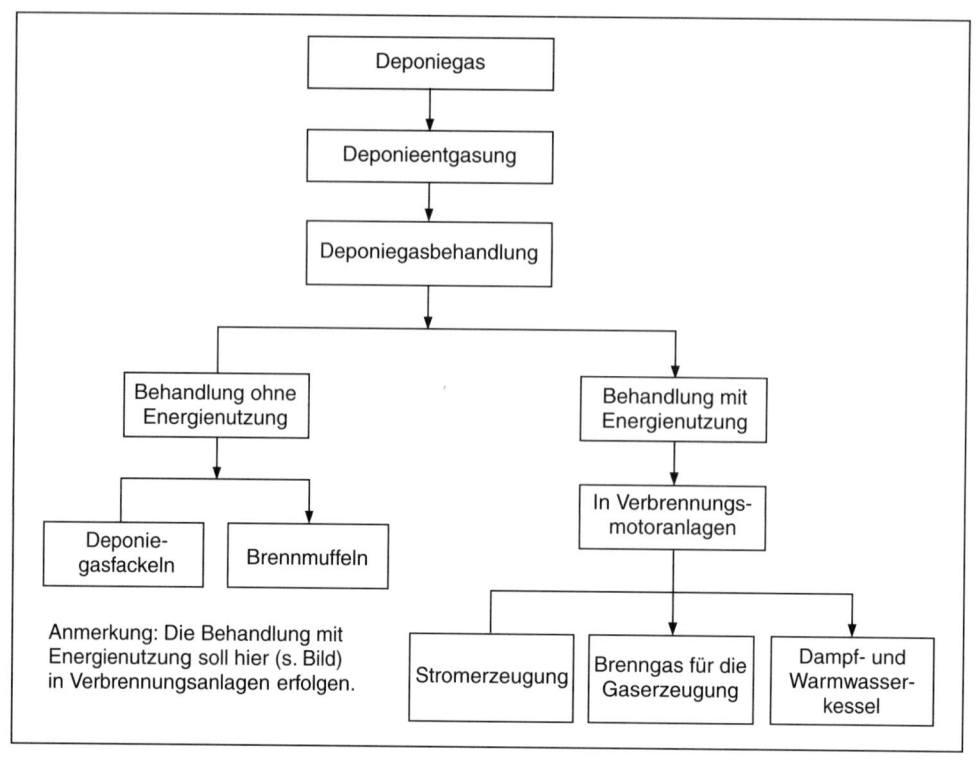

```
┌─────────────────────────────────────────────────────────────────┐
│                        ┌──────────────┐                         │
│                        │  Deponiegas  │                         │
│                        └──────┬───────┘                         │
│                               ▼                                 │
│                      ┌─────────────────┐                        │
│                      │ Deponieentgasung│                        │
│                      └────────┬────────┘                        │
│                               ▼                                 │
│                    ┌────────────────────┐                       │
│                    │ Deponiegasbehandlung│                      │
│                    └──┬──────────────┬──┘                       │
│                       │              │                          │
│        ┌──────────────┴──┐      ┌────┴──────────────┐           │
│        │ Behandlung ohne │      │ Behandlung mit    │           │
│        │  Energienutzung │      │  Energienutzung   │           │
│        └───────┬─────────┘      └─────────┬─────────┘           │
│                │                          ▼                     │
│         ┌──────┴──────┐         ┌───────────────────┐           │
│         │             │         │ In Verbrennungs-  │           │
│         ▼             ▼         │   motoranlagen    │           │
│    ┌─────────┐  ┌──────────┐    └─┬──────┬───────┬──┘           │
│    │Deponie- │  │Brennmuf- │      │      │       │              │
│    │gasfackeln│ │feln      │      ▼      ▼       ▼              │
│    └─────────┘  └──────────┘                                    │
│  Anmerkung: Die Behandlung mit ┌────────┐┌─────────┐┌─────────┐ │
│  Energienutzung soll hier (s. Bild)│Strom-  ││Brenngas ││Dampf- und│
│  in Verbrennungsanlagen erfolgen.│erzeugung││für die  ││Warmwasser-│
│                                │        ││Gaserzeug.││kessel   │ │
│                                └────────┘└─────────┘└─────────┘ │
└─────────────────────────────────────────────────────────────────┘
```

Bild 1.42: Ablaufschema über die Deponiegasnutzung

- Erzeugung von elektrischen Strom.
- Einspeisung ins Gasversorgungsnetz.
- Verbrennung von Deponiegas in Drehrohröfen.
- Herstellung von reinem Methan.
- Herstellung von Methanol..

Auf der überwiegenden Zahl der Deponien erfolgt die Deponiegasnutzung durch Verstromung von Deponiegas über Verbrennungskraftmaschinen. Der elektrische Wirkungsgrad liegt zwar nur knapp über 30 %, der erzeugte Strom kann aber problemlos in das öffentliche Stromnetz eingespeist werden. Bild 1.42 zeigt abschließend in einem Ablaufschema die einzelnen Phasen des Deponiegases bis zur Deponiegasnutzung.

1.5.4 Sonderabfalldeponie

Die Sonderabfalldeponie ist eine Abfallentsorgungsanlage zur dauerhaften, geordneten und kontrollierten Ablagerung von besondes überwachungsbedürftigen Abfällen (Sonderabfälle).

Sonderabfälle, die nachweislich nicht verwertet werden können, sind einer derartigen Anlage zur Ablagerung zuzuordnen (Abfallbestimmungsverordnung).
Sonderabfalldeponien werden z.B. entweder von öffentlich-rechtlichen Körperschaften (Sonderabfalldeponie Gerolsheim, Malch usw.) oder direkt auch von Firmen (BASF AG, Bayer Leverkusen usw.) eingerichtet und betrieben.

1.5 Die Deponie

Die endgültige Zuordnung des Sonderabfalls zur Entsorgung hat jedoch im „Entsorgungsnachweis" insbesondere aufgrund der Abfalleigenschaften und der Zulassung der Abfallentsorgungsanlage zu erfolgen (Abfall- und Reststoffüberwachungsverordnung).
Sonderabfälle können bei Überschreitung der Zuordnungskriterien (Grenzwerte) auch in untertägige Anlagen dauerhaft abgelagert werden, wenn sie vollständig vom Salzgestein umschlossen sind (Untertagedeponie, wie z.B. das ausgediente Salzbergwerk in Herfa-Neurode).

Spezialdeponien (Untertagedeponien) in Steinsalzformationen stillgelegter Salzbergwerke sind besonders günstig, da Salzstöcke im allgemeinen nicht mit wasserführenden Schichten in Verbindung stehen.
In der zweiten allgemeinen Verwaltungsvorschrift zum Abfallgesetz, TA Abfall, Teil 1, sind die Anforderungen zur Lagerung, chemisch/physikalischen, biologischen Behandlung, Verbrennung und Ablagerung von Sonderabfällen festgelegt.

1.5.4.1 Die Untertagedeponien
(Spezialdeponie in Steinsalzformationen stillgelegter Salzbergwerke)

Salz hat im Gegensatz zum umgebenden Gestein eine hohe Wärmeleitfähigkeit. Das ist für die Ablagerung selbsterhitzender Abfälle wie insbesondere hochradioaktiver Rückstände besonders wichtig, weil die entstehende Wärme ohne unzulässige Überhitzung abgeführt werden kann. Salz wirkt außerdem aufgrund seiner Plastizität abdichtend, falls Gesteinsrisse oder -spalten entstehen sollten.
Diese Untertagedeponien sollen inbesondere jene Abfälle aufnehmen, die von oberirdischen Deponien im Hinblick auf die Wasserlöslichkeit oder Mobilisierbarkeit von gefährdenden Inhaltsstoffen fernzuhalten sind.

Endlagerprojekte:

Salzbergwerk Herfa-Neurode bei Hersfeld
In diesem Salzbergwerk werden seit 1972 eine große Palette hochtoxischer Sonderabfälle abgelagert.

Asse bei Wolfenbüttel

Das ehemalige Salzbergwerk Asse bei Wolfenbüttel, wird seit 1965 zur Durchführung umfangreicher Forschungs- und Entwicklungsanlagen von der Gesellschaft für Strahlen- und Umweltforschung mbH (GSF) betrieben. Diese Langzeituntersuchungen ergaben, daß auch radioaktive Abfälle aus Kernkraftwerken, Wiederaufbereitungsanlagen und Forschungszentren in besonderen Spezialdeponien eingelagert werden können, ohne daß eine Erhöhung der natürlichen Aktivitäten in Wasser und Luft eintritt.
Im Rahmen dieser Arbeiten wurden bis zum Auslaufen der Einlagerungsgenehmigungen Ende 1978 ca. 124 500 200-l-Fässer mit schwachradioaktiven Abfällen und 1300 Fässer mit mittelradioaktiven Abfällen endgelagert und dabei Endlagerungstechniken erprobt. Bild 1.43 zeigt einen vereinfachten Schnitt durch dieses Salzbergwerk.

Konrad bei Braunschweig

1975 ausgeführte Voruntersuchungen ergaben, daß die Schachtanlage Konrad, ein ehemaliges Eisenerzbergwerk, aufgrund der außergewöhnlichen Trockenheit des Grubengeländes als Endlager für radioaktive Abfälle in Frage kommen könnte. Mächtige Tonsteinschichten im Deckgebirge bilden hier die geologische Barriere.
Die Ergebnisse eines Forschungs- und Entwicklungsprogramms, das von der GSF im Auftrag der Bundesregierung zwischen 1976 und 1982 ausgeführt wurde, bestätigte die Eignung der

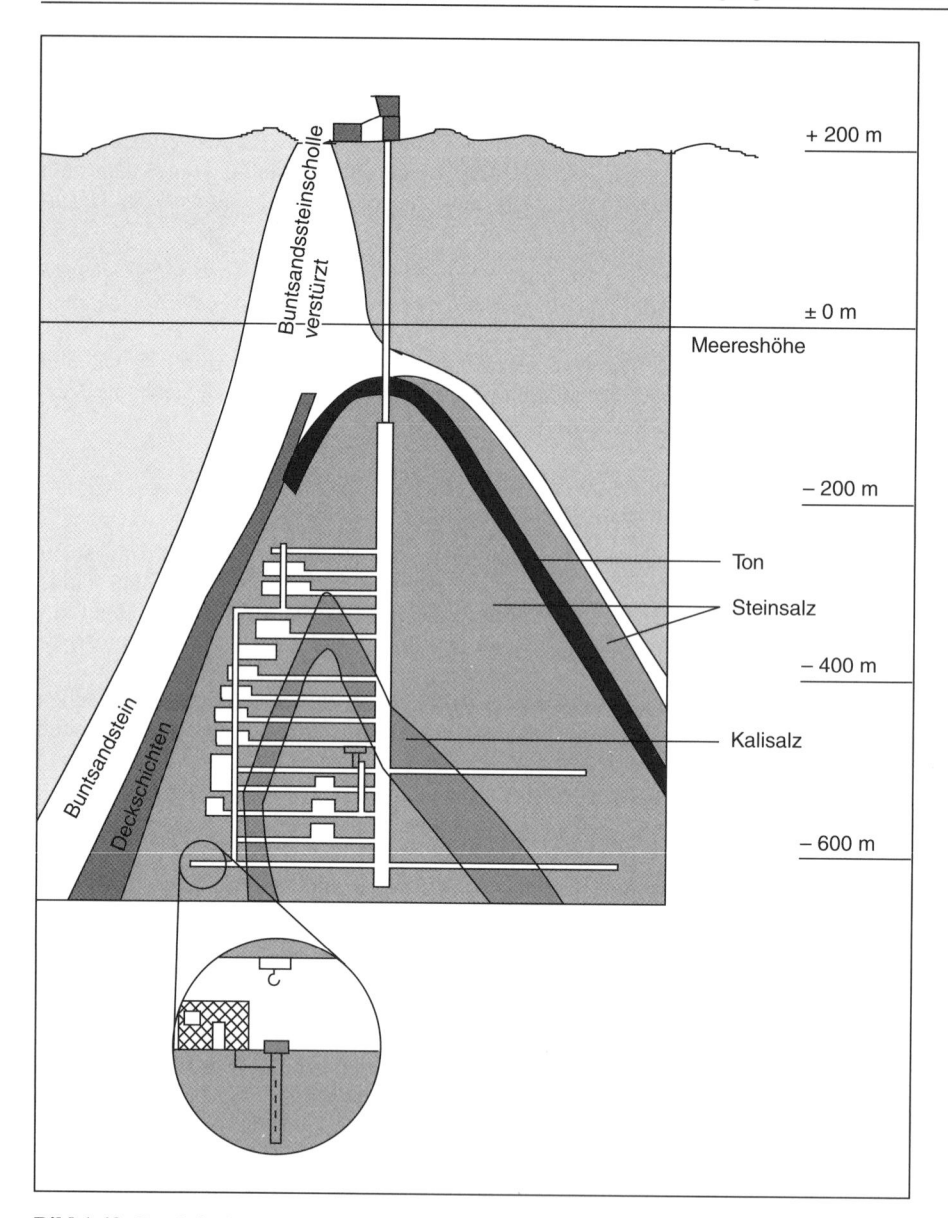

Bild 1.43: Vereinfachter Schnitt durch das Salzbergwerk Assen

Schachtanlage für die Endlagerung von Abfällen mit vernachlässigbarer Wärmeentwicklung auf das Nebengestein. Bild 1.44 verdeutlicht das Einlagerungsprinzip des geplanten Endlagerbergwerks.

Gorleben

Im Juli 1977 wurde von der Physikalisch-Technischen Bundesanstalt (PTB) ein Auftrag auf Einleitung eines Planfeststellungsverfahrens für die Endlagerung radioaktiver Abfälle im Salzstock Gorleben gestellt. Diese Formation beginnt in einer Tiefe von ca. 250 m und reicht

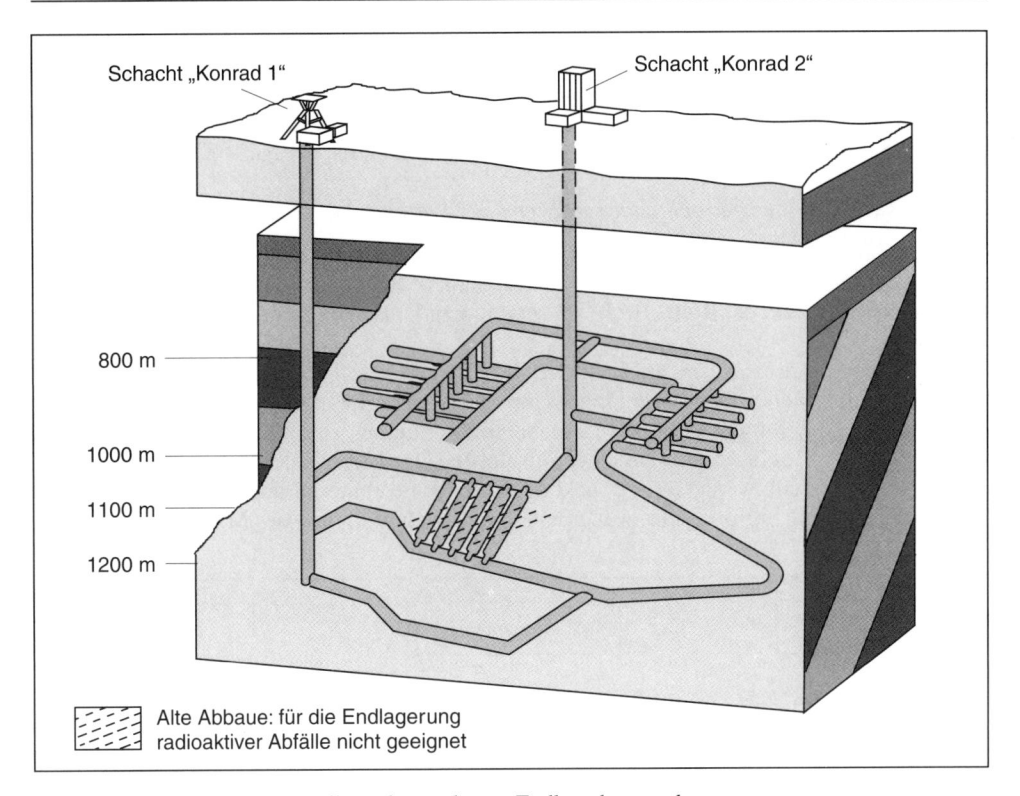

Bild 1.44: Schematische Darstellung des geplanten Endlagerbergwerks

bis in eine Tiefe von mehr als 3000 m. Ein umfangreiches Standorterkundungsprogramm läuft seit 1979. Dieses Programm umfaßt im ersten Schritt hydrogeologische Untersuchungen des Deckgebirges sowie Bohrungen in den Salzstock, um erste Informationen über seine Struktur zu erhalten. Danach wurde der Salzstock von unter Tage aus erkundet, um seine geologische Struktur und sein nutzbares Volumen besser bestimmen und ein Konzept für das geplante Endlager erstellen zu können.

Das Endlager Gorleben könnte z.B. 60–70 Jahre betrieben werden.

1.6 Kompostierung

1.6.1 Allgemeines

Kompost

Das Wort Kompost ist aus dem Lateinischen hergeleitet und bedeutet „Zusammengesetztes". Kompost ist ein durch die Rotte mehr oder weniger stark verändertes Gemisch. **Kompost besteht vorwiegend aus organischen und mineralischen Abfällen (z.B. Laub, Garten- und Küchenabfälle, Baumrinde usw.) und wird als Bodenverbesserungsmittel (z.B. im Futtermittel- und Zierpflanzenbau) sowie als Abdeckmittel für Deponien oder in Biofiltern eingesetzt.** 1991 wurden in 18 Kompostwerken der Bundesrepublik Deutschland ca. 250 000 t Kompost hergestellt.

Rotte (Verrottung)

Darunter versteht man den Abbau organischer Stoffe durch Mikroorganismen unter Anwesenheit von Sauerstoff. Es gibt natürliche Rotten in Mieten (Dauer ca. 4–7 Monate) und künstliche Rotten in Gärtrommeln und Rottentürmen (Dauer ca. 1 Tag bis 3 Wochen).

Der Verlauf der Rotte (Betrachtungen während der Rotte)

Die Betrachtungen während der Rotte ermöglichen eine natürliche Kontrolle darüber, ob die Kompostierung auch wie erwünscht verläuft. Außerdem erhält man einen Überblick über die verschiedenen Phasen der Rotte. Bild 1.45 zeigt hierzu Umsetzungsvorgänge bei der Kompostierung.
Vorgang: Nach dem Ansetzen erwärmt sich die Miete in kurzer Zeit sehr stark aufgrund der intensiven mikrobiellen Abbauvorgänge. Unterbleibt aber diese Erwärmung, so ist das ein Zeichen dafür, daß mit der Miete etwas nicht stimmt (zu naß, zu dicht, Nährstoffangebot zu einseitig). Durch die Hitze wird Wasser verdunstet und Dampfschwaden können dem Kompost entströmen. Innerhalb weniger Tage sackt dann die Miete etwas zusammen, weil organische Substanz gasförmig verlorengeht. Außerdem kann eine Verpilzung des Materials beobachtet

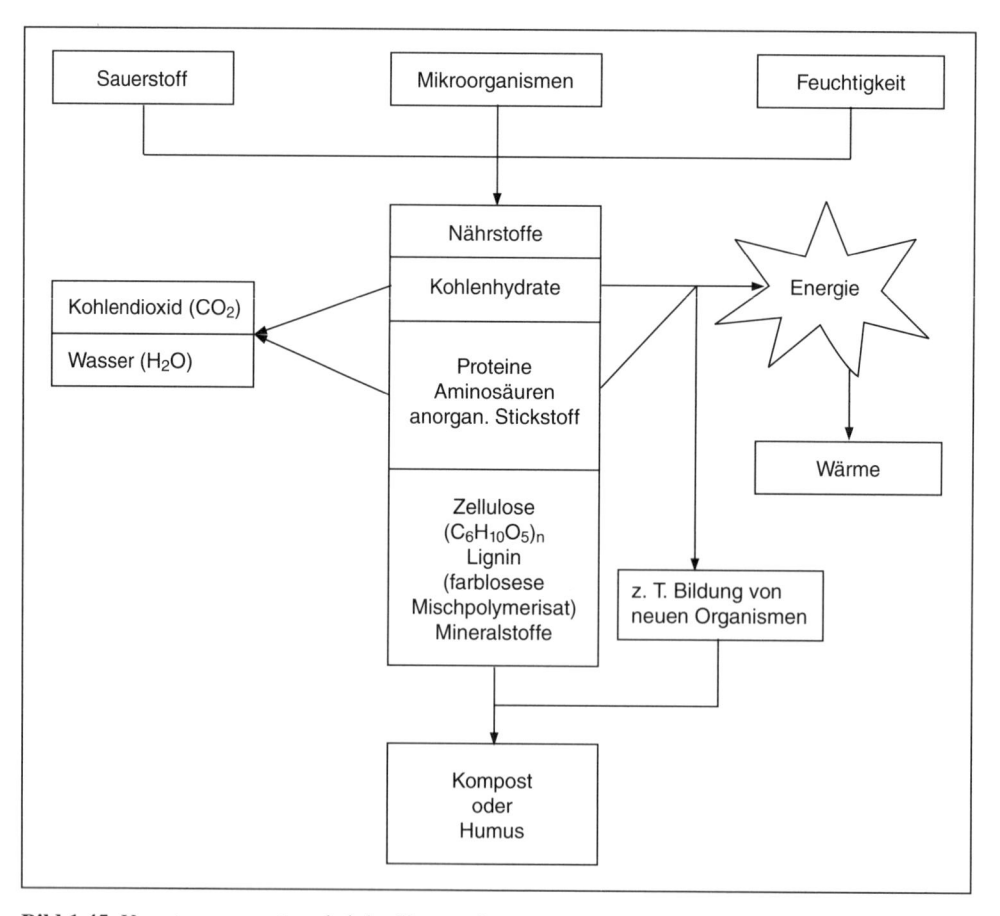

Bild 1.45: Umsetzungsvorgänge bei der Kompostierung

1.6 Kompostierung

werden. Von den Schimmelpilzen wird die Miete mit einem weißen kreidigen Belag überzogen.

Mikroorganismen

Mikroorganismen sind mikroskopisch kleine, einzellige, teils fadenbildende Organismen. Zu den Mikroorganismen des Bodens gehören Bakterien, Actinomyceten (verzweigte, fädige Bakterien), Pilze, Algen und Protozoen (Einzeller). Sie sind alle unentbehrliche Glieder in der Ökosphäre.
Der Stoffwechsel in Mikroorganismen vollzieht sich auf chemosynthetischem Weg. Im Gegensatz zu der photosynthetischen Arbeitsweise der Pflanzen ist die Gegenwart von Licht also nicht notwendig. Mikroorganismen können die Nährstoffe nur aus einer wäßrigen Lösung aufnehmen, d.h. daß beim Kompostierungsprozeß immer Wasser in genügender Menge vorhanden sein muß.

Sauerstoff (O_2)

Ein weiteres Nahrungsmittel ist der Sauerstoff, der entweder der Luft (Aerobie) oder den Müllstoffen (Anaerobie) entnommen wird. Im anaeroben Zustand entstehen z.B. Schwefelwasserstoff und Ammoniak. Bei dem aeroben Atmungsstoffwechsel werden Kohlenstoffverbindungen mit Hilfe von Luftsauerstoff oxidiert.
Anaerob: Bezeichnung für die Lebeweise von Organismen, die zum Leben keinen freien Sauerstoff benötigen und für chemische Reaktionsweisen, die unter Ausschluß von Sauerstoff ablaufen.

Mikrobieller Abbau (M.A.)

Darunter versteht man den Abbau von Stoffen durch Mikroorganismen (Bakterien, Pilze, Algen usw.). Der Mikrobielle Abbau kann durch Zuführung ausreichender Mengen Sauerstoff beschleunigt werden. Die Steuerung des M.A. (Abbaugeschwindigkeit) erfolgt außer durch Reglung der Sauerstoffzufuhr durch Erstellung eines optimalen Wasserhaushalts, Herstellung optimaler Nährstoffbedingungen, Einstellung optimaler Temperaturbedingungen usw.

Bakterien

Bakterien werden zusammen mit den Blaualgen als Prokaryonten (Lebewesen mit einfacher Zellorganisation) den Pflanzen und Tieren als selbständige Einheit gegenübergestellt. Sie haben meistens eine einfache Form, treten einzeln oder in Gruppen auf und sind unbeweglich oder beweglich (beweglich durch Geißeln oder gleitend an Grenzflächen). Ihre Anfärbbarkeit ist durch den Aufbau ihrer Zellwände bedingt.
Alle Arten der Blaualgen können sich mittels eines blauen Assimilationsfarbstoffes selbständig ernähren. Die meisten Bakterien hingegen sind farblose Saprophyten (Fäulnisbewohner) und eine Reihe von Arten sogar krankheitserregende Parasiten.
Die Wurzelbakterien leben in Symbiose (Zusammenleben zweier Lebewesen verschiedener Art) mit den Pflanzen. Im Haushalt der Natur spielen die Bodenbakterien eine wichtige Rolle, denn sie sorgen für die notwendige Bodengare. Ein Kubikzentimeter guter Ackererde kann z.B. mehrere Milliarden Bodenbakterien enthalten. Die Fäulnisbakterien zersetzen das Eiweiß der Tier- und Pflanzenleichen – genügend Feuchtigkeit und Wärme vorausgesetzt – und setzen dabei Ammoniak (NH_3) frei. Dieses Ammoniak wird von anderen Bodenbakterien, den Nitritbakterien zu NO_2^- oxidiert. *Nitrifikation:* Der Ammoniumstickstoff (NH_4^+) wird durch aerobe autotrophe (sich von anorganischen Stoffen ernährende) Bakterien (Nitrosomas, Nitrobacter) in zwei Schritten über Nitrit (NO_2^-) zu Nitrat (NO_3^-) oxidiert; damit wird aus dem NH_4^+ das Nitrat (NO_3^-) wie folgt gebildet:

$$NO_4^+ + 1{,}5\ O_2 \xrightarrow{\text{Nitrosomas}} NO_2^- + H_2O + 2\ H^+ + \text{Energie}$$

$$2\ H^+ + 2\ HCO_3^- \rightarrow 2\ H_2O + 2\ CO_2$$

$$NO_2^- + 0{,}5\ O_2 \xrightarrow{\text{Nitrobacter}} NO_3^- + \text{Energie}$$

Die Nitrifikation wird also durch nitrifizierende Bakterien der Gattung Nitrosomas vorgenommen. Das Ammoniak (NH_3) bzw. das Ammonium (NH_4^+-Kation) wird in zwei Stufen zu Nitrit (NO_2^-) bzw. zu Nitrationen (NO_3^-) oxidiert. Somit steht den Pflanzen das so wichtige stickstoffhaltige Ion zur Verfügung. Wesentlichen Einfluß auf die Tätigkeit der nitrifizierenden Bakterien haben der pH-Wert und die O_2-Konzentration des Bodens. Die nitrifizierenden Bakterien reagieren z.B. auf Temperaturen von über 40 °C empfindlich. Außer einer allmählich fallenden Temperatur im Kompost begünstigt der steigende pH-Wert die Nitrifikation. Arbeitsfähig sind diese Bakterien bei pH-Werten zwischen 6,2 und 9,2. Nitrifikationsbakterien sind strenge Aerobier, d.h. sie sind auf O_2 angewiesen. Deshalb ist eine Lockerung des Bodens unabdingbar.

Bodenbakterien der Gattung Azotobacter

Eine weitere Fähigkeit der Mikroorganismen ist die Bindung des Luftstickstoffs durch Bakterien (Gattung Azotobacter). Bodenbakterien der Gattung Azotobacter fangen den elementaren Stickstoff der Luft ein und benutzen ihn zur Bereitung ihres Protoplasmas (lebende Substanz in den Zellen von Tier, Mensch und Pflanze).

Zusammenfassung: Stickstoffbakterien

Stickstoffbakterien leben teils frei in Böden und Gewässern (Azotobacter) und teils in Symbiose mit Pflanzen (Knöllchenbakterien). Die biochemische Wirkung besteht darin, daß die Bakterien (also Knöllchenbakterien) den molekularen Stickstoff mit Hilfe des Wasserstoffs zu NH_3 reduzieren. Dieser kann nun wiederum zu Nitrat oxidiert und somit den Wurzeln zugänglich gemacht werden.

Denitrifikation

Die durch die Wirkung von „Denitrifikationsbakterien" in die elementare Form übergehende kleine Stickstoffmenge wird ausgeglichen durch die Menge Salpetersäure (HNO_3) die sich durch die bereits genannten Bodenbakterien bildet.
Unter Denitrifikation versteht man allgemein die mikrobielle Reduktion von Nitrat über Nitrit zum gasförmigen Stickstoff.

$$2\ NO_3^- + 2\ H^+ \rightarrow N_2 + H_2O + 2{,}5\ O_2$$

Kreislauf des Stickstoffs (durch die Organe)

Der Stickstoff beschreibt einen Kreislauf durch den pflanzlichen und den tierischen Organismus. In diesem Kreislauf tritt er als gebundener und nicht als freier Stickstoff auf (siehe Bild 1.46).
Der Stickstoff ist ein wichtiger Bestandteil des lebensnotwendigen tierischen und pflanzlichen Eiweißes. Daher sind Tiere und Pflanzen auf die Stickstoffzufuhr angewiesen. Die Pflanze entnimmt ihren Stickstoffbedarf dem Boden. Dieser enthält Stickstoff in Form von Nitraten und Ammonium. Die Pflanze nimmt diese Verbindungen auf und baut daraus ihre Zellen auf. Menschen und Tiere nehmen den Stickstoff in Form von pflanzlichem Eiweiß auf. Auf diese Weise kommt der Stickstoff in den tierischen Organismus. Beim Abbau des Eiweißes im Tierkörper wird der größere Teil des Stickstoffs als Harnstoff mit dem Harn ausgeschieden. So steht er den Pflanzen wieder zur Verfügung, und der Kreislauf beginnt von vorn. Allerdings werden bei diesem Kreislauf, zumal bei intensiver Landwirtschaft, dem Boden mehr Stick-

1.6 Kompostierung

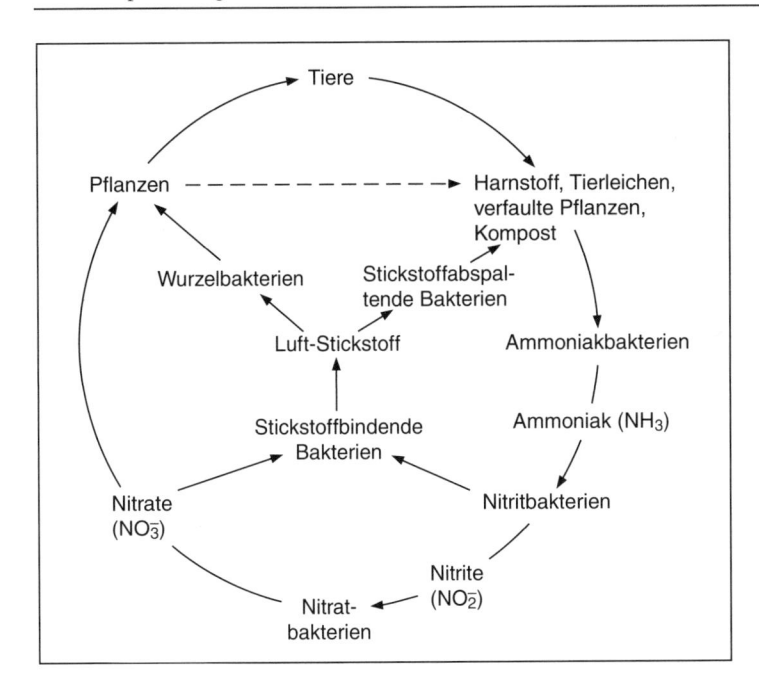

Bild 1.46: Vereinfachter Kreislauf des Stickstoffs durch die Organe

stoffverbindungen entzogen als in verwertbarer Form wieder zurückgegeben. Es ist daher erforderlich, den Pflanzen den zur Assimilation erforderlichen Stickstoffbedarf in Form geeigneter Stickstoffverbindungen („künstlicher Dünger") zuzuführen.

Pflanzen

Stofflich betrachtet besteht die Pflanze in der Hauptsache aus Wasser, Kohlenhydraten (Zellulose, Stärke, Zucker), Fetten (fette Öle), Eiweißverbindungen (Protoplasma) und aus organischen Stoffen.

1.6.2 Kompostierung und die verschiedenen Phasen der Kompostierung

1.6.2.1 Kompostierung

Die Kompostierung ist der von Menschen steuerbare Prozeß zusammenhängender Umbauvorgänge organischer Substanz unter Einwirkung von Bodenfauna und -flora, bei dem einerseits bei Luftzufuhr entsprechende aerobe Abbauwege beschritten und andererseits mit zunehmendem Rotteverlauf spezifisch hochmolekulare Verbindungen aufgebaut werden.

Ferner ist die Kompostierung ein Abfallbehandlungsverfahren zur Verwendung organischer Abfälle (Hausmüll, Klärschlamm, Rinde, Laub, usw.). Bei der Kompostierung werden die organischen Bestandteile durch Mikroorganismen und Kleintiere zersetzt. Dadurch entsteht dann ein brauchbares Bodenverbesserungsmittel. Es werden zwei Hauptsysteme der Kompostierung eingesetzt:
- die offene Kompostierung (Mietenkompostierung) und
- die in Rottezellen

Material	Wassergehalt
Theoretisch möglich:	100 %
- Stroh	75–85 %
- Holzabfälle, Sägemehl	75–90 %
- Papier	55–65 %
- „Nasse" Abfälle (Gemüseabfälle, Rasenschnitt, Küchenabfälle)	50–55 %
- Hausmüll	55–65 %
- Mist (ohne Einstreu)	55–65 %

Tabelle 1.11:
Maximal zulässige Wassergehalte bei der Kompostierung

Auf den Kompostierungsprozeß wirken sich folgende Faktoren aus:
- Nährstoffverhältnis,
- pH-Wert,
- Luft (Sauerstoff),
- Wasser,
- Temperatur,
- Schadstoffe,
- Kohlenstoff-/Stickstoffverhältnis.

Voraussetzungen für eine optimale Kompostierung

So vielfältig sich die positiven Einflüsse des Komposts im Pflanzenbau bemerkbar machen, so sorgfältig muß die Aufbereitung des organischen Materials durchgeführt werden, die zu einem brauchbaren Rotteprodukt führen soll. Denn alle Maßnahmen bei der Kompostierung zielen darauf ab, den in der Miete tätigen Lebewesen optimale Umweltbedingungen zu schaffen. Das Nährstoffangebot und die Verfügbarkeit der Nährstoffe müssen den Mikroorganismen genügen, die für die Umsetzung der ersten Rottephase verantwortlich sind. Entsprechend ist bei der Kompostierung ein *Kohlenstoff-/Stickstoffverhältnis* (C/N-Verhältnis) von beispielsweise 22–40 : 1 anzustreben.

Bei Kohlenstoffmangel (zu enges C/N-Verhältnis) können die Mikroben nicht genügend körpereigene Substanz bilden. Sie verbrauchen demgemäß auch weniger Stickstoff, der so in hohem Maße gasförmig verlorengeht. Bei einem Überschuß an Kohlenstoff (C/N-Verhältnis über 40 : 1) stellt der verhältnismäßig im Minimum vorliegende Stickstoff einen begrenzten Wachstumsfaktor für die Mikroorganismen dar. Die Rotte kommt dadurch nicht richtig in Gang, und der überschüssige Kohlenstoff muß erst von den Mikroben abgebaut werden, d.h. er entweicht als CO_2.

Als weiteres wichtiges Lebenselement benötigen die Organismen im Kompost Wasser. Andererseits verdrängt das Wasser auch die ebenso benötigte Luft aus den Poren des Materials. Daraus folgt, daß es eine Ober- und Untergrenze des Wassergehaltes im Kompost gibt. Eine Übersicht hierzu ist in Tabelle 1.11 dargestellt.

Beispiel: Strukturreiches Material wie beispielsweise „Baumrinde" rottet, selbst wenn es stark durchnäßt ist, während strukturschwaches Grünmaterial bei gleichem Wassergehalt bereits in Fäulnis übergeht.

1.6.2.2 Die verschiedenen Phasen der Kompostierung

Während der Kompostierung wird organische Substanz ab-, um- und aufgebaut (siehe Bild 1.47). Im allgemeinen läßt sich der Rotteverlauf in 4 Phasen unterteilen. Jeder Abschnitt der Kompostierung wird durch die Aktivität bestimmter Lebewesen gekennzeichnet. Temperatur und pH-Wert zeigen die verschiedenen Phasen der Rotte an.

1.6 Kompostierung

In der ersten Phase treiben *mesophile Mikroorganismen* die Temperatur in der Miete auf etwa 40 °C hoch. Sie ernähren sich von den leicht abbaubaren Substanzen wie Eiweiß, einfachen Kohlenhydraten und vor allem Zuckern. Auch Glycerin wird unter aeroben Bedingungen schnell umgesetzt.

Die daran beteiligten Mikroorganismen gehören den verschiedensten Gruppen an; diese erste Abbauleistung ist jedoch nicht an spezifische Mikrobenarten gebunden. Der pH-Wert sinkt leicht ab, da die schnelle Umsetzung leicht abbaubarer organischer Substanzen zunächst zu einer Anreicherung organischer Säuren führt.

Infolge des starken Temperaturanstiegs sterben die Mesophilen jedoch schnell ab und *thermophile (wärmeliebende)* bzw. *thermotolerante Mikroorganismen* treten an ihre Stelle. Über 50 °C erfolgt ein Vorstoß der thermophilen Pilze und Actinomyceten. Sporenbildende Bakterien (Zellen, aus denen durch Teilungen Sporen entstehen) übernehmen die Abbauprozesse, wenn die Temperatur über 65 °C klettert (Bild 1.47). In der thermophilen Phase werden außer den leicht abbaubaren Stoffen auch schon in erheblichem Maße Zellulose und Hemizellulose zersetzt (Abbauphase).

Hemizellulosen wie Arabane und Xylane (werden Polysaccharide genannt) entstehen aus Verknüpfungen von Pentosen (Zucker mit 5 C-Atomen).

Zellulosezersetzer im thermophilen Temperaturbereich sind außerdem Pilze und Actinomyceten. Nach dem weitgehenden Abbau der leicht umsetzbaren organischen Verbindungen sinken mikrobielle Aktivität und Temperatur im Kompost langsam auf 40–45 °C ab. Die *mesophile Mischflora* übernimmt nun die Umsetzungen. Die mesophile Phase beginnt nach einigen *Wochen* und dauert ebensolange an. In diesem Zeitraum wird ein weiterer Teil der Zellulose durch Bakterien und Pilze abgebaut. Lignin und Lognoprotein werden jetzt ebenfalls aktiv. Lignin ist etwa zu 25–30 % im Holz und zu 15–20 % in verholzten Pflanzenteilen enthalten. Die mesophile Phase bezeichnet man auch als Umbauphase.

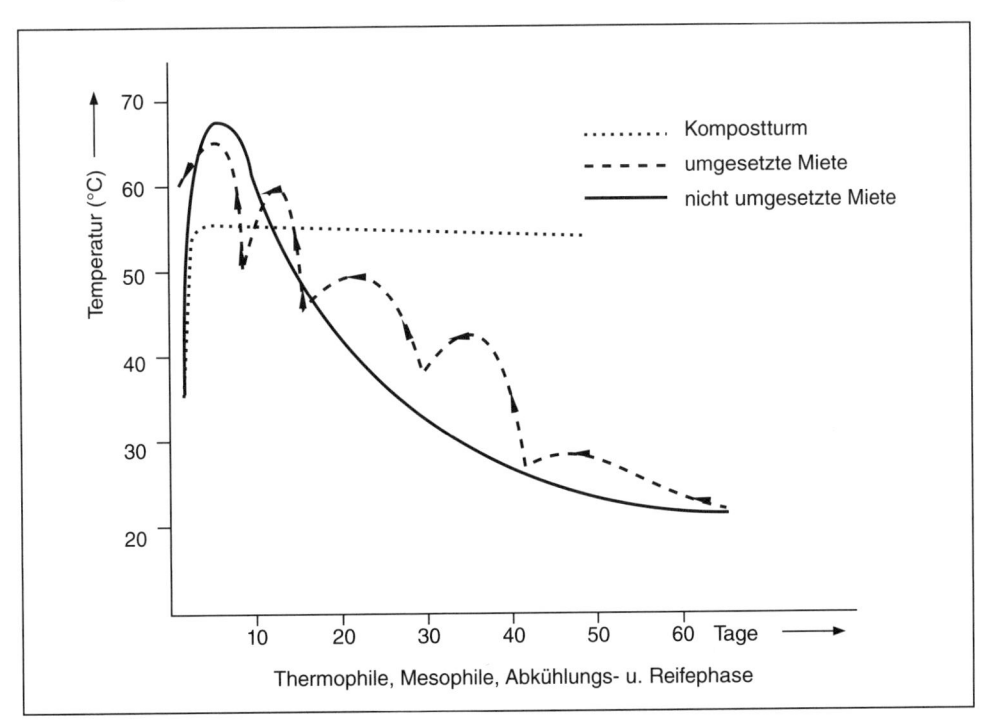

Bild 1.47: Temperaturverlauf und die verschiedenen Phasen der Kompostierung

Durch die kontinuierlich sinkende Temperatur bedingt, geht die mesophile Phase sozusagen in die nächste Phase der Kompostierung, die sog. *Abkühlungsphase* bzw. *Reifephase* über. Die Temperatur fällt hier noch weiter, d.h. bis zur Umgebungstemperatur. Während der Abkühlung und der langen Phase der Reife kommt es im Kompost zur starken Vermehrung von Bodentierchen. Abkühlung und Reife des Komposts faßt man unter der Bezeichnung „Aufbauphase" zusammen.

1.6.2.3 Kompostierung in Mieten

Mit Mieten bezeichnet man die Kompostierung von Abfällen in speziell geschichteten Haufen.

Die Methode der Kompostierung in Mieten beruht auf der Beobachtung, daß man für die Massenentwicklung der Mikroorganismen eine bestimmte Abfallmenge, d.h. ein bestimmtes Volumen benötigt. Denn nur im Abfallhaufen kann sich die für die Massenentwicklung der Bakterien erforderliche Wärme bilden und halten. In der Miete werden auch die Abfälle vor zu schneller Austrocknung geschützt. Andererseits wird der Luftzutritt zu den Abfallstoffen durch die Bildung größerer Haufen erschwert. Die Sauerstoffversorgung ist somit stets das größte Problem bei der Mietenkompostierung.

Es ist zweckmäßig, die Abfälle vor der Aufschichtung in Mieten zu zerkleinern. Durch die Zerkleinerung wird nämlich die gesamte Oberfläche der rohen Abfälle vergrößert, und den beteiligten Bakterien werden größere Angriffsflächen geboten. Die biologischen Vorgänge können so schneller ablaufen.

Biologischer Vorgang in Mieten: In der Praxis überlappen sich oft die Verluste an Ammoniak mit denen an Stickoxiden bzw. elementarem Stickstoff. Dieses Phänomen wird durch Mieten verstärkt, die von der Temperatur her wenig homogen sind. Während z.B. in den kühleren Randzonen schon nitrifiziert wird und Stickoxide abgasen, entweicht aus dem heißeren Mietenkern noch Ammoniak. Die Verluste an Stickoxiden resultieren nicht nur aus der Denitrifikation von bereits gebildetem Nitrat, sondern auch aus der Nitrifikation des NH_4^+, wenn die Sauerstoffversorgung unzureichend ist. In diesem Fall wird sogar der erste vollständige Schritt der Nitrifikation zum NO_2^- nicht vollzogen, weswegen Zwischenprodukte, wie das N_2O anfallen und gasförmig verlorengehen (Bild 1.48).

Infolge Luftmangels (fehl. Luftsauerstoff) neigen Abfälle in der Miete sehr schnell zu anaerober Fäulnis. Als Gegenmaßnahme müssen die Abfälle in geringer Höhe aufgeschüttet und innerhalb der ersten Monate öfter umgewendet werden. Für das Aufsetzen der Mieten kann man fahrbare Krananlagen oder Schaufellader einsetzen. Das Umsetzen kann mit Schaufelladern oder durch mit Fräsen ausgerüstete Umsetzgeräte erfolgen. Spezielle Arbeitsgeräte nehmen das Material auf und durchwirbeln es intensiv. Danach wird das Rottegut im gleichen Arbeitsgang neu aufgeschüttet und mittels Abstreifer als Miete neu geformt.

Umgesetzt oder umgewendet wird, um die Miete zu lockern, um dadurch Sauerstoff in sie hineinzubekommen und damit die Rotte anzuheizen.

Das Umsetzen der Mieten gilt vor allem für zu nasse, dichte Mieten. Denn Mieten können bei lang anhaltenden Niederschlägen durchnäßt werden. Besonders in niederschlagsreichen Gebieten sollte der Rotteplatz zweckmäßig überdacht werden.

Ein gewisses Problem stellt die Geruchsentwicklung beim Umsetzen der Mieten dar. Kompostwerke mit Mietenrotte sollten daher in größerer Entfernung von Wohngebieten errichtet werden.

1.6.2.4 Kompostierung im Kompostturm

In geschlossenen, stehenden, hochsiloähnlichen Zylindern (Kompostturm) wird durch Belüftung von unten (durch einen Düsenboden) eine kontinuierliche Rotte des Kompoststoffs und

1.6 Kompostierung

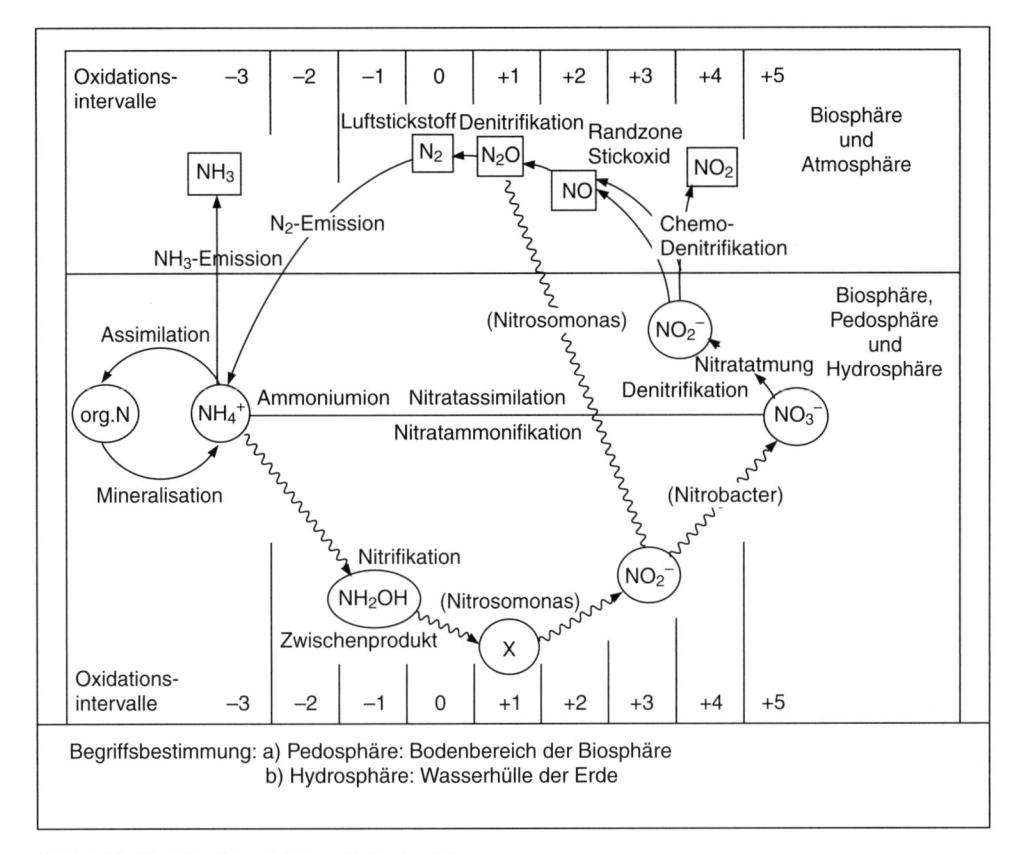

Bild 1.48: Kreislauf des Stickstoffs in der Miete

damit ein gleichmäßiger Wärmeanfall bei der Kompostierung erzielt. Die Belüftung wird in Intervallen durchgeführt und intensiviert, wenn das Material nach einer gewissen Zeit zusammengesackt ist. Mittels einer umlaufenden Schnecke wird am Ende der Kompostierung das Material unten ausgetragen.

Als Vorteil des Kompostturms wird angesehen, daß man die Luftzufuhr genau steuern kann. Damit läßt sich eine Verminderung der N-Verluste während der Rotte bzw. eine N-Fixierung aus der Luft erzielen.

1.6.2.5 Kompostierung in Rottezellen

Diesem System liegt die Überlegung zugrunde, den Verlauf der Rotte soweit wie möglich zu überwachen und somit zu beeinflussen. Bei dieser Methode steht die Zuführung von Luft und Wasser im Vordergrund.

Vorgang: Vorzerkleinerter Müll wird mit Schlamm vermischt und in Betonzellen eingefüllt. In jeder Zelle wird nun kontinuierlich der Sauerstoffgehalt der Rotteluft und die Materialtemperatur gemessen. Sinkt der Meßwert unter einen eingestellten Wert ab, so wird ein Schieber über eine Programmsteuerung geöffnet und so lange Luft durch das Rottegut von oben nach unten gesaugt, bis der Sauerstoffgehalt sein vorgegebenes Niveau wieder erreicht hat. Gleichzeitig wird Wasser zur Einregulierung des optimalen Feuchtigkeitsgehalts aufgegeben und über einen Schüttkörper verteilt. Die Luft- und Feuchtigkeitszufuhr bewirkt dann

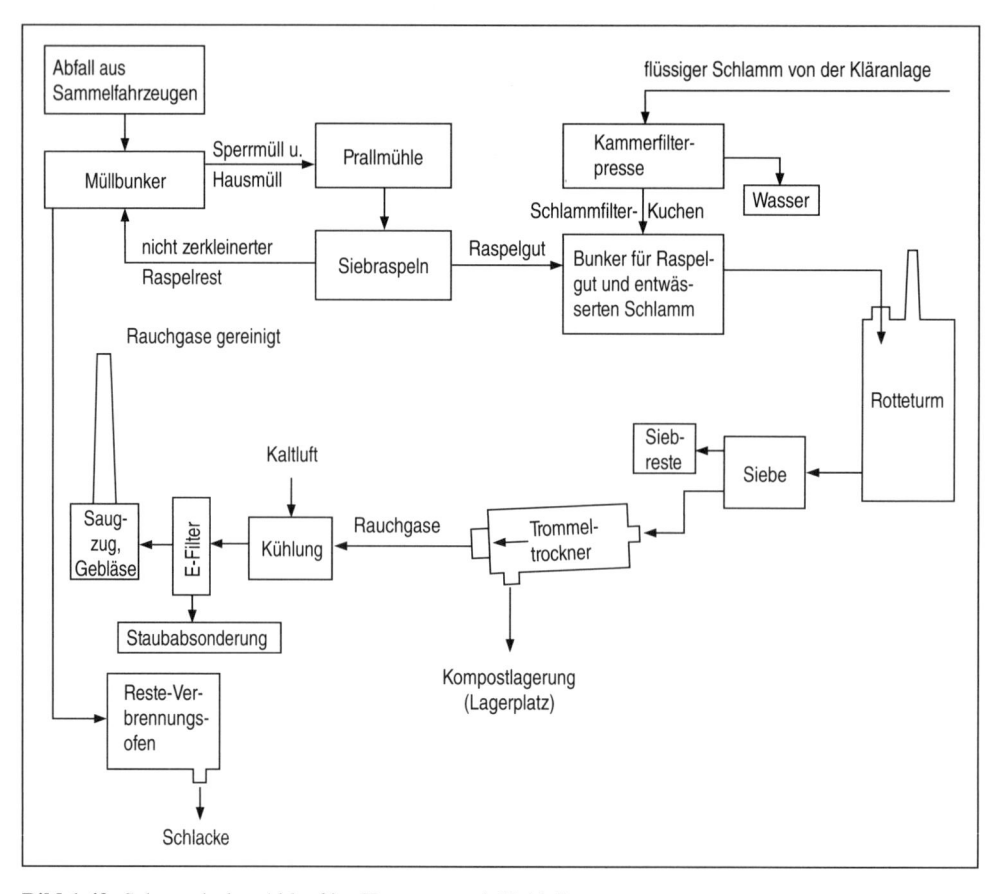

Bild 1.49: Schematischer Ablauf im Kompostwerk Heidelberg

eine nahezu gleiche Rottetemperatur von beispielsweise 70 °C im gesamten Rottegut. Mit zunehmendem Abbau der organischen Stoffe werden die Abstände zwischen den Belüftungsphasen immer länger. Nach einer 2–3 Wochen langen Rotte wird das Material über einen Kran ausgetragen.

1.6.2.6 Kompostwerk Heidelberg

Im Kompostwerk Heidelberg (Bild 1.49) werden die Abfälle aus den Sammelfahrzeugen in den Müllbunker entladen. Über Krane gelangen sie zur Zerkleinerung in eine Anlage für Siebraspeln. Der nicht zerkleinerte Raspelrest wird in den Müllbunker zurückgebracht und wiederum vom Kran in den Resteverbrennungsofen gebracht.

Der gesammelte Hausmüll sowie der Sperrmüll werden in einer Prallmühle zerkleinert und über die Siebraspeln in einen Bunker (Bunker für Raspelgut und entwässerten Schlamm) gebracht. Von der Kläranlage wird der auf ca. 80 % Feststoffgehalt eingedickte Schlamm zum Kompostwerk gepumpt. Dort wird er in Kammerfilterpressen auf ca. 40 % Feststoffgehalt entwässert. Der Filterkuchen (entwässerter Schlamm) wird dem Raspelgut beigegeben. Die Vermischung mit Müll erfolgt in den Rottetürmen. Die Verweilzeit in den Rottetürmen beträgt etwa 24 Stunden. Danach wird der so erzeugte Frischkompost mittels Sieben von gröberen

Stoffen befreit. Anschließend wird er in einem Trommeltrockner getrocknet und dann auf den Kompostlagerplatz befördert. Die für die Trocknung im Trommeltrockner notwendige Wärme liefert der Resteverbrennungsofen. Der Resteverbrennungsofen hat eine Verbrennungskapazität von 5 t/h. Die Rauchgase werden beim Verlassen des Ofens auf unter 35 °C abgekühlt und in einem Elektrofilter gereinigt. Die Schlacke und Asche des Verbrennungsofens wird ausgetragen und mit den Siebresten der Kompostsiebe zur Deponie gebracht.

1.7 Recycling

1.7.1 Allgemeines

Recycling bedeutet die Rückgewinnung von Rohstoffen aus Abfällen bzw. die energetische Nutzung von Abfällen. Die Definition von Abfall in diesem Sinn könnte sogar lauten: „Abfall ist Rohstoff am falschen Platz".

Eine Abfallvermeidung ist jedoch vorrangig und ist bereits in der Planungsphase neuer Produkte sowie in der Produktionsphase zu berücksichtigen. Durch das Abfallgesetz wird dem Recycling klar Vorrang gegenüber der Entsorgung eingeräumt, da hierbei die Wertstoffe bzw. Müllwertstoffe in einem Stoffkreislauf zurückgeführt werden. Bild 1.50 zeigt hierzu Formen des Recyclings.
Damit ergeben sich folgende Stufen unterschiedlicher ökologischer Qualität, welche gleichzeitig Tätigkeitsfelder der Phasen nach Ablauf der Nutzung darstellen:
- Abfallvermeidung,
- Recycling (Wieder-/Weiterverwendung),
- Recycling (Wieder-/Weitverwertung).

Die Verwendung von Abfällen als Sekundärrohstoff ist volkswirtschaftlich sinnvoll, da Primärrohstoffe stetig teurer und knapper werden. Die Wiederverwendung von Produktionsabfällen bei der Herstellung neuer Güter ist z.B. in der Papierindustrie und in der Glasindustrie schon immer üblich. Ebenso wird bei der Eisen- und Stahlerzeugung schon immer Schrott eingesetzt.

Vorteile des Recyclings sind somit die Verminderung der Abfallmenge bei gleichzeitiger Schonung knapper werdender Rohstoffe. Wachsender Bedarf an Rohstoffen und Energie sowie steigende Rohstoffpreise machen das Recycling zunehmend wirtschaftlicher.

Rückgewonnen werden vor allem Metalle wie z.B.:
- Zinn zu 49 %,
- Blei zu 48 %,
- Kupfer zu 40 %,
- Eisen zu 90 %,
- Aluminium zu 30 % und
- Zink zu 25 %.

Aus dem Haus- und Gewerbemüll werden vor allem
- Papier zu 42 % und
- Glasabfälle zu 33 %
  einer Wiederverwertung zugeführt.

Der Müll stellt ein Gemisch aus Abfällen dar, in dem z.B. auch Sekundärstoffe als Wertstoffe enthalten sind. Das Abfallgesetz schreibt zwingend deren Verwertung statt Verbrennung bzw. Ablagerung vor. Bisher wurden sie durch Sortierung aus dem Mischmüll (Hausmüll), teils auch durch die getrennte Sammlung (siehe auch Abschnitt 1.2.6) gewonnen. Die TA Abfall

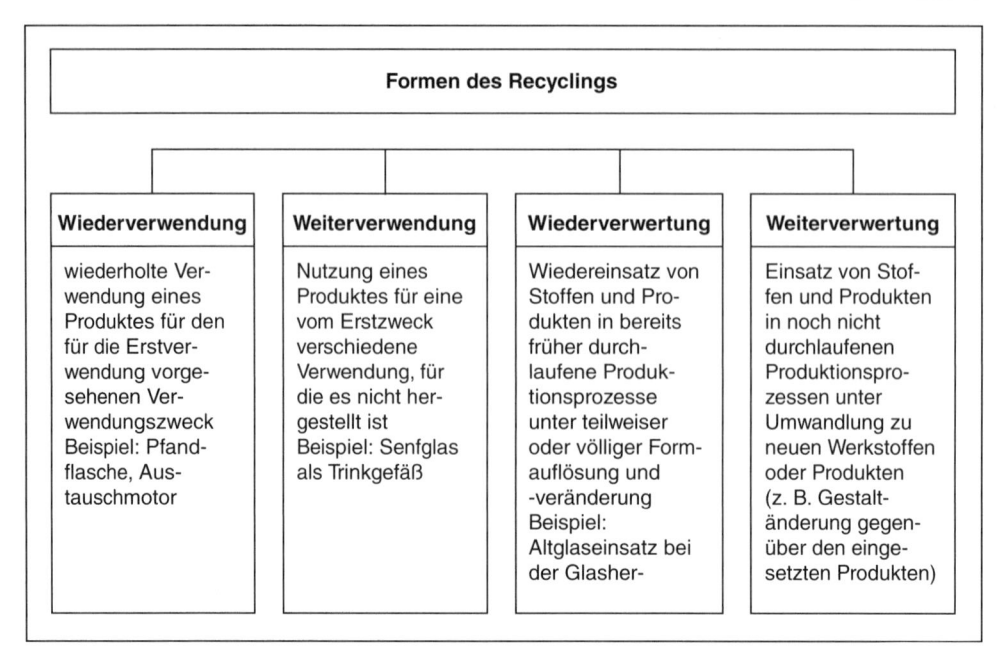

Formen des Recyclings			
Wiederverwendung	**Weiterverwendung**	**Wiederverwertung**	**Weiterverwertung**
wiederholte Verwendung eines Produktes für den für die Erstverwendung vorgesehenen Verwendungszweck Beispiel: Pfandflasche, Austauschmotor	Nutzung eines Produktes für eine vom Erstzweck verschiedene Verwendung, für die es nicht hergestellt ist Beispiel: Senfglas als Trinkgefäß	Wiedereinsatz von Stoffen und Produkten in bereits früher durchlaufene Produktionsprozesse unter teilweiser oder völliger Formauflösung und -veränderung Beispiel: Altglaseinsatz bei der Glasher-	Einsatz von Stoffen und Produkten in noch nicht durchlaufenen Produktionsprozessen unter Umwandlung zu neuen Werkstoffen oder Produkten (z. B. Gestaltänderung gegenüber den eingesetzten Produkten)

Bild 1.50: Verschiedene Formen des Recyclings

schreibt in der Verpackungsverordnung vor, daß Verpackungen nicht mehr in den Hausmüll gelangen dürfen, sondern verwertet werden müssen. Sie sollen entweder direkt beim Händler abgeliefert werden oder durch ein besonderes Sammelsystem (duales System) erfaßt werden. Dieses besondere Sammelsystem wird auch als Holsystem bezeichnet.

Das Holsystem

Es handelt sich hier um ein Entsorgungssystem, bei dem verwertbare Abfälle als Wertstoffe direkt beim Erzeuger abgeholt werden. Das kann systemlos durch Straßensammlung erfolgen, als auch organisatorisch als integrierte oder teilintegrierte Systeme in die Müllabfuhr eingebunden sein. Dazu werden zusätzlich Sammelbehälter bereitgestellt. Es gilt hier, daß die Erfassungsquote, parallel zum Aufwand für die Sammlung, beim Holsystem am höchsten und beim zentralen Recyclinghof am geringsten ist. Andererseits sind Qualität und Sortenreinheit des Materials beim Holsystem meist schlechter, vor allem, wenn in einem Behälter mehrere Stoffklassen gesammelt werden.

Holsysteme haben gegenüber den Bringsystemen den Vorteil eines höheren Erfassungsgrades bei jedoch geringerer Wertstoffqualität.

Bringsystem

Neben der Sortierung gibt es seit rund 20 Jahren die Sammlung von Altglas nach dem Bringsystem in zentral aufgestellten Containern; neuerdings wird auch Altpapier auf diese Weise erfaßt. Dieses System wird rein privatwirtschaftlich durchgeführt. Es ist von periodischen Schwankungen der Rohstoffpreise abhängig und wird bei Wegfall der Gewinnmöglichkeiten eingestellt.

1.7 Recycling

Papierart	1970 (in Mio t)	1990 (in Mio t)
a) Druck- und Pressepapier		5,9
b) Büropapier (z. B. Kopier-, Fax- und Computerpapier)		1,1
(a + b)	3,4	
c) Verpackungspapier und Karton	3,7	5,8
d) Hygienepapier (z. B. Toilettenpapier, Papiertaschentücher, Küchenrollen)	0,3	0,8
e) Spezialpapier (z. B. Tapeten, Tee- und Kaffeebeutel)	0,3	0,9
Gesamtverbrauch	7,7	14,5

Tabelle 1.12: Papierverbrauch in den alten Bundesländern

Recyclinghof

Das ist eine feste Annahmestelle für Wertstoffe, aber auch von Schadstoffen (Problemstoffen), Sperrmüll, Gartenabfällen und Kunstoffolien aus der Landwirtschaft. Die Mindestausstattung umfaßt:
- Container für die separat zu erfassenden Wertstoffe,
- ein Zwischenlager für Problemstoffe,
- ein Lager für Sperrmüll.

1.7.2 Gewinnbare Stoffe und Verwertung

1.7.2.1 Altpapierverwertung

Die am meisten im deutschen Müll vorkommenden Stoff sind Altpapier und Pappe. Im Einsatz von Altpapier ist die deutsche Papierindustrie sogar führend in der Welt. Denn ca. 50 % des Papierrohstoffs werden aus Altpapier gewonnen. Der Einsatz von Altpapier setzt jedoch in der Papierfabrik gewisse technische Einrichtungen voraus.
Die Unterbringung von aus Müll aussortiertem Papier in der Papierindustrie ist zeitweise schwierig. Dieses Papier ist meist leicht verschmutzt.

Rohstoffe und Herstellung von Papier

Im Jahr 1990 wurden in den alten Bundesländern über 14 Mio t Papier verbraucht (vgl. Tabelle 1.12).

Die Bindungen der Papierfasern sind erneuerbar.

Da die meisten Papierprodukte wie Zeitungen oder Verpackungen sehr kurzlebig sind, fällt Altpapier im Abfall an. Der Anteil des Papiers an der gesamten Müllmenge beträgt bis zu 20 %. Um den Wertstoff *Papier* nach Gebrauch fortzuwerfen, ist der Einsatz von *Rohstoff* und *Energie* zu wertvoll. Papierfasern können untereinander chemisch-physikalische Bindungen eingehen, die erneuerbar sind. Aus diesem Grund kann Altpapier auch als Rohstoff wiederverwendet werden.

Folgende Rohstoffe kommen bei der Papierherstellung zum Einsatz:
- Altpapier,
- Zellstoff,
- Holzschliff und
- Hilfs- und Füllstoffe.

Mit dem augenblicklichen Altpapiereinsatz von ca. 50 % bzw. 5.8 Mio t im Jahr 1990, ist Altpapier in der Papierherstellung ein wichtiger Rohstoff geworden. Im Vergleich zur Papierherstellung nur aus Holz bzw. Zellstoff, reduziert sich der Energiebedarf bei der Herstellung aus 100 % Altpapier um zwei Drittel. Bei gemischtem Einsatz von Altpapier und frischem Zellstoff ist noch eine Holz- und Wassereinsparung von je 40 % zu erreichen; die Energieeinsparung beträgt 35 %. Altpapier kann z.B. als alleiniger Papierrohstoff oder auch als Zellstoff zur Papierherstellung unterschiedlicher Qualitäten zugesetzt werden. So ergeben sich, abgestuft nach Einsatzmenge, geringere Verbräuche an Rohmaterial und Energie, was zur Kosteneinsparung bei der Produktion führt.

Aus ökologischer Sicht hat die Verwendung von mehr Altpapieranteilen bei der Papierherstellung nicht nur den Vorteil der Ressourcenschonung im Hinblick auf den Rohstoff Holz. Im gleichen Maße wird auch Wasser geschont. Jährlich gelangen mit den Abwässern der Zellstofffabriken weltweit ca. 400 000 Tonnen organisch gebundenes Chlor in die Flüsse, Seen und Meere.Unter dem Summenparameter *AOX (= adsorbierbare organische Halogenverbindungen)* zusammengefaßt, können etwa 300 verschiedene Verbindungen in den Bleichereiabwässern erfaßt werden, von denen viele giftig für Fische sind. Über eine Anreicherung in der Nahrungskette gelangen diese auch in den menschlichen Körper.

Altpapierverwertungs-Verfahren

Der erste Schritt zur Verwertung des Altpapiers ist meist die Sortierung. Die Sortierung der gesammelten Altpapiere erfolgt mit besonderen Sortieranlagen. Einsparungen lassen sich innerhalb dieses Arbeitsganges durch eine getrennte Erfassung des Altpapiers mittels Altpapiersammlungen oder durch die Einrichtungen von Sammelstellen (in aufgestellten Containern – Bringsystem) erreichen.

Bei der weiteren Verwertung des Altpapiers als Papierrohstoff erfolgt eine Aufbereitung in folgenden Schritten (Altpapier-Fasersuspension):
- Zerfasern und Lösen von Verklumpungen,
- Tennen (z.B. Abtrennung von Druckfarben),
- Dispergieren (knetende Zerkleinerung und Verteilung von Verunreinigungen),
- Eindicken auf ca. 5–25 % Trockensubstanz,
- Mahlen,
- Stapeln in Vorratstanks mit Umwälzung.

Bei diesem Verfahren können allerdings nur 70 % der Druckfarbe entfernt werden. Weiterhin problematisch sind die Verunreinigungen durch Klebestellen und Etiketten.

1.7.2.2 Verwertung von Verpackungsmaterial

Hersteller von Verpackungsmaterial haben aufgezeigt, daß ihre Produkte aus Pappe, Holz, Styropor oder Folien recyclingfähig sind und damit der stofflichen Verwertung – wie der Gesetzgeber vorschreibt – zuführbar sind. Übernimmt man diese Aussagen ungeprüft, kommt man zu dem Schluß, daß Verpackungen kein Abfall sind. Die Einschränkungen stellen sich erst ein, wenn man sich mit der stofflichen Verwertung der einzelnen Verpackungsmaterialien im Detail auseinandersetzt. Dann werden Hersteller und Vertreiber mit der Tatsache konfrontiert, daß sich Verpackungsmaterialien nur unter Berücksichtigung verschiedener stofflicher Parameter dem Recycling zuführen lassen. Grundsätzlich müssen – wie erwähnt – Stoffe möglichst separat erfaßt und von nicht verwertbaren Müllteilen weitgehend freigehalten werden.

1.7.2.3 Glasherstellung aus Reststoffen

Zur stofflichen Verwertung eignet sich Glas sehr gut. Die wesentlichen Punkte beim Altglas-Recycling sind:
- Glas ist nahezu unbegrenzt verwertbar.
- Energieeinsparung durch Altglaseinsatz bei der Produktion.

Im Gegensatz zu Papier oder Kunststoff ist bei Altglas kein Qualitätsverlust bei mehrmaligen Recycling zu erwarten. Scherbenschmelzen mit 100 % Altglasanteil sind für die Grünglasproduktion schon die Regel. Im allgemeinen werden Weiß-, Grün- und Braunglas produziert. Die Umweltbelastung durch hohen Energieeinsatz wird durch Einsatz von Altglas gemindert. So werden die Rohstoffe für Glas bei 1400 – 1600 °C geschmolzen.

Altglasanfall und -erfassung

Der *Altglasanfall* resultiert überwiegend aus den Haushalten. Nur etwa 3 – 5 % der Produktion fallen als Eigenscherben bei der Glasherstellung an. Die Altglaserfassung erfolgt überwiegend im Bringsystem mittels Container. Bei Kantinen, Gaststätten und Heimen werden Monocontainer im Holsystem eingesetzt.

Altglasaufbereitung und -verwertung

Wie bei allen Recyclingstoffen wird auch die Glasqualität durch Verunreinigungen beim Altglas gemindert (vgl. Tabelle 1.13).
Verunreinigungen vermindern die Glasqualität

Gesammeltes Altglas kann folgende Fremdstoffe enthalten:
- organische Stoffe, besonders Papier und Kunststoff,
- Eisen, Blei, Zinn können zu unterschiedlichen Wärmeleitfähigkeiten beim Schmelzen führen,
- Aluminium bleibt im Glasbad und führt zu Einschlüssen,
- Porzellan, Keramik führen zu Einschlüssen.

Das Babcock-Brennschmelzverfahren (Fallbeispiel von Deutscher Babcock Anlagen GmbH, Oberhausen).

Durch Schmelzen bei Temperaturen von 1400 °C–1500 °C für mehrere Stunden lassen sich Rückstände (Verbrennungsrückstände, usw.) weitgehend ohne Zugabe von Additiven verglasen. Ziel der Verglasung von Rückständen ist es, ein nach der Trinkwasserverordnung auslaugsicheres gut handhabbares Glasprodukt herzustellen. Das Glasprodukt kann dank eines hohen Reinheitsgrads vielseitig verwendet werden.
Vorgang: Das Babcock-Brennschmelzverfahren beruht auf einem in der Glasschmelztechnik üblichen Wannenschmelzofen (Bild 1.51). Die Verweilzeit des Schmelzguts kann in diesem Ofentyp kontrolliert werden. Ein Teillastbetrieb ist hier problemlos möglich.
Der Schmelzofen wird mit Heizöl- oder Erdgassauerstoffbrennern befeuert. Es stellt sich dabei ein kontinuierlicher Schmelzvorgang ein. Die Glasschmelze wird nach einer Verweilzeit von mehreren Stunden abgezogen, d.h. fließt in einen angeordneten Auslaufteil und wird dann weiterverarbeitet.
Die Brenner im Schmelzofen arbeiten abgasarm. Die in den Rückständen enthaltenen Schwermetalle werden zum größten Teil in die Glasmatrix eingebunden. Leicht verdampfbare Schwermetalle, organische Chlor- und Schwefelverbindungen bestimmen die Abgaszusam-

Tabelle 1.13: Qualitätsanforderungen an aufbereitete Scherben

Stoffart bezüglich Verwertung	max. Fremdstoffgehalt in Gramm/Tonne Scherben
Keramik, Steingut, Porzellan	20
Organische Stoffe (Papier, Kunststoffe, Holz)	100–500
Magnetische Metalle > 4 mm	0
Magnetische Metalle > 4 mm für Farbglas	< 5
Aluminium	5
Blei	< 15
Grüne Scherben in Braunglas	< 50
Grüne Scherben in Weißglas	< 50
Braune Scherben in Weißglas	< 100
Weiße Scherben in Braunglas	< 100
Halbweiße Scherben in Weißglas	< 200
Farbgemischte Scherben in Grünglas	< 25

Anmerkung: Außer von diesen Fremdstoffen müssen die Glasschmelzen, die Braun- oder Weißglas produzieren, auch in ihrer farblichen Zusammensetzung rein sein.

mensetzung des Schmelzofens. Das Abgas wird in den Feuerungsraum der Verbrennungsanlage geleitet und durchströmt mit den übrigen Rauchgasen den Kessel und die Rauchgasreinigungsanlage der Verbrennungsanlage.

Das beschriebene Verfahren befindet sich in der Erprobung im Pilotmaßstab. Versuchs- und Demonstrationsanlagen werden gemeinsam mit der Flachglas AG, Gelsenkirchen errichtet.

Ergänzend zu Bild 1.51 soll die Abgasabführung zur Abgasreinigung anhand eines Beispiels aus einem Verglasungsverfahren zur Inertisierung von Rückstandsprodukten aus der Schadgasbeseitigung bei thermischen Abfallbeseitigungsanlagen der Firma Lurgi kurz beschrieben werden.

Abgasreinigungsanlage (Firma Lurgi)

Wie aus Bild 1.52 zu entnehmen ist, entsteht bei einer Schmelzleistung von beispielsweise 0,5 t/h ein Abgasvolumen von 100–150 m^3/h, das neben Wasserdampf, CO_2 und N_2 an Restschadgasen unter anderem SO_2 und HCl und gasförmiges Quecksilber enthält. Die Abgastemperatur liegt zwischen 100 und 200 °C. Staubförmige Bestandteile werden im

1.7 Recycling

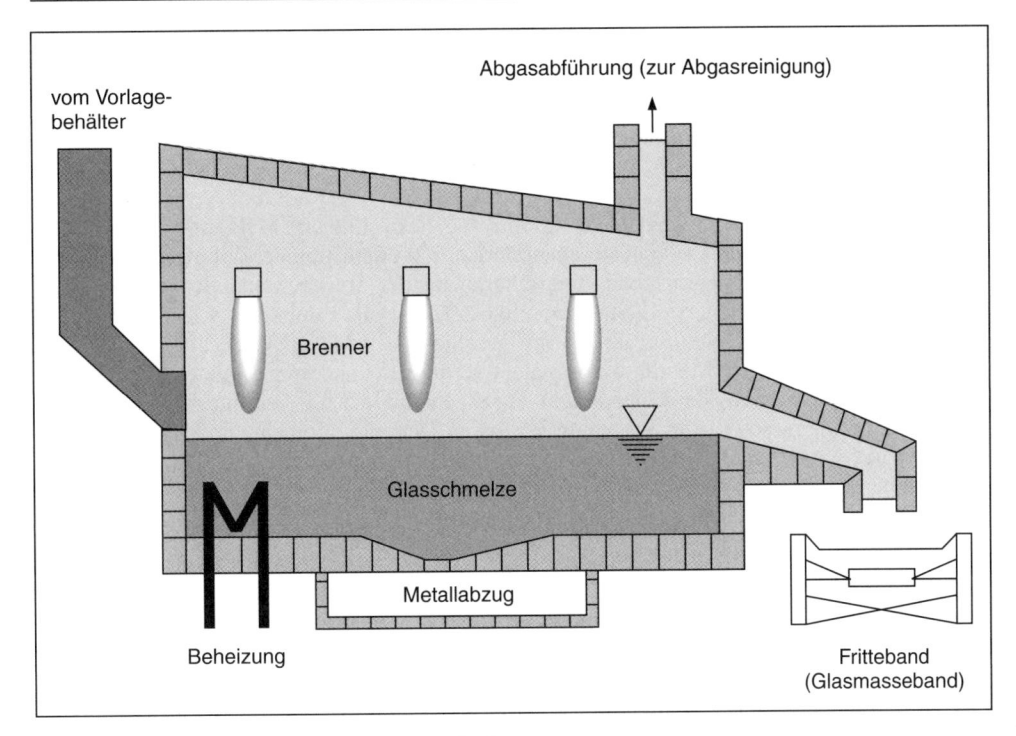

Bild 1.51: Prinzipskizze eines Wannenschmelzofens

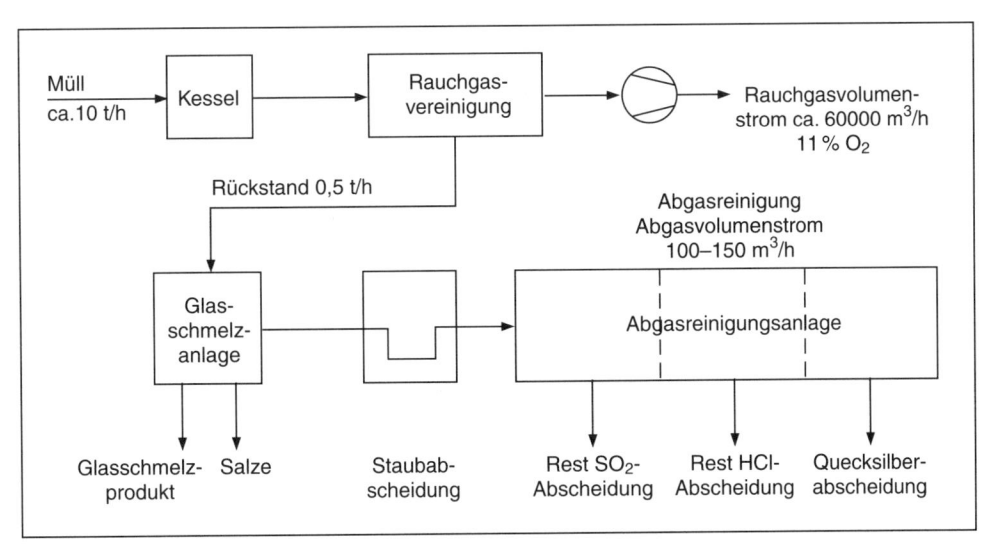

Bild 1.52: Müllverbrennung, Glasschmelzverfahren und Abgasreinigung

Schlauchfilter abgeschieden und nach Bedarf rückgeführt. Die Abtrennung der restlichen, gasförmigen Komponenten kann entweder naß oder über Aktivkohle erfolgen.

1.7.2.4 Verwertung von magnetischen und nicht magnetischen Metallen
Einführung

Bei der Rückgewinnung von Wertstoffen kommt dem Recycling von Metallen eine besondere Rolle zu, da die Metalle zur Gruppe der regenerierbaren Wertstoffquellen gehören. Die Metalle ändern ihre physikalisch-chemischen Eigenschaften bei der Aufbereitung oder beim Produktgebrauch nur unwesentlich. Sie können nämlich oft, bisweilen unbegrenzt am Wirtschaftskreislauf teilnehmen. Aluminium ist z.B. im geschlossenen Materialkreislauf recyclingbar. Daraus kann man folgern: Metalle werden nicht verbraucht sondern gebraucht. Dies führt zu einer Ressourcenschonung der Lagerstätten von Erzen und Erden (Aluminiumgewinnung aus Bauxitvorkommen), sowie zur Schonung kostbaren Deponievolumens, und trägt somit der ökologischen Notwendigkeit des Umweltschutzes Rechnung. Metalle und Metallverbindungen sind bei der Wiederverwendung Wertstoffe, in Verbindung mit Abfall oder im Abwasser allerdings gefährliche Schadstoffe (Schwermetallproblematik).

Metallrückstände

Metallrückstände fallen bei der Gewinnung von Metallen (Primärmetallabfälle) und bei der Herstellung und Verarbeitung von Produkten aus Eisen, Stahl oder Nichteisen (Buntmetalle) als Wegwerfprodukte an.
Die Gewinnung erfolgt durch Abbau und Verhüttung von Erzen und Erden durch die Regeneration von sekundären Vorstoffen (Alt- und Neuschrotte). Produktionsabfälle aus der verarbeitenden Industrie werden vom Handel erfaßt und als Neuschrott bezeichnet. Sie entstehen hauptsächlich bei Dreharbeiten, Fräsen, Bohren und Schneidprozessen. Ferner entstehen sie bei mechanischen Oberflächenbehandlungen (Einfetten, Ätzen) und Beschichtungen (Galvanik, Tauchverfahren).

Bei den erwähnten Prozessen fallen Metallrückstände oder metallhaltige Abfallarten an:
- Ausschuß von Eisen und Stahl,
- Hartmetallabfälle,
- Säureabfälle,
- Stäube, Schlacken und Schlämme aus der Behandlung des Abwassers und der Abgase Altstoffe (z.B. Altschrott) fallen als Wegwerfprodukte (einschließlich Verpackungen) an.

Metallrückstände fallen nach dem Gebrauch als Altstoffe an. Außerdem fallen Metalle in vielfältiger Form als feste Abfallprodukte an (z.B. Gießereischrott).

Übersicht über die Verwertung wichtiger Metallsorten (auf die nicht näher eingegangen werden soll)**:**

- Eisenschrott (zur Erzeugung von Stahl); nur 5 % des Metallschrotts entfallen auf den Hausmüll.
- Automobilschrott (wird in Schredderanlagen aufgearbeitet)
- Aluminiumschrott (Aluminiumrecycling ist mit einer Quote von 60 % fester Bestandteil der Versorgung mit Aluminium).
- Bleischrott (stammt größtenteils aus den Altbatterien der Kraftfahrzeuge).
- Kupferschrott (Kupfer wird aufgrund seines großen Wertes und der Energieersparnis bei der Wiederverwendung mit einer Quote von ca. 40 % recycelt).

1.7 Recycling

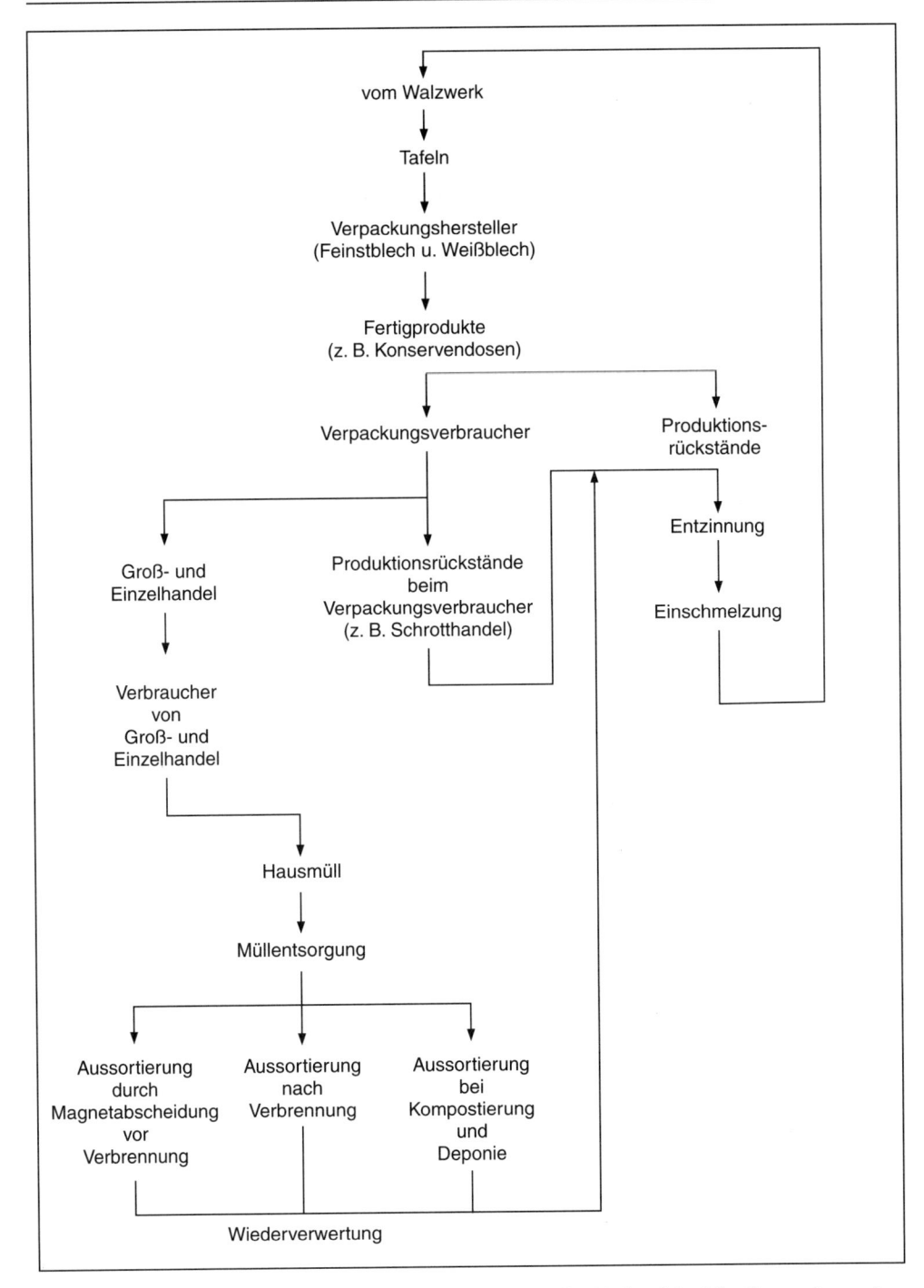

Bild 1.53: Metallkreislauf bei der Weißblechverwertung (Quelle: Verband der Metallverpackungen)

- Zinkschrott (Hauptschrottmengen der sekundären Vorstoffe bestehen aus Krätzen (60–80 %), Aschen, Hartzink. Primäre Vorstoffe werden in primären Zinkhütten eingesetzt).
- Zinnschrott (Zinn ist ein sehr toxisches (giftiges) Schwermetall. Die Recyclingrate liegt bei ca. 21 %. Der größte Zinnverbraucher ist die Weißblechindustrie).

Im Jahr 1985 wurden in der Bundesrepublik Deutschland 340 000 t Weißblechabfall aus Hausmüll und Produktionsabfällen verwertet (Weißblechschrottrecycling). Die Rückführung von Dosenschrott erfolgt z.B. über die Müllverbrennungsanlage. Bild 1.53 zeigt einen Materialkreislauf einer Weißblechverwertung.

Qualitätsanforderungen und Vermarktung der Recyclingprodukte

Sortenrein anfallende, wenig verschmutzte Metallrückstände liefern Produkte, die sich fast ohne Qualitätseinbußen vermarkten lassen. Solche Rückstände fallen bei der getrennten Sammlung und insbesondere bei der Metallproduktion an, wo ein fast 100 %iges betriebsinternes Recycling erreicht wird. Produktionsabfälle aus der rohstofferzeugenden Industrie und aus Gießereien sind dabei der sauberste Schrott und verbleiben als sog. Kreislaufschrott im Rohstoffkreislauf der Werke.

Produkte aus unsortierten Metallabfällen – in erster Linie Altstoffe – weisen schlechte Qualität auf. Die Abfälle sollten daher möglichst sortenrein erfaßt, gesammelt und aufgearbeitet werden, wie dies bei Neuschrotten erfolgt.

Sortenrein anfallende Metallrückstände liefern Produkte hoher Qualität.

1.7.2.5 Kunststoffverwertung

Begriff Kunststoff

Kunststoffe sind Wertstoffe, die synthetisch aus einfachen organischen Naturstoffen hergestellt werden, oder aus komplexen in der Natur vorkommenden Grundstoffen (z.B. Kautschuk) aufgebaut werden. Die Kunststoffe setzen sich aus Kohlenstoff und Wasserstoff zusammen. Nebenbestandteile bei gewissen Kunststoffarten sind u.a. Sauerstoff, Stickstoff und Chlor. Zusammensetzungen und Einsatzbereiche wichtiger Kunststoffe kann man Tabelle 1.14 entnehmen.

Thermoplaste erweichen beim Erwärmen, lassen sich warm formen und werden beim Abkühlen wieder fest. Wenn die Thermoplaste nicht übermäßig thermisch beansprucht werden, ist dieser Vorgang beliebig oft wiederholbar.

Duroplaste zersetzen sich beim Erhitzen ohne vorheriges Erweichen. Sie sind daher irreversibel (nicht umkehrbar) ausgehärtet und lassen sich nicht mehr durch eine erneute Einschmelzung wiederverwenden.

Elastomere sind natürlich oder synthetisch hergestellte Kunststoffe. Sie zeigen schon bei Raumtemperatur ein dauerelastisches Verhalten. Elastomere sind ebenfalls nicht schmelzbar.

Sammlung und Sortierung von Kunststoffen

In der Bundesrepublik Deutschland fallen pro Jahr 2,1 Mio Tonnen Kunststoffabfälle an, davon 1,7 Mio Tonnen aus Hausmüll oder hausmüllähnlichem Gewerbemüll. Die in der Industrie anfallenden Kunststoffabfälle werden wiederverwertet, wenn sie sortenrein und unverschmutzt sind.

Große Probleme bereiten die Kunststoffabfälle, die im Hausmüll anfallen, denn bei der Entsorgung durch die Müllabfuhr liegen diese Abfälle verschmutzt und als Gemisch der verschiedensten Kunststoffe vor. Abhilfe kann durch eine getrennte Sammlung geschaffen werden. Um den in den Haushalten und Gewerbebetrieben anfallenden Kunststoffmüll getrennt vom übrigen Müll erfassen zu können, entwickelte man das *Hol-* und *Bringsystem*.

1.7 Recycling

Gewerbliche Abfälle werden nicht recycelt, wenn der Abfallbesitzer die Rohstoffe nicht selber verwerten kann.

Trennverfahren

Um die im Hausmüll anfallenden und gemischten Kunststoffe wieder sortenrein aufzutrennen, sind Sortierverfahren notwendig.
Zuerst werden die Kunststoffe im Shredder vorzerkleinert und danach durch eine Schneidemühle in feinkörnige Produkte umgewandelt. Bei der Klassierung (Auftrennung eines Korngemisches aufgrund von Unterschieden in der Korngröße) kann man die Siebung anwenden. Anschließend werden die Körner sortiert. An Verfahren stehen die Dichtesortierung (Hydrozyklon-Verfahren), die Flotation und die elektrostatische Sortierung zur Verfügung. Mit diesen Verfahren lassen sich aus Kunststoffmischungen Fraktionen mit Reinheiten von mehr als 98 % herstellen, die dann verwertet werden.

Verwertungsverfahren

Beim Kunststoff wird zwischen der werkstofflichen Verwertung (z.B. Herstellung von Rohren) und der rohstofflichen Verwertung (z.B. Hydrierung) unterschieden.

Tabelle 1.14: Namen, Zusammensetzungen und Einsatzbereiche wichtiger Kunststoffe

Kunststoffgruppe	Chem. Bezeichnung	Elemente	Wesentliche Einsatzgebiete
Thermoplaste	Polyvinylchlorid (PVC)	Kohlenstoff, Wasserstoff, Chlor	Fußbodenbeläge, Rohre, Folien, Dichtungen, Kabelisolierung
	Polyethylen (PE)	Kohlenstoff, Wasserstoff	Folien, Formkörper, Spritzgußteile
	Polypropylen (PP)	Kohlenstoff, Wasserstoff	Folien, techn. Teile z. B. für die KFZ-Technik
	Polystyrol (PS)	Kohlenstoff, Wasserstoff	Haushaltsartikel, Spritzgußteile
	Polyamid	Kohlenstoff, Wasserstoff, Sauerstoff, Stickstoff	Zahnräder, Treibriemen, Förderbänder, Elektrogehäuse
Duroplaste	Polyester (UP)	Kohlenstoff, Wasserstoff, Sauerstoff	Gießharze, Lackstoffe, Formteile
	Polyurethan (PUR)	Kohlenstoff, Wasserstoff, Sauerstoff	Schaumstoffe, Lackstoffe, Gießmasse, Herstellung von hochelastischen Fäden
Elastomere	Naturkautschuk (NR)	Kohlenstoff, Wasserstoff	Weich- und Hartgummi, Schläuche, Dichtungen
	Polybutadien (BR)	Kohlenstoff, Wasserstoff	Auskleidungen, Isoliermassen

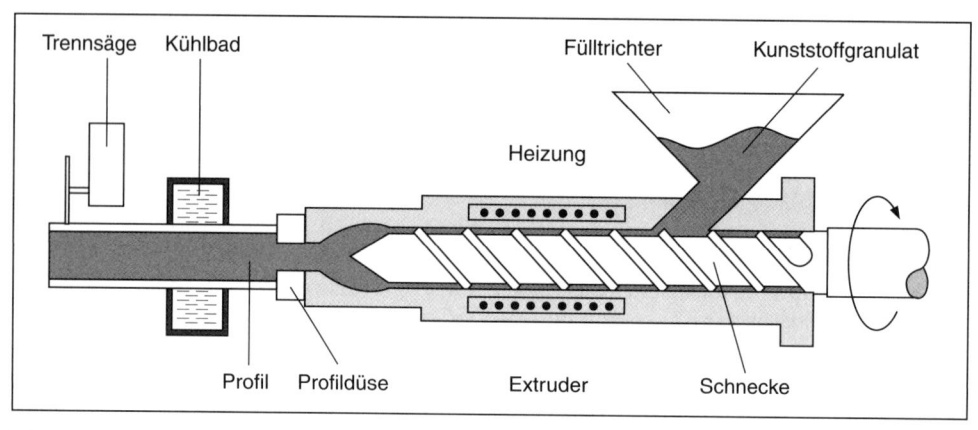

Bild 1.54: Extrudiervorgang

Wegen Ihrer thermisch-mechanischen Eigenschaften können nur Thermoplaste durch erneute Einschmelzung werkstofflich wiederverwertet werden. Dagegen können Duroplaste und Elastomere nur chemisch (Pyrolyse, Hydrolyse, Hydrierung usw.) und thermisch (Verbrennung) rohstofflich wiederverwendet werden.

Umschmelzung von sortenreinen Kunststoff

Als Beispiel soll hier das *Extrudieren* (extrudere = hinausstoßen) kurz beschrieben werden. Es lassen sich alle Thermoplaste extrudieren. Die Herstellung von Formteilen im Extruder wird in Bild 1.54 dargestellt.

Verfahrensvorgang: Das Extrudieren besteht aus den Schritten:
- Fördern,
- Verdichten,
- Plastifizieren und
- Homogenisieren.

Der Extruder ist eine kontinuierlich arbeitende Schneckenstrangpresse. Der Kunststoff kommt in körniger Form aus dem Fülltrichter in den beheizten Zylinder und wird im erweichten Zustand von der Schnecke zur Profildüse gedrückt. Der Kunststoff bekommt mit der von außen beheizten Zylinderwand Kontakt, erwärmt sich und bildet einen Schmelzfilm. Der Querschnitt der Ausspritzöffnung in der Düse bestimmt dann das Profil des fortlaufend austretenden Stranges.

Am Ende des Schneckenzylinders befindet sich eine Kühlanlage (Kühlbad), in der die heiße Kunststoffmasse unter hohem Druck ausgeformt wird.

Der als Pulver oder Granulat hergestellte Rohstoff wird kontinuierlich gefördert, verdichtet, entgast, aufgeschmolzen, gemischt und schließlich zur Formgebung durch eine Düse gedrückt.

Extruder werden hauptsächlich für die Herstellung von Profilen, Schlauchfolien, sowie für die Ummantelung von Werkstoffen eingesetzt.

Umschmelzung gemischter Kunststoffe

Die Kunststoff-Fraktion des Hausmülls besteht zu mehr als 90 % aus Thermoplasten, die sich über die Schmelze wiederverwerten lassen. Die Voraussetzung für die Umschmelzung gemischter Thermoplaste ist jedoch ein Anteil von 50 % einer Trägersubstanz. Diese muß aus

„einer" Kunststoffsorte bestehen. Wegen der beschränkten Verträglichkeit der verschiedenen Kunststoffe beim Erstarren erhält man einen Kunststoff, dessen mechanische Eigenschaften schlechter sind als die der Reinkunststoffe.

Chemische Verwertungsverfahren von Kunststoffen (die nur kurz behandelt werden sollen):
- Pyrolyse: Bei der Pyrolyse werden die Kunststoffe unter Sauerstoffausschluß verschwelt. Ziel der Pyrolyse ist die Gewinnung von Öl als chemischem Rohstoff und von Gas.
- Hydrierung: Die Hydrierung ist ein Verfahren zur Aufspaltung von Kunststoffabfällen in Gas und Öle. Durch die Hydrierung entstehen flüssige Kohlenwasserstoffprodukte, die sich in bestehenden Öl- oder Teer-Raffinerien zu marktgängigen Produkten verarbeiten lassen.
- Hydrolyse: Ziel der Hydrolyse ist es, durch chemische Reaktionen aus den Altkunststoffen Öl zu gewinnen; bei der Hydrolyse werden mittels Wasser chem. Ausgangsstoffe gespalten.
- Alkoholyse: Die Alkoholyse ist eine Weiterentwicklung der Hydrolyse. Hierbei werden sortenreine Kunststoffabfälle nicht mit Wasser, sondern mit Alkoholen umgesetzt.

Thermische Verwertung

Kunststoffe besitzen ein großes energetisches Potential, das durch **Verbrennung** in Müllverbrennungsanlagen genutzt werden kann. Der Heizwert von Polyethylen und Polystyrol entspricht etwa dem von Heizöl.
Bis zu 60 % der Energie, die für die Herstellung von Kunststoffprodukten benötigt wurde, kann durch das Verbrennen wiedergewonnen werden. Man spricht daher von *„energetischer Wiedergewinnung"*.
Bei der Verbrennung von PVC wird Chlor freigesetzt, was zur Bildung von Salzsäure führt. Die Salzsäure muß in den Rauchgaswäschern zurückgehalten und neutralisiert werden. Dabei fällt Natrium- und Calciumchlorid an. Da das Calciumchlorid auf dem Markt nicht untergebracht werden kann, muß es deponiert werden. Es ist noch zu beachten, in welchem Umfang PVC durch Freisetzung von Chlor zur Bildung der Schadstoffe Dioxine und Furane beiträgt.

1.7.3 Lackschlammaufbereitung in der Automobilindustrie

1.7.3.1 Allgemeines

Fast überall in der Industrie, wo Teile lackiert oder beschichtet werden, fallen Lackschlämme an. Allein in der Automobilindustrie sind dies pro Jahr über eine Million Tonnen.
Beispiel: Kraftfahrzeugkarosserien werden in der Automobilindustrie nach der Tauchgrundierung im Spritzverfahren lackiert (Schema des Prozesses siehe Bild 1.55).
Der dabei entstehende Lacknebel, der nicht auf die Karosse gelangt (Overspray), wird aus der Spritzkabine durch Absaugung entfernt, um die Oberflächenqualität sowie die Gesundheit der Mitarbeiter nicht zu beeinträchtigen. Der Overspray wird durch Auswaschung (z.B. in einem Luftwäscher) entfernt. Das Lacknebelauswaschwasser gelangt in ein Absetzbecken, wo Betonit, ein Aluminiumsilikat, als Flockungsmittel zugesetzt wird. Dabei werden die Lackpartikel entklebt und koaguliert (verdickt), was ihre Abtrennung ermöglicht. Das somit von Lackbestandteilen befreite Auswaschwasser wird erneut für die Lacknebelabscheidung benutzt. Der ausgefällte Lackschlamm wird dem Gesamtsystem stets entzogen, während das vom Lackschlamm in Entwässerungsanlagen abgetrennte Wasser dem System wieder zugeführt wird.

1.7.3.2 Lackschlammverwertung (Fallbeispiel von der Firma Envilack GmbH, Duisburg)

Die in der Oberflächenbeschichtung weitverbreitete industrielle Spritzlackierung ist dadurch gekennzeichnet, daß ein Teil des aufzutragenden Lackes als sog. Overspray am Werkstück vorbeigeht.

Der Overspray wird durch Auswaschung aus der Spritzkabinenabluft entfernt und durch Zugabe von Chemikalien (Koaguliermittel) entklebt. Die Entfernung der entklebten koagulierten Lackteilchen aus dem im Kreislauf geführten Auswaschwasser führt zum Anfall von Lackschlämmen. Diese Lackschlämme werden zur Zeit noch vorwiegend als Sonderabfälle entsorgt, ohne daß dabei die enthaltenen, hochwertigen Inhaltsstoffe im Sinne eines Stoffkreislaufs genutzt werden. Von der Firma Envilack, Duisburg, wurde mit Förderung durch das Umweltbundesamt ein laborerprobtes Verfahren zur hochwertigen stofflichen Verwertung von Lackschlämmen umgesetzt.

Die Aufarbeitung in einer Anlage mit einem Durchsatz von bis zu einer Tonne Koagulat pro Stunde erfolgte in mehreren Verfahrensschritten, die in Abhängigkeit von der Art und Zusammensetzung der Lackschlämme (z.B. flotierende Koagulate) unterschiedlich sein können. Ein Verfahrensschema der Anlage zeigt Bild 1.56.

Bindemittelkonzentrate sind die wichtigsten Endprodukte der Aufarbeitung. Sie können durch Zusatz von Lösemittel in Neulacke umgewandelt und direkt zum Lackanwender zurückgeführt oder beim Lackhersteller als Lackrohstoff eingesetzt werden.

Während des Demonstrationsbetriebes zeigte sich, daß die Aufarbeitung sorten- und farbreiner Koagulate hinsichtlich Ausbeute und Qualität der erzeugten Produkte und hinsichtlich der Menge nicht vermeidbarer Aufarbeitungsrückstände die besten Ergebnisse brachte. Auch die Aufarbeitung von Mischkoagulaten, die entweder aus einem Bindemitteltyp und verschiedenen Farbtönen oder aus verschiedenen Bindemitteltypen mit einem Farbton bestanden, war mit einem guten Ergebnis möglich. Dagegen lieferten Mischkoagulate verschiedener Binde-

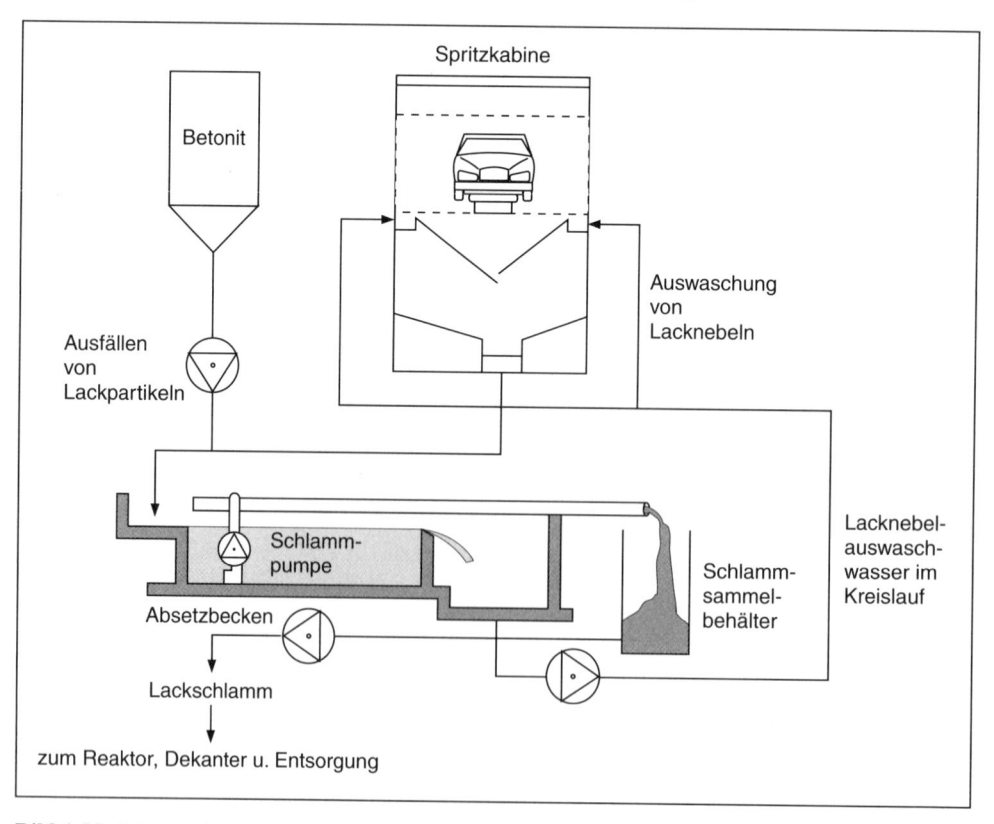

Bild 1.55: Schema einer Spritzlackierung von Kraftfahrzeugkarosserien mit Lacknebelabscheidung

1.7 Recycling

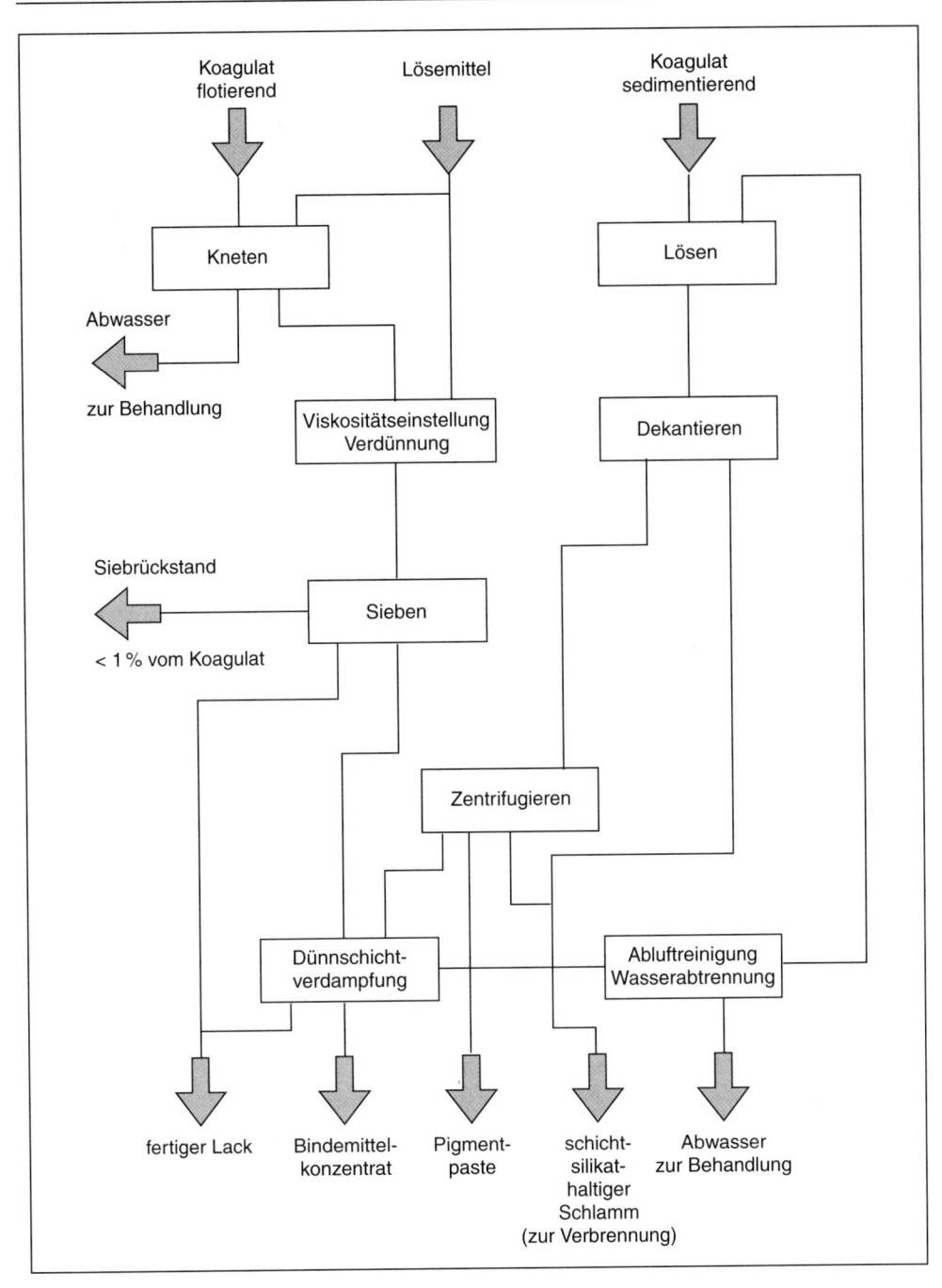

Bild 1.56: Verfahrensschema der Lackschlammaufbereitung bei der Firma Envilack

mitteltypen und Farbtönen ein Bindemittelkonzentrat, das nur noch als Bindemittelersatz in lackfremden Branchen (nicht in der Autoindustrie) eingesetzt werden konnte.
Ein umweltverträglicher Betrieb der Anlage wurde durch Abgas- und Abwasserbehandlungsmaßnahmen sichergestellt.
Wirtschaftlichkeitsbetrachtungen auf der Grundlage des Demonstrationsbetriebes ergaben, daß im Falle der Envilackanlage für einen wirtschaftlichen Betrieb mindestens 3450 Betriebsstunden/a oder ein jährlicher Durchsatz von 4000 t Koagulaten notwendig sind. Die hier erprobte Rückgewinnungstechnik kann nur bei „Einkomponentenlacken" eingesetzt werden. Andere Lösungen sind bei „Zweikomponentenlacken" erforderlich, da diese für eine direkte Rückgewinnung nur begrenzt geeignet sind. Der Grund ist darin zu sehen, weil sie nach der Vermischung der beiden Komponenten durch chemische Reaktionen aushärten.

1.7.3.3 Lacke im Kreislauf
(Fallbeispiel über die Achsenlackierung bei Mercedes-Benz in Untertürkheim)

In den Spritzkabinen der Achsenlackierung bei Mercedes-Benz kann sich natürlich auch nicht aller Lack aus den Spritzpistolen auf den Achsengehäusen niederschlagen. Denn ein Teil schwirrt als hauchfeiner Nebel durch die Luft (Schema einer Lackieranlage siehe Bild 1.57). Der sich bildende Overspray ist zwar ärgerlich, aber nicht zu vermeiden. Deshalb wird die mit Farbteilchen beladene Kabine ausgewaschen. Bisher haben die Anlagentechniker Natronlauge ins Wasser gemischt, um ein Verkleben der Lackteilchen zu verhindern. Sie lassen sich danach leichter herausfischen. Dabei verändert sich aber der Lack in seiner Struktur so sehr, daß er

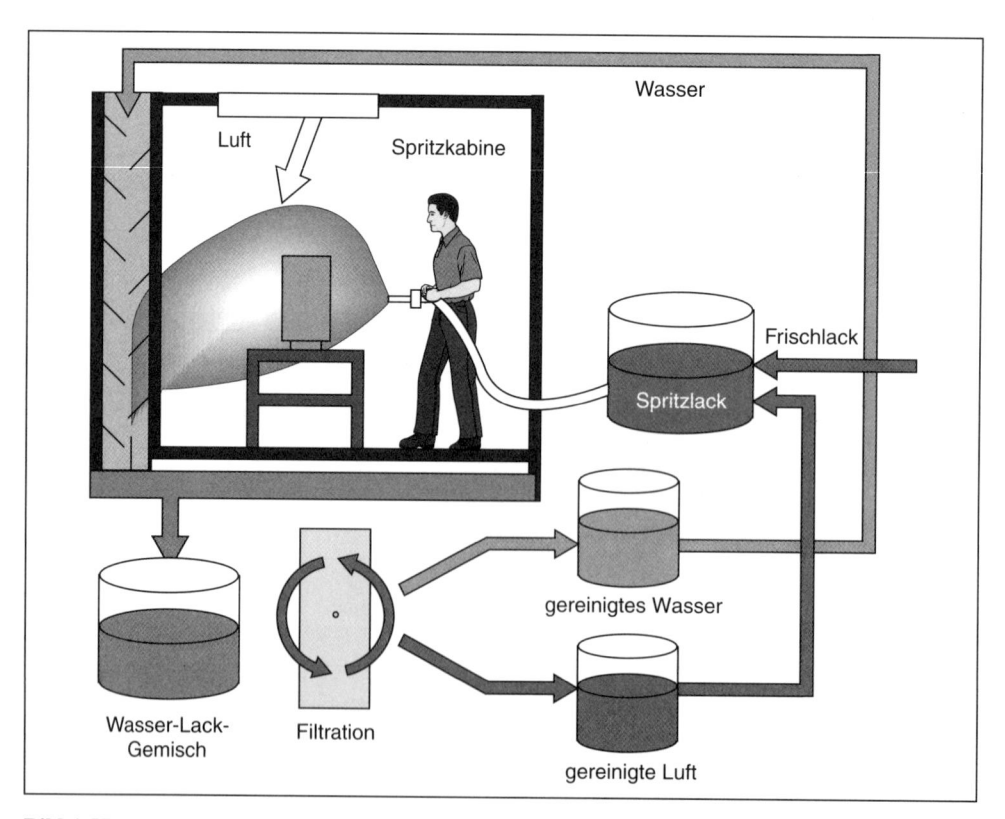

Bild 1.57: Lacke im Kreislauf

nicht mehr wiederverwendet werden kann. Nach weiteren Untersuchungen haben die Verfahrensentwickler ein lackfreundliches Koagulationsmittel gefunden – das Calciumacetat. Das damit abgeschiedene Lackkoagulat holt dann ein Recyclingunternehmen ab und gewinnt daraus „Rohlack". Diesen Recyclinglack mischt der Farbenfabrikant mit Frischlack und liefert das so aufbereitete Produkt wieder an Mercedes-Benz zurück. Durch das Dreiecksverhältnis spart die PKW-Achsenfertigung im Werk Untertürkheim jährlich 100 Tonnen Sonderabfall. Seit einiger Zeit experimentieren die Achsenlackierer bereits am nächsten Schritt: es wird an einer kleinen Anlage mit „Wasserlacken" fast ohne chemische Lösungsmittel gearbeitet.

Der Vorteil dieser neuartigen Lacke ist, daß keine Lösemittelemissionen mehr entstehen und auch kein Lackschlamm.

Vorgang: Statt mit Koaguliermitteln den Lackspray zu entkleben, wird das Umlaufwasser mit den Lackpartikeln über eine „Ultrafiltration" gemischt. Mit hohem Druck strömt das mit Lackteilchen vermischte Wasser an porösen Membranen vorbei. Das Wasser dringt durch die Membranen und die Lackteilchen bleiben dabei zurück. Das so gereinigte Wasser fließt im Kreislauf wieder in die Spritzkabine zurück. Der aufgefangene Lack wird mit frischem Lack gemischt und kann dann sofort wieder versprizt werden. Eine externe Aufbereitung ist jetzt nicht mehr nötig.

1.8 Altlasten sanieren

1.8.1 Einführung

Die von den Altlasten ausgehenden Gefahren können durch Sanierungsmaßnahmen beseitigt oder zumindest verringert werden. Im Rahmen der Altlastensanierung werden dann Dekon-

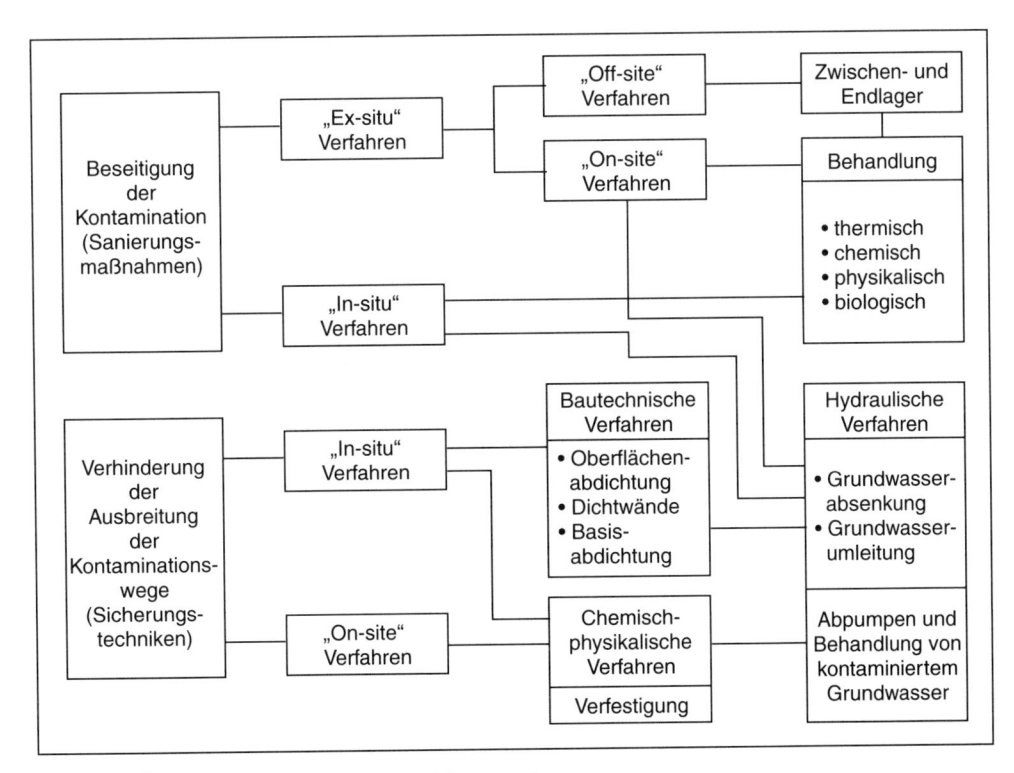

Bild 1.58: Übersicht über Verfahren zur Altlastensanierung

taminierungs- und Sicherheitsmaßnahmen durchgeführt. Diese Maßnahmen sollen dazu führen, daß nach einer Sanierung nur geringe, bekannte und beherrschbare Beeinträchtigungen ausgehen. Eine Sanierungsmaßnahme erfolgt immer unter Berücksichtigung des angestrebten Sanierungszieles. Die Sanierungsziele werden im Hinblick auf die aktuelle und zukünftige Nutzung definiert, da eine totale Sanierung, die eine Wiederherstellung der universellen Nutzbarkeit der Flächen (des Bodens) beinhaltet, meist gar nicht oder nur unter hohem technischen und finanziellen Aufwand zu realisieren ist. Bild 1.58 zeigt eine Übersicht zur Sanierung von Altlasten.

Erläuterung zu Bild 1.58:

Die Sanierung bedeutet immer eine Entgiftung und damit eine Beseitigung der Altlasten durch:
- Behandlung des ausgegrabenen Bodens (On site),
- biologische, chemische oder physikalische Behandlung direkt im Erdreich (In situ).

Off-site-Verfahren koffern den belasteten Boden aus und führen ihn einer zentralen Behandlung oder einer kontrollierten Deponierung (Sonderabfall) zu. Aufgrund kaum noch vorhandenen Deponieraumes wird das Off-site-Verfahren immer seltener zur Anwendung kommen. Bei der „On-site"-Behandlung erfolgt die Sanierung am verunreinigten Standort selbst. Bei den „In-site"-Verfahren werden die Schadstoffe dem in der Lagerstätte verbleibenden kontaminierten Boden durch Transportmedien wie Wasser und/oder Luft entzogen und aus diesen Trägern heraus gereinigt.

Die „Ex-situ"-Verfahren erfordern die Auskofferung und anschließende Behandlung der kontaminierten Bodenmassen. Die Behandlung erfolgt dann mittels mobiler Anlagen vor Ort (On-site) oder zentral in den Entsorgungszentren (Off-site).

Tabelle 1.15 enthält eine Kostenabschätzung für verschiedene Verfahren zur Sanierung von Altlasten.

Das Thema Altlasten hat augenblicklich Konjunktur. Seit Anfang der 80er Jahre die Tragweite des Problems Altlasten allmählich erkannt wurde, mußte die Zahl der bekannten Altlasten ständig nach oben korrigiert werden.

Tabelle 1.15: Kostenabschätzung von Sanierungsverfahren (Sanierungsziel: „Sicherung")

Verfahrensbereich	Sanierungsverfahren	geschätzte Kosten [DM/m^2]
Oberflächen-abdeckung aus	natürlichem Boden verbessertem Boden Abfallmaterial, z. B. synthetischem Material: - Stütz- bzw. Filterschicht - Dichtungsschicht	15–40 15–60 2–5 20–35
Vertikale Basis-abdichtung (Barrieren)	Spundwand (aus Stahl) Schlitzwand Rohrpfahlwand Injektionswände schmale Wand, gerammt Kunststoffwand, eingerüttet Frostwand Tonwand, verdichtet	60–280 100–350 120–170 300–600 35–50 50–70 300–1700 40–60
Untergrund-abdichtung	Oberflächenverfahren bergmännische Verfahren	400–700 400–2000

1.8 Altlasten sanieren

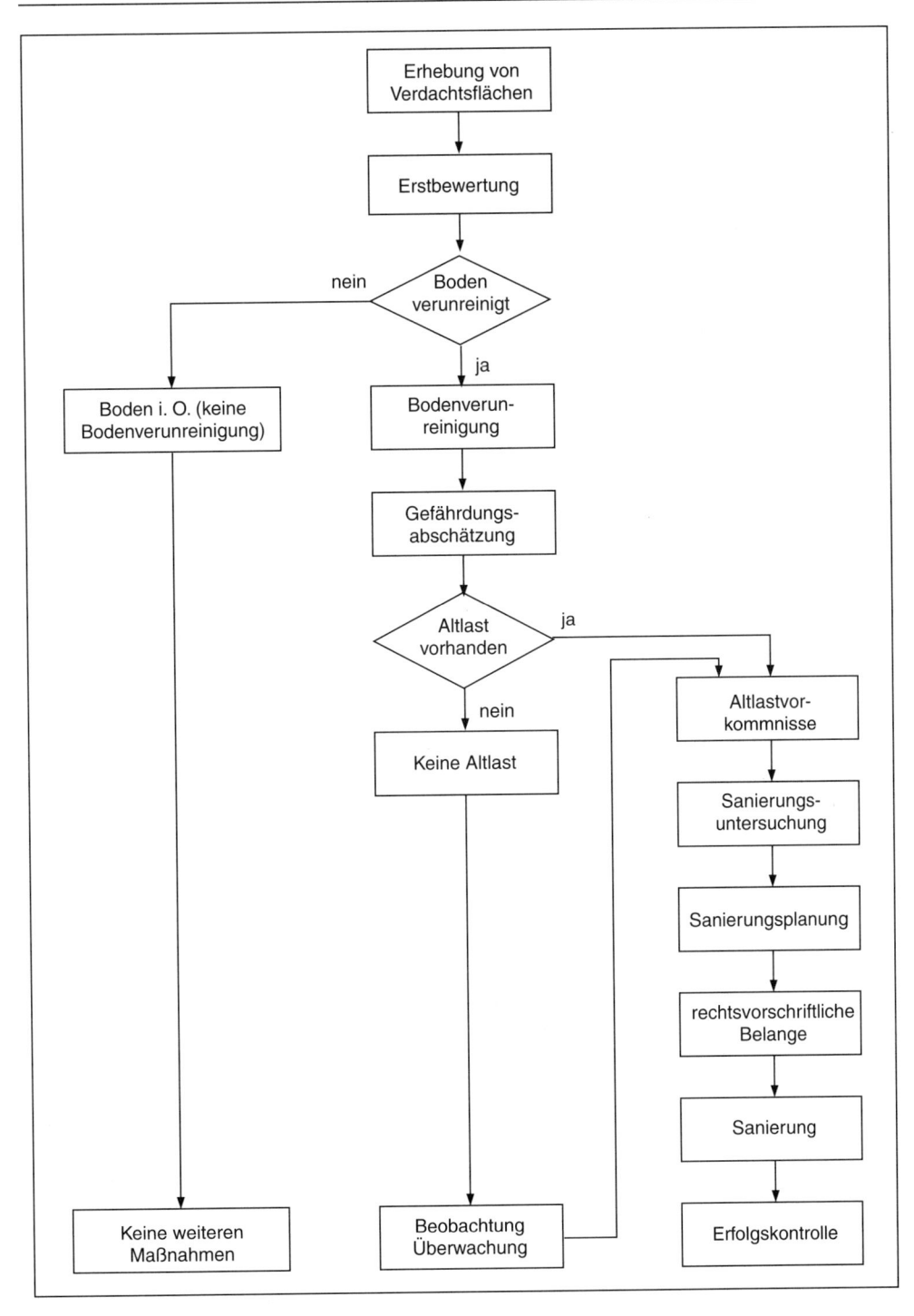

```
                    ┌─────────────────┐
                    │  Erhebung von   │
                    │ Verdachtsflächen│
                    └────────┬────────┘
                             ▼
                    ┌─────────────────┐
                    │  Erstbewertung  │
                    └────────┬────────┘
                             ▼
              nein     ╱ Boden    ╲
         ◄────────────╱ verunreinigt╲
                      ╲            ╱
                       ╲          ╱
                             │ ja
                             ▼
   ┌──────────────────┐  ┌─────────────────┐
   │ Boden i. O.(keine│  │  Bodenverun-    │
   │ Bodenverunreini- │  │   reinigung     │
   │      gung)       │  └────────┬────────┘
   └──────────────────┘           ▼
                          ┌─────────────────┐
                          │  Gefährdungs-   │
                          │   abschätzung   │
                          └────────┬────────┘
                                   ▼
                             ╱ Altlast  ╲    ja
                            ╱ vorhanden  ╲──────────┐
                            ╲            ╱          │
                             ╲          ╱           ▼
                                │ nein       ┌─────────────┐
                                ▼            │ Altlastvor- │
                         ┌──────────────┐    │ kommnisse   │
                         │ Keine Altlast│    └──────┬──────┘
                         └──────┬───────┘           ▼
                                │            ┌─────────────┐
                                │            │Sanierungs-  │
                                │            │untersuchung │
                                │            └──────┬──────┘
                                │                   ▼
                                │            ┌─────────────┐
                                │            │Sanierungs-  │
                                │            │planung      │
                                │            └──────┬──────┘
                                │                   ▼
                                │            ┌─────────────┐
                                │            │rechtsvor-   │
                                │            │schriftliche │
                                │            │Belange      │
                                │            └──────┬──────┘
                                │                   ▼
                                │            ┌─────────────┐
                                │            │  Sanierung  │
                                │            └──────┬──────┘
                                ▼                   ▼
   ┌──────────────┐      ┌──────────────┐    ┌─────────────┐
   │Keine weiteren│      │ Beobachtung  │    │Erfolgs-     │
   │  Maßnahmen   │      │ Überwachung  │    │kontrolle    │
   └──────────────┘      └──────────────┘    └─────────────┘
```

Bild 1.59: Schematischer Ablauf zur Vorgehensweise bei der Sanierung von Altlasten

Rechnete man 1983 noch mit einer Menge von ca. 28 000 Verdachtsflächen, so gehen neuere Schätzungen bereits von 70 000 Verdachtsflächen, bezogen auf das alte Bundesgebiet, aus. Diese Zahl mußte nach der Wiedervereinigung nochmals nach oben korrigiert werden. Neuesten Prognosen zufolge wird von 100 000 Altlastverdachtsflächen ausgegangen; d.h. bezogen auf das ganze Bundesgebiet (also einschließlich der ehemaligen DDR). Die Kosten für die Beseitigung dieser Hinterlassenschaft dürften sich in einer Größenordnung sogar bis zu ca. 100 Milliarden DM bewegen.

In einem im Auftrag von der Landesanstalt für Umweltschutz Baden-Württemberg erstellten Katalog werden die Altlasten für verschiedene Branchen aufgeführt. Darin werden die Betriebe der Galvanischen Industrie aufgrund ihres Umgangs mit umweltgefährdenden Stoffen als uneingeschränkt altlastenrelevant eingestuft.

Als besonders altlastenrelevante Stoffe bzw. Stoffgruppen werden genannt:
- Säuren und Laugen,
- Beizzusätze,
- Schwermetalle und Schwermetallverbindungen,
- Cyanide,
- Schlämme aus Beiz-, Neutralisations- und Galvanisierungsabwässern,
- aromatische Kohlenwasserstoffe (Benzol, Toluol, Xylole),
- leichtflüchtige chlorierte Kohlenwasserstoffe (CKW).

Diese Stoffgruppen führten aufgrund des hohen Verbrauchs (Produktionsmenge 1982 über 230 000 t) zu einer Vielzahl von Boden- und Grundwasserverunreinigungen. Um ein rationelles und wirksames Vorgehen bei der Sanierung von Altlasten zu gewährleisten, ist ein systematisches Vorgehen erforderlich, das die Vielzahl der Bearbeitungsschritte steuert. Die in Bild 1.59 dargestellte Vorgehensweise hat sich bei der Durchführung von Sanierungsverfahren bewährt.

1.8.2 Erkundung und Beurteilung altlastenverdächtiger Flächen

Die Existenz von Altlasten wurde in der Vergangenheit oftmals durch Zufall, meist im Rahmen von Baumaßnahmen, entdeckt. Dies führt erfahrungsgemäß zu Bauverzögerungen und somit zu erheblichen Mehrkosten aufgrund verzögerter Gebäudenutzung und zu stark erhöhten Sanierungskosten infolge der erforderlichen Entwicklung der Sanierungsmaßnahmen.

Vorrangiges Ziel muß es daher sein, eine möglichst lückenlose Kenntnis aller Verdachtsflächen zu gewinnen. Als Verdachtsflächen sind dabei solche Fälle anzusehen, bei denen aufgrund ihrer Vergangenheit Bodenverunreinigungen zu vermuten sind, ein Gefährdungspotential aber noch nicht nachgewiesen wurde.

Um eine weitgehend vollständige Erfassung aller Verdachtsflächen zu erreichen, sind systematische, flächendeckende Vorgehensweisen notwendig. Bild 1.60 zeigt einen Ablauf einer Altlastenuntersuchung von der Erfassung bis zur Überwachung.

Die Altlastenerkundung beginnt meist dann:
- wenn nach der Erfassung für einen speziellen Standort ein hinreichender Verdacht auf Umweltgefährdung besteht,
- wenn besondere Vorkommnisse auf einem Standort bekannt werden,
- wenn Informationen über die Ablagerung von bzw. über den Umgang mit gefährlichen Stoffen vorliegen,
- wenn ein Schadensverursacher gesucht wird.

Das Ziel aller Bundesländer muß sein, das Problem der Altlasten in Zukunft entsprechend dem in Bild 1.60 dargestellten Schema abzuarbeiten. Ziel der Erfassung von Verdachtsflächen muß es letztlich sein, die Lage und räumliche Ausdehnung altlastverdächtiger Flächen zu ermitteln und in Karten und Beschreibungen exakt darzustellen.

1.8 Altlasten sanieren

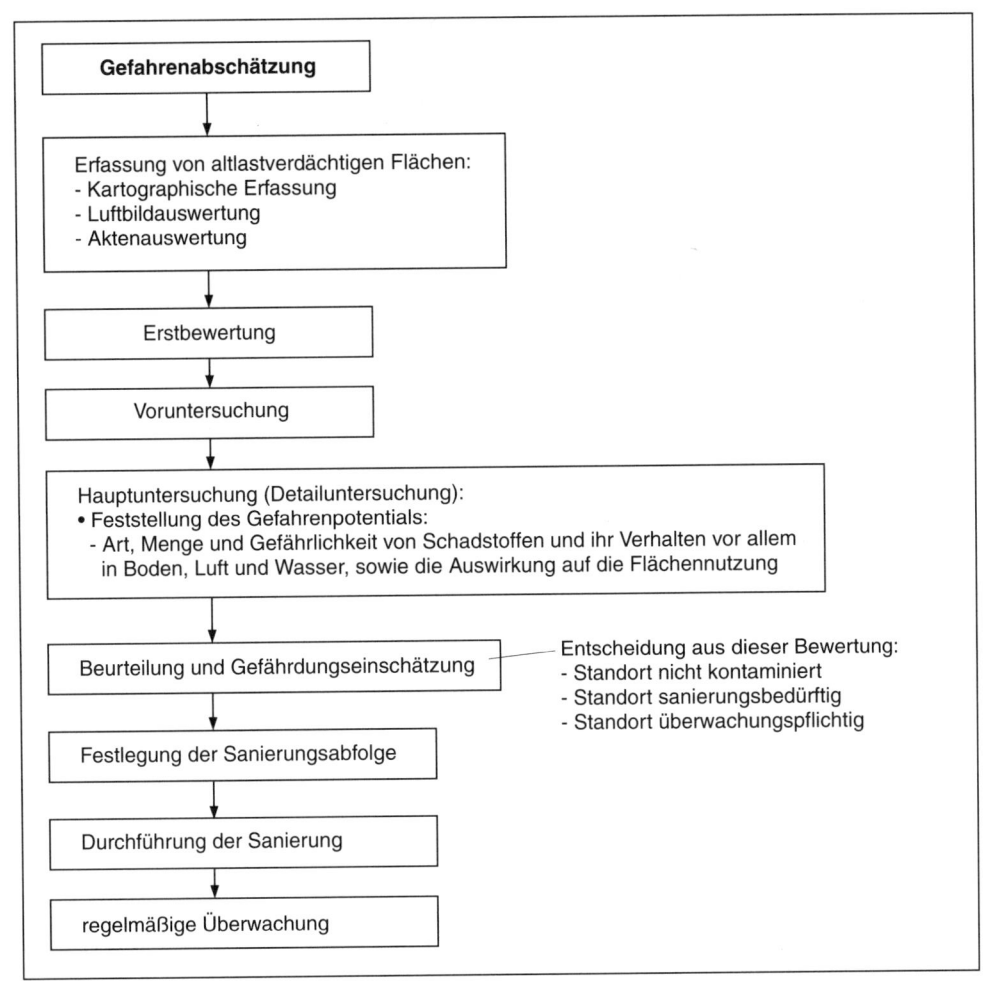

Bild 1.60: Schematischer Ablauf von Erkundung, Erfassung, Bewertung und Sanierung von altlastverdächtigen Standorten.

Eine Datensammlung (Datenstammblätter) über Bodenverunreinigungen verschiedener Standorte stellt eine wichtige Entscheidungshilfe für die spätere Planung und Nutzung dar.

Bild 1.61 zeigt ein Beispiel für ein sog. Datenstammblatt kontaminationsverdächtiger Standorte.

Seit Ende der siebziger Jahre erfolgt die Verdachtsflächenermittlung hauptsächlich durch eine systematische Suche der Behörden.

Die Verdachtsflächenermittlung umfaßt:

- die möglichst lückenlose Ermittlung von Anzahl, Lage und Ausdehnung kontaminationsverdächtiger Flächen im Zuständigkeitsbereich der erfassenden Behörde,
- Sammlung (Datensammlung) und Aufbereitung vorhandener Kenntnisse und Aufzeichnungen über jeden Einzelfall,
- die Dokumentation der im Rahmen einer Sammlung von Daten und Lokalisierung anfallenden Informationen,

Datenstammblatt für die Erfassung kontaminationsverdächtiger Flächen

Allgemeine Angaben
1 Kennziffer
2 Informationsquelle
3 Name, Lager und Nutzer
4 Fläche in ha
5 Füllhöhe in m
6 Art des Kontaminations-
   verdächtigen Geländes
   - Schadstoffart
   - Schadstoffkonzentration
7 Sanierungszeit
8 Umweltbelastung während
   der Sanierungsmaßnahme

Potentiell betroffene Nutzung
9 Gegenwärtige Nutzung
10 Geplante Nutzung nach
    Flächennutzungsplan

Potentiell betroffene Schutzgüter
11 Wasserschutzzone
12 Landschafts- u. Naturschutzgebiete
13 Überschwemmungsgebiete
14 Gewässer und Quellen

Hydrogeologische Verhältnisse
15 Ein- und Durchsickerungsmöglichkeit
16 Verhalten des Wassers im Untergrund:
   - Untergrunddurchlässigkeit
17 Eindringungsmöglichkeit von
   Sickerwasser

Geohydrologische Parameter
18 Bodenstruktur
19 Bodenbeschaffenheit
20 Bodenverdichtung
21 Grundwasserverdichtung
22 Bauliche Gegebenheiten

Kontaminationsverdächtige Bereiche
23 Zugänglichkeit des Kontamina-
    tionsverdächtigen Bereichs
24 Anzahl der Nutzung

Bild 1.61: Datenstammblatt über kontaminationsverdächtige Standorte

- die Ergänzung der Dokumentation im Fortgang der Gefährdungsabschätzung, Maßnahmenplanung und -durchführung sowie evtl. Nacherhebungen.

Erstbewertung

Der erste nach erfolgter Erfassung von Verdachtsflächen zu leistende Schritt ist die Erstbewertung. Ihre Aufgabe ist es, bei möglichst geringem Aufwand ein möglichst hohes Maß an Sicherheit darüber zu erreichen, ob im Bereich einer zu untersuchenden Fläche Bodenverunreinigungen auftreten. Außerdem wollte man ggf. Kenntnis über deren genaue Lage und Ausdehnung erlangen.

Bei der Erstbewertung werden z.B. folgende Methoden angewendet:
- die mechanische Erkundung mittels Schürfen, Bohren oder Sondierung und
- die chemischen und physikalischen Untersuchungen an Grundwasser- oder Bodenluftmeßstellen.

Bei Untersuchungen großräumiger, überbauter Bereiche, in denen mit lokalen Belastungen zu rechnen ist, sind diese Methoden jedoch nur mit Einschränkungen tauglich. Günstig wäre in solchen Fällen die Anwendung geophysikalischer Methoden wie Geomagnetik, Geoelektrik

1.8 Altlasten sanieren

oder auch seismischer Verfahren, mit denen eine zerstörungsfreie Untersuchung des Untergrundes sicher, schneller und kostengünstig erfolgen könnte.

Untersuchungsprogramm Bodenproben

Im Falle eines Altlastenstandortes (Beispiel) könnte das Untersuchungsprogramm für Metalle in Bodenproben wie folgt aussehen:
- Untersuchungen auf ausgewählte Schwermetalle der Klärschlammverordnung (Verschmutzungsindikatoren),
- Blei, Cadmium, Kupfer, Chrom, Nickel, Zink,
  sowie auf einige branchentypische Verunreinigungsindikatoren,
- Kobalt, Arsen, Barium.

1.8.3 Bodenaustausch als Sicherungsverfahren

Eine häufig verwendete Methode der Sanierung von Altlasten ist das Umlagern der verunreinigten Böden auf eine Sondermülldeponie und der ersatzweise Einbau nicht belasteten Bodens (Bodenaustausch). Ziel des Bodenaustausches ist es, unmittelbare Gefahren, die durch Altlasten entstehen können, abzuwenden und dadurch Zeit zu gewinnen für eine evtl. später erfolgende Dekontamination. Der Bodenaustausch stellt die einfachste und schnellste Maßnahme zur Abwehr einer Gefährdung dar.

Bei der *Endlagerung* wird das kontaminierte Material abgegraben, abtransportiert und auf einer Deponie abgelagert. Eine weitere Bearbeitung (z.B. eine Dekontamination) ist somit nicht vorgesehen.

Der Bodenaustausch ist eine Sicherungsmaßnahme, die direkte Gefahren durch Altlasten abwenden soll.

Aufgrund des zunehmend knapper werdenden Deponievolumens steigen bei dieser Methode die Kosten ständig, und außerdem wird so eine Verlagerung des Problems vorgenommen.

Die *Einkapselung* kontaminierter Bodenkörper geschieht durch Umschließung mit Dichtungswänden (z.B. Spundwand), die bis in den undurchlässigen Untergrund geführt werden. Ein weiteres Ausbreiten der Schadstoffe wird so verhindert.

Die Einkapselung ist ein Sicherungsverfahren, das immer dann eingesetzt wird, wenn weitergehende Behandlungstechniken nicht zur Verfügung stehen.

Durch *hydraulische Maßnahmen* kann das Grundwasser beeinflußt werden. Es kann z. B. durch Drainagen und Brunnen an den kontaminierten Bodenteil vorbeigeleitet werden.

Hydraulische Maßnahmen werden meistens in Verbindung mit Einkapselungsverfahren durchgeführt.

Sicherungsverfahren stellen wiederum Maßnahmen zur Gefahrenabwehr dar, wenn das Gefahrenpotential der eingekapselten Schadstoffe nicht durch weitergehende Behandlungstechniken reduziert oder beseitigt werden kann. Die in Bild 1.62 als Barrierensystem aufgeführten Elemente sind Bestandteil des Einkapselungsverfahrens.

1.8.4 In-situ-Verfahren

In-situ-Verfahren sind Sanierungen vor Ort, die ohne Bodenaushub durchgeführt werden, d.h. die Sanierung erfolgt in der Umgebung der Altlast.

Der Vorteil dieses Verfahrens liegt im wesentlichen in einer Kosteneinsparung im Hinblick auf Aushub und Wiedereinlagerung. Allerdings sind genaue Kenntnisse über die Art der Schadstoffe, die bodenmechanischen Eigenschaften und den geologischen Aufbau des Standortuntergrundes erforderlich. Es werden hierbei unterschieden:

```
┌─────────────────────────────────────────────────────────────┐
│                            /\                               │
│                           /  \                              │
│                          /    \                             │
│                         /      \                            │
│                        /        \                           │
│              ┌─────────────────────────┐                    │
│              │ Technische Maßnahmen zur│                    │
│              │ Beseitigung des Gefähr- │                    │
│              │ dungspotentials eines   │                    │
│              │ kontam. Bereichs        │                    │
│              └─────────────────────────┘                    │
│   ║   Umlagerung: ─ ─ ─ ─ ─ ─ ─ ─ ─ ─ ─ ─>   ║            │
│   ║   - Auskoffern                            ║            │
│   ║   - Abtransport und                       ║            │
│   ║   - Deponierung in einer anderen Deponie  ║            │
│   ║                                           ║            │
│   ║   Barrierensystem: ─ ─ ─ ─ ─ ─ ─ ─ ─>     ║            │
│ S ║   - Oberflächenabdichtung                 ║ S          │
│ i ║   - vertikale Bodenabdichtung             ║ i          │
│ c ║   - Untergrundabdichtung                  ║ c          │
│ h ║                                           ║ h          │
│ e ║   Stabilisierungsmaßnahmen als            ║ e          │
│ r ║   - On/Off-site-Verfahren und             ║ r          │
│ u ║   - In-situ-Verfahren                     ║ u          │
│ n ║                                           ║ n          │
│ g ║   Stabilisierung                          ║ g          │
│ s ║   - Verfestigung                          ║ s          │
│ t ║   - chemische Immobilisierung             ║ t          │
│ . ║                                           ║ .          │
│   ║   Hydraulische Maßnahmen ─ ─ ─ ─ ─ ─>     ║            │
│                                                             │
│ ┌─────────────────────────────────────────────────────────┐ │
│ │ Verfestigung: Die im Boden befindl. Schadstoffe werden  │ │
│ │    in ein Verfestigungsmittel eingebettet.              │ │
│ │ chem. Immobilisierung: Die im Boden befindl. Schadstoffe│ │
│ │    werden mit Hilfe chem. Verbindungen in schwerlösliche│ │
│ │    Verbindungen überführt.                              │ │
│ └─────────────────────────────────────────────────────────┘ │
└─────────────────────────────────────────────────────────────┘
```

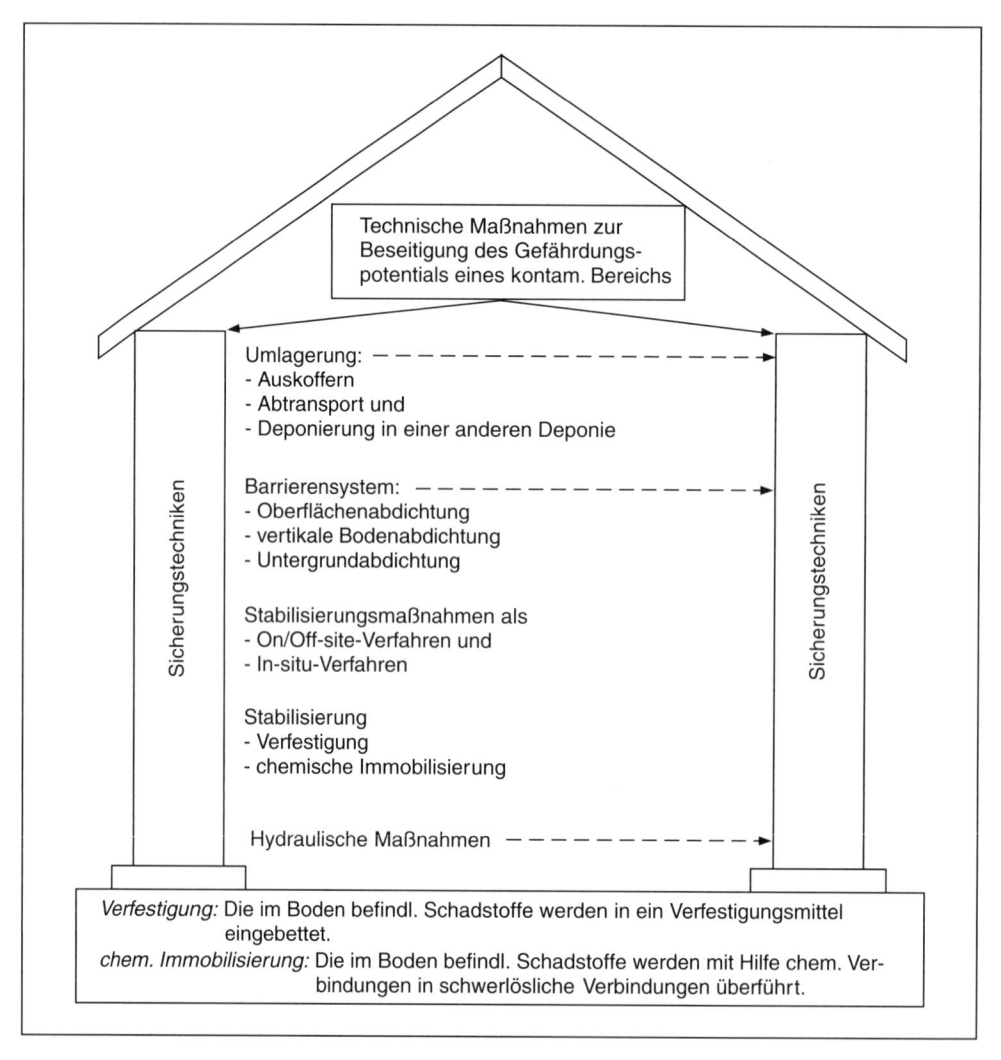

Bild 1.62: Sicherungs- und Sanierungstechniken

- mikrobiologische Behandlung,
- Bodenluftabsaugung,
- chemische Verfahren,
- hydraulische Maßnahmen.

1.8.4.1 Mikrobiologische In-situ-Sanierung (Fallbeispiel von Degussa, Frankfurt: Degussa-RENATox-Verfahren)

Problem: Bodenkontaminationen bestehen oft aus Schadstoffen, die durch die natürlichen mikrobiologischen Abbauvorgänge nur unzureichend beseitigt werden können, wie z.B. Phenole, Cyanide, PAK (polyzyklische oder abbaubare aliphatische Kohlenwasserstoffe). Diese Substanzen können über das Sickerwasser in das Grundwasser und damit in das Trinkwasser gelangen.

1.8 Altlasten sanieren

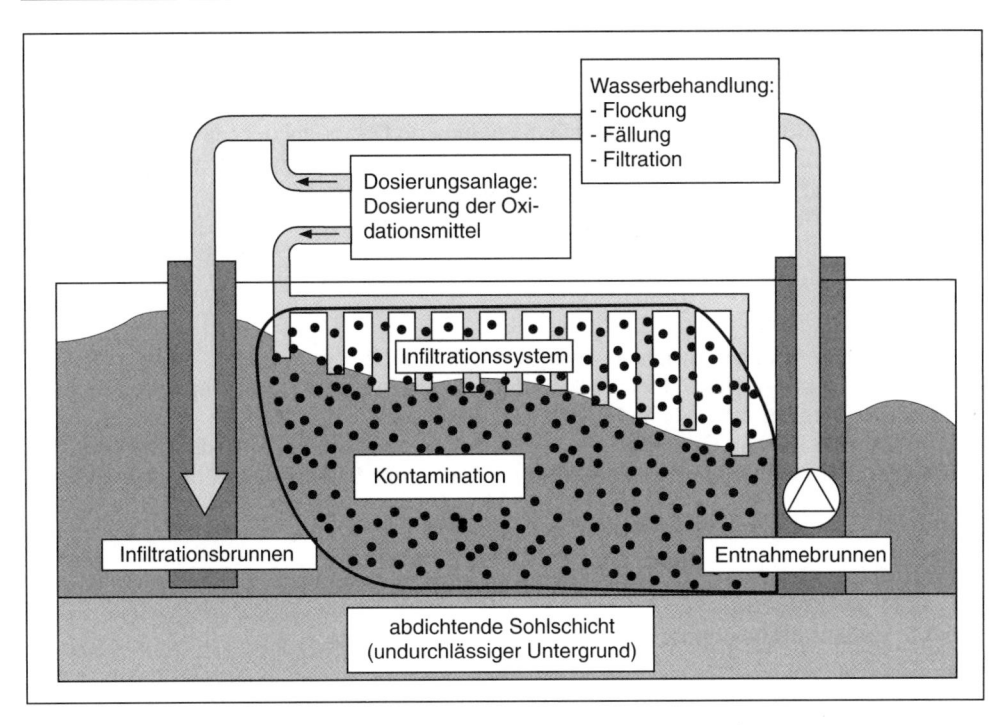

Bild 1.63: Schematische Darstellung über eine mikrobiologische In-situ-Sanierung (Degussa-RENATox-Verfahren)

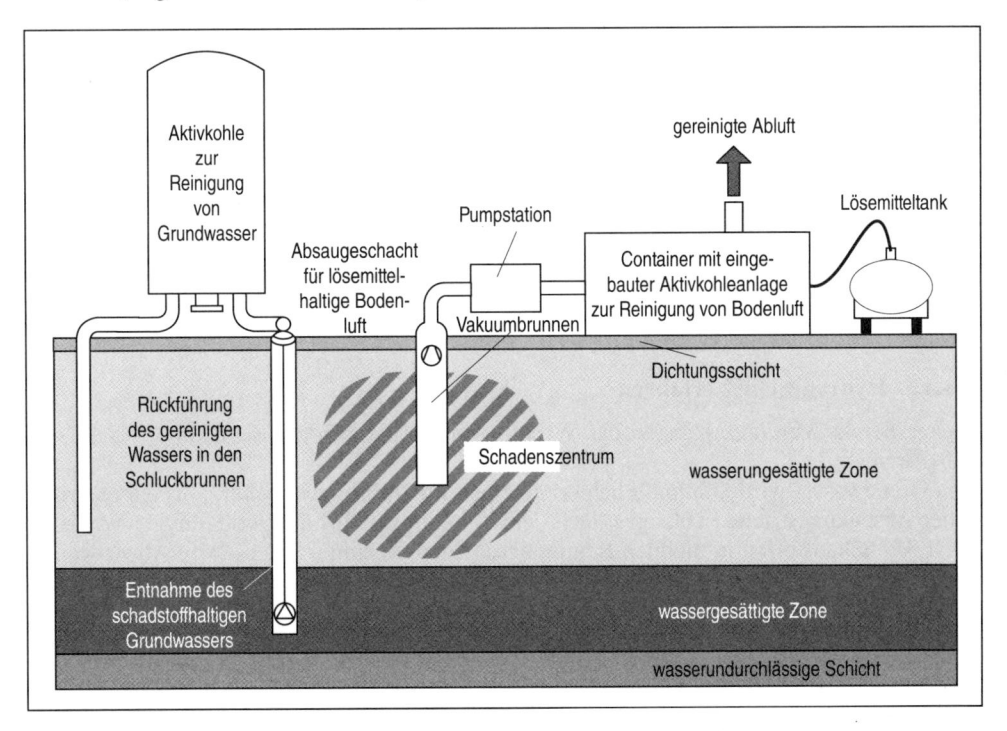

Bild 1.64: Bodensanierungsanlage (Bodensanierung durch Vakuum-Extraktion)

Vorgang (Lösung): Durch das Bodensanierungssystem von Degussa (RENATox-Bodensanierungssystem) werden schwer abbaubare organische Schadstoffe auf oxidativem Weg zerstört. Die erforderlichen Einsatzstoffe werden z.B. über ein Infiltrationssystem (Bild 1.63) direkt in das Schadenszentrum eingebracht. Durch die gesteuerte Dosierung der Einsatzstoffe (Dosierung der Oxidationsmittel) werden die Schadstoffe oxidativ beseitigt oder auch weniger gut abbaubare Stoffe in biologisch gut abbaubare Stoffe umgewandelt.

Die Einsatzstoffe können aber auch mit Hilfe von Druckinjektoren in das Schadenszentrum eingebracht werden. Es ist eine Injektion von mit Nährstoffen (Einsatzstoffen) versetztem Wasser in den Boden (Schadenszentrum).

Vorteil des Verfahrens:
- Beschleunigung des natürlichen Abbaus der Schadstoffe.
- Die Mikroorganismen im Boden werden optimal mit Sauerstoff und Nährstoffen versorgt.
- Es werden umweltverträgliche Einsatzstoffe eingesetzt.
- Der Abbau erfolgt an Ort und Stelle, und es ist kein Auskoffern des Bodens erforderlich.
- Die grundwassergesättigte und ungesättigte Bodenzone kann gleichzeitig behandelt werden.
- Der Bereich ist während der Sanierung nutzbar.

Einsatzgebiete: Sanierung von Tankstellen, Ölraffinerien, Flughäfen, Tankstellen usw.

1.8.4.2 Bodenluftabsaugung

Bild 1.64 verdeutlicht den schematischen Aufbau einer Bodenluftabsaugungsanlage.
In das verunreinigte Erdreich werden Brunnen abgeteuft, die in ihrem unteren Bereich aus geschlitzten Rohren bestehen. Durch Absaugen der Bodenluft entsteht unterhalb einer stauenden Bodenschicht ein Unterdruck, der die leichtflüchtigen Verbindungen (z.B. chlorierte Kohlenwasserstoffe, Benzol, Toluol und Xylol) im Porenraum der ungesättigten Bodenzone in die Gasphase übergehen läßt. Die mit schädlichen Verbindungen beladene Luft wird durch den Brunnenschacht (Bohrschacht) in einen Aktivkohlefilter gesaugt. Im Aktivkohlefilter werden die Schadstoffe adsorbiert, so daß nur gereinigte Luft in die Atmosphäre gelangt. Die belastete Luft wird so z.B. von organischen und anorganischen Schadstoffen gereinigt. Die mit CKWs (Chlorierte Kohlenwasserstoffe) behaftete Aktivkohle wird regeneriert; sie läßt sich somit für einen neuen Einsatz verwenden. Das reine Lösungsmittel (z.B. Trichlorethylen, Perchlorethylen) kann dann der Weiterverwendung zugeführt werden.

Mit der Bodenluftabsaugung können mit Schadstoffen kontaminierte Böden gereinigt werden. Durch die Bodenluftabsaugung wird kontaminierte Luft aus dem Boden abgesaugt.

1.8.4.3 Hydraulische Verfahren

Liegen bereits Verunreinigungen des Wassers vor, bieten sich zur Sanierung hydraulische Verfahren an:
Das Grundwasser wird kontinuierlich durch einen Förderbrunnen gepumpt, bis ein unterirdischer Absenkungstrichter entsteht. Nach dem Abpumpen wird das verunreinigte Wasser je nach den Schadstoffen in mobilen Reinigungsanlagen gereinigt. Das saubere Abwasser läßt sich meist im Abtrennungsbereich verrieseln oder in ein Entwässerungskanalsystem einleiten.

1.8.4.4 Chemische Behandlung

Bei der chemischen Behandlung können Schadstoffe neutralisiert werden, ihre Schadwirkung verringert oder ihre Transporteigenschaften beeinflußt werden. Hierzu werden geeignete

Chemikalien, deren Tauglichkeit zuvor durch Laborversuche getestet werden muß, über dem kontaminierten Boden verteilt. Ein guter Kontakt zwischen den Schadstoffen und den Chemikalien muß jedoch gegeben sein, was besonders von den Bodenkennwerten abhängt. Es ist hier schwer festzustellen, wann die chemische Behandlung beendet werden kann.

1.8.5 Ex-situ-Verfahren

Bei Ex-situ-Verfahren wird das zu behandelnde Material ausgehoben und entweder vor Ort behandelt oder zu einer Bodenreinigungsanlage transportiert und dort behandelt.

1.8.5.1 Einführung

Gemäß Bild 1.58 und Erläuterung zu Bild 1.58 sind Ex-situ-Verfahren zur Bodenreinigung jene Verfahren, bei denen das zu reinigende Material ausgehoben wird und entweder vor Ort (On-site-Verfahren) behandelt oder zu einer speziellen Bodenreinigungsanlage transportiert und dort behandelt wird (Off-site-Verfahren).

Als Ex-situ-Reinigungsverfahren kommen folgende Methoden in Betracht:
- Extraktions- oder Waschverfahren,
- Thermische Behandlungsverfahren,
- Mikrobiologische Bodenreinigung.

Vor jeder Sanierungsmaßnahme müssen Kenntnisse über den in Frage kommenden Standort vorliegen. Diese sind u.a.:
- geologische Verhältnisse, Bodenbeschaffenheit,
- Konzentration und Verteilung der Schadstoffe,
- Infrastrukturbedingungen:
  - verfügbarer Platz,
  - Möglichkeiten von Abwasserleitungen,
  - Energieversorgung.
- Nutzungsanforderungen/Sanierungsziele (zumutbare Restkonzentration der Schadstoffe).

Die Ex-situ-Sanierung beinhaltet folgende Arbeitsschritte:
- Auskoffern des Materials.
- Verladen,
- Transport,
- Behandlung entweder vor Ort in einer speziellen Bodenreinigungsanlage,
- Wiedereinbau des dekontaminierten Erdreichs.

1.8.5.2 Extraktions- oder Waschverfahren

Durch Extraktion werden Schadstoffe in Lösung gebracht und On-site oder Off-site gereinigt. Durch Absieben und Zerkleinern von groben Bestandteilen wird der zu reinigende Boden vorbehandelt und zum Lösen der Schadstoffe mit einem Extraktionsmittel (z.B. Wasser) vermengt. Bild 1.65 zeigt in einem Schema die Behandlung kontaminierter Böden durch Extraktion.

Lurgi-DECONTERRA-Verfahren zur Abtrennung organischer und anorganischer Schadstoffe mit Wasser ohne Zusätze als Extraktions- und Aufschlämmittel (Fallbeispiel von Firma Lurgi, Frankfurt a.M.)

Verfahrensbeschreibung: Der ausgehobene Boden wird vorklassiert und zu einer nachfolgenden Siebung aufgegeben. Die Grobfraktion wird in einer Brecheranlage zerkleinert und einer Attritionstrommel zugeführt. In der rotierenden Attritionstrommel wird durch Energieeintrag der größte Teil der anhaftenden Schadstoffe abgerieben und in einer Flüssigkeit (Wasser) suspendiert und danach an den Feinanteilen des Bodens adsorptiv gebunden. Die benötigte Energie für die Attrition (Reibung) wird auf die Bodenart und den Grad der Kontamination abgestimmt. Es folgt die Absiebung des Trommelaustrages in mehreren Stufen. Die Nachreinigung der unterschiedlichen Fraktionen geschieht durch Zyklonieren, Flotieren oder gravimetrische Sortierung. Die Fraktion (Brechung) 1–20 mm wird also entweder als gereinigtes Endprodukt aus dem Prozeß hergeführt, oder einer gravimetrischen Sortierung unterzogen. Von der Fraktion < 1 mm wird in einem Klassierer die Feinstfraktion ausgeschlämmt und einem Zyklon aufgegeben, dessen Überlauf in einen Eindicker gelangt.

Der Zyklonunterlauf wird zusammen mit der entschlämmten Grobfraktion des Klassierers in die 2. Attritionsstufe eingeleitet und einer weiteren Behandlung unterzogen. Der Austrag der 2. Attritionsstufe gelangt in eine Flotation (Trennung von Substanzen). Der Flotationsabgang enthält das gereinigte Material, das bei einer nachgeschalteten Entwässerung auf eine Restfeuchte von ca. 20 % gebracht wird und vor Ort wieder eingebaut werden kann. Im Schaumaustrag der Flotation sind Schadstoffe konzentriert. Der Flotationsschaumaustrag gelangt in den Eindicker zur Vorentwässerung. Der Eindickerunterlauf wird über eine Entwässerungs-

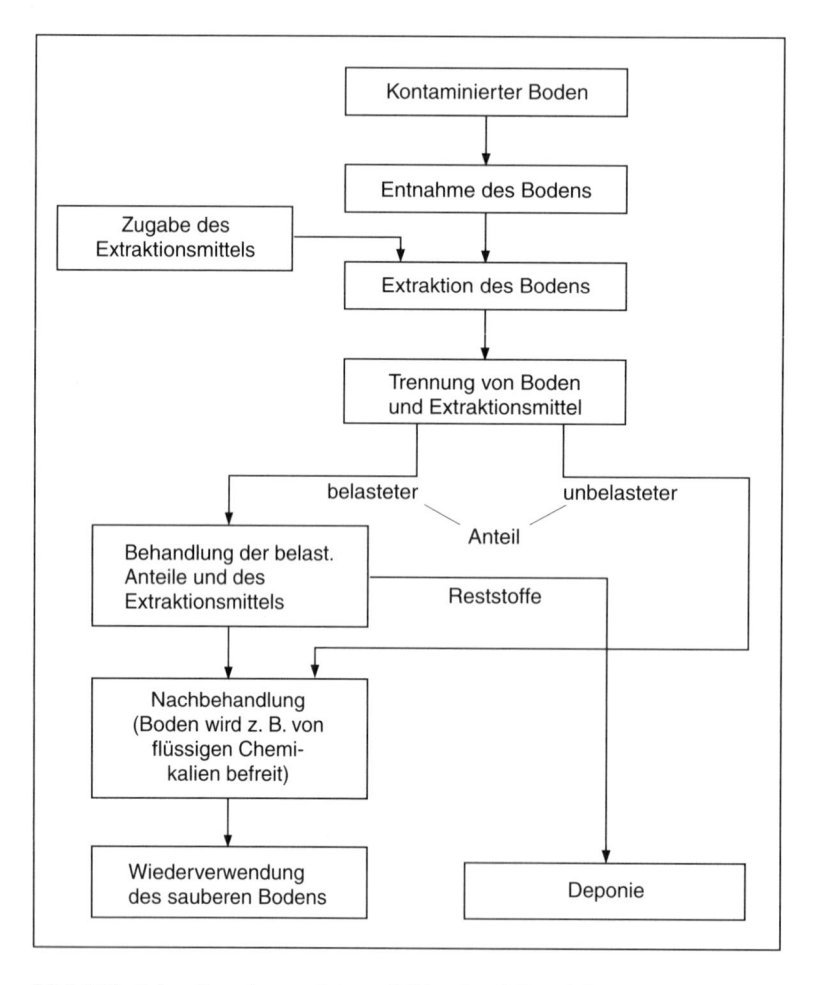

Bild 1.65: Behandlung kontaminierter Böden durch Extraktion

stufe auf ca. 27 % Feuchte gebracht und als Filterkuchen ausgetragen. Die Fraktionen 2 und 3 fallen gemeinsam als Filterkuchen an.

Bild 1.66 zeigt eine mehrstufige naßmechanische Bodenaufbereitung nach dem Lurgi-DECONTERRA-Verfahren zur Abtrennung organischer und anorganischer Schadstoffe mit Wasser ohne Zusätze als Extraktions- und Aufschlämmittel. Das Schadstoffkonzentrat als Leichtgut aus der gravimetrischen Sortierung (Holz, Teerbrocken, Kohle usw.), der Überlauf des Hydrozyklons (Bodenanteile mit adsorbierten Schadstoffen) und Schlamm aus der Flotation können thermisch z.B. im Drehrohrofen behandelt werden.

Unter Flotation versteht man das Sortieren oder Trennen von Substanzen aufgrund ihrer unterschiedlichen Benetzbarkeit. Bild 1.67 zeigt einen schematischen Ablauf der Flotation.

1.8.5.3 Thermische Behandlungsverfahren

Durch die thermische Behandlung des Bodens werden vor allem organische Schadstoffe unter Wärmeeinwirkung zersetzt.

Durch die thermische Behandlung können z.B. alle organischen Schadstoffe beseitigt werden. Nicht ausdampfbare Schwermetalle und deren Verbindungen bleiben dabei zurück. Die in Frage kommende Verfahrenstechnik richtet sich nach den zu verbrennenden Schadstoffen. Vor allen Dingen sind an die Verbrennung kontaminierter Böden folgende Forderungen zu stellen:

- ausreichend hohe Temperaturen zur vollständigen Oxidation der Schadstoffe,
- genügend lange Verbrennungsdauer (Verweilzeit),

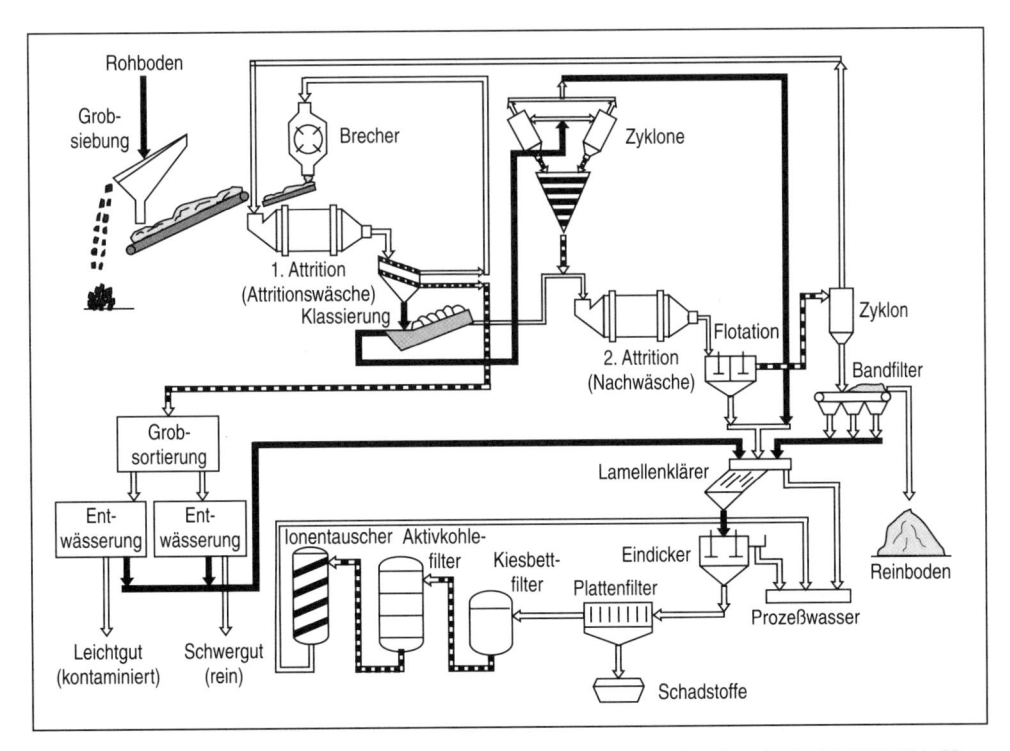

Bild 1.66: Zweistufige naßmechanische Reinigung des Bodens nach dem Lurgi-DECONTERRA-Verfahren

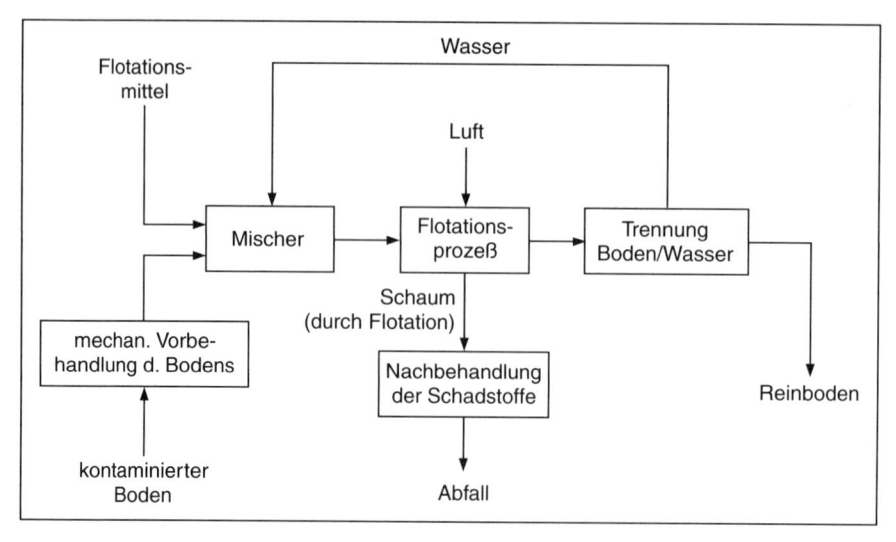

Bild 1.67: Ablaufschema einer Bodenbehandlung durch Flotation

- ausreichende Turbulenz und vollständige Durchmischung der Abfallstoffe mit der Verbrennungsluft,
- chemisch-physikalische Behandlung der gasförmigen Verbrennungsprodukte (Rauchgasreinigung).

Da bei der Altlastensanierung unterschiedliche Materialien mit ständig wechselnden Konzentrationen der Schadstoffe auftreten, muß die Anlage hohe Anforderungen an die Temperatursteuerung, die Verweilzeit und die Rauchgasreinigung erfüllen.
Als Sanierungsaggregate stehen zur Verfügung: Drehrohr-, und Wirbelschichtöfen, sowie Hochtemperaturverbrennungskammern.

1.8.5.4 Mikrobiologische Bodenreinigung

Mikroorganismen bauen bestimmte Schadstoffe ab.
Die mikrobiologische Behandlung beruht auf der Fähigkeit bestimmter Mikroorganismen, Schadstoffe zu CO_2 und H_2O abzubauen. Zu diesem Zweck muß der Boden so hergerichtet werden, daß die Mikroorganismen gute Lebensbedingungen vorfinden. Der Boden muß ausreichend mit Nährstoffen versorgt sein, und es müssen geeignete Temperaturen herrschen. Die benötigten Nährstoffe sind vor allem Stickstoff und Phosphor und in geringen Mengen auch Kalium, Kalzium, Magnesium, Eisen usw. Die Zeitdauer dieser Behandlungsverfahren hängt z.B. von folgenden Faktoren ab:
- aerober oder anaerober Abbauprozeß,
- Schadstoffmenge oder
- einer gewünschten Endkonzentration der Schadstoffe.

Der Abbau findet nach Aufbereitung des Bodens in einem Bioreaktor statt. Im Bioreaktor zerstören die aeroben Abbauvorgänge Cyanide, Nitritverbindungen, einfach-aromatische Verbindungen und leichtflüchtige Chlorkohlenwasserstoffe. Die Sanierungszeiten bewegen sich zwischen mehreren Monaten (z.B. für Benzol und Xylol) und mehreren Jahren (für aromatische Verbindungen). Zeitvorgaben sind jedoch schwierig zu treffen, da die Heterogenität der Böden maßgeblichen Einfluß auf den biologischen Abbau hat.

1.8.5.5 On-site-Verfahren

Beim On-site-Verfahren wird in unmittelbarer Nähe der Altlast eine meist mobile Reinigungsanlage aufgebaut, durch die das zu reinigende Material geschickt wird. Bei diesem Verfahren erfolgt also die Sanierung am verunreinigten Standort selbst.
Vorgang: Die Schadstoffe werden im Boden gebunden, in dem sie mit Hilfe chemischer Prozesse in schwerlösliche Verbindungen überführt oder durch Verfestigungsmittel fixiert werden.

1.8.6 Rechtsvorschriftliche Belange

Neben den technischen Aspekten bilden die rechtsvorschriftlichen Unsicherheiten ein wesentliches Hindernis bei der Sanierung von Altlasten. Worin bestehen nun diese Unsicherheiten?

Es mangelt nach wie vor an einer bundeseinheitlichen Gesetzgebung:
- es fehlen z.B. Entscheidungen darüber, welche Restbelastungen nach erfolgter Sanierung als hinnehmbar gelten,
- es bestehen Unsicherheiten bei der Bewertung des Gefahrenpotentials im Zusammenhang mit der Frage, ob eine Sanierung erforderlich ist,
- es mangelt noch immer an einer rechtsverbindlichen, bundeseinheitlichen Definierung des Begriffes „Altlasten" selbst und somit an der Grundlage einer einheitlichen, auf Gleichbehandlung der Betroffenen ausgelegten Erhebung von Verdachtsflächen in den Bundesländern und
- es fehlen in vielen Fällen spezialgesetzliche Regelungen aufgrund derer eine Sanierung behördlicherseits angeordnet werden könnte.

Die Behörde hat nun folgende Möglichkeiten, die Sanierung einer Bodenverunreinigung zu fordern:
- Bei Bodenverunreinigungen, die durch Industrieanlagen, bzw. allgemein durch Anlagen entstanden sind, in denen mit wassergefährdenden Stoffen umgegangen wird, kann eine Sanierung aufgrund § 22 WHG bzw. aufgrund des allgemeinen Polizei- und Ordnungsrechts (POR) angeordnet werden.
- Wenn aufgrund entsprechender Untersuchungen festgestellt wird, daß eine konkrete Gefahr für die öffentliche Sicherheit und Ordnung besteht; es stellt sich hier die Frage, wer für die Kosten einer Sanierung aufzukommen hat.

Grundsätzlich gilt, daß derjenige für eine Sanierung in Anspruch genommen werden kann, der für eine Störung verantwortlich ist.

Der Gesetzgeber unterscheidet dabei zwischen:
- *Zustandsverantwortlichkeit* (= Zustandsstörer), d.h. demjenigen, der die tatsächliche Gewalt über eine Sache hat, also dem Grundstückseigentümer, Mieter oder Pächter.
- *Verhaltensverantwortlichkeit* (= Handlungsstörer), d.h. demjenigen, durch dessen Tun oder Unterlassen eine Gefahr verursacht wurde.

In beiden Fällen ist die Verantwortlichkeit verschuldensunabhängig. Kommen mehrere Verantwortliche für eine Gefahrenabwehr in Betracht, liegt es im Ermessen der Behörde, wen sie als Verantwortlichen für die Sanierung heranzieht. Nach § 459 Abs. 1 BGB haftet der Verkäufer dem Käufer dafür, daß die verkaufte Sache nicht mit Fehler behaftet ist. Ein Grundstück, das mit Schadstoffen belastet ist, weist einen Fehler im Sinne des Paragraphen auf. Eine Inanspruchnahme des Verkäufers scheitert bei Grundstückverkäufen häufig an der kurzen Verjährungsfrist. Die Gewährleistungsansprüche verjähren nämlich bereits nach einem

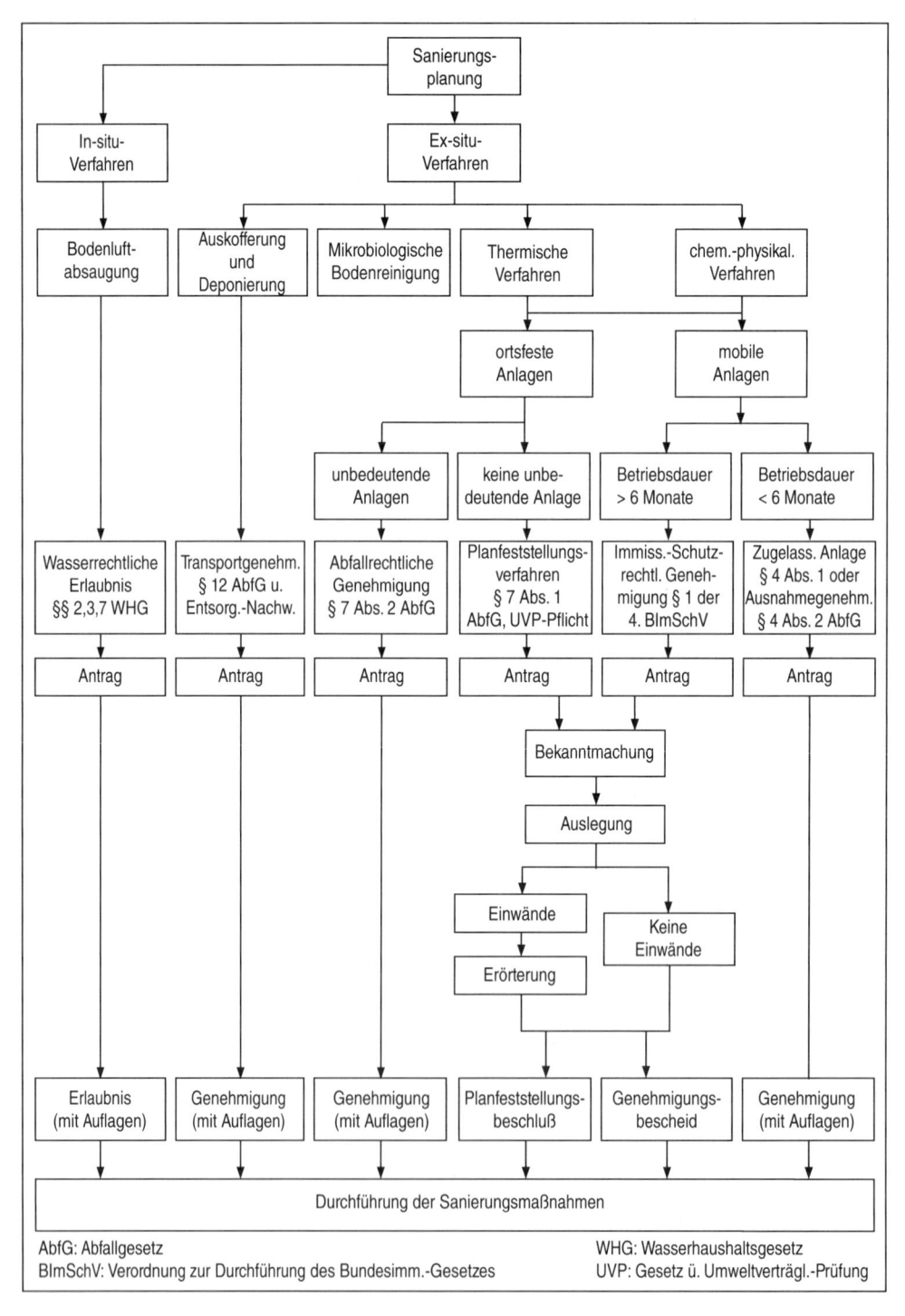

Bild 1.68: Verfahrensschema für eine behördliche Genehmigung von Sanierungsmaßnahmen

AbfG: Abfallgesetz
BImSchV: Verordnung zur Durchführung des Bundesimm.-Gesetzes
WHG: Wasserhaushaltsgesetz
UVP: Gesetz ü. Umweltverträgl.-Prüfung

Jahr nach der Übergabe des Grundstückes. Ein weiterer Aspekt, der bei der Planung von Sanierungsmaßnahmen zu berücksichtigen ist, ist der genehmigungsrechtliche. Dieser ist verknüpft mit der Art des gewählten Sanierungsverfahrens (Bild 1.68).
Wird das verunreinigte Erdreich bei der Sanierung z.B. nicht ausgebaggert (ausgekoffert), wird also eine „in situ"-Sanierung durchgeführt, handelt es sich nach geltendem Recht bei dem zu sanierenden Erdreich nicht um Abfall, da gemäß § 1 Abs. 1 AbfG nur bewegliche Sachen als Abfall gelten. In diesem Fall genügt für Errichtung und Betrieb der Sanierungsanlagen eine wasserrechtliche Erlaubnis. Zum Abfall wird das verunreinigte Erdreich, wenn es ausgebaggert wird. Wird eine Sanierung „ex situ" (on site oder off site) durchgeführt und erweist sich die Errichtung einer Behandlungsanlage als erforderlich, so gilt diese Anlage somit formell als Abfallbehandlungsanlage. In diesem Fall muß entschieden werden, ob die Anlage als ortsfest oder als mobil einzustufen ist. Denn eine ortsfeste Anlage bedarf entweder einer Genehmigung nach § 7 Abs. 2 AbfG oder einer Planfeststellung nach § 7 Abs. 1 AbfG. Bei mobilen Behandlungsanlagen ist wiederum die Betriebsdauer von Bedeutung, da bei mehrfacher Belegung eines Standortes oder bei einer Betriebsdauer von mehr als sechs Monaten die Anlage einer immissionsschutzrechtlichen Genehmigung bedarf. (§ 1 der BImSchV, in Verbindung mit Nr. 8.1 des Anhangs der 4. BImSchV und § 10 BImSchG).
Erfolgt die Durchführung der Sanierung von verunreinigtem Erdreich oder von Rückständen aus Behandlungsanlagen in einer Sondermülldeponie, so unterliegt das Einsammeln, die Zwischenlagerung, der Transport und die Deponierung dem Abfallrecht und ist somit genehmigungspflichtig.

Wiederholungsfragen zu Kapitel 1

1. Nennen Sie unterschiedliche Abfallarten!
2. Welche Zielsetzung hat sich die Bundesregierung gesetzt, um eine Abkehr von der Wegwerfgesellschaft zu erreichen?
3. Beschreiben Sie die thermische Behandlung von Abfällen!
4. Wie entsteht Klärschlamm?
5. Was wissen Sie über das SCR-Verfahren?
6. Was verstehen Sie unter Rauchgasentstaubung bei der Kohleverbrennung?
7. Wie erfolgt eine Rauchgasreinigung?
8. Welche hauptsächlichen Verfahrensprinzipien der Pyrolyse gibt es?
9. Wie arbeitet ein Wirbelschichtreaktor?
10. Was wird in einem Zyklon abgeschieden?
11. Was bewirkt man mit einer zirkulierenden Wirbelschichtfeuerung?
12. Welche Vorteile sind beim Schwelbrennverfahren zu erwarten?
13. Wozu dient die Sonderabfallverbrennung?
14. Wie entsteht Deponiegas und woraus besteht das Gas?
15. Welche Anforderungen sind an ein Deponiebasisabdichtungssystem zu stellen?
16. Definieren Sie kurz den Begriff „Deponiebetrieb"!
17. Was verstehen Sie unter „Kompostierung"?
18. Welche Anwendung findet der Kompost?
19. Welche Arten des Recyclings kennen Sie?
20. Erläutern Sie die Vorteile des Recyclings!
21. Gibt es auch Grenzen des Recyclings?
22. Bei welchen Merkmalen kann von einer Altlastenerkennung ausgegangen werden?
23. Wie können Sie Verdachtsflächen bewerten und erfassen?
24. Was wird mit dem Einkapselungsverfahren bezweckt und wie erfolgt die Einkapselung?
25. Beschreiben Sie das Ex-situ-Verfahren!

2 Umgang mit Abwasser

2.1 Einführung

Die Bedeutung des Lebenselementes Wasser für die Existenz des Menschen besonders herauszustellen, hieß Eulen nach Athen tragen.
Wasser als Lebens- und Produktionsmittel, als Lebensraum für Pflanzen und Tiere, als Erholungs- und Heilfaktor, als Külstoff und Ernährungsquelle greift tief in alle Lebensbereiche ein.
Wasser als Grundnahrungsmittel hat im Rahmen der toxikologischen Gesamtsituation des Menschen eine überragende Bedeutung. Denn Schadstoffe, die über die Umweltbelastung in das Trinkwasser gelangen erreichen alle Bevölkerungsschichten. Wasser ist also ein unentbehrliches Gut. Die Bundesregierung mißt daher unter den vielfältigen Aufgaben des Umweltschutzes dem Gewässerschutz besondere Bedeutung bei. Sie unternimmt jede Anstrengung, um durch wirksamen Gewässerschutz *Trinkwasser* von hoher Güte zu sichern.

Beispiel Wasserverbrauch in den Haushalten: Aus den Wasserleitungen der Haushalte kommt Wasser von Trinkwasserqualität; wobei als Trinkwasser aber nur der geringste Teil wie folgt genutzt wird:

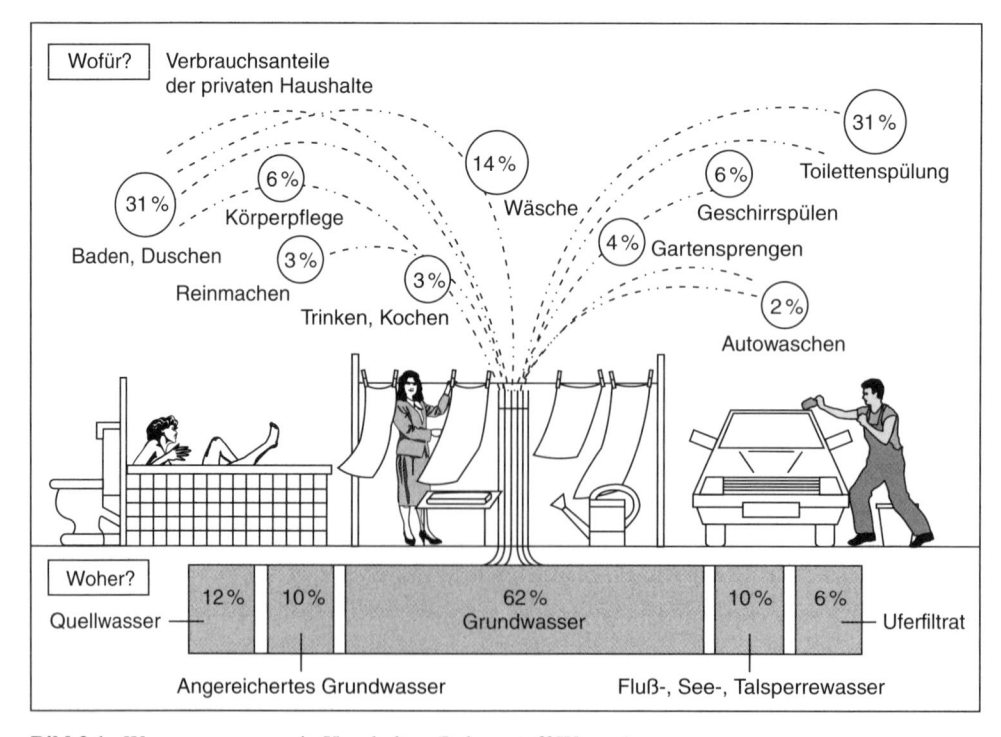

Bild 2.1: Wasserversorgung in Haushalten (Lebensstoff Wasser)

2.1 Einführung

- Baden, Duschen 31 %,
- Toilettenspülung 31 %,
- Wäsche 14 %,
- Geschirrspülen 6 %,
- Körperpflege 6 %,
- Gartensprengen 4 %,
- Trinken 3 %,
- Reinemachen 3 %,
- Autowaschen 2 %.

In Bild 2.1 wird der Lebensstoff Wasser, bezogen auf die Haushalte, nochmals dargestellt.

Mit allem Nachdruck arbeitet die Bundesregierung gemeinsam mit den Ländern darauf hin, den Eintrag problematischer Stoffe in Flüsse und Meere und in das Grundwasser zu vermeiden oder erheblich zu vermindern. Denn Oberflächenwasser und Grundwasser sind in weiten Bereichen mit Nitrat und Pestiziden aus der Landwirtschaft, durch Leckagen aus städtischen und industriellen Wasser- und Abwassersystemen, aus Kläranlagen und Mülldeponien belastet. Vor allem auch schwer abbaubare Kohlenwasserstoffe stellen heute eine große Gefahr für unsere Grund- und Oberflächengewässer dar.

Die besondere Gefährlichkeit dieser Stoffe ergibt sich aus ihrer Langlebigkeit. Sie reichern sich zudem in lebendem Gewebe an. Selbst geringe Schadstoffmengen stellen somit auf längere Sicht eine große Bedrohung für die Gesundheit des Menschen und die Funktionsfähigkeit der ökologischen Kreisläufe dar.

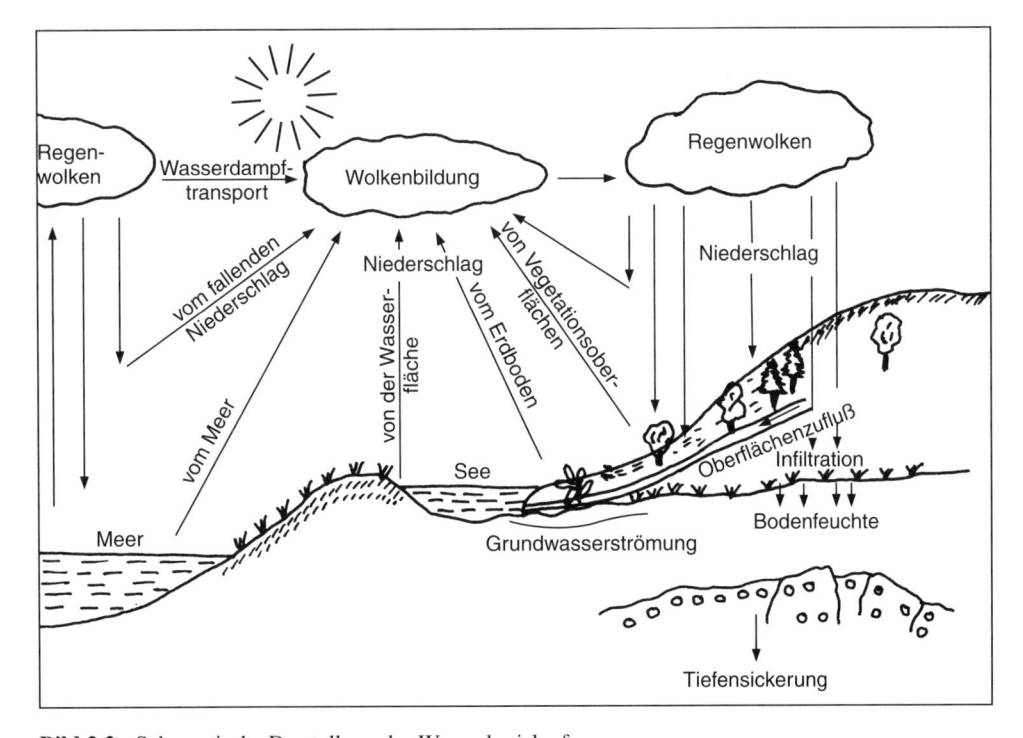

Bild 2.2: Schematische Darstellung des Wasserkreislaufes

2.1.1 Wasserkreislauf

Das Wasser ist also neben Boden und Luft eines der wichtigsten Medien der Natur. Für sehr viele Organismen ist Wasser sogar „Lebensraum". Es wird für physiologische Prozesse benötigt und ist Ernährungsgrundlage für Lebewesen, die mit ihm in vielfältiger Beziehung stehen. In konstanter Menge befindet es sich ständig in Kreisläufen, wie Verdunstung, Kondensation, Niederschlag und Abfluß (Bild 2.2 zeigt den Kreislauf des Wassers).
Die Verteilung von Niederschlägen, Wasserständen und Wasserqualität sind mitbestimmend für Existenz, Form und Vielfalt von Flora und Fauna; sie beeinflussen Boden und Klima.
Jede Wasserentnahme verändert den Kreislauf. Sie hat daher direkte Wirkungen, wie die *Absenkung der Grundwasseroberfläche* bzw. die Verringerung des Wasserstandes und des Abflusses in Flüsse und Seen. Wegen den engen hydraulischen Beziehungen zwischen Oberflächen- und *Grundwasser* ergeben sich bei Wasserentnahme auch Wechselwirkungen. Die Tragweite der Folgen hängt wesentlich davon ab, wieviel Wasser entnommen wird.

Eine Wasserentnahme fhat oftmals schwerwiegendee Folgen (z.B. Absenkung der Grundwasseroberfläche).

2.1.2 Grund- und Oberflächenwasser

2.1.2.1 Grundwasser

Grundwasser ist ein unterirdisches Wasser, das Hohlräume der Erdrinde zusammenhängend ausfüllt und sich unter dem Einfluß der Schwerkraft bewegt.

Seit jeher gilt in Mitteleuropa das Grundwasser als eine wichtige Versorgungsquelle für den Menschen. Es besitzt in der Regel von Natur aus die Qualitätseigenschaften, die das Trinkwasser haben soll.
Entgegen einer bis vor wenigen Jahrzehnten noch herrschenden falschen Vorstellung stellt das Grundwasser keinen unerschöpflichen Wasserschatz unter der Erdoberfläche dar. Vielmehr steht es ebenso im Kreislauf des Wassers wie das Oberflächenwasser. Ohne die unterirdische Speisung der Flüsse und Seen durch das Grundwasser würden viele Gewässer in manchen Sommern austrocknen. Ohne das zum Meer fließende Grundwasser würde an der Meeresküste Salzwasser in den Untergrund des Festlandes eindringen. Was z.B. dem Grundwasser entnommen, verbraucht und als Abwasser in die Flüsse und damit in das Meer entlassen wird, erhöht nicht den Umsatz. Auf dem Ozean verdunstet deshalb nicht mehr Wasser, lediglich der Grundwasserspiegel wird gesenkt. Damit wird dramatisch der komplexe Stoffaustausch im Erdreich und eine Vielzahl kleiner Kreislaufprozesse zwischen Boden, Pflanzen, Tierwelt, Klima beeinflußt und somit auch unser eigenes Wohlergehen betroffen.

Eine verstärkte Grundwasserentnahme führt nicht zu einer entsprechenden Beschleunigung des Wasserkreislaufs, sondern zu einer Grundwasserabsenkung.

Wie kommt es nun zur Bildung von neuem Grundwasser? Von den Niederschlägen ver- sickert je nach Oberflächenbeschaffenheit und Pflanzendecke ein Teil in den Boden, d.h. in die oberste, vom Wurzelwerk der Pflanzen durchsetzte Erdschicht. Ist diese Schicht wassergesättigt, dringt das Wasser tiefer ein und wird dann zum Grundwasser, das sich über einer wasserundurchlässigen Schicht staut.
Grundwasser bildet in der Tiefe also einen zusammenhängenden Wasserkörper und folgt wie ein Fluß der Schwerkraft. Über dem Grundwasser bildet sich der sog. Kapillarsaum, in dem das Wasser in den feinen Bodenröhrchen entgegen der Schwerkraft aufsteigt. Der *Grundwasserspiegel* bildet sich z.B., wenn ein Brunnen weit genug abgeteuft wurde. Der Wasserspiegel steigt nach Niederschlägen wie bei einem Fluß, nur viel langsamer; ebenso fällt er bei längerer Trockenheit mit Verzögerung.

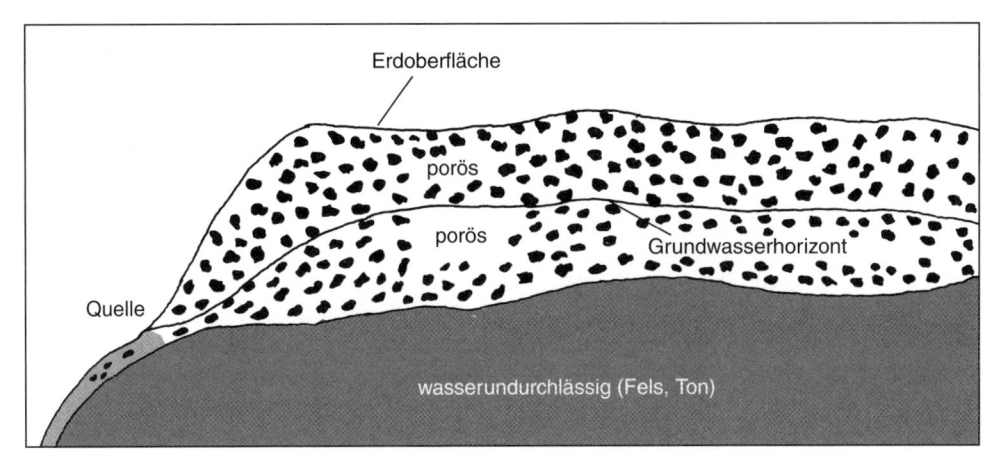

Bild 2.3: Schichtquelle

Das Grundwasser stellt im Wechsel feuchter und trockener Jahreszeiten einen guten Wasserspeicher dar, da der unterirdische Abfluß sehr verzögert ist.
Wenn Grundwasser an der Erdoberfläche austritt, spricht man von einer Quelle (Bild 2.3). Je nach den geologischen und hydrologischen Gegebenheiten gibt es zahlreiche unterschiedliche Quellentypen.
Quellwasser, das dem Grundwasser zuzurechnen ist, wird meist in den Mittelgebirgen und im Alpengebiet zur Versorgung kleinerer Gemeinden und Städte genutzt.
Quellwasser fällt in unterschiedlichen Mengen an, es deckt deshalb eigentlich nur Teilbereiche des Verbrauchs ab. Reichtum oder Armut einer Gegend an Grundwasser hängt neben der Menge an Niederschlägen hauptsächlich von der Art der Oberflächenbepflanzung ab.
Durch fortschreitende Bebauung kann immer weniger Niederschlagswasser in den Untergrund eindringen. Man spricht hier von der *Versiegelung des Bodens.* Regional wird der *Grundwasserhaushalt* auch durch Bergbau und Tieftagebau gestört.

2.1.2.2 Oberflächenwasser

Oberflächenwasser ist Wasser aus Oberflächengewässern, wie z.B. Wasser in Seen und Flüssen. Als Oberflächenwasser bezeichnet man auch das von befestigten Oberflächen ohne Kanalisation abfließende Niederschlagswasser. Dieses ist in der Regel verschmutzt. Der Verschmutzungsgrad wächst mit der Dauer der Trockenperioden, dem Grad der Luftverschmutzung (Staub, Schwermetalle u.a.) und der Intensität der Flächennutzung.
Bei der Gewinnung von *Oberflächenwasser* ist also eine gründliche Voruntersuchung im Hinblick auf Menge und Qualität notwendig. Die Wasserqualität spielt bei der Gewinnung von Oberflächenwasser eine besondere Rolle. Auch ist es wichtig, die unterschiedlichen Nutzungsansprüche – wie z.B. das Einleiten von Abwässern aus Industrie und Haushalten, Fischereiwirtschaft, Verkehr, usw. – miteinander zu vereinbaren.

2.2 Abwasser, Abwasserbehandlung und Abwasserreinigung

2.2.1 Abwasser

Im natürlichen Wasserkreislauf verdunstet das Wasser aus den Meeren, den Gewässern und Pflanzen. Das Wasser regnet wieder herab und fließt teilweise erneut den Bächen, Flüssen und

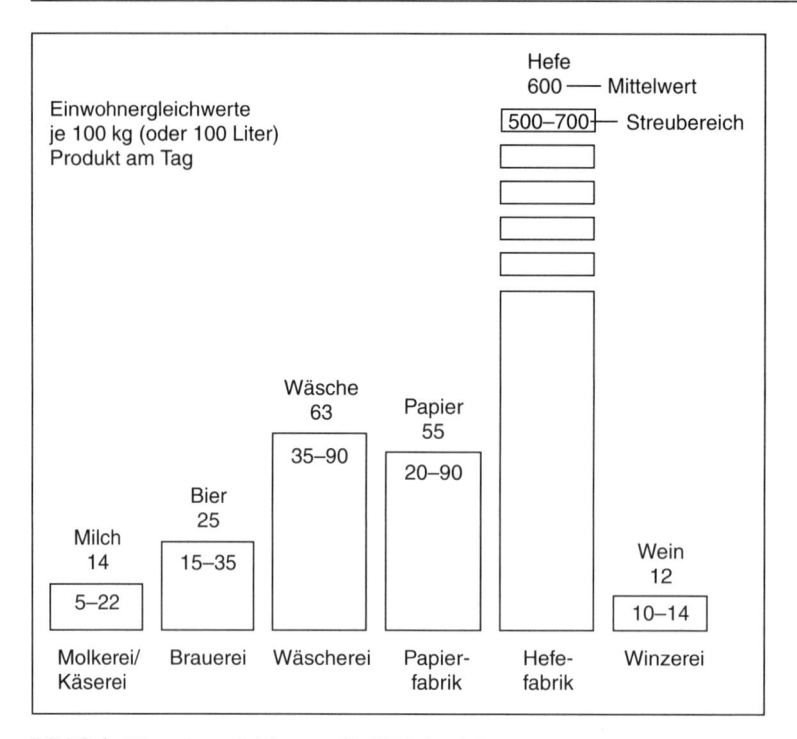

Bild 2.4: Einwohnergleichwerte für Kleinbetriebe

Meeren zu. Wo aber der Mensch in diesen Kreislauf eingreift, nutzt er das Wasser und verschmutzt es. So entsteht dann *Abwasser*. ***Nach der gültigen Definition ist Abwasser das nach Gebrauch verändert abfließende Schmutzwasser, aber auch Regenwasser, das von den bebauten und befestigten Flächen, also von Dächern und Straßen, abläuft und in die Kanalisation gelangt.*** Es gibt z.B. Abwasser aus privaten Haushalten und gewerblichen Betrieben. Diese unterscheiden sich meist sehr wesentlich. Aus den Haushalten, aus öffentlichen Gebäuden und Kleinbetrieben kommen vor allem Wasch-, Bade-, Spül- und Fäkalabwasser. Gewerbe- und Industriebetriebe liefern Schmutzwasser, das bei der Rohstoffgewinnung und bei der Herstellung von Produkten entsteht. Industrielle Kühlprozesse steuern schließlich noch unverschmutztes, aber erwärmtes Wasser bei.

Um ein Maß für die unterschiedlichen mit Schmutz belasteten Abwässer zu schaffen, hat man den *Einwohnergleichwert* eingeführt. Er entspricht der Menge an leicht abbaubaren Substanzen, die ein Mensch pro Tag durchschnittlich ins Abwasser gibt und für deren biologischen Abbau 60g Sauerstoff benötigt werden. Bild 2.4 zeigt einige Beispiele über Einwohnergleichwerte bezogen auf Kleinbetriebe.

Jahrhunderte hindurch hat man das Abwasser im Boden versickern lassen oder in die fließenden Gewässer abgeleitet und der natürlichen Selbstreinigung des Wassers vertraut. Bei der heutigen Besiedlungsdichte wären die Gewässer jedoch weit überfordert. Aus den Haushalten der Bundesrepublik Deutschland fallen pro Tag 9,2 Millionen m^3 Abwasser an. Aus den öffentlichen Einrichtungen fließen 1,6 Millionen m^3 ab. Industrie und Gewerbe liefern 29,5 Millionen m^3 Abwasser und die Kraftwerke 48,3 Millionen m^3 Kühlwasser pro Tag. Diese großen Abwassermengen müssen in fachgerecht gebauten Kanalisationen gesammelt und in ausreichend bemessenen Kläranlagen gereinigt werden. Ziel dieser Maßnahme ist es, einen wirksamen Schutz der Gewässer und damit des Menschen zu gewährleisten.

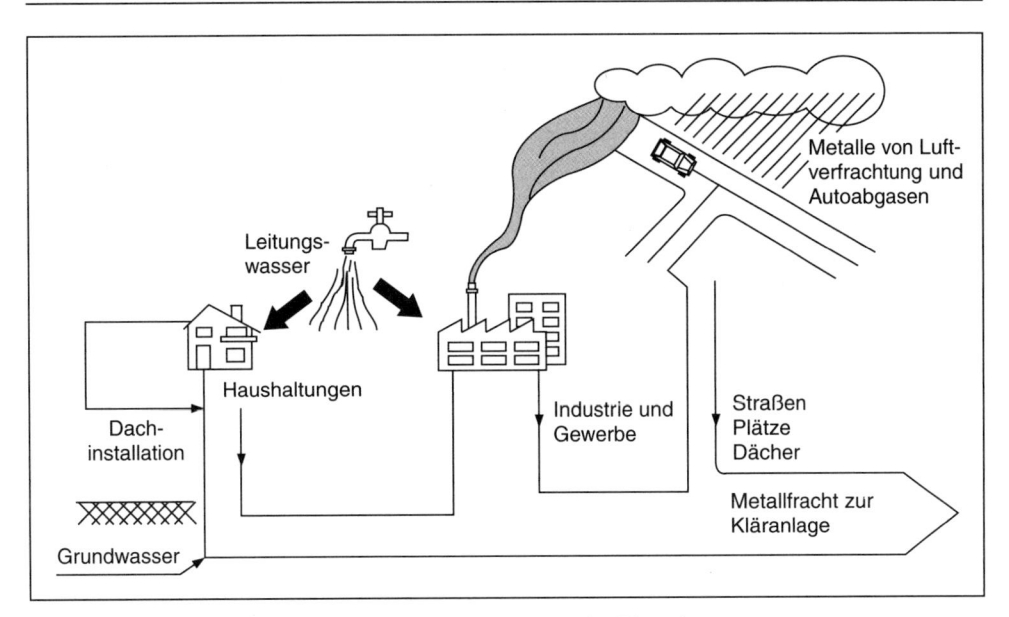

Bild 2.5: Herkunft der Schwermetalle im Zulauf kommunaler Kläranlagen

Abfall gehört beispielsweise nicht ins Abwasser. Dennoch leiten viele Haushalte immer noch Müll in die Kanalisation! Speisereste, Zigarettenkippen, Katzenstreu sind nur einige der Abfallstoffe, die in die Mülltonne gehören. Denn diese Stoffe können nur mit großem Aufwand aus dem Abwasser wieder herausgeholt und beseitigt werden.

2.2.1.1 Schwermetalle im kommunalen Abwasser

Metalle mit einer Dichte von größer 5g/cm3 werden Schwermetalle genannt.

Im kommunalen Abwasser sind die Schwermetalle *Quecksilber, Cadmium, Kupfer, Zink, Nickel, Chrom* und *Blei* als Schadstoffe von besonderer Bedeutung. In Einzelfällen spielen auch Elemente wie Arsen, Zinn, Silber, Kobalt, Antimon, Molybdän, Vanadium usw. als Schadstoffe im kommunalen Abwasser eine Rolle. Auch Eisen und Mangan gehören zu den im Abwasser vorkommenden Schwermetallen. Letztere sind hinsichtlich der Abwasserbehandlung als toxikologisch unbedenklich zu bezeichnen. Schwermetalle sind im kommunalen Abwasser in ungelöster oder gelöster Form enthalten. Schwermetallbelastungen sind hauptsächlich auf Abwassereinleitungen aus Haushalten, Industrie- und Gewerbebetrieben sowie auf metallhaltige Abwässer aus Metallhütten usw. zurückzuführen. Bild 2.5 zeigt einige Beispiele zur Herkunft der Schwermetalle (im Zulauf kommunaler Kläranlagen).

Schwermetalle sind in geringen Mengen (Spurenelemente wie z.B. Kupfer, Zink, Mangan) lebensnotwendig, wirken aber in höheren Konzentrationen giftig auf Mensch, Tier und Pflanze (führen z.B. zu Stoffwechselstörungen in Organismen). Schwermetalle treten z.B. im häuslichen Abwasser in Konzentrationen auf, die im Normalfall zu keiner Störung der biologischen Abwasserreinigung führen.

Dem häuslichen Abwasser ist auch Abwasser aus dem Kleingewerbe zuzurechnen (z.B. Tankstellen, Arztpraxen, Einzelhandel, Werkstätten, Wäschereien), das in Wohngebieten angesiedelt ist. Verglichen mit häuslichem Abwasser enthält gewerbliches Abwasser Schwermetalle in deutlich höheren Konzentrationen. Für schwermetallhaltiges gewerbliches Abwasser kommen u.a. folgende Branchen in Betracht:

Tabelle 2.1: Allgemeine Richtwerte für die Einleitung von Schwermetallen (gelöst und ungelöst) in öffentlichen Abwasseranlagen nach A 115 der ATV (Abwassertechnische Vereinigung)

Schwermetall	zulässige Konzentration (mg/l)
Blei (Pb)	2
Cadmium (Cd)	0,5
Chrom (Cr)	3
Kupfer (Cu)	2
Nickel (Ni)	3
Quecksilber (Hg)	0,05
Zink (Zn)	5

- Betriebe der Metallherstellung, Hütten- u. Umschmelzwerke, Halbzeughersteller,
- Fahrzeughersteller, Maschinenbaubetriebe, Betriebe aus dem Bereich der Elektrotechnik,
- Galvanisierbetriebe, Beizereien u. dgl.,
- Textilbetriebe und Lederfabriken,
- Lackierereien, Betriebe der Glasherstellung und -verarbeitung,
- Batteriehersteller.

Für schwermetallhaltiges gewerbliches Abwasser, das in eine öffentliche Abwasseranlage eingeleitet wird, gelten nach dem Arbeitsblatt A 115 der ATV folgende Schwermetallkonzentrationen (vgl. Tabelle 2.1).

2.2.2 Abwasserbehandlung

Unser lebenswichtigster Rohstoff **Wasser** enthält in seiner natürlichen Zusammensetzung gelöste Gase wie Sauerstoff und Kohlendioxid, Salze – z.B. Härtebildner – und je nach Ursprung eine gewisse Anzahl an Spurenelementen. Für bestimmte Fälle muß somit Wasser verändert (aufbereitet) werden. Des öfteren hat man es auch mit dem umgekehrten Fall zu tun. Als Prozeß- oder Arbeitsmedium benutztes Wasser ist in seiner Zusammensetzung so verändert, das es nicht ohne entsprechende Behandlung in den Naturkreislauf zurückgelangen darf. Die in gelöster Form oder als ungelöste Schwebestoffe vorhandenen Fremdkörper müssen je nach Art entfernt oder unschädlich gemacht werden.

2.2.2.1 Maßnahmen bei der Abwasserbehandlung bei Gewerbe- und Industriebetrieben.

Die Abwasserbehandlung bei Gewerbe- und Industriebetrieben hat zum Ziel, Menge und Schädlichkeit des anfallenden Abwassers zu verringern. Dies ist bei Indirekteinleitern z.B. eine Vorbehandlung des Abwassers vor der Reinigung in der kommunalen Kläranlage. Eine Abwasserbehandlung wird vor Einleiten in die kommunale Kläranlage im wesentlichen aus folgenden Gründen durchgeführt:

- Gewässerschutz durch Entlastung der Kläranlage unter Einhaltung der Grenzwerte wasserrechtlicher Regelungen.
- Erfüllung der wasserrechtlichen Forderungen einer Separatreinigung von Abwasserteilströmen.
- Verminderung der Kosten der Wasserversorgung und für Abwasserreinigung durch Kreislaufführung intern behandelten Rohabwassers.

Bild 2.6 zeigt ein Ablaufschema einer Abwasserbehandlung

2.2 Abwasser, Abwasserbehandlung und Abwasserreinigung

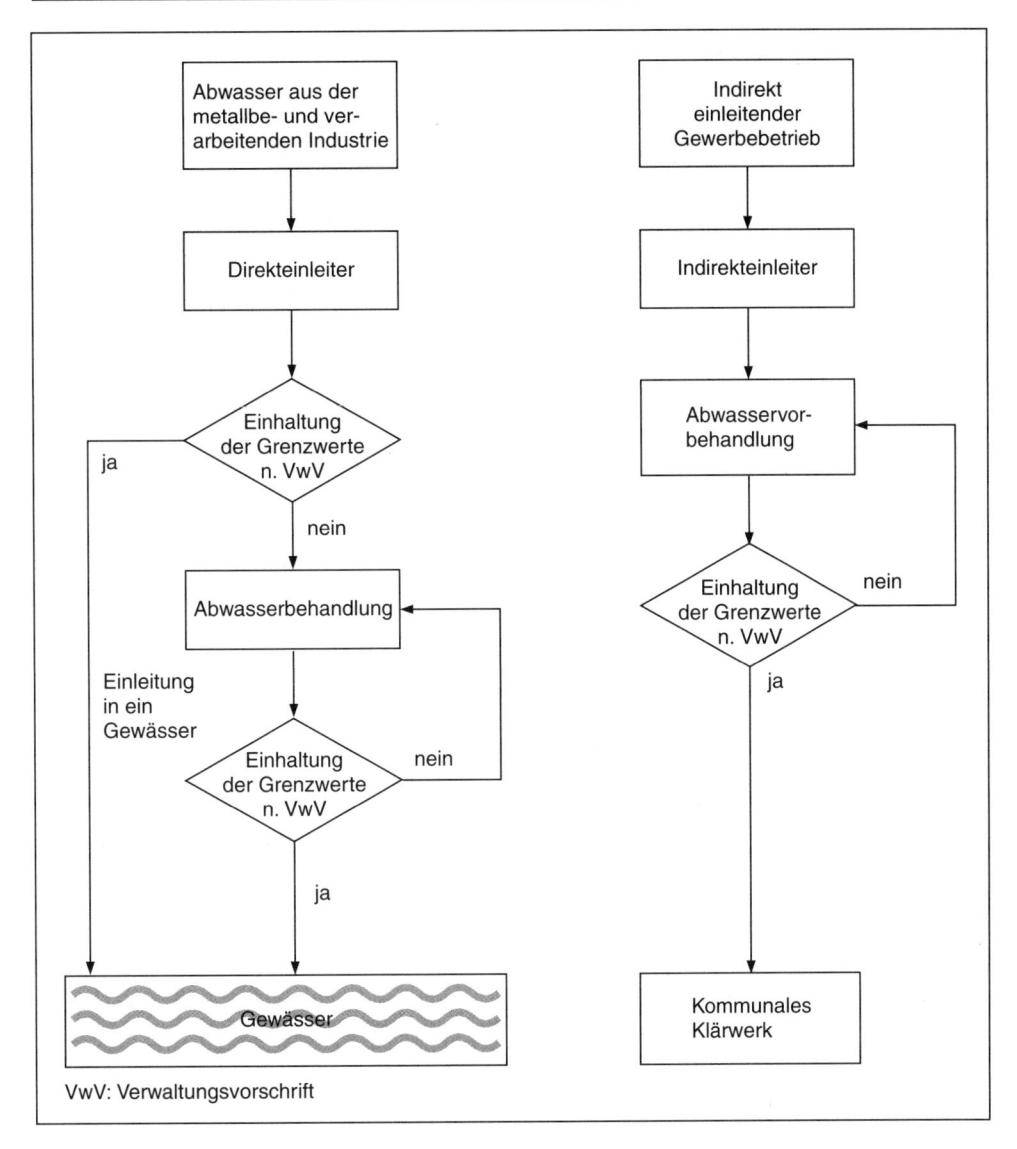

Bild 2.6: Ablaufschema einer Abwasserbehandlung.

Begriffe Direkt- und Indirekteinleiter:

a) *Direkteinleiter:* Gewerbe- und Industriebetriebe, die ihre Abwässer nicht in die öffentliche Kanalisation, sondern direkt in ein Gewässer einleiten, sind Direkteinleiter. Das direkte Einleiten von Abwasser bedarf immer der Erlaubnis.

b) *Indirekteeinleiter:* Industrie- oder Gewerbebetriebe, die ihre Abwässer in die öffentliche Kanalisation leiten und nicht direkt in die Gewässer einleiten nennt man Indirekteinleiter. In den örtlichen Abwassersatzungen werden die zulässigen Schadstoffladungen (Frachten) und die zulässigen Abgaben für Indirekteinleiter festgelegt. In Betrieben fällt Abwasser verschiedener Herkunft an: Produktionsspezifisches Abwasser, Kühlwasser, Sanitärabwässer,

Tabelle 2.2: Kommunale Abwasserbehandlung in Deutschland.

Deutschland	Bevölkerung in Millionen 1990	Abwassermenge, die in öffentliche Kanalisationen aus Haushalten und Kleingewerbe eingeleitet wird (Mrd. m³)			Abwassermenge, die in öffentliche Kanalisationen aus Haushalten und Kleingewerbe eingeleitet wird (%)			Behandlung von Abwasser aus Haushalten und Kleingewerbe, welches in die öffentliche Kanalisation eingeleitet wird											
								Unbehandelt (%)			mechanische Behandlung (%)			biologische Behandlung (%)			weitergehende Behandlung N- und P-Entfernung (%)		
		1985	1990	1995	1985	1990	1995	1985	1990	1995	1985	1990	1995	1985	1990	1995	1985	1990	1995
Gesamt	79,1	10,25	10,35	10,57	89	90	91	4	4	3	7	7	6	60	52	42	–	–	–
alte Bundesländer	62,7	8,85	8,95	9,04	92	93	93–94	2	2	2	3	3	2	65	57	43	29	38	53
neue Bundesländer	16,4	1,40	1,40	1,53	73	73	73–80	16	16	10	49	49	33	15	15	36	19	19	21

Dachabläufe, Drainage usw. Sofern produktionsspezifisches Abwasser Schwermetall enthält, sollte überprüft werden, ob es nicht zweckmäßig ist, dieses im Teilstrom zu behandeln. Unvermischtes Abwasser läßt sich technisch und wirtschaftlich besser behandeln und ergibt geringere Schadstoff-Frachten im Ablauf.

Tabelle 2.2 gibt eine Übersicht über die kommunale Abwasserbehandlung in Deutschland.

2.2.3 Abwasserreinigung

Die Technik der Beseitigung der im Abwasser in unlöslicher und löslicher Form enthaltenen verunreinigenden Schmutzstoffe gewinnt mit Zunahme des Lebensstandards und der Industrialisierung immer größere Bedeutung. Es wurde erkannt, daß auf eine *Abwasserreinigung* zum Schutz der Oberflächengewässer und des Trinkwassers nicht mehr verzichtet werden kann. Die Abwasserreinigung hat somit eine stetige Entwicklung genommen, d.h. sie ist in den letzten Jahren sehr aufwendig geworden.

Die Abwasserreinigung ist eine Sammelbezeichnung für alle Techniken zur Verringerung von Abwasserinhaltsstoffen durch „biologische" und/oder „mechanische" Verfahren. *Die Abwasserreinigung wird meist in einer Kläranlage durchgeführt.*

2.2.3.1 Aufbau einer kommunalen Kläranlage (Anlage zur Abwasserreinigung)

Eine Kläranlage entspricht im Prinzip einer „Fabrik", die sauberes Wasser produziert. Die am häufigsten gebaute Kläranlage ist die mechanisch/biologische Kläranlage (vgl. Bild 2.7).

Bei der Reinigung organisch belasteter Abwässer werden in der ersten, der *mechanischen Stufe*, die ungelösten Schmutzstoffe vom Abwasser abgetrennt.

- *Rechen:* Ein Rechen (*oder Sieb*) entnimmt gröbere Inhaltsstoffe aus dem Abwasser durch parallel angebrachte Stäbe.
- *Sandfang:* Der Sandfang läßt das Abwasser langsamer fließen, wodurch schwere Stoffe wie mitgeführte Sandpartikel und Kies absinken.
  Rechen-, Sieb und Sandfanggut müssen gründlich als Abfall entsorgt werden.
- *Vorklärbecken:* Das Vorklärbecken trennt langsamer absinkende Feststoffe vom durchfließenden Wasser. Noch vorhandene aufschwimmende Stoffe werden ebenfalls zusammengeschoben und abgesaugt. Der abgesunkene wie der aufschwimmende Schlamm wird später der Schlammbehandlung zugeführt (Primärschlamm). Damit ist die mechanische Abwas-

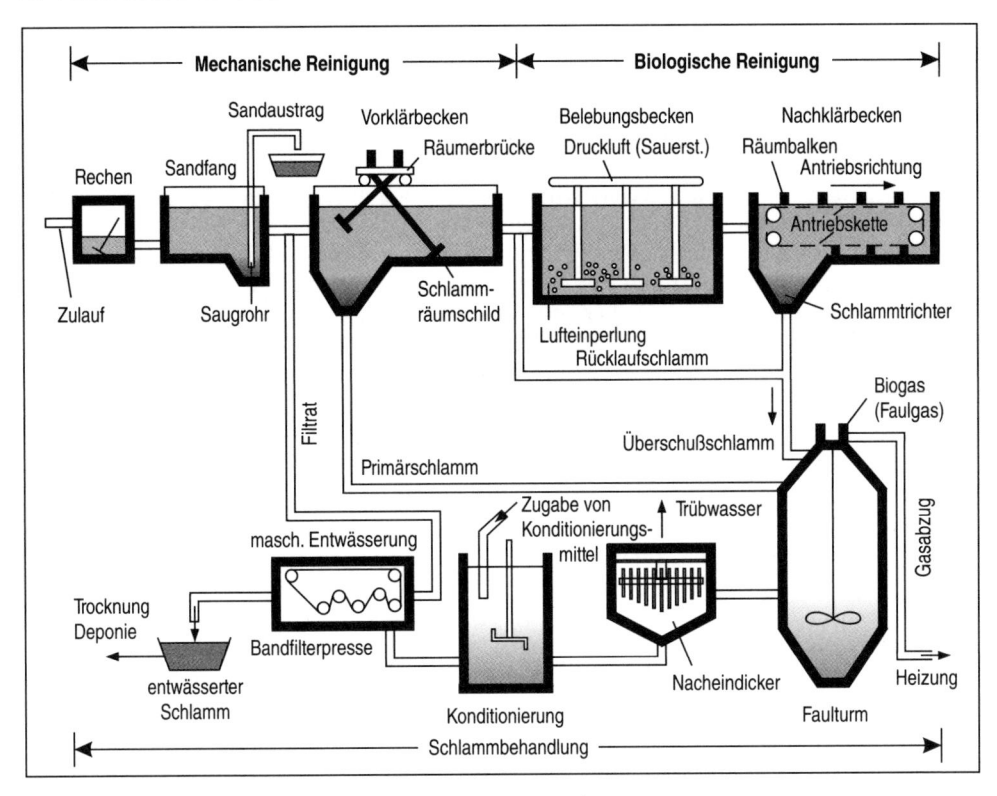

Bild 2.7: Schematischer Aufbau einer kommunalen Kläranlage

serreinigung abgeschlossen. Das Abwasser enthält jetzt in gelöster Form noch etwa zwei Drittel seiner Gesamtverschmutzung.

- *Belebungsbecken:* Das mechanisch vorgereinigte Abwasser fließt in das Belebungsbecken der biologischen Reinigungsstufe. Dort bauen Kleinstlebewesen, z.B. Bakterien, die im sog. Belebtschlamm (Flocken von organischen Teilchen) enthalten sind, die gelösten und feinzerteilten organischen Schmutzstoffe des zugeführten Abwassers ab. Die Mehrzahl der Bakterien braucht hierfür Sauerstoff. Dieser wird z.B. über eine Druckbelüftung in das Becken geblasen. Damit dem Abwasser die Nährstoffe entzogen werden, werden zur Phosphatreduzierung Fällmittel dazu dosiert und zur Stickstoffelimination neben dem belüfteten Bereich in einem separaten Beckenabschnitt eine sauerstofffreie Zone eingerichtet. Das Belebungsbecken besteht somit aus zwei Becken, einem belüfteten voll durchmischtem Becken, dem sog. Belebungsbecken und einem separaten, sauerstofffreien Becken- abschnitt. Die Vorgänge im Belebungsbecken entsprechen den Selbstreinigungsmechanismen der natürlichen Gewässer, mit dem Unterschied, daß diese hier durch die hohe Organismendichte in viel stärkerem Maße als in der Natur ablaufen. Um diese hohe Organismendichte im Belebungsbecken zu erhalten, wird ein Teil der sich in der Nachklärung absetzenden Schlamm- bzw. Bakterienmassen immer wieder in das Belebungsbecken zurückgeführt (Rücklaufschlamm).
- *Nachklärbecken:* Im anschließenden Nachklärbecken werden die Bakterien als Belebtschlammflocken vom gereinigten Abwasser getrennt. Das Nachklärbecken arbeitet z.B. physikalisch wie das Vorklärbecken, d.h. der Belebtschlamm setzt sich ab. Der nicht

in das Belebungsbecken zurückgepumpte Schlamm (Sekundärschlamm) wird wie der Primärschlamm der Schlammbehandlungsanlage zugeführt. In solchen Anlagen der mechanisch-biologischen Abwasserreinigung werden die im Abwasser gelösten Kohlenstoffverbindungen soweit abgebaut, daß nur noch ein ganz kleiner Prozentsatz über den Kläranlagenablauf in das Gewässer gelangt.

- *Faulbehälter:* Der bei der mechanischen, biologischen und weitergehenden Abwasserbehandlung anfallende Schlamm hat einen hohen Wasseranteil von 96–99 %. Um das Volumen des Faulbehälters und die Energie zum Aufheizen des Schlamms gering zu halten, wird der Schlamm im Eindicker (Voreindicker) vorentwässert. Der vorentwässerte Schlamm wird in den Faulbehälter gepumpt und verbleibt dort in der Regel 20 Tage bei etwa 37 °C. Hier wird er durch Bakterien anaerob, d.h. ohne Sauerstoff zersetzt.
- *Nacheindicker:* Beim Faulprozeß entsteht unter Luftabschluß u.a. Methangas. Das Methan wird als wichtige Energiequelle im Klärwerk genutzt. Der ausgefaulte Schlamm ist so gut wie geruchlos. Er enthält aber immer noch einen hohen Wasseranteil. Deshalb wird nochmals im Nachdicker mit Hilfe der Schwerkraft Wasser vom Schlamm abgetrennt.
- *Schlammentwässerung:* In vielen Fällen wird der Schlamm noch weiter durch Siebbandpressen, Kammerfilterpressen und Zentrifugen entwässert. Zur weiteren Volumenreduzierung wird eine Schlammtrocknung und evtl. auch eine Verbrennung nachgeschaltet.

Die Schlammbehandlung, in der der sog. Frischschlamm aus der Vorklärung und der Überschußschlamm aus der Nachklärung behandelt werden, dient dazu, den Schlamm deponiefähig zu machen, bzw. ihn den Erfordernissen einer landwirtschaftlichen Verwertung anzupassen. Hierzu ist es erforderlich, die organische Substanz weitgehend zu mineralisieren (Stabilisierung, z.B. durch Faulung).

Entsorgung: Wenn die Schadstoffgehalte im Klärschlamm den Anforderungen der Klärschlammverordnung genügen, kann eine Verwertung der Klärschlamme in der Landwirtschaft erfolgen. Wo keine landwirtschaftliche Verwertung möglich ist, wird der Klärschlamm überwiegend deponiert. Zukünftig sollen die Schlämme verbrannt werden.

2.2.3.2 Weitergehende Abwasserreinigung

Trotz großer Erfolge bei der Abwasserbehandlung in den letzten Jahren hat man erkannt, daß zur Erhaltung von sauberen Gewässern weitere Schritte unternommen werden müssen. Bei der weitergehenden Abwasserreinigung geht es vorrangig um die Entnahme der Pflanzennährstoffe *Stickstoff* und *Phosphor* aus dem Abwasser. Die dafür erforderlichen verfahrenstechnischen Maßnahmen lassen sich in den bisherigen Abwasserreinigungsprozeß integrieren, so daß prinzipiell die bestehenden Kläranlagen zur Stickstoff- und Phosphorentnahme ausgebaut werden können.

Stickstoffelimination: Die beiden Schritte zur Entnahme von Stickstoff heißen *Nitrifikation* und *Denitrifikation.* Durch verfahrenstechnische Einrichtungen wird den Mikroorganismen jetzt eine entsprechende Umgebung geboten, und der Stickstoff wird dem Abwasser entzogen. Bei der *Nitrifikation* wird das hauptsächlich vorliegende, stechend riechende Ammonium unter starker Sauerstoffzufuhr in zwei Stufen oxidiert. Zunächst wird das Ammonium zu Nitrit (NO_2), und danach das Nitrit zu Nitrat (NO_3^-) umgewandelt. Die eigentliche Arbeit leisten dabei wieder die Kleinstlebewesen, denen man ausreichend Raum, Sauerstoff und Zeit lassen muß.

Bei der *Denitrifikation* wird das Nitrat (NO_3) zu Stickstoff (N_2) reduziert und in die Atmosphäre abgegeben, die zu 80 % aus diesem Gas besteht. Dabei helfen Mikroorganismen, die nur unter sauerstoffarmen Bedingungen Nitrat zu Sauerstoff und Stickstoff umwandeln. Der hohe Sauerstoffbedarf für die Nitrifikation und die notwendige Abwesenheit von gelöstem

2.2 Abwasser, Abwasserbehandlung und Abwasserreinigung

Tabelle 2.3: Nährstoffanforderungen für kommunales Abwasser

Gemeindegröße (Einwohnergleichwerte)	Ammonium-Stickstoff (mg/l)	Stickstoff (gesamt) als Summe von Ammonium-, Nitrit- und Nitrat-Stickstoff (mg/l)	Phosphor (gesamt) (mg/l)
> 5.000	10	18*)	–
> 20.000	10	18*)	2
> 100.000	10	18*)	1

*) Im wasserrechtlichen Bescheid kann eine höhere Konzentration bis 25 mg/l zugelassen werden, wenn die Verminderung der Gesamtstickstofffracht ca. 70 % beträgt.

Sauerstoff während der Denitrifikation machen eine verfahrenstechnische Trennung dieser Vorgänge (z.B. wechselweise An- und Ausschaltung der Belüftung) erforderlich.

Phosphorelimination: Bei der Entfernung von Phosphat unterscheidet man zwischen chemisch-physikalischen und biologischen Verfahren. Die *chemisch-physikalische Elimination* von Phosphor erfolgt durch Fällung und Flockung. Dabei dosiert man entsprechend dem Phosphorgehalt des Abwassers, Metallsalze oder Kalk ins Abwasser, die mit Phosphor, das als Phosphat vorliegt, eine unlösliche feste Verbindung eingehen, und sich mit dem Belebtschlamm im Nachklärbecken absetzen. Mit der Überschußschlammentnahme werden die Phosphatverbindungen dem Abwasser entzogen.

Bei der *biologischen Elimination* werden die im Belebtschlamm befindlichen Mikroorganismen zur erhöhten Phosphataufnahme veranlaßt. Hierbei handelt es sich um einen mikrobiologischen Vorgang, der eine verfahrenstechnische Anpassung an die Abwasserzusammensetzung erfordert.

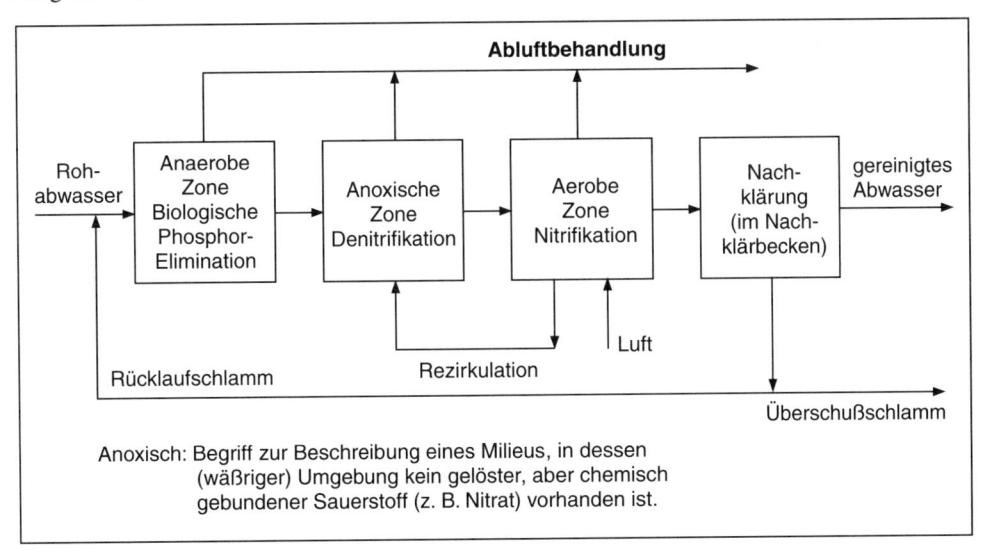

Bild 2.8: Verfahrensschema einer biologischen Phosphor- und Stickstoff-Elimination (Pilotanlage der Firma Uhde GmbH, Frankfurt).

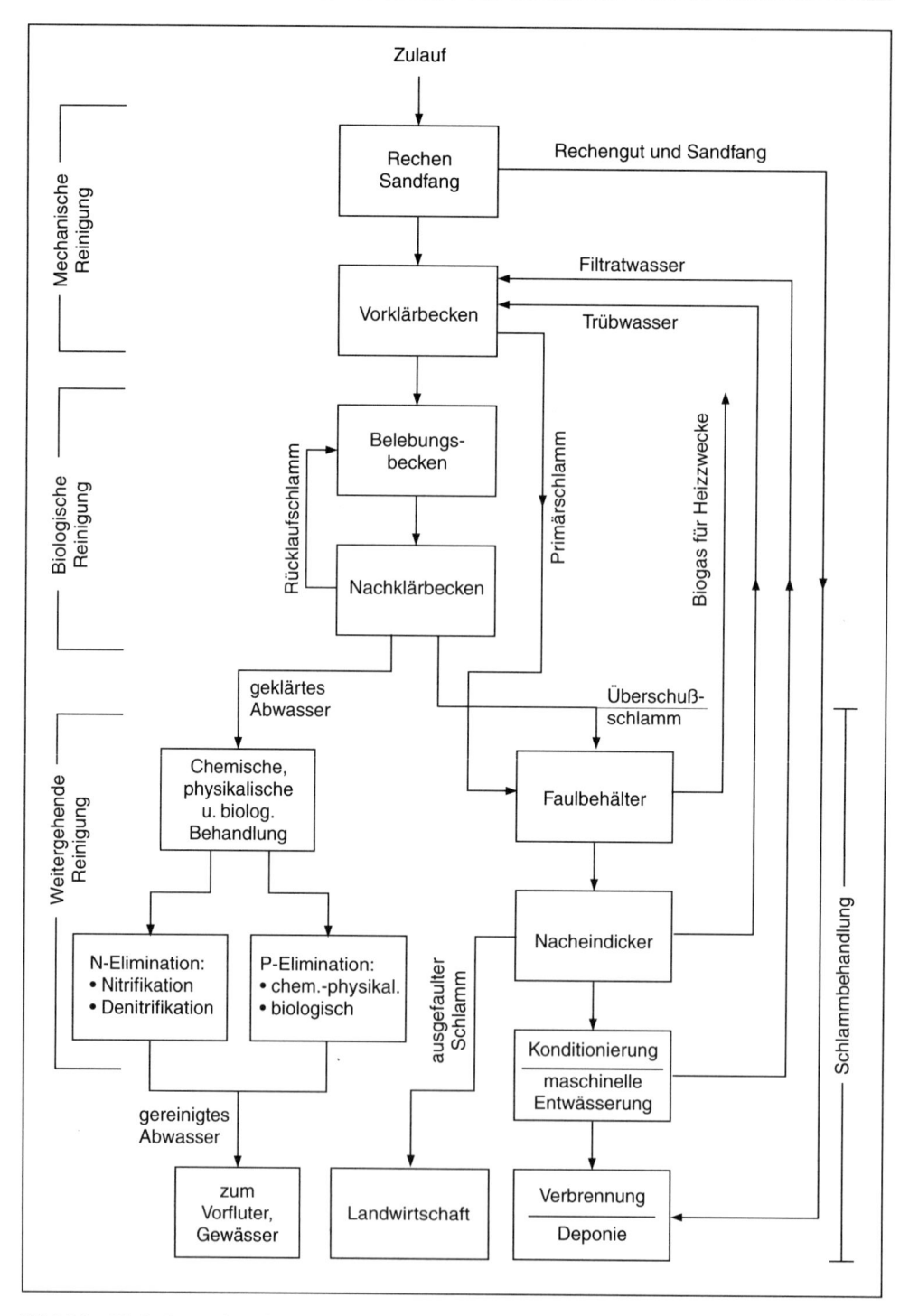

Bild 2.9: Fließschema des Abwassers

2.3 Das Abwasserrecht

Mit den eingesetzten Verfahren lassen sich die Abwässer so aufbereiten, daß es in der Regel zu keiner Gewässerverunreinigung mehr kommt. In besonderen Fällen müssen Filtrations- und Adsorptionsanlagen hinzukommen.

Um die Nährstoffeinträge (Verunreinigungen) in Gewässer nachhaltig zu reduzieren, haben Bundesregierung und der Bundesrat unter Mitarbeit des Umweltbundesamtes am 8.9.1989 im Anhang 1 „Gemeinden" zur Rahmen-Abwasserverwaltungsvorschrift Anforderungen an die Parameter „Ammonium-Stickstoff und Phosphor" aufgenommen. Nach einer Verschärfung und Ergänzung der Anforderungen hinsichtlich des Parameters „Stickstoff" (als Summe von Ammonium-, Nitrit- und Nitrat-Stickstoff) gelten seit dem 1.1.1992 die in Tabelle 2.3 angeführten Anforderungen.

In Bild 2.8 wird ein Verfahrensschema über eine biologische Phosphor- und Stickstoffelimination dargestellt. In dieser Pilotanlage werden Phosphor und Stickstoff aus dem Abwasser entfernt.

Bild 2.9 zeigt ein Fließschema des Abwassers (Ergänzung zu Bild 2.7).

2.3 Das Abwasserrecht

2.3.1 Rechtliche Grundlagen zum Abwasserrecht

Bild 2.10 zeigt ein Schema über die Zuständigkeiten im Wasserrecht.

2.3.1.1 Einleitende Bestimmungen

Der Bund hat das Recht, unter den Voraussetzungen des Artikel 72 GG, *Rahmenvorschriften* hinsichtlich des Wasserhaushaltes zu erlassen. Im Grundgesetz ist zwar festgelegt, daß die

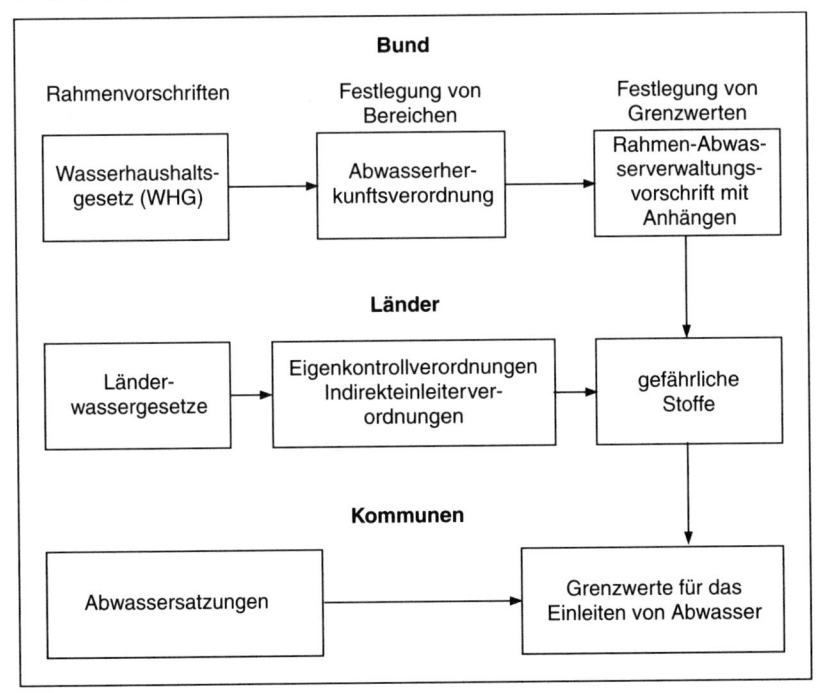

Bild 2.10: Zuständigkeiten im Wasserrecht

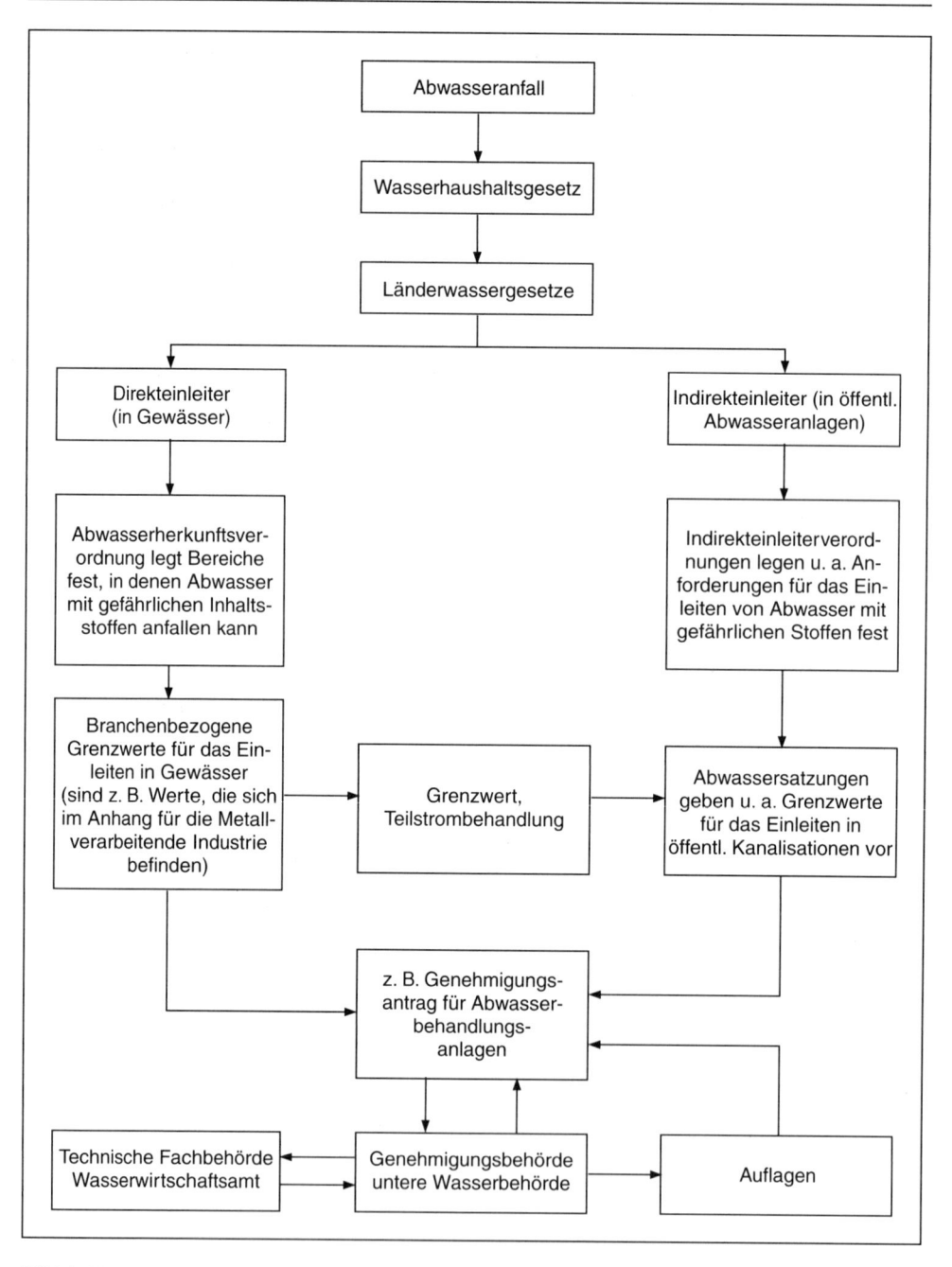

```
                    ┌─────────────────────┐
                    │   Abwasseranfall    │
                    └──────────┬──────────┘
                               ▼
                    ┌─────────────────────┐
                    │ Wasserhaushaltsgesetz│
                    └──────────┬──────────┘
                               ▼
                    ┌─────────────────────┐
                    │  Länderwassergesetze │
                    └──────────┬──────────┘
                    ┌──────────┴──────────┐
                    ▼                     ▼
          ┌──────────────────┐  ┌──────────────────────┐
          │  Direkteinleiter │  │ Indirekteinleiter    │
          │   (in Gewässer)  │  │ (in öffentl.         │
          │                  │  │ Abwasseranlagen)     │
          └────────┬─────────┘  └──────────┬───────────┘
                   ▼                       ▼
          ┌──────────────────┐  ┌──────────────────────┐
          │ Abwasserherkunfts-│  │ Indirekteinleiter-  │
          │ verordnung legt  │  │ verordnungen legen   │
          │ Bereiche fest,   │  │ u. a. Anforderungen  │
          │ in denen Abwasser│  │ für das Einleiten    │
          │ mit gefährlichen │  │ von Abwasser mit     │
          │ Inhaltsstoffen   │  │ gefährlichen Stoffen │
          │ anfallen kann    │  │ fest                 │
          └────────┬─────────┘  └──────────┬───────────┘
                   ▼                       ▼
     ┌──────────────────────┐  ┌──────────────────────┐
     │ Branchenbezogene     │  │ Abwassersatzungen    │
     │ Grenzwerte für das   │→ Grenzwert,  →│ geben u. a. Grenzwerte│
     │ Einleiten in Gewässer│  Teilstrom-  │ für das Einleiten    │
     │ ...                  │  behandlung  │ in öffentl. Kanalis. │
     └──────────┬───────────┘  └──────────┬───────────┘
                ▼                         ▼
              ┌────────────────────────────┐
              │ z. B. Genehmigungs-        │
              │ antrag für Abwasser-       │
              │ behandlungsanlagen         │
              └──────────┬─────────────────┘
                         ▲
     ┌──────────────────┐ │ ┌──────────────────┐
     │ Technische       │◄┤ │                  │
     │ Fachbehörde      │ │ │    Auflagen      │
     │ Wasserwirtschaftsamt│ └──────────────────┘
     └──────────────────┘ │
              ┌──────────┴───────────┐
              │ Genehmigungsbehörde  │
              │ untere Wasserbehörde │
              └──────────────────────┘
```

Bild 2.11: Vorschriften für die Abwasserbehandlung (Beispiel aus der Metallverarbeitenden Industrie)

Zuständigkeit für jegliche Wassernutzung bei den einzelnen Bundesländern liegt, der Bund hat aber nach Absatz 2 das Recht, Rahmenvorschriften zu erlassen, wenn ein Bedürfnis nach bundeseinheitlicher Regelung besteht.

2.3 Das Abwasserrecht

Der Bund erläßt Rahmenvorschriften durch das Gesetz zur Ordnung des Wasserhaushalts (WHG) und durch das Gesetz über Abgaben für das Einleiten von Abwasser in Gewässer (AbwAG).

Grundsätzlich müssen Rahmenvorschriften des Bundes noch durch die Landesgesetzgebung ausfüllungsbedürftig und auch ausfüllungsfähig sein. Zwar kann der Bund in Rahmengesetzen auch detaillierte und abschließende Regelungen treffen, der den Ländern zur Ausfüllung verbleibende Bereich muß jedoch deren Handschrift tragen. Zu diesen Regelungen ist der Bund vor allem dann befugt, wenn an einer einheitlichen Regelung ein großes Interesse besteht. Wenn der Bund von seiner Gesetzgebung (Wasserhaushaltsgesetz) Gebrauch macht, ist es den Ländern verwehrt, abweichende Regelungen zu treffen.

Landeswassergesetz: Das Wasserhaushaltsgesetz des Bundes kann zwar einzelne abschließende Bestimmungen vorsehen, das Gesetz als Ganzes bleibt dennoch durch die Landeswassergesetzgebung ausfüllungsbedürftig und ausfüllungsfähig.

Die Landeswassergesetze ergänzen das Wasserhaushaltsgesetz (WHG) und konkretisieren somit dessen allgemeine Vorgaben.

Die Länder haben demnach auf dem Gebiet des Wasserrechts größere Gestaltungsfreiheiten. Dies macht sich bei den verschiedenen *Landeswassergesetzen* bemerkbar. Die landesbezogenen Regelungen finden insbesondere in den zulassenden Bescheiden zur Nutzung des Wassers (§ 3 WHG) ihren Niederschlag. Eine Verknüpfung von *Wasserrecht* und *Abgabenrecht* erfolgt in dem die Abwassereinleitung zulassenden Bescheid. Der wasserrechtliche Teil des Bescheides enthält die Festsetzung aller Schadfaktoren, die wegen ihrer Menge oder wegen ihrer Schädlichkeit für das Gewässer von Bedeutung sind. Die Begrenzung der Einleitbefugnis erfolgt aus der Sicht der Gewässerbewirtschaftung auf der Basis des Standes der Technik für gefährliche Stoffe und den anerkannten Regeln der Technik für alle anderen Stoffe.

Die Länder überwachen die im Bescheid festgelegten Grenzwerte durch Mengenüberwachung einerseits und Konzentrationsüberwachung andererseits. Die bei der amtlichen Überwachung festgelegten Verstöße haben sowohl wasserrechtliche als auch abgabenrechtliche Folgen. *Wasserrecht und Abgabenrecht werden durch die wasserrechtliche Bewilligung miteinander verknüpft.*

Neben diesen Gesetzen gibt es auch *Verordnungen* und *Vorschriften* des Bundes und der Länder. Bild 2.11 zeigt in einem Schema Vorschriften für die Abwasserbehandlung.

Kommunalrecht: Das kommunale Recht kommt z.B. für die Einleitung von Abwasser in die öffentlichen Abwasseranlagen (Indirektleiter) zur Anwendung, wenn die Abwässer

- keine gefährlichen Stoffe enthalten,
- oder wenn die gefährlichen Stoffe bestimmte „Schwellenwerte" in Form von Konzentrationen oder Fracht nicht überschreiten.

Die Anforderungen werden in den *Entwässerungssatzungen* (Ortssatzungen) der Kommunen festgelegt. Diese beziehen sich meist auf die Gemeindeordnung und die Kommunalabgabengesetze der Länder; in jüngeren Satzungen werden die Landeswassergesetze zum Abwassergesetz herangezogen. Viele Satzungen beziehen sich bezüglich der zu begrenzenden Schadstoffparameter auf das ATV-Arbeitsblatt A 115.

ATV-A 115: Einleiten von nicht häuslichem Abwasser in eine öffentliche Abwasseranlage.

Abwasseranlage
Das Arbeitsblatt der „Abwassertechnischen Vereinigung" (ATV) stellt also Empfehlungen dar, die, wenn sie in die Entwässerungssatzungen aufgenommen werden, rechtsverbindlich werden.

Tabelle 2.4: Technische Regelwerke

a) **Allgemein anerkannte Regeln der Technik**	b) **Stand der Technik**
Verfahren, Einrichtungen und Betriebsweisen, die nach herrschender Auffassung der beteiligten Kreise: - zur Erreichung des gesetzlich vorgegebenen Zieles geeignet sind - im Rahmen der gesetzlichen Zielvorgaben als Teil der Verhältnismäßigkeitserwägungen wirtschaftliche Gesichtspunkte be rücksichtigen - in der Praxis allgemein bewährt oder deren Bewährung nach herrschender Auffassung in überschaubarer Zeit bevorsteht	Fortschrittliche Verfahren, Einrichtungen und Betriebsweisen, die nach herrschender Auffassung führender Fachleute: - die Erreichung des gesetzlich vorgegebenen Zieles gesichert erscheinen lassen - im Rahmen der gesetzlichen Zielvorgaben als Teil der Verhältnismäßigkeitserwägungen wirtschaftliche Gesichtspunkte nachrangig berücksichtigen - in der Praxis sich bewährt haben - vergleichbare Verfahren sich in der Praxis bewährt haben - möglichst im Betrieb mit Erfolg erprobt wurden
Zu den Technischen Regelwerken [aus a) und b)] aus fachspezifischen Bereichen zählen unter anderem:	- DIN-Normen - die Abwassertechnische Vereinigung (ATV) e.V. - der Deutsche Verband des Gas- und Wasserfachs (DVGW) e.V. - der Deutsche Verband für Wasserwirtschaft und Kulturbau - der Deutsche Ausschuß für brennbare Flüssigkeiten (DAbF)

Technische Regeln

Bezogen auf den Gewässerschutz gibt es ein großes Angebot an technischen Regeln. In den fachspezifischen Bereichen haben sich immer mehr technische Regeln herauskristallisiert.

Technische Regelwerke beschreiben die allgemein anerkannten Regeln und den Stand der Technik (Tabelle 2.4).

2.3.1.2 Wasserhaushaltsgesetz (WHG)

Es ist in der Fassung ein Gesetz zur Ordnung des Wasserhaushaltes (vom 23.9.1986) und regelt unmittelbar oder mittelbar die Nutzung der Gewässer (z.B. § 1a).

Das Wasserhaushaltsgesetz ist ein Rahmengesetz zur Ordnung des Wasserhaushaltes mit grundlegenden Bestimmungen über wasserwirtschaftliche Maßnahmen. *Das WHG bezieht sich sowohl auf oberirdische Gewässer (Flüsse, Seen u.a.) wie auch auf Küstengewässer und das Grundwasser. Nach dem Gesetz bedarf jede Gewässernutzung (z.B. das Entnehmen von Wasser, das Einbringen und Einleiten von Stoffen) einer entsprechenden Erlaubnis, wobei aber einige die Gewässer nicht beeinträchtigenden Nutzungen erlaubnisfrei sind. Weiterhin schreibt das WHG bestimmten Betrieben, die größere Mengen Abwasser ableiten, die Bestellung eines „Betriebsbeauftragten" für Gewässerschutz vor. Weitere Planungsinstrumente des WHG sind z.B. die Abwasserbeseitigungspläne, Reinhalteordnungen, wasserwirtschaftliche Rahmenpläne, Bewirtschaftungspläne usw.*

Auszug aus dem Wasserhaushaltsgesetz (WHG)

Der Geltungsbereich des Wasserhaushaltsgesetzes umfaßt nach § 1 folgende Gewässer:
- das ständig oder zeitweise in Betten fließende oder stehende oder aus Quellen wild abfließende Wasser (oberirdische Gewässer),

2.3 Das Abwasserrecht

- das Meer zwischen der Küstenlinie oder bei mittlerem Hochwasser oder der seewärtigen Begrenzung des Küstenmeeres (Küstengewässer),
- das Grundwasser

§ 1a Abs. 1 WHG enthält den Bewirtschaftungsgrundsatz:
Die Gewässer sind als Bestandteil des Naturhaushaltes so zu bewirtschaften, daß sie dem Wohl der Allgemeinheit und im Einklang mit ihm auch dem Nutzen einzelner dienen und daß jede vermeidbare Beeinträchtigung unterbleibt. Nach § 2 WHG bedarf jede Benutzung der behördlichen Erlaubnis oder Bewilligung.

§ 6 Versagung:
Die Erlaubnis und die Bewilligung sind zu versagen, soweit von der beabsichtigten Benutzung eine Beeinträchtigung des Wohls der Allgemeinheit, insbesondere eine Gefährdung der öffentlichen Wasserversorgung zu erwarten ist, die nicht durch Auflagen oder durch Maßnahmen einer Körperschaft des öffentlichen Rechts verhütet oder ausgeglichen wird.

§ 8 Abs. 2 WHG und § 11 WHG:
Für Abwassereinleitungen kommt das gegenüber der Erlaubnis stärkere Recht der Bewilligung nicht in Betracht (§ 8 Abs. 2 WHG).

Die Bewilligung ist gegenüber der Erlaubnis deshalb das höherwertige Benutzungsrecht, weil Bewilligungen grundsätzlich nicht widerruflich sind, und zivilrechtliche Ansprüche Dritter ausgeschlossen werden (§ 11 WHG).

§ 8 WHG (Bewilligung), § 20 WHG (Entschädigung):
In einem Verfahren ist zu entscheiden, ob die Benutzung zugelassen werden kann, wie sie z.B. durch Bedingungen und Auflagen zu begrenzen ist, welche schadensverhütenden oder schadensausgleichenden Maßnahmen angeordnet werden müssen oder ob und in welcher Höhe eine Entschädigung zu leisten ist.

§ 18a WHG, § 36 WHG und § 36b WHG:
Die Bewirtschaftung der Gewässer durch wasserbehördliche Entscheidungen erfordert einen umfassenden Überblick über das Gewässer sowie über den Umfang und die Auswirkungen seiner Beeinflussung.

Diesem Ziel dienen die *wasserwirtschaftlichen Rahmenpläne* (§ 36 WHG), die *Bewirtschaftungspläne* (§ 36b WHG) und die *Abwasserbeseitigungspläne* (§ 18a WHG) *Schutz der Gewässer durch:*

- Anforderungen an das Einleiten von Abwasser (§ 7a Abs. 1 WHG). Danach bedürfen Abwassereinleitungen einer Erlaubnis, die die Schadstoff-Fracht nach den „allgemeinen anerkannten Regeln der Technik" über die Mindestanforderungen begrenzen.
- *Reinhalteordnungen* (§ 27 WHG) können vorschreiben:
  – daß bestimmte Stoffe oberirdischen Gewässern nicht zugeführt werden dürfen,
  – daß bestimmte Stoffe, die zugeführt werden, bestimmten Mindestanforderungen genügen müssen und
  – welche sonstigen Einwirkungen abzuwehren sind, die das Wasser nachhaltig beeinflussen können.
- Erhebung von Maßnahmen einer *Abwasserabgabe* hinsichtlich Abwasserbeseitigung.
- Rohrleitungsanlagen zum Befördern **wassergefährdender Stoffe** bedürfen der wasserrechtlichen Genehmigung (§§ 19a ff WHG).
- Für **Anlagen zum Umgang mit wassergefährdenden Stoffen**, das sind Anlagen zum
  – Lagern,
  – Abfüllen,

- Umschlagen,
- Herstellen,
- Verwenden und Behandeln sowie
- werksinterne Rohrleitungen,

enthalten die §§ 19g ff WHG ein besonderes Sicherheitssystem.
- *Wasserschutzgebiete* (§ 19 WHG) dienen vor allem dem Schutz der zur Zeit bestehenden oder künftigen öffentlichen Wasserversorgung.

Wird ein Gewässer erstellt, beseitigt oder wesentlich umgestaltet, so bedarf es dazu der Durchführung eines Ausbauverfahrens (§ 31 WHG).
Das Grundwasser als Rohstoff zur Trinkwasserversorgung unterliegt einem besonderen Schutz. Der Grundwasserschutz wird entsprechend dem *Besorgnisgrundsatz* nach § 34 WHG geregelt.

2.3.1.3 Abwasserabgabengesetz (AbwAG)

Begriff Abwasser: Abwasser im Sinne dieses Gesetzes sind das durch häuslichen, gewerblichen, landwirtschaftlichen und sonstigen Gebrauch in seiner natürlichen Zusammensetzung verändertes Wasser. Hierzu gehört auch das aus bebauten Gebieten (befestigten/versiegelten Flächen) abfließende Niederschlagswasser. Abwasser kann vielseitige Verunreinigungen (sog. Schmutzwasser) enthalten. Sie können in folgende wesentliche Belastungs- und Schadstoffgruppen unterteilt werden:
- *leicht abbaubare organische Stoffe,*
- *schwerabbaubare organische Stoffe,*
- *Schwermetallverbindungen,*
- *Salze usw.*

Um die Gewässer zu schützen, müssen die Schadstoffe durch Behandlung des Abwassers möglichst weitgehend reduziert werden.

Für das Einleiten von Abwasser in ein Gewässer im Sinne des § 1 Abs. 1 des Wasserhaushaltsgesetzes ist eine Abgabe zu entrichten (Abwasserabgabe). Sie wird durch die Länder erhoben.

Beispiel Abwasserabgabe in Nordrhein-Westfalen: Seit 1981 muß jeder in diesem Land, der verschmutztes Abwasser in die Gewässer ableitet, eine Abwasserabgabe bezahlen. Die Höhe dieser Abgabe richtet sich nach Menge und Schädlichkeit des eingeleiteten Abwassers. Der Abgabesatz, den der Verursacher je Einheit zu bezahlen hat, beträgt ab 1991 50,- DM und steigt bis 1999 auf 90,- DM.

Mittlerweile hat das Landesamt für Wasser und Abfall in den Jahren 1981–1990 in Nordrhein-Westfalen (Stand 31.3.1990) rd. 1 Milliarde DM an Abwasserabgaben für
- 4 100 Abwassereinleitungen,
- 5 200 Regenwasserkanalnetze und
- 396 Gemeinden (pauschal für Kleineinleiter)

festgesetzt. Dazu wurden mehr als 88 000 Festsetzungsbescheide und 41 000 Vorauszahlungsbescheide versandt. Das so eingenommene Geld wird für den Schutz der Gewässer bereitgestellt.

Die Abwasserabgabe bietet somit im Dienst des Gewässerschutzes finanzielle Anreize, weniger Schmutz einzuleiten und folglich weniger zu bezahlen.

Das Abwasserabgabengesetz (AbwAG) ist ein bundeseinheitliches Rahmengesetz und wird durch landesrechtliche Vorschriften bestimmt. *(Auszug bzw. Kurzfassung aus dem Gesetzeswerk).*

2.3 Das Abwasserrecht

Das Abwasserabgabengesetz ist also ein Rahmengesetz nach Artikel 75 Nr. 4 des Grundgesetzes. Das Abwasserabgabengesetz ermächtigt somit die Länder ausdrücklich, Regelungen und Ausführungsvorschriften zum Bundesgesetz zu erlassen. Darüber hinaus haben die Landesgesetze die Behördenzuständigkeit sowie das förmliche Verfahren über die Erhebung der Abwasserabgabe zu regeln.

Bemessungsgrundlage zur Abwasserabgabeermittlung ist die Schädlichkeit des Abwassers.

Den Zielen des Gesetzes entsprechend, richtet sich die Höhe der Abwasserabgabe nach der Schädlichkeit des Abwassers. Für die Bestimmung der *Schädlichkeit* werden
- die Abwassermenge,
- die oxidierbaren Stoffe (in chemischem Sauerstoffbedarf),
- die Menge an Schwermetallen (z.B. Quecksilber, Cadmium, Nickel, Chrom, Blei, Kupfer) und
- an organischen Halogenverbindungen (AOX) sowie
- die Fischgiftigkeit des Abwassers

der Bewertung zugrundegelegt (§3 in Verbindung mit Anlage A).

Tabelle 2.5: Bewertungstabelle für Schadstoffe, die sich im Abwasser befinden

Nr.	Bewertete Schadstoffe und Schadstoffgruppen	Einer Schadeinheit entsprechen jeweils folgende volle Meßeinheiten	Schwellenwerte nach Konzentration und Jahresmenge	
1	Oxidierbare Stoffe in chemischem Sauerstoffbedarf (CSB)	50 Kilogramm Sauerstoff	20 Milligramm je Liter und 250 Kilogramm Jahresmenge	
2	Phosphor	3 Kilogramm	0,1 Milligramm je Liter und 15 Kilogramm Jahresmenge	
3	Stickstoff	25 Kilogramm	5 Milligramm je Liter und 125 Kilogramm Jahresmenge	
4	Organische Halogenverbindungen als absorbierbare organisch gebundene Halogene (AOX)	2 Kilogramm Halogen, errechnet als organisch gebundenes Chlor	100 Milligramm je Liter und 10 Kilogramm Jahresmenge	
5	Metalle und ihre Verbindungen:			und
5.1	Quecksilber	20 Gramm	1 Mikrogramm	100 Gramm
5.2	Cadmium	100 Gramm	5 Mikrogramm	500 Gramm
5.3	Chrom	500 Gramm	50 Mikrogramm	2,5 Kilogramm
5.4	Nickel	500 Gramm	50 Mikrogramm	2,5 Kilogramm
5.5	Blei	500 Gramm	50 Mikrogramm	2,5 Kilogramm
5.6	Kupfer	1000 Gramm Metall	100 Mikrogramm je Liter	5 Kilogramm Jahresmenge
6	Giftigkeit gegenüber Fischen	3000 Kubikmeter Abwasser geteilt durch G_F	$G_F = 2$	

Die Schädlichkeit wird durch den Meßwert *Schadeinheit (SE)* ausgedrückt. Eine SE entspricht etwa der Schädlichkeit ungereinigten Abwassers eines Einwohners pro Jahr (Einwohnergleichwert). Je geringer nun die Schädlichkeit eines Abwassers ist, um so geringer ist auch die Abwasserabgabe.

Die Abwasserabgabe soll also bewirken, die Schädlichkeit der Abwässer zu vermindern.

Die Bewertung der Schadstoffe und Schadstoffgruppen sowie die Schwellenwerte ergeben sich aus Tabelle 2.5

G_F ist ein Verdünnungsfaktor, bei dem Abwasser im Fischtest nicht mehr giftig ist.
$G_F = 2$ bedeutet: Ein Teil Abwasser plus ein Teil Verdünnungswasser.

Eine Bewertung der Schädlichkeit entfällt außer bei Niederschlagswasser (§ 7 AbwAG) und Kleineinleitungen (§ 8 AbwAG), wenn die der Ermittlung der Zahl der Schadeinheit zugrunde zu legende Schadstoffkonzentration oder Jahresmenge die in der Anlage angegebenen Schwellenwerte nicht überschreitet oder der Verdünnungsfaktor GF nicht mehr als 2 beträgt. Erst wenn z.B. die Schwellenwerte überschritten werden, wird die Abwasserabgabe erhoben.

§ 9 Abgabepflicht, Abgabesatz:

Abgabepflichtig ist, wer Abwasser einleitet (Einleiter).

Die Länder können somit bestimmen, daß an Stelle der Einleiter Körperschaften des öffentlichen Rechts abgabepflichtig sind. An Stelle von Einleitern, die z.B. weniger als 8 Kubikmeter je Tag Schmutzwasser aus Haushaltungen einleiten, sind von den Ländern zu bestimmende Körperschaften des öffentlichen Rechts abgabepflichtig. Wird das Wasser eines Gewässers in einer Flußkläranlage gereinigt, können die Länder bestimmen, daß an Stelle der Einleiter eines festzulegenden Einzugsbereiches, der Betreiber der Flußkläranlage abgabepflichtig ist. Die Abgabpflicht wurde erstmals 1981 festgesetzt, so daß die Staffelung wie folgt aussieht:

ab 1. Januar 1981 : 12 DM	ab 1. Januar 1982 : 18 DM	ab 1. Januar 1983 : 24 DM
ab 1. Januar 1984 : 30 DM	ab 1. Januar 1985 : 36 DM	ab 1. Januar 1986 : 40 DM
ab 1. Januar 1991 : 50 DM	ab 1. Januar 1993 : 60 DM	ab 1. Januar 1995 : 70 DM
ab 1. Januar 1997 : 80 DM	ab 1. Januar 1999 : 90 DM	

Das Abgabeaufkommen ist von den Ländern für Maßnahmen zur Verbesserung oder den Schutz der Gewässergüte zweckgebunden zu verwenden.

Werden Menge und Schädlichkeit der Abwasser durch Vermeidungsmaßnahmen soweit vermindert, daß sie den Mindesanforderungen nach § 7a WHG oder den der wasserrechtlichen Erlaubnis der Einleitung gesetzten strengen Anforderungen entsprechen, so ermäßigen sich die Abgabesätze je Schadeinheit um 75 % (§ 9 Abs. 5 Abw AG). Die Ermäßigung beträgt 40 %, wenn insgesamt 4 Jahre die Anforderungen eingehalten worden sind. Nach weiteren 4 Jahren beträgt die Ermäßigung dann 20 % (§ 9 Abs. 5 AbwAG).

2.3.1.4 Wasch- und Reinigungsmittelgesetz (WRMG)

Allgemeines

Wasch- und Reinigungsmittel (W. u. R.): Wasch- und Reinigungsmittel im Sinne des Waschund Reinigungsmittelgesetzes sind Erzeugnisse, die zur Reinigung bestimmt sind und nach ihrem Gebrauch in Gewässer gelangen können. Denn ein Teil der Wirkstoffe von W.u.R. gelangen in die Gewässer, da ein hundertprozentiger Rückhalt auch in modernsten Kläranlagen nicht möglich ist. Keine W.u.R., die nach dem WRMG jedoch diesen gleichgestellt werden, sind solche Erzeugnisse, die bestimmungsgemäß auf Oberflächen aufgebracht und bei einer einmaligen Reinigung mit W.u.R. überwiegend abgelöst werden.

§1. Grundsatz: Wasch- und Reinigungsmittel dürfen nur so in den Verkehr gebracht werden, daß nach ihrem Gebrauch jede vermeidbare Beeinträchtigung der Beschaffenheit der Gewässer, insbesondere im Hinblick auf den Naturhaushalt und die Trinkwasserversorgung, und eine Beeinträchtigung des Betriebes von Abwasseranlagen unterbleibt.

Trend und Verbrauch an W.u.R.: Der Trend zu Kompaktwaschmitteln und Konzentratprodukten bedingt einen insgesamt rückläufigen Verbrauch an Wasch- und Reinigungsmittelprodukten. Waschmittel für den Haushalt enthalten z.B. heute auf dem gesamten deutschen Markt in der Regel keine *Phosphate* oder *Tenside* mehr. Ende des Jahres 1993 waren bei der Anmeldestelle für Wasch- und Reinigungsmittel des Umweltbundesamtes rund 2500 in- und ausländische Firmen registriert, die Angaben zur Umweltverträglichkeit nach § 9 Abs. 2 des Wasch- und Reinigungsmittelgesetzes machten. Die von diesen Firmen vorgenommenen Anmeldungen ergaben einen derzeitigen Bestand von etwa 37 000 meldepflichtigen Produkten.

Marktanteile der wesentlichen Waschmittelprodukttypen in Deutschland und ihr Gebrauch.

Der steigende Gebrauch von:
- Baukastenwaschmitteln (ca. 7 %, 1993),
- Kompaktwaschmitteln (ca. 45 %, 1993) und
- Colorwaschmitteln (ca. 12 %, 1993)

bei gleichzeitig abnehmendem Gebrauch an Universalwaschmitteln auf dem deutschen Markt ist aus Sicht des Gewässerschutzes zu begrüßen, da sie zu einer Entlastung des Abwassers bzw. der Gewässer beitragen können. 1991 wurden z.B. in den alten Bundesländern insgesamt 590 000 Tonnen Waschmittel verbraucht. *Der Waschmittelverbrauch pro Wäsche hängt unmittelbar von dem eingesetzten Waschmittel ab und ist bei Waschmittel-Baukastensystemen am niedrigsten.*

Wesentliche Elemente aus dem Wasch- und Reinigungsmittelgesetz (WRMG): **Das Wasch- und Reinigungsmittelgesetz fordert die „Umweltverträglichkeit von Wasch- und Reinigungsmitteln".** Es enthält bestimmte Anforderungen an Wasch- und Reinigungsmittel, und verbietet oder beschränkt wasserschädigende Stoffe. Ferner verpflichtet es die Hersteller zur Meldung der Rahmenrezepturen an das Umweltbundesamt und zur Information der Verbraucher über den umweltschonenden Einsatz der betreffenden Mittel. Daneben müssen die Verbraucher noch besser über gewässerschonenden Einsatz der Mittel aufgeklärt werden. Zu den Meldepflichten an das Umweltbundesamt gehört zusätzlich auch die Angabe über die Umweltverträglichkeit der Erzeugnisse (z.B. über Phosphate).

Das Gesetz über die Umweltverträglichkeit von Wasch- und Reinigungsmitteln (W.u.R.-Gesetz) vom 5.3.1987 beinhaltet eine Sonderregelung des Gewässerschutzes. Mit den Vorschriften dieses Gesetzes soll auf die Zusammensetzung von Wasch- und Reinigungsmitteln im Interesse der Reinhaltung der Gewässer eingewirkt werden. Diese Regelungen betreffen bereits die Produktion der Wasch- und Reinigungsmittel und nicht die Einleitung von Stoffen in ein Gewässer, wie das bei den Gewässerschutzvorschriften des Wasserhaushaltsgesetzes der Fall ist.

Das Gesetz ist somit neben dem Wasserhaushaltsgesetz, dem Abwasserabgabengesetz und den hierzu erlassenen landesrechtlichen Vorschriften, ein besonders wichtiges Instrument für den Gewässerschutz.

Der Grund für diese gesetzliche Regelung ergab sich aus der Tatsache, daß ab Mitte der 1950er Jahre die Industrie für Waschmittel damit begann, die Seife in Wasch- und Reinigungsmittel gegen synthetische waschaktive Stoffe (Tenside) auszutauschen. Die guten Wasch- und Reinigungseigenschaften der Tenside führten zwar zu bedeutenden Fortschritten in der häuslichen und gewerblichen Wasch- und Reinigungstechnik. Da diese Stoffe nur sehr schwer biologisch abbaubar waren, kam es zu erheblichen Beeinträchtigungen der Kläranlagen und auch der Beschaffenheit der Gewässer. Meterhohe Schaumberge brachten die Kläranlagen fast zum Erliegen.

Grundzüge der geltenden Regelung: Das WRMG dient dazu, der besonderen Belastung der Gewässer durch Wasch- und Reinigungsmittel frühzeitig entgegenzutreten. Der §1 Abs. 1 bestimmt als *Grundsatz*, daß Wasch- und Reinigungsmittel nur so in den Verkehr gebracht werden dürfen, daß nach ihrem Gebrauch jede vermeidbare Beeinträchtigung der Beschaffenheit der Gewässer und eine Beeinträchtigung des Betriebs von Abwasseranlagen unterbleibt. Die Gewässer sollen also als Bestandteil der Natur geschützt, und die Möglichkeit für alle im Interesse des allgemeinen Wohles liegenden Gewässernutzungen, insbesondere im Hinblick auf die Trinkwasserversorgung, erhalten bleiben.

2.3.1.5 EU-Regelungen und EU-Umweltzeichen Waschmittel

EU-Regelungen: Das nationale Wasserrecht wird überlagert und ergänzt von den supranationalen (überregionalen) Vorschriften der EU-Regelungen. Denn die Probleme der Wasserwirtschaft machen nicht an den staatlichen Grenzen halt. Der Schutz der Meere und der Wasserläufe erfordert eine grenzüberschreitende Zusammenarbeit. Wichtigstes Regelwerk ist hier die EU-Richtlinie von 4. Mai 1976 bezüglich Verschmutzung infolge Ableitung bestimmter gefährlicher Stoffe in die Gewässer der Gemeinschaft.

EU-Umweltzeichen „Waschmittel": Die Kriterien zum EU-Umweltzeichen Waschmittel wurden federführend durch Deutschland – vertreten durch das Umweltbundesamt – erstellt und zur abschließenden Beratung an die Europäische Kommission und die EU-Mitgliedstaaten übersandt. Zusammenfassend werden folgende Anforderungen im Rahmen des EU-Umweltzeichen gestellt:

- Kriterien zur Verpackung des Waschmittelproduktes,
- Ausschluß und Beschränkung bestimmter Inhaltsstoffe, die ein Gefährdungs- bzw. Belastungspotential für das Ökosystem darstellen,
- Reduzierung der Belastung von Gewässern, Sedimenten und Klärschlamm durch Belastungs- und Risikokriterien (sind Angaben in g/Waschgang, kritisches Verdünnungsvolumen in l/Waschgang),
- Verbesserte Produktinformationen für die Verbraucher,
- Mindestanforderungen und Tests für Gebrauchstauglichkeit der auszuzeichnenden Produkte.

Beispiel: Durchführung einer Berechnung der EU-Umweltzeichenkriterien für die Produkttypen

- Feinwaschmittel/Colorwaschmittel,
- Flüssigwaschmittel,
- Universalwaschmittel-Normal und
- Kompaktwaschmittel.

Bei dieser Berechnung wurde erkennbar, daß die höchste Punktzahl und damit die relativ beste Umweltverträglichkeit für folgende Produkttypen in abnehmender Reihenfolge gegeben ist:

- Baukastensystem (höchste Punktzahl),
- Kompakt- und Colorwaschmittel,
- Universalwaschmittel-Normal,
- Normalwaschmittel,

- Flüssigwaschmittel (niedrigste Punktzahl).

Diese Ergebnisse resultieren aus einer umfassenden Analyse für ca. 100 repräsentative Waschmittelprodukte aus dem Bereich der EU-Mitgliedstaaten.

2.4 Abwasserarme/abwasserfreie Produktionsverfahren

Beispiele für abwasserfreie Verfahren gibt es streng genommen nicht. Selbst wenn man eine Technik ohne Wasserbedarf einsetzt, wird Wasser zumindest für Reinigungszwecke benötigt. Zu den abwasserarmen Verfahren kann man alle Maßnahmen zur Optimierung und Änderung eines Produktionsverfahrens zählen mit dem Ziel, den Wasserverbrauch und den Abwasseranfall zu minimieren.

Beispiele hierzu sind:
- *Minimierung des Frischwasserverbrauchs* durch Maßnahmen zur Sparsamkeit (z.B. apparative Verbesserungen, Prozeßleittechnik).
- *Recycling von Prozeßwasser* mittels mechanischer und thermischer Reinigungsmethoden.
- *Prozeßintegrierte Entsorgung* (chem. und thermische Methoden, Verfahrensumstellungen).
- *Umstellung auf wassersparende Kreislaufsysteme.*
- *Verwendung von Trockenkühltürmen anstelle von Naßkühltürmen.*

2.4.1 Maßnahmen zur Vermeidung der Wassermengen

Abwasseranfall und Frischwasserverbrauch stehen in etwa in einem unmittelbaren Zusammenhang. Eine Verminderung des Abwasseranfalls kann nur durch Einsparung von Wasser und einer rationellen Nutzung des Wasserbedarfs erreicht werden. Die Aufgabe für die Industrie sowie für den Privathaushalt kann nur lauten, einerseits den Verbrauch von Frischwasser zu reduzieren und andererseits das Abwasser möglichst wenig mit Schadstoffen zu belasten.

Verschiedene Nutzungsarten des Wassers: Man unterscheidet dabei folgende Nutzungsarten:
- *Einfachnutzung*, bei der das Wasser nach einmaliger Verwendung abgeleitet wird.
- *Mehrfachnutzung* bedeutet den Einsatz eines Wasservolumens für verschiedene, nacheinander folgende Nutzungen.

Tabelle 2.6: Möglichkeiten zur Einsparung von Wasser

Möglichkeiten, Wasser zu sparen und diffuse Abwasseranfallstellen zu beseitigen:	• Schulung des Personals im sparsamen Umgang mit dem Wasser • Regelmäßige Wartung und sorgfältige Einstellung der Maschinen (z. B. Düsen und Drücke) • Kontrolle von Leckagen • Kontrolle der Verbraucher auf ihren tatsächlichen Bedarf • Einbau von Wasserzählern zur Anzeige und Überprüfung des Wasserbedarfs • Einbau von Magnetventilen, die bei Produktionsstillstand die Wasserzufuhr unterbrechen • Anschaffung bedienungsfreundlicher Armaturen • Vermeidung von Spritz-, Leckwasser- und sonstigen Verlusten • Auffangwannen insbesondere im Bereich von Abfüllstellen • weitgehende Ersetzung von Schläuchen durch feste Rohrleitungen • Überdruckventile als Vorschaltung bei Berstscheiben • Kontrolle der Frisch- und Abwassermengen • Weiterwendung des geringer belasteten Wassers

- *Kaskadennutzung* heißt Einsatz eines Wasservolumens für gleichartige, nacheinander erfolgende Nutzungen.
- *Kreislaufnutzung*, bei der der Einsatz eines Wasservolumens in offenen oder geschlossenen Kreisläufen zur mehrfachen Verwendung für denselben Zweck erfolgt.

In Tabelle 2.6 werden einige Möglichkeiten aufgezeigt, Wasser einzusparen.

2.4.1.1 Mehrfachnutzung des Wassers

Bedingung für die Mehrfachnutzung und somit Wiederverwendung von Wasser ist eine getrennte Erfassung der Teilströme. Wenig verschmutztes Betriebswasser kann z.B. an einer anderen Stelle im Betrieb wiederverwendet werden. Es muß dabei aber gewährleistet sein, daß das Wasser, das wiederverwendet wird, eine Qualität besitzt, die für den vorgesehenen Einsatzzweck geeignet ist. Gute Beispiele für eine Mehrfachnutzung von Wasser gibt es u.a. in der Nahrungs- und Genußmittelindustrie, wo Wasser im Gegenstrom von der reinen Seite bis hin zur ersten Waschstufe genutzt werden kann. Eine bewährte Technik von Produktionswasser ist also das *Gegenstromprinzip*. Die Frischwasserzugabe erfolgt hier am Ende einer Produktionslinie.

Eine Mehrfachnutzung und somit Wiederverwendung setzt eine getrennte Erfassung der Teilströme voraus.

2.4.1.2 Kaskadennutzung (Teil der Kreislaufführung)

In vielen Industriezweigen wird ein großer Teil des Betriebswassers für Spülzwecke verwendet. Denn durch die Anwendung wassersparender Spültechniken kann der Frischwassereinsatz stark vermindert werden.
Eine gute Möglichkeit zur Verminderung der Abwassermenge liegt in der Spültechnik.

Beispiel Metalloberflächenbehandlung: Durch den Spülvorgang wird der Flüssigkeitsfilm, der dem Metallteil anhaftet, verdünnt. Je höher hierbei das Verdünnungsverhältnis ist, desto besser ist dann die Spülung. Das Verdünnungsverhältnis wird als **Spülkriterium** bezeichnet.

Das Spülkriterium wird angegeben in Form des Konzentrationsquotienten zwischen dem Prozeßbad und abschließenden Spülbad C_o/C. Das Spülkriterium ist zudem ein Maß für die gewünschte Reinigung.

Die Konzentrationen in den Spülbädern lassen sich über eine Näherungsgleichung wie folgt berechnen:

$$C_o/C = Q/V$$

davon sind: C_o = Konzentration des Prozeßbades, C = Konzentration des Spülwassers, Q = Volumen des Spülwassers, V = Volumenstrom der Verschleppung.

Die Verschleppung ist ausschlaggebend für die erforderliche Menge an Spülwasser. Je höher die Verschleppung ist, desto kürzer ist die Standzeit der Spülbäder.

Die Badlösung, die an dem Metallteil haften bleibt, ist entscheidend für die benötigte Spülwassermenge. Bei einer Verringerung der Verschleppung läßt sich die Menge des Spülwassers bei gleichbleibendem Spülkriterium reduzieren.

Entscheidende Kriterien für die Verschleppung sind:
- Art und Profil der Teile (glatt, rauh),
- Zusammensetzung der Badlösung (Viskosität, Dichte, Oberflächenspannung),
- Arbeitsbedingungen (Aufhängung, Abtropfzeit).

2.4 Abwasserarme/abwasserfreie Produktionsverfahren

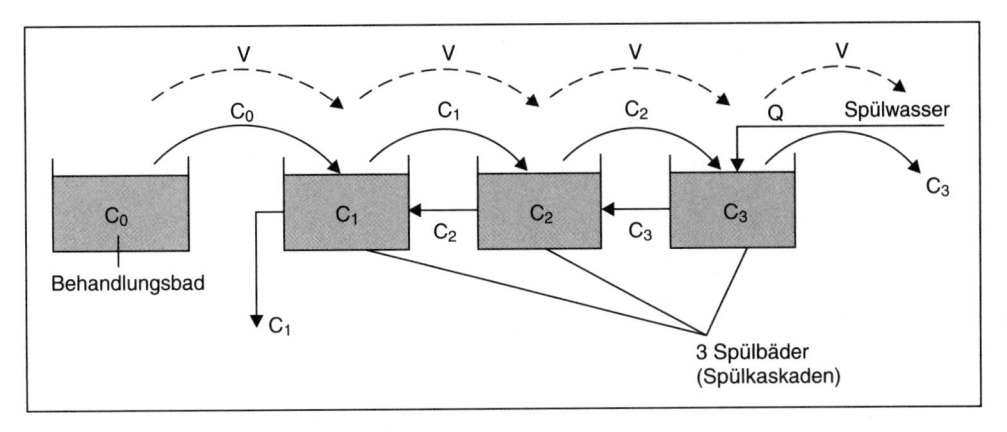

Bild 2.12: Schematische Darstellung einer Kaskadenspülung

Kaskadenspülung: Wie schon beim Gegenstromspülen erläutert, verläßt das Metallteil (Werkstück) die Kaskade im Bereich des Frischwasserzuflusses, und das benutzte Wasser fließt in Richtung des Aktivbades; seine Konzentration an Ionen aus dem Aktivbad nimmt dabei zu. Bild 2.12 zeigt in einer Darstellung eine Spülkaskade.

Das Wasser durchfließt kaskadenartig mehrere Spülbehälter (Spülabteile). Das Spülwasser läuft im letzten Spülabteil zu und im ersten Spülabteil ab. Das Werkstück wird also im *Gegenstromverfahren* zuerst mit dem am höchsten konzentrierten und zuletzt mit dem saubersten Spülwasser gereinigt.

2.4.1.3 Kreislaufnutzung (Kreislaufführung)

Ein gesteigertes Umlaufbewußtsein und hohe Wasser- und Abwasserkosten zwingen bekanntlich dazu, Wasser zu sparen. Wenn es realisierbar ist, wird Wasser, wie erwähnt mehrfach benutzt oder beispielsweise in geschlossenen Wasserkreisläufen ohne Wasserneuzuspeisung geführt.

Bei der eigentlichen Kreislaufführung wird das Wasser ohne zeitliche Begrenzung in geschlossenen Kreisläufen geführt (z.B. bei der Kühlung).

Auf dem Weg zum prozeßabwasserfreien Werk (Fallbeispiel von Mercedes-Benz-Werk Sindelfingen).

Die Automobilindustrie hat nicht nur den Abfall erheblich reduziert, sondern auch das Abwasseraufkommen. Moderne Produktionsverfahren, Kreislaufführung und andere Fortschritte haben den Wasserverbrauch in der Automobilindustrie innerhalb von zehn Jahren um mehr als ein Drittel reduziert.

Die Wasserbilanz des Werkes Sindelfingen: Knapp zwei Drittel des Frischwassereinsatzes werden für die Fertigung benötigt. Hierzu wird Trink- oder Brunnenwasser verwendet.
Von dem für die Fertigung bestimmten Frischwasser wird mehr als die Hälfte für offene Kühlkreisläufe sowie zur Feuchtigkeitsregulierung der Spritzkabinen benötigt. Da dieser Frischwasseranteil verdunstet, ist das Abwasseraufkommen in diesem Werk wesentlich niedriger als der Frischwassereinsatz. Nur rund ein Viertel der ursprünglichen Frischwassermenge wird in den Fertigungsprozessen verunreinigt.

Bild 2.13: Wassersparmaßnahme durch die Reinigung von Prozeßteilen(Werksfoto v. Mercedes Benz)

Stand der Abwasserreinigung: In der Automobilfabrik werden die verschiedensten Fertigungsverfahren angewendet und dabei sehr unterschiedliche Materialien eingesetzt. Deshalb ist auch das Prozeßwasser mit sehr unterschiedlichen Stoffen belastet.
Entsprechend dem Stand der Technik wird das Prozeßwasser im Werk Sindelfingen vor der zentralen Reinigung zunächst nach den Kategorien „alkalisch", „sauer" oder „cyanidisch" gesammelt. Durch Zuführung von Chemikalien wird das Prozeßwasser danach behandelt und anschließend so vermischt, daß es chemisch neutral ist. Durch Aufflockung, Klärung und Filterung werden die Schadstoffe im Rahmen der Grenzwerte aus dem Prozeßwasser beseitigt. Damit ist das Prozeßwasser zur weiteren Reinigung in der kommunalen Kläranlage geeignet.
Lokale Wasserkreisläufe: Durch Verbesserungen an den Produktionsanlagen wurde erreicht, den Wasserverbrauch durch lokale Kreisläufe drastisch zu senken. Ein Beispiel für solche Wassersparmaßnahmen bietet die Reinigung von Prozeßteilen. Durch eine sinnvolle Anordnung verschiedener Entfettungs- und Spülbäder sowie durch die Reinigung des Spülwassers in einem Zentrifugalseparator konnte erreicht werden, daß die Entfettungsbäder bis zu zwei Jahre die erforderliche Reinigungsqualität behalten (Bild 2.13).

Bild 2.14: Rohstoff- und wassersparende Kaskadenspülverfahren (Werksfoto von Mercedes Benz)

2.4 Abwasserarme/abwasserfreie Produktionsverfahren

Die Abteilung „Galvanik" – dort werden Oberflächen verzinkt, verkupfert oder verchromt – war in früheren Jahren ein Bereich mit hohem Wasserverbrauch. Deshalb suchte man schon zu Beginn der 70er Jahre nach Einsparmaßnahmen.
Beim Verchromen werden z.B. mit Hilfe der Elektrolyse in Abscheidebädern Kupfer-, Nickel- und Chromschichten aufgebracht. Diesen Abscheidebädern sind mehrere Tauchspülwannen nachgeschaltet, in denen die galvanisierten Teile von überschüssigen Rückständen des Galvanikbades gereinigt werden. Dabei erhöht sich allmählich die Metallkonzentration in den Spülwannen.
Beim neuen rohstoff- und wassersparenden Kaskadenspülverfahren (Bild 2.14) wird das Spülwasser nach Erreichen einer bestimmten Konzentration der jeweiligen voranliegenden Spülwanne zugeleitet. Aus dem hochkonzentrierten Spülwasser der ersten Wanne kann schließlich der Rohstoff für das eigentliche Galvanikbad zurückgewonnen werden.
Ergebnis: Durch diese Änderung in der Spültechnik gelang es, den Wasserverbrauch seit Anfang der 70er Jahre von 88 l pro Quadratmeter verchromter Fläche auf 12 l pro Quadratmeter abzusenken.

Beispiel: Die Elektrotauchlackierung: Es findet eine Reduzierung der Abwassermenge aus den Spülzonen, die der Elektrotauchlackierung nachgeschaltet sind, statt. Zum ersten Mal wurde hier in industriellem Maßstab die integrierte Ultrafiltration (Abschnitt 2.5) eingesetzt, die es ermöglicht, das Spülwasser mit Hilfe einer Membran aus dem wässrigen Elektrotauchlack selbst zu gewinnen. Ohne Ultrafiltration wäre der Abwasseranfall dreimal so hoch. Das Wasser, das die Spritzkabinenluft mittels Venturiwäsche von Lackpartikeln reinigt, wird im Kreislauf geführt. Ein neues Verfahren, das noch erprobt wird, ist, daß das im Wasser enthaltene Lösemittel biologisch abgebaut wird (z.B. durch Förderung von Bakterienkulturen). Dadurch verlängert sich ohne zusätzlichen Einsatz von Chemikalien die Standzeit (sog. Standzeitverlängerung) des Kreislaufwassers.

Durch die Maßnahmen zur Frischwassereinsparung und Abwasserreinigung konnte im Werk Sindelfingen der Frischwasserbezug pro produzierten PKW ständig reduziert werden. Er sank in den letzten 30 Jahren von ca. 22 m^3/PKW auf ca. 4 m^3/PKW.

Das Ziel: Ein prozeßabwasserfreies Automobilwerk: Das Ziel, ein prozeßabwasserfreies Automobilwerk zu schaffen, bedeutet nichts Geringeres, als daß keine durch Produktionsprozesse belastete Abwässer mehr das Werk verlassen (Bild 2.15).
Entwicklungsarbeiten und praktische Versuche wurden dabei zweigleisig vorangetrieben. Zum einen wurden die Produktionsanlagen dahingehend optimiert, daß sie weniger Wasser verbrauchen und durch integrierte Reinigungsprozesse ihr Prozeßwasser in einem geschlossenen Kreislauf wiederverwenden können.
Lokale Kreisläufe sind jedoch nicht überall möglich. Deshalb sollte zum anderen auch die zentrale Abwasserbehandlung so ausgebaut werden, daß das dort gesammelte und gereinigte Abwasser wieder als Prozeßwasser eingesetzt werden kann. Beim prozeßabwasserfreien Werk müßten hier im Idealfall nur die Verdunstungsverluste durch Frischwasser ausgeglichen werden.

Umkehrosmose und Verdampfung (s. Abschnitt 2.5):

Beispiel: lokale Reinigung: Nach Vorarbeiten im Labor wurde in der Elektrotauchlackierung eine Versuchsanlage zur Reinigung des Spülwassers erprobt, bei der durch Einsatz der Umkehrosmose ein hoher Reinigungsgrad erzielt wurde. Bei dieser Umkehrosmose wird das vorher gefilterte Abwasser mit hohem Druck durch eine Membran gepreßt. Auf diese Weise lassen sich selbst gelöste anorganische Stoffe aus dem Abwasser entfernen.
Oberstes Ziel ist das vollständige Recycling sowohl auf lokaler wie zentraler Ebene. Wichtig ist bei diesem Vorgang die Prognose, daß sich die Maßnahme zur Prozeßabwasserrückführung

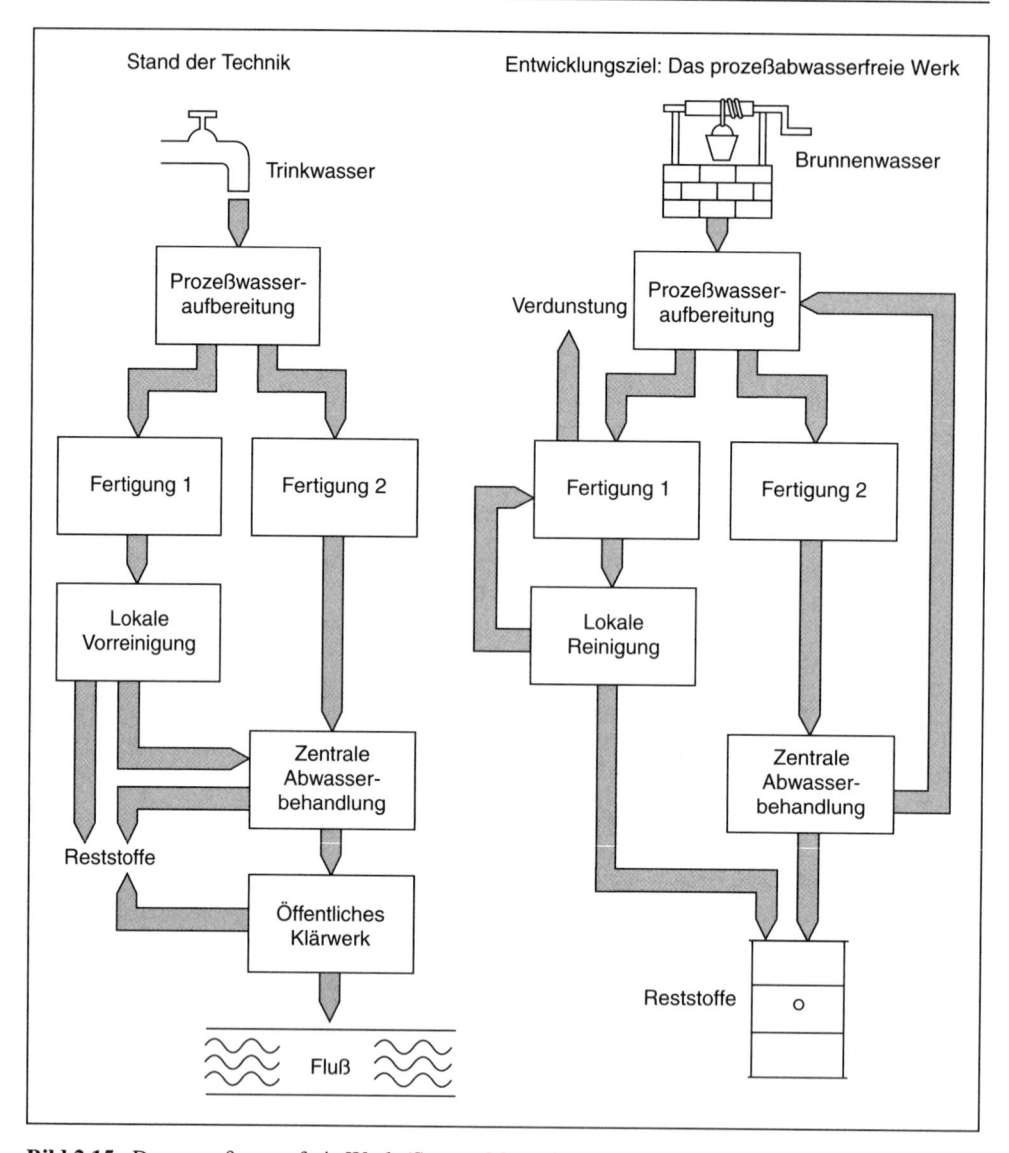

Bild 2.15: Das prozeßwasserfreie Werk (System Mercedes Benz)

bis einschließlich zur Umkehrosmose wirtschaftlich weitgehend selbst tragen könnte. Nachteilig sind hier die Mehrkosten, die entstehen durch den hohen Energieeinsatz für Druckerzeugung und Erhitzung.

Das prozeßabwasserfreie Werk könnte z.B. Abwassergrenzwerte überflüssig machen.

Kreislaufführung von Spülwassern bei der Herstellung von Flexodruckfarben. (Fallbeispiel von Fa. Dürr GmbH, Stuttgart)

Bei der Herstellung und Abfüllung von Farben fällt Spülwasser an. Mit Hilfe eines Ultrafiltrationsverfahrens kann das Spülwasser so aufbereitet werden, daß es im Produktionsprozeß

2.5 Anlagen und Verfahren zur Abwasserreinigung 141

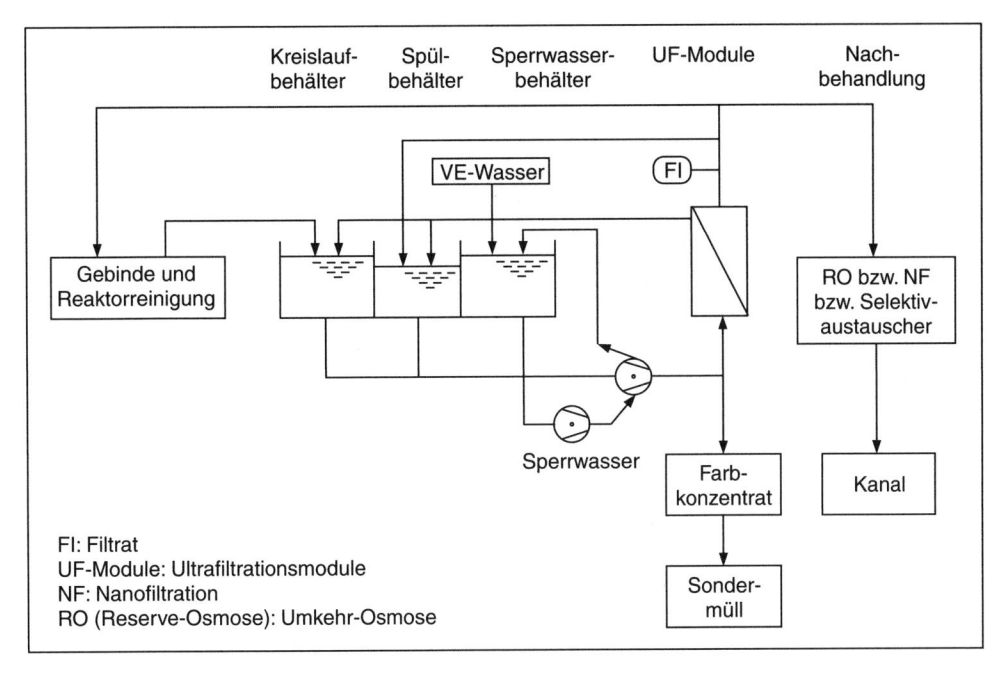

Bild 2.16: Recyclinganlage für Spülwasser mit Ultrafiltration

direkt wieder eingesetzt werden kann. Um eine Aufkonzentrierung von Salzen und anderen Stoffen zu vermeiden, wird ein Teil des Filtrats über alternative Nachreinigungsverfahren wie Umkehrosmose, Nanofiltration oder Selektivaustauscher behandelt. Durch den chemikalienfreien Betrieb der Ultrafiltration bleibt das Spülmittel frei von Bestandteilen, die die Farbherstellung und die Farbrezeptur (Farbeinnahme) stören würden. Das restliche Konzentrat wird als Sondermüll entsorgt. Durch die Reduzierung der Entsorgungskosten amortisiert sich diese Anlage schon nach kurzer Zeit. Bild 2.16 zeigt eine Recyclinganlage für Spülwasser mit Ultrafiltration (siehe auch Abschnitt 2.5.1.4).

Das Verfahren eignet sich sowohl für den Farbhersteller als auch für Druckereien, wo durch Farbwechsel oder Reinigungsprozesse ähnliche Spülmittel anfallen.

2.5 Anlagen und Verfahren zur Abwasserreinigung

Allerdings ist eine eindeutige Zuordnung zu einer Verfahrensgruppe (wie in Tabelle 2.7 dargestellt) selten möglich, weil in der Regel Wirkmechanismen anderer Gruppen in den Prozeß mit eingebunden sind. So setzen z.B. biologische Verfahren zuweilen auch einen Beitrag von Bewegungsenergie voraus, wobei es sich um einen mechanisch/physikalischen Vorgang handelt, während die Umwandlung durch die Stoffwechselprozesse der Bakterien wiederum chemischer Art ist.

Eine gebräuchliche Einteilung der Verfahren könnte somit lauten:
- mechanisch/physikalische Verfahren,
- biologische Verfahren,
- chemisch/physikalische Verfahren.

Tabelle 2.7: Möglichkeiten einer Einteilung der Verfahren

Verfahren	Beispiele

Mechanische Verfahren	• Rechenanlagen
	• Siebanlagen
	• Filtration
	• Membran-Trennverfahren
	  - Mikrofiltration
	  - Ultrafiltration
	  - Nanofiltration
	  - Umkehrosmose

Physikalische Verfahren	• Adsorption
	• Sedimentation
	  - Sandfänge
	  - Absetzbecken
	  - Trichterbecken
	  - Lamellenabscheider
	• Flotation

Biologische Verfahren	• Aerobe Verfahren
	  - Belebungsverfahren
	  - Festbett- und Wirbelbettreaktor
	• Anaerobe Verfahren

Chemische Verfahren	• Neutralisation • Fällung/Flockung • UV-Oxidation (Naßoxidation)

Chemisch-physikalische Verfahren	• Ionenaustauscher
	• Elektrolyse
	• Elektrodialyse
	• Thermische Aufkonzentrierung
	  - Strippen
	  - Kristallisation
	  - Extrahieren
	  - Eindampfen
	  - Verbrennen

2.5.1 Mechanische Verfahren

Allgemeines: Abwässer haben je nach ihrer Herkunft neben den *gelösten Inhaltsstoffen* auch noch mehr oder weniger hohe Anteile an *ungelösten Stoffen.*

Hierzu können zählen:
- faserige und sperrige Stoffe,
- Schwerstoffe, wie Sand, Asche, Scherben, Steine usw.,
- Schwimmstoffe, wie tierische oder mineralische Öle, Fette, Wachse, Paraffine,
- Kunststoffpartikel, Holzfasern und -stücke usw.

Die angeführten Stoffe bewirken eine große Verunreinigung des Abwassers und können sowohl den Kanalisationsbetrieb erschweren als auch die Abwasserreinigungsprozesse stören. Schon bei der Planung einer Abwasserbehandlungsanlage muß geprüft werden, welche verfahrenstechnischen Einrichtungen zur Entfernung dieser Stoffe aus dem Abwasser benötigt werden. Ihr Fehlen oder der Einbau unzweckmäßiger Verfahrenseinrichtungen können den

2.5 Anlagen und Verfahren zur Abwasserreinigung

ordnungsgemäßen Betrieb einer Abwasserreinigungsanlage z.B. durch Verstopfungen ernsthaft stören.

Zur Entfernung von z.B. groben Feststoffen aus dem Abwasser werden mechanische Verfahren eingesetzt.

2.5.1.1 Rechenanlage (Entfernung von Grobstoffen durch Rechenanlagen)

Unter einem Rechen versteht man eine maschinelle Einrichtung zum Zurückhalten von Grobstoffen durch parallel angebrachte Stäbe. Man unterscheidet:
- *Nach der Form in*
  - *Stabrechen,*
  - *Bogenrechen.*
- *Nach dem Stababstand in*
  - *Feinrechen,*
  - *Grobrechen.*
- *Nach der baulichen Gestaltung*
  - *Greifrechen,*
  - *Harkenrechen,*
  - *Kletterrechen und*
  - *Gegenstromrechen.*

In der Grobstoffrechenanlage werden Grobstoffe wie Steine, Hölzer, Putzlappen zurückgehalten, die Pumpe und Druckleitungen in ihrer Funktion nicht nur behindern, sondern auch gefährden können. Die Stababstände der Rechenanlage liegen nach DIN 19554 zwischen 10 und 100 mm, und können je nach Aufgabe auch größer gewählt werden.

Im Bereich von 10–25 mm spricht man hier von *Feinrechenanlagen*.
Grobrechenanlagen besitzen meist einen lichten Stababstand von 60–100mm.

Von der Maschenweite hängt der Rechengutanfall wie folgt ab:
- *Art der Stoffe im Abwasserstrom:*
  - feinere Schwebestoffe, z.B. kürzere Fasern, Papierschnitzel und dgl. werden bei engerem Stababstand zurückgehalten,
  - grobe Schwebestoffe, werden zurückgehalten, wenn ihre Abmessungen z.B. größer als die Spaltweite des Rechenrostes sind (d.h. wenn das Abwasser den Rost passiert).
- *Qualitativ:*
  - weil sich organische Feststoffe in das vom Rechengut und vom Gitter aufgespannte Netz einlagern, was zu Gerüchen bei der Stapelung des Rechengutes führen kann.

Die Gitterstäbe sind meist wegen des Strömungswiderstands rund oder linsenförmig ausgebildet.

Bemessung der Rechenanlage: Als Anhalt für die Bemessung von Rechenanlagen kann angenommen werden, daß der zwischen den Stäben verbleibende Fließquerschnitt mit einer Geschwindigkeit von ca. 1 m/s (z.B. 0,4 und 1,5 m/s) durchströmt werden soll, wobei man eine Belegung des Fließquerschnitts mit 30–60 % annehmen muß. Auch in Zeiten geringen Zuflusses sollte die Strömungsgeschwindigkeit = 6 m/s vor dem Rechen sowie 1 m/s zwischen den Rechenstäben (siehe Bild 2.17) nicht unterschreiten, da es sonst zum Absetzen von Grobstoffen kommt (siehe Sandfang).

Ferner sollte man wissen, daß das meiste Rechengut nach einem Regen angeschwemmt wird (z.B. Bemessung für Rechenwasserzufluß). Da die Rechen heute mechanisch gereinigt werden; ist es wesentlicher, daß die Fließgeschwindigkeit des Rohabwassers vor dem Rechen so groß ist, daß Ablagerungen vermieden werden (mindestens 0,6 m/s).

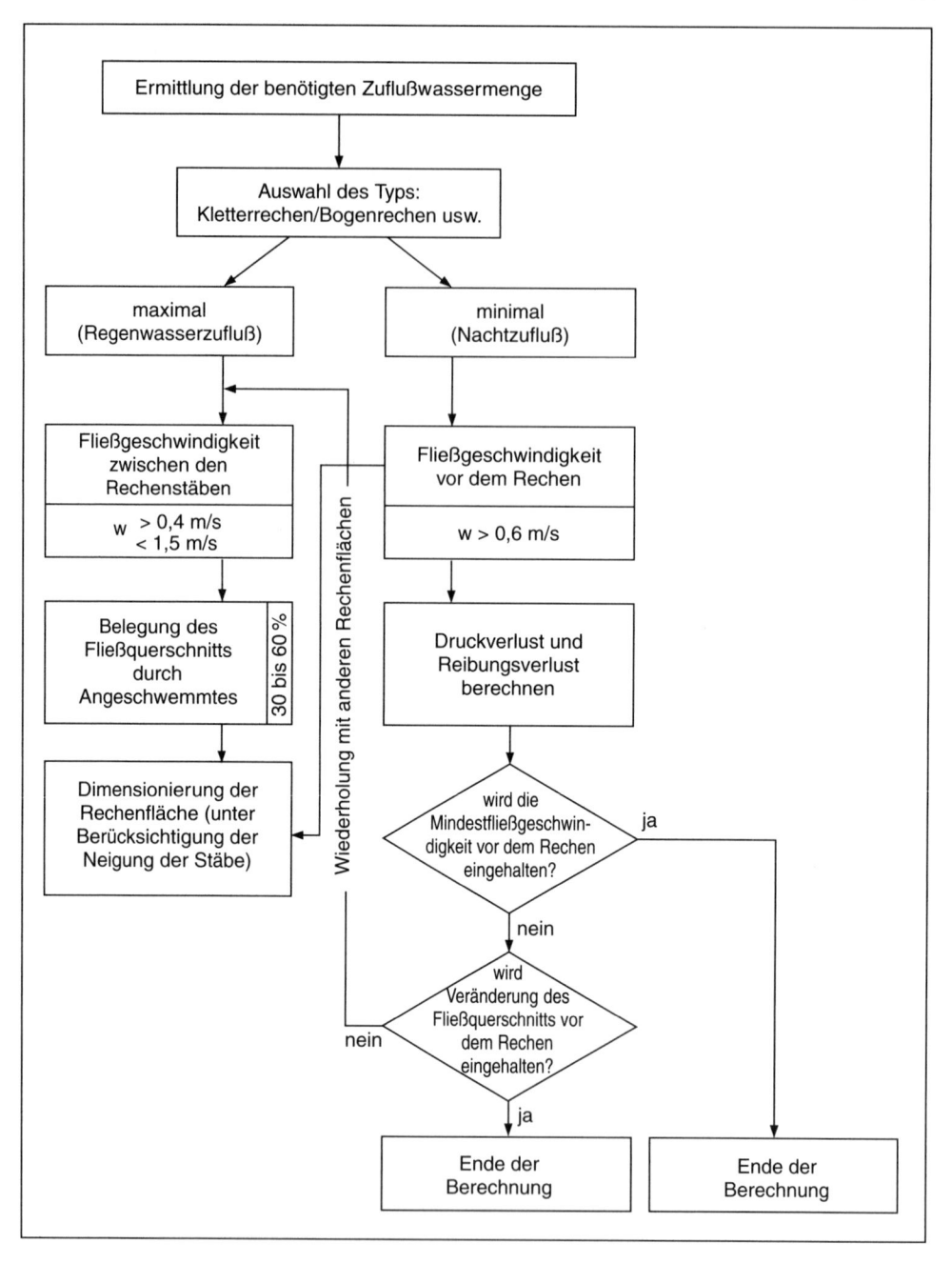

```
┌─────────────────────────────────────────────────────────────────┐
│         Ermittlung der benötigten Zuflußwassermenge             │
│                            │                                     │
│                            ▼                                     │
│                  Auswahl des Typs:                               │
│              Kletterrechen/Bogenrechen usw.                      │
│                    ╱              ╲                              │
│              maximal              minimal                        │
│         (Regenwasserzufluß)   (Nachtzufluß)                      │
│                │                    │                            │
│                ▼                    ▼                            │
│        Fließgeschwindigkeit   Fließgeschwindigkeit               │
│        zwischen den           vor dem Rechen                     │
│        Rechenstäben                                              │
│          w > 0,4 m/s              w > 0,6 m/s                    │
│            < 1,5 m/s                                             │
│                │                    │                            │
│                ▼                    ▼                            │
│         Belegung des          Druckverlust und                   │
│         Fließquerschnitts     Reibungsverlust                    │
│         durch                 berechnen                          │
│         Angeschwemmtes                                           │
│         30 bis 60 %                                              │
│                │                    │                            │
│                ▼                    ▼                            │
│         Dimensionierung     wird die                             │
│         der Rechenfläche    Mindestfließge-        ja            │
│         (unter Berück-  ◄── schwindigkeit vor ────────┐          │
│         sichtigung der      dem Rechen                │          │
│         Neigung der Stäbe)  eingehalten?              │          │
│                                  │ nein              │          │
│                                  ▼                    │          │
│                             wird Veränderung          │          │
│                      nein   des Fließquerschnitts     │          │
│                      ◄──    vor dem Rechen            │          │
│                             eingehalten?              │          │
│                                  │ ja                 │          │
│                                  ▼                    ▼          │
│                             Ende der           Ende der          │
│                             Berechnung         Berechnung        │
└─────────────────────────────────────────────────────────────────┘
```

Bild 2.17: Bestimmung der Zuflußwassermenge

Die Rechenreinigung ist für die Funktion eines Rechens von großer Bedeutung.

Rechenanlagen sind also wartungsbedürftige Maschinen. Dieser Umstand ist schon bei der Planung zu beachten. Neben einer guten Zugänglichkeit sollte auch ein störungsfreier Winterbetrieb möglich sein.

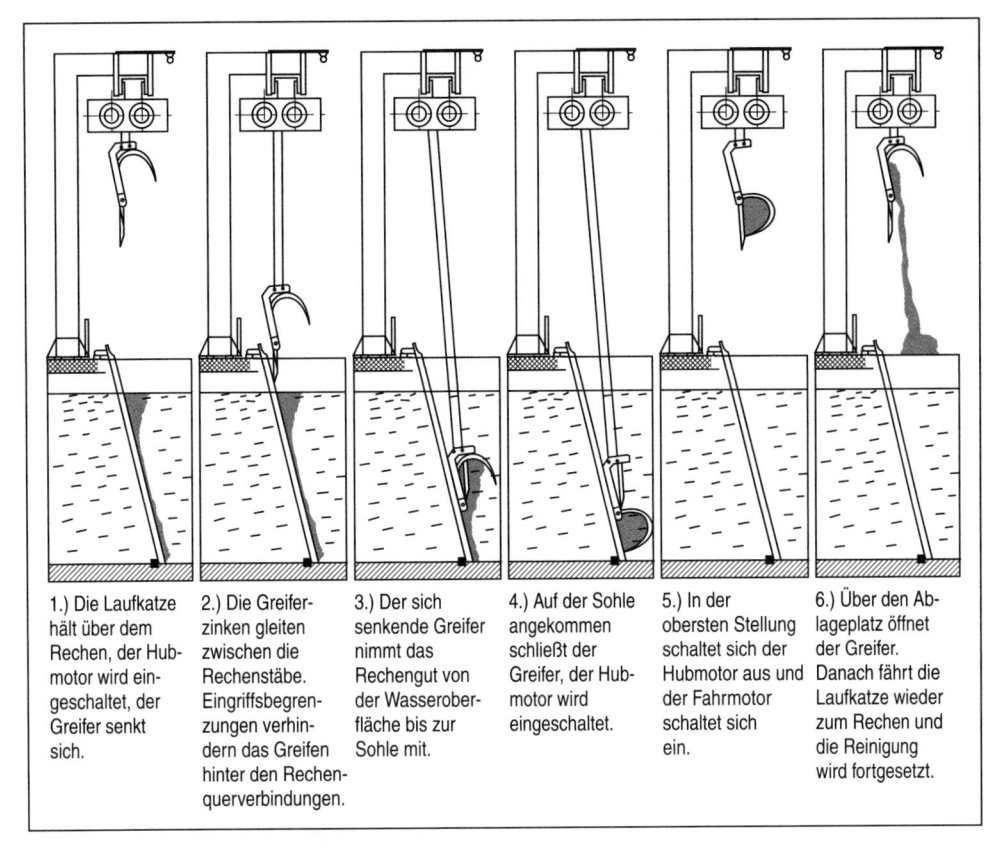

2.5 Anlagen und Verfahren zur Abwasserreinigung

| 1.) Die Laufkatze hält über dem Rechen, der Hubmotor wird eingeschaltet, der Greifer senkt sich. | 2.) Die Greiferzinken gleiten zwischen die Rechenstäbe. Eingriffsbegrenzungen verhindern das Greifen hinter den Rechenquerverbindungen. | 3.) Der sich senkende Greifer nimmt das Rechengut von der Wasseroberfläche bis zur Sohle mit. | 4.) Auf der Sohle angekommen schließt der Greifer, der Hubmotor wird eingeschaltet. | 5.) In der obersten Stellung schaltet sich der Hubmotor aus und der Fahrmotor schaltet sich ein. | 6.) Über den Ablageplatz öffnet der Greifer. Danach fährt die Laufkatze wieder zum Rechen und die Reinigung wird fortgesetzt. |

Bild 2.18: Arbeitsweise einer Rechenanlage

In Bild 2.18 wird die Arbeitsweise einer Rechenanlage dargestellt.
Bild 2.19 zeigt hierzu eine Rechenreinigungsmaschine.

2.5.1.2 Siebanlagen

Siebanlagen werden für Industrieabwässer schon seit längerer Zeit eingesetzt, während sie in kommunalen Klärbecken erst seit den siebziger Jahren anzutreffen sind.
In Siebanlagen mit Loch- bzw. Schlitzweiten im Bereich von 0,2–3 mm werden feinere Stoffe wie z.B. Binden, Essensreste, Haare und sonstige Faserstoffe entfernt, die auch nicht von Feinrechen mit 10–15 mm Stababstand erfaßt werden können; der Feinrechen bietet bei diesen Stoffen keinen Schutz vor Verstopfungen in den nachfolgenden Stufen.

Der Einsatz von Siebanlagen bietet somit folgende Vorteile:
- Die störenden Grob- und Faserstoffe werden im Sieb zurückgehalten, so daß die nachfolgenden Reinigungsstufen weniger Wartung bedürfen.
- Verminderung der absetzbaren Stoffe.
- Die Schlammbehandlung wird weniger störanfällig und der Schlamm wird homogener.

Bei den *Sieben* unterscheidet man Bogen-, Mulden- und Trommelsiebe.
Bei den *Bogensieben* (vgl. Bild 2.20) strömt das Abwasser von oben über die bogenförmige Siebfläche nach unten und zugleich durch das Sieb hindurch. Die Schmutzstoffe rutschen dabei auf der Sieboberfläche nach unten entweder auf ein Förderband oder in einen Container.

Bild 2.19:
Bild einer Rechenmaschine
(Werksfoto von Apparatebau
Münster GmbH, Dägeling)

Eine andere Bauform ist das halbkreisförmige *Muldensieb* (Bild 2.21), das durch umlaufende Raumbürsten gereinigt wird; mit den sich drehenden Bürstenarmen findet also eine mechanische Räumung statt.

Trommelsiebe weisen eine sich langsam drehende, mit einem Spalt- bzw. Lochsiebmantel bespannte Trommel auf, durch die von außen nach innen oder umgekehrt das Abwasser strömt und dabei von ihren Feststoffen befreit wird. Bei den Trommeln erfolgt bei innenliegender Abwasserzuführung der Austrag des Siebgutes über eine Schnecke und bei außenliegender Abwasserzuführung durch Abstreifer oder über Bürsten.

Paternosterfilterrechen: Ein Mittelding zwischen Rechen und Sieb stellt der in Bild 2.22 dargestellte Filterrechen (auch Paternoster-Siebrechen genannt) dar.
Eine flächige, endlose Gliederkette mit jeweils hakenförmig ausgebildeten Einzelsegmenten übernimmt bei dieser schräg eingebauten Anlage sowohl Sieb- als auch Förderfunktion.

Vorgang: Bei der Aufwärtsbewegung werden dabei die Feststoffe herausgesiebt und in einen Container geworfen.

Mikrosieb: Neben den erwähnten Siebanlagen gibt es auch noch die Mikrosiebe; ihr Lochweitenbereich beträgt 0,015–0,1 mm.

Das Mikrosieb ist eine in der Wasseraufbereitung z.B. zur Entfernung von Plankton, in Kläranlagen zur Zurückhaltung von Schwebestoffen, verwendete maschinelle Siebanlage mit sehr geringer Maschenweite.

Bei der Mikrosiebung (Trommelsiebe) werden Feststoffpartikel mechanisch unter Verwendung mikroskopisch feiner Gewebe aus dem Abwasser getrennt. Auf dem Filtergewebe bildet sich ein Feststoffkuchen, der zur Erhöhung des Feststoffrückhalts beiträgt (Bild 2.23 a). Die Entnahmewirkung wird in der Regel durch die Eigenschaften des Filtermediums bestimmt, wobei die hydraulischen Einflußfaktoren (Belastung, Rückspülung) und die Filtrierbarkeit der zufließenden Abwassersuspension (Abwasserschwemme) maßgebenden Einfluß auf den mengenmäßigen Rückhalt haben.

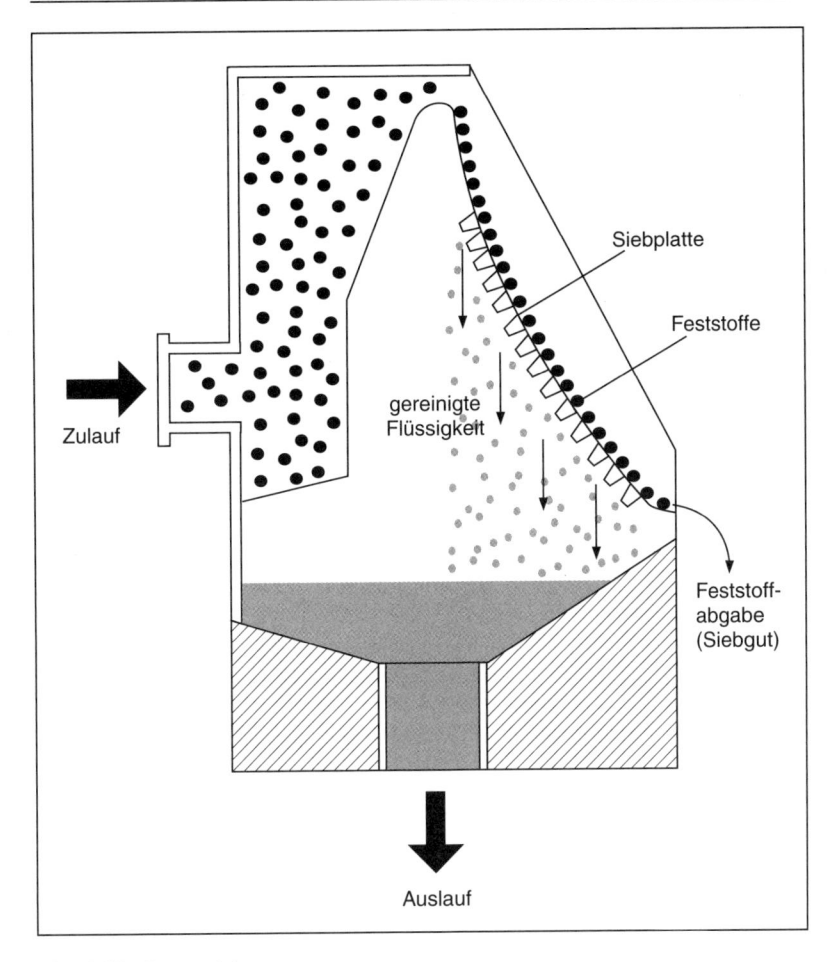

Bild 2.20: Bogensieb

2.5.1.3 Filtration

Unter Filtration versteht man die Abtrennung eines Flüssigkeits-Feststoff-Gemisches in seine Bestandteile über ein für die Flüssigkeit durchlässiges Filtermittel, das den Feststoff zurückhält.

Im Gegensatz zur beschriebenen Siebung, werden bei der Filtration durch chemisch-physikalische Mechanismen auch Partikel zurückgehalten, die kleiner als die Öffnung im Filter sind. Bild 2.24 zeigt das Prinzip einer Filtration.Partikel werden gemäß Bild 2.24 angelagert und zurückgehalten aufgrund von Trägheitseffekten:
- Behinderung,
- Sedimentation auf den Filterkörnern und
- Brownscher Molekularbewegung.

Raumfiltration: Neben den Gewebefiltern (siehe Siebung) spielen bei der Abwasserreinigung im industriellen, aber auch zunehmend im kommunalen Bereich, die Raumfilter, z.B. wegen ihrer betrieblichen Sicherheit, eine immer größere Rolle.

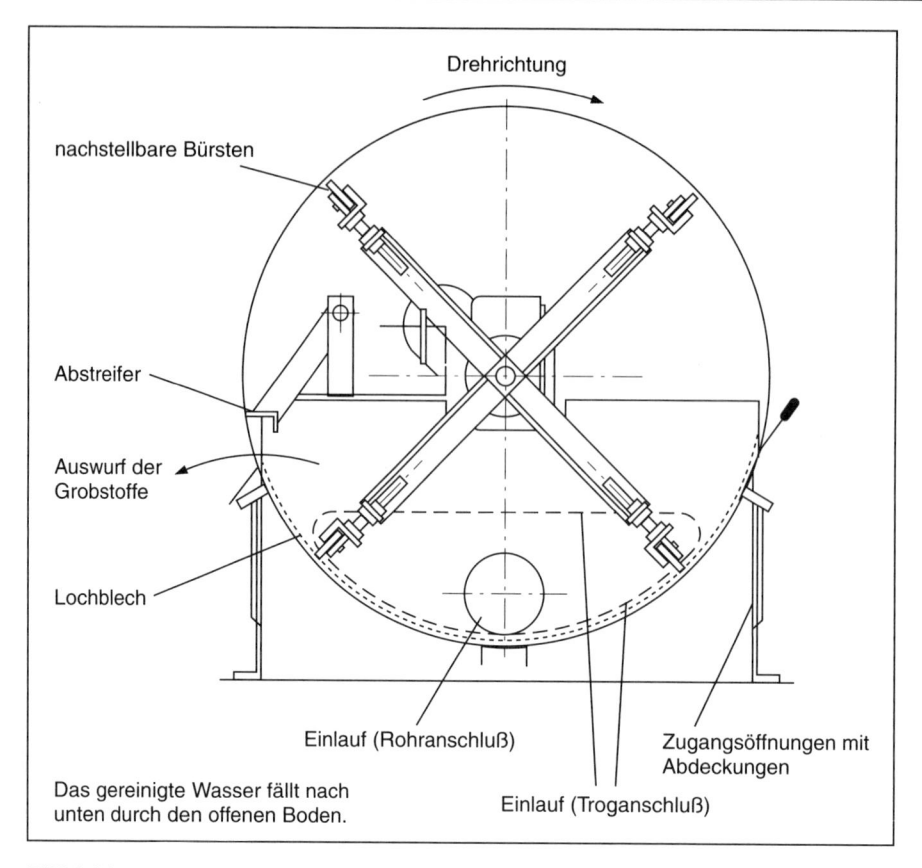

Bild 2.21: Muldensieb

Raumfilter setzen sich aus mehreren Schichten zusammen, bei denen der größere Teil der Filterschicht aus gröberem Korn (Hydroanthrazit, Blähschiefer usw.) und das Ende des Filters aus feinerem Material (Quarzsand, Basalt) besteht.
Damit sich der Aufbau der Schichten nach der erforderlichen Filterrückspülung selbsttätig wieder einstellt, müssen die Materialien unterschiedliches spezifisches Gewicht haben. Erfolgt die Durchströmung des Filters mit der Schwerkraft, so muß das gröbere Korn leichter sein. Ist die Strömungsrichtung gegen die Schwerkraft gerichtet, muß das gröbere Korn schwerer sein. Die Entwicklung der Raumfilter ist dabei in folgende Richtungen gegangen:
- Überstaufiltration,
  - kontinuierlich gespülte Sandfilter.
- Trockenfiltration.
- Biologische Filtration.

Bei der *Überstaufiltration*, die bevorzugt in der Trinkwasseraufbereitung eingesetzt wird, befindet sich ständig ein Wasserpolster über dem Filtermaterial und der gesamte Porenraum ist dauernd mit Wasser gefüllt.

Einsatzgebiete dieser Filtration sind der
- Schwebestoffrückhalt im Anschluß an eine Sedimentation (Nachklärung) und die
- Entnahme von Phosphatfällungsschlamm.

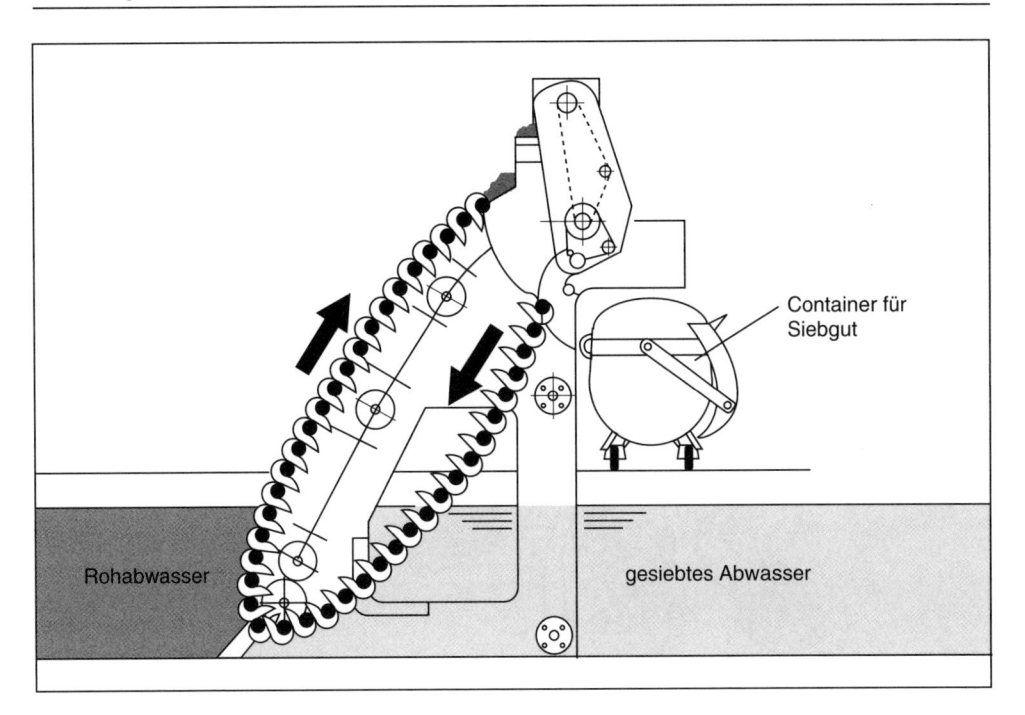

2.5 Anlagen und Verfahren zur Abwasserreinigung

Bild 2.22: Paternoster-Siebrechen

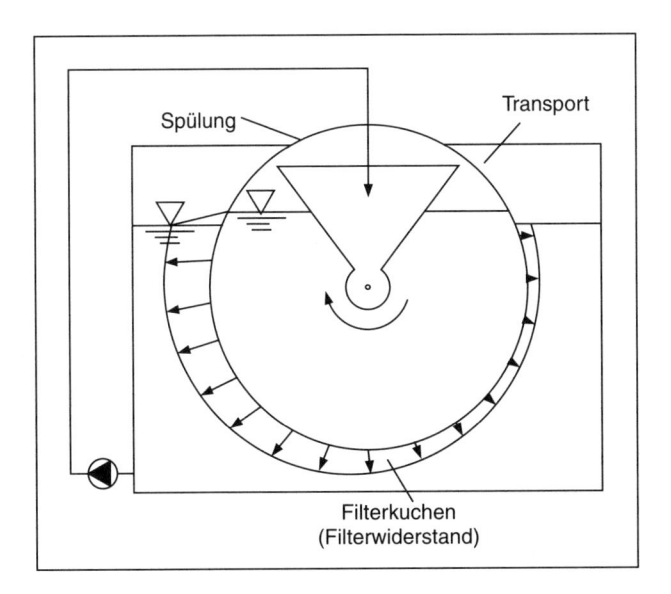

Bild 2.23: Prinzipskizze eines Mikrosiebs

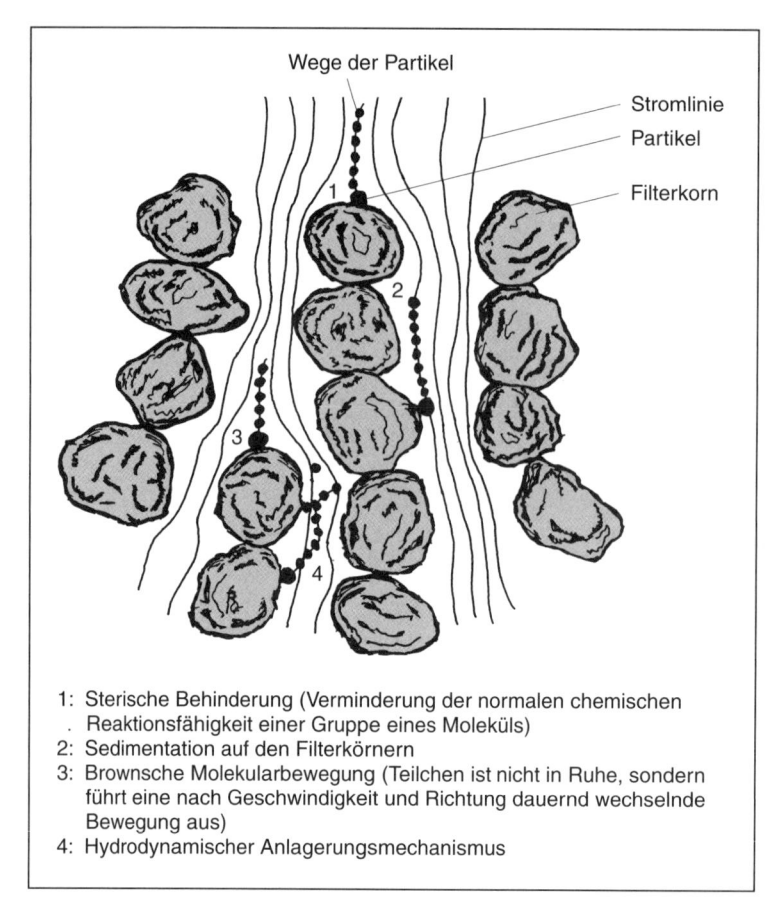

Bild 2.24: Prinzip einer Filtration

1: Sterische Behinderung (Verminderung der normalen chemischen Reaktionsfähigkeit einer Gruppe eines Moleküls)
2: Sedimentation auf den Filterkörnern
3: Brownsche Molekularbewegung (Teilchen ist nicht in Ruhe, sondern führt eine nach Geschwindigkeit und Richtung dauernd wechselnde Bewegung aus)
4: Hydrodynamischer Anlagerungsmechanismus

Eine Sonderform der Überstaufiltration ist der *kontinuierlich gespülte Sandfilter* (Bild 2.25). Die Arbeitsweise beruht darauf, daß das Abwasser von unten in das Filterbett einströmt und dabei im Gegenstrom zum gereinigten Sand nach oben abfließt. Der beladene, schwere Filtersand wandert dabei nach unten und wird über eine in einem Mittelrohr befindliche Mammutpumpe an die Spitze gefördert, wo eine hydromechanische Reinigung erfolgt. Der gereinigte Sand fällt zurück in den Filterraum und wandert dem Abwasserstrom entgegen.

Bei der *Trockenfiltration* wird das aufzubereitende Wasser gleichmäßig über die Filterbettoberfläche verteilt und rieselt in einem dünnen Film über die Oberfläche des Filterstoffes. Gleichzeitig wird durch Drücken Luft durch das Filterbett geführt und somit die Besiedlung des Trägermaterials durch aerobe Bakterien ermöglicht.

Das Verfahren einer *biologischen Filtration* entspricht in etwa der Trockenfiltration. Die unvermeidliche Ansiedlung von Bakterien und anderen Mikroorganismen im Filterbett, wird gezielt zur weiteren Reinigung des Abwassers genutzt (z.B. zur Reduzierung schwer abbaubarer organischer Verbindungen). Die Versorgung der Mikroorganismen mit Sauerstoff erfolgt entweder durch eine direkte Filterbelüftung oder durch eine Vorbelüftung des Abwassers vor Eintritt in den Filter.

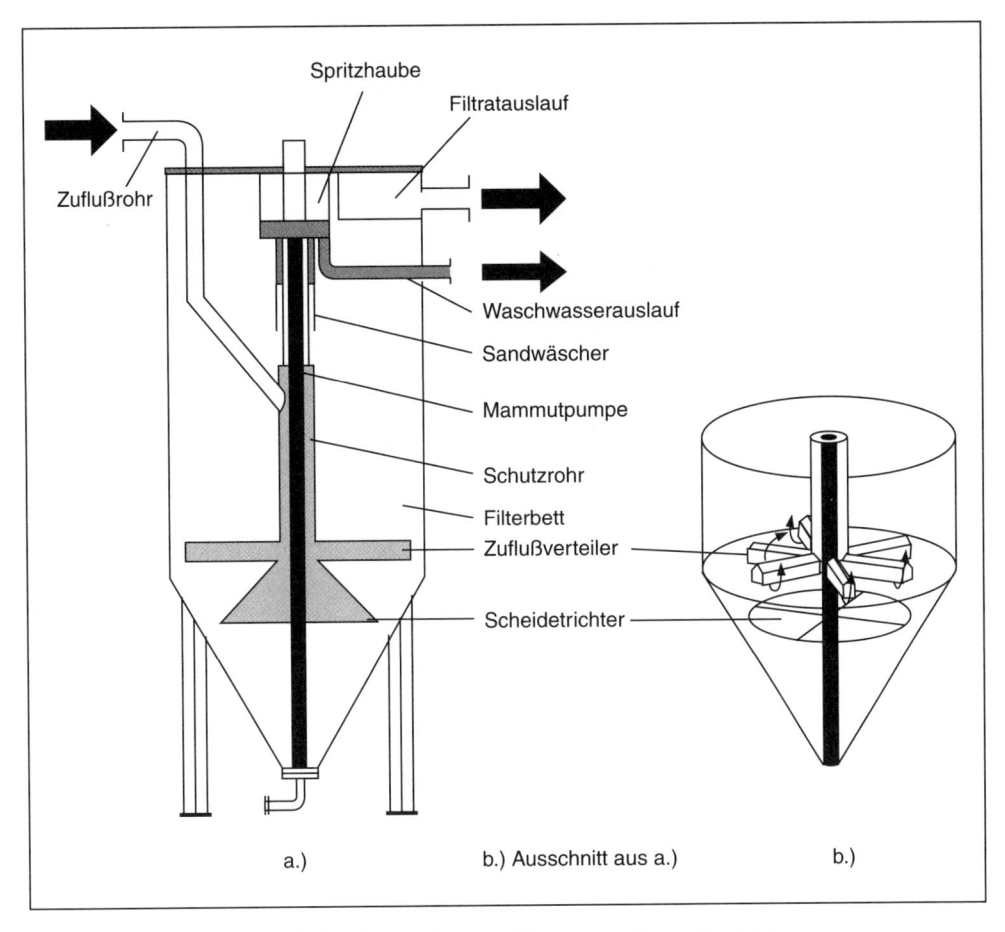

2.5 Anlagen und Verfahren zur Abwasserreinigung

Bild 2.25: Kontinuierlich arbeitendes, reinigendes Filtersystem (Dyna-Sand-Filter)

2.5.1.4 Membran-Trennverfahren

Im Rahmen der mechanischen Phasenseparation sind in neuester Zeit neben den Gewebe- und Raumfiltern die Membran-Filterverfahren in den Mittelpunkt des Geschehens gerückt. In Erweiterung zu den konventionellen Filtern können Membranfilter bei weitaus geringeren Partikelgrößen noch filtrierend wirken.

Das Membran-Trennverfahren ist ein Verfahren zur Entfernung kleinster Partikel aus dem Abwasser. Sind aus einem Flüssigkeitsstrom Teilchen < 0,01 mm bzw. Moleküle oder sogar Ionen abzuscheiden, so werden Membran-Trennverfahren eingesetzt. Zu diesen Verfahren, deren Bedeutung stark im Steigen begriffen ist, zählen im wesentlichen Mikrofiltration, Ultrafiltration, Nanofiltration und Umkehr-Osmose.

Bild 2.26 verdeutlicht anhand der Trenngrenzen die Einsatzbereiche der verschiedenen Filtrationsverfahren.

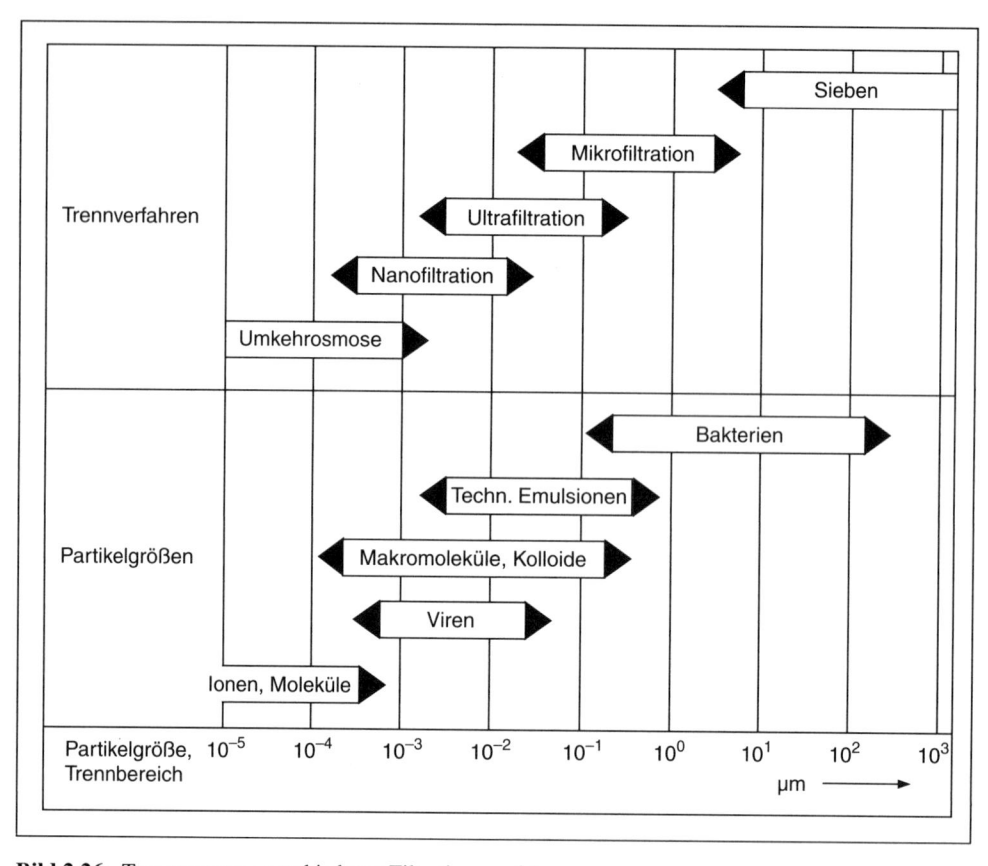

Bild 2.26: Trenngrenzen verschiedener Filtrationsverfahren

Membran-Trennanlagen: Technisch gesehen setzt sich die Membran-Trenntechnik aus einem Vorlage- und einem Permeatbehälter, einer Druckerhöhungspumpe und dem eigentlichen *Trennmodul* zusammen. Das Modul (siehe Bild 2.27) besteht aus einem oder mehreren Strömungskanälen, die als Rohr geformt oder durch Abstandshalter bei Platten offen gehalten werden. Die Begrenzung der Strömungskanäle stellt die Membran dar. Daneben gibt es auch noch weitere Modulbauarten, die nicht besonders behandelt werden sollen.
Membranmaterialien: Neben der Art der Strömung spielen der Werkstoff und die Struktur der Membrane eine wichtige Rolle. Die gebräuchlichsten Membranwerkstoffe sind Celluloseacetat und Polyamid, sowie sulfoniertes Polyphenylenoxid, das auf Trägermaterialien aufgezogen ist, oder Graphitoxid, Glasfilter, Filterpapier usw.

Das WABAG SMS-Verfahren für den Einsatz von getauchten Membranen zur Erhöhung der Biomassekonzentration im Belebungsbecken (Fallbeispiel von WABAG, wassertechnische Anlagen GmbH, Kulmbach).

Die Membranen werden bei diesem Verfahren in die Belebung eingebaut und unterhalb des Wasserspiegels angeordnet. Mittels Unterdruck wird auf der Filterseite der Membrane das gereinigte Wasser aus dem Prozeß entnommen und gleichzeitig die Biomasse aufkonzentriert. Das durch die Membranfiltration erzeugte Filtrat ist feststoffsrei und weitgehend entkeimt.

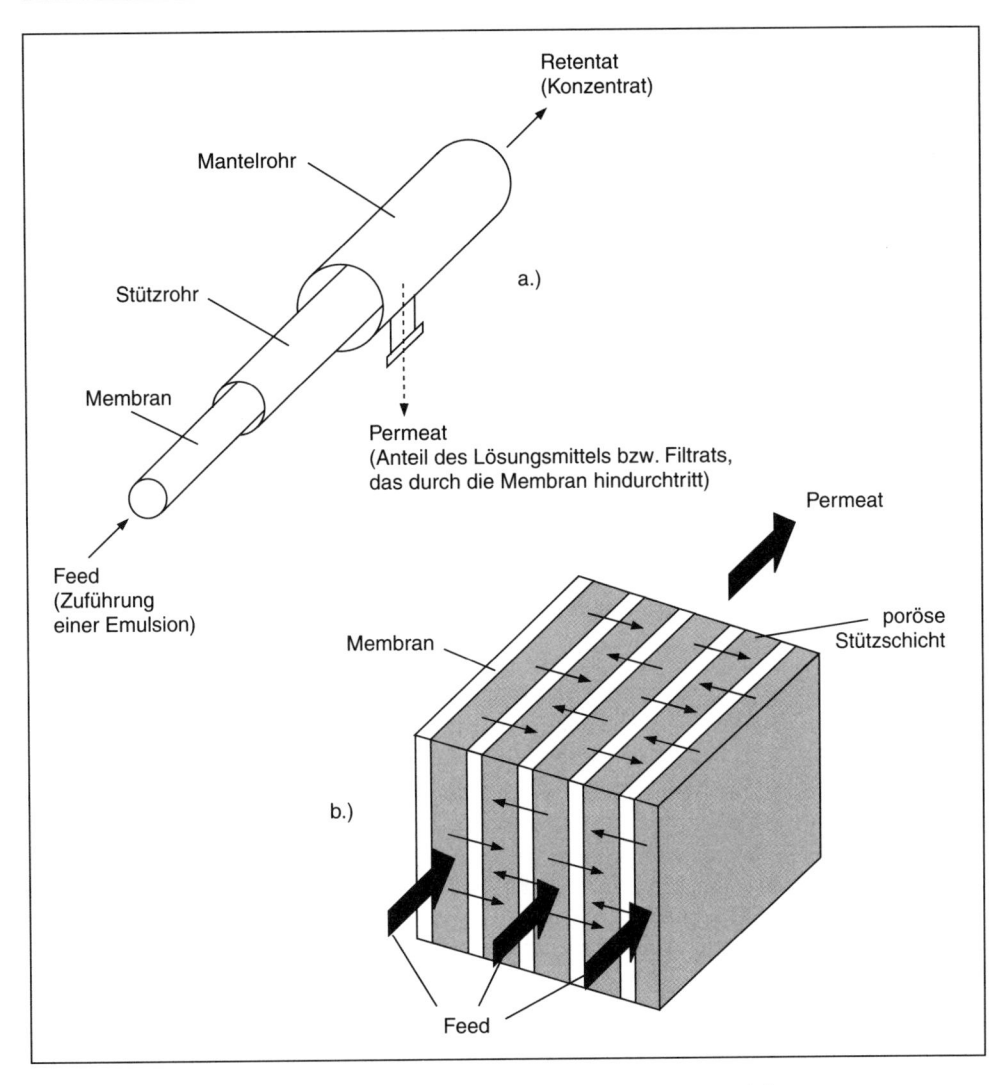

2.5 Anlagen und Verfahren zur Abwasserreinigung

Bild 2.27: Beispiele für Membranmodule: a.) Rohrmodul und b.) Plattenmodul

Im Unterschied zu den bisherigen Membranverfahren wird hier keinerlei Energie zur Umwälzung des Mediums an der Membranoberfläche eingebracht. Abweichend zu bekannten Systemen wird als treibende Kraft für den Wassertransport durch die Membran auf der Filterseite ein Unterdruck aufgebracht (Unterdruck-Membranverfahren). Damit die Membranen nicht durch den sie umgebenden Belebtschlamm verstopft werden, wird durch die aufsteigenden Blasen der Belüftung eine Strömung in den Plattenzwischenräumen erzeugt, die in Verbindung mit einer periodischen Filtrationsunterbrechung für eine Ablösung der entstandenen Beläge sorgt. Die flächigen Membranen werden in Form von Plattenpaketen mit ca. 100 m² Fläche eingebaut. Die Platten haben jeweils eine Fläche von 0,8 m². Die Pakete werden im Belebtschlamm getaucht montiert. Der Filtrationsbetrieb muß zur Entnahme von Membranen nicht unterbrochen werden. Der Einsatz von Membranpaketen erfordert eine Beckentiefe von mind.

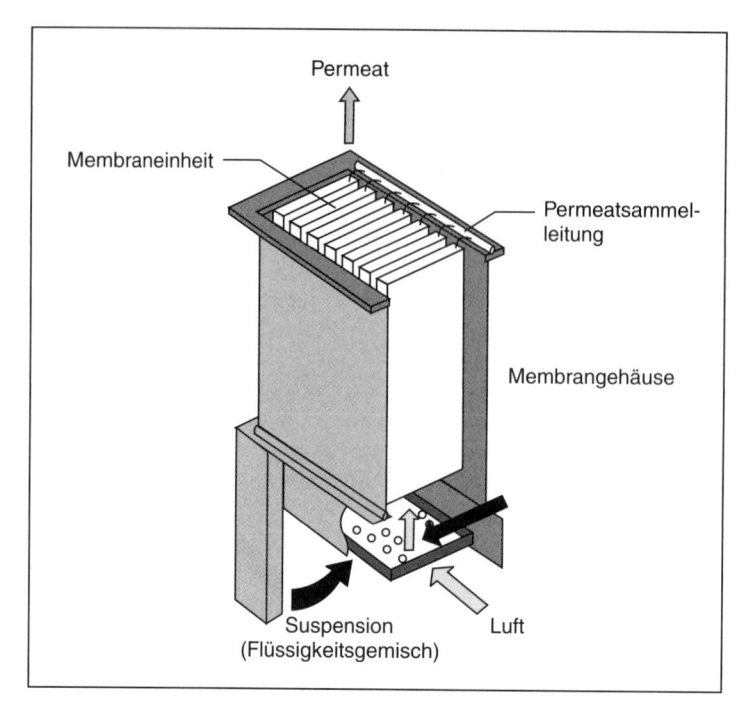

Bild 2.28: Plattenmodul (System WABAG SMS-Modul)

3,5 m. Bei größeren Beckentiefen können die Membranen sowohl in das Belebungsbecken eingehängt als auch in einem separaten Becken installiert werden. Bild 2.28 zeigt ein Plattenmodul (ein WABAG SMS-Modul).
Durch eine leichte Zugänglichkeit der Membranen im WABAG SMS-System kann bei einer eventuell aufgetretenen Verschmutzung jede Platte aus dem Paket gezogen und mittels Wasserstrahl gereinigt werden.

Vorteile des Verfahrens sind:
- geringerer Energieeinsatz für die Membranfiltration (Energiebedarf des Unterdruck_Membranverfahrens liegt bei ca. 0,15–0,4 KWh/m^3 Filtrat),
- höhere Biomassekonzentration im Belebungsbecken, dadurch kleinere Becken,
- weitestgehende Keimfreiheit, sowie keine Schwebstoffe im Ablauf,
- Entfall von Nachklärbecken.

Tennungsverfahren

Mikrofiltration: Die Mikrofiltration basiert auf der Abtrennung von partikelförmigen Feststoffen durch poröser Membranen aus Kunststoff oder Keramik. Zurückgehalten werden alle Stoffe, die größer als die Poren der Membrane oder der sich auf der Menbrane ablagernden Deckschicht sind. Daraus folgt, das Stoffe in gelöster Form (Atome, Ionen, Moleküle) nicht zurückgehalten werden können. Die zurückgehaltenen Stoffe lagern sich bei der Betriebsweise der direkten Filtration auf der Membranoberfläche ab (Oberflächenfiltration) oder reichern sich bei überströmten Membranen im Rezirkulationsstrom an (Querstrom-, Crossflow-Filtration). Bild 2,29 zeigt das Prinzipschema einer Hohlfasermembran.

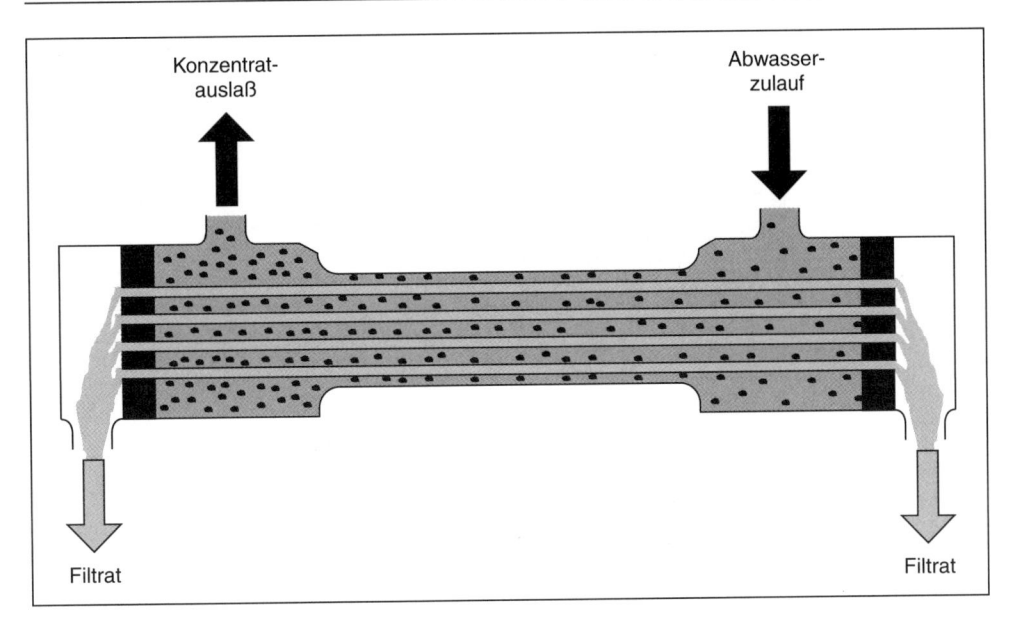

2.5 Anlagen und Verfahren zur Abwasserreinigung

Bild 2.29: Prinzipschema eines Hohlfasermoduls im direkten Filterbetrieb

Für den Feststoffrückhalt einer Mikrofiltrationsmembran ist nicht nur die nominelle Porengröße wichtig, sondern auch die Struktur der sich ausbildenden Deckschicht. Diese wiederum ist von der Art der Stoffe sowie der Betriebsweise der Membran als überströmte Membran (Querstrom-Filtration, Crossflow-Filtration) oder nicht überströmte Membran (direkte Filtration, dead-end-Filtration) abhängig (siehe Bild 2.30).
Bei überströmten Membranen bemüht man sich, den Aufbau einer Deckschicht durch turbulente Strömung über der Membranoberfläche zu begrenzen bzw. zu verlangsamen. Bei nicht überströmten Membranen ist der Aufbau einer Deckschicht eher gewollt und Teil des Feststoff-Rückhaltekonzeptes.
Je nach Art und Struktur der Deckschicht bzw. der sie formenden Feststoffe können auch Partikel, die kleiner als die nominelle Porengröße sind, zurückgehalten werden. Die bei dieser Betriebsweise erreichte gute Abscheidung von Viren (Schleim) kann möglicherweise auch auf die Deckschichtbildung zurückzuführen sein; zumindest wird sie durch die Deckschichtbildung begünstigt. Weil bei der Feststoffabtrennung durch Mikrofiltration eine Belegung der Membranen kaum vermeidbar ist, müssen diese regelmäßig gereinigt werden. Diese Reinigung erfolgt hauptsächlich durch Rückspülung. Die Rückspülung kann sowohl zeitgesteuert als auch bedarfsabhängig (z.B. bei Überschreiten eines Differenzdruckes) ausgelöst werden.
Die direkte Filtration bietet den Vorteil, daß bei ihr der nicht unbeträchtliche Energieaufwand für die Rezirkulation entfallen kann. Bild 2.31 zeigt ein vereinfachtes Fließschema der direkten Mikrofiltration.

Beispiel: Funktionsprinzip der direkten Filtration

Vorreinigung: Jede Mikrofiltrationsanlage muß mit einem Vorfilter ausgerüstet sein. Der Vorfilter hat die Aufgabe, das Filtermodul vor der Blockade durch im Kläranlagenablauf noch vorhandene gröbere Stoffe wie Wattestäbchen, Plastikteilchen usw. und vor dem Verstopfen z.B. bei massivem Schlammabrieb zu schützen. Es ist bei diesen Anlagen die Benutzung von automatisch rückspülbaren Filtern von Vorteil. Der Filterrückstand ist je nach Beschaffenheit separat weiterzubehandeln oder an geeigneter Stelle in den Klärprozeß zurückzuführen.

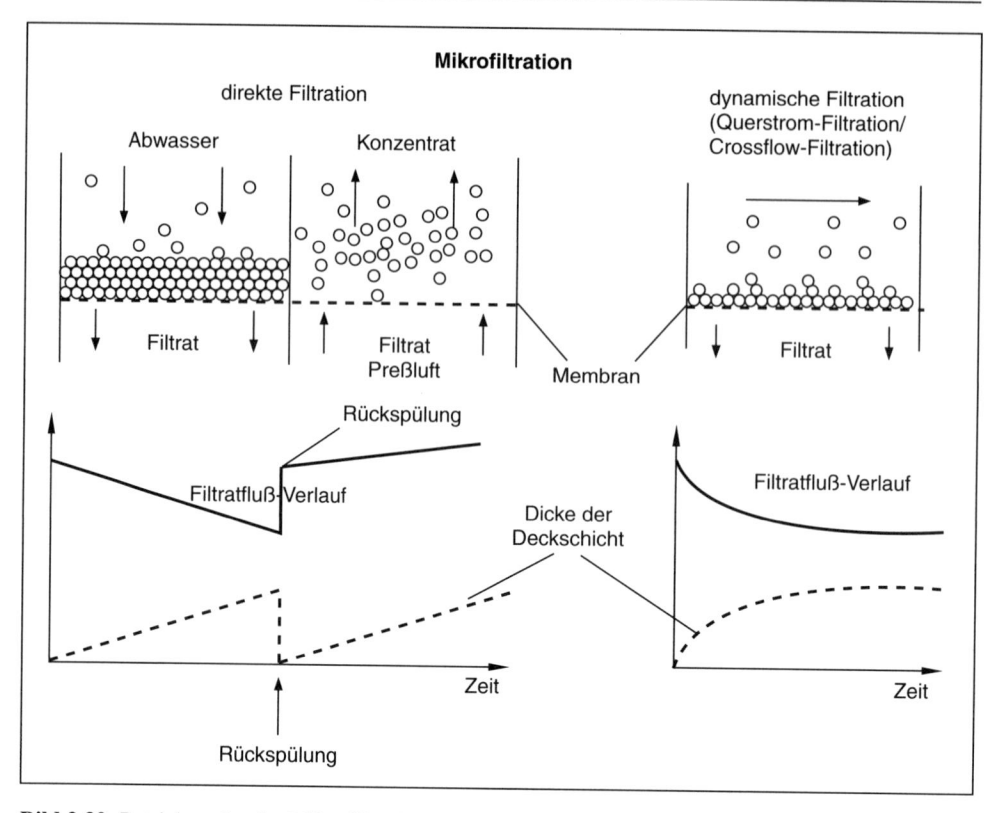

Bild 2.30: Betriebsweise der Mikrofiltration

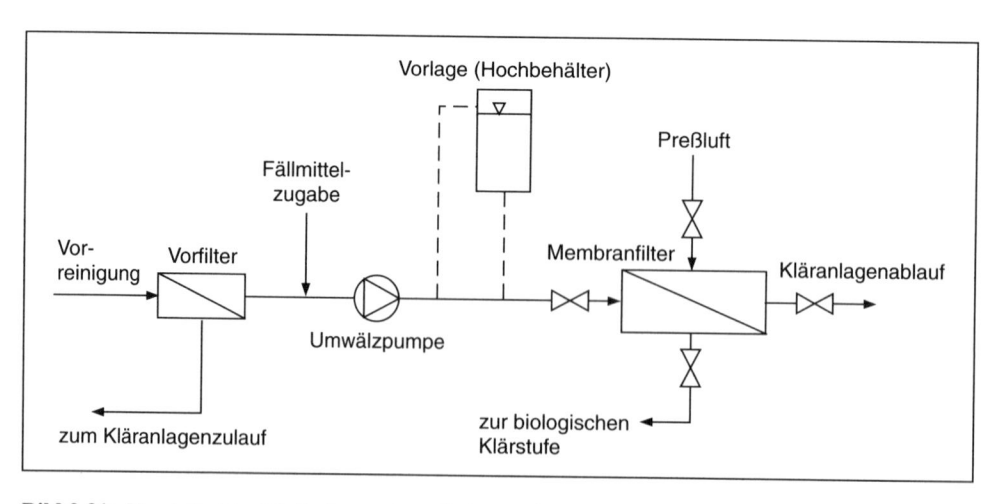

Bild 2.31: Vereinfachtes Fließschema einer direkten Mikrofiltrat

2.5 Anlagen und Verfahren zur Abwasserreinigung

Fällungsmittel: Bei der Zugabe von Fällungschemikalien ist auf eine gute Einmischung in den Abwasserstrom und eine ausreichende Reaktionsstrecke bzw. Reaktionszeit zu achten.

Beschickung: Die Einspeisung des Abwassers über einen zwischengeschalteten Hochbehälter ist vorteilhaft, von dem aus das Abwasser allein durch die Schwerkraft durch die Membranfilter gedrückt wird.

Zulauf zu den Filtern: Bei Änderung des Abwasserflusses im Tagesgang und bei erhöhtem Zustrom infolge Regens bewirkt der unterschiedliche Füllstand im Hochbehälter innerhalb der zulässigen Schwankungsbreite eine automatische Regelung des Fluxes, d.h. der Menge der Teilchenströmung, die die Membranen passiert. Bei hohem Zustrom steigt der Füllstand bzw. der statische Druck auf die Membranen, was einen höheren transmembranen Differenzdruck zur Folge hat.

Membranfilter: Das eigentliche Trennelement ist also eine poröse Hohlfaser aus Kunststoff (z.B. Polypropylen).

Preßluft/Wasserspülung: Die Aufgabe der Preßluft/Wasserspülung ist es, die auf der Membranoberfläche abgelagerten Feststoffe abzulösen und aus dem Modul als Konzentrat auszuschleusen.

Für die Rückspülung wird nicht Filtrat, sondern Preßluft benutzt. Dabei laufen elektronisch gesteuerte Takte wie folgt ab (bezogen auf das Beispiel):

- Absperren der wasserführenden Ventile.
- Öffnen des Preßluftventils, so daß das gesamte Modul unter einem Überdruck von 6 bar steht.
- Gleichzeitiges und schlagartiges Öffnen des Wassereinlaß- und Konzentratauslaßventils.

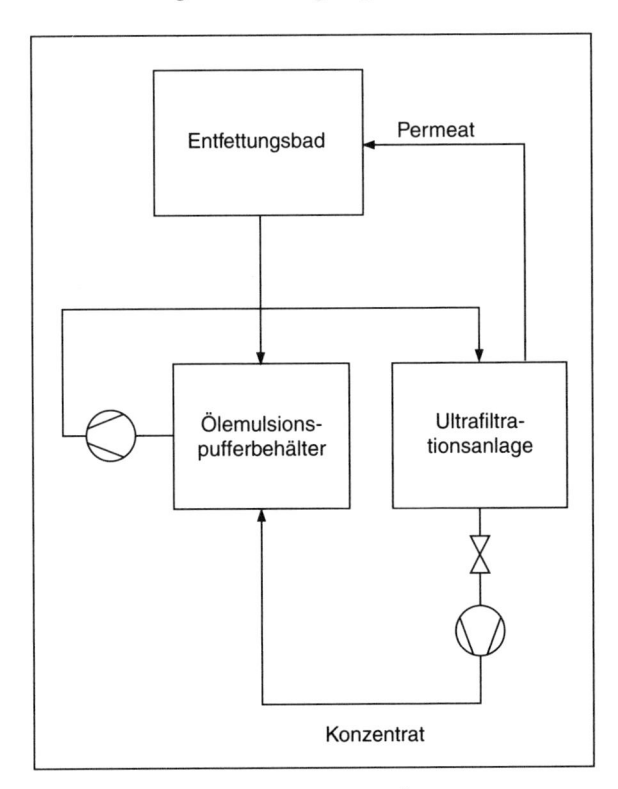

Bild 2.32: Entfettungsbad-Recycling (Öl-Emulsionstrennung)

- Austrag des unter hoher Turbulenz von der Membranoberfläche abgelösten und aufgewirbelten Feststoffes aus dem Modul.
- Absperren der Preßluft.
- Schließen des Konzentratauslaßventils und Wiederbenetzen der Membran.
- Öffnen des Filtratauslaßventils.
- Filtrieren.

In der Praxis hat sich die Mikrofiltration beispielsweise zur Emailrückgewinnung bei der Elektrotauchemaillierung bewährt. Nicht abgeschiedenes Email wird als Wertstoff zurückgewonnen uznd das Filtrat als Prozeßwasser im Kreislauf geführt, so daß weder Abfall noch Abwasser entsorgt werden muß.

Ultrafiltration: Durch die Ultrafiltration können große bzw. langkettige Moleküle, die meist in ungelöster Form vorliegen, aus dem Wasser abgetrennt werden; das sind z.B. Öle und Fette. Die Ultrafiltration bietet damit die Möglichkeit einer Behandlung von Öl-Wasser-Emulsionen zur Abspaltung von Öl, was ihr ein breites Einsatzgebiet im Bereich der mechanischen Fertigung (Trennung von Kühl-, Schneid- und Bohremulsionen) verschafft. Die getrennten Phasen bestehen hier aus dem Ölkonzentrat und dem nahezu ölfreien Permeat, das den Emulgator enthält.

Beispiel: Anwendungsbeispiel eines Entfettungsbad-Recycling.

Vorgang: Der Überlauf (kont./ diskont.) aus dem Entfettungsbad gelangt in einen Öl-Emulsionspufferbehälter, aus dem kontinuierlich die Ultrafiltration gespeist wird; das Konzentrat wird in den Pufferbehälter zurückgeleitet, bis es aufkonzentriert ist. Schließlich wird das Permeat mit den noch darin enthaltenen oberflächenaktiven Substanzen, Emulgatoren usw. wieder zurück ins Entfettungsbad geleitet (Bild 2.32).

Weitere Anwendungen sind:
- Elektrotauchlackierung (Lackrückgewinnung) ,
- Waschmittelrückgewinnung bei Waschstraßen ,
- Nahrungsmittelindusdrie,
- Biotechnologie,
- Abwasserbehandlung,
- Wasserlack-Recycling.

Bei der technischen Anwendung werden die Ultrafiltrationsmembranen mit Modulen versehen, die eine Strömungsführung der zu filternden Flüssigkeit an den Membranen sicherstellen (Cross flow). Da bei der Ultrafiltration in der Regel nicht rückspülbare Membranen zum Einsatz kommen, muß die Ausbildung von Deckschichten auf den Membranen durch deren Überströmung eingegrenzt werden. Die Leistung der Ultrafiltration ist also außer vom Filtrationsdruck auch von der Strömungsgeschwindigkeit abhängig.

Welche Volumenströme zur Erzielung der notwendigen Strömungsgeschwindigkeit erforderlich sind, hängt auch von der Modulbauart ab. Im wesentlichen gibt es vier Grundtypen, das sind Hohlfaser-, Rohr-, Wickel- und Plattenmodule. Als besonders strömungs- und damit energiegünstig haben sich Plattenmodule erwiesen, die bevorzugt im Bereich der Elektrotauchlackierung sowie beim Wasserlack-Recycling Verwendung finden.

Wasserlack-Recycling: (Fallbeispiel von Fa. Eisenmann, Umwelttechnik, Böblingen)

Eine noch neue, aber schon erfolgreich eingesetzte Technologie ist dasWasserlack-Recycling mit Hilfe der Ultrafiltration (Bild 2.33). Dazu wird das mit Lack-Overspray angereicherte Wasser aus der Spritzkabinenauswaschung kontinuierlich im Teilstrom oder auch diskontinuierlich nach Produktionsende solange über die Ultrafiltrationsmembranen (UF-Membranen)

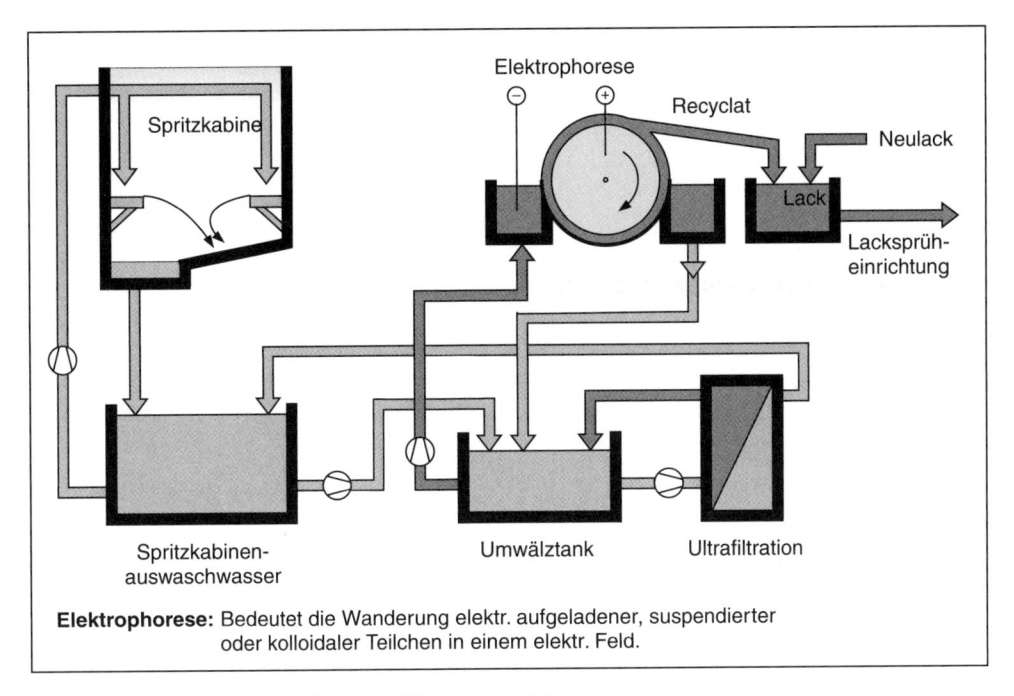

2.5 Anlagen und Verfahren zur Abwasserreinigung

Elektrophorese: Bedeutet die Wanderung elektr. aufgeladener, suspendierter oder kolloidaler Teilchen in einem elektr. Feld.

Bild 2.33: Wasserlack-Recycling mit Hilfe der Ultrafiltration

gefahren, bis die Festkörper weitestgehend aus dem Wasser separiert sind. Das Wasser geht dann in die Auswaschung zurück. Die ohne Zusatz von Chemikalien abgetrennten Festkörper werden wieder zur Lackierung genutzt.

Nanofiltration: Auch die Nanofiltration gehört zu den im Cross-Flow-Betrieb gefahrenen Membranflitrationsverfahren. Sie nimmt eine Position zwischen Ultrafiltration und Umkehrosmose ein. Die Membranen bestehen bisher in der technischen Anwendung ausschließlich aus organischen Materialien, und werden als Wickel- oder auch Plattenmodule eingebaut.
Die Trenngrenze der Nanofiltration liegt zwischen 1 nm und 10 nm. Das bedeutet, das gelöste zweiwertige Ionen wie z.B. Ca^{2+}, Mg^{2+}, SO_4^{2-} und unpolare Stoffe mit einem Molekulargewicht über 300 nahezu vollständig an der Membran zurückgehalten werden.
In der Praxis liegt das Haupteinsatzgebiet der Nanofiltration bei der Aufkonzentrierung von Flüssigphasen in der Pharma- und der Lebensmittelindustrie sowie in der Abtrennung organischer Inhaltsstoffe aus Abwässern der Chemie- und der Textilindustrie. Auch die Kombination mit anderen Membranverfahren hat sich in der Praxis bewährt. So wird z.B. das Ultrafiltrat, das bei der Aufkonzentrierung von wasserlöslichen Flexodruckfarben aus Maschinenreinigungswässern anfällt, in einer nachgeschalteten Nanofiltration einer weitergehenden Reinigung unterzogen. Das so erzeugte Nanofiltrat kann jetzt problemlos abgezogen bzw. bei Bedarf erneut zur Maschinenreinigung eingesetzt werden, während die Druckfarbe zur Wiederverwendung zurückgewonnen wird.

Umkehrosmose: Sollen im Wasser gelöste kleine Moleküle oder sogar Ionen entfernt werden, so wird statt der bisher beschriebenen Membranverfahren die Umkehrosmose (Reverse-Osmose, RO) eingesetzt. Die Verfahrensbezeichnung rührt daher, das zur Erzeugung von Filtrat neben dem hydraulischen Widerstand der Membranen auch noch der osmotische Druck überwunden werden muß.

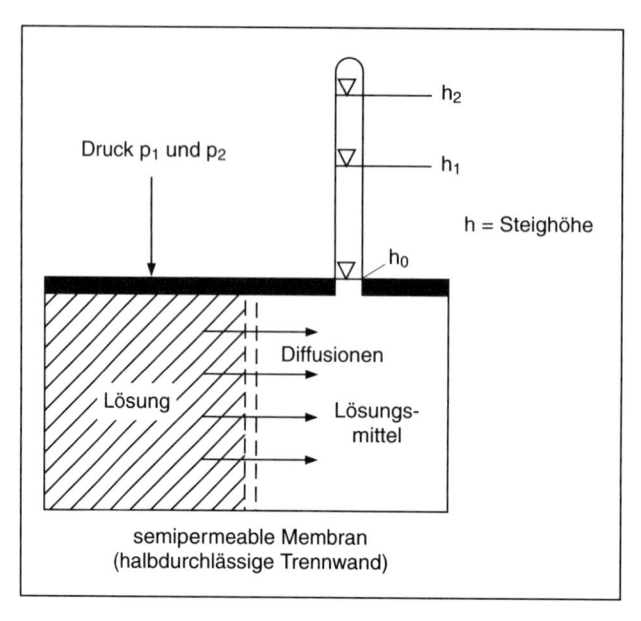

Bild 2.34: Schematische Darstellung einer Trennung mittels Membran über eine Druckerhöhung, d.h. über den osmotischen Druck hinaus (Funktionsweise von Osmose und Umkehrosmose)

Unter Osmose versteht man den Transport von Lösungsmittel durch eine Membran von der Seite der verdünnten Lösung zur Seite der konzentrierten Lösung (Retentat). Sie läuft selbständig infolge des unterschiedlichen chemischen Potentials der Lösemittel ab.
Befindet sich in einem Behälter eine für alle Teilchen durchlässige Wand und füllt man links und rechts der Wand Lösungen unterschiedlicher Konzentration ein, so stellt sich wieder eine einzige Konzentration ein. Ist die Trennwand halbdurchlässig (semipermeabel), läßt sie also z.B. nur die Moleküle des Lösungsmittels und nicht die des gelösten Stoffes passieren, so kann ein Konzentrationsausgleich nur von der Seite des reinen Lösungsmittels durch möglichst starke Verdünnung der Lösung erfolgen. Durch das hereinströmende Lösungsmittel steigt im abgetrennten Bereich der Lösung der Flüssigkeitsspiegel an. Der Vorgang kommt zum Stillstand, wenn der sich aufbauende hydrostatische Überdruck und der Druck des angesaugten Lösungsmittels gleich sind. Diesen Gleichgewichtsdruck bezeichnet man als *osmotischen Druck* (Bild 2.34).
Von Van´t Hoff stammt folgende Formel:

$$\widetilde{\Pi} = n \cdot (R \cdot T) = C_1 \cdot R \cdot T / M$$

mit C_1: Konzentration der gelösten Stoffe in g/l,
M: Molekulargewicht der gelösten Stoffe,
T: absolute Temperatur der gelösten Stoffe,
R: Gaskonstante.

Arbeitet man dem besagten osmotischen Druck durch einen hydrostatischen Druck entgegen, kann man nun Lösungsmittel aus einer Lösung heraustreiben und damit die an Lösungsmittel verarmten Lösungen (= Konzentrate, Retentate) und die Permeate (Lösungsmittel) trennen

Bei der Osmose verdünnt sich die konzentrierte Lösung auf der einen Seite der semipermeablen Membran solange durch Aufnahme von Lösungsmittel (z.B. Wasser) bis ein bestimmter osmotischer Druck erreicht ist (osmotisches Gleichgewicht). Kehrt man diesen Vorgang um,

2.5 Anlagen und Verfahren zur Abwasserreinigung

Tabelle 2.8: Daten über die Membran-Trennverfahren

Membran-Trennverfahren	Modulart	Membranwerkstoffe	treibende Kräfte durch die Membran	Einsatzgebiete
Mikrofiltration	vorzugsweise Rohrmodule	Hohlfaser aus - Kunststoffen - Keramikwerkstoffen	hydrostatische Druckdifferenz (0,5/5 bar)	Emailrückgewinnung bei der Elektrotauchemaillierung
Ultrafiltration	• Hohlfasermodule • Rohrmodule • Wickelmodule • Plattenmodule	• Polyamid • Celluloseacetat • Polysulfon • Keramische Werkstoffe	hydrostatische Druckdifferenz (1/10 bar)	• Entfettungsbad-Recycling • Elektrotauchlackierung • Nahrungsmittelindustrie • Wasserlack-Recycling • Biotechnologie
Nanofiltration	• Wickelmodule • Plattenmodule	Organische Materialien	hydrostatische Druckdifferenz (5/80 bar)	• Aufkonzentrierung von Flüssigkeitsphasen in der Pharma- und Lebensmittelindustrie • Abtrennung organ. Inhaltsstoffe aus Abwässern
Umkehrosmose	• Wickelmodule • Hohlfasermodule • Plattenmodule	• Polyamid • Celluloseacetat • Polysulfon	hydrostatische Druckdifferenz (10/100 bar)	• Entsalzung von Abwasser • Rückgewinnung von Prozeßbädern (z. B. Aufkonzentrierung von Spülwasser) • Trinkwassererzeugung aus Fluß- und Meerwasser • Behandlung von Deponiesickerwasser

indem man dem osmotischen Druck einen etwas größeren hydrostatischen Druck zur Überwindung des Membranwiderstandes entgegensetzt, dann erhält man auf der anderen Seite wieder ein reines Lösungsmittel und die Lösung wird aufkonzentriert (somit Umkehr des osmotischen Drucks).

Für einen ordnungsgemäßen Betrieb der Umkehrosmose muß das Rohwasser gewissen Anforderungen genügen. So dürfen darin keine Feststoffe enthalten sein, die die Konzentratseite der Module verstopfen bzw. die Membranen blockieren könnten. Ferner dürfen bei der Aufkonzentrierung keine Ausfällungen entstehen.

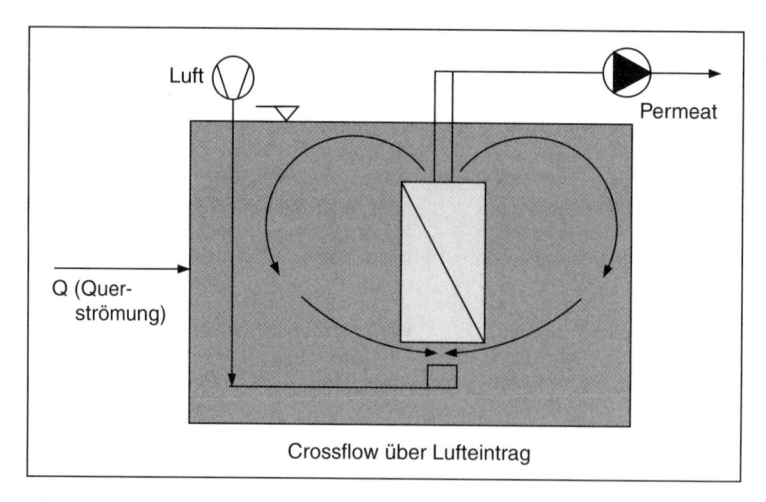

Bild 2.35: Beispiel: Cross-flow über Lufteintrag (als Betriebsart)

Bei der Umkehrosmose werden heute im wesentlichen Wickel-, Hohlfaser- und Plattenmodule eingesetzt. Die Materialien sind vorwiegend Polyamid, Cellulose-Acetat, Polyimide oder Polysulfone.

Einsatzgebiete für die Umkehrosmose sind:
- die Trinkwassererzeugung aus Fluß- und Meerwasser,
- die Erzeugung von voll- oder teilentsalztem Prozeßwasser für die Oberflächenbehandlungsanlagen sowie
- die Wertstoffgewinnung durch Eindicken von Lösungen.

Abschließend sind in Tabelle 2.8 nochmals alle wesentlichen Daten über die Membran-Trennverfahren enthalten.

Das Cross-flow-Prinzip: Die Membranverfahren werden heute meist als *Cross-flow-(Querstrom)-Filtration* verstanden. Hintergrund ist, daß man versucht, durch die tangiale Anströmung der Membranoberfläche die Deckschichtbildung zu begrenzen. Im Gegenzug zur kuchenbildenden statischen Filtration wird deshalb die Membran-Cross-flow-Technik auch als *dynamische Filtration* bezeichnet. Bild 2.35 zeigt als Beispiel eine Cross-flow-Betriebsart (Cross-flow über Lufteintrag; Ergänzung zu Bild 2.28).

Die Membran-Trennverfahren sind geeignet, Stoffe nach Größe oder Diffusität selektiv (wahlweise) aus verschiedenen Medien abzutrennen und die Permeate – also diese Stoffe und Lösungsmittel, meist Wasser, – abzuführen; genauso wie die nicht permeablen Stoffe aufkonzentriert werden und einem produktiven Prozeß wieder zugeführt werden können. Diese selektive Stofftrennung ist somit ein „Schlüssel für die Anwendung von Membrantechniken.

2.5.2 Physikalische Verfahren

2.5.2.1 Adsorption

Unter Adsorption versteht man die Anlagerung von gasförmigen und gelösten Substanzen an die Oberfläche fester oder kolloidaler Stoffe aufgrund atomarer oder molekularer Kräfte.
Die Aufnahmekapazität des Adsorbens (z.B. Aktivkohle) hängt dabei von der Konzentration und den physikalisch-chemischen Eigenschaften des Adsorptivs (Schadstoffs) ab.

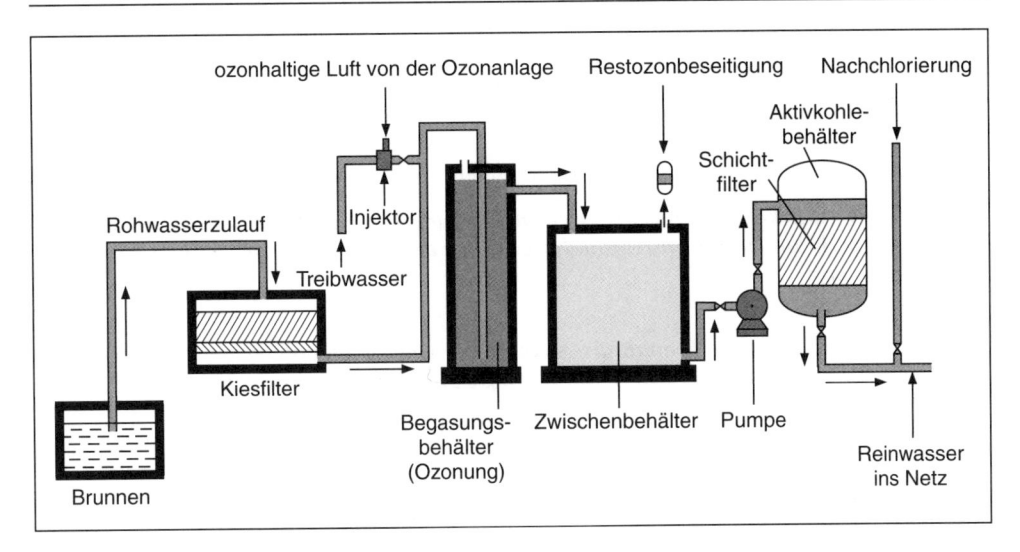

2.5 Anlagen und Verfahren zur Abwasserreinigung

Bild 2.36: Schema einer Trinkwasseraufbereitung

Adsorbierende Stoffe haben in der Regel eine große, poröse Oberfläche, an die andere Stoffe also angelagert werden können. Daher werden sie z.B. zum Zurückhalten von Schadstoffen als *Filterhilfsmittel* bei der Reinigung von Abwässern oder Abgasen eingesetzt.
Ein gebräuchlicher Adsorber ist somit die *Aktivkohle*. Sie weist aufgrund ihrer Porösität eine große Oberfläche auf. Die Porenstruktur wird beim Herstellungsprozeß auf den zu adsorbierenden Stoff abgestimmt. Diente früher die Aktivkohle in der Wassertechnik vorzugsweise zur Aufbereitung geruchlich und geschmacklich beeinträchtigten Rohwassers zu Trinkwasser, so wird sie heute auch zur Reinigung von Wässern aller Art verwendet, meist im Verbund mit anderen Aufbereitungsverfahren wie Flockung, Sedimentation, biologische Reinigung usw. Sie erfüllt dann die verschiedenartigsten Aufgaben wie z.B.
- Entfernung organisch-chemischer Substanzen,
- Entchlorung ,
- Entozonung und
- als *Filtermaterial* zur Entfernung von Schwebestoffen.

Durch Vorschalten bestimmter Behandlungsstufen, etwa durch eine Ozonisierung des Wassers (Bild 2.36), lassen sich gewisse Aufbereitungseffekte verbessern bzw. die „Standzeit" der Aktivkohle, also ihre Nutzung, verlängern.
Eingesetzt wird die Aktivkohle sowohl in Pulverform, z.B. eingerührt in die Belebungsanlage, wobei die Kohle mit dem Schlamm entsorgt wird, als auch in Granulatform in Festbett- oder oder Wanderschichtadsorbern.
Beim *Festbettverfahren*, das meist zur Nachreinigung bei Direkteinleitern dient, kommen in Reihe oder parallel geschaltete Filter (Festbettfilter) zum Einsatz, die zur Regenerierung der Aktivkohle aus dem Prozeß herausgenommen werden können.
Das kontinuierlich arbeitende *Wanderschichtverfahren* wird z.B. zur Vorreinigung verschmutzter industrieller Abwässer eingesetzt. Bei diesem Verfahren treffen Abwasser und Aktivkohle im Gegenstrom aufeinander. Kontinuierlich wird die beladene Kohle abgezogen und regenerierte Kohle an der entgegengesetzten Seite wieder zugegeben.
Aktivkohle-Reaktivierung: Sobald die maximale „Beladung" der Aktivkohle erreicht wird, läßt ihr Reinigungsvermögen nach, die Verunreinigungen „brechen durch", d.h. der Aktivkohle-

filter wird inaktiv. Im Extremfall kann es dann so weit kommen, daß die Austrittskonzentration am Filter gleich der Eingangskonzentration ist. Zur Reaktivierung der beladenen Aktivkohle haben sich z.B. folgende Methoden durchgesetzt:
- Die Regeneration mit Wasserdampf und
- die thermische Regeneration in der Wirbelschicht (Lurgi/BV-Verfahren).

Mit Hilfe der Aktivkohle werden schwer entfernbare Verschmutzungen organischer Art (z.B. Aromate, Fluor- und Chlorverbindungen) aus dem Abwasser entnommen.

2.5.2.2 Sedimentation

Unter Sedimentation versteht man die Ausnutzung von Dichteunterschieden in dispersen (fein verteilten) Phasen, wobei die schwere Phase „nach unten" gebracht wird.

In Abhängigkeit von ihrer Größe, ihrem spezifischen Gewicht sowie ihrer Form sinken also die Teilchen unterschiedlich schnell zu Boden.

In der Abwassertechnik wird die Sedimentation in eigens hierfür konstruierten Absetzbecken gezielt herbeigeführt, um das Abwasser weitgehend von unerwünschten Feststoffen zu befreien. Anlagetechnisch stehen hierfür im wesentlichen konventionelle Absetzbecken und Lamellenabscheider zur Wahl.

Sandfänge:

Der Sandfang dient der mechanischen Abwasserreinigung zur Entfernung des Sandes aus dem Abwasser.
Beim Sandfang wird die Fließgeschwindigkeit mit max. 0,3 m/s gewählt, damit sich der Sand absetzt und spezifisch leichtere organische Stoffe mit der Strömung ausgetragen werden

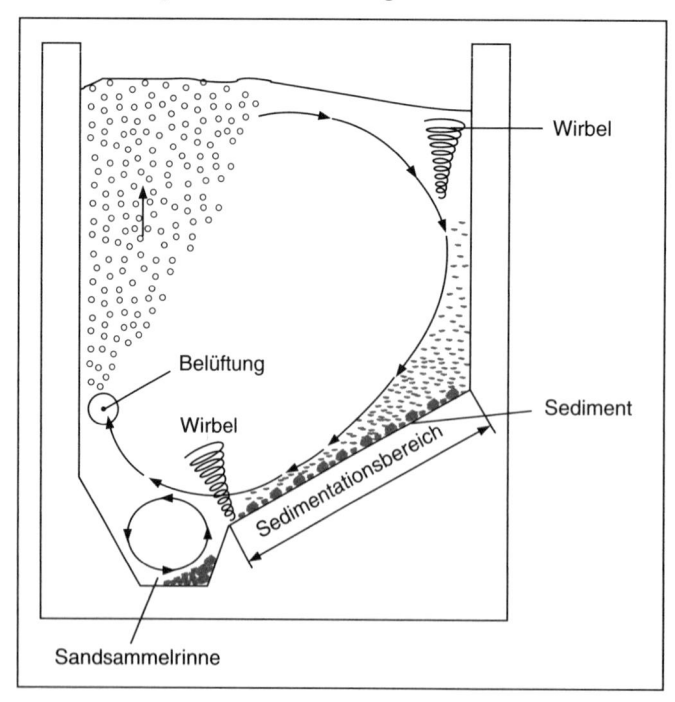

Bild 2.37: Schema eines belüfteten Sandfangs

2.5 Anlagen und Verfahren zur Abwasserreinigung

(sedimentieren). Durch die Sandabtrennung sollen betriebliche Störungen ausgeschaltet werden. Der Sandfang dient somit der Vermeidung von Verstopfungen und unerwünschten Sandablagerungen vor Pumpwerken und in Klärbecken.

Da sowohl kleinere Partikel mit großer Dichte als auch große Partikel mit geringer Dichte mit gleicher Geschwindigkeit sedimentieren, besteht das Sandfanggut aus Sand und organischen Stoffen; letztere sind unerwünscht, weil sie zu Geruchsbelästigungen führen. Sandfänge werden unterschieden nach ihrer Bauform, z.B. in

- Flachsandfänge
  - belüfteter Sandfang,
  - unbelüfteter Langsandfang und dem
- Rundsandfang.

Der *unbelüftete Langsandfang* ist ein auf eine Länge von maximal 30 m aufgeweitetes, unbelüftetes Gerinne mit Sandsammelräumen an der Sohle und einem System zur Sandentnahme (z.B. Druckluft-Hebeanlage).

Beim *belüfteten Sandfang* wird der Fließweg des Wassers mit einer gezielten Walzenbildung verlängert (vgl. Bild 2.37).

Aufsteigende Luftblasen reißen das Wasser auf einer Seite des elliptischen Strömungsquerschnitts mit nach oben und bewirken neben der Wasserbewegung auch eine Belüftung des Abwassers. Daneben werden Fette und Öle flotiert (Flotationswirkung). Die Belüftung verhindert zudem eine Geruchsbildung infolge Faulung (anaerobe Umsetzungsprozesse). Die aufschwimmenden Stoffe (z.B. Fette, Öle, Kunststoffpartikel usw.) lassen sich aus dem Abwasserstrom abschöpfen,

Rundsandfänge stellen eine kompakte und kostengünstige Variante dar. Durch tangentiales Einströmen des Abwassers in ein trichterförmiges Becken setzen sich die gröberen Abwasserinhaltsstoffe ab und rutschen zum tiefsten Punkt des Trichters hin. Diese werden dann mittels eines Druckluftkebers oder einer Pumpe herausbefördert.

Absatzbecken:

Der Reinigungserfolg von Kläranlagen hängt entscheidend von der Phasentrennung ab. Während die zuvor erwähnten Sandfänge insbesondere darauf ausgelegt sind, größere mineralische Stoffe bis zu einem Korndurchmesser von 0,1–0,2 mm aus dem Abwasserstrom zu entnehmen, sind Absetzbecken mit entsprechend langer Aufenthaltszeit in der Lage, nahezu alle ungelösten Inhaltsstoffe abzutrennen.

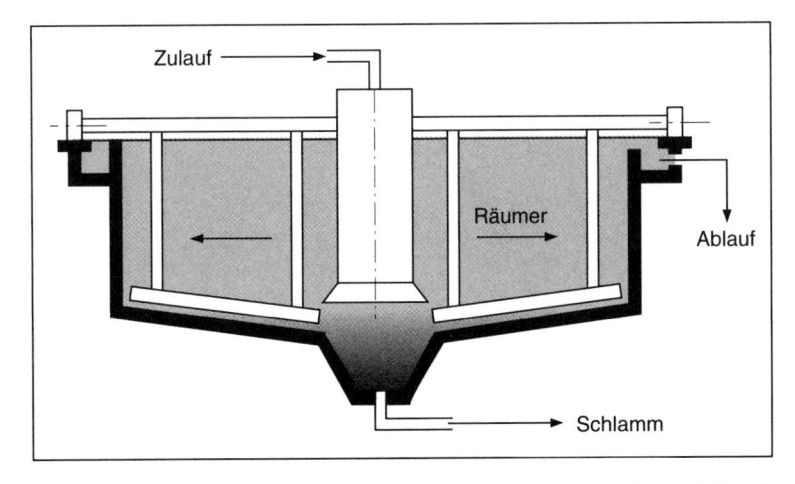

Bild 2.38: Querschnitt eines horizontal durchströmten Rundbeckens mit Rundräumungseinrichtung

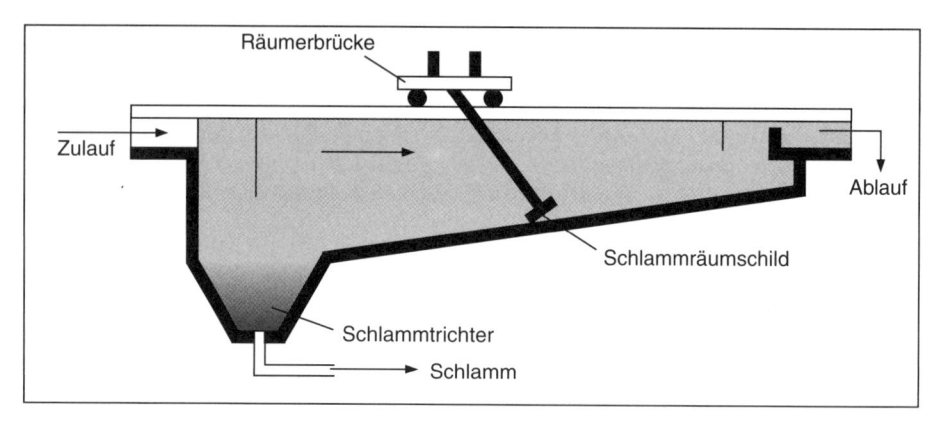

Bild 2.39: Querschnitt eines horizontal durchströmten Rechteckbecken mit fahrbarer Räumerbrücke und angehängtem Räumschild

Absetzbecken werden bei Kläranlagen eingesetzt zum Abtrennen grober organischer Verunreinigungen (Vorklärbecken), zum Abtrennen biologischer Schlämme nach dem Belebungsbecken (Nachklärbecken) sowie zum Rückhalt meist organischer Schlämme (Sedimentationsbecken für Fällungsschlämme).

Die in Kläranlagen somit anzutreffende Vorklärung unterscheidet sich dabei von der Nachklärung nur durch die Art der Schlämme. Die Vorklär- oder Primärschlämme bestehen in der Regel aus organischen Feststoffen, die sich durch eine große Herabsetzung der Fließgeschwindigkeit des Abwassers absetzen lassen. Bei den Absetzbecken unterscheidet man grundsätzlich zwischen Rundbecken und Rechteckbecken (Längsbecken).

Rundbecken: Diese Beckenart (Bild 2.38) verfügt über gute hydraulische Eigenschaften, da sie Vorteile hinsichtlich der Absetzwirkung als auch der Schlammräume besitzt.

Der Zulauf erfolgt bei Rundbecken von der Mitte aus. Räumungseinrichtungen befördern den Schlamm zum Schlammtrichter, aus denen er in separate Schlammsammler (Schlammabzug)

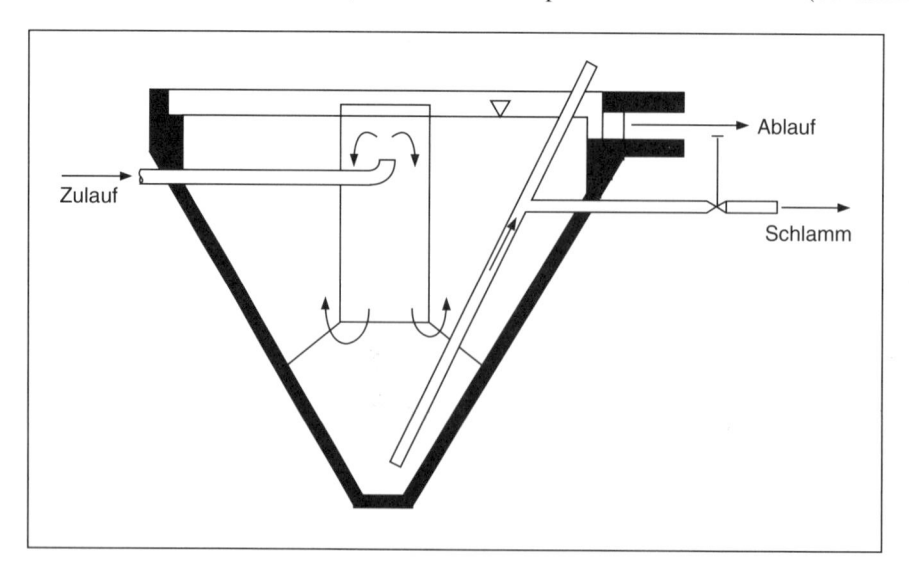

Bild 2.40: Querschnitt eines vertikal durchströmten Trichterbeckens

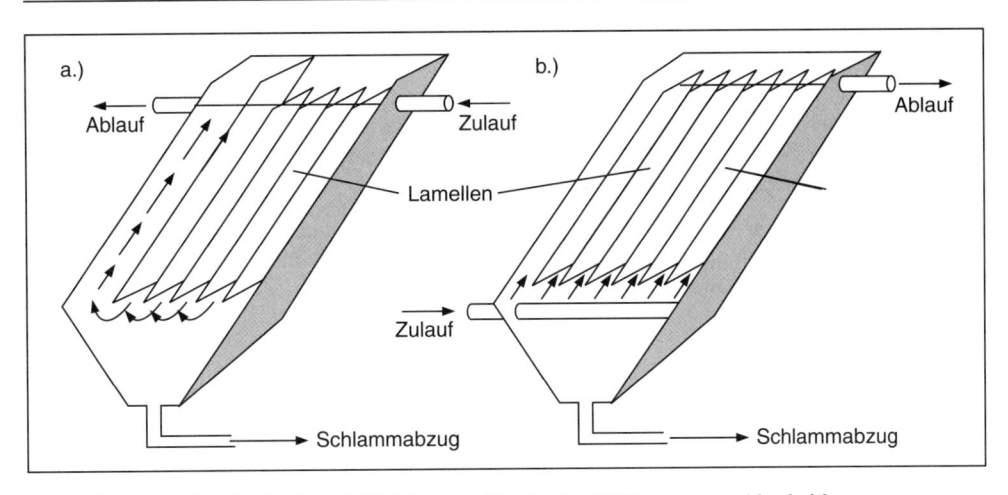

2.5 Anlagen und Verfahren zur Abwasserreinigung

Bild 2.41: Lamellenabscheider: a) Gleichstrom-Abscheider b) Gegenstrom-Abscheider

bzw. -eindicker gepumpt wird. Auf dem Weg zum Ablauf, an der äußeren Beckenwand, weitet sich der Fließquerschnitt immer weiter auf, wodurch sich eine gute Absetzwirkung ergibt.
Rechteckbecken: Die Räumung des abgesetzten Schlamms erfolgt bei Rechteckbecken entweder durch einen Kettenräumer, d.h. einer rollengelagerten Endloskette, oder durch eine fahrbare Räumerbrücke mit angehängtem Räumschild (Bild 2.39). Die Beckensohle ist hier trichterförmig, also mit einem Schlammtrichter ausgeführt worden.
Trichterbecken: Außer den bereits erwähnten Absetzbecken gibt es noch die Trichterbecken (Bild 2.40), die vertikal durchströmt werden. Trichterbecken haben eine starke Sohlneigung, wodurch der Schlamm ohne mechanische Räumung bis in die Spitze des Trichters rutscht; von dort wird der Schlamm über eine Mammutpumpe abgezogen.
Trichterbecken eignen sich nur für kleine Wassermengen und werden häufiger bei Industriekläranlagen eingesetzt.

Lamellenabscheider:

Durch den Einbau von geneigten Lamellenpaketen (Neigung zwischen 60 und 70°) läßt sich eine Optimierung des Absetzvorgangs erreichen.
Vorgang: Beim Lamellenabscheider wird der Wasserstrom durch schräggestellte Querschnitte (Lamellen) geführt. Die Feststoffteilchen müssen hier nur einen kurzen Weg bis zu den Begrenzungsflächen der Strömungsquerschnitte zurücklegen und fließen (rutschen) an diesen Flächen in den Schlammtrichter ab. Je nachdem, wie die Strömung des zu klärenden Wassers zu der Richtung des zu den Schrägen abrutschenden Schlamms geführt wird, unterscheidet man z.B. zwischen Gegenstrom- und Gleichstrom-Lamellenabscheider (Schrägklärer). Bild 2.41 zeigt die beiden Bauarten.

Gegenstromlamellenabscheider: Funktionsprinzip: Die Einbauten werden von unten nach oben durchströmt. Schlammabscheidung und -austrag erfolgen hier gegenläufig zur Strömungsrichtung des zu klärenden Abwassers.

Vorteile:

- entgegengesetzte Anordnung von Klarwasserabfluß und Schlammabzug;
- die Einbauten können mit geringeren Abständen ausgeführt werden (somit positve Einflußgrößen auf die Trennflächenkapazität);

- größere Belastungsschwankungen sind möglich, ohne daß Verstopfungen eintreten.

Nachteile:
- der Abwasserdurchfluß beeinträchtigt die Schlammräumung;
- stärkere Plattenneigung ist infolge der Gegenläufigkeit der Strömung erforderlich (ist eine negative Einflußgröße auf die Trennflächenkapazität).

Gleichstromlamellenabscheider: Funktionsprinzip: Die Einbauten werden von oben nach unten durchströmt. Schlammabscheidung und -austrag erfolgen hier gleichsinnig zur Strömungsrichtung des zu klärenden Abwassers.

Vorteile:
- der Abwasserdurchfluß unterstützt die Schlammräumung;
- ein geringerer Neigungswinkel der Einbauten ist möglich (dadurch positive Einflußgröße auf die Trennflächenkapazität).

Nachteile:
- aufgrund der erforderlichen Rückführung des Klarwassers nach oben sind größere Abstände zwischen den einzelnen Einbauten notwendig (negative Einflußgrößen auf die Trennflächenkapazität;
- größere Störanfälligkeit infolge unmittelbarer Nachbarschaft von Klarwasserabfluß und Schlammabzug;
- geringere Schlammbelastbarkeit.

2.5.2.3 Flotation

Die Flotation ist ein Verfahren zum Abtrennen von Schweb- und Schwimmstoffen aus dem Abwasser. *Bei der Flotation wird der Auftrieb von Stoffen durch Anlagern feiner Luftblasen künstlich erhöht. Damit die an der Wasseroberfläche ankommenden Luftblasen nicht platzen, was ein Absinken der Schmutzteilchen zur Folge hätte, müssen die Luftblasen entweder sehr klein gehalten werden oder dem Abwasser sind bestimmte Chemikalien (sog. „Schäumer") beizugeben. Der aufschwimmende Schlamm wird von der Wasseroberfläche angezogen.*

Bei der Flotation beruht die Phasentrennung auf dem Prinzip der Schwerkraft. Denn Stoffe, die leichter als Abwasser sind, steigen nach oben und schwerere sinken dagegen ab. Öle und Fette sowie Benzin steigen auf, fädige Feststoff-Flocken setzen sich kaum ab. Damit Feststoffe aus dem Abwasser entfernt werden können, müssen sie also leichter gemacht werden, was durch Ein- oder Anlagern von Gasbläschen an die Flocke (Flockungsvorgang) möglich ist.

Entspannungsflotation: Das Verfahren der Entspannungsflotation beruht darauf, daß die Menge der in einer Flüssigkeit lösbaren Gase direkt proportional dem Druck ist, unter dem die Flüssigkeit steht. Durch die Entspannung treten die Gase, in Form kleiner Bläschen vorliegend, aus der Flüssigkeit aus und nehmen auf ihrem Weg zur Wasseroberfläche, durch verschiedene Mechanismen, die im Wasser vorkommenden Feststoffe mit.

Emulsionsspaltung durch Entspannungsflotation in der Motoren-Großserienfertigung (Fallbeispiel von Fa. Eisenmann, Umwelttechnik, Böblingen)

In einem Automobilwerk fallen bei der mechanischen Bearbeitung und Reinigung von PKW-Motoren wöchentlich rund 6400 m^3 verbrauchte Bohr- und Schneidöl- bzw. Waschemulsionen an. Diese Emulsionen sind mit Ölanteilen von 1000–5000 mg/l beladen, während der zulässige Höchstwert für die Abwassereinleitung 10 mg/l beträgt.
Für die Entsorgung so beträchtlicher Mengen konnte nur ein sicher funktionierendes, investitions- und betriebskostengünstiges Spaltverfahren in Frage kommen. Die Ultrafiltration, bei

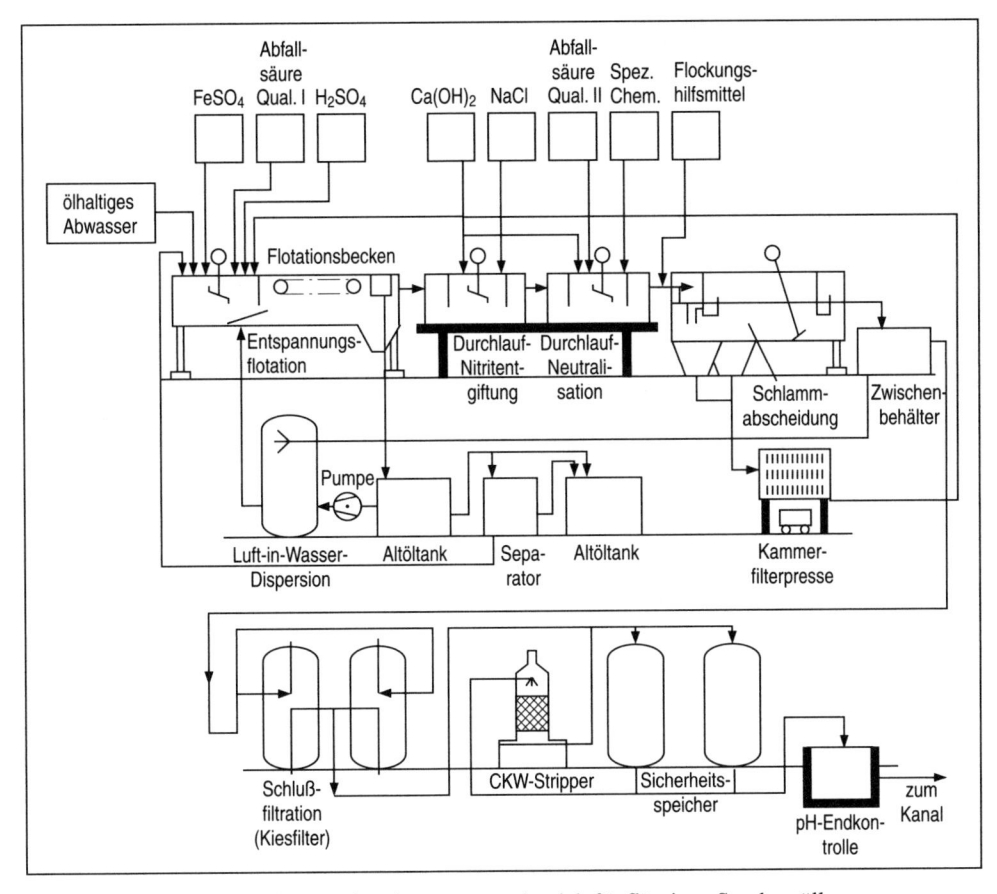

2.5 Anlagen und Verfahren zur Abwasserreinigung

Bild 2.42: Abwasser bei einem Industrieentsorgungsbetrieb für flüssigen Sondermüll

vergleichsweise kleinen Anlagen (Richtwert bis ca. 5 m³/h Leistung), stand bei dieser Größenordnung nicht zur Diskussion. Man bevorzugte statt dessen eine Emulsionsspaltung durch Entspannungsflotation. Das in Bild 2.42 schematisch dargestellte Entsorgungskonzept (Industrieentsorgung) funktioniert wie folgt:

Die mittels Tankwagen herangeholten Öl-Wassergemische und Emulsionen werden – über ein Lochblech zur mechanischen Vorreinigung – in Absetzbecken gefüllt. Dort wird das besagte Gemisch grob entschlammt und dann in Sammelbehälter gepumpt. Von da an erfolgt die kontinuierliche Aufgabe an die Reaktionskammer der Flotation. Dieser werden gleichzeitig Abfallsäure Qualität I (falls in ausreichender Menge vorhanden, als Ersatz Schwefelsäure) und Eisensalz (siehe Bild) zur Brechung der Emulsion zugeführt. Anschließend fließt das jetzt auf ca. pH 2 eingestellte Abwasser in die Flotationskammer. Hier wird zur Beschleunigung der Phasentrennung „Öl-Wasser" eine „Luft-in-Wasser-Dispersion" zugesetzt. Das an der Oberfläche aufschwimmende Spaltöl wird in das Ölsammelabteil ausgetragen und zunächst in Ölsammelbehälter gepumpt. Das Altöl wird später über einen Separator geführt. Restwasser und Feststoffe gehen in die Anlage zurück, und das aufkonzentrierte Öl wird zur Verbrennung abtransportiert.

Spaltwasser fließt über das Klarwasserabteil der Flotation weiter in die Nitritentgiftung, wo Kalkmilch zur Erhöhung des pH-Wertes und Natriumhypochlorid zur Oxidation des Nitrits zugesetzt wird. Nächste Behandlungsstufe ist die *Neutralisation*, an die auch die Abfallsäure Qualitätsstufe II angegeben wird. Der Neutralwert wird durch automatische Zudosierung von Kalkmilch eingestellt. Danach erfolgt die Zugabe von Flockungsmittel und Überlauf in die Schlammabscheidestufe mit Absetzbecken und Kammerfilterpresse. Der stichfeste Schlamm geht auf eine behördlich zugewiesene Deponie. Die gereinigte und neutralisierte Wasserphase passiert zunächst zur weiteren Schwermetallreduzierung einen Schlußfilter (Kiesfilter) und gelangt in den Sicherheitsspeicher, aus dem eine genaue Grenzwertkontrolle erfolgt. Bei Überschreitung irgendwelcher Schwermetallgrenzwerte wird die Wasserphase nochmals über die Anlage gefahren. Sollten dagegen nur die Werte an chlorierten Kohlenwasserstoffen (CKW) zu hoch liegen, wird das Abwasser zusätzlich über einen *CKW-Stripper* geführt. Damit ist sichergestellt, daß nur einwandfrei gereinigtes Wasser über pH-Endkontrollen läuft
Strippen ist ein Entfernen leichtflüchtiger Stoffe aus einer Lösung durch Belüften.
Neben der Entspannungsflotation kommen z.B. die Turbo- sowie die Elektroflotation in Betracht.
Turboflotation: In Abhängigkeit von Tropfengröße, Dichte und anderen Parametern trennt sich Öl von Wasser durch Aufschwimmen. Bei Unterschreitung der Grenztropfengröße kommt es jedoch zur Emulsionsbildung. Diese Emulsionen können z.B. durch Fremdeinwirkung gebrochen werden. Ein Verfahren, das sich hierzu anbietet, ist die *Turboflotation.*

Reinigung ölhaltiger Abwässer durch Turboflotation (Fallbeispiel von Petrolite GmbH, Bad-Homburg):

Verfahrensbeschreibung: Beim Petrolite-Flotationssystem findet eine Trennung ölhaltiger Abwässer in zwei Phasen statt. Das hier angewandte Reinigungsverfahren beruht im wesentlichen auf dem Prinzip der Turboflotation in Kombination mit einem entwickelten Polymer (Großmoleküle eines Stoffs). Durch Zugabe von Polymeren unterschiedlicher Oberflächenbeladung kommt es zu einer Destabilisierung von Emulsionen.
Vorgang: Ein rotierender Gaseinzugsmechanismus dispergiert (verbreitet) in Verbindung mit einem stationären Dispergator feine Gasblasen in das ölhaltige Abwasser. Diese Gasblasen bilden zusammen mit den Öltropfen „Agglomerate" (Anhäufungen), welche zur Oberfläche aufschwimmen und als ölbeladener Schaum anfallen. Durch die Zugabe von unterstützenden Wasserbehandlungschemikalien (Polymere) vor der Flotation kommt es also zu einer *Destabilisierung der Emulsion* mit gleichzeitiger Festigung des ölbeladenen Schaumes an der Oberfläche. Bild 2.43 zeigt hydrodynamische Bereiche einer Flotationskammer.

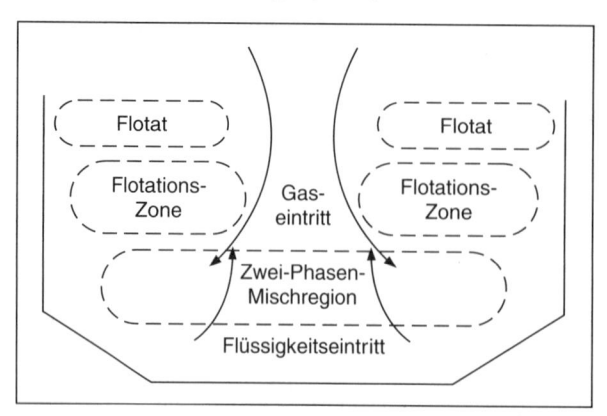

Bild 2.43: Hydrodynamische Bereiche der Flotrationskammer

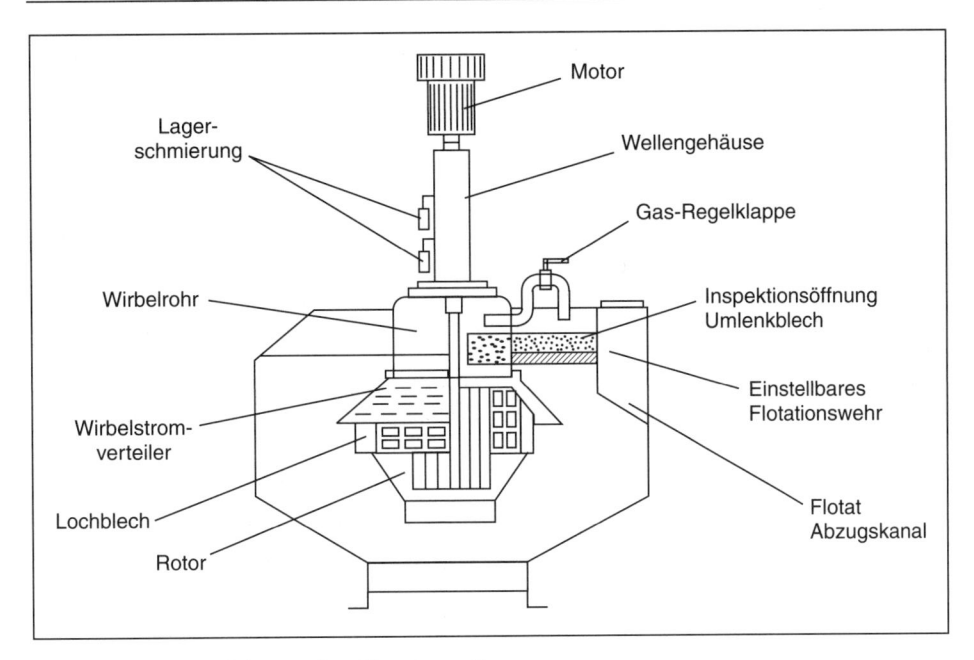

2.5 Anlagen und Verfahren zur Abwasserreinigung

Bild 2.44: Schnittzeichnung einer Flotationszelle

Der ölbeladene Schaum (flotiert entsprechend seinemspezifischen Gewicht an der Oberfläche)wird mittels dem Flotrationsabzugsverfahren von Petrolite über einstellbare Wehrsysteme einem Sammelkanal zugeführt und dort ausgetragen.

Anlagenbeschreibung: Das zu reinigende Wasser (Abwasser) wird der Flotationsanlage über eine Einlaßzelle zugeführt. Es durchläuft anschließend vier Flotationskammern mit jeweils einem Rührwerk und gelangt schließlich in eine Auslaßzelle. Diese Auslaßzelle (am Ende der Anlage) dient der Beruhigung des Wassers, so daß letzte Öltröpfchen abgeschieden werden können.

Jede der vier Flotationskammern operiert unabhängig mit Ein- und Auslaßöffnungen am Boden der Trennwände. In einer Schnittzeichnung ist eine Flotationszelle dargestellt (Bild 2.44).

Einsatzgebiet: Das Flotations-System von Petrolite kann in fast allen Bereichen eingesetzt werden, in denen ölhaltige Abwässer gereinigt werden müssen. Diese sind z.B.:

- Raffinerien,
- petrochemische Anlagen,
- Aufbereitung von Ballastwasser,
- Versorgungsanlagen usw.

Elektroflotation: Bei der *Elektroflotation* werden die Gasblasen elektrolytisch erzeugt. An den Elektroden bilden sich durch Wasserzersetzung feine Gasbläschen aus Wasserstoff und Sauerstoff. Angeordnet werden die Elektroden (aus Titan) in zwei Ebenen untereinander. Sie haben die Form schmaler Platten oder Stäbchen. Die Anoden erhalten zusätzlich eine Schutzschicht aus Bleidioxid oder Edelmetall.

Bei der Elektroflotation erfolgt die Erzeugung von Gasblasen aus Wassermolekülen.

Wieviel Energie für die Gasblasenerzeugung erforderlich ist, hängt hauptsächlich von der Leitfähigkeit der Flüssigkeit und vom Abstand der Elektroden ab. Je höher die Leitfähigkeit ist, desto geringer ist der Energiebedarf der Anlage.

Die *Investitionskosten* für eine Elektroflotation sind jedoch wegen der teuren Elektroden recht hoch, wogegen andererseits der Raumbedarf vergleichsweise gering ist.

2.5.3 Biologische Verfahren

2.5.3.1 Einleitung

Bei vielen Produktionsprozessen fallen bekanntlich Abwässer an, die hoch mit organischen Schmutzstoffen belastet sind. Dies gilt z.B. für die Lebensmittel-, Papier- und Zellstoff-Fabriken und für Brauereien. Bezüglich Reinigung dieser Abwässer kommen zwei unterschiedliche biologische Verfahren in Betracht, die die Schmutzstoffe mit Hilfe von Mikroorganismen *aerob* bzw. *anaerob* abbauen.

Bei großen Schmutzfrachten sind aerobe Verfahren nur bedingt geeignet, weil sie einen hohen Sauerstoffbedarf haben, große Mengen Überschußschlamm produzieren und viel Platz benötigen.

Dagegen ermöglichen anaerobe Verfahren Abwasserbehandlungsanlagen mit wesentlich höheren spezifischen Abbauleistungen und somit geringeren Reaktionsvolumina. Zusätzlich entsteht bei der anaeroben Abwasserbehandlung nur rund 10% des Schlammes, der beim aeroben Abbau anfallen würde. Bild 2.45 zeigt eine Gegenüberstellung von aerobem und anaerobem Abbau.

Die Wahl des geeigneten Reinigungsverfahrens richtet sich jedoch zunächst nach der vorgegebenen Zielsetzung.

Die Umsetzung der Abwasserinhaltsstoffe – die für die abbauenden Mikroorganismen z.B. Nährstoffcharakter haben – in Zellbestandteile erfordert Energie. Bei aeroben Prozessen liefert sie der gelöste Sauerstoff, bei anaeroben wird Energie über eine etwas kompliziertere Kette von Redox-Reaktionen (Reduktions-Oxidations-System) bereitgestellt. Da die Hauptkomponente der Zelle der Kohlenstoff ist, interessiert zunächst nur er; zumal er auch eine wesentliche

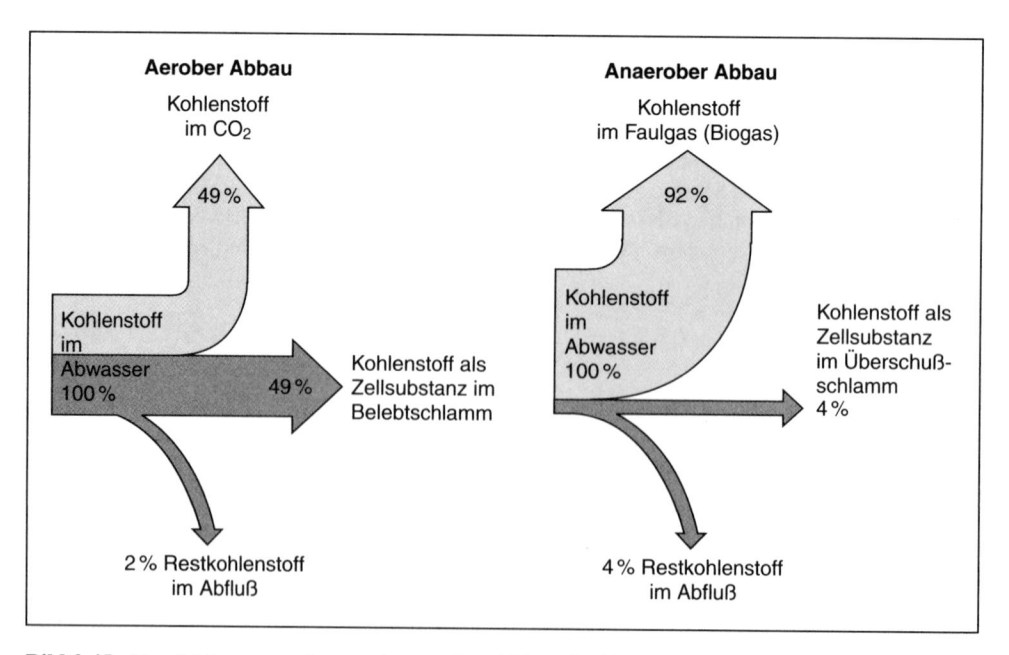

Bild 2.45: Vergleich von aerobem und anaeroben Abbau (Kohlenstoffbilanz)

Abwasserkomponente darstellt. Der mikrobielle Abbau ist im Grunde ein Verbrennungsprozeß, da bei einer vollständigen Mineralisierung als Endprodukt CO_2 übrigbleibt.
Der Aufbau der Zellsubstanz erfordert auch die Anwesenheit von Stickstoff und Phosphat sowie von Spurenstoffen.
Beim aeroben Energiestoffwechsel in Mikroorganismen werden rund 50% des Kohlenstoffs zu CO_2 oxidiert, die restlichen 50 % stehen dem zelleigenen Stoffwechsel, also zum Aufbau von Zellsubstanz, zur Verfügung (siehe Bild). Im anaeroben Wirkungsbereich ist der Energiegewinn für die Zelle wesentlich geringer. Dementsprechend kann auch nur wenig Zellmaterial gebildet werden (z.B. 2–50% des Kohlenstoffs). Der Rest des Kohlenstoffs geht in den Energiestoffwechsel, wobei rund zwei Drittel am Ende als Methan und ein Drittel als CO_2 vorliegen. Von daher (Energie auf der einen Seite, wenig Schlammanfall auf der anderen Seite) liegt es nahe, daß man sich heute wieder mehr für die anaerobe Behandlung interessiert.

Als positiver Effekt der anaeroben Abwasserbehandlung wird die in den organischen Schmutzstoffen enthaltene, chemisch gebundene Energie in großen Teilen zu Biogas umgesetzt. Das darin enthaltene Methangas hat einen hohen Heizwert und kann somit als Wertstoff wieder eingesetzt werden.

Biologische Reinigungsverfahren sind Verfahren zur Reinigung von Abwasser, bei denen organische Verunreinigungen (z.B. Fäkalien) mit Hilfe von Mikroorganismen (z.B. Bakterien) unter Zusatz von Sauerstoff in anorganische Verbindungen (z.B. Kohlendioxid und Wasser) umgewandelt werden.

Aerob (Grundlagen):

Aerob ist die Bezeichnung für die Lebensweise von Organismen, die zum Leben Sauerstoff benötigen, oder chemische Reaktionsweisen, die nur unter Sauerstoffzufuhr möglich sind. Die aerobe Abwasserreinigung erfolgt in Belebungsbecken durch Mikroorganismen unter Zuführung von Sauerstoff (biologische Abwasserreinigung).

Verfahrenstechnische Reinigungsvorgänge: In aeroben biologischen Abwasserreinigungsanlagen werden die in Flüssen ablaufenden natürlichen Reinigungsvorgänge unter verfahrenstechnisch optimierten Bedingungen nachvollzogen mit dem Ziel, eine hohe Raum-/Zeitausbeute bei geringstem Energie- und Chemikalieneinsatz zu erreichen.
Bakterien und Einzeller (Mikroorganismen) bauen dabei die im Wasser gelösten organischen Substanzen ab und wandeln sie in Kohlensäure, Wasser und eigene Zellmasse um.
Die für die Reinigung eines bestimmten Abwassers am besten geeigneten Mikroorganismen bilden sich im Abwasser ohne äußeren Einfluß, und passen sich durch enzymatische Adaption (Anpassung an die Umwelt) der unterschiedlichen Substratzusammensetzung an. Bei der technischen Umsetzung dieser Vorgänge hat sich das Belebungsverfahren durchgesetzt. Dieses Verfahren arbeitet nach dem Prinzip der submersen Fermentation, d.h. Mikroorganismen sind freischwimmend oder freischwebend als feine Schlammflocke im Abwasser verteilt. Durch Umwälzen des Reaktorinhalts werden dabei die Flocken in Schwebe gehalten und die Stoffaustauschvorgänge intensiviert.
In der Nachklärung werden die Schlammflocken anschließend vom gereinigten Abwasser getrennt und als Rücklaufschlamm in den Reaktor zurückgeführt.

Anaerob (Grundlagen):

Anaerob ist die Bezeichnung für die Lebensweise von Organismen, die zum Leben keinen freien Sauerstoff benötigen, und für chemische Reaktionsweisen, die unter Ausschluß von Sauerstoff ablaufen. Die anaerobe Reinigung von Abwässern ist bei stark organisch verschmutzten Abwässern in Industriebetrieben üblich.

In Faultürmen werden organische Substanzen zersetzt, das entstehende Faulgas (Biogas) kann zum Heizen verwendet werden.

Der anaerobe Abbauprozeß unterscheidet sich in einigen Punkten vom aeroben Prozeß. Bei den *anaeroben Verfahren* erfolgt der Abbau organischer Stoffe durch Reduktion, d.h. ohne Sauerstoff unter Beteiligung verschiedener Bakteriengruppen. Weitere Unterschiede sind z.B. die gegenüber den aeroben Bakterien wesentlich längeren Generationszeiten (langsameres Wachstum) und anderen Anforderungen wie pH-Wert, Wasserstoffpartialdruck usw.

Vorteile anaerober Abwasserbehandlung sind:
- hohe Raumabbauleistungen,
- kleines Reaktorvolumen,
- geringer Platzbedarf,
- geringer Überschußschlammanfall,
- niedrige Betriebskosten,
- Biogas-Wertstoffgewinnung.

2.5.3.2 Aerobe Verfahren

Belebungsverfahren (suspendiertes Wachstum):

Grundlage dieses Verfahrens sind ein belüftetes Reaktionsbecken (Belebungsbecken), in dem sich die Mikroorganismen befinden und vermehren sowie ein nachgeschaltetes Sedimentationsbecken (Nachklärbecken), in dem die Biomasse abgetrennt wird. Durch die Rückführung des abgetrennten Schlammes (Rücklaufschlamm) in das Belebungsbecken, wird dort die Biomasse dann angereichert. Die Belüftung des Belebungsbeckens erfolgt über Oberflächen- oder Druckbelüftung. Entsprechend den Selbstreinigungsvorgängen in Gewässern (vgl. Bild 2.46) kann man unterscheiden zwischen trägerfixiertem Wachstum (Biofilmen) und suspendiertem Wachstum (suspendierte Bakterienflocken). Diese beiden Wachstumsarten hat man sich in der Abwassertechnik zu Nutze gemacht durch:

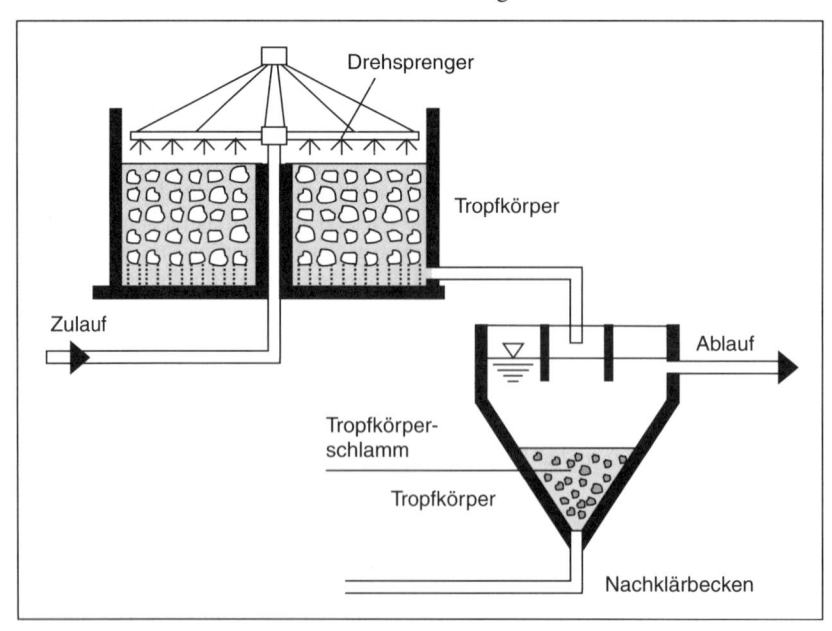

Bild 2.46: Selbstreinigungsvorgänge und Fluß in einer Kläranlage

2.5 Anlagen und Verfahren zur Abwasserreinigung

Tabelle 2.9: Klassifikation von Festbettreaktoren

Verfahrenstechnische Hauptgruppen der Festbettreaktoren	
statische: - Tropfkörper - rückspülbarer, gefluteter Festbettreaktor - Naßfilter - Trockenfilter	*dynamische*: - Scheibentauchkörper - geflutetes, sich drehendes Füllkörperbett - Fließbettreaktoren - Wirbelschichtreaktoren - schwimmende Füllkörper

- Bereitstellung eines geeigneten Trägermaterials,
- Schaffung einer ausreichenden Sauerstoff- und Substratversorgung sowie
- Bakterienabscheidung und Biomasserückführung.

Die entsprechenden Verfahrenstechniken stellen somit dar:
- das Belebungsverfahren und
- der Festbettreaktor.

Das suspendierte Wachstum findet in einem Reaktionsraum statt, der als Fließbettreaktor bezeichnet werden kann (z.B. Belebungsverfahren). Demgegenüber kann man beim Wachstum auf Trägermaterial unterscheiden zwischen Festbett- und Wirbelbettreaktor.

Festbettreaktoren: Es ist inzwischen bekannt, daß sowohl zur Entfernung von biologisch schwer abbaubaren Substanzen als auch zur Nitrifikation und Denitrifikation spezialisierte Mikroorganismen benötigt werden, die sehr langsam wachsen. Es bietet sich daher an, diese zu immobilisieren und auf Trägermaterialien zu fixieren.

Die Vorteile von Festbettreaktoren gegenüber suspendierten Systemen sind:
- Unabhängigkeit von der Wachstumsrate der Mikroorganismen,
- Unabhängigkeit vom Überschußschlammabzug,
- Unabhängigkeit von der Wirkungsweise der Nachklärbecken.

Verfahrensführung der Reaktoren:
- mit Vorbelüftung des Wassers,
- mit künstlicher oder natürlicher Belüftung des Festbettes.

Einsatzbereiche von Festbettreaktoren:
- Elimination schwer abbaubarer, beim chemischen Abbau Sauerstoff verbrauchende organischer Schadstoffe,
- Nitrifikation,
- Denitrifikation.

CSB heißt chemischer Sauerstoffbedarf.

Als Festbettreaktoren (oder Biofilmreaktoren) kommen auch in das Abwasser eingetauchte oder im Abwasser schwebende Aufwuchsflächen in Betracht: Ein *Scheibentauchkörper* besteht in der Regel aus mehreren auf einer Welle sitzenden Scheiben, die zeitweise in eine mit Abwasser gefüllte Wanne eintauchen, sowie zeitweise in der Umgebungsluft sind, so daß sich die Mikroorganismen wechselweise mit Nährstoff und mit Sauerstoff versorgen können (Bild 2.47).

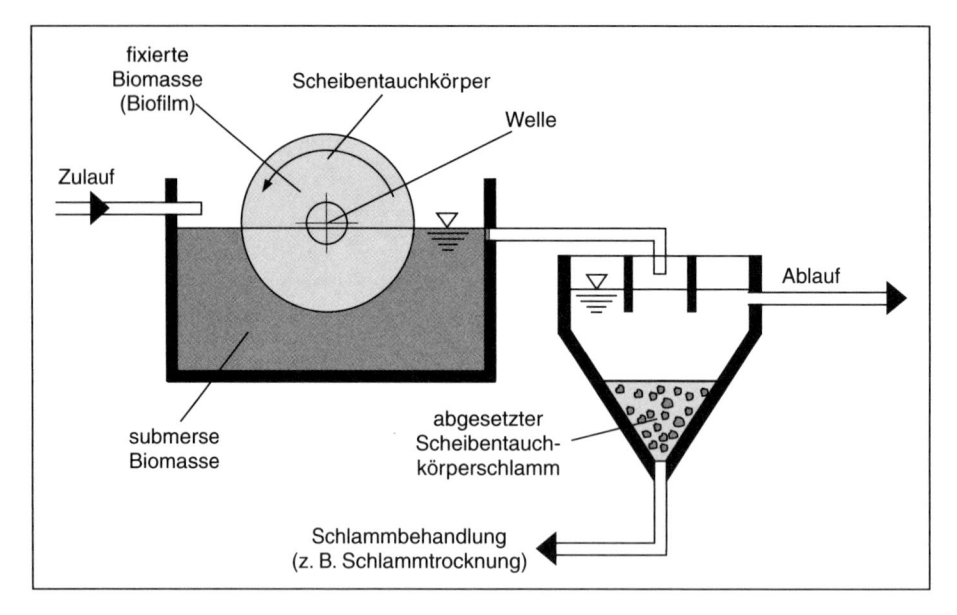

Bild 2.47: Prinzipabbildung und Fließbild eines Scheibentauchkörpers

Scheibentauchkörper eignen sich bei entsprechend geringen Belastungen auch zur biologischen Vollreinigung. Sie werden aber in der Regel nur bei kleinen Wassermengen eingesetzt.

Die Bakterien werden bei der Drehung (des Tauchkörpers) durch den Luftsektor mit Sauerstoff und im Abwasser mit Substrat versorgt.

Hochleistungsbiologie: In Hochleistungs-Belebungsreaktoren zeigen sich z.B. folgende Strukturen: Aufgrund der hohen Scherkräfte sind die Flocken klein, die Bakterien bleiben somit suspendiert. Dadurch ist die Biomasse weitgehend aktiv, eine Degeneration infolge Unterversorgung bleibt weitgehend aus. Da das Oberflächen-/Volumenverhältnis wesentlich größer ist als bei *Schlammflocken* (Struktur, in der die Mikroorganismen auftreten), ergibt sich auch eine höhere Sorptions- und damit Eliminationskapazität für ungelöste und gelöste Stoffe.

Verfahren der Hochleistungsbiologie (Fallbeispiel von Fa. Dürr, Umwelttechnik, Stuttgart):

Das Hochleistungsverfahren „BIOMEMBRAT" ist ein System, das im wesentlichen aus dem Bioreaktor und einer Ultrafiltrationseinheit (UF-Anlage) besteht (Bild 2.48).
Vorgang: Im Bioreaktor erfolgt unter Druck die mikrobielle Umsetzung der organischen Stoffe unter Zufuhr von Sauerstoff (Luft).
Die Ultrafiltrationseinheit steuert die Abtrennung der Biomasse und ist in das Umwälzsystem integriert. Das erzeugte Permeat kann zurück in die Produktion oder in den Kanal geleitet werden.

Vorteile des Verfahrens:
- Hoher Reinigungsgrad,
- hohe Sauerstoffausnutzung,
- geringer Reststoffanfall,
- optimale Nachbehandlung (ca. 100 % Biomasseabtrennung),
- kompakte Bauweise.

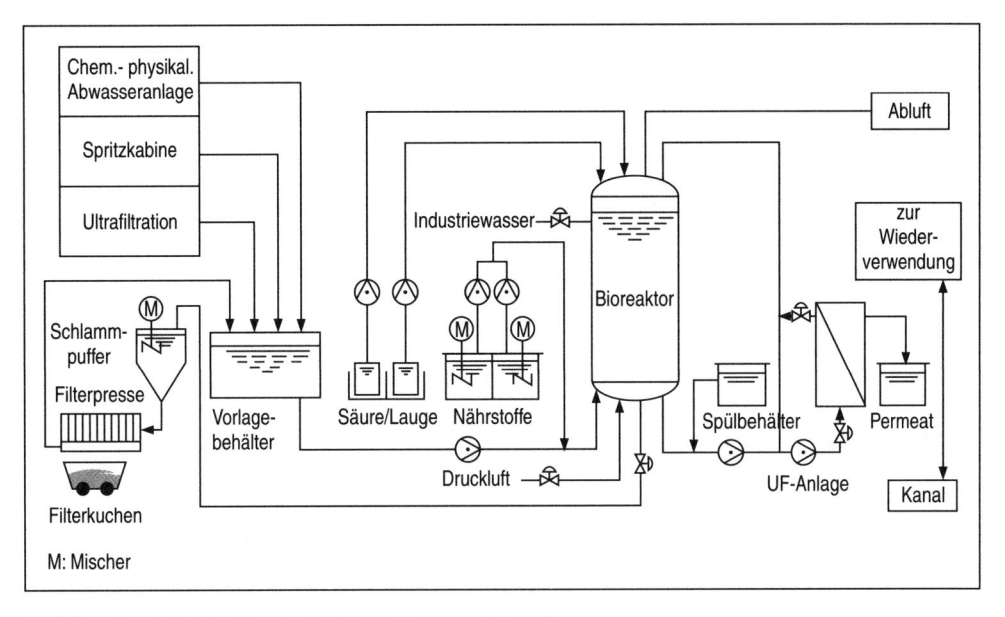

2.5 Anlagen und Verfahren zur Abwasserreinigung

Bild 2.48: Beispiel einer biologischen Abwasserbehandlung

Anwendungsbeispiele: CSB-Reduzierung:
- Nach chemisch-physikalischer Abwasserbehandlung,
- zur Behandlung oder Entsorgung
  - von Lackwasser,
  - des Ultrafiltrats von UF-Anlagen.

Wirbelbett- (Wirbelschicht-) Reaktor:

Bei diesem Reaktortyp werden häufig schwimmende Körper (z.B. Schaumstoffwürfel, Keramikkörper, Aktivkohle) eingesetzt, die mit zunehmendem mikrobiellen Bewuchs in den Schwebezustand übergehen.
Durch die Verwendung eines Trägermaterials ist keine Schlammrückführung, wie beim Belebungsverfahren, notwendig. Denn durch ein (verfahrenstechnisch) engmaschiges Gitter im Ablauf des Reaktors kann man die so immobilisierte Biomasse im System zurückhalten und den Rücklaufschlammkreislauf zurücknehmen. Die Überschußschlammentnahme erfolgt automatisch durch Biofilmablösung oder durch eine Wäsche des Trägermaterials.

Bei Wirbelbettreaktoren (Schwebereaktoren) wird das Trägermaterial (z.B. Sand) durch hohe Rezirkulation in Schwebe gehalten.

CSB-Absenkung durch Hochleistungsbiologie (Fallbeispiel von Fa. Eisenmann, Umwelttechnik, Böblingen)

Gelöste organische Schadstoffe verursachen einen hohen chemischen Sauerstoffbedarf im Abwasser und können nur auf biologischem Wege wirtschaftlich aus dem Wasser eliminiert werden. Vor allem aufgrund des hohen Platzbedarfs sind die im kommunalen Bereich üblichen Belebungsverfahren für den industriellen Einsatz ungeeignet.

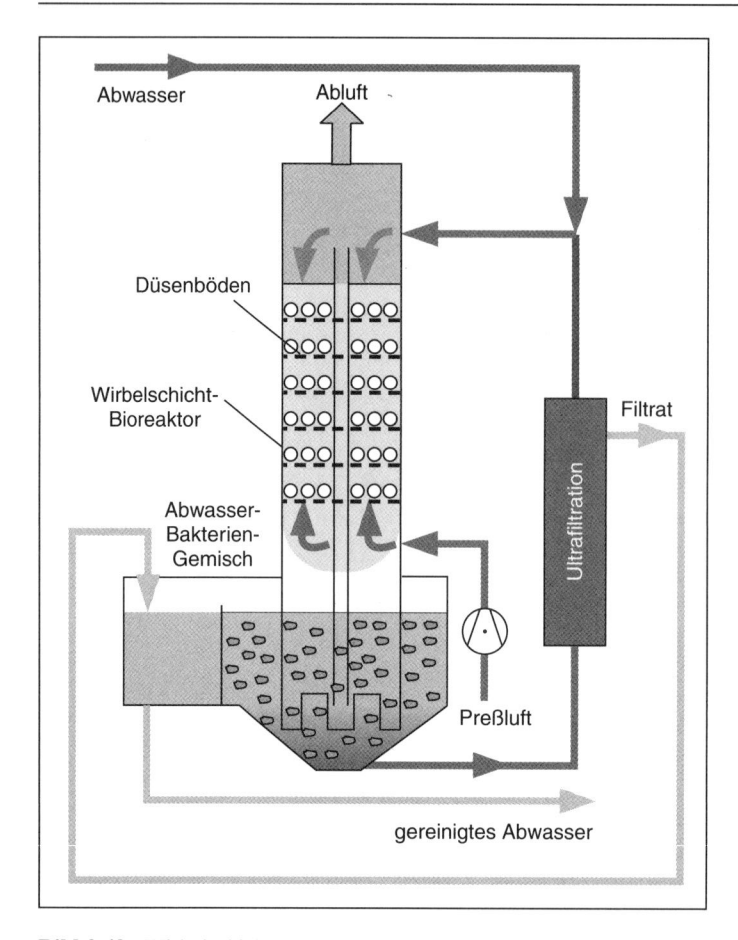

Bild 2.49: Wirbelschicht-Bioreaktor (Hochleistungsbiologie), für organisch belastete Abwässer aus Lackierereien, Gerbereien, Textilbetrieben, aus der Pharma- und Lebensmittelindustrie.

Für die Reinigung organisch hochbelasteter Abwässer, wie z.B. in Lackierbetrieben, Gerbereien, in der Pharma-, Textil- und Lebensmittelindustrie wurde eine kompakte Hochleistungsbiologie entwickelt.

Die Anlage (Bild 2.49) besteht aus einem geschlossenen Reaktorturm mit übereinander angeordneten Düsenböden. Das Abwasser-/Bakteriengemisch wird im Gegenstrom zur eingedüsten Luft geführt und bildet hier *hochturbulente „Wirbelschichten"*. Große, sich ständig erneuernde Phasengrenzflächen bewirken einen schnellen Stofftransport und damit optimale Bedingungen für den Schadstoffabbau.

Die integrierte Ultrafiltrationseinheit sorgt für partikel- und bakterienfreien Abfluß des gereinigten Abwassers und hält die aktive Bakterienmasse im Reaktor zurück.

Durch diese Maßnahme werden ca. 10-fache Bakterienkonzentrationen im Vergleich zu konventionellen Verfahren erreicht. Außerdem entsteht kaum Überflußschlamm und die Bakterien haben jetzt ausreichend Zeit, sich an sonst schwer abbaubare Stoffe zu adaptieren (anzupassen). Im Vergleich zu anderen biologischen Abwasseranlagen ist bei gleicher Leistung und gleichem Energieaufwand nur 1/20 des Behältervolumens erforderlich.

5.5.3.3 Anaerobe Abwasserbehandlung

Die anaerobe Abwasserbehandlung wird in einigen Kläranlagen der Nahrungsmittelindustrie (z.B. Zucker-, Stärke-, Hefe-, Obst- und Gemüsefabriken usw.) und der chemischen Industrie als erste Stufe zum Abbau von hohen Substratkonzentrationen eingesetzt.

Von Nachteil ist, daß es sich lediglich um ein Vorbehandlungsverfahren handelt. Eine aerobe Nachbehandlung ist hier unverzichtbar.

Anaerober Abbau organischer Stoffe: Bild 2.50 zeigt eine schematische Darstellung des anaeroben Abbaus organischer Abwasserinhaltsstoffe.

Der Abbau beginnt mit Hilfe einer Gruppe von Mikroorganismen, die in der Lage sind, die Vielzahl der Verbindungen aus dem Bereich der Fette, der Proteine, der Kohlenhydrate zu solchen Bruchstücken zu verarbeiten, die als gelöste Verbindungen der nächsten Abbaustufe zugeführt werden können. Diese Schritte geschehen in der Hydrolysephase. Dabei freigesetzte Bruchstücke dienen als Kohlenstoff- und Energiequelle für das eigene Wachstum. Das Ergebnis der folgenden Versäuerungsphase sind Wasserstoff und Kohlendioxid sowie eine Reihe von flüchtigen organischen Säuren, Alkoholen usw. Diese zuletzt genannten Verbindungen werden in einem weiteren Schritt – der acetogenen Phase – zu Verbindungen umgewandelt, die letztlich Methanbakterien als Nahrung dienen können. Methanbakterien sind jedoch nur in der Lage, neben Wasserstoff und Kohlendioxid noch Acetat, Methanol und Methylamine verwerten zu können. Am Ende der Kette ist die Umwandlung der chemischen Energie durch die methanogene Phase in die nutzbare Energie des Biogases (zum Kesselhaus) vollzogen.

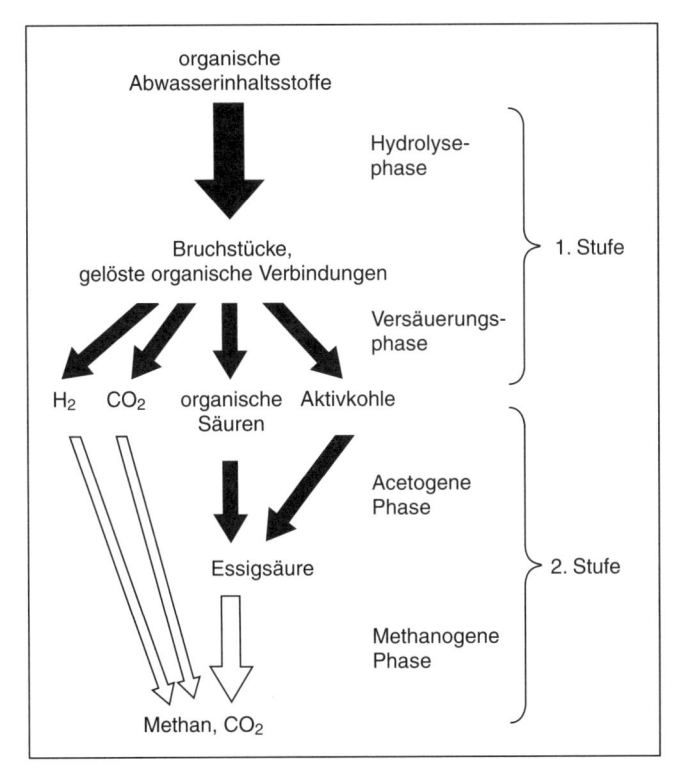

Bild 2.50: Schema des anaeroben Abbaus

Einsatzgebiete: Die Einsatzgebiete der anaeroben Abwasserreinigung beschränken sich jedoch im wesentlichen auf relativ hoch belastete Abwässer mit einem CSB-Gehalt zwischen 5000 und 40 000 mg/l aus der Nahrungs- und Genußmittel- und der chemischen Industrie.

Vorteile des Verfahrens sind:
- keine Belüftungsenergie erforderlich,
- größere Mengen Energie in Form von Biogas wird gewonnen,
- geringer Platzbedarf (vor allem bei Hochleistungsreaktoren).

Die Bemessung von Anaerob-Reaktoren erfolgt in der Regel nach den Hilfsgrößen:
- *CSB-Raumbelastung,*
- *Durchlaufzeit (Verweildauer des Abwassers) und*
- *der Schlammbelastung.*

BIOTRON-Festbettverfahren (Fallbeispiel von WABAG, wassertechnische Anlagen GmbH, Kulmbach)

Allgemeines: Die anaeroben Bakterien nehmen beim Abbau organischer Schmutzstoffe nur geringe Mengen der darin enthaltenen Energie auf.
Trotz hoher Stoffumsätze laufen ihr Wachstum und ihre Vermehrung nur langsam ab. Dem Biomassenrückhalt kommt somit eine hohe Bedeutung zu.
BIOTRON-Anlagen arbeiten also mit Festbett-Bioreaktoren, d.h., die anaeroben Bakterien siedeln sich auf dem Trägermaterial des Bioreaktors an.
Diese Immobilisierung der Bakterien hat einen entscheidenden Vorteil: Ohne aufwendige Biomasseabscheidung und -rückführung ist jederzeit eine ausreichend hohe Biomassekonzen-

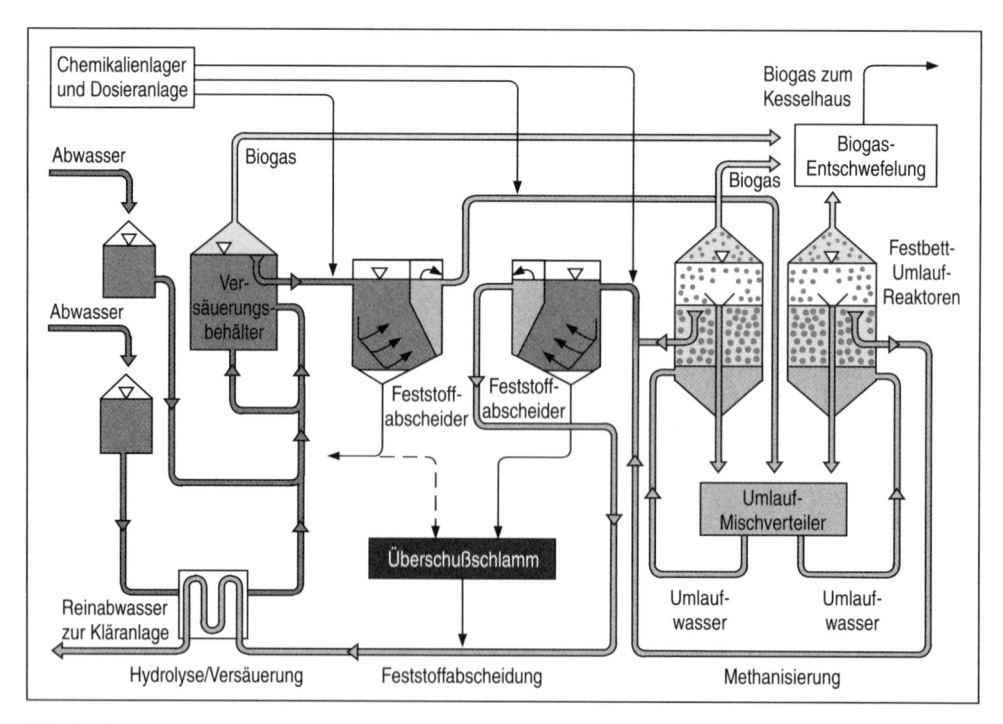

Bild 2.51: Verfahrensschema einer anaeroben Abwasserbehandlungsanlage mit BIOTRON-Festbettreaktoren.

tration vorhanden. Ein weiterer Vorteil des BIOTRON-Festbettverfahrens ist die weitgehende Unempfindlichkeit gegenüber Stoßbelastungen sowie die hohe Prozeßstabilität.

Vorbehandlung des Abwassers: Im Eingangsbereich der BIOTRON-Anlage wird das anfallende Abwasser gesammelt und ggf. von groben Feststoffen befreit. Vor der Weiterleitung zur biologischen Behandlung werden Menge, Feststoffgehalt, pH-Wert und Temperatur des Abwassers gemessen und registriert.

Biologische Behandlung: Der biologische Teil der Anaerobanlage besteht aus zwei Stufen:
- Hydrolyse und Versäuerung,
- Methanisierung.

Bei dieser anaeroben Abwasserbehandlung werden die organischen Inhaltsstoffe des Abwassers zu Biogas umgesetzt. Das produzierte Biogas, das zum Kesselhaus geleitet wird, weist beispielsweise einen Heizwert zwischen 20 und 25 MJ/m^3 je nach Methananteil auf. Bild 2.51 zeigt ein Verfahrensschema einer anaeroben Abwasserbehandlungsanlage mit BIOTRON-Festbettreaktoren.

2.5.3.4 Bio-Hochreaktor

Reinigung von kommunalem und industriellem Abwasser mit einer Belebtschlammanlage (Hochbiologie) (Fallbeispiel von Höchst/Uhde-Technologie zur Abwasserreinigung Dortmund)

Biologische Reinigung: Für die biologische Reinigung des Abwassers werden 4 BIOHOCH-Reaktoren verwendet und zwar ein BIOHOCH-Reaktor für die Vorreinigung der hochbelasteten Industrieabwässer und drei baugleiche BIOHOCH-Reaktoren zur anschließenden gemeinsamen Reinigung der kommunalen und industriellen Abwässer (Bild 2.52).

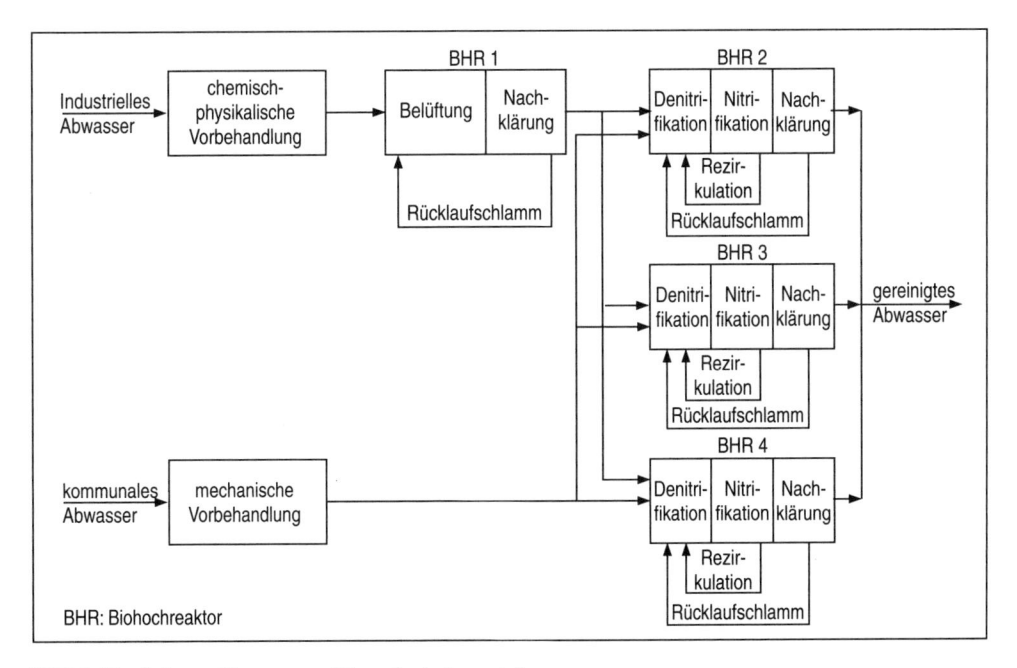

Bild 2.52: Schema über wasserführende Anlagenteile

BIOHOCH-Reaktor 1: Die biologische Vorreinigung der Industrieabwässer zur Elimination der leichter abbaubaren Abwassersubstrate findet im BIOHOCH-Reaktor 1 statt. Dieser Reaktor besteht im wesentlichen aus einem Belebungsraum, den ein Lochboden in zwei Kammern aufteilt, und aus einem Nachklärraum, der ringförmig um den Belebungsraum angeordnet ist. Das Abwasser aus der chemisch-physikalischen Vorreinigung gelangt über die Treibwasserpumpen zu den Radialstromdüsen am Boden des Belebungsraumes. Es handelt sich hier um Zweistoffdüsen, in denen Luft mit Hilfe eines Wasserstrahls in feine Blasen zerteilt und anschließend radial in die zu begasende Flüssigkeit gleichmäßig und weiträumig verteilt wird.

Der Lochboden im Belebungsraum bewirkt eine Entgasung des Belebtschlammabwassergemisches. Zur weiteren Verbesserung der Absetzeigenschaften des Belebtschlammes ist dem Belebungsraum eine Entgasungs- und erst danach dann die Sedimentationszone nachgeschaltet.

Der sich am Boden der Nachklärung ansammelnde Schlamm wird mit Hilfe des umlaufenden Saugräumers kontinuierlich abgezogen und mittels Rücklaufschlammpumpe in eine umlaufende Rinne gefördert. Von dort wird der Schlamm im freien Gefälle wieder der Belebung zugeführt. Der beim Abbau der organischen Substanzen erhaltene Überschußschlamm fließt ebenfalls im freien Gefälle zum Eindicker.

BIOHOCH-Reaktor 2–4: Das biologisch vorbehandelte Abwasser vom **BIOHOCH-Reaktor 1** wird gemeinsam mit dem Kommunalabwasser in den BIOHOCH-Reaktoren 2–4 nach dem Schwachlast-Belebtschlamm- und einem sog. BIOKOP-Verfahren biologisch und adsorptiv gereinigt.

Die BIOHOCH-Reaktoren der Schwachlaststufe werden als Nitrifikation mit integrierter Denitrifikation ausgeführt, wobei die nach dem BIOKOP-Verfahren dosierte Pulverkohle neben der Adsorption eine Aufgabe als Trägermaterial für die Nitrifikation übernehmen kann (Bild 2.53).

Die Konstruktion der BIOHOCH-Reaktoren 2–4 entspricht im wesentlichen dem zuvor beschriebenen BIOHOCH-Reaktor 1. Jedoch umschließt die mit Radialstromdüsen belüftete Belebungszone die Denitrifikation.

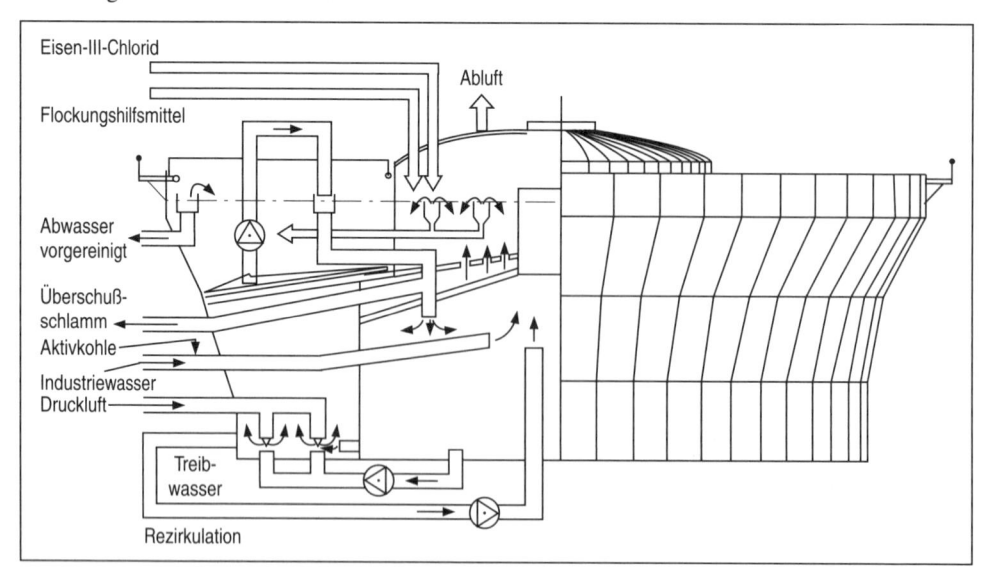

Bild 2.53: Schema über BIOHOCH-Reaktoren von Höchst/Uhde

Die im Abwasser enthaltenen Phosphate werden unter Zugabe von Eisen-III-Chlorid simultan gefällt und mit dem Überschußschlamm ausgetragen.

2.5.4 Chemische Verfahren

2.5.4.1 Einführung

Bei den *chemischen Reaktionen* stellt sich in Abhängigkeit von den jeweiligen Randbedingungen ein Gleichgewichtszustand zwischen den verbleibenden Ausgangsprodukten und den gebildeten Reaktionsprodukten ein. Die Elemente oder Verbindungen, die bei einer chemischen Reaktion eingesetzt werden, nennt man also *Ausgangsstoffe*, die entsprechenden Stoffe, die durch die Reaktion entstehen, somit die *Endprodukte* oder *Reaktionsprodukte*. Bei der Abwasserbehandlung mit Hilfe chemischer Verfahren ist es von Interesse, daß das Gleichgewicht der zugehörigen Reaktion möglichst weit auf der Seite des erwünschten Reaktionsproduktes liegt, d.h. der größte Teil der Ausgangsprodukte sollte umgesetzt sein.
Chemische Behandlungsverfahren stellen aus diesem Grund meist nur einen Teilschritt bei der Abwasserbehandlung dar, der z.B. durch die Beseitigung einer hohen Toxizität des anfallenden Abwassers die weitere Reinigung in einer nachgeschalteten biologischen Stufe ermöglicht.

2.5.4.2 Neutralisation

Unter Neutralisation versteht man die Reaktion von Säure und Lauge unter Bildung von Salz und Wasser. Viele gewerbliche und industrielle Abwässer müssen vor Einleitung in öffentliche Abwasseranlagen oder Vorfluter neutralisiert werden. Saure Abwässer werden dabei mit Laugen (z.B. Kalkmilch, Natronlauge), alkalische Abwässer mit Säure (z.B. Salz- oder Schwefelsäure) neutralisiert.

Die Neutralisation ist also ein chemisches Verfahren, das verwendet wird, um saure oder alkalische Abwässer auf einen neutralen pH-Wert einzustellen. Indirektleiter sind zur Einhaltung der jeweiligen Ortssatzungen, z.B. zur Einstellung des pH-Wertes vor der Einleitung verpflichtet. Hier wird dann der pH-Wert-Bereich in Anlehnung an das ATV-Arbeitsblatt in der Regel auf einen Bereich von 6,5–10 oder enger vorgeschrieben. Vielfach ist auch eine Neutralisation vor Einleitung in die betriebseigene Kläranlage erforderlich.

Bei der *Neutralisation von Säuren* muß man unterscheiden, ob sie mineralischer oder organischer Art sind. Mineralsäuren sind in der Regel zu neutralisieren. Bei den biologisch abzubauenden organischen Säuren ist dagegen zu beachten, daß sie im neutralisierten Zustand sogar schwerer biologisch abbaubar sind (Betriebsverfahren auf verschiedenen Kläranlagen haben das gezeigt).
Neutralisationsmöglichkeiten: Saure Abwässer, wie sie z.B. in der metallverarbeitenden, chemischen und auch in der Lebensmittelindustrie anfallen, können wie folgt neutralisiert werden:
- Mischung mit alkalischen Abwässern,
- Zusatz alkalisch reagierender chemischer Substanzen, wie z.B.
    - NaOH (Natronlauge),
    - $Ca(OH)_2$ (Kalkhydrat) usw.

pH-Wertverschiebung verursacht zusätzlichen Schlammanfall: Durch eine gewollte pH-Wertverschiebung kommt es zur Ausflockung *kolloidaler Bestandteile* des Abwassers. Je nach Ursache des niedrigen pH-Wertes fällt dabei unterschiedlich viel Schlamm an. Leicht lösliche Säuren, wie z.B. HCl (Salzsäure) und HNO_3 (Salpetersäure), verursachen nur einen geringen Schlammanfall. Schwer lösliche Säuren, wie z.B. H_2SO_4 (Schwefelsäure) verursachen dagegen einen größeren Schlammanfall.

Tabelle 2.10: Chemikalien, Daten und Preise für die Abwasserbehandlung

chem. Formel	Name	Handels- konzentr.	spez. Gewicht	Wirkstoff- gehalt	Preis in DM pro 100 kg	Anwendungs- konzentration	Bemerkungen
H_2SO_4	Schwefelsäure	95 %	1,84	ca. 95 %	53–100	50–96 %	flüssig
HCl	Salzsäure	30–33 %	1,16	ca. 30 %	52–102	20–36 %	flüssig, ätzende Gase
HNO_3	Salpetersäure	53 %	1,34	ca. 53 %	70–160	65 %	flüssig, ätzende Gase
NaOH	Natronlauge	50 %	1,53	ca. 100 %	68–115	30–45 %	flüssig
		33 %	1,36		66–113		
$Ca(OH)_2$	Calcium- hydroxid (Weißkalk- hydrat)	100 % (Pulver)	0,3–0,5	ca. 90 %	47–100	5–10 % (Suspension)	Pulver, staubend

Zur Neutralisierung mittels chemischer Reagenzien werden verwendet:
- Kalkhydrat, fest oder als Kalkmilch,
- Natronlauge,
- halbgebrannter Dolomit ($CaCO_3$ + MgO),
- gebrannter Magnesit ($MgCO_3$),
- Soda (Na_2CO_3).

Die Hauptkriterien für die Auswahl des Neutralisationsmittel sind die im Abwasser gelöste Säure, die Abwassermenge und der Preis der Chemikalien. Tabelle 2.10 enthält Angaben über einzusetzende Chemikalien und Preise.

Je nach Abwassermenge kann die Behandlung im Chargen- oder im Durchlaufbetrieb wirtschaftlicher sein. Da die Dosierung nach der erforderlichen pH-Wertanhebung des Zulaufs erfolgen muß, ist für die Behandlung von größeren Wassermengen im Durchlaufbetrieb eine Meß- und Dosierungsanlage erforderlich.

Mit der Neutralisation von Abwässern laufen bereits *Fällungsreaktionen* ab, wenn metallhaltige Lösungen vorliegen, in denen die Metallionen nicht „komplexiert" sind. Im Neutralbereich sind nur Fe^{3+}, Al^{3+} und Cr^{3+} weitgehend ausfällbar, während z.B. Pb^{2+} und Cd^{2+} erst oberhalb pH 9 quantitativ ausfällen, wenn mit Natronlauge oder Kalkmilch neutralisiert wird. Bei Soda (Natriumkarbonat) läßt sich z.B. Cadmium(Cd) auch im Neutralbereich quantitativ ausfällen; dabei entstehen basische Karbonate.

pH-Wert-Regelung: Bei der *Metallfällung* ist die Einhaltung eines bestimmten pH-Werts bzw. pH-Bereich Voraussetzung für die gewünschte Reaktion und Reaktionsgeschwindigkeit. Der pH-Meß- und Regelkreis besteht aus einer oder mehreren Meßelektroden, Meßverstärker, Regler und Dosierorganen für Lauge und Säure (siehe Bild 2.54). Dabei wird am Regler eingestellt, ab welcher pH-Wertabweichung Säure bzw. Lauge zudosiert wird. Ein Mischorgan – z.B. ein Rührwerk – muß für eine intensive Vermischung des Abwassers und der Behandlungschemikalien sorgen und damit verhindern, daß z.B. zudosierte Säure eine Laugedosierung auslöst oder umgekehrt. Eine solche Aufschaukelung würde nicht nur zu unnötigem Chemikalienverbrauch, sondern auch zu unerwünschter Aufsalzung des Abwassers führen.

Wie in Bild 2.55 ersichtlich, ändert sich der pH-Wert des Wassers bzw. Abwassers nicht linear mit der Zugabe von Säure und Lauge. Vielmehr führen im Neutralbereich um pH 7 schon kleinste Dosiermengen zu großen pH-Wertänderungen. Hingegen ändert sich der pH-Wert im

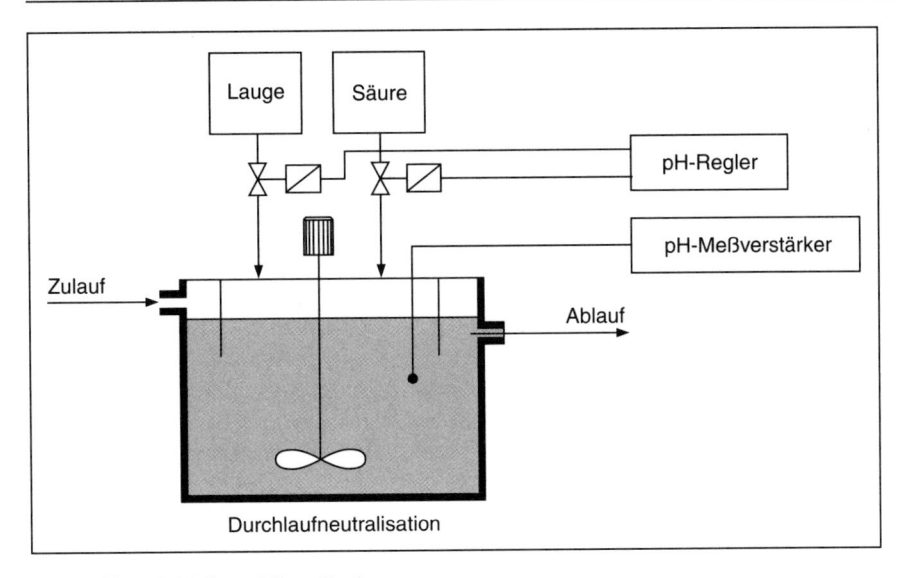

2.5 Anlagen und Verfahren zur Abwasserreinigung

Bild 2.54: pH-Meß- und Regelkreis

niedrigen bzw. hohen Bereich vergleichsweise geringfügig. Dies bedeutet jedoch, daß an den Regelkreis zur Einstellung von pH-Werten im Neutralbereich höhere Anforderungen als im stark sauren bzw. stark basischen Bereich gestellt werden müssen.

Biogene Neutralisation bei Laugen: Auf eine *Neutralisation von Laugen* sollte eigentlich verzichtet werden, d.h. sie sollten nur in gleichmäßiger Menge abgelassen werden. Laugen werden bei entsprechendem BSB_5 durch die CO_2-Produktion im biologischen Reinigungsverfahren neutralisiert (biogene Neutralisation). Beim biologischen Abbau von einem Gramm

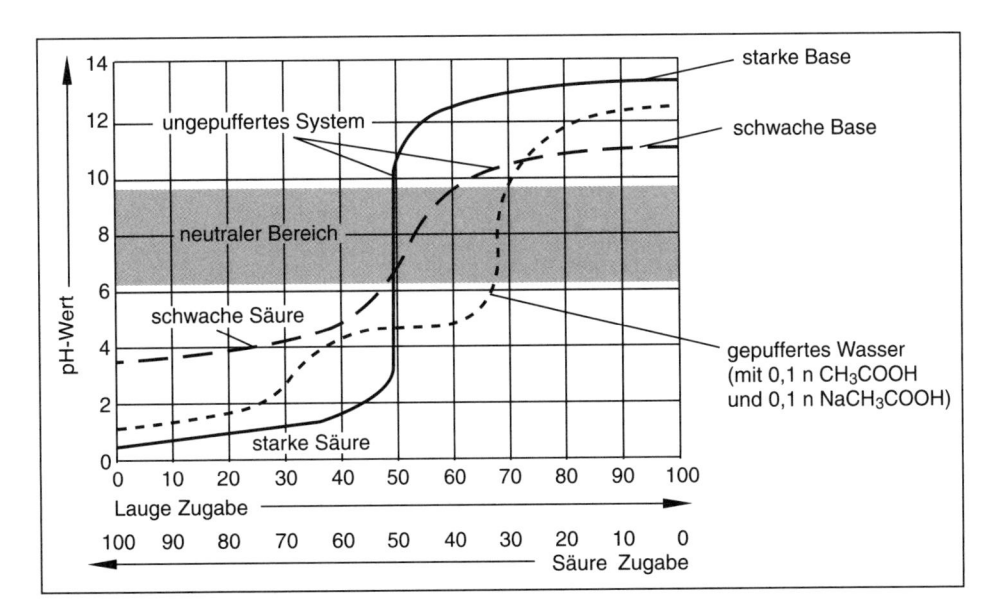

Bild 2.55: Schematisch dargestellte Neutralisationskurven

BSB$_5$ werden 22,5 mol CO$_2$ erzeugt, wovon je nach Belüftungsart etwa 60–70 % für die Neutralisation angesetzt werden können. Liegt ein entsprechender BSB$_5$ vor, können also auch pH-Werte über 10 zugelassen werden, soweit es die Randbedingungen (z.B. eigene Betriebskläranlagen) zulassen.

BSB$_5$ bedeutet biochemischer Sauerstoffbedarf in 5 Tagen.

Abwasserneutralisationsanlagen mit Rauchgas: Mit zunehmendem Umweltbewußtsein stehen die Industrien vor neuen Problemen und Kosten.
Die Abwasserneutralisation zählt zu den Mindestanforderungen. Sie ist sowohl für die Teil- und Vollreinigung als auch für Kreislaufprozesse erforderlich.

Rauchgas als Neutralisationsmittel hat sich in der Praxis gut bewährt und hat gegenüber Mineralsäuren folgende Vorteile:
- Rauchgas steht kostenfrei aus der Kesselfeuerung zur Verfügung.
- Bei der Neutralisation entstehen umweltfreundliche Bicarbonate. Eine Erhöhung der Chlorrid- bzw. Sulfatfracht erfolgt nicht.
- Die Korrosionsgefahr für Gebäudeteile und betriebliche Einrichtungen durch Säuredämpfe entfällt.
- Der Neutralsalzgehalt wird nicht erhöht, und es entstehen gut gepufferte Wässer.
- Verringerung der CO$_2$-Emission der Kesselanlage um bis zu 50 %.

Bild 2.56 zeigt eine Darstellung dieser Neutralisation

Verfahrensbeschreibung: Bei der Neutralisation alkalischer Abwässer mittels Rauchgas wird ein Teil des anfallenden Rauchgases aus dem Kamin abgesaugt, gekühlt und über eine Verbindungsleitung dem Neutralisationsreaktor zugeführt. Der Neutralisationsreaktor kann dabei unabhängig vom Kesselhaus aufgestellt werden.
Die Neutralisation des Abwassers auf die behördlich vorgeschriebenen Grenzwerte erfolgt dann im Durchlaufverfahren.

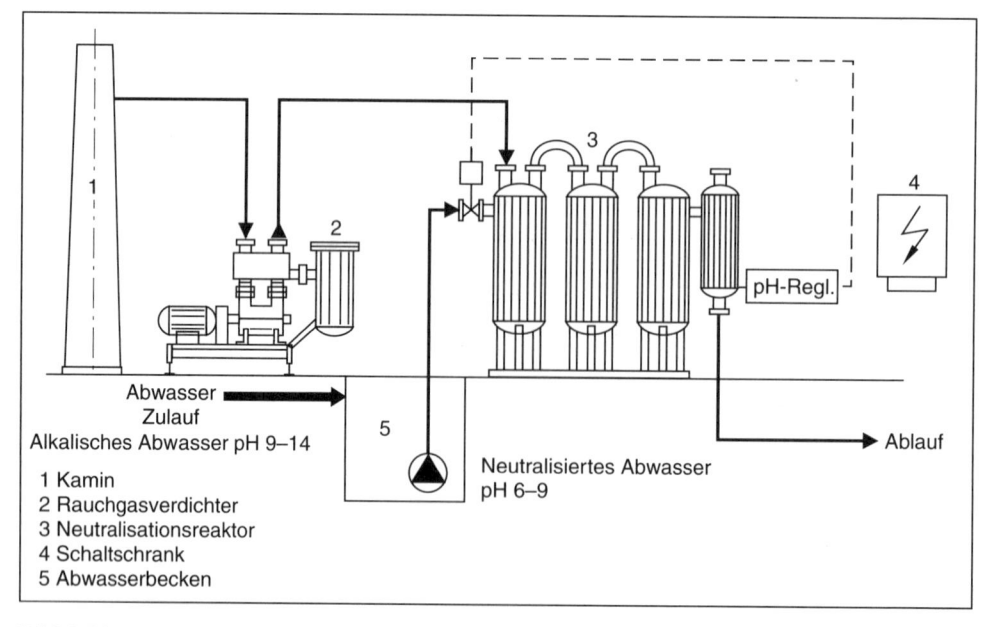

Bild 2.56: Neutralisationsanlage

Bei der Neutralisation mit Rauchgas ist aber zu beachten, daß gegenüber Kohlensäure große Gasmengen benötigt werden, weil ihr CO_2-Gehalt unter 20 % liegt.

2.5.4.3 Fällung/Fällungsbehandlung des Abwassers und Flockung

Um die in gelöster Form im Abwasser vorliegenden Stoffe in eine ungelöste und damit abscheidbare Form zu überführen, bietet sich als gute Möglichkeit die „Fällung" mit Chemikalien an (z.B. die Phosphatfällung). Das entstehende Fällprodukt kann durch geeignete Verfahren (z.B. Sedimentation, Flotation, Filterung) abgeschieden werden. Die Flockung ist z.B. ein Verfahren, das bei der Trinkwasseraufbereitung und Abwasserreinigung Anwendung findet. Dem Wasser wird ein Flockungsmittel zugesetzt, das abfiltrierbare oder absetzbare Flocken mit den Schadstoffen bildet. Dabei werden gelöste oder sehr fein verteilte Stoffe von den Flocken eingeschlossen oder physikalisch an der Flockenoberfläche gebunden (adsorbiert).

Außerdem werden Fällung und Flockung mit den Zielsetzungen einer Verbesserung der Abscheideleistung von Flotationsanlagen, zur Fällung von Schwefelwasserstoff (H_2S) sowie zur Destabilisierung von Ölemulsionen eingesetzt.

Als anorganische *Flockungsmittel* (FM) haben sich in erster Linie Eisen- und Aluminiumsalze sowie Kalk bewährt. Als *Flockungshilfsmittel* (FMH) kommen vorwiegend synthetische organische Polyelektroden zum Einsatz.

Bei der c*hemischen Fällung* handelt es sich um einen *Phasenübergangsprozeß*, bei dem aus mehreren, in der Regel ionischen Komponenten, eine unlösliche feste Phase entsteht. *Aus gelösten Kationen (z.B. Metalle) und Anionen (z.B. Phosphate) werden mit Hilfe eines Flockungsmittels Kolloide gebildet.*

Da die bei diesem Vorgang entstehenden Produkte nur sehr klein sind, ist eine Abtrennung kaum möglich. Vielmehr lagern sich diese Produkte an entgegengesetzt geladene Kolloide an, deren Ladungshülle durch das Flockungsmittel entstabilisiert worden ist. Auf diese Weise entstehen die sog. *Mikroflocken*. Durch weitere Anlagerung ausgefällter sowie suspendierter Abwasserinhaltsstoffe vergrößern sich die Flocken, wobei eine gewisse Turbulenz notwendig ist. So entstehen dann allmählich *Makroflocken*, die sich aufgrund ihrer Größe gut mittels mechanischer Verfahren aus dem Abwasser entfernen lassen.

Unter den Oberbegriff *Flockung* sind die Phasen
- Ent- und Destabilisierung (ein mehr chemischer Prozeß),
- Mikroflocken- und Makroflockenbildung (ein eher hydrodynamischer Prozeß) zu zählen.

Im Gegensatz zur Fällung werden bei der *Flockung* lediglich kleinere ungelöste Feststoffe überführt. Beim *Flockungsvorgang* lassen sich zwei Vorgänge beobachten. Zunächst bilden sich aus feinstsuspendiert oder kolloidal gelösten Stoffen die Mikroflockung. Der „Mechanismus"– Ausflockung eines Stoffes aus einer kolloidalen Lösung– *Koagulation* genannt, beruht auf der Entladung des elektrischen Potentials der Kolloide durch Zugabe entgegengesetzt geladener Ionen. Für diesen Vorgang ist eine große Turbulenz notwendig. In der zweiten Phase, die *Flockulation* genannt wird, bilden sich die Makroflocken aus; für die auch eine gewisse Turbulenz erforderlich ist.

Vereinfacht läßt sich die Wirkung in Bild 2.57 darstellen.

Kolloiddisperse Abwasserinhaltsstoffe sind z.B. hydrophil und negativ geladen und stoßen sich somit gegenseitg ab. Durch die Zugabe von Flockungsmittel kann eine elektrische Umladung erfolgen, d.h. die Ionen Fe^{3+}, Al^{3+}, Ca^{2+} und Mg^{2+} gleichen die negativen Ladungen aus und führen zur Koagulation und Flockenbildung.

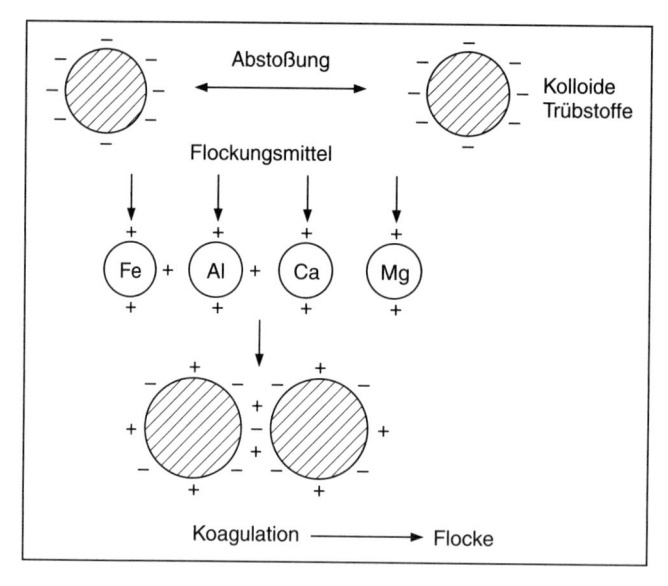

Bild 2.57: Flockung kolloider Teilchen

Bei den hydrophilen Kolloiden wirkt weniger die elektrische Aufladung als vielmehr die Umhüllung mit Wassermolekülen stabilisierend auf die kolloid gelösten Teilchen. Denn hydrophile Kolloide haben das Bestreben, Wassermoleküle zu adsorbieren, welche die Vereinigung der Kolloidteilchen zu größeren Partikeln verhindern.

Zweipunktfällung in mechanisch biologischen Kläranlagen (Fallbeispiel von Süd-Chemie AG Abwasser- und Umwelttechnik, Freising, für Schlachthofabwasser):

Kommunale Kläranlagen über 20 000 *Einwohnergleichwerte* (siehe Kapitel 2.2.1) müssen wegen Eutrophierungsgefahr (z.B. Überernährung von Wasserpflanzen, sowie Überdüngung usw.), Phosphat- und Nitratgrenzwerte einhalten.
Die Begrenzung des Phosphatgehalts läßt sich z.B. auf einfache Weise durch die Zugabe des Flockungsmittels „Eisenaluminiumchlorid", in den Zulauf des Nachklärbeckens bewerkstelligen.
Unter *Zweipunktfällung* versteht man die Aufteilung der Flockungsmittelmenge in Zulauf „Vorklärbecken" und Zulauf „Nachklärbecken". Die Dosierung im Zulauf Vorklärbecken erfolgt im allgemeinen nach der Wassermenge. Eine andere und sehr sinnvolle Alternative ist die Dosierung nach dem BSB_5 : N-Verhältnis; durch Zugabe dieser Flockungsmittel können in vielen Fällen Investitionskosten für Kläranlagenerweiterungen vermieden werden.
Durch die Aufteilung des Flockungsmittels auf Zulauf Vorklärbecken und Zulauf Nachklärbecken lassen sich die Bedingungen für Nitrifikation und Denitrifikation einhalten und gestalten. So wird die Reaktionsgeschwindigkeit für die Nitrifikation bei geringerer organischer Belastung deutlich erhöht und der erforderliche Freiraum für die Nitrifikanten (selektive Bakterienstämme) geschaffen.
Das für die Nitrifikation erforderliche Schlammalter ist z.B. ohne Kläranlagenerweiterung erreichbar. Die Stickstoff-Fracht aus dem Schlachthofabwasser kann auf diese Weise also mit geringstmöglichem Aufwand bei dieser Kläranlage ammonifiziert, nitrifiziert und denitrifiziert werden. Die Einhaltung des Ammoniumstickstoff- und Gesamtstickstoffgrenzwertes ist somit ohne hohe Kapitalkosten möglich. Bild 2.58 zeigt hierzu eine schematische Darstellung für die Abwasserbehandlung und Schlammentsorgung.

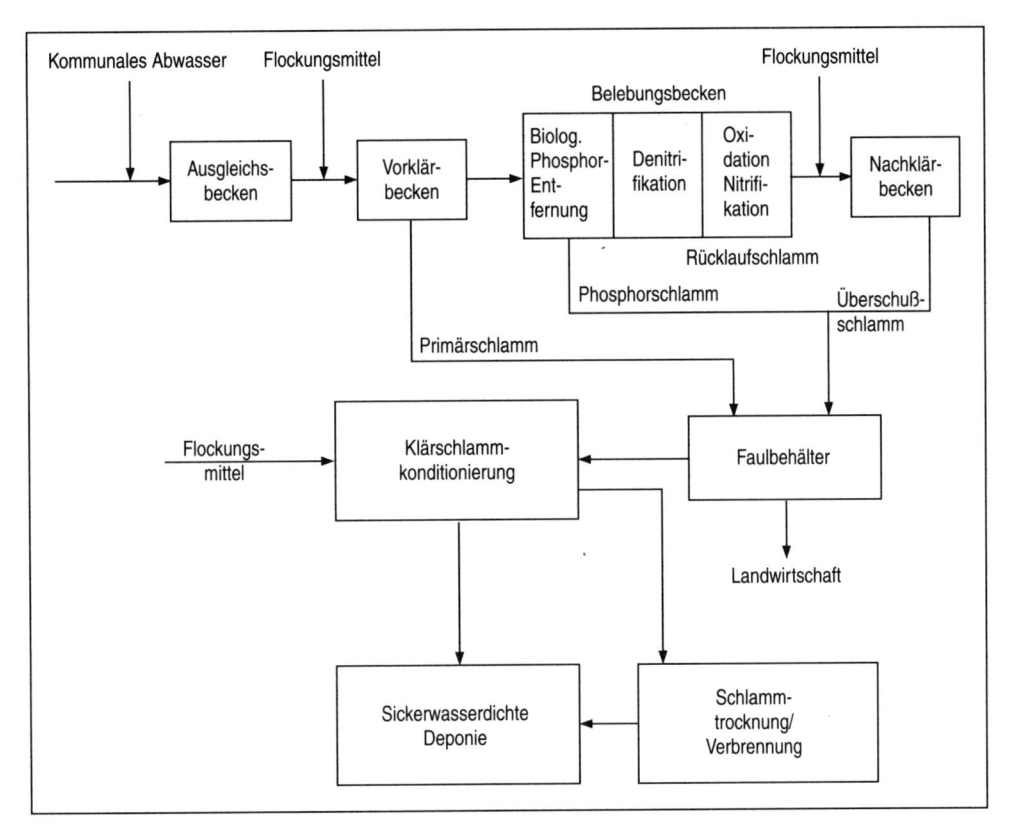

2.5 Anlagen und Verfahren zur Abwasserreinigung

Bild 2.58: Abwasserbehandlung und Schlammentsorgung

Durch die Verwendung von Flockungsmittel wie z.B. Eisenaluminiumchlorid, können organische Inhaltsstoffe, hier vor allem partikuläre Inhaltsstoffe, sowie Eiweiß und Fett koaguliert und im Vorbecken reduziert werden. Dadurch fehlen in der biologischen Stufe die Nährstoffe für die Fadenbakterien. Schwimmschlammdecken werden vermieden und die Einhaltung der Grenzwerte am Ablauf der Kläranlage ermöglicht.

Flockungshilfsmittel (FHM): Im Gegensatz zu den Flockungsmitteln sind *Flockungshilfsmittel* nicht in der Lage, selbst Flocken zu bilden; sie verbessern lediglich die Flockenbildung. Mit ihrer Hilfe bilden sich Agglomerate (Anhäufungen) aus im Abwasser enthaltenen gelösten Teilchen. Auf diese Weise kommen größere Flocken zustande, die sich leichter abtrennen lassen.

Flockungshilfsmittel dienen lediglich der Unterstützung der Flockenbildung.

Organische Flockungshilfsmittel (FHM): Als organische FHM werden in der Abwassertechnik fast ausschließlich synthetische, langkettige, wasserlösliche Polymere (auch Polyelektroden genannt) eingesetzt.
Die organischen, synthetischen FHM bestehen aus langkettigen, additiven Fadenmolekülen, wobei die einzelnen Monomere reaktionsfähige Gruppen besitzen, die anionisch (negativ),

kationisch (positiv) oder nichtionogen (elektrisch neutral) geladen sind. Je nach Abwasser- oder Schlammeigenschaften und nach Zielsetzung der Konditionierung gibt es optimale Ladungen und optimale Molekülkettenlängen.

Steuerparameter für die Dosierung: Verfahrenstechnisch bedeutsam ist die Art der *Flokkungsmittel/Flockungshilfsmitteldosierung*. Mögliche Steuergrößen für die Dosierung sind u.a. die Leitfähigkeit, die Alkalität, der CSB und die Trübung.

Die Wahl der Zugabe des Flockungsmittels wirkt sich auch auf die Schlamm-Menge und Konsistenz (z.B. Haltbarkeit) aus, denn eine Überdosierung führt sogar zur Restabilisierung. Die Erfahrung lehrt, daß man von Zeit zu Zeit die verfügbaren Chemikalien auf ihren Einsatz hin testen sollte, weil sich die Schlammbeschaffenheit ab und zu ändert.

2.5.4.4 UV-Oxidationsverfahren (Naßoxidationen)

Die UV-Oxidation beruht auf dem Prinzip, die im Wasser gelösten Chlorkohlenwasserstoffe (CKW) mit Hilfe von ultraviolettem Licht und starken Oxidationsmitteln (Ozon oder Wasserstoffperoxid) zu ökologisch unbedenklichen Abbauprodukten (CO_2, HCl, H_2O) umzusetzen. Als Strahlungsquelle dienen im allgemeinen Hoch- bzw. Niederdruckquecksilberbrenner mit einer großen Strahlungsintensität im Wellenbereich von ca. 200–280 nm (= UV- C-Bereich). Da Wasserstoffperoxid und Ozon in diesem Wellenbereich absorbieren, finden Reaktionen unter Bildung von OH-Radikalen statt :

$$H_2O_2 \rightarrow 2\ OH^{\bullet}$$

$$O_3 \rightarrow O_2 + O^{\bullet}; \quad O^{\bullet} + H_2O \rightarrow 2\ OH^{\bullet}$$

Die OH-Radikale sind sehr reaktionsfreudig und setzen sich z.B. mit Tetrachlorethen nach folgender Gleichung um:

$$C_2Cl_4 + 4\ OH \rightarrow 2\ CO_2 + 4\ HCl.$$

Eine Neutralisation der bei der Reaktion entstehenden Salzsäure ist, aufgrund abpuffernder Wirkung karbonatischer Wasserbestandteile, meist nicht erforderlich. Bei der Auslegung von Oxidationsanlagen sind neben dem UV-C-Anteil der Brennerstrahlung die Durchdringungstiefe des zu behandelnden Wassers, die Strahlungsenergie und die Menge des zu dosierenden Oxidationsmittels zu berücksichtigen.

Umwandlung von chlorierten Kohlenwasserstoffen (Fallbeispiel von WABAG, wassertechnische Anlagen, Kulmbach).

Das Verfahren dieser *Naßoxidation* basiert auf der Zugabe von Wasserstoffperoxid vor einem UV-Reaktor, in dem dann die Umsetzung der Schadstoffe durchgeführt wird.
Die chlorierten Kohlenwasserstoffe werden in Kohlenstoffdioxid und Salz umgewandelt. Die Schadstoffe werden dann im Wasserwerk beseitigt.
Bild 2.59 zeigt die Anlage zum CKW-Abbau durch Naßoxidation.

Verfahrensbeschreibung: Die Anlage wurde für einen Durchsatz bis zu 20 m³/h gebaut. Das aus dem Brunnen geförderte Rohwasser wird über einen Kiesfilter des Wasserwerkes filtriert und dann der Naßoxidationsanlage (H_2O_2 + UV) zugeführt. Vor Eintritt in die UV-Anlage wird dem Wasser Wasserstoffperoxid (H_2O_2) mittels Membranpumpe zudosiert. Die UV-Anlage ist mit 6 Mitteldruck-Quecksilberstrahlern mit 5 kW Leistung (siehe Bild) bestückt, die in je 5 kW-Stufen zuschaltbar sind. Die Wellenlänge der Strahler beträgt zwischen 190 und 240 nm. Jeder UV-Reaktor besitzt einen Reinigungsmechanismus in Form von Wischgummis, die durch Feedumkehr (Zuführungsumkehr) mittels Hand oder über Zeitschaltuhr aktiviert werden können.

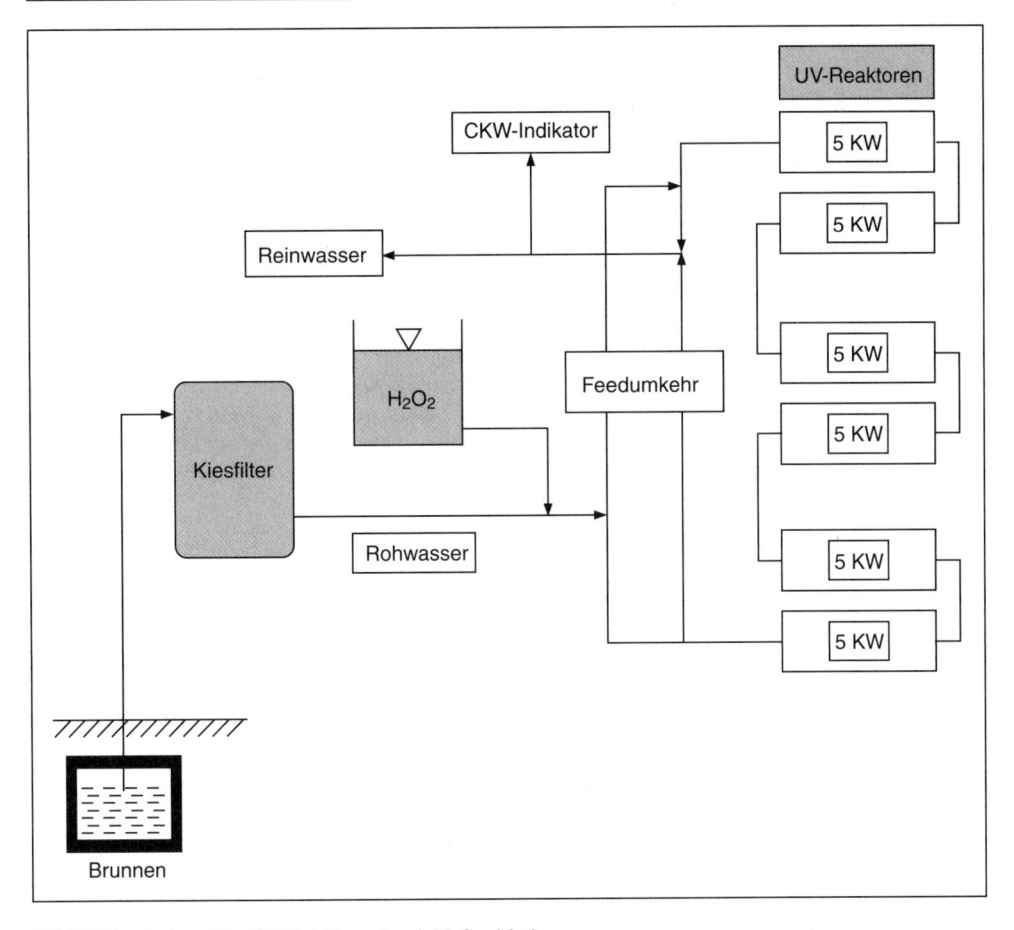

Bild 2.59: Anlage für CKW-Abbau durch Naßoxidation

In der Ablaufleitung der Naßoxidationsanlage ist eine Probenahmeleitung für einen CKW-Indikator installiert worden. Der *CKW-Indikator* ist ein kontinuierlich arbeitendes Meßsystem zur summarischen Konzentrationsbestimmung von im Wasser gelösten leichtflüchtigen Substanzen.

2.5.5 Chemisch-physikalische Verfahren

2.5.5.1 Einführung

Neben den bereits erwähnten chemischen und physikalischen Verfahren gibt es noch eine Gruppe von Verfahrenstechniken, die sich Effekte aus beiden Verfahren zunutze machen. Die chemisch-physikalischen Verfahren werden in der beschriebenen (klassischen) Abwasserreinigung nicht angewendet. Sie werden statt dessen in der Verfahrenstechnik zur Gewinnung von Stoffen eingesetzt und sind meist störanfälliger als die üblichen Abwasserreinigungsverfahren.

Daß diese Verfahren dennoch behandelt werden müssen, liegt vielmehr an den immer schärfer formulierten Einleitbedingungen sowohl bei Direkt- als auch bei Indirekteinleitern. Werden sie unmittelbar hinter der Anfallstelle im Betrieb eingesetzt, können sie sehr effizient für die Entnahme von Verunreinigungen sorgen. Ferner können sie im Übergang zum produktionsinternen Recycling, einen Wiedereinsatz der sonst abgeschwemmten Inhaltstoffe ermöglichen.

2.5.5.2 Ionenaustauscher

Ionenaustauscher sind organische oder anorganische Stoffe, die ihre eigenen Ionen gegen andere austauschen können, ohne dadurch ihre Beständigkeit zu ändern. Zu den anorganischen Ionenaustauschern zählen verschiedene Mineralien sowie künstlich hergestellte Verbindungen (z.B. die Zeolithe), die gegenüber physikalischen Einwirkungen sehr beständig, gegenüber chemischen, jedoch nicht sehr stabil sind. Die künstlichen Zeolithe (z.B. Permutite) werden zum Enthärten von Wasser verwendet. Organische Ionenaustauscher sind hochpolymere Kunstharze (organische Austauschharze), die zur Trennung, Gewinnung, Reinigung und Analyse von z.B. Aminosäuren verwendet werden. Ionenaustauscher können keine Schadstoffe vernichten, sondern dienen lediglich dazu, in geringer Konzentration vorliegende, gelöste Schadstoffe anzureichern und sie bei ihrer Regenerierung als Eluate (herausgelöste Stoffe), die anschließend noch aufbereitet werden müssen, wieder abzugeben.

Ionenaustauscherverfahren: Beim Ionenaustauscherverfahren wird das zu reinigende Wasser durch Schüttungen (Haufen) aus Ionenaustauscherharzen geschickt. Die Ionenaustauscherharze sind Kügelchen mit einem Durchmesser von 0,3–1,5 mm. Sie besitzen H^+- oder OH^--Gruppen, die sie gegen Kationen bzw. Anionen des Wassers tauschen.

Die Aufnahmekapazität der Harze ist also begrenzt, deshalb müssen sie nach ihrer Erschöpfung regeneriert werden. Das geschieht bei Kationenaustauschern mit Säure (z.B. HCl) und bei Anionenaustauschern mit Lauge (z.B. NaOH). Bei der Regenerierung wird der Beladungsvorgang umgekehrt. Es fällt dabei ein Regenerat an, das, neben der überschüssigen Säure bzw. Lauge, die Kationen und Anionen enthält.

Die in der Ionenaustauscheranlage eingesetzten Harze sind nach den abscheidenden Ionen und den im Wasser enthaltenen Begleitstoffen auszuwählen. Voraussetzung ist jedoch, daß das Wasser frei von mechanischen Verunreinigungen sowie von Ölen und Fetten ist. Falls notwendig, sind Filter vorzuschalten.

Werden Ionenaustauscher zur Entsalzung von Wasser eingesetzt, wird das Wasser zuerst durch einen Kationenaustauscher (K) und anschließend durch einen Anionenaustauscher (A) gefördert. Kationenaustauscher nehmen Kationen (z.B. Metallionen) auf und geben Wasserstoff- oder Natriumionen ab.

Ionenaustauscher, die Anionen (z.B. Sulfate oder Cyanide) aufnehmen und Chlorid- oder Hydroxylionen abgeben, nennt man Anionen- oder Basenaustauscher.

Sog. Neutralaustauscher sind stark saure Kationenaustauscher, die mit Natriumionen aufgeladen sind und diese gegen im Wasser enthaltene Kalzium- und Magnesium-Ionen austauschen. Der Salzgehalt des Wassers bleibt dabei fast unverändert.

Die unterschiedlichen Austauscharten werden in der Praxis je nach Aufgabe und Beladungs- bzw. Regenerationsgrad miteinander kombiniert bzw. in verschiedener Weise miteinander betrieben (Reihen- oder Parallelschaltung, Gleich- oder Gegenstrom; siehe Bild 2.60).

Bei der Parallelschaltung sind immer nur 2 Säulen in Betrieb, während die anderen regeneriert werden oder sich in Wartestellung befinden, d.h. bei der Erschöpfung einer Strecke wird auf die zweite Strecke umgeschaltet, und die erste wird regeneriert bzw. umgekehrt.

Bei der Reihenschaltung durchläuft das Wasser während des Betriebs beide Kationen- und beide Anionenaustauscher. Ist ein Austauscher erschöpft, so wird dieser aus dem Betrieb ausgekoppelt und allein regeneriert. Ist die Regeneration beendet, wird er dem in Betrieb befindlichen gleichartigen Austauscher nachgeschaltet; das Wasser fließt stets an „zweiter" Stelle durch den noch unbeladenen Austauscher. Auf diese Weise können die an „erster" Stelle geschalteten Austauscher beladen werden.

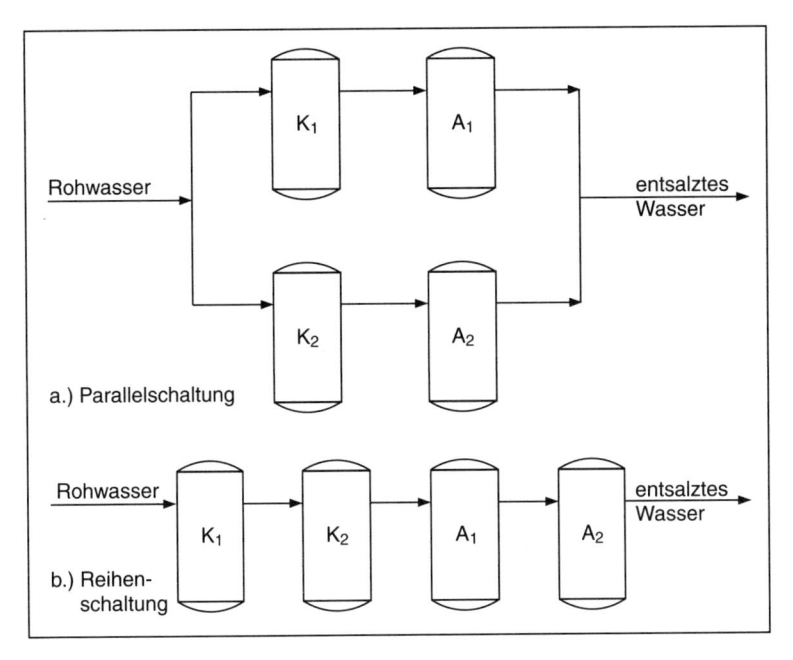

2.5 Anlagen und Verfahren zur Abwasserreinigung

Bild 2.60: Ionenaustauscher-Entsalzungsanlage mit: a) Parallelschaltung und b) Reihenschaltung

2.5.5.3 Elektrolyse

Chemische Vorgänge: Elektrisch leitende Flüssigkeiten enthalten Ionen und werden Elektrolyten genannt. Fließt Gleichstrom durch einen Elektrolyten, so werden am Pluspol (Anode) negativ geladene und am Minuspol (Kathode) positiv geladene Teilchen angezogen. Diese Erscheinung nennt man Elektrolyse (Bild 2.61). Nach ihrer Ladungsabgabe werden sie an der Elektrode abgeschieden.

Anwendungsbereich: Mit Hilfe der Elektrolyse lassen sich Metalle aus metallhaltigen Abwässern entfernen und zurückgewinnen. Sie kann zur Erneuerung von Prozeßlösungen, zur anodischen Oxidation (z.B. von Cyanid) und zur Emulsionsspaltung bei Abwässern eingesetzt werden, die emulgiertes Öl enthalten.

Die Elektrolyse wird z.B. zur Gewinnung von Fluor, Chlor, Wasserstoff und Sauerstoff sowie zur Abscheidung einzelner Metalle aus wäßriger Lösung eingesetzt.

Wird die Elektrolyse zur Abwasserreinigung eingesetzt, so müssen die Abwassermengen klein sein und müssen hohe Konzentrationen der abzuscheidenden Metalle enthalten. Die anfallenden Lösungen müssen jedoch frei sein von Feststoffen, Ölen und Fetten.

2.5.5.4 Elektrodialyse

Die Elektrodialyse ist ein Membranverfahren, bei dem die treibende Kraft durch das Anlegen eines elektrischen Feldes bewirkt wird.

Während bei den in Kapitel 2.5.1.4 beschriebenen Membranverfahren die Trennung von Wasser und dessen Inhaltsstoffen durch Herstellung eines Druckunterschiedes zwischen der Konzentrat- und Filtratseite bewirkt wird, dient dazu bei der Elektrodialyse ein elektrisches Feld. Prinzipell erfolgt hier die Trennung durch eine ionensitive Membran, die je nach Beschaffenheit kationen- oder anionendurchlässig ist.

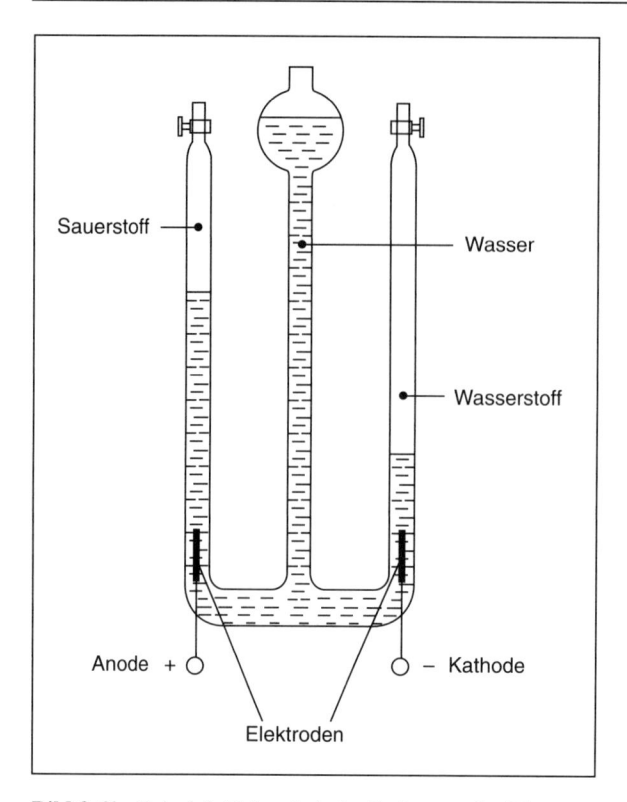

Bild 2.61: Beispiel: Elektrolytische Zerlegung des Wassers

Vorgang: Bei Anlegen eines Spannungsfeldes wandern die Ionen in Richtung des elektrischen Gegenpols durch die Membran hindurch.
Auf diese Weise kann z.B. Wasser teilentsalzt oder eine verdünnte Lösung aus Spülzonen aufkonzentriert werden.
Neben der unterschiedlichen Schaltung der Ionenaustauscher gibt es auch noch unterschiedliche Funktionsprinzipien (siehe Bild 2.62). Es handelt sich hier z.B. um das Gleichstrom- oder Gegenstromprinzip.
Beim Gleichstrom-Festbettverfahren wird die Harzschüttung im Betrieb von oben nach unten von dem zu reinigenden Wasser durchströmt. Bei der Regeneration erfolgt die Beaufschlagung mit den Regenerierchemikalien in gleicher Richtung. Auch das Auswaschen der Regenerierchemikalien erfolgt von oben nach unten.
Beim Gegenstrom-Schwebebettverfahren wird die Harzschüttung im Betrieb von unten nach oben von dem zu reinigenden Wasser durchströmt. Das Harzbett wird nach oben gegen den oberen Düsenboden getrieben. Bei der Regenerierung erfolgt die Beaufschlagung des Harzes mit Regenerierchemikalien in entgegengesetzter Richtung – also von oben nach unten. Dadurch sinkt die Harzfüllung nach unten gegen den unteren Düsenboden. Die aufgegebenen noch unverbrauchten Regenerierchemikalien gelangen dann zuerst in die obere Harzschicht, also die, durch die das entsalzte Wasser austritt. Damit wird diese Schicht besonders gut regeneriert, noch bevor das Restharz regeneriert wird.
Die Anwesenheit von CO_2 kann die Leitfähigkeit – bedingt durch einen Restgehalt an Natriumionen (Na-Schlupf) – um 3–5 μS/cm erhöhen. Da CO_2 eine geringe Löslichkeit in

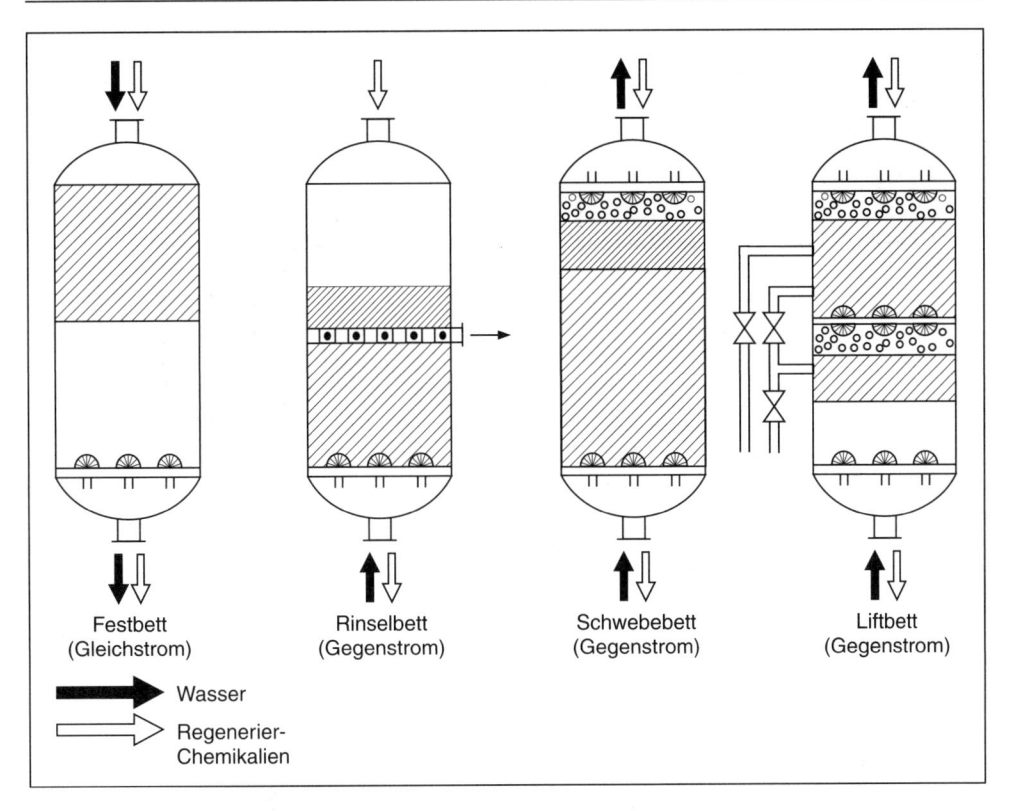

2.5 Anlagen und Verfahren zur Abwasserreinigung

Bild 2.62: Einige Bauarten von Ionenaustauschersäulen

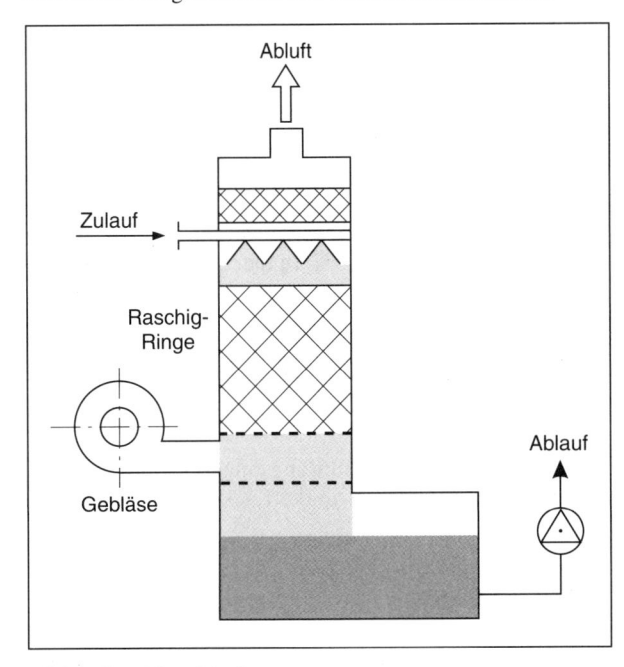

Bild 2.63: CO_2 - Riesler

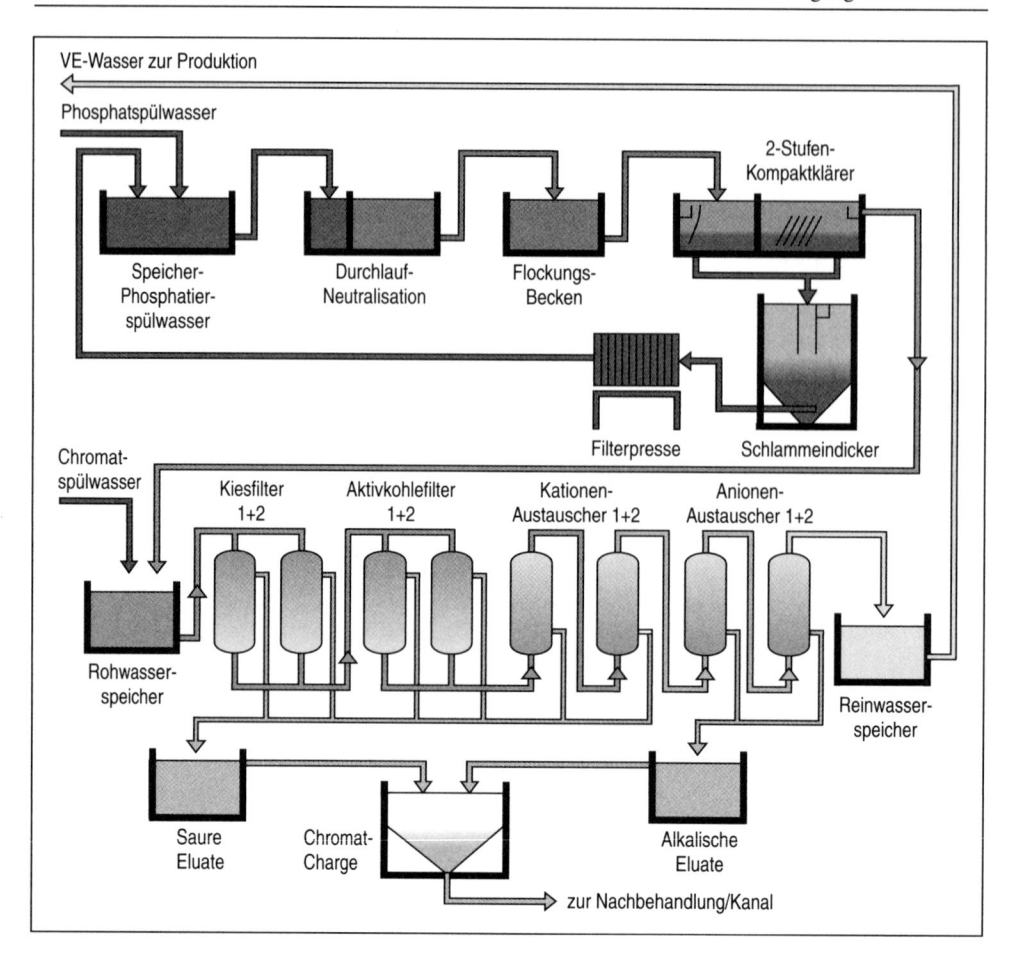

Bild 2.64: Abwasserbehandlung, damit aus Abwasser kreislauffähiges Spülwasser wird.

Wasser hat, kann es jedoch leicht ausgetrieben werden. Ist CO_2 unerwünscht, wird nach dem Kationenaustauscher ein sog. Riesler eingebaut (siehe Bild 2.63). In diesem Riesler wird das von Kationen befreite Wasser über eine Schüttung (aus Raschigringen) versprüht und fließt durch diese Schüttung nach unten. Im Gegenstrom wird Luft geblasen.

Einsatzbereiche: Hauptanwendungsbereich der Ionenaustauscher auf der Abwasserseite ist die Entfernung von Metallionen aus Galvanikabwässern der chemischen Industrie sowie des Bergbaues und der Erzaufbereitung.
Das Verfahren kann auch im Rahmen der Spülwasserkreislaufführung eingesetzt werden. Bild 2.64 zeigt das Konzept zur Kreislaufführung von Spülwasser in der Lackiererei eines Automobilwerks.

2.5.5.5 Thermische Aufkonzentrierung

Bei den thermischen Trennverfahren werden die Abwasserinhaltsstoffe entsprechend ihres Dampfverhaltens vom Wasser destillativ getrennt oder über den Entzug von Wasser aufkonzentriert.

Zu den thermischen Trennverfahren zählen u.a.:
- *Strippen,*
- *Kristallisieren,*
- *Extrahieren,*
- *Eindampfen,*
- *Verbrennen.*

Strippen: Unter Strippen versteht man die Entfernung leichtflüchtiger Stoffe aus einer Lösung durch Belüften oder das Stripping mit Wasserdampf.

Beim Luftstrippverfahren wird das belastete Wasser zumeist über Füllkörperkolonnen verrieselt und im Gegenstrom Luft durchgeblasen. Die im Wasser gelösten flüchtigen Substanzen gehen dabei von der Flüssig- in die Gasphase über. Je mehr Luft durch das zu behandelnde Wasser geblasen wird, um so weiter liegt das Verteilungsgleichgewicht der Schadstoffe auf der Seite der Luft, d.h. um so höher ist der Prozentsatz der Schadstoffe, die aus dem Wasser entfernt und in die Gasphase überführt werden.

Ein anderes in der Praxis angewandtes Verfahren ist das Stripping mit Wasserdampf. Bei diesem Verfahren wird, anstelle von Luft, Wasserdampf im Gegenstrom durch das Wasser geblasen. Durch die Aufheizung des zu behandelnden Wassers werden die flüchtigen Wasserinhaltsstoffe entsprechend dem jeweiligen Partialdruck zusammen mit dem Wasserdampf ausgetragen.

Eine Temperaturerhöhung und die Verschiebung von Phasengleichgewichten bewirkt die Entgasung des Abwassers. Der Austrag erfolgt also mit dem Dampfstrom.

Das Strippen wird z.B. bei der Trinkwasseraufbereitung angewendet, um Kohlensäure aus dem Wasser auszutreiben (z.B. Entsäuerung) oder um leichtflüchtige organische Schadstoffe (z.B. chlorierte Kohlenwasserstoffe) *herauszublasen.*

Kristallisation: Unter dem Begriff Kristallisation versteht man das Entstehen und Wachsen von Kristallen. Die Kristallisation kann aus einer Lösung (flüssigen Mischung der Kristallkomponenten) oder aus der Gasphase stattfinden.

Voraussetzung für die Kristallisation eines Salzes aus einer Lösung ist z.B. das Überschreiten des Löslichkeitsproduktes der betreffenden Verbindung beispielsweise durch einen Überschuß eines der Ionen der kristallisierenden Verbindungen.

Verunreinigtes Wasser mit hohen Salzgehalten kann also in sog. technischen *Kristallisatoren* behandelt werden.

Weitere Einsatzgebiete mit Kristallisatoren sind u.a.:
- Ausscheidung von Natriumsulfat aus Spinnsäuren in Viskosefabriken mit anschließender Rückführung der Säuren in den Produktionsprozeß.
- Abscheidung des Eisensulfats aus Abfallbeizen.

Extraktion: Unter Extraktion wird das Entfernen eines Stoffes aus einem Stoffgemisch oder einer Lösung, z.B. Abwasser, mit Hilfe eines Lösungsmittels verstanden.

Bei der Extraktion unterscheidet man zwischen Fest- Flüssig- und Flüssig-Flüssig-Extraktion. Mittels selektiven Lösungsmitteln werden bei der Flüssig-Flüssig-Extraktion flüssige Stoffe aus flüssigen Stoffgemischen getrennt. Bei der Abwasserreinigung findet diese Extraktion allenfalls bei der Rückgewinnung von Wertstoffen aus keinen höher konzentrierten Lösungen Anwendung. Für größere Wassermengen mit kleineren Metallgehalten ist dieses Verfahren nicht wirtschaftlich einsetzbar, weil die verwendeten Reagenzien einerseits die Betriebskosten und anderseits den CSB erhöhen würden.

Die Flüssig-Flüssig-Extraktion kann
- als einfache Extraktion (einstufige Extraktion),
- als mehrstufige Gleichstromextraktion und
- als Gegenstromextraktion

eingesetzt werden.

Die Flüssig-Flüssig-Extraktion bezieht sich auf folgende Schritte:
- Innige Durchmischung der zu extrahierenden Flüssigkeit mit dem Extraktionsmittel bis zum Erhalt eines Verteilungsgleichgewichtes zwischen Extrakt- und Raffinatphase.
- Trennung der beiden Phasen in einem Abscheider in eine Extrakt- und eine Raffinatschicht.
- Aufarbeitung der Extraktphase mit Isolierung der extrahierten Stoffe und Rückgewinnung des extraktiv wirkenden Lösungsmittels (z.B. Destillation).
- Aufarbeitung der Raffinatphase durch Entfernung der Lösungsmittelreste.

Bei der *einfachen Extraktion* wird die gesamte Menge des Extraktionsmittels dem Flüssigkeitsgemisch in einem Mischgefäß zugesetzt. Nach erfolgter Trennung der Inhaltsstoffe wird der Extrakt aufgearbeitet. Der restliche Teil, der noch viel vom abgetrennten Stoff enthält, wird als Abwasser abgelassen.

Bei der *mehrstufigen Gleichstromextraktion* wird die notwendige Menge an Extraktionsmittel auf mehrere aufeinanderfolgende Stufen (Phasen) verteilt. Das Flüssigkeitsgemisch durchläuft die Stufen nacheinander und wird dann jeweils mit dem Extraktionsmittel vermischt. Die Extrakte dieser Stufen werden anschließend aufgearbeitet. Bei der *Gegenstromextraktion* wird die zu extrahierende Flüssigkeit und das Extraktionsmittel von den entgegengesetzten Seiten der Anlage zueinandergeführt, wobei Extrakt und Raffinat (Restgemisch) kontinuierlich abgenommen werden; Extrakt und Raffinat werden also in jeder Stufe getrennt und in entgegengesetzte Richtung gebracht.

Die Flüssig-Flüssig-Extraktion wird z.B. zur Regenerierung von Edelstahlbädern verwendet.

In der Abwasserreinigung kommt lediglich die Flüssig-Flüssig-Extraktion in Betracht.

Eindampfen: Die Eindampfung dient, wie z.B. die Destillation, zur Trennung von Gemischen, Lösungen und Suspensionen von Stoffen unterschiedlicher Flüchtigkeit. Es handelt sich also um eine Entfernung der flüchtigen Bestandteile (Wasser, Lösungsmittel) einer Lösung durch Erhitzen auf eine Temperatur, die über dem Siedepunkt des Wassers (bzw. Lösungsmittels) liegt, so daß dieses verdampft. Der nichtflüchtige Anteil bleibt als Eindampfrückstand zurück.

Im Gegensatz zur Destillation werden bei der Eindampfung also vorrangig die nichtflüchtigen Bestandteile aus dem Gemisch abgetrennt. In Verdampferapparaten wird dem Abwasser durch direkte oder indirekte Beheizung die zur Wasserverdampfung notwendige Wärme zugeführt. Die am Siedepunkt zugeführte Energie ist die Verdampfungswärme. Die Flüssigkeit wird dann zu Dampf oder Gas.

Die entstehende Gasphase (Brüden) enthält neben dem Wasserdampf auch andere flüchtige Abwasserbestandteile, ein Strippeffekt, der oftmals sogar erwünscht ist. Der angestrebte Grad der Aufkonzentrierung schwerflüchtiger Bestandteile im Eindampfrückstand hängt von der Verwendung bzw. Entsorgung des Rückstandes ab. Bei der Wahl des Verdampfertyps müssen z.B. die Eigenschaften des entstehenden Konzentrats (z.B. Viskosität, chemische Stabilität) berücksichtigt werden. Das Eindampfverfahren kommt immer dann in Betracht, wenn sich im Abwasser Stoffe befinden, die zusammen mit dem Wasserdampf nur wenig flüchtig sind und sich auch nicht bei ihrer Erhitzung zu wasserdampfflüchtigen Stoffen zersetzen. Die anfallenden Rückstände können anschließend wiederverwertet, deponiert oder verbrannt werden. Die kondensierte Wasserphase mit den enthaltenen Schmutzstoffen wird durch geeignete Abwasserreinigungsverfahren weiterbehandelt.

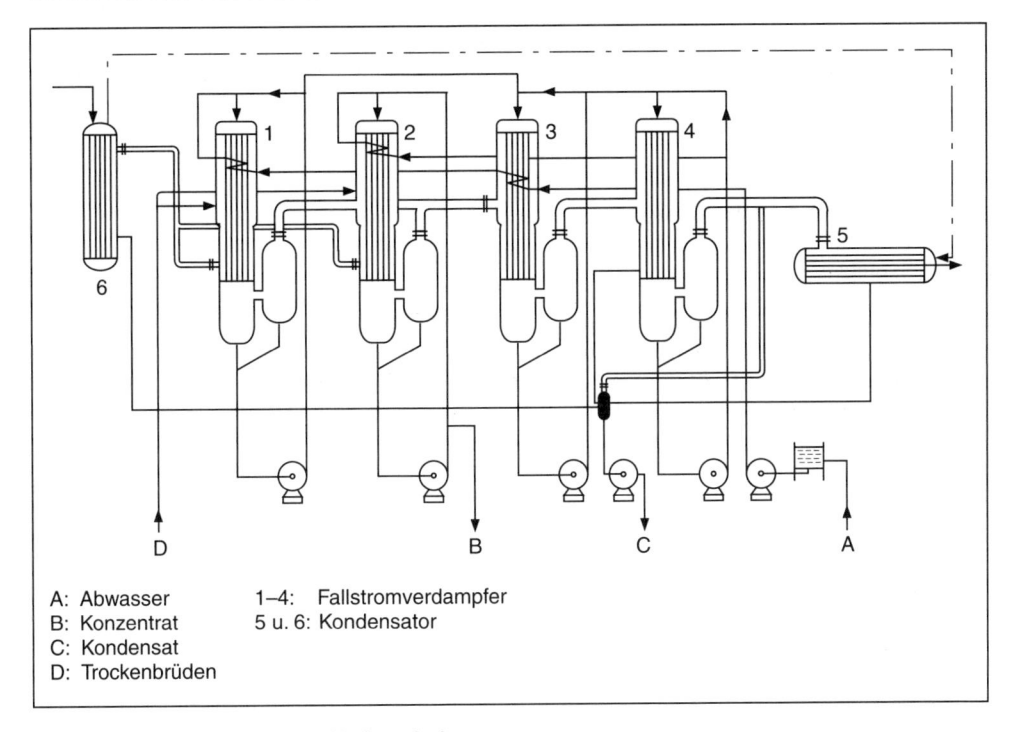

2.5 Anlagen und Verfahren zur Abwasserreinigung

A: Abwasser
B: Konzentrat
C: Kondensat
D: Trockenbrüden

1–4: Fallstromverdampfer
5 u. 6: Kondensator

Bild 2.65: 4-stufige Fallstrom-Eindampfanlage

Eindampfung von Abwässern aus einer Fettschmelze (Fallbeispiel von GEA Wiegand GmbH, Ettlingen).

Aus Schlachthausabfällen wie Häuten, Knochen und Schwarten werden Fette und Öle gewonnen. Das bei der Fettschmelze anfallende Abwasser (Leimwasser) darf aber der örtlichen Kläranlage nicht mehr zugeführt werden. Zur Aufbereitung wird das Abwasser in einer 4-stufigen Fallstrom-Eindampfanlage aufkonzentriert (Bild 2.65).
Das Konzentrat aus der Anlage wird in einem Scheibentrockner getrocknet und dann als Futtermittel verkauft. Die Trockenbrüden werden zur Beheizung der Eindampfanlage eingesetzt. Das Brüdenkondensat aus der Eindampfanlage enthält jetzt einen wesentlich geringeren CSB-Bedarf als das ursprüngliche Abwasser und kann nun direkt in die Kläranlage eingeleitet werden.

Weitere Einsatzbereiche bei Eindampfung von Abwässern sind z.B.:
- die Nahrungsmittelindustrie,
- Fermentationsbrühen,
- Chemieabwässer,
- ölbelastete Abwässer,
- photografische Abwässer,
- Kesselabschlämmwässer,
- Abwässer aus Entsorgungsbetrieben u.a.

Verbrennung: Die Verbrennung ist die vollständige Oxidation aller organischen Inhaltsstoffe. Durch die Verbrennung des Abwassers werden seine organischen Inhaltsstoffe vollständig oxidiert, so daß anschließend nur noch anorganische Stoffe vorliegen. Die Verbrennung beinhaltet dann die Phasen Trocknung und Entgasung.

Die Wahl der Verbrennungsanlagen hängt von der Abwassermenge, dem Heizwert den Anteilen überschüssiger Säuren– und Alkalien sowie dem Salz– und Feststoffgehalt des Abwassers ab.

2.6 Schlammbehandlung

2.6.1 Einleitung

Schlamm ist ein feinkörniges, mit Wasser durchtränktes und dadurch mehr oder weniger fließfähiges Gemisch aus beispielsweise Lehm, Ton, Feinsand oder ähnlichen Mineralstoffen. Besonders im Faulschlamm und in Abwasser- und Klärschlamm ist er vermengt mit sich zersetzenden organischen Stoffen.

Die bei der Abwasserreinigung auftretenden Abwasser- und Klärschlämme sind in vielen Fällen infolge industrieller Verunreinigungen nur Abfallstoffe, die meist einer Aufbereitung unterworfen werden müssen (z.B. in Kläranlagen). Bei hohem Gehalt an organischen Stoffen unterliegen Schlämme der Fäulnis, wobei Biogas und Faulschlamm anfallen.

Als letzte Verfahrensstufe der Kläranlage soll die Schlammbehandlung näher erläutert werden. In Vorklärbecken und Nachklärbecken fallen Schlämme an, mit Feststoffgehalten von ca. 3 Prozent. Eine wesentliche Aufgabe der Schlammbehandlung ist daher, das Volumen der Schlämme durch geeignete und wirtschaftliche Entwässerungsverfahren zu verringern. Damit sollen zum einen die Transport- und Deponiekosten minimiert und zum anderen ein knapper Deponieraum nicht unnötig verbraucht werden. Dazu werden mechanische Verfahren, wie z.B. Eindicker oder maschinelle Verfahren, wie z.B. Siebtrommeln, Zentrifugen und Filterpressen eingesetzt.

Eine weitere Aufgabe der Schlammbehandlung liegt in dem Bemühen der geruchsfreien Stabilisierung des Klärschlammes, um spätere Fäulnisvorgänge zu vermeiden. Dazu werden also Faulbehälter vorgesehen, in denen unter anaeroben Bedingungen Bakterien die organischen Reststoffe im Klärgas weitgehend umwandeln. Das dabei freiwerdende Klärgas ist energiereich und wird z.B. in Blockheizkraftwerken in elektrische und thermische Energie umgewandelt.

2.6.2 Ziele und Kriterien einer erfolgreichen Schlammbehandlung

Die aus dem Abwasser entnommenen Stoffe müssen in eine Form gebracht werden, von der keine Belästigung (z.B. geruchsfrei) für den Menschen mehr ausgeht. Vor einer Verwertung oder Deponierung müssen die Schlämme also stabilisiert werden.

Ziel der Schlammbehandlung ist es, den anfallenden Schlamm mit dem geringsten, betrieblich vertretbaren Aufwand in eine entsorgungsfähige Form zu bringen. Voraussetzung dazu ist, den Schlamm nach betriebswirtschaftlichen Gesichtspunkten zu produzieren; d.h. in diesem Fall:

- Den Schlammanfall zu minimieren durch:
  - aerobe oder anaerobe Behandlung des Abwassers,
  - Vermeidung von stofflichen Verlusten im Betrieb,
  - Minimierung der Chemikaliendosierung.
- Die Entwässerung durch eine entsprechende Verfahrensweise der Abwasserreinigungsanlage günstig zu beeinflussen.
- Einen positiven Deckungsbeitrag aus der Verwertung (Methanisierung, Verbrennung) zu erzielen.

2.6.3 Die Schlammfaulung

Die Schlammfaulung ist ein wesentlicher Bestandteil in Kläranlagen. Sie erzeugt aus den stinkenden organischen Bestandteilen des Rohschlammes das wertvolle Faulgas, das zu etwa 2/3 aus Methan besteht. Gut ausgefaulter Schlamm ist sogar geruchsarm, enthält nur noch etwa 2/3 der ursprünglichen Feststoffe, läßt sich gut eindicken und entwässern. Allein durch Faulung und Nacheindickung kann man z.B. das Schlammvolumen in etwa halbieren. Daher lohnt sich das Faulen auch dann, wenn der Schlamm anschließend entwässert, getrocknet und verbrannt wird. Durch die Schlammfaulung werden die meisten Krankheitskeime abgetötet oder inaktiviert.

Voraussetzung für einen guten und schnellen Faulprozeß (Verfahren von Fa. Roediger, Hanau).

Firma Roediger entwickelte ein Verfahren, mit dem auch höchstbelastete Faulbehälter bei Faulzeiten von knapp 10 Tagen sicher betrieben werden können. Dabei sind wie folgt mehrere Voraussetzungen entscheidend für einen guten und schnellen Faulprozeß:
- *Vorimpfen* des Rohschlammes vor der Beschickung.
- *Konstante Temperatur*, zeitlich und örtlich.

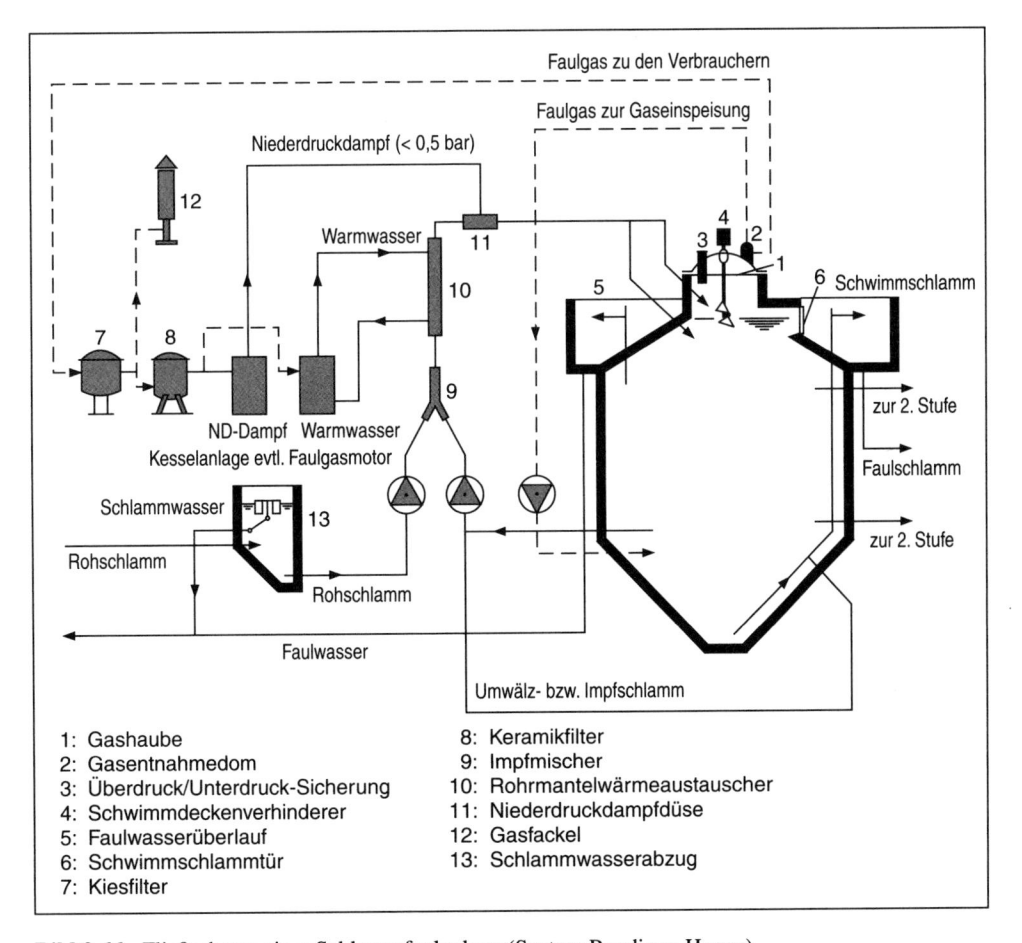

1: Gashaube
2: Gasentnahmedom
3: Überdruck/Unterdruck-Sicherung
4: Schwimmdeckenverhinderer
5: Faulwasserüberlauf
6: Schwimmschlammtür
7: Kiesfilter
8: Keramikfilter
9: Impfmischer
10: Rohrmantelwärmeaustauscher
11: Niederdruckdampfdüse
12: Gasfackel
13: Schlammwasserabzug

Bild 2.66: Fließschema einer Schlammfaulanlage (System Roediger, Hanau)

- *Verhinderung von Bodenablagerungen.*
- *Schnelles Entgasen* des Schlammes.
- *Betriebssichere Ausrüstung.*
- *Flexibilität der Betriebsweise.*

Dies erfordert also eine auf die Form und Größe der Faulbehälter abgestimmte Ausrüstung, die dem Betriebspersonal ein Optimum an Möglichkeiten bietet, den Prozeß zu steuern. Abschließend zeigt Bild 2.66 ein Fließbild über eine Schlammfaulung.

2.6.4 Techniken der Schlammbehandlung

Allgemeine: Anzumerken ist hier, daß eine optimale Schlammbehandlungstechnik für den *einen* Schlamm nicht unbedingt für einen *anderen* geeignet sein muß, der vielleicht sogar unter (vermeintlich) gleichen Bedingungen produziert wurde. Von daher leitet sich auch die Forderung nach einem flexiblen Konzept der Schlammbehandlungstechnik, bezogen auf die Anlage ab. Diese ermöglicht dann dem Betreiber auf betriebliche Veränderungen besser reagieren zu können.

Die Art der Schlammbehandlung steht ferner in enger Beziehung zur Art des Abwasserreinigungsverfahrens, da je nach Verfahren andere Schlammstrukturen entstehen. Beispiel: Beim Belebungsverfahren wird mit abnehmender Schlammbelastung der Schlamm mineralisiert und somit in seiner Struktur verändert.

Es ist bekannt, daß Primärschlämme (Vorklärschlämme) mäßig bis gut entwässerbar sind und Sekundärschlämme (Belebungsschlämme) wesentlich schlechter entwässerbar sind. Dieses ist auf die organischen und kolloidalen Teilchen zurückzuführen.

Flockenbildung und Flockenzerfall:

Die Anhäufung von suspendierten Teilchen im Abwasser ist bereits die erste Stufe einer Schlammbehandllung. Flockenwachstum und -größe werden stark von biologischen Bedingungen (z.B. charakterisiert durch die Schlammbelastung) und durch eine mechanische Beanspruchung (z.B. Scherkräften infolge Turbulenz beim Transport von Schlammflocken) beeinflußt. Diese *Behandlung* des Schlammes wirkt sich vor allem im Verbrauch von Konditionier- und Flockungsmitteln (Flockungsmittel werden dem Wasser zugesetzt) sowie auf die Größe der benötigten Entwässerungsaggregate aus. Für die spätere Eindickbarkeit sowie Entwässerbarkeit ist die Stabilität der Sekundärschlammflocken von Bedeutung. Von Einfluß dürfte beispielsweise sein, welche Fadenstruktur die Belebtschlammflocke aufweist.

Die Schlämme aus der kommunalen Abwasserbehandlung und aus der Aufbereitung von Oberflächenwasser haben einen hohen Anteil an organischen Feststoffen. Diese sehr fein verteilten Feststoffe haben meist kolloidalen Charakter. Dadurch endet die Eindickung beispielsweise bei 8 % Feststoffkonzentration.

Die Flocken sind z.B. empfindlich gegenüber Druck- und Scherkräften.

Eindickung:

Die Bedeutung der Eindickung liegt vor allem darin, daß man mit wenig Aufwand eine große Volumenverminderung erreichen kann, sofern die vorherige *Behandlung* des Schlammes die Struktur der Flocken nicht nachteilig verändert hat. Vor allem die Erhöhung des Anteils kolloidaler Partikel beim Transport des Schlammes vergrößert das Wasserbindungsvermögen der Schlämme. Da das Eindick- und Entwässerungsvermögen der Schlämme sich verschlechtern kann, steigt somit der Energieaufwand zur Trennung von Feststoffen und Flüssigkeit. Mit einer Volumenverminderung ändert sich aber auch die Schlammbeschaffenheit. Von großer Bedeutung für die durch Eindickung unter Schwerkraft sowie durch maschinell in Dekanter-

2.6 Schlammbehandlung

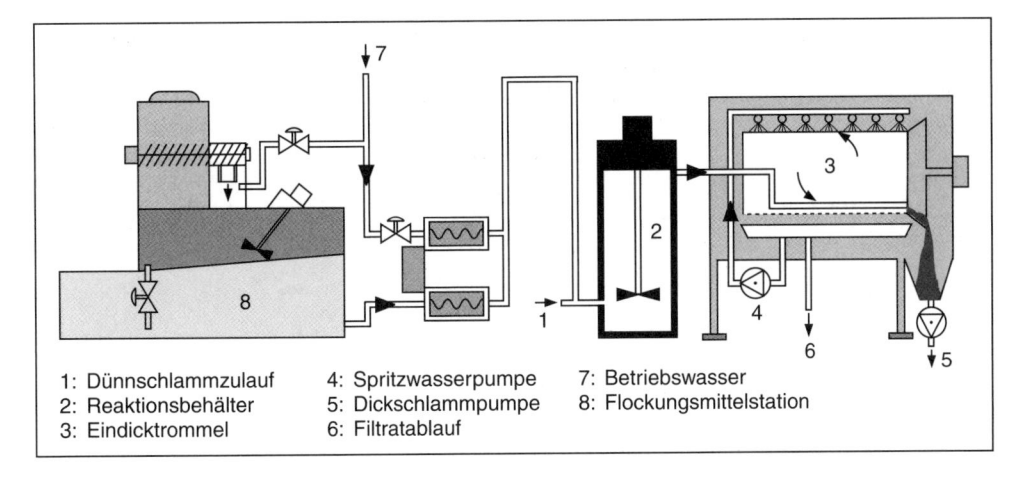

Bild 2.67: Eindickanlage (Firma Roediger)

1: Dünnschlammzulauf
2: Reaktionsbehälter
3: Eindicktrommel
4: Spritzwasserpumpe
5: Dickschlammpumpe
6: Filtratablauf
7: Betriebswasser
8: Flockungsmittelstation

zentrifugen bzw. Siebtrommelreaktoren erzielbaren Feststoffgehalte, ist die Beschaffenheit des Schlammes, die durch
- die Aufenthaltszeit des Schlammes im Eindicker (durch Anfaulung und Gasbildung vermindert sich der Kompressionsdruck),
- die Art und Häufigkeit der Schlammförderung und
- eine Vorkonditionierung (in der Regel mit Polyelektrolyten als Flockungshilfsmittel) beeinfußt wird.

Unter Berücksichtigung der Energiekosten und der erzielbaren Feststoffgehalte ist die Flotation des Überschußschlammes im Bereich der heute üblichen Schlammbelastungen ein wirtschaftliches Eindickungsverfahren. Für hohe Feststoffgehalte und schlecht entwässerbare Schlämme hat sich die maschinelle Eindickung bewährt.

Da die maschinelle Schlammeindickung ein Bindeglied zu den nachfolgenden Behandlungsschritten darstellt, werden an die technische Ausführung, Leistungsfähigkeit, Einsatzbereitschaft und Betriebssicherheit hohe Anforderungen gestellt.

Bild 2.67 zeigt eine Eindickanlage, Fabrikat ROEFLIT der Firma Roediger.

Konditionierung:

Vor der Schlammentwässerung erfolgt in der Regel eine Konditionierung (siehe Bild 2.70), d.h. eine physikalische, biologische oder chemische Vorbehandlung (biologisch = Stabilisierung); sie wird zur Erleichterung des Wasserentzugs (Entwässerung) vorgeschaltet. Durch die Konditionierung werden z.B. die chemischen Eigenschaften der Schlammbestandteile (an der Oberfläche) noch einmal derart verändert, daß das restliche, durch die Eindickung nicht abgetrennte Zwischenraumwasser besser abfließen kann.

Das Wasserbindungsvermögen der Schlammsuspension wird von den Inhaltsstoffen wie folgt bestimmt:
- organische Inhaltsstoffe haben ein sehr großes Wasserbindungsvermögen,
- die kolloidalen Bestandteile in Sekundärschlämmen aus Belebungsbecken haben ein extrem großes Wasserbindungsvermögen.

Die benötigten Mengen an Chemikalien hängen von der Art und Struktur des Konditioniermittels (z.B. anorganische Metallsalze, organische Polyelektrolyte, Kalk usw.) sowie von der Schlammbeschaffenheit, von der zu flockenden Oberfläche und vom Feststoffgehalt ab.
Konditionierungsverfahren: Kommunale Schlämme lassen sich nicht und industrielle Schlämme nur in geringem Umfang ohne Konditionierung entwässern. Denn erst die chemische Konditionierung führt über eine Veränderung der Flockenstruktur zu einer technischen Entwässerbarkeit. Für das Betriebsergebnis wird maßgeblich die Filterleistung zugrunde gelegt. Zur Kontrolle werden die entsprechenden Parameter meist in einem Tagebuch festgehalten. Die Berechnung ergibt sich für jede Preßcharge wie folgt:

$$\text{Filterleistung} = \frac{Qs \times TRx}{A_F \times t_F} \text{ in kgTR} / m^2 \times h$$

TRx : Parameter, entweder aus $A_F \cdot t_F\, TR_0$ oder TR_k (je nachdem welche Filterleistung man zugrunde legt)
Qs = Menge Ausgangsschlamm/Charge in m^3
TR_0 = Trockenrückstand Ausgangsschlamm in kg/m^3
TR_k = Trockenrückstand konditionierter Schlamm in kg/m^3
A_F = effektive Filterfläche in m^2
t_7 = reine Preßzeit in h
TR_0 entspricht der Nettofilterleistung
TR_k entspricht der Bruttofilterleistung

Die Bruttofilterleistung wird überwiegend von der Menge der Konditionierungsmittel bestimmt und schlägt sich auch in der Chargenzeit nieder.
Anlage mit anorganischer Konditionierung mittels Kammerfilterpresse: Mehrwertige Metallsalze wie Eisen(III)-Chlorid ($FeCl_3$) verschieben das Zeta-Potential (elektrokinetisches Potential) und führen zur Flockung der Feststoffe. Kalkmilch aus Kalkhydrat oder aus Branntkalk neutralisiert und wirkt als Filterhilfsmittel. Filterkuchen mit über 40 % Feststoff haben hohe mechanische Festigkeit.

Bei einer Eisen/Kalk-Dosierung im Verhältnis 5 kg $FeCl_3$ zu 15 kg $Ca(OH)_2$ mit einem TR-Austrag von 40 % ergibt eine sich Filterleistung von 5,5 kg $TR/m^2 \times h$ bei einer Preßdauer

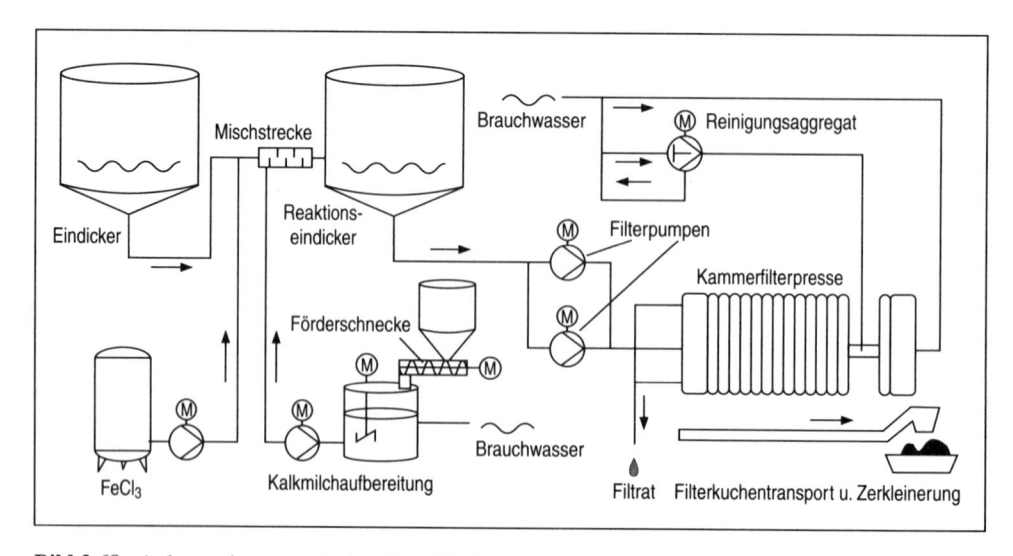

Bild 2.68: Anlage mit anorganischer Konditionierung

2.6 Schlammbehandlung

von 80 Minuten. Eine Reduzierung von Eisen/Kalk auf 4 : 12 verringert die Filterleistung auf 3,5 kg TR/TR/m² × h, läßt jedoch die Preßdauer auf 125 Minuten ansteigen.

Umgekehrt ist bis zu einer gewissen Grenze eine Verbesserung der Chargen durch Erhöhung der Zuschlagstoffe möglich. Diese Werte gelten für nahezu ideale Schlämme, wie sie leider nur selten vorkommen.

Für den Betriebsleiter ist weniger die Preßdauer, sondern die gesamte Chargenzeit von Bedeutung. Filterkuchen, die zwar den gewünschten Trockenrückstand bringen, die aber zu Verklebung neigen und am Filtertuch hängenbleiben, erfordern manuelle Mehrarbeit und senken somit die Durchsatzrate pro Arbeitstag. Zusätzlich sind dann noch kürzere Standzeiten der Tücher zu erwarten, d.h., die Filtertücher müssen in kürzeren Intervallen gewaschen werden. Bild 2.68 zeigt eine Anlage mit anorganischer Konditionierung.

Kammerfilterpressen arbeiten diskontinuierlich, d.h. im Chargenbetrieb. Sie bieten lange Nutzungsdauer bei niedrigem Wartungsaufwand.

Anorganisches Fabrikabwasser (Fallbeispiel von Wacker-Chemie GmbH, Werk Burghausen).

Für das anorganische Fabrikabwasser ist eine biologische Reinigung hier nicht erforderlich. Es wird durch eine Rechen- und Sandfanganlage von Grobstoffen befreit und nach Konditionierung (3) mit Fällungsmitteln (Eisensalze) neutralisiert (1). In einem Fließmischbecken (2) werden Konzentrationsschwankungen der Inhaltsstoffe ausgeglichen. Durch Neutralisation werden Mikroflocken ausgefällt, die nach Dosierung von Polyelektrolyten (3) in sedimentierbare Makroflocken überführt werden. In der Pulsatoranlage (4) wird das Abwasser nach dem Schwebefilterverfahren geklärt. Die abgesetzten Schlammflocken bilden ein durch die Strömung fluidisiertes Filterbett, das feinstverteilte, ungelöste Stoffe und teilweise auch gelöste Substanzen (durch Adsorption) aus dem geflockten zuströmenden Abwasser entfernt. Das so chemisch-mechanisch gereinigte anorganische Fabrikabwasser wird über eine Endkontrolle (5) in den Kanal abgeleitet (6). Der aus anorganischen Stoffen bestehende konditionierte Dünnschlamm (3) wird nach Voreindickung (7) in einem Dekanter (8) an einer Kammerfilter-

1: Neutralisation des Abwassers durch Rechen und Sandfang
2: Konzentrationsausgleich durch Fließmischbecken
3: Konditionierung für den folgenden Verfahrensschritt
4: Belebungsbecken   5: Meßstellenkontrolle   6: Einleitung in den Kanal
7: Voreindickung   8: Dekanter   9: Kammerfilterpresse   10: Deponie

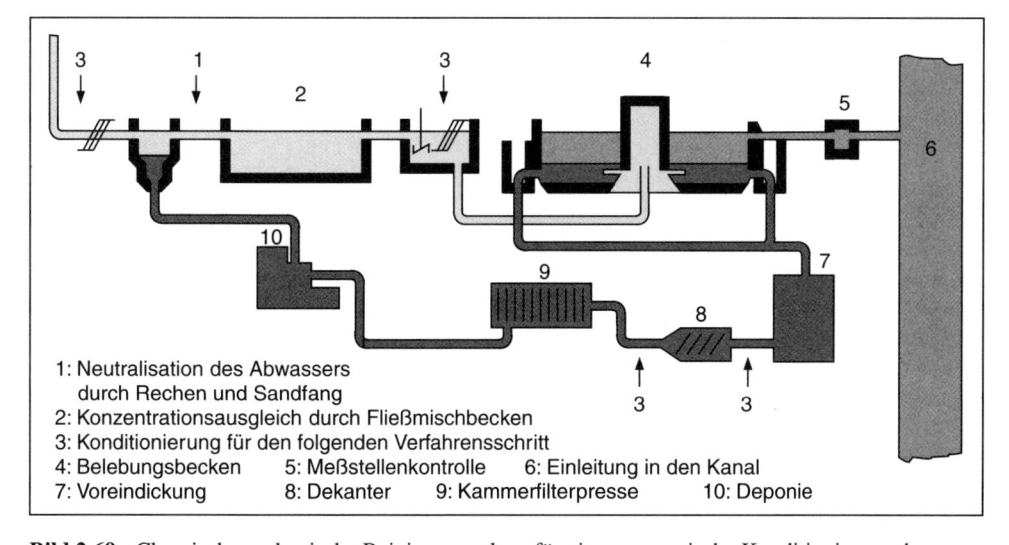

Bild 2.69: Chemisch-mechanische Reinigungsanlage für eine anorganische Konditionierung des Fabrikabwassers

presse (9) bis zur Stichfestigkeit entwässert und dann deponiert (10). In einer nach Bild 2.69 dargestellten chemisch-mechanischen Reinigungsanlage werden diese Vorgänge aufgezeigt.

Anlage mit organischer Konditionierung mittels Membranfilterpresse (Fallbeispiel von Firma Netzsch-Filtrationstechnik GmbH, Selb).

Zur Flockung der feindispersen Feststoffe werden dem Schlamm organische Polymere volumen- und masseproportional zudosiert. Die Feststoffkonzentration im Schlamm dient als zusätzliche Führungsgröße, um den Polymerverbrauch zu reduzieren.
Die Flocken sind sehr empfindlich gegenüber Druck- und Scherkräften. Durch schonende Förderung mittels Pumpen und gezielten Druckanstieg nach einer sog. Druck-Zeit-Kurve, wird die Schädigung der Flocken verhindert.
Über Druck-, Zeit- und Mengenmessung errechnet eine computergestützte Steuerung die optimale Leistung und Schlamm-Menge für die Beschickung der Membranfilterpresse. Der gezielte Druckanstieg nach der Druck-Zeit-Kurve wird in der Beschickungsphase über die Regelung der Pumpendrehzahl und in der Nachpreßphase über die Regelung des Nachpreßdrucks realisiert.
Der Einsatz der Membranfilterpresse gewährleistet eine optimale Schlammentwässerung. Die Kombination mit einer Kuchenablösevorrichtung ermöglicht sogar eine Automatisierung der Anlage. Die Spreizrahmen mit den Filtertüchern tragen während des Plattentransports den Filterkuchen ohne manuellen Eingriff aus. Der Filterkuchen wird in Silos oder Container mit automatischem Containerwechsel gefördert. Die Verlängerung der Chargendauer zeigt den Grad der Tuchverschmutzung an und löst dann die automatische Tuchreinigung aus. Sicher-

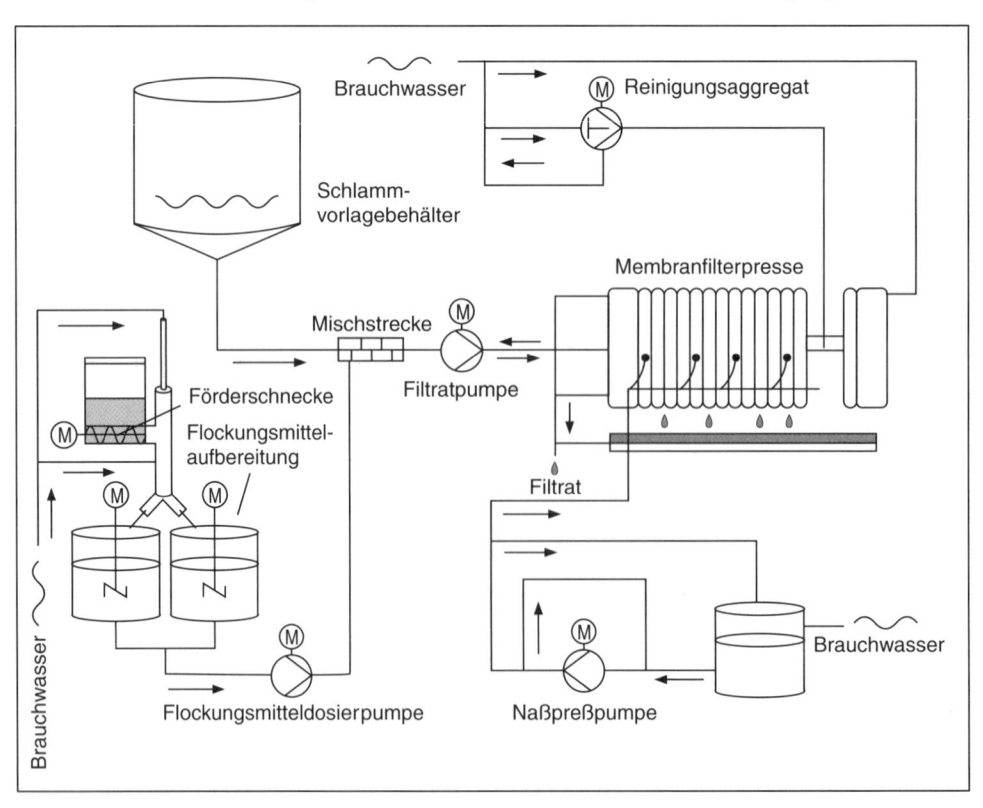

Bild 2.70: Anlage mit organischer Konditionierung

2.6 Schlammbehandlung

heitseinrichtungen überwachen die Anlage, erkennen Produktmängel, Leckagen, und andere Störungen und gewährleisten fehlerfreien Dauerbetrieb. Bild 2.70 zeigt eine Anlage mit organischer Konditionierung.

Die Automatisierung dieser Anlage senkt Kapital-, Personal- und Betriebskosten bei optimaler Maschinennutzungszeit.

Entwässerung: Die Flüssigkeitsabtrennung aus Klärschlämmen wird z.B. durch die Größe und Dichte der suspendierten Teilchen beeinflußt. Die Abtrennung wird mit kleiner werdenden Teilchen (geringere Porösität des Kuchens) bzw. geringeren Dichteunterschieden zwischen Feststoff und Flüssigkeit immer schwieriger.

Voraussetzung für einen einigermaßen hohen Abscheidegrad ist allerdings eine ausgewogene Größenverteilung, hohe Porösität und hohe Festigkeit der Anhäufung (Agglomerate). Eine dichte Packung des Schlammkuchens kommt aber nur dann zustande, wenn zu Beginn der Kuchenbildung der Aufbau eine hohe Porösität aufweist, damit das abgetrennte Wasser abfließen kann. Mit größer werdender Festigkeit der Agglomerate ist ein geringer Filtrationswiderstand auch bei großer Druckdifferenz gewährleistet. Die Abscheideleistung ist nur so lange gut, wie die Agglomerate in der Nähe des Filtermaterials den großen Scherbeanspruchungen standhalten.

Maschinelle Entwässerung: Die in Tabelle 2.11 aufgeführten Maschinentypen stehen z.B. für eine maschinelle Schlammentwässerung zur Verfügung. Wie ersichtlich, kommt die Gruppe (A) lediglich für eine Vorentwässerung in Frage. Gruppe (B) zeigt schon eine bessere Eindickung, jedoch ist die von Deponien fast immer geforderte Trockensubstanz von 35 % nicht erreichbar. Wenn man von einer aufwendigen Nachkonditionierung absieht, bleibt nur die Gruppe (C) übrig.

Die Bandfilterpresse ROEPRESS (Fallbeispiel von Firma Roediger, Hanau)

Bandfilterpressen sind sehr wirtschaftliche Maschinen zum Entwässern von Kommunal- und Industrieschlämmen. Im Vergleich z.B. zu Kammerfilterpressen und Zentrifugen ist der maschinen- und bautechnische Aufwand geringer. Bild 2.71 zeigt schematisch die Bandfilterpresse, Typ ROEPRESS.

Die Funktion der Bandfilterpresse, Typ ROEPRESS: Dem Schlamm (1) wird bereits in der Zuleitung Flockungsmittel (2) zudosiert, das in einem Inline-Mischer (Reihen-Mischer oder Mischstrecke) (3) innig eingemischt wird. Der Schlamm gelangt dann in die langsam drehende

Tabelle 2.11: Entwässerungsmaschinen

Gruppe	Maschinentyp	Trockensubstanz [TS in %]	
		durchschnittl.	maximal
A	Siebbad Siebtrommel Zentrifuge	8 10 18	< 12 < 15 < 25
B	Schneckendekanter Siebbandpresse	25 28	< 30 < 33
C	Bandfilterpresse Kammerfilterpresse Membranfilterpresse	35 38 40	< 40 < 45 < 50

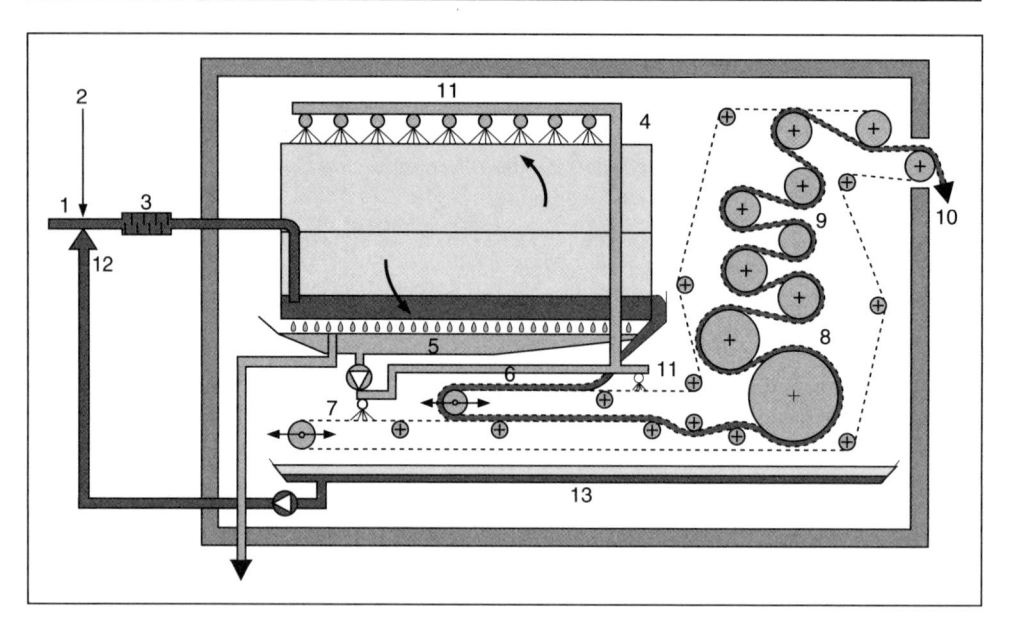

Bild 2.71: Schematische Darstellung einer Bandfilterpresse (Typ ROEPRESS, Firma Roediger)

Vorentwässerungstrommel (4). Während der Schlamm schonend zum Trommelende transportiert wird, gibt er durch das Siebgewebe bereits einen Großteil seines Wassers ab. Das abfließende Wasser wird in der Filtratwanne (5) gesammelt und ist jetzt praktisch feststofffrei. Der vorentwässerte Schlamm rutscht über eine Schnurre aus der Trommel (4) auf das obere Filterband (6), wird dann nochmals auf das untere Filterband (7) umgeschichtet und gibt durch Seihen weiteres Wasser ab. Die Flockenstruktur des auf den Filterbändern ausgebreiteten Schlammes kann man gut erkennen; d.h. es bedarf nur geringer Übung, um bei Bedarf die Flockungsmitteldosierung zu optimieren.

Zwischen den Filterbändern (6 und 7) gelangt der Schlamm in die Preßzone (8) und in die anschließende Walkzone (9). Er wird durch abgestuft zunehmende Preß- und Scherkräfte weitgehend entwässert und schließlich abgeworfen (10). Das saubere Filtrat aus der Sammelwanne (Filtratwanne) wird zum Waschen der Bänder mittels Spritzdüsen (11) verwendet. Stärker verschmutztes Filtrat und Waschwasser aus der Sammelwanne (13) kann wieder in die Zulaufleitung zurückgeführt werden (12) und wird dann nochmals in der Vorentwässerungstrommel (4) filtriert.

Vorteile des Verfahrens:
- Leistungsstarke Vorentwässerung. Seihen des geflockten Schlammes in großer, langsam drehender Vorentwässerungstrommel.
- Hohe Durchsatzleistung. Hydraulische Entlastung der Preßzone durch gute Vorentwässerung.
- Hoher Endstoffgehalt. Gut abgestufte Steigerung von Preßdrücken und Scherkräften in der Preß- und Walkzone.
- Verwendung des sauberen Filtrats der Vorentwässerung zum Abspritzen der Bänder und der Trommel.
- Geringer Flockungsmittelverbrauch. Durch flockenschonende Vorentwässerung und einfache, aber zuverlässige Optimierbarkeit der Flockungsmitteldosierung.
- Vollautomatischer Betrieb. Z.B.: automatisches An- und Abschalten aller Antriebe. Automatisches Bandreinigen nach Abschalten.

Wiederholungsfragen zu Kapitel 2

1. Was ist bei der Grundwasserentnahme zu beachten?
2. Was wissen Sie über Schwermetalle?
3. Was müssen Direkt- bzw. Indirekteinleiter beachten?
4. Welches Ziel verfolgt das Abwasserabgabengesetz?
5. Wer ist nach dem Abwasserabgabengesetz abgabepflichtig?
6. Was verstehen Sie unter Mehrfachnutzung von Wasser?
7. Gibt es eine weitere Möglichkeit zur Verminderung der Abwassermenge?
8. Nennen Sie Verfahren, die zur Abwasserreinigung eingesetzt werden können!
9. Was verstehen Sie unter einem Rechen?
10. Was wird unter Filtration verstanden?
11. Welche Membran-Trennverfahren kennen Sie?
12. Was unterscheidet die Ultrafiltration von der Umkehrosmose?
13. Nennen Sie einige Adsorptionsmittel!
14. Was verstehen Sie unter Sedimentation?
15. Welcher Sandfangtyp empfiehlt sich für gering fetthaltige Abwässer?
16. Definieren Sie den Begriff einer Flotation!
17. Beschreiben Sie das Reinigungsverfahren mittels Turboflotation!
18. Welche Vorteile weist die anaerobe Reinigung im Vergleich zur aeroben Reinigung auf?
19. Welche Einsatzschwerpunkte bezüglich Festbettreaktoren kennen Sie?
20. Was besagt das Verhältnis von CSB zu BSB_5?
21. Weshalb brauchen Laugen in der Regel nicht neutralisiert werden?
22. Nennen Sie gebräuchliche Flockungsmittel und das gebräuchlichste Flockungshilfsmittel!
23. Erläutern Sie den Begriff „Strippen"!
24. Welche Vorteile bietet die Schlammfaulung?

3 Reinhaltung der Luft

3.1 Einführung

Unsere Erde ist von einer dünnen Gashülle, der Atmosphäre, umgeben. Denn diese schützende Lufthülle ermöglicht erst das Leben auf unserer Erde. Zum einen benötigen die meisten Lebewesen den Sauerstoff (O_2) zur Atmung, die Pflanzen dazu noch das Kohlendioxid (CO_2) zur Photosynthese. Zum anderen reguliert die Atmosphäre den Strahlungs- und somit den Temperaturhaushalt der Erde.

3.1.1 Das natürliche CO_2-O_2-Gleichgewicht

Das durch die Atmungsprozesse frei werdende Kohlendioxid wird im natürlichen CO_2-Kreislauf wieder durch die *Assimilation* der Pflanzen gebunden (vgl. Bild 3.1). Die Pflanzen verwandeln Kohlendioxid und Wasser mit Hilfe von Sonnenenergie zu Traubenzucker und anderen Kohlehydraten. Der grüne Blattfarbstoff *Chlorophyll* dient als *biologischer Katalysator*:

$$6\ CO_2 + 6\ H_2O + \text{Sonnenenergie} \xrightarrow{\text{Chlorophyll}} \underset{\text{Traubenzucker}}{C_6H_{12}O_6} + 6\ O_2$$

Die Assimilation ersetzt den Sauerstoff der durch natürliche Oxidationsvorgänge verbraucht wird. In dieses natürliche CO_2-O_2-Gleichgewicht greift der Mensch entscheidend ein, indem er z.B. mehr Kohlendioxid erzeugt als die Pflanzen umwandeln können und mehr Sauerstoff verbraucht als die Pflanzen abgeben. Die Verbrennung fossiler Energieträger wie Kohle, Erdgas und Erdölprodukte (Benzin, Diesel, Heizöl) ist die umfangreichste chemische Reaktion, die durch den Menschen verursacht wird. Heute werden etwa 0,25 % mehr Kohlendioxid gemessen als vor 100 Jahren, und jährlich vermehrt sich die Menge weiter.

Das natürliche Gleichgewicht in der Atmosphäre hat der Mensch bereits so weit gestört, daß das Leben auf der Erde gefährdet erscheint.

Durch das Abholzen tropischer Wälder und die Schädigung einheimischer Waldbestände wird das Gleichgewicht zusätzlich negativ beeinflußt.

3.1.2 Vier große Problembereiche

Die Bewältigung von vier großen Problembereichen ist eine sehr große Herausforderung für die Menschheit geworden. Diese sind:
- Treibhauseffekt,
- Smog,
- saurer Regen,
- Ozonloch.

Treibhauseffekt

Unter Treibhauseffekt kann man den Einfluß der Erdatmosphäre auf den Strahlungs- und Wärmehaushalt der Erde zusammenfassen.
Bild 3.2 veranschaulicht einen Treibhauseffekt.

3.1 Einführung

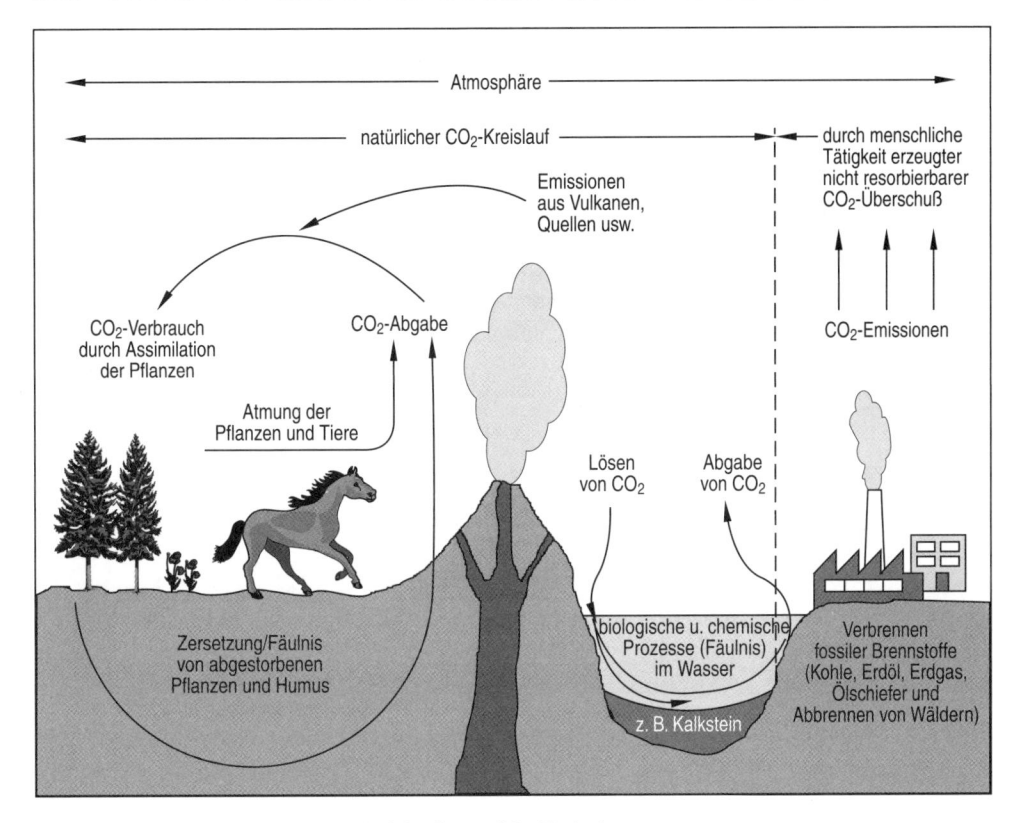

Bild 3.1: CO_2-Kreislauf und technisch bedingte CO_2-Emissionen

Wasserdampf und Kohlendioxid in der Atmosphäre lassen die kurzwellige Sonnenstrahlung mit relativ geringer Abschwächung zur Erdoberfläche gelangen, absorbieren bzw. reflektieren jedoch den von der Erdoberfläche ausgehenden Wärmestrahlungsanteil (atmosphärische Gegenstrahlung; Atmosphäre).

Gäbe es die Atmosphäre nicht, so würde die gesamte Wärmestrahlung der Erdoberfläche direkt in den Weltraum ausstrahlen. Die Erdoberfläche hätte dann eine Temperatur von $-19\,°C$. Die tatsächlich gemessene Oberflächentemperatur beträgt aber im Mittel ca. $15\,°C$. Dieser Temperaturunterschied wird also durch die klimawirksamen *„natürlichen Treibhausgase"* *Wasserdampf und Kohlendioxid* hervorgerufen.

Erst dieser *natürliche Treibhauseffekt* ermöglicht ein Leben auf weiten Teilen der Erde. Die Temperatur der Erde in Bodennähe steigt in neuester Zeit immer stärker an. In den vergangenen 100 Jahren allein schon um $0,6\,°C$, d.h. mit weiter steigender Tendenz; diesen Anstieg kann man nicht leichtfertig abtun.

Verantwortlich dafür sind vor allem der Anstieg von atmosphärischem *Wasserdampf* (H_2O), Kohlendioxid (CO_2), Methan (CH_4), Distickstoffoxid (N_2O), Ozon (O_3) und Kohlenwasserstoffen wie z.B. *Fluorchlorkohlenwasserstoff (FCKW)*.

Kohlendioxid (CO_2) hat zur Zeit sogar einen Anteil von 50 % am zusätzlichen Treibhauseffekt, der durch *anthropogene Spurengase* hervorgerufen wird. Derzeit nimmt der Gehalt an CO_2 um 0,4 % jährlich zu.

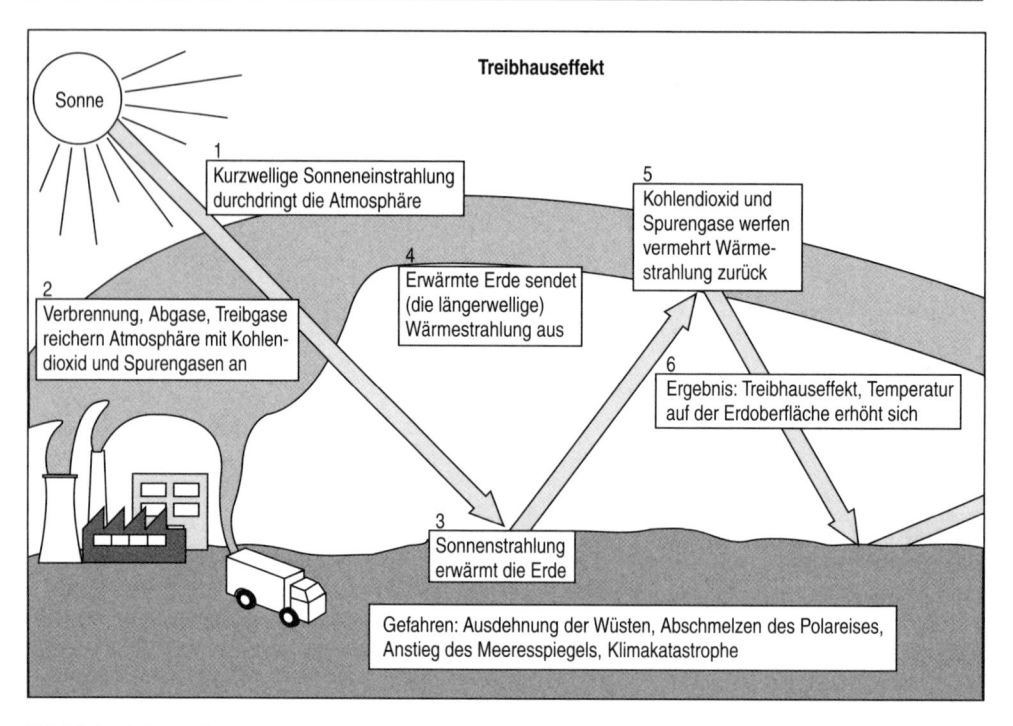

Bild 3.2: Schematische Darstellung eines Treibhauseffekts

Smog:

Smog ist ein aus den englischen Worten „smoke" (Rauch) und „fog" (Nebel) zusammengesetzter Begriff.
Smog tritt als starke Luftverunreinigung mit Dunst- oder Nebelbildung über städtischen oder industriellen Ballungsräumen, insbesondere bei Inversionswetterlagen (Inversion = Temperaturumkehr) unterhalb der Sperrschicht auf.
Man unterscheidet zwei Typen von Smog:
- den sich besonders in der kalten Jahreszeit herausbildenden London-Smog, vorwiegend mit Schwefeldioxid und Ruß beladener Nebel, und
- den unter dem Einfluß starker Sonnenstrahlen gebildeten Los-Angeles-Smog.

Diese Smogart wird vor allem durch atmosphärische Schadstoffe gebildet, die also unter dem Einfluß von Sonnenstrahlen (meist mittags) entstehen. An den dabei ablaufenden (photo)-chemischen Prozessen sind als Ausgangssubstanzen besonders Schwefeldioxid, Stickoxide und Kohlenwasserstoffe (z.B. aus Kfz-Abgasen) beteiligt.
Jede Art von Smog hat erhebliche umwelt- und gesundheitsgefährdende Auswirkungen. Um diesen zu begegnen, wurden von den Bundesländern für besonders gefährdete Gebiete *Smog-Warnpläne* bzw. *Smog-Alarmpläne* aufgestellt, die bei Smogalarm zahlreiche luftverbessernde bzw. schadstoffentlastende Maßnahmen vorsehen. Da auch aus der Ferne transportierte Luftverschmutzungen als Ursache für die Smogentstehung beobachtet werden, hat die Bundesregierung gemeinsam mit den Bundesländern ein *Smog-Frühwarnsystem* beim Umweltbundesamt aufbauen lassen.
Bei Konzentrationen über 500 µg Schwefeldioxid pro Kubikmeter Luft fertigt das Umweltbundesamt im 3-Stunden-Takt aus den Einzelmessungen von SO_2, Schwefelstaub, Windrichtung und Geschwindigkeit „Rasterkarten" für die einzelnen Meßzentralen der Bundesländer an.

3.1 Einführung

Tabelle 3.1 gibt eine Gegenüberstellung der beiden Smogarten

Saurer Regen

Das Regenwasser in Mitteleuropa sollte aufgrund des atmosphärischen Kohlendioxidgehaltes und der natürlicherweise in der Luft enthaltenen Spurenstoffe einen Säuregehalt, pH-Wert von etwa 5–6,5, haben. Tatsächlich liegt der pH-Wert des Regenwassers der Bundesrepublik Deutschland im Mittel bei etwa 4,0–4,6. Dies entspricht etwa einer 20fachen Säuremenge gegenüber natürlichen Säureverhältnissen. Wie aus der Analyse des Niederschlagswassers hervorgeht, ist diese Übersäuerung auf den Gehalt von Schwefel- und Salpetersäure zurück-

Tabelle 3.1: Gegenüberstellung der charakteristischen Kennzeichen und Wirkungen von London-Smog und Los-Angeles-Smog

Kennzeichen/ Wirkung	London-Smog (Schwefeldioxid-Smog)	Los-Angeles-Smog (Ozon-Smog)
Lufttemperatur	–3 °C bis 5 °C	25 °C bis 35 °C
relative Luftfeuchte	über 80 %	unter 70 %
Windgeschwindigkeit	unter 2 m/s	unter 2 m/s
notwendige Strahlungsbedingungen	nicht notwendig, einflußnehmend	Erhöhung der UV-Strahlung ($\lambda < 400$ nm)
Inversionstyp	Boden-/Absinkinversion	Absinkinversion
häufigstes Auftreten	Wintermonate (November-Januar)	Frühsommer-Frühherbst (Juni-Oktober)
Schadstoffindikation	Schwefeldioxid und Umwandlungsprodukte, Ruß	Ozon (Reaktionen aus Stickoxiden, Kohlenwasserstoffen)
Entstehung	in den Verbrennungsräumen der Emittenten	innerhalb kurzer Zeit in der Luft durch photoinduzierte Reaktionen
Erreichen der maximalen Konzentration	morgens und abends im Winter (Wintersmog)	nachmittags im Sommer (Sommersmog)
wirkt chemisch	reduktiv	oxidativ
Wirkung auf Mensch, Pflanze und Materialien	Reizung der Atmungsorgane; Schädigung von Nadelbäumen; Zersetzung von Sandstein	Bindehautreizung; Ozonflecken bzw. Blattpigmentschäden; Gummizersetzung
Bemerkung: Inversion → Temperaturumkehr		

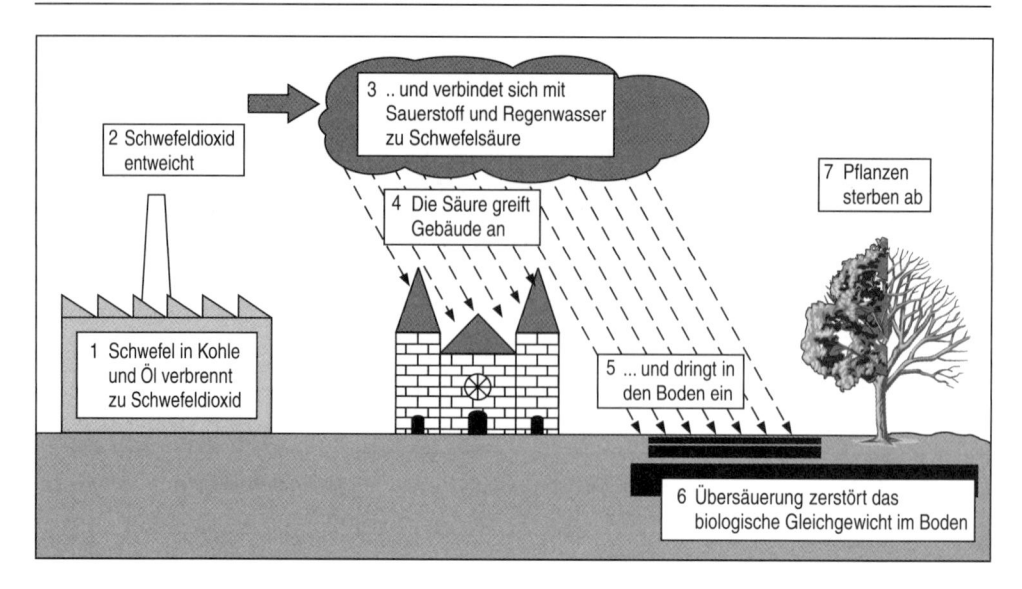

Bild 3.3: Schematische Darstellung der Wirkungszusammenhänge in Bezug auf den sauren Regen

zuführen. Diese Säuren bilden sich in der Atmosphäre als Folge der *Schwefeldioxid-* und *Stickoxidbelastungen.*
Zunächst waren in den skandinavischen Ländern als Folge dieser sauren Niederschläge Fischsterben in den Seen beobachtet worden. Seit neuester Zeit treten auch in Mitteleuropa Übersäuerungen der Gewässer und verstärkt *Waldschäden,* vor allem bei Tannen- und Fichtenbeständen, auf.
Während der Wintermonate, der Zeit der höchsten Schwefeldioxidkonzentrationen, können sich die sauren Schwefelverbindungen in der Schneedecke ansammeln und mit der Schneeschmelze zu einem plötzlichen Versauern der Gewässer führen. Bild 3.3 zeigt eine schematische Darstellung der Wirkungszusammenhänge in Bezug auf den sauren Regen.

Ozonloch

Seit Mitte der 70er Jahre wird in der Antarktis (Südpol) ein stetig zunehmender *Ozonabbau* vor allem im antarktischen Frühling (Septemper/Oktober) festgestellt. Untersuchungen haben dabei gezeigt, daß die *Chlorkonzentration* in der dortigen *Atmosphäre* über 100-fach höher liegt als im globalen Mittel. Diese hohen Chlorkonzentrationen und der damit verbundene Ozonabbau wird durch eine Kette von chemischen Reaktionen, die unter speziellen antarktischen Bedingungen verstärkt ablaufen können, erzeugt. Auslöser dieser Reaktionen ist die zunehmende Konzentration von *Fluorchlorkohlenwasserstoffen (FCKW).* In der Arktis (Nordpol) wurde zwar auch ein Ozonabbau festgestellt. Dieser ist aber nicht so stark wie über der Antarktis..
Neuerdings wurde beobachtet, daß der Ozonabbau nicht nur auf den antarktischen Frühling beschränkt ist, sondern nunmehr auch das ganze Jahr über abläuft.
Ozonschichtgefährdung: Amerikanische Forscher äußerten aufgrund von Modellberechnungen, die durch zahlreiche weitere Berechnungen später bestätigt wurden, die Befürchtung, daß die auf der Erde emittierten *Fluorchlorkohlenwasserstoffe (FCKW)* aufgrund ihrer chemischen Stabilität im Laufe der Jahre bis in die Stratosphäre aufsteigen und die dort befindliche Ozonschicht schädigen würden. Die Ozonschicht hat für das Leben auf der Erde eine lebens-

3.1 Einführung

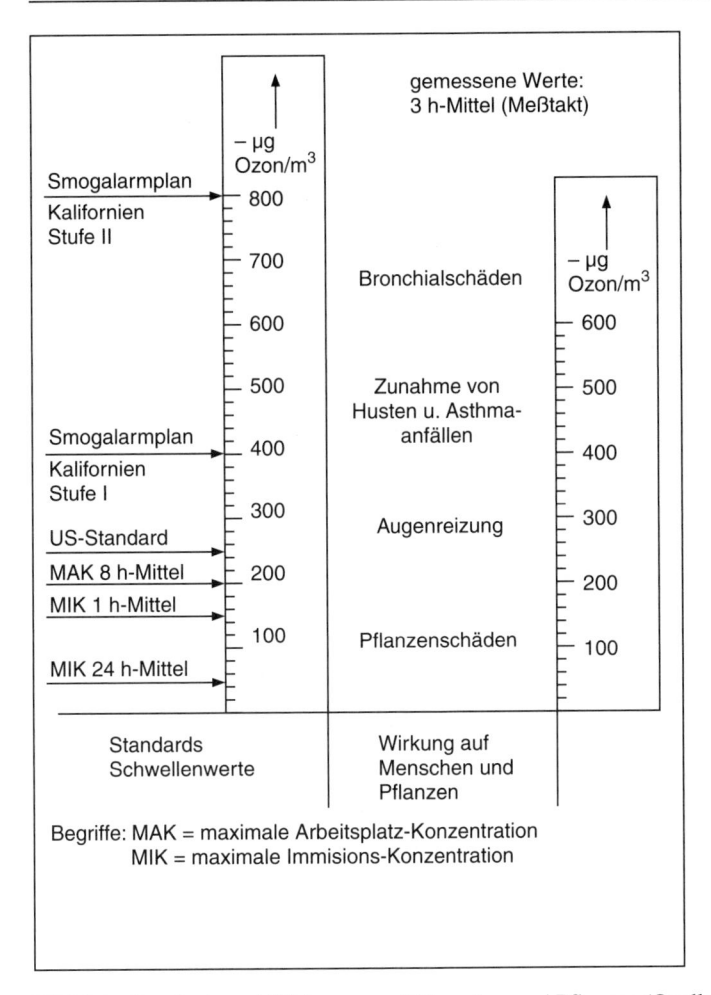

Bild 3.4: Standards und Wirkungen auf Menschen und Pflanzen (Quelle: Umweltbundesamt)

Standards Schwellenwerte	μg Ozon/m³	Wirkung auf Menschen und Pflanzen	gemessene Werte: 3 h-Mittel (Meßtakt) μg Ozon/m³
Smogalarmplan Kalifornien Stufe II	800		
	700	Bronchialschäden	600
	600		500
	500	Zunahme von Husten u. Asthmaanfällen	400
Smogalarmplan Kalifornien Stufe I	400		300
US-Standard	300	Augenreizung	200
MAK 8 h-Mittel	200		100
MIK 1 h-Mittel		Pflanzenschäden	
MIK 24 h-Mittel	100		

Begriffe: MAK = maximale Arbeitsplatz-Konzentration
MIK = maximale Immisions-Konzentration

wichtige Funktion, da sie die harte gesundheitsschädliche UV-Strahlung der Sonne ausfiltert. Bei einer ernsten Schädigung muß mit klimatischen Veränderungen, *Schädigungen an Pflanzen und Tieren* sowie einem Ansteigen von *Augenerkrankungen* und von *Hautschädigung*en (Hautkrebserkrankung) gerechnet werden. Bild 3.4 zeigt Standards und Wirkungen auf Pflanzen und Menschen.

Wissenschaftler wollen Ozon als krebsverdächtig einstufen. Das Reizgas Ozon soll in der neuen Liste über die Maximale Arbeitsplatzkonzentration (MAK) für gefährliche Stoffe, entsprechend eingeordnet werden. Am Arbeitsplatz empfehlen die Experten der Deutschen Forschungsgemeinschaft, die sich auf neue Studienergebnisse berufen, einen Ozongrenzwert von 100 Mikrogramm je Kubikmeter Luft.

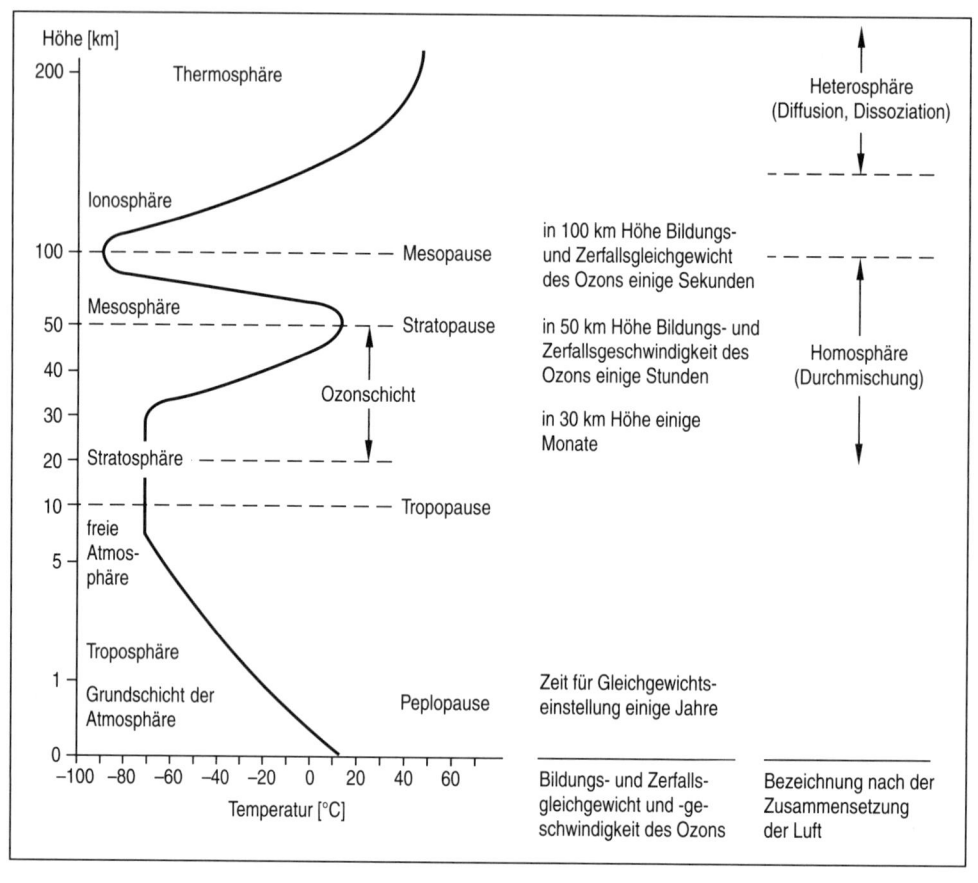

Bild 3.5: Stockwerkbau der Atmosphäre mit vertikalen Temperaturgradienten (Änderung der Temperatur mit der Höhe)

3.1.3 Zusammensetzung und Aufbau der Atmosphäre, sowie klimawirksame Spurengase

Luft: Die Luft setzt sich aus verschiedenen Gasen sowie festen und flüssigen Schwebeteilchen, dem *Aerosol*, zusammen. Die Gase bestehen aus Stickstoff (N_2) mit 78 Vol.-% und Sauerstoff (O_2) mit 21 Vol.-%. Hinzu kommen Argon (Ar) mit 0,93 Vol.-% und weitere Edelgase. Als nur in Spuren vorkommende Gase sind Kohlendioxid (CO_2) mit ca. 350 ppm, Methan (CH_4) mit 2 ppm sowie Schwefeldioxid (SO_2) und Ozon (O_3) zu nennen (1 ppm (part per million) = 10^{-4} Vol.-%). Trotz geringer Konzentration der Spurengase sind sie aufgrund ihrer *Klimawirksamkeit* von großer Bedeutung.

Alle Angaben beziehen sich auf die trockene, wasserfreie Luft. Zu den Inhaltsstoffen ist daher noch der jeweilige Wassergehalt hinzuzurechnen. Denn der Wasserdampfgehalt der Luft spielt eine entscheidende Rolle für das Wettergeschehen.

Vertikaler Aufbau der Atmosphäre: Unter Zugrundelegung der vertikalen Temperaturverteilung ergibt sich die folgende *Stockwerkgliederung* der Atmosphäre (vgl. Bild 3.5).

Der untere Bereich bis im Mittel etwa 11 km wird *Troposphäre* genannt. Die Zusammensetzung der Troposphäre enthält Tabelle 3.2. Die Troposphäre ist durch eine „Temperaturabnah-

Tabelle 3.2: Zusammensetzung der Gase in der Troposphäre

Bestandteile der „reinen" Luft in der Troposphäre	
Stickstoff	ca. 78 %
Sauerstoff	ca. 19 %
Wasserdampf	ca. 2 %
Argon	ca. 1 %
Kohlendioxid	ca. 0,3 %
Neon	18 ppm
Helium	5 ppm
Methan	1,5 ppm
Distickstoffoxid	0,3 ppm
Wasserstoff	0,2 ppm
Xenon	0,1 ppm
Ozon	0,02 ppm
ppm: parts per million = 1 Millionstel	

me" mit zunehmender Höhe und einer lebhaften Durchmischung der Luft gekennzeichnet. In dieser Schicht laufen praktisch alle Wetterprozesse ab, und hier ist fast der gesamte Wasserdampf der Atmosphäre enthalten. Den untersten Teil der Troposphäre stellt die *Grundschicht* (oder Peplosphäre dar), die rund 1–2,5 km mächtige, dem Erdboden aufliegende Luftschicht, in der der Reibungseinfluß der Erdoberfläche von großer Bedeutung ist und die meteorologischen Elemente starken Veränderungen unterworfen sind. Die Obergrenze der Grundschicht, die häufig mit einer *Inversion* zusammenfällt, ist die *Peplopause*. Die Troposphäre wird durch die Tropopause von der darüberliegenden *Stratosphäre* getrennt.
Die mittlere Höhe der *Tropopause* beträgt über den Polen rund 8 km, über den gemäßigten Breiten im Mittel 11 km und über dem Äquator etwa 17 km; die Temperaturen an der Tropopause bewegen sich zwischen –50 °C am Pol und –90 °C am Äquator. Über der Tropopause folgt das zweite Stockwerk der Atmosphäre, die *Stratosphäre*. In der unteren Stratosphäre bleibt die Temperatur bis rund 20 km Höhe nahezu konstant *(Isothermie)*. Darüber steigt die Temperatur wieder an und erreicht in etwa 50 km Höhe ein Maximum von 0 °C und höher. Hier liegt die *Stratopause*, die die Stratosphäre gegen die *Mesosphäre* abgrenzt.
In der *Mesosphäre* erfolgt wieder ein Rückgang der Temperatur bis zu einem Minimum von etwa –80 °C in rund 80 km Höhe an der Obergrenze der Mesosphäre, der *Mesopause*.
In der *Thermosphäre*, die sich anschließt, steigt die Temperatur stark an und erreicht in rund 200 km Höhe Werte in der Gößenordnung von 1000 °C; darüber ist dann nur noch geringe Temperaturzunahme zu beobachten. Allerdings sind diese Temperaturwerte nicht mit denen vergleichbar, die auf Meeresniveau auftreten, da die Atmosphäre in dieser Höhe eine extrem geringe Luftdichte aufweist. Denn bereits in 100 km Höhe beträgt die Luftdichte nur noch ein Millionstel des Wertes an der Erdoberfläche.
Durch die mehr oder weniger starke Ionisation der Luft haben wir es auch noch mit einer *Ionosphäre* zu tun. Infolge Ionisation der verschiedenen Bestandteile der Luft durch Sonnenstrahlung verschiedener Spektralbereiche bilden sich mehrere Schichten der Elektronenkonzentration in der hohen Atmosphäre aus.
Beispiel: Die kurzwellige Sonnenstrahlung (UV-Strahlung) verursacht in den höheren Schichten der Atmosphäre eine *Dissoziation* (Zerfall) der Luftmoleküle: Von 100 km Höhe an wird der molekulare Sauerstoff in zunehmendem Maße zerlegt. Aus der Rekombination ergibt sich als neues Produkt *Ozon* (O_3).

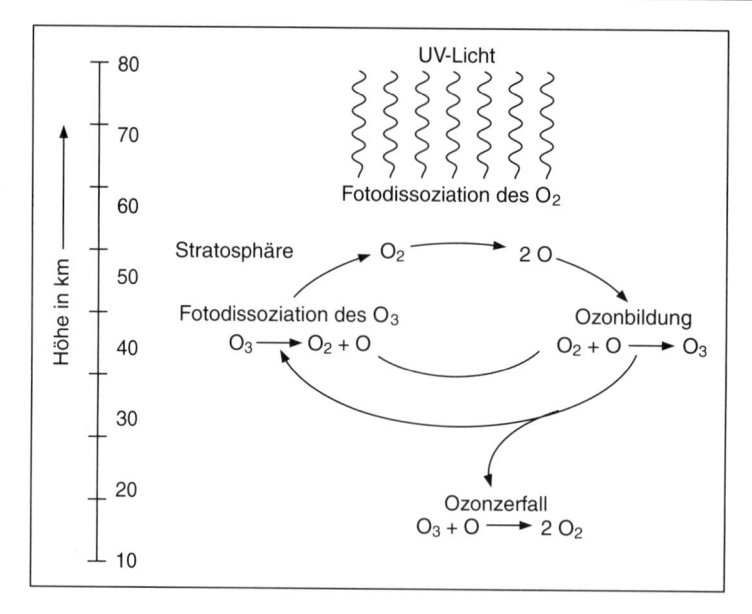

Bild 3.6: Ozon bildet sich aus molekularem Sauerstoff unter Einfluß der UV-Strahlung

Vorgang: Ozon bildet sich z.B. bei der Einwirkung von atomarem Sauerstoff (O) auf molekularen Sauerstoff (O_2) und zerfällt wieder leicht gemäß

$$O_3 \rightarrow O_2 + O^{\bullet} \quad \text{und} \quad 2\,O^{\bullet} \rightarrow O_2$$

in Sauerstoffmoleküle. Ozon bildet sich überall dort, wo durch Energiezufuhr Sauerstoffatome aus Sauerstoffmolekülen freigesetzt werden, die dann mit weiteren Sauerstoffmolekülen reagieren, u.a. bei der Einwirkung energiereicher Strahlung. In der Stratosphäre bildet sich Ozon in 20–50 km Höhe aus molekularem Sauerstoff unter dem Einfluß der kurzwelligen UV-Strahlung der Sonne. Bild 3.6 zeigt die beschriebenen Vorgänge.

Die vertikalen Temperaturverhältnisse sind wichtig für die Stoffverteilung in der Atmosphäre und deren Durchmischung. Bleibt die Temperatur mit zunehmender Höhe gleich (Isothermie) oder steigt sie an (Inversion, positiver Temperaturgradient), so können keine vertikalen Luftbewegungen auftreten.

Wird der vertikalen Gliederung der Atmosphäre die Zusammensetzung der Luft zugrunde gelegt, so ergibt sich eine Zweiteilung in eine *Homosphäre* und eine darüber befindliche *Heterosphäre* (vgl. Bild 3.5).

Die *Homosphäre* umfaßt die untersten rund 100 km der Erdatmosphäre, die sich trotz Verschiedenheiten in ihren einzelnen Stockwerken durch Gemeinsamkeiten auszeichnen, die sie von den darüberliegenden Luftschichten abgrenzen; die Zusammensetzung der Luft ist hier überall nahezu gleich.

In der *Heterosphäre* dagegen werden die atmosphärischen Gase unter der Einwirkung der Sonnenstrahlung dissoziiert und ionisiert. Die Bewegungen der Luft unterliegen damit in zunehmenden Maße anderen Einflüssen als in der Homosphäre (z.B. dem erdmagnet. Feld in der Atmosphäre). Außerdem setzen sich in der Heterosphäre die Gase ihrem Atomgewicht entsprechend ab:

- die schwereren Gase in den unteren Schichten,
- die leichteren Gase in den oberen Schichten.

3.2 Emissionsquellen, Wirkungen der Luftverschmutzungen und Gesundheitsgefährdung

3.2.1 Allgemeines

Im Bereich zwischen industriellem Wachstum und gesellschaftlichem Wohlstand einerseits und dem Umweltschutz andererseits ist die Reinhaltung der Luft seit Jahren ein besonderes Reizthema in allen Umweltdiskussionen. Denn kein anderes Thema wurde jemals mit solcher Leidenschaft diskutiert, wie die mit der Luftverschmutzung zusammenhängenden Schäden. Entscheidende Kriterien für eine Planung der Luftreinhaltung sind ausreichende Kenntnisse über die Luftverunreinigungen, d.h. deren Emission, Transmission und Immission.

Unter Luftverunreinigungen (Luftverschmutzungen) versteht man die Verunreinigung des natürlichen Luftgemisches (Luftzusammensetzung) mit Stoffen, die den Menschen und seine Umgebung beeinträchtigen, wenn sie in ungewöhnlicher, naturfremder Konzentration oder Art einwirken. Zu den schädigenden Stoffen können beispielsweise zählen:

- *Rauch,*
- *Ruß,*
- *Staub,*
- *Gase,*
- *Aerosole,*
- *Dämpfe,*
- *Gerüche.*

Luftverunreinigungen werden als *Emission* freigesetzt. Sie „verteilen" und „verdünnen" sich in der Atmosphäre und wirken als *Immissionen* auf Menschen, Tiere und Pflanzen ein. Der Begriff der *Transmission* beschreibt den Transport und somit die Ausbreitung der Luftverunreinigungen. Die Transmission stellt damit ein Bindeglied zwischen Emission und Immission dar.

Emission

Sie bezeichnet die von einer (festen oder beweglichen) Anlage oder von Produkten an die Umwelt abgegebenen Luftverunreinigungen (Gase, Stäube), Geräusche, Strahlen, Wärme (z.B. Abwärme von Energieanlagen, Kühltürmen), Erschütterungen usw. Emissionen im Sinne der *TA Luft* sind die von einer Anlage ausgehenden Luftverunreinigungen. Emissionen lassen sich durch entsprechende technische Maßnahmen (z.B. Abgasreinigung) verringern oder verhindern.

Emissionskataster: Man versteht darunter eine Datenzusammenstellung zur räumlichen Beschreibung des Schadstoffausstoßes von Emissionsquellen.

Die Emissionskataster geben z.B. Auskunft über:

- die geographische Lage der Emissionsquelle (z.B. Ort des Eintritts von Abgas in die Atmosphäre),
- die Höhe der Emissionsquelle (Schornsteinhöhe),
- die Art und die Menge der emittierten Stoffe,
- den zeitlichen Verlauf der Emissionen und
- die emittierenden Anlagen und ihre Betreiber.

Emissionsüberwachung: Darunter versteht man Kontrollmaßnahmen zur Sicherstellung, daß die technischen Möglichkeiten zur Begrenzung von Emissionen auch ausgeschöpft werden. *Beispiel*: Nach Erstellung einer *genehmigungsbedürftigen Anlage* soll durch Einzelmessungen geprüft werden, ob die festgelegten *Emissionsgrenzwerte* eingehalten werden. Diese Messungen dürfen aber nur von anerkannten Instanzen (z.B. Landesamt für Immissionsschutz Nordrhein-Westfalen) ausgeführt werden.

Emissionsgrenzwerte (Emissionswerte): Das sind die in den Rechts- und Verwaltungsvorschriften zum *Bundesimmissionsschutzgesetz,* insbesondere in der *Großfeuerungsanlagen-Verordnung* festgelegten Werte für staub-, gas- und dampfförmige **Schadstoffe**. Die Höhe der Emissionswerte richtet sich einerseits nach der Schädlichkeit der abgegebenen Stoffe und andererseits nach dem *Stand der Technik* der Minderungsmöglichkeiten.

Immission

Unter Immission versteht man die Einwirkungen von Luftverschmutzungen, Geräuschen, Erschütterungen, Strahlen, Wärme u.a. auf Menschen, Tiere, Pflanzen und Sachgüter.
Meßgröße ist vor allem die Konzentration eines *Schadstoffes* in der Luft, bei *Staub* auch die Menge, die sich auf einer bestimmten Fläche pro Tag niederschlägt.
Immissionskataster: Dies ist die Darstellung der räumlichen Verteilung der *Immission* für ein bestimmtes Gebiet. Immissionskataster enthalten sowohl Dauerbelastungen als auch Werte von Spitzenbelastungen. Sie können aufgrund von Berechnungen aus bekannten *Emissionen* (Ausbreitungsrechnungen) oder durch direkte Messung in Meßnetzen aufgestellt werden.
Immissionskataster sind eine wichtige Grundlage für Luftreinhaltepläne und Infrastrukturmaßnahmen (Bundes-Immissionsschutzgesetz).
Immissionskenngröße: Immissionskenngrößen sind die Kenngrößen für die
- Vorbelastung (= vorhandene Belastung, ohne den Immissionsbeitrag der zu genehmigenden Anlage).
- Zusatzbelastung (= Immissionsbeitrag durch die Anlage).
- Resultierende Gesamtbelastung, die gemäß *TA Luft* für die Abschätzung der Immissionseinwirkungen im Beurteilungsgebiet ermittelt werden.

Bild 3.7 zeigt als Beispiel eine Immissionsmessung (Immissionsüberwachung) über Abgase die aus verschiedenen Höhen in die Umwelt gelangen. Die unterschiedliche Schraffierung der

O_1 = Industrie
O_2 = Hausbrand, kleinere und mittlere Gewerbebetriebe
O_3 = KFZ
E = Emission

Verdünnungsverhältnis
$E_1 : E_2 : E_3 = 1000 : 50 : 1$

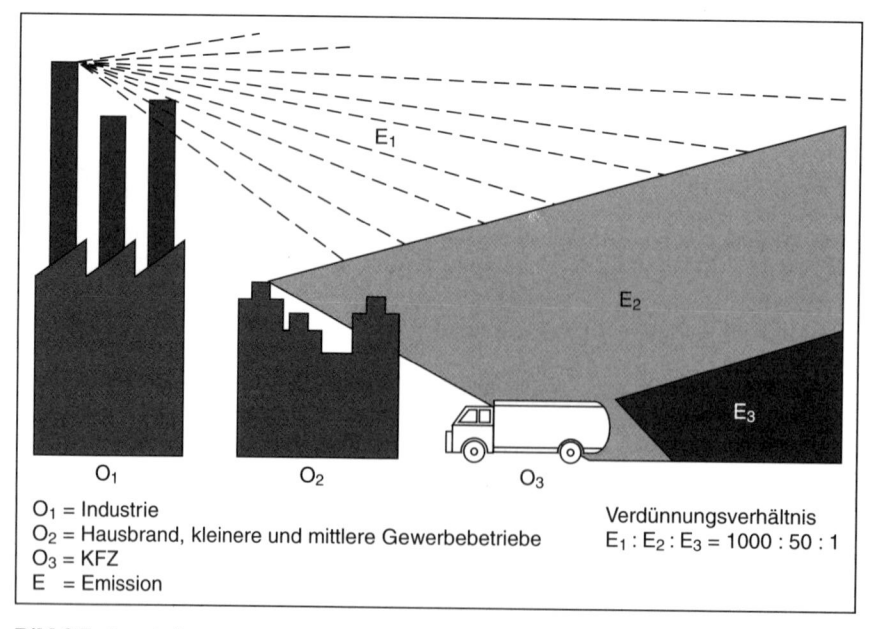

Bild 3.7: Immissionsmessung über Abgase die aus verschiedenen Höhen in die Umwelt gelangen. (Quelle: Verlag TÜV Rheinland GmbH)

Grafik symbolisiert den Verdünnungsgrad. Im Aufenthaltsbereich des Menschen addieren sich die verschiedenen Emissionen und wirken als Immission.

Transmission:

Die Transmission umfaßt alle Vorgänge, in deren Verlauf sich die räumliche Lage, Verteilung und Konzentration von festen, flüssigen und gasförmigen Luftverunreinigungen unter dem Einfluß meteorologischer und physikalischer sowie chemischer Vorgänge verändert.
Näheres dazu siehe Kapitel 3.3.1.

3.2.2 Beschreibung der häufigsten Schadstoffe

„Schadstoffe" sind die in der Umwelt vorhandenen oder in diese freigesetzten Stoffe mit schädlichen Wirkungen für Pflanzen, Tiere, Menschen und Sachgüter. Schadstoffe können vom Menschen mit der Atmung, über die Haut, durch das Trinkwasser oder mit Nahrungs- und Genußmitteln (Nahrungskette) aufgenommen werden.

3.2.2.1 Gase

Gase wirken meist über den Atemtrakt auf den Menschen ein, und manche Gase greifen auch die Haut an oder sind äußerst ätzend.
Die folgenden ausgewählten Beispiele mögen das zeigen.

Schwefeldioxid (SO_2) ist ein farbloses, stechend riechendes Gas, das hauptsächlich beim Verbrennen schwefelhaltiger Energieträger (Kohle, Erdöl) und in geringem Umfang bei industriellen Prozessen (u.a. Eisen- und Strahlenerzeugung) entsteht. Schwefeldioxid wirkt insbesondere in Kombination mit *Staub* auf die Atemwege, reizt Haut und Schleimhäute, führt in höheren Konzentrationen zu Atembeschwerden.
Schwefeldioxid wird in der Atmosphäre teilweise zu Schwefelsäure oxidiert und ist an der Versauerung des Regens *(saurer Regen)* beteiligt.
Immissionswerte (sind in der *TA-Luft* geregelt): IW 1 = 0,15 mg/m^3 und IW 2 = 0,40 mg/m^3 usw.
Schwefeldioxid ist Objekt bei den meisten Luftuntersuchungsprogrammen. Es dient oft als Indikator für die Qualität der Luft. Die Immissionen gingen im Verlauf der letzten 20 Jahre sehr zurück.
Schwefeldioxid ist ein Reizgas. Es greift bei Mensch und Tier Schleimhäute und Gewebe an und beeinträchtigt die Lungenfunktion.
Schwefelwasserstoff (H_2S) ist ein brennbares, farbloses und in Wasser nur wenig lösliches Gas. Schwefelwasserstoff entsteht u.a. bei der Zellstoffherstellung und in Kokereien, aber auch bei Fäulnisprozessen (sog. *anaeroben Abbau*). Es tritt als Luftverunreinigung durch einen sehr unangenehmen Geruch (nach faulen Eiern) hervor. In geringeren Konzentrationen stellt Schwefelwasserstoff vor allem eine Geruchsbelästigung (*Geruchsstoffe*) dar. In höheren Konzentrationen übt es Reizwirkungen auf die Schleimhäute aus und kann in schweren Fällen Nervenschädigungen hervorrufen. Pflanzen werden nur in geringem Umfang geschädigt.
Immissionswerte: IW 1 = 0,005 mg/m^3 und IW 2 = 0,010 mg/m^3.

Kohlendioxid (CO_2) ein farbloses, unbrennbares, schwach säuerliches schmeckendes und geruchloses Gas, das sich in Wasser unter Bildung von Kohlensäure (H_2CO_3) löst. Kohlendioxid entsteht bei der Atmung der Lebewesen und vor allem beim Verbrennen *(Kraftwerke, Heizungen)* von Kohle, Erdöl und Gas. Kohlendioxid gilt in kleineren Konzentrationen als ungiftig. Es kann aber bei sehr hohen Konzentrationen betäubend und im schlimmsten Fall erstickend wirken. Der Gehalt von Kohlendioxid in der Luft ist in den vergangenen 100 Jahren durch gestiegenen Kohle- und Heizölverbrauch und zunehmende Abholzung von z.B. tropischen Urwäldern stark angestiegen. Ein weiterer Anstieg der Kohlendioxidkonzentration kann langfristig sogar zu einer Erwärmung der Erdoberfläche führen, da unter Umständen durch eine *Kohlendioxid-Glocke* die von der Erde abgestrahlte Wärme nicht mehr ungehindert an den Weltraum abgegeben werden kann *(Treibhauseffekt).*

Kohlenmonoxid (CO) ist ein nicht reizendes, farb- und geruchloses Gas. Es ist in Wasser schlecht löslich. Kohlenmonoxid entsteht durch unvollständige Verbrennung von Kohlenstoff (Hauptquellen: Kraftfahrzeugmotoren, Schwerindustrie, Hausheizungen). Eingeatmetes Kohlendioxid blockiert die Sauerstoffaufnahme in das Blut und verursacht so Sauerstoffmangel im Gewebe und führt je nach Konzentration zu Kopfschmerzen, Schwindel, Übelkeit, Bewußtlosigkeit, Atemlähmung oder auch Tod. *Immissionswerte:* IW 1 = 10,0 mg/m^3, IW 2 = 30,0 mg/m^3.

Kohlenmonoxid ist ein Blutgift. Die Giftigkeit des CO beruht auf seiner großen Affinität zum roten Blutfarbstoff im Hämoglobin (Hb).

Stickstoffmonoxid (NO) und *Stickstoffdioxid* (NO_2) sind die als Luftverunreinigung besonders in Frage kommenden *Stickoxide* (NOx).

NO ist ein farbloses, in Wasser nur wenig lösbares Gas. NO_2 ist ein rotbraunes Gas, das sich in Wasser gut unter Bildung von Nitrit und Nitrat löst.

Stickoxide entstehen bei Verbrennungsprozessen, teils weil bei den im Brennraum herrschenden hohen Temperaturen der Stickstoff und der Sauerstoff der Luft miteinander zu Stickoxiden reagieren, teils weil die im Brennstoff enthaltenen Stickstoffverbindungen zu Stickoxiden umgesetzt werden. Bei diesen Prozessen wird in erster Linie Stickstoffmonoxid gebildet, das in der Atmosphäre relativ schnell zu dem gesundheitsschädlicherem *Stickstoffdioxid* umgesetzt wird. Aus Stickstoffdioxid kann sich weiterhin Salpetersäure bilden, die eine der wesentlichen Ursachen für die Entstehung des sauren Regens darstellt. Bei höheren Stickstoffdioxidbelastungen wurde eine höhere Häufigkeit von Atemwegserkrankungen beobachtet und ebenso größere Schadwirkung auf Pflanzen.

Die Stickoxide werden durch die Atmung aufgenommen und ätzen langsam die Atemwege. Bemerkt werden dabei Hustenreiz und Kratzen im Hals.

Immissionswerte: a) Stickstoffdioxid IW 1 = 0,10 mg/m^3, IW 2 = 0,30 mg/m^3
  b) Stickstoffmonoxid IW 1 = 0,20 mg/m^3, IW 2 = 0,60 mg/m^3.

Ammoniak (NH_3) ist ein farbloses Gas mit beißendem Geruch. Ammoniak hat eine hohe Verdampfungswärme (Verwendung in der Kälteindustrie) und löst sich leicht in Wasser. Die Lösung reagiert dabei schwach basisch. NH_3 reagiert mit sauren Gasen (SO_2, NO_2, HCl) unter Bildung von Ammoniumsalzen. Wegen des Überschusses an sauren Gasen in der Atmosphäre liegt Ammoniak gewöhnlich als Salz vor. Immissionen liegen meist nur im Bereich einiger µg/m^3. Ammoniak wirkt in höheren Konzentrationen ätzend auf Haut und Schleimhäute und führt beim Einatmen zu Reizhusten, Brechreiz und Kopfschmerzen.

Fluorwasserstoff (HF) ist ein farbloses, giftiges, stark ätzendes Gas, das u.a. im Abgas von *Müllverbrennungsanlagen*, Aluminiumhütten, Ziegeleien, Keramik- und Emaillebetrieben auftritt. HF führt bei Menschen zur Reizung der Schleimhäute, bei chronischer Belastung zu Knochen-, Zahn-, Nieren- und Hautveränderungen. Über 4 ppm Fluorid im Trinkwasser gelten bereits als schädlich. HF ist auch eine stark pflanzenschädigende Substanz. Es schädigt insbesondere Nadelholzarten, Steinobstgewächse, Wein und Zwiebelgewächse.

Zum Schutz vor diesen aggressiven Stoffen gehört als erste Maßnahme sorgsame Planung des Arbeitsablaufes mit möglichst geringer Emissionswahrscheinlichkeit.

Auf die Schädigung der Umwelt ist besonders Obacht zu geben. Tiere und Pflanzen reagieren auf Fluorverbindungen noch empfindlicher als der Mensch.

Immissionswerte: IW 1 = 0,0020 mg/m^3, IW 2 = 0,0040 mg/m^3

3.2 Emissionsquellen, Wirkungen der Luftverschmutzungen und Gesundheitsgefährdung

Tabelle 3.3: Immissionswerte und Wirkungen einiger Schadstoffgase

Gas	Immissionswerte [mg/m³]		Wirkung
	IW1	IW2	
Schwebstaub	0,15	0,30	Atembeschwerden
Fluorwasserstoff [HF]	0,020	0,040	ätzend auf Zähne und Atemwege
Chlorwasserstoff [HCl]	0,10	0,20	ätzend auf Zähne und Atemwege
Kohlenmonoxid [CO]	10,0	30,0	führt je nach Konzentration zu Kopfschmerzen, Schwindel, Übelkeit, Bewußtlosigkeit, Atemlähmung, Tod
Schwefeldioxid [SO_2]	0,14	0,40	Atem behindernd, Schleimhaut reizend
Schwefelwasserstoff [H_2S]	0,005	0,010	Kopfschmerzen, Übelkeit, Schleimhaut- und Augenreizungen, in schweren Fällen Nervenschädigungen
Stickstoffdioxid [NO_2] Stickstoffmonoxid [NO]	0,10 0,20	0,30 0,60	Atemwegserkrankungen

Chlorwasserstoff (HCl) ist ein farbloses Gas mit stechendem Geruch (die wäßrige Lösung ist die Salzsäure). Chlorwasserstoff wirkt ätzend auf die Atemorgange und führt bei längerer Einwirkung zu Bronchialkatarrhen mit heftigem Reizhusten. Zur Vorsicht gegen Verätzungen genügen Hand- und Augenschutz sowie zur Vermeidung von Zahnschäden Atemmasken. Ferner verursacht HCl an Pflanzen ähnliche Schäden wie Fluorwasserstoff. Metalle werden stark korrodiert.
Immissionswerte: IW 1 = 0,10 mg/m³, IW 2 = 0,20 mg/m³.

Ozon (O_3) ist ein Gas von stechendem Geruch. Es ist in unterschiedlichen Konzentrationen (bis 100 µg/m³) ein Bestandteil der Luft. Ozon entsteht überwiegend durch Einwirkung ultravioletter Strahlung in der Ozonosphäre (20–45 km über der Erdoberfläche) und gelangt in Spuren durch atmosphärische Transportvorgänge in erdnahe Schichten. Daneben bildet es sich auch in der Atmosphäre durch luftchemische Reaktionen aus.
Stickoxide und *Kohlenwasserstoffe (Photo-Oxidantien):* Die photochemische Ozonbildung erfolgt im Sommer sowie während der Mittags- bis Nachmittagsstunden. Mittlere O_3-Immissionen treten in Landgebieten und die höchsten Spitzenwerte im Umfeld von Ballungsräumen auf.
Ozon ist ein starkes Oxidationsmittel, das sowohl bei Materialien (z.B. Anstriche, Textilfarbstoffe) als auch bei Pflanzen (z.B. Braunfärbung der Blätter, Absterben von Pflanzenpartien) Schäden hervorruft.
Die Giftigkeit von O_3 äußert sich bereits bei kurzfristigemn Einatmen einer sehr geringen Konzentration von 1–2 ppm durch Kopfschmerzen und vorübergehendem Verlust des Geruchssinns. Bei einer längeren Einwirkung dieser Konzentration wird dann über Müdigkeit,

Reizung des Bronchialraumes und der Schleimhäute sowie über Atemnot geklagt. Die folgende Tabelle weist nochmals auf Immissionswerte und Wirkung der Gase hin.

3.2.2.2 Stäube

Stäube sind die in der Luft verteilten festen Teilchen, die je nach Größe in Grobstäube und Feinstäube unterteilt werden. Der Staub wird meßtechnisch als *Staubniederschlag* (sedimentierter Staub) und als *Schwebstaub* erfaßt.
Unter Staub versteht man im allgemeinen also feste Stoffe (Teilchen) in fein zerteilter Form. Doch diese Definition ist z.B. für die Arbeitshygiene zu grob: Korngöße, Dichte und Oberfläche sowie Aufnahmewahrscheinlichkeit, reaktiver Zustand und Toxizität verlangen eine genauere Unterteilung.
Die ersten drei physikalischen Beschreibungen geben Hinweis auf die dynamische Verteilung des Staubes in der Umgebung, die anderen auf seine Einwirkung.
Die Korngrößenverteilung bestimmt zusammen mit Dichte und Oberflächenausbildung wie ein Staub im Raum ausgebreitet wird. Feinste Teilchen schweben sehr lange, weil sie von Luftmolekülen hin und her gestoßen werden. Ihre Eigenbewegung, vergleichbar der Brown`schen Molekularbewegung, überwiegt ihre Sedimentationsgeschwindigkeit, wie Tabelle 3.4 für einen ziemlich schweren Staub der Dichte 4 g/cm^3 (in Luft unter Normalbedingungen) aufzeigt.

Der Tabelle nach sinken *Stäube* bis 1 µm Korndurchmesser praktisch nie zu Boden, während solche mit 100 µm sozusagen wie *Steine* fallen. Das zwingt sogar zur Unterteilung. Man kann Feststoffe unterteilen nach ihrem Teilchendurchmesser in (Durchmesser in µm):
- Schwebstoffe : < 1 und
- Stäube : 1–500.

Bezogen auf den Arbeitsplatz (Beispiel): Dynamisch gesehen verbreiten sich *Schwebstoffe, Rauche, Fasern* oder *Aerosole* sehr weit im Arbeitsraum. Sie schwimmen in der Luft mit und können den Raum erfüllen, wenn die Arbeitsraumluft nicht richtig abgeführt wird.
Aerosol: Meist wird unter *Aerosol „Schwebstaub"* oder *„Feinstaub"* verstanden. Charakteristisch für Aerosol ist, daß die einzelnen Teilchen so klein sind, daß sie für einen längeren Zeitraum in der Luft verbleiben und sich daher auch großräumig verteilen können. Wegen der geringen Partikelgröße können eingeatmete Aerosolteilchen in die Lunge geraten, dort abgelagert und entsprechend ihren Inhaltsstoffen schädliche Auswirkungen hervorrufen. *Aerosole* oder *Feinstäube* können durch *Adsorption* an ihrer Oberfläche Schadstoffe wie z.B. *chlorierte Kohlenwasserstoffe* in den Organismus tragen. Zu besonders umweltbelastenden Staubkomponenten gehören u.a. *Arsen, Beryllium, Cadmium, Nickel, Blei, Selen, Chrom, Quecksilber* und *Asbest*.

Tabelle 3.4: Sedimentationsgeschwindigkeit für einen schweren Staub der Dichte 4 g/cm^3

Teilchen-durchmesser [µm]	Eigenbewegung [cm/s]	Sedimentations-geschwindigkeit [cm/s]
0,01	300	0
0,1	10	0,0001
1,0	0,3	0,01
10,0	0,01	1,0
100,0	0	100,0

Flugstaub ist Staub, der in industriellen Öfen oder Feuerungsanlagen durch die aufsteigende Luft mitgerissen wird.

Die *Luftverunreinigung mit Staub* nahm in den letzten 20 Jahren in der Bundesrepublik Deutschland stark ab (durch Messungen festgestellte Staubemission).

Schwebstaub ist eine Sammelbezeichnung für alle festen Partikel in der Außenluft. Das wichtigste Unterscheidungsmerkmal der Partikel ist die Teilchengröße, die etwa von 0,001–500 µm reicht. Besondere Bedeutung hat der Feinstaubanteil im Größenbereich zwischen 0,1 und 10 µm, weil Partikel dieser Größe mit vergleichsweiser hoher Wahrscheinlichkeit vom Menschen eingeatmet werden und in den Atemwegen haften bleiben können.

Zur Bewertung von Schwebstaub (als Anhalt für die Lungengängigkeit sowie für die Schwebfähigkeit der Partikel) wird die „Korngrößenverteilung" herangezogen. Unter „Lungengängig" versteht man die Fähigkeit, in die Lunge einzudringen und dort zu bleiben.

3.2.2.3 Fasermaterial (Asbest)

Asbest ist ein natürlich vorkommendes Fasermaterial. Asbest besteht vorwiegend aus Magnesiumsilikat und enthält Eisen-, Magnesium-, Aluminium-, Calciumoxide und Siliciumdioxide. Von technologischer Bedeutung ist vor allem Weißasbest (Chrysotil), in geringerem Umfang auch Blauasbest (Krokydolith) und Amosit.

Bei der Bearbeitung asbesthaltiger Produkte (z.B. Dachplatten, Feuerschutzwände, Rohrleitungen, Fassadenelemente usw.) entsteht Schwebstaub (Asbeststaub). Feine Anteile dieses Asbeststaubes können in die Lunge eindringen und bei ausreichender Konzentration und Einwirkungsdauer zu tödlichen Krankheiten führen (u.a. Asbestose, Lungen-, Rippenfell- oder Bauchfellkrebs).

Bei Bearbeitungsvorgängen mit Asbestprodukten sollten daher möglichst staubarme Verfahren angewandt und spezielle Atemschutzmasken getragen werden.

3.2.3 Pfade für die Aufnahme von Luftverunreinigungen beim Menschen

Beim Immissionsschutz in den fünfziger und sechziger Jahren stand die direkte Einwirkung gasförmiger Luftschadstoffe auf Mensch und Tier, die Vegetation sowie die Materialien im Vordergrund. Der Boden als Akkumulationsort (Anhäufungsort) für Luftverunreinigungen und damit als weiteres schutzbedürftiges Objekt wurde erst in den siebziger Jahren entdeckt. Ein wesentlicher Anstoß für eine differenziertere Betrachtung von Immissionswirkungen ging von der Erkenntnis aus, daß systematisch wirkende Luftverunreinigungen, wie z.B. Schwermetalle, vor allem über den oralen (durch den Mund) Aufnahmepfad ein gesundheitliches Risiko für den Menschen darstellen. Es wurde z.B. vom Landesamt für Immissionsschutz von Nordrhein-Westfalen (LIS genannt) eigens ein Wirkungskataster entwickelt; er wurde schon bereits zu Beginn der Durchführung erstellt. Dieser Kataster enthält Angaben über die ermittelten Bleigehalte in den Gräsern für Futter- und Nahrungspflanzen. Mit diesen Werten erhält man dann einen Vergleich über den Blutbleispiegel von Neugeborenen und deren Mütter. Hierbei konnte eine hohe Korrelation (Wechselbeziehung) für den Zusammenhang des kindlichen Blutbleispiegels mit dem Bleigehalt der Gräser am Wohnort der Mütter errechnet werden. Im Folgenden wurden insbesondere die Pfade „Übergang über die Plazenta (Mutterkuchen)" sowie anschließende zusätzliche Aufnahme des Bleis in den frühkindlichen Organismus über den Stillvorgang weiter untersucht. Dabei konnte festgestellt werden, daß der Bleiübergang von dem mütterlichem zum kindlichen Blutkreislauf über die Plazenta mit einer hohen Korrelation anzusetzen ist. Bild 3.8 zeigt charakteristische Pfade für die Aufnahme organischer Luftverschmutzungen beim Menschen.

Eine Betrachtung der verschiedenen Aufnahmepfade permanenter Luftverunreinigungen war auch erforderlich bei der Bewertung der Thalliumschäden, die in der Umgebung eines Zementwerkes aufgetreten waren. Hier wurden von der LIS systematisch Beurteilungsmaß-

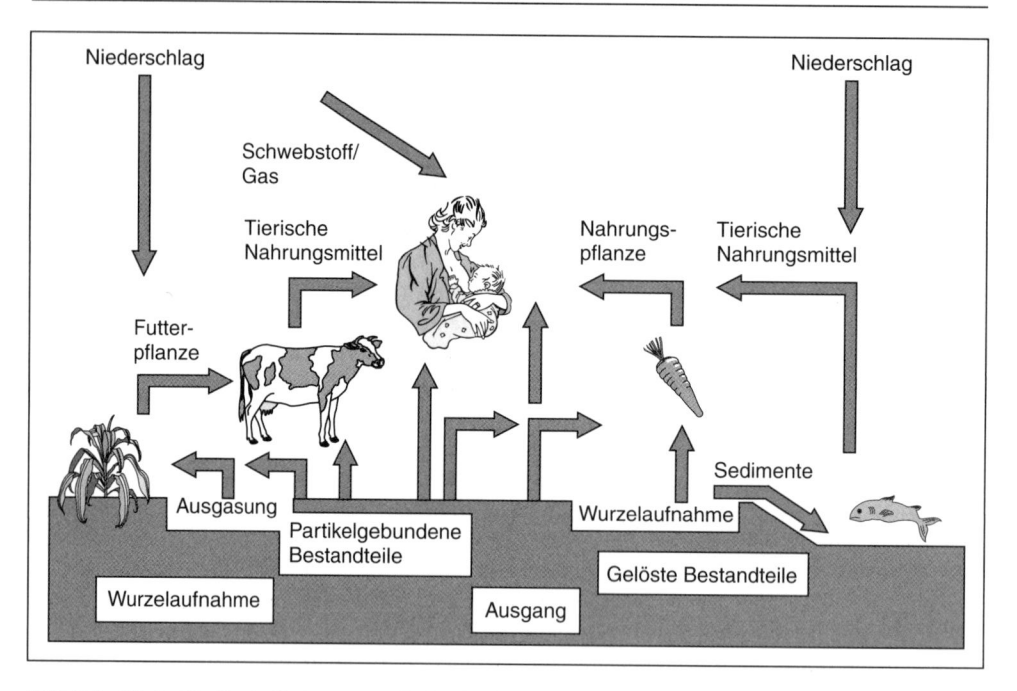

Bild 3.8: Pfade für die Aufnahme organischer Luftverschmutzungen

stäbe zur Begrenzung von Schwermetallniederschlägen unter Berücksichtigung des oralen Aufnahmepfades abgeleitet. Ausgehend von einer maximalen täglichen Thalliumaufnahme wurde bei der Ableitung dieses Beurteilungsmaßstabes sowohl die Aufnahme von Thallium in Futter- und Nahrungspflanzen unmittelbar über die Luft als auch mittelbar über den Boden in die Überlegungen einbezogen.

Das richtige Gefühl für die Betrachtung der Aufnahmepfade wurde erst erreicht, als man sich der Bewertung organischer Luftverunreinigungen zuwandte, da hier die Anreicherung in den verschiedenen Bereichen der Umwelt besonders groß ist; dies bezieht sich z.B. auf fetthaltige Futter- und Nahrungsmittel bis hin zur Muttermilch.

Die Problematik des derzeitigen Erkenntnisstandes wird in Bild 3.8 wiedergegeben, das die Komplexität des Bewertungsproblems für anhaltende organische Luftverunreinigungen wiederspiegelt. In Bild 3.8 wird dargestellt, über welche Umwege diese Schadstoffe zum Menschen gelangen. Gleichzeitig wird zum Ausdruck gebracht, daß der gestillte Säugling wegen der *Lipophilie* (Fettlöslichkeit) der Dioxine einer besonders betroffenen Bevölkerungsgruppe angehört.

Pfadbetrachtungen sind erforderlich:

- *um, von der Emissions- und Immissionssituation ausgehend, Prognosen für eine mögliche gesundheitliche Gefährdung des Menschen abzuleiten oder*
- *von einer festgestellten gesundheitlichen Beeinträchtigung die erforderlichen emissionsmindernden Maßnahmen abzuleiten.*

Zur Beurteilung der Gefährdungssituation bzw. der Maßnahmen sind Beurteilungsmaßstäbe erforderlich. Sie können z.B. der Prävention (Verhinderung einer gesundheitsgefährdenden Situation) oder der Intervention (Beseitigung einer gesundheitsgefährdenden Situation) dienen. In Bild 3.9 ist dargestellt, daß in beiden Fällen Wirkungsketten zwischen Quelle und Akzeptor (Annehmer) herzustellen sind.

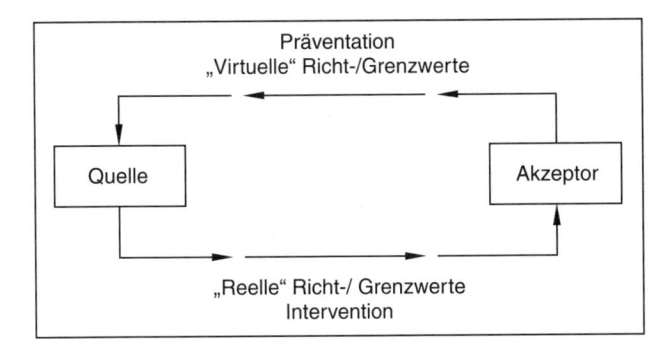

```
          Prävention
    "Virtuelle" Richt-/Grenzwerte
   ←─────────────────────────
  ┌────────┐              ┌──────────┐
  │ Quelle │              │ Akzeptor │
  └────────┘              └──────────┘
   ─────────────────────────→
     "Reelle" Richt-/ Grenzwerte
           Intervention
```

Bild 3.9: Unterscheidung der drei Handlungsebenen

Aus dem vereinfachten Modell ist zu entnehmen, daß die Unsicherheit der Gefährdungsbeurteilung in dem Maße zunimmt, wie sich die zu beurteilende Meßgröße der Quelle nähert und damit in der entsprechenden Weis vom Akzeptor entfernt ist. Bei der *Prävention* müssen ausgehend von der gewünschten Risikobegrenzung beim Menschen, eintragsbegrenzende Maßnahmen möglichst bereits an der Quelle abgeleitet werden.

Maßnahmen zur *Intervention* können auch bereits aus Eintragsbetrachtungen an der Quelle abgeleitet werden; ihre Notwendigkeit ist umso mehr erforderlich, je näher man mit der Überprüfung der Belastungssituation an den Akzeptor „Mensch" heranrückt.

Tabelle 3.5: Materialschäden durch Luftverschmutzung

Material	Materialschäden	Hauptschadstoffe
Metalle	Korrosion, Verfärbung und Zerstörung der Metalloberfläche	Schwefeldioxid sowie u. a. säurebildende Gase
Baustoffe	Verfärbungen, Auslaugungen, Oberflächenzerstörung, Herabsetzung der Festigkeit	Schwefeldioxid sowie u. a. säurebildende Gase, Schmutz
Anstriche	Verfärbungen, Aufweichungen der Oberfläche	Schwefeldioxid, Schwefelwasserstoff, Schmutz
Leder	Oberflächenzersetzung, Verminderung der Festigkeit	Schwefeldioxid sowie u. a. säurebildende Gase
Textilien Papier	Fleckbildung, Verminderung der Festigkeit	Schwefeldioxid sowie u. a. säurebildende Gase
Gummi	Verminderung der Festigkeit, Einreißen	säurebildende Gase, Oxidanten
Farben	Ausbleichung	Schwefeldioxid, Stickstoffoxide
Glas Keramik	Oberflächenzersetzung	Fluorwasserstoff sowie u. a. säurebildende Gase, Schmutz

3.2.4 Schädigung von Materialien durch Verunreinigungen der Luft

Die meisten Werkstoffe und Materialien unterliegen im Laufe der Zeit Veränderungen, die zu teilweise schwerwiegenden Schäden führen können. Dieser Prozeß wird durch Einwirkungen zahlreicher Einflüsse bedingt. Vor allem Einflüsse durch Luftverunreinigungen, wie z.B. *Staub, Schwefeldioxid, Stickoxide* und andere säurebildende Gase wie *Photooxidantien*, können bei Materialien die Verwitterungs- und Alterungsvorgänge beschleunigen. Unter anderem wird durch *Schadstoffeinwirkung* eine *Metallkorrosion* und die *Verwitterung* von Baustoffen beschleunigt.

Forschungsergebnisse der letzten Jahre lassen vor allem den Einfluß von *Schwefeldioxid* auf den Zerstörungsprozeß von Materialien, insbesondere auf Naturstein und Glas, erkennen. Besorgniserregend sind die Schäden auch an *Kunstgütern* und *Denkmälern*, besonders bei Bronzedenkmälern, Kalksandstein und mittelalterlichen Glasfenstern (z.B. Stein- und Glaszerfall an Kirchen). Die wichtigsten Materialschäden durch Luftverschmutzung zeigt Tabelle 3.5.

3.3 Messungen von Emissionen und Immissionen zur Luftreinhaltung

3.3.1 Einführung in die Aufgaben und Probleme

Luftqualitätskriterien: Sie beinhalten wissenschaftlich begründete Anforderungen an die Qualität der Luft zum Schutz der Umwelt und des Menschen. Sie werden aus Untersuchungen abgeleitet, die den Zusammenhang zwischen dem Grad der *Luftverschmutzung* und den schädlichen Wirkungen auf die Gesundheit des Menschen und die Umwelt kennzeichnen. Luftqualitätskriterien bilden die Grundlage der Risikoabschätzung für bestimmte *Immissionssituationen* und für die Ableitung von *Immissionswerten*.

Luftanalyse: Die Luftanalyse dient der Feststellung der in der Luft enthaltenen, verunreinigenden Stoffe. Diese Stoffe können bekanntlich in Form von Gasen, Dämpfen und Stäuben auftreten. Aufgrund der angewendeten Verfahren zu deren Bestimmung, ist es meist ausreichend, nur zwischen gasförmigen und partikelförmigen Schadstoffen zu unterscheiden. Die Luftanalyse erfaßt sowohl den Bereich der Emission als auch den der Immission.

Unter Emission versteht man den Übergang von Schadstoffen aus einer Emissionsquelle in die Atmosphäre.

Emissionsquelle: Darunter versteht man den Ort, von dem aus Abgase in die Atmosphäre gelangen.

Man unterscheidet:
- Punktquellen: z.B. Schornsteine
- Linienquellen: z.B. Straßen und
- diffuse Quellen: z.B. die Vielzahl von Leckagen bei größeren Anlagen.

Unter Immission versteht man den Übergang der in der Atmosphäre enthaltenen Schadstoffe auf den Akzeptor.

Die wichtigsten Akzeptoren sind Menschen, Tiere, Pflanzen, Bauwerke, Boden und offene Gewässer wie Flüsse und Seen sowie das offene Meer.

Transmission: Die luftverunreinigenden Stoffe werden von der Emissionsquelle zum Akzeptor durch Strömungen in der Atmosphäre transportiert. Die Luft dient dabei den Schadstoffen als Trägermedium. Diesen Transportprozeß bezeichnet man mit *Transmission*. Abhängig von der Länge des Transportweges bzw. der Verweildauer in der Atmosphäre können die Schadstoffe durch Sonneneinstrahlung und Luftfeuchte viele Änderungen erfahren. Die an der Emissionsquelle festgestellten Schadstoffe stimmen daher auch nicht zwangsläufig mit denen im Immissionsbereich überein. Denn die Schadstoffe können während der Transmission verändert werden; die Konzentration nimmt in der Luft ab.

Konzentration: Die Konzentration der Schadstoffe wird als Schadstoffmasse pro Einheit des Luftvolumens gemessen.

Emissionsanalyse: Sie ist eine Analyse der emittierten Abluftströme. Die Analyse soll Auskunft geben über die Zusammensetzung des mit Schadstoffen beladenen Abluftstromes, direkt an der Schnittstelle zwischen menschlichen Tätigkeiten, die in der Industrie, im Gewerbe und Wohnbereich ausgeübt werden, und seiner Umwelt.

Immissionsanalyse: Bei der Immissionsanalyse wird die Analyse in größerem Abstand von der Emissionsquelle durchgeführt. Sie dient dazu, durch genaue Bestimmungen der luftverunreinigenden Stoffe nach Art und Konzentration einen Zusammenhang mit deren Wirkungen in der Umwelt (Mensch und Sachgüter) herzustellen.

Emissionsüberwachung: Diese Kontrollmaßnahme soll sicherstellen, daß die technischen Möglichkeiten zur Begrenzung von Emissionen ausgeschöpft werden.

Messungen für einzelne Schadstoffe: Die Messungen der Schadstoffe erfordern die Anwendung vielfältiger und auch sehr unterschiedlicher Meßverfahren, die den Schadstoffen angepaßt sind. Es gibt dabei kein universell einsetzbares Meßverfahren oder Meßgerät. Es dürfen aber nur Meßgeräte und Auswertsysteme verwendet werden, die eine Eignungsprüfung bestanden haben.

Messungen bei verschiedenen Konzentrationsbereichen: Für den *Emissionsbereich* ist davon auszugehen, daß z.B. bei gasförmigen Schadstoffen der meßtechnisch zu erfassende Konzentrationsbereich aufgrund staatlich festgelegter Grenzwerte zwischen 20 und 500 mg/m^3 liegt. Für Messungen im *Immissionsbereich* kann sich der Konzentrationsbereich bei Gasen von 0,01–100 mg/m^3 erstrecken.

Die Luftanalyse soll Aufschluß geben über die Art der in der Luft enthaltenen Schadstoffe und deren Konzentration. Die hierzu erforderlichen Messungen müssen im Emissionsbereich und im Immissionsbereich durchgeführt werden.

3.3.2 Durchführung der Messungen von Luftschadstoffen

Unabhängig davon, ob es sich um staubförmige oder gasförmige Luftschadstoffe handelt, die zu messen sind, oder ob die Messungen kontinuierlich oder diskontinuierlich durchgeführt werden sollen, empfiehlt es sich, den Arbeitsablauf der Messungen zu gliedern:

- Vorbereitungen am Meßort,
  - Studium der lokalen Verhältnisse, z.B.
    - Festlegung der Standorte,
  - Meßplanung, z.B.
    - Bestimmungshäufigkeit und -umfang,
- Probennahme,
- Probenanalyse,
  - Probenvorbereitung,
  - Analyse, z.B. im Labor,
  - Probenauswertung

Alle Tätigkeiten, die der eigentlichen Analyse vorausgehen, sind genau so wichtig wie die Analyse selbst, d.h. die Arbeiten müssen mit der gleichen Sorgfalt durchgeführt werden.

Die vorbereitenden Tätigkeiten am Meßort hängen in starkem Maße davon ab, ob die durchzuführenden Messungen im Immissionsbereich oder im Emissionsbereich vorgenommen werden sollen. Diese Vorarbeiten werden also für beide Fälle getrennt behandelt.

Vorbereitungen für Immissionsmessungen: Die erforderlichen Vorbereitungen (Vorarbeiten) für Immissionsmessungen beginnen mit einer Studie über die Lage der *Emissionsquelle*

bezüglich *Immissionsgebiet*, in dem gemessen werden soll. Bei dieser Studie sind z.B. folgende Punkte zu beachten:
- Geographische Struktur des Geländes (z.B. Angaben über Höhenverteilungen, d.h. ob Berge oder Täler, Verlauf von Autobahnen usw.)
- Besiedlung des Geländes, z.B.
  – Lage von Wohngebieten
  – Besiedlung mit Gewerbebetrieben und Industrie mit ihren Tätigkeiten usw.
- Windrichtung und Witterungsbedingungen (z.B. Windrichtung und Windstärke müssen über eine ausreichend lange Zeitdauer bekannt sein).

Nur auf der Grundlage dieser Vorbereitungsarbeiten ist es möglich, einen Plan für die Messungen zu entwickeln, d.h. ein Meßstellennetz aufzubauen.

Vorbereitungen für Emissionsmessungen: Die Vorbereitungen werden durch die Ziele der Emissionsmessungen größtenteils festgelegt. Diese Messungen dienen in erster Linie zur Feststellung der Menge und der Art der emittierten Schadstoffe als Funktion der Zeit. Darüber hinaus soll aber auch Auskunft über die Funktionstüchtigkeit der angewendeten Verfahren zur Minderung der Schadstoffemissionen gegeben werden.

Aussage über die emittierten Schadstoffmengen lassen sich jedoch nur durch gleichzeitige Messung der Schadstoffkonzentration und des Volumenstromes des Trägermediums (Abgases) gewinnen.

Zur praktischen Durchführung der Messungen müssen vorher nicht nur die Meßstellen entsprechend den Zielsetzungen geplant, sondern auch vorbereitet werden.

Meßstellen:

Meßstellen dienen Messungen, die im Rahmen des *Bundesimmissionsschutzgesetzes* (BIm SchG) z.B. in der *TA-Luft* vorgeschrieben werden. Messungen dürfen nur von Meßinstituten durchgeführt werden, die die notwendige fachliche Qualifikation und Ausstattung besitzen und vom zuständigen Landesministerium als Meßstelle nach § 26 Bundes-Immissionsschutzgesetz zugelassen sind. Ein Verzeichnis der Meßstellen kann beim *Umweltbundesamt* angefordert werden.

Meßverfahren:

Meßverfahren werden wie angedeutet für die *Emissions-* und *Immissionsüberwachung* benötigt. Die gebräuchlichen Meßverfahren arbeiten nach gleichen physikalischen und chemischen Prinzipien, wie in anderen Bereichen der Meßtechnik, besitzen aber zugleich einige für die Luftanalytik spezifischen Eigenschaften. Die Meßverfahren dienen vorzugsweise dazu, die Massenkonzentration gas- und partikelförmigen *Luftschadstoffe* festzustellen. Bei Partikeln wird teilweise auch die Größenverteilung und die stoffliche Zusammensetzung bestimmt. Zur Beurteilung der *Luftverschmutzung* durch organische gasförmige Stoffe werden z.B. häufig kohlenstoffhaltige Gase summarisch bestimmt.

Gebräuchliche Meßgeräte für Analysen von Luftschadstoffen:

Die hohen Anforderungen an den Meßbereich hinsichtlich der Schadstoffkonzentrationen haben dazu geführt, daß die Meßgeräte auf ganz bestimmte Schadstoffe (oder chemisch verwandte Schadstoffe) spezialisiert werden. Der hohe *Spezialisierungsgrad* der Geräte und die Integration von Vorbereitung und Analyse ist in starkem Maße mit einer rechnergestützten Auswertung der Analysedaten gekoppelt. Zur Bestimmung gasförmiger Schadstoffe haben sich u.a. folgende Meßmethoden bewährt:

- Flammen-Ionisations-Detektion,
- Gaschromatographie,
- Spektral-Photometrie,
- Massenspektrometrie,
- Infrarotanalyse.

Auf die Beschreibung dieser und anderer Meßgeräte, die zur Messung organischer und anorganischer Luftschadstoffe dienen, soll hier verzichtet werden.

3.3.2.1 Luftqualität in Nordrhein-Westfalen (Fallbeispiel über die Tätigkeit der Landesanstalt für Immissionsschutz Nordrhein-Westfalen, LIS genannt)

Zur Ermittlung der Luftqualität in Nordrhein-Westfalen betreibt die LIS ein mehrstufiges, aufeinander abgestimmtes Meßsystem aus kontinuierlich registrierenden ortsfesten Luftqualitäts-Meßstationen, mobilen Meßstationen und diskontinuierlichen Meßprogrammen. Dieses Gesamtsystem ermöglicht die Beurteilung der Immissionsverhältnisse in Nordrhein-Westfalen und liefert die Grundlage für Abhilfe- und Vorsorgemaßnahmen auf dem Gebiet der Luftreinhaltung.

Alle aus den kontinuierlichen und diskontinuierlichen Luftqualitätsuntersuchungen gewonnenen Meßdaten werden in einem Datenbanksystem gespeichert und für vielfältige Belange wie:

- Planungsmaßnahmen,
- Genehmigungsverfahren für industrielle Anlagen,
- Untersuchungen über die räumliche und zeitliche Struktur des Immissionsverhältnisses und
- Informationen der Öffentlichkeit

herangezogen.

Telemetrisches-Echtzeit-Mehrkomponenten-Erfassungs-System (TEMES)
Das Bundes-immissionsschutzgesetz (BImSchG) verpflichtet die Länder zu Luftqualitätsuntersuchungen.

In § 44 BImSchG ist dazu im einzelnen festgelegt:

- Um den Stand der Luftverunreinigung im Bundesgebiet zu erkennen und Grundlagen für Abhilfe- und Vorsorgemaßnahmen zu gewinnen, haben die nach Landesrecht zuständigen Behörden in den durch Rechtsverordnung festgesetzten Untersuchungsgebiete Art und Umfang bestimmter Luftverunreinigungen in der Atmosphäre, die schädliche Umwelteinwirkungen hervorrufen können, in einem bestimmten Zeitraum oder fortlaufend festzustellen.
- Sie haben die für ihre Entstehung und Ausbreitung bedeutsamen Umstände zu untersuchen.
- Gleiches gilt für Gebiete, in denen eine Überschreitung von Immisionswerten, die in zur Durchführung dieses Gesetzes erlassenen Rechts- oder Verwaltungsvorschriften zum Schutz vor Gesundheitsgefahren festgestellt wird.

Darstellung räumlicher Immissionsstrukturen:
Zentrales Element bezüglich luftverunreinigender Stoffe für eine umfassende systematische Luftqualitätsuntersuchung bildet das TEMES (Telemetrisches-Mehrkomponenten-Erfassungs-System). Dieses Luftqualitätsmeßnetz umfaßt zur Zeit 76 Meßstationen, von denen 66 im Ballungsgebiet an Rhein und Ruhr zu finden sind. Der Abstand der Meßstationen innerhalb des Ballungsgebietes liegt zwischen 4 und 8 Kilometer, was für die regionale Beurteilung der Luftqualität ausreicht. Grundsätzlich wurden die Standorte dieser Stationen entsprechend bundeseinheitlicher Richtlinien so gewählt, daß sie nicht unmittelbar dem Einfluß naheliegender Emittenten ausgesetzt sind.

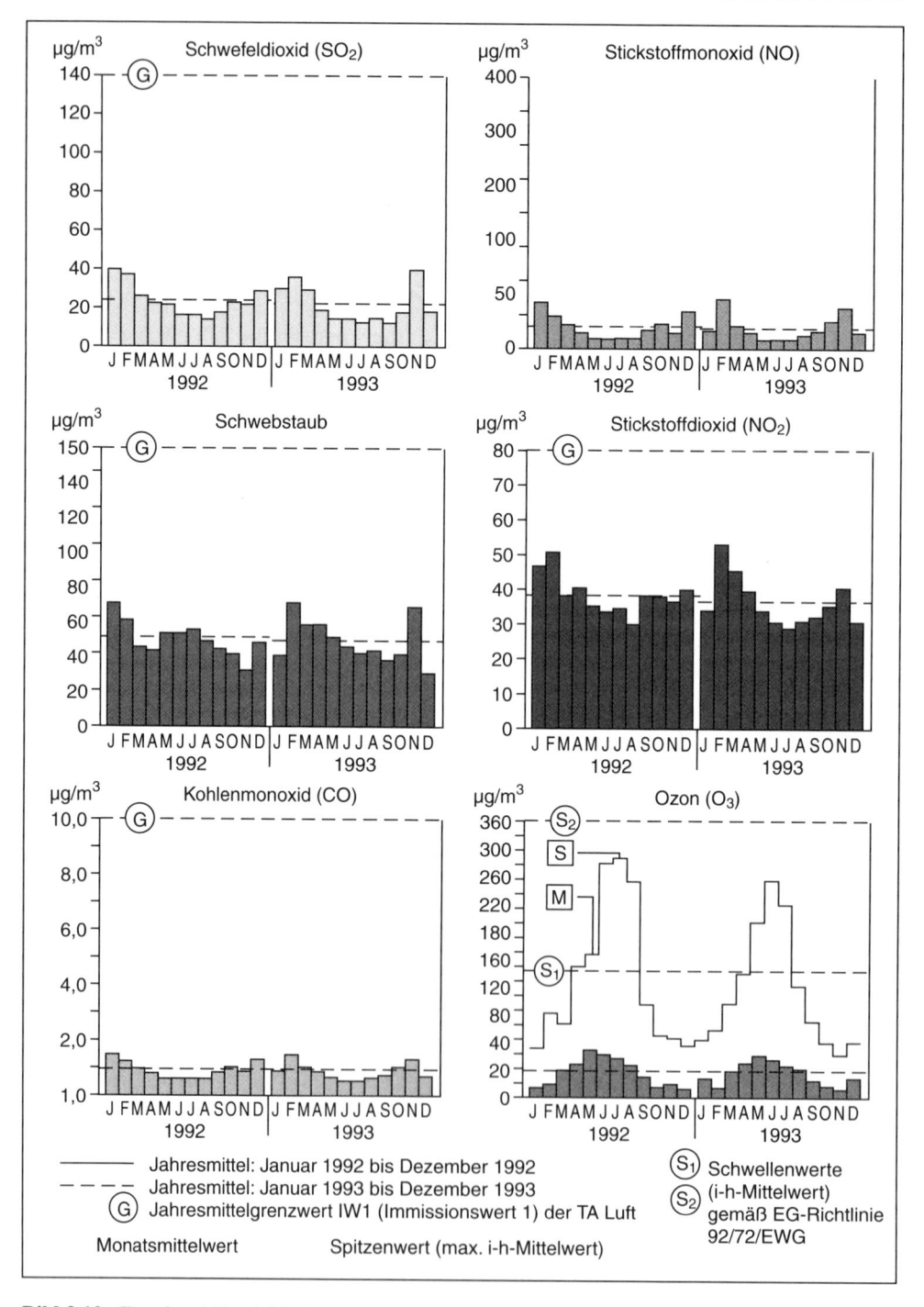

Bild 3.10: Trend und Vergleich der Monatsmittel- und Jahresmittelwerte
(für Ozon auch das max. 1-h-Mittel des Monats)
an TEMES-Stationen im Rhein-Ruhr-Gebiet

Die in den Stationen installierten Meßgeräte erfassen die Immissionskonzentrationen der luftverunreinigenden Stoffe *Schwefeldioxid, Stickstoffmonoxid, Stickstoffdioxid, Schwebstaub, Kohlenmonoxid* und *Ozon*. Die Meßdaten aus diesem Meßnetz werden in Tages-, Monats- und Jahresberichten der Öffentlichkeit zur Verfügung gestellt.

Alle Stationen innerhalb der Grenzen der Smoggebiete werden im Rahmen des Wintersmog-Warndienstes eingesetzt. Die an der Landesgrenze gelegenen Stationen dienen auch der Frühinformation über großräumigen Transport von Luftverunreinigungen, die z.B. im Winter über den Ferntransport nach NRW gelangen und für eine Smogvorhersage bedeutsam sein können. An 33 Stationen wird die den *Sommersmog* kennzeichnende Ozonkonzentration gemessen.

An 37 Stationen werden Windrichtung und Windgeschwindigkeit registriert. Die meteorologischen Daten für Lufttemperatur, Luftdruck, relative Luftfeuchtigkeit und Niederschlag werden an 15 Stationen gemessen.

In einer umfangreichen Studie (die in LIS-Berichten vorliegt) wurde untersucht, mit welcher Zuverlässigkeit die vorhandenen räumlichen Strukturen der Immissionsbelastungen an Rhein und Ruhr durch das relativ weitmaschige TEMES-Netz erfaßt werden.

3.4 Reinigung von Abluft oder Abgas

3.4.1 Einführung

Abluft: Mit Abluft bezeichnet man die gesamte aus einem beweglichen (z.B. ein Kraftfahrzeug) oder ortsfestem Innenraum (z.B. ein Fabrikgebäude) abfließende Luft, die mit geruchsintensiven oder schadstoffhaltigen Bestandteilen belastet sein kann.

Abgase sind bei Verbrennungsprozessen (z.B. in Feuerungsanlagen oder Verbrennungsmotoren) entstehende Gase mit festen oder flüssigen und zum Teil äußerst umweltbelastenden Bestandteilen (z.B. Schwermetalle, Stickstoffoxide, halogenierte Kohlenwasserstoffe, Kohlenmonoxid, Staub usw.)

Abluft ist die in einem technischen Prozeß genutzte Luft, sofern der Sauerstoffgehalt größer als 15 % ist. Ist bei der technischen Nutzung der Sauerstoffgehalt unter 15 % gesunken, so spricht man von Abgas, unabhängig von der sonstigen stofflichen Zusammensetzung.

Umweltschutz durch Abluft- oder Abgasreinigung: Die Reinigung von Abluft- oder Abgasströmen dient der Abtrennung solcher Stoffe, die in der Atmosphäre selbst oder in anderen Bereichen der natürlichen sowie in der vom Menschen geschaffenen Umwelt Schäden sehr unterschiedlicher Art hervorrufen.

Grundlagen der Abluftreinigung: Unsaubere Abluft muß in erster Linie zur Verhinderung der Emission gesundheitsschädlicher oder belästigender Stoffe, bei Umluftbetrieb (z.B. Fabrikräumen) aber ebenso zum Schutz der Beschäftigten gereinigt werden.

Geringfügige Veränderungen unserer Luft können schon zu Umweltbelastungen führen und für Menschen, Tiere und Pflanzen schädlich sein. Für schädigende oder belästigende Inhaltsstoffe gibt es gesetzlich geregelte Zulässigkeitsgrenzen in Form maximaler Arbeitsplatzkonzentrationen *(MAK-Werte)*, maximaler Emissionskonzentrationen *(MEK-Werte)* und maximaler Immissionskonzentrationen *(MIK-Werte)*.

Für zahlreiche industrielle Prozesse dient die Luft als Arbeitsmedium. Vielfach wird sie dabei in ihrer Zusammensetzung verändert. Denn je nach Art des Prozesses nimmt sie Fremdstoffe auf, oder es werden ihr in einer Reaktion Stoffe entzogen und andere hinzugefügt. Die industriell eingesetzte Luft gelangt später in aller Regel in die Atmosphäre zurück. Zum Schutz der Umwelt müssen Mindestanforderungen an die Zusammensetzung der an die Atmosphäre zurückgegebenen Abluft eingehalten werden.

Basis aller Auflagen zur Reinhaltung der Luft ist das 1974 erlassene Bundesimmissionsschutzgesetz (BImSchG). Es hat den Zweck, Menschen, Tiere, Pflanzen und Gegenstände vor schädlichen Umwelteinwirkungen zu schützen und deren Entstehen vorzubeugen.

Schädliche Umwelteinwirkungen im Sinne des Gesetzes sind Immissionen, die nach Art, Ausmaß und Dauer geeignet sind, Gefahren, erhebliche Nachteile oder erhebliche Belästigungen für die Allgemeinheit herbeizuführen.

Wichtigstes Mittel zur Handhabung des Bundesimmissionsschutzgesetzes ist die Technische Anleitung zur Reinhaltung der Luft (TA Luft).

Besonders strenge Auflagen wurden für krebserzeugende Stoffe (Definition = MAK-Werte-Liste Teil III) formuliert.

3.4.2 Verfahren zur Abluft- oder Abgasreinigung

3.4.2.1 Einleitung

Zur Abgasreinigung zählen technische Verfahren zur Verringerung des Schadstoffgehaltes im *Abgas*. *Stäube* lassen sich z.B. durch Elektrofilter, Gewebefilter, Naßabscheider oder Zyklone abscheiden. Die Abscheidung bzw. Umwandlung gasförmiger *Schadstoffe* (z.B. *Schwefeloxide, Stickstoffoxide, organische Verbindungen*) kann mit Hilfe von *Absorptions-, Adsorptions-, thermischen, katalytischen* und *biologischen Verfahren* erfolgen. Die Vielfalt der heute angebotenen Abgasreinigungsverfahren ermöglicht Problemlösungen für jeden Spezialfall.

3.4.2.2 Staubabscheidung

Einführung: Verfahrenstechnisch bedingt entstehen beim Einsatz fester Roh- und Brennstoffe in Anlagen immer staubhaltige *Abgase*. Häufig liegt der *Staubgehalt* des ungereinigten Abgases (*Rohgas*) zwischen 2 und 20 g/m^3. Abgasstäube sind ein Gemisch aus Teilchen unterschiedlicher Größe. Das Korngrößenspektrum reicht von etwa 0,1–100 µm (1 µm = 1/1000 mm).

Aufgrund von *Emissionsbegrenzungen* durch Rechts- und Verwaltungsvorschriften (z.B. *TA Luft*) muß in vielen Fällen der *Staubgehalt* des *Abgases* mit Hilfe von *Staubabscheidern* (Entstaubungsanlagen) auf Werte bis etwa 150 mg/m^3 gesenkt werden. Staubabscheider sind Stofftrennapparate, in denen bestimmte physikalische Effekte, z.B. Massenträgheit oder elektrische Kräfte, zur Trennung von Staubpartikeln und Gas genutzt werden. Nach dem vorherrschenden Abscheideprinzip werden Staubabscheider in vier Typen eingeteilt:

- Zyklone,
- Elektroentstauber,
- Filternde Entstauber,
- Naßentstauber.

Zyklone (Fliehkraftabscheider)

In einem zylindrischen Abscheideraum werden durch rotierende Strömungen des zu reinigenden Gases hohe Fliehkräfte erzeugt, welche die Staubpartikel zur Außenwand schleudern. Dort sinken sie auf schraubenförmiger Bahn in den Staubbunker; das gereinigte Gas strömt durch ein zentrales Rohr ab (Bild 3.11).

Der Entstaubungsgrad hängt im wesentlichen von der Staubkörnung, dem spezifischen Staubgewicht und den geometrischen Abmessungen ab.

Aufgrund seiner Bauweise und der in ihm erzwungenen räumlichen Strömung ist der Zyklon ein typischer Grobstaubabscheider. Eine sichere Abscheidung kann nur für Staubkörner mit einem Durchmesser größer als 5 µm erzielt werden. Bei Stäuben mit großem Feinanteil kann der Zyklon auch als Vorabscheider verwendet werden.

3.4 Reinigung von Abluft oder Abgas

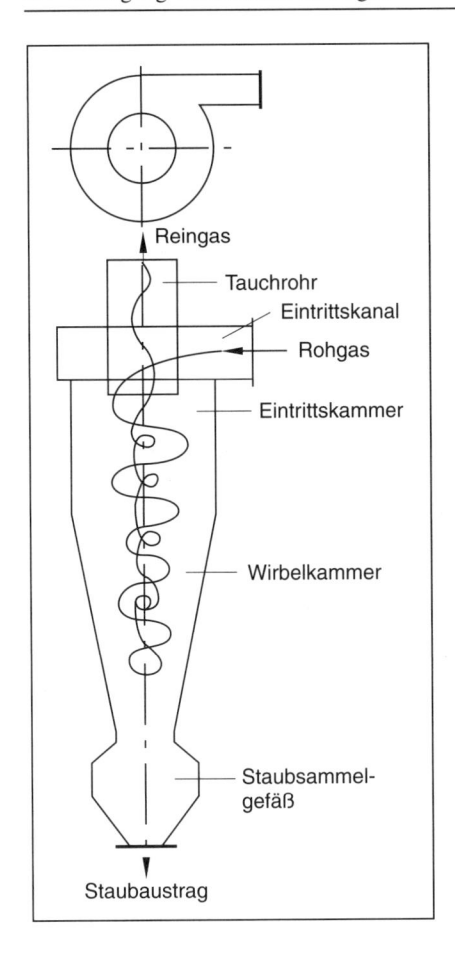

Bild 3.11: Schematische Darstellung eines Zyklons

Verwendungszweck: Zyklone als Grob- und Vorabscheider können verwendet werden, z.B. um Gebläse, Kesselheizflächen und Wärmeaustauscher vor Verschleiß oder Ansatzbildung zu schützen sowie die Staubbelastung nachgeschalteter leistungsfähiger Abscheider zu mindern. Ferner werden sie in der Verfahrenstechnik z.B. für Staubrückführungssyteme verwendet. *Zyklone dienen vor allem zur Verringerung hoher Staubgehalte vor einer Feinreinigungsstufe oder vor Gebläsen und werden für Gastemperaturen bis zu 1000 °C gebaut.*

Wichtige Bauelemente: Die wichtigsten Bauelemente des Zyklons (vgl. Bild 3.11) sind die zylindrische *Eintrittskammer* mit dem Eintrittskanal für das staubbeladene Gas, die *konische Wirbelkammer* mit einem ihre untere Öffnung einengenden Wirbelbrecher, der *Staubsammelbehälter* und das *Tauchrohr*, durch daß das vom Staub fast befreite Gas den Zyklon verläßt.

Strömungsverhältnisse: Das staubbeladene Gas tritt also in die zylindrische Eintrittskammer ein, und das entstaubte Gas verläßt den Zyklon durch das Tauchrohr. Auf dem Wege vom Eintrittskanal zum Tauchrohr durchströmt das Gas die Eintritts- und Wirbelkammer. Die bei dieser Strömung auftretenden *Zentrifugalkräfte (Fiehkräfte)* treiben dann die Staubkörner gegen die Zyklonwand. Die *Schwerkraft* der Staubkörner läßt diese an der Wand nach unten gleiten und durch die untere Öffnung der Wirbelkammer in den Sammelbehälter gelangen. Der zwischen der Wirbelkammer und dem Sammelbehälter angeordnete *Wirbelbrecher* soll verhindern, daß sich die rotierende Gasströmung von der Wirbelkammer bis in den Sammelbehälter fortsetzt und hier den abgeschiedenen Staub wieder aufwirbelt.

Elektroentstauber (Elektrofilter):

Der Elektroentstauber ist eine Anlage zur Abscheidung von Staub durch elektrische Aufladung. Die Entstaubung erfolgt also in einem elektrischen Feld, das zwischen Elektroden, der „Sprühelektrode" und der „Sammelelektrode" aufrechterhalten wird. Die in das elektrische Feld gelangenden Staubpartikel werden von den Eletronen, die von der Sprühelektrode ausgesandt werden, elektrisch aufgeladen.

Auf der Sammelelektrode bildet sich der Staub als Niederschlag. Dieser Staubniederschlag muß periodisch entfernt werden; die Sammelelektrode wird anschließend gereinigt.

Nach der Form der Sammelelektrode unterscheidet man zwischen *Röhrenentstauber* (z.B. naßabscheidende Elektrofilter) und *Plattenentstauber* (z.B. Trockenelektrofilter).

Röhrenentstauber:

Die einfachste Art des Elektroentstaubers ist der Röhrenentstauber. Er ist in Bild 3.12 dargestellt. Als Sammelelektrode dient ein Rohr, in dessen Achse ein dünner Draht die *Sprühelektrode* darstellt. An ihrem unteren Ende ist eine größere Masse befestigt, die zur Stabilisierung des Drahtes dient. Im Deckel des Sammelrohrs ist die Sprühelektrode gegen die Sammelelektrode elektrisch isoliert.

Viele Rohre können gemäß Bild 3.13 zu einem Bündel zusammengefaßt und parallel durchströmt werden (Röhren- oder Rohrbündelentstauber).

Röhrenentstauber werden bevorzugt für die Reinigung geringer Gasvolumenströme eingesetzt. Diese Bauweise ermöglicht ferner eine Verwendung als *Naßentstauber*. Dabei wird die Innenseite der Rohre mit Wasser besprüht. Der herabströmende Wasserfilm trägt den abgeschiedenen Staub aus.

Aus fertigungstechnischen Gründen können statt Rohrbündel auch wabenförmige Entstaubersysteme verwendet werden. Bei der Ausführung dieser Wabenentstauber (Sechskantwaben) sind diese Rücken an Rücken zu einem festen Bündel zusammenlaminiert, das in das Gehäuse eingesetzt wird.

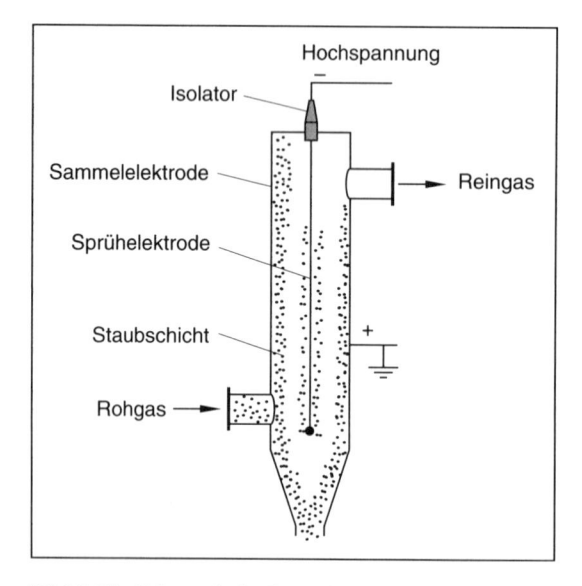

Bild 3.12: Schematische Darstellung eines Röhrenentstaubers

3.4 Reinigung von Abluft oder Abgas 237

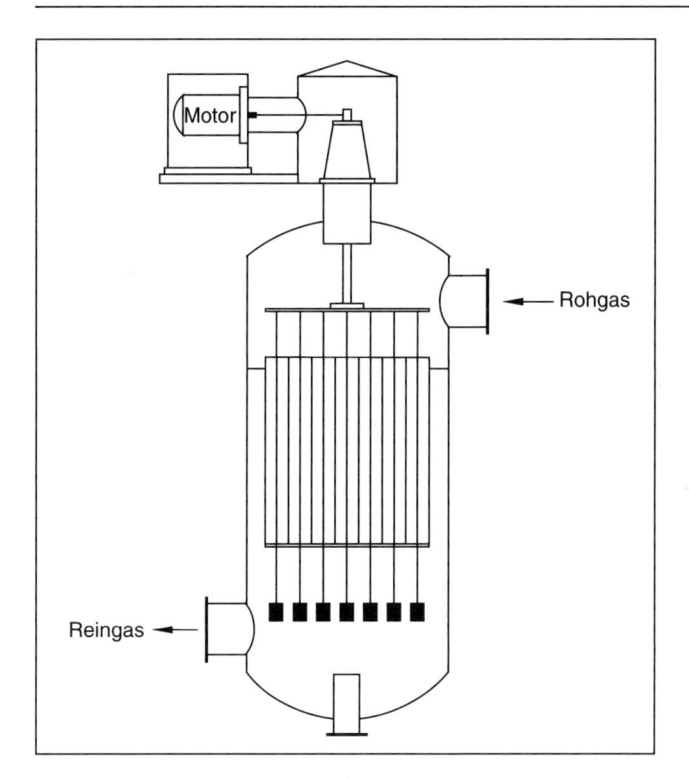

Bild 3.13: Schematischer Aufbau eines Röhrenentstaubers, z.B. als Rohrbündelentstauber

Der Durchmesser der Rohre liegt zwischen 50 und 200 mm, und die Rohrlänge kann etwa 2–5 m betragen. Die mittlere Gasgeschwindigkeit in dem Rohgas beträgt etwa 1–2 m/s. Die Gasrichtung wird im allgemeinen von oben nach unten gewählt.
Röhrenentstauber bestehen also aus parallelen senkrechten Rohren mit kreis- oder wabenförmigen Querschnitt.

Plattenentstauber:

Aufbau und Wirkungsweise des Plattenentstaubers wurde bereits unter Kapitel 1.3.1.3: „Verbrennung von Brennstoffen in Wärmekraftwerken" behandelt, so daß auf eine weitere Beschreibung dieses Themas verzichtet werden kann.
Filternde Entstauber (z.B. Schüttschichtfilter, Gewebefilter):
Bei filternden Entstauber bleibt der Staub in der Filterschicht hängen. Unter „Filtration" versteht man hier einen Gasreinigungsprozeß, bei dem ein staubbeladenes Gas durch eine Filterschicht (z.B. Gewebe, Kiesschichten, Vliesstoffe, Filz) strömt und die Staubpartikel also in oder auf dieser Schicht haften bleiben.
Schüttschichtfilter: Eine gewisse technische Bedeutung, die in Zukunft sogar noch zunehmen kann, haben sog. *Schüttschichtfilter* erlangt. Die Schüttschicht besteht aus einer schütt- und rieselförmigen Kornmasse. Die Kornmasse besteht aus Körnern verschiedener Art und Größe. Häufig verwendete Materialien sind *Kies* (z.B. Quarzkörner), Sand, Keramik, Koks usw.
Verfahrensbeschreibung: Bei den Schüttschichtfiltern kommt zur Reinigung staubhaltiger Gase eine Kombination von Fliehkraftabscheider (Zyklon) zur Vorreinigung mit nachgeschalteter Feinreinigung durch Filterung in Kiesschichten zur Anwendung.

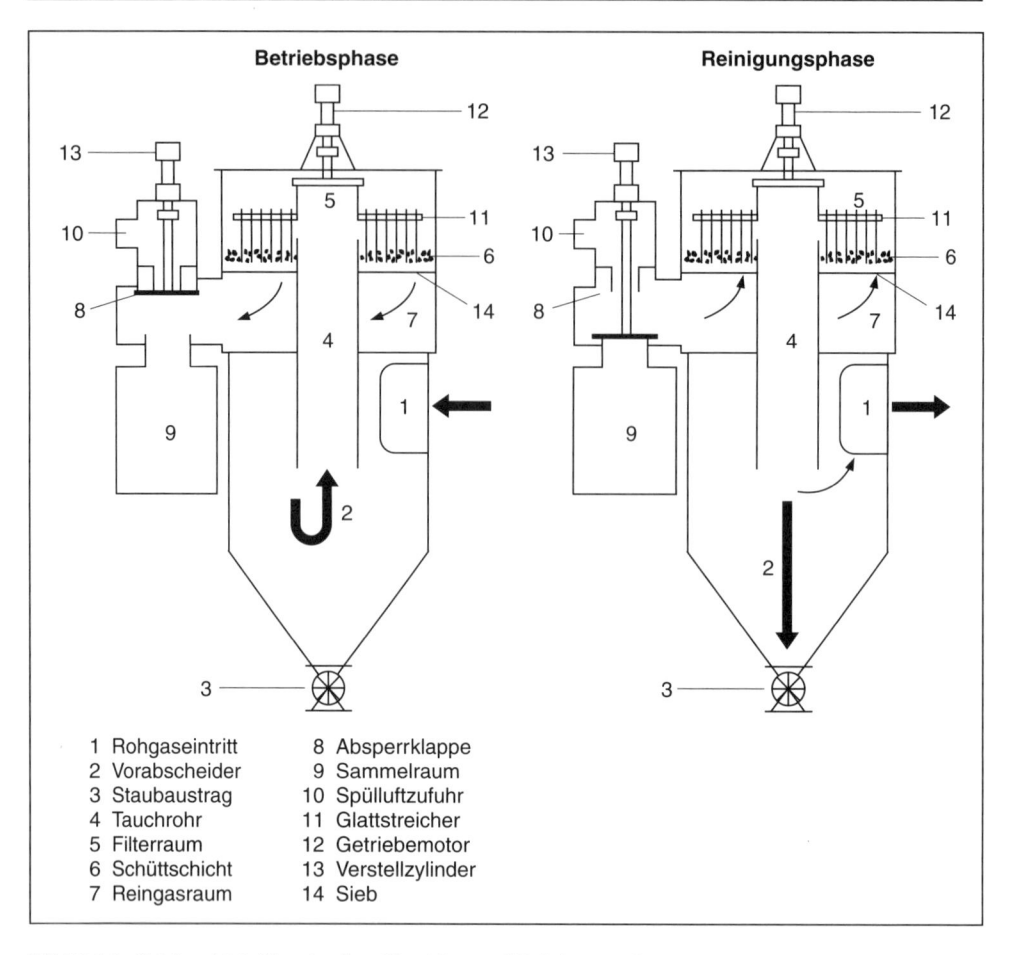

Bild 3.14: Schüttschichtfilter in einer Betriebs- und Reinigungsphase

Während im vorgeschalteten Zyklon die Staubanteile über 60 µm weitgehend ausgeschieden werden, wird beim nachfolgenden Durchströmen des feinkörnigen Filtermediums der Feinstaub des Gases agglomeriert (angehäuft) und abgelagert. Dabei werden Entstaubungsgrade bis zu 99 % erreicht.

Bild 3.14 zeigt einen Schüttschichtfilter in einer Betriebs- und Reinigungsphase.

Der Schüttschichtfilter (Kiesbettfilter) wird in Mehrkammerbauweise ausgeführt. Jede der Filtereinheiten ist durch einen gemeinsamen Roh- und Reingaskanal verbunden und parallel geschaltet. Das staubhaltige Rohgas wird dem Filter durch einen Rohgassammelkanal zugeführt. Es tritt von dort in den zyklonartig ausgebildeten Vorabscheider ein, in dem der mitgeführte Grobstaub abgeschieden und durch ein Staubaustragungsorgan abgeführt wird. Das vorgereinigte Rohgas steigt durch das Tauchrohr in den Filterraum und durchströmt von oben nach unten die Filterschicht, wobei sich der restliche Feinstaub an den Quarzkörnern und in den Hohlräumen dieser Schicht ablagert. Das gereinigte Gas gelangt aus dem Reingasraum über die geöffnete Absperrklappe in den Reingaskanal.

Die Reinigung einer Filtereinheit wird durch ein Programmschaltwerk im turnusmäßigen Umlauf eingeleitet. Durch Umschalten der Absperrklappe wird diese Einheit vom Gasstrom getrennt. In umgekehrter Richtung wird Spülluft in den Reingasraum gedrückt und dabei die

3.4 Reinigung von Abluft oder Abgas

Kiesfilterschicht aufgelockert. Während des Reinigungsvorganges wird der rechenartig ausgebildete Glattstreicherarm durch einen Getriebemotor bewegt. Hierbei wird die Kiesschicht vom agglomerierten Staub gereinigt, der dann mit der Spülluft abtransportiert wird. Von der Spülluft wird der weitgehend agglomerierte Staub durch das Tauchrohr in den Vorabscheideraum zurückgeführt und fällt hier infolge der stark verminderten Spülluftgeschwindigkeit und scharfer Umlenkung größtenteils aus. Die Spülluft mit dem Reststaub mischt sich anschließend im Rohgaskanal mit dem Rohgas und wird dann in den anderen parallelen Einheiten des Filters gereinigt.

Das Programmschaltwerk steuert Häufigkeit und Länge der Reinigungsphase in Abhängigkeit von den verfahrenstechnischen Bedingungen.

Gewebefilter:
Unter Gewebefilter versteht man „Filternde Abscheider", mit denen z.B. Abgasströme aus Verbrennungsprozessen (z.B. Abfallverbrennung) von ihren Stäuben gereinigt werden können. Gewebefilter bestehen aus einem Filtergewebe, an dessen Anströmseite sich Staubpartikel zu einem „Filterkuchen" aufbauen, der über gute Abscheideeigenschaften verfügt. In zeitlichen Abständen wird der Filterkuchen von dem Gewebe entfernt.

Gewebefilter mit Reinigung durch Gegenstromspülung: Die Filteranlage besteht hier aus mehreren parallel geschalteten, getrennten Kammern (vgl. Bild 3.15). Das staubhaltige Gas strömt während der Betriebsphase von innen nach außen durch die Filterschläuche, die den Staub zurückhalten. Zur Abreinigung wird in vorgegebenen Intervallen oder in Abhängigkeit

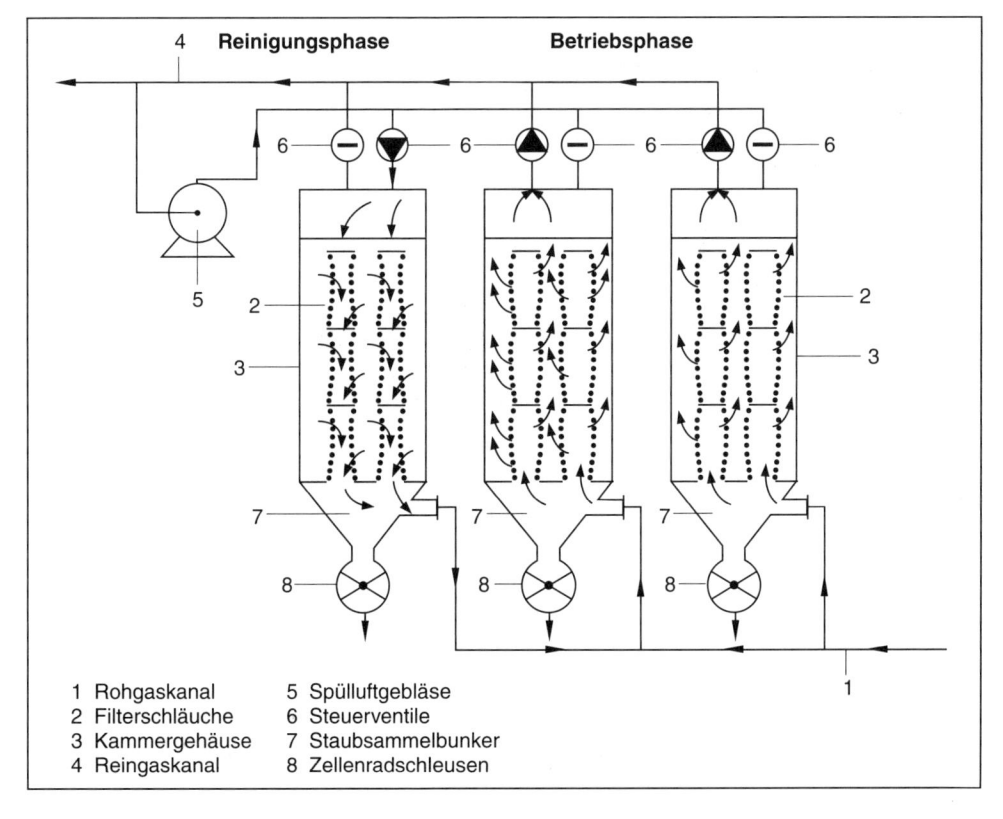

1 Rohgaskanal
2 Filterschläuche
3 Kammergehäuse
4 Reingaskanal
5 Spülluftgebläse
6 Steuerventile
7 Staubsammelbunker
8 Zellenradschleusen

Bild 3.15: Gewebefilter

vom Druckverlust (z.B. 15–20 mbar) eine Filterkammer vom Rohgasstrom getrennt und gereinigtes Gas im Gegenstrom durchgeblasen. Dabei verformen sich die Filterschläuche, der abgeschiedene Staubkuchen bricht auf und fällt als Agglomerat in den Bunker. Der Spülgasstrom verteilt sich rohgasseitig auf die restlichen in Betriebsphase arbeitenden Filterkammern. Staubpartikel im Gewebeinneren werden entfernt.

Daten: Gastemperatur bis 250 °C im Dauerbetrieb; elektrische Energie im Betriebszustand 0,6–0,8 KWh/1000 m^3.

Druckluftgereinigter Gewebefilter: Die staubbeladenen Gase durchströmen die Filterschläuche von außen nach innen. Stützkörbe im Inneren der Schläuche verhindern deren Zusammenfallen. Die niedergeschlagenen Stäube werden von der Filteroberfläche entfernt, indem ein Druckluftstoß über eine Lanze in das Schlauchinnere eingeleitet wird. Die Gasströmung wird dadurch kurzzeitig unterbrochen, die Filterschläuche blähen sich ruckartig auf, der Staubkuchen zerbricht und fällt in den Bunker. Der durch den Druckluftstoß injizierte Spülgasstrom bewirkt gleichzeitig eine Tiefenreinigung des Filtermediums. Die Einleitung der Abreinigungsphase erfolgt durch ein Programmschaltwerk, wobei eine differenzdruckabhängige oder eine zeitlich vorgegebene Abreinigung möglich ist. Bild 3.16 zeigt einen Puls-Jetschlauchfilter (Druckluftgereinigter Gewebefilter).

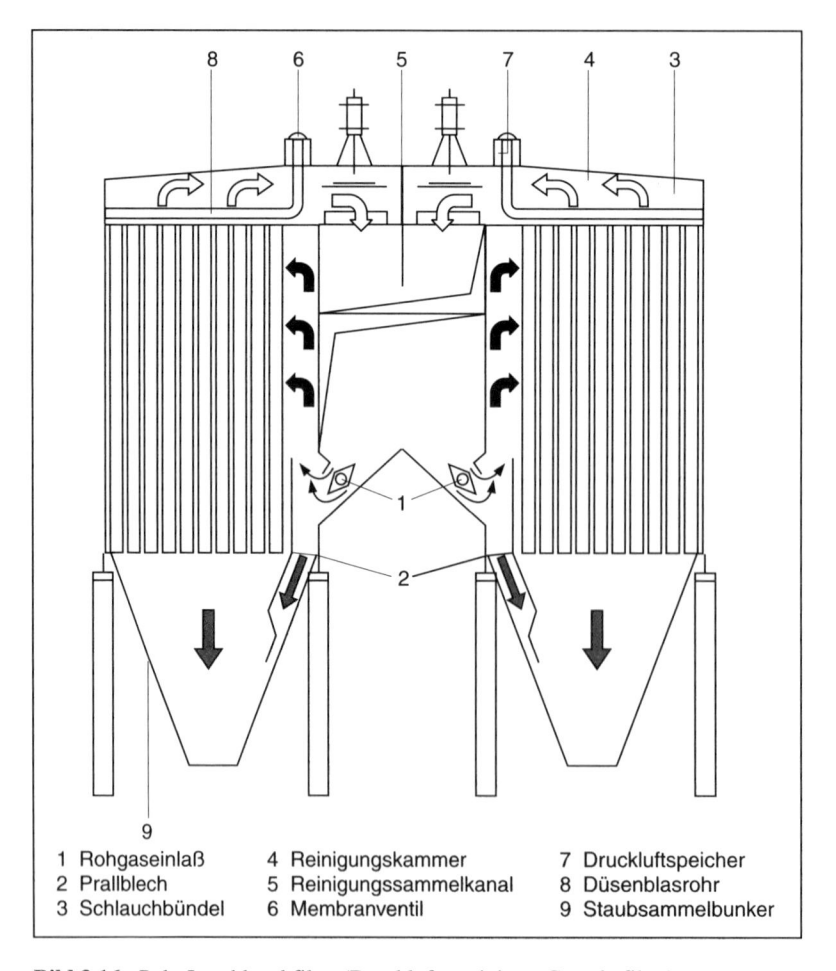

1 Rohgaseinlaß	4 Reinigungskammer	7 Druckluftspeicher
2 Prallblech	5 Reinigungssammelkanal	8 Düsenblasrohr
3 Schlauchbündel	6 Membranventil	9 Staubsammelbunker

Bild 3.16: Puls-Jetschlauchfilter (Druckluftgereinigter Gewebefilter)

3.4 Reinigung von Abluft oder Abgas   241

Die Schlauchfilter sind in Kammerbauweise konzipiert, wodurch die Möglichkeit besteht, Teile der Anlage für Kontrolle, Wartung und Schlauchwechsel während des Betriebes vom Gasstrom zu trennen. Auf der Reingasseite sind hierzu pneumatisch oder elektrisch betätigte Tellerventile vorgesehen, während die Absperrung von der Rohgasseite durch große Drehklappen erfolgt. In Bild 3.17 ist ein Schlauchquerschnitt dargestellt. *Daten:* Druckverlust 12–15 mbar; Gastemperatur im Dauerbetrieb bis 250 °C; Elektrische Energie im Betriebszustand 0,6–0,8 KWh/1000 m^3.

Naßentstauber (Wäscher)

Naßentstauber weisen unterschiedliche Bauformen auf. In allen Bauformen wird jedoch angestrebt, die im Gasstrom enthaltenen „Wassertropfen" einzufangen.
Vorgang: Durch Beschleunigung und Verzögerung des Gasstromes und der eingedüsten Waschflüssigkeit werden Gas, Staub und Flüssigkeitstropfen stark miteinander verwirbelt. Die Staubteilchen werden dadurch rasch benetzt und chemische Reaktionen beschleunigt. In einem nachgeschalteten Abscheider werden die Flüssigkeitströpfchen und der benetzte Staub vom Gas getrennt.

Venturiwäscher: Sie werden vorzugsweise zum Kühlen und Sättigen sowie zur Vorreinigung von Gasen – beispielsweise vor Naßelektrofiltern – eingesetzt. Die Waschflüssigkeit wird z.B. durch eine Zentraldüse zugeführt.
Der Venturiwäscher besteht gemäß Bild 3.18 aus Eintrittskammer, Kehle und Diffusor.
Zur Kühlung, Gaskonditionierung und Vorentstaubung wird der Wäscher mit einem geringen Druckverlust von nur wenigen mbar betrieben. Der geringe Druckverlust wird dadurch erreicht, daß die Geschwindigkeit der eingedüsten Waschflüssigkeit etwa gleich der Geschwindigkeit des Gases im Venturihals (Kehle) gewählt wird.
Bei der anschließenden Verzögerung im Diffusor, bewirkt die verhältnismäßige höhere Masse der Waschflüssigkeitstropfen eine zusätzliche Drucksteigerung im Gas. Abhängig von der eingedüsten Flüssigkeitsmenge kann die Energieübertragung auf das Gas so groß werden, daß im Wäscher nicht nur kein Druckverlust, sondern eine Erhöhung das Gasdruckes eintritt.

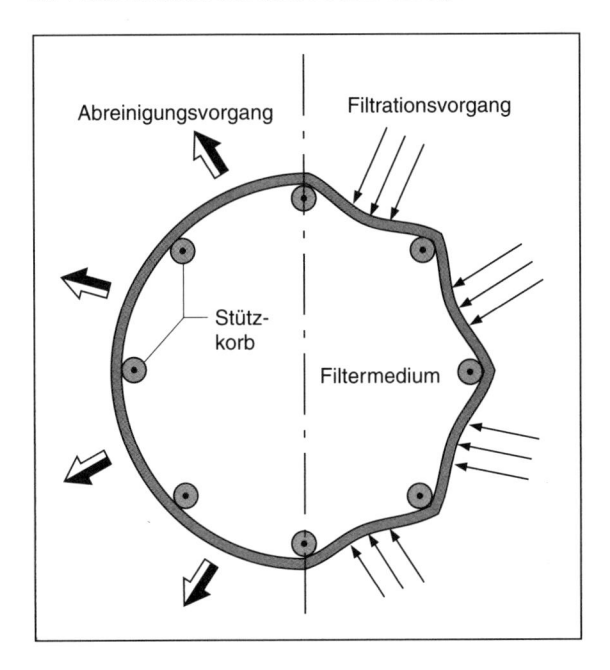

Bild 3.17: Schlauchquerschnitt

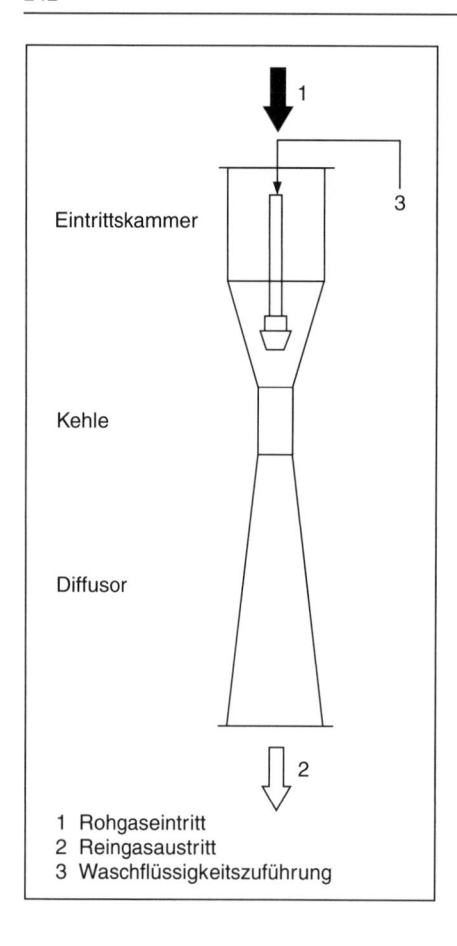

Bild 3.18: Aufbau eines Venturiwäschers

1 Rohgaseintritt
2 Reingasaustritt
3 Waschflüssigkeitszuführung

Im Gegensatz hierzu wird bei Betrieb dieses Wäschers mit hohem Druckverlust das Gas-Staub-Gemisch mit höherer Geschwindigkeit als die Waschflüssigkeit in die Waschzone geleitet. Die Flüssigkeitströpfchen werden also vom Gasstrom beschleunigt, wodurch ein entsprechender Druckverlust hergerufen wird. Gleichzeitig bildet sich mit steigender Geschwindigkeit zunehmende Turbulenz im Wäscher aus, die eine starke Durchwirbelung von Waschflüssigkeitstropfen und Rohgas bewirkt und die Voraussetzung für die Erzielung hoher Abscheideleistungen ist. Je höher die Gasgeschwindigkeit im Venturihals ist, um so höher ist daher auch der Druckverlust.

Daten: Druckdifferenz 2–50 mbar; Waschflüssigkeitsmenge 0,8–10 l pro m^3 Gas; Gasflüssigkeitsdruck bis zu 6 bar.

Radialstromwäscher: Diese Wäscher sind regelbare Hochleistungswäscher. Der Gaseintritt kann von oben oder von unten erfolgen. Die Waschzone (Bild 3.19) wird durch zwei Kreisringe gebildet, zwischen denen das Gas und die Waschflüssigkeit radial von innen nach außen hindurchströmen.

Die für die Waschwirkung ausschlaggebende Relativgeschwindigkeit zwischen Gas und Waschflüssigkeit liegt an der engsten Stelle zwischen beiden Kreisringen. Durch Verstellen des unteren Kreisringes kann der Querschnitt der Waschzone verändert werden. Dadurch wird bei schwankenden Gasmengen eine konstante Druckdifferenz und damit ein gleichbleibender Reinigungsgrad aufrechterhalten. Die Regelung der Waschzone erfolgt in Abhängigkeit von der Druckdifferenz.

3.4 Reinigung von Abluft oder Abgas

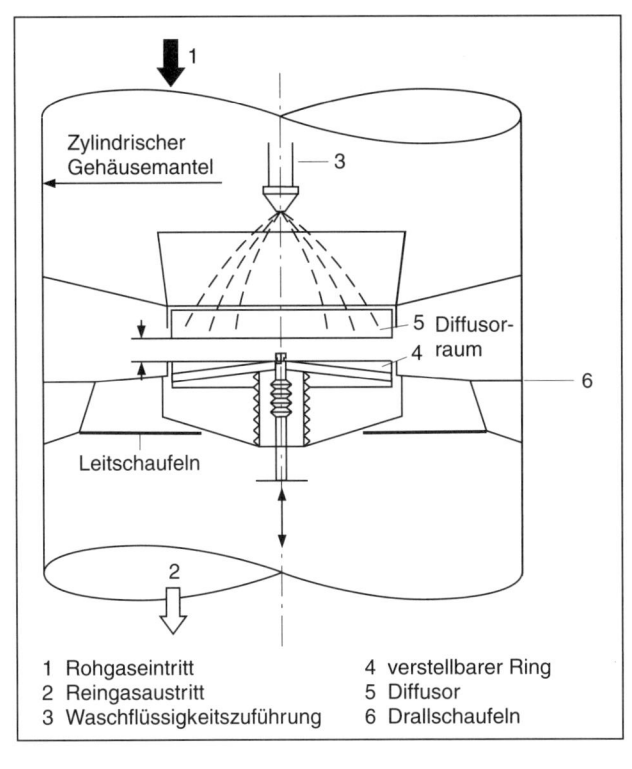

Bild 3.19: Radialstromwäscher - Waschzone

1 Rohgaseintritt
2 Reingasaustritt
3 Waschflüssigkeitszuführung
4 verstellbarer Ring
5 Diffusor
6 Drallschaufeln

Am Austritt der Waschzone versetzen Leitschaufeln das Gas in *Rotation*, so daß die Flüssigkeitstropfen mit dem benetzten Staub an der Wandung des Gehäuses abgeschieden und infolge der Gravitation (Schwerkraft) ausgetragen werden. Das Gas verläßt den Wäscher somit tropfenfrei. Bild 3.20 zeigt einen einstufigen Radialstromwäscher.
Daten: Druckdifferenz 15–400 mbar; Waschflüssigkeitsmenge 0,5–3 l pro m^3 Gas; Flüssigkeitsdruck 1–6 bar.

Kolonnenwäscher: Typische Kolonnenwäscher sind in den Bildern 3.21, 3.22 und 3.23 dargestellt.
Bild 3.21 zeigt einen als Sprühturm bekannten Typ. Die Flüssigkeit wird mittels Düsen, die in mehreren Ebenen in unterschiedlicher Form angeordnet werden können, in das den Wäscher durchströmende staubbeladene Gas gesprüht. Dieser Wäschertyp zeichnet sich durch einen sehr geringen Druckverlust aus. Außerdem ist auch die Verweildauer des Wassers sehr kurz, so daß die Gefahr einer Schaumbildung gering ist.
In den Bildern 3.22 und 3.23 werden berieselte *Füllkörperkolonnen* dargestellt, die im Gleich- oder Gegenstrom von Gas und Wasser betrieben werden können. Die Flüssigkeit wird auf die Füllkörperschicht gesprüht. Sie breitet sich über die Oberfläche der Füllkörper aus und durchrieselt die Schicht aufgrund ihrer Schwerkraft. Das Gas strömt im Gegenstrom durch eine mit Flüssigkeit berieselte Füllkörperschicht.
Das Gas strömt im Gleichstrom durch eine mit Flüssigkeit berieselte Füllkörperschicht.

Separieren von Stäuben und Nebeln (Zusammenfassung)

Feste und flüssige Inhaltsstoffe der Luft werden in der Regel durch physikalische Methoden aus der Luft gefiltert bzw. abgeschieden. Je nach Größe der zu entfernenden Staub- und Nebelteilchen stehen dafür verschiedene Möglichkeiten zur Wahl.

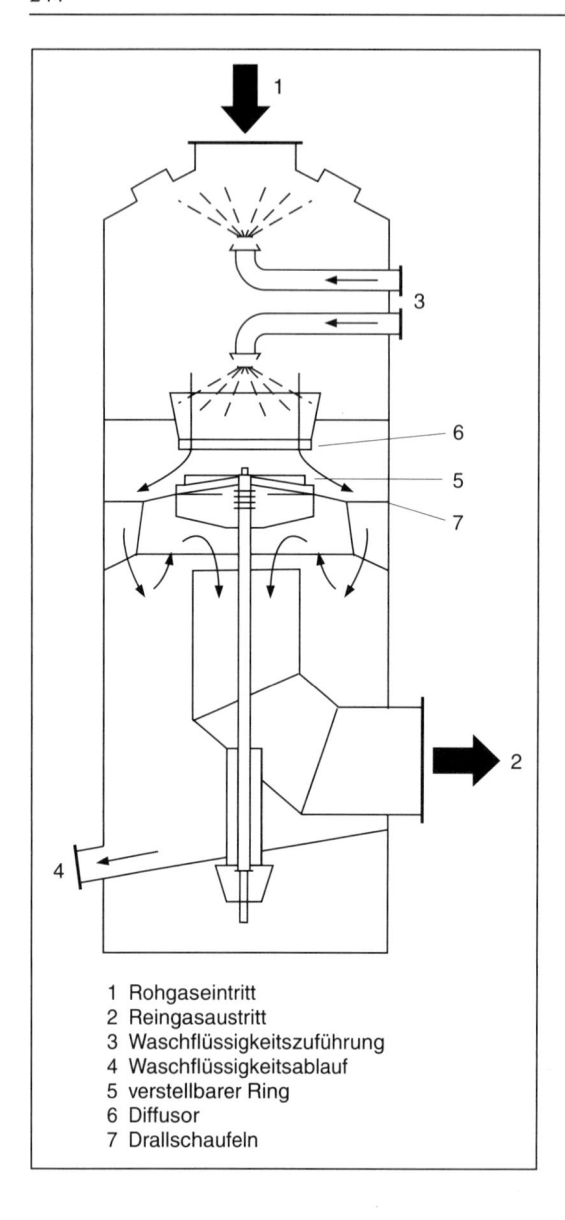

1 Rohgaseintritt
2 Reingasaustritt
3 Waschflüssigkeitszuführung
4 Waschflüssigkeitsablauf
5 verstellbarer Ring
6 Diffusor
7 Drallschaufeln

Bild 3.20:
Einstufiger Radialstromwäscher

Das einfachste und nur für sehr grobe Verunreinigungen geeignete Verfahren ist die Reinigung in Absetzkammern. Hier läßt man die Feststoffe aus dem Luftstrom unter Einwirkung der Schwerkraft absinken. Der Trennvorgang wird verbessert und ist auch für kleinere Partikel möglich, wenn man die Fliehkraftabscheidung anwendet, wie dies bei Zyklonen der Fall ist. In Naßwäschern werden die Teilchen z.B. in Wasser aufgenommen. Besonders gute Ergebnisse liefern Venturiwäscher, bei denen die Waschflüssigkeit fein verteilt mit den Staubteilchen in Kontakt gebracht wird.

Für höhere Anforderungen bzw. bei sehr kleinen Teilchen werden z.B. Filterstoffe, Faserfilter, Papierfilter oder Elektrofilter eingesetzt, wobei die besten Resultate von Papierfiltern bzw. Trocken- oder Naßelektrofiltern zu erwarten sind (siehe dazu Bild 3.24).

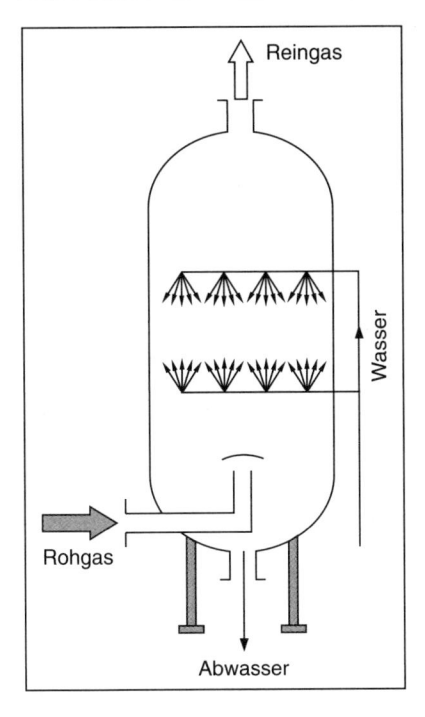

Bild 3.21: Sprühwäscher

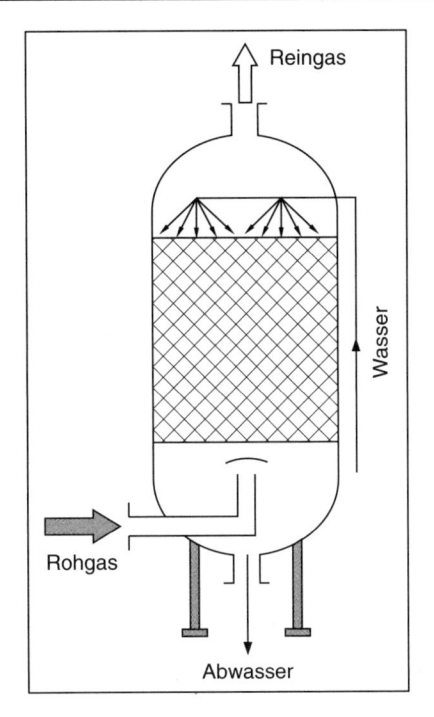

Bild 3.22: Füllkörperwäscher für Gegenstrom von Gas und Wasser

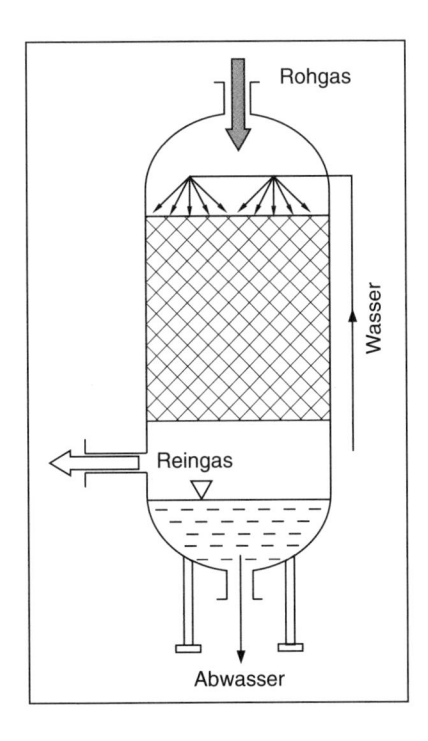

Bild 3.23: Füllkörperwäscher für Gleichstrom von Gas und Wasser

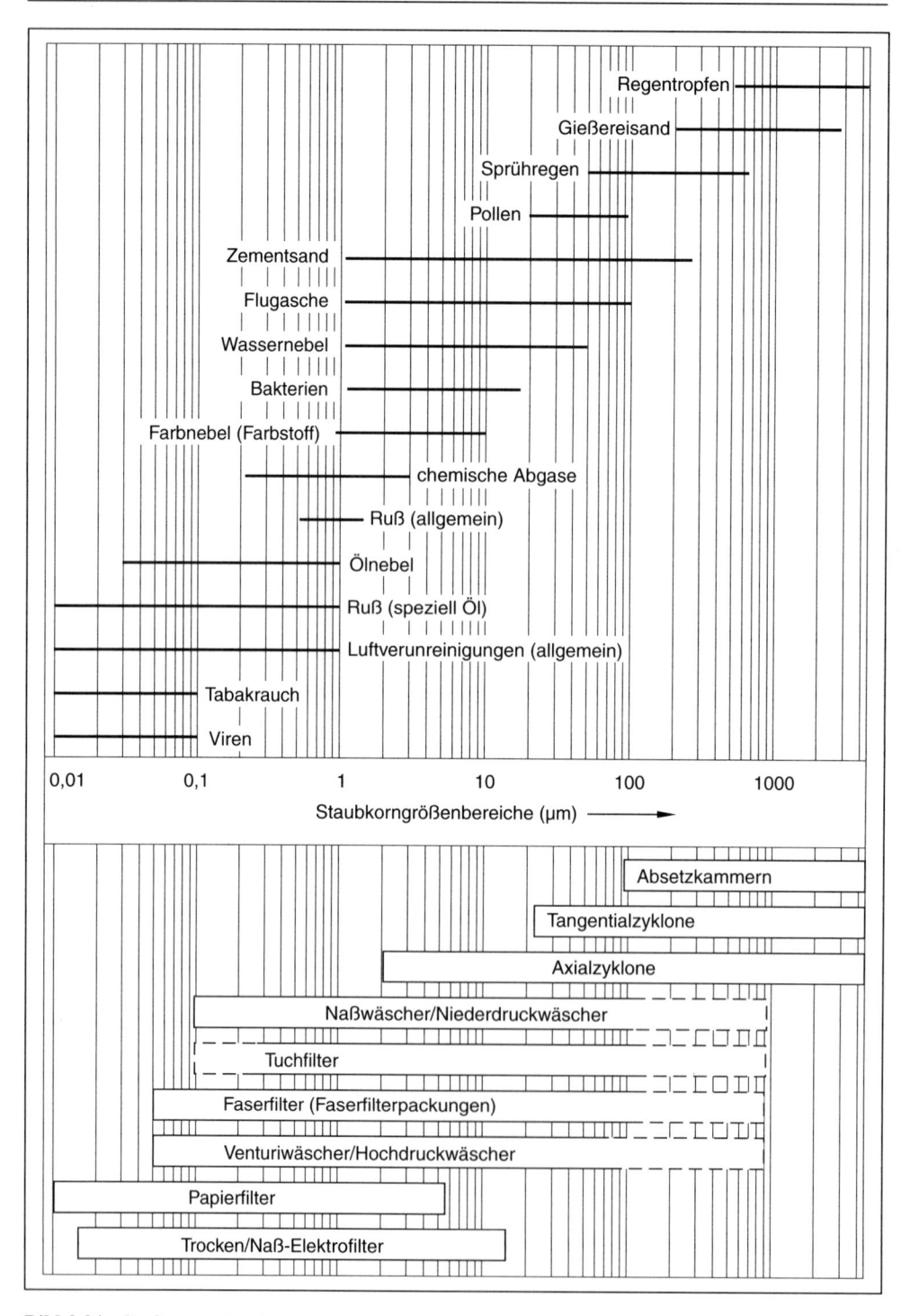

Bild 3.24: Größen von Staub- und Nebelteilchen, Arbeitsbereiche von Entstaubungsanlagen

3.5 Abscheidung von gasförmigen Luftschadstoffen

3.5.1 Einführung in die Thematik bezüglich Abscheidung gasförmiger Schadstoffe

Gasförmige Schadstoffe treten stets als Gemische auf, in denen der einzelne Stoff im Verhältnis geringer Konzentration vorkommt. Die Luft dient hier als Trägermedium für gasförmige Schadstoffe. Konzentrationen für die einzelnen Gemischkomponenten sind zwar verhältnismäßig gering, schwanken jedoch in weiten Grenzen. Viele Schadstoffe sind auch nur als *Spurenstoffe* meßtechnisch zu erfassen.

Identifizieren kann man aber nur die Schadstoffe, für die es Meßverfahren gibt und die in geeigneten Konzentrationen vorkommen.

Massenschadstoffe und Spurenschadstoffe: Die Massenschadstoffe verdecken oft die viel gefährlichen Spurenschadstoffe. Massenschadstoffe sind zwar ebenfalls in geringer Konzentration vorhanden, die aber wegen des großen Volumenstroms ihres Trägermediums doch in großer Menge je Zeiteinheiten anfallen. Als Beispiel seien hier die Schadstoffe *Schwefeldioxid* und *Stickoxide* in den Abgasen von Kraftwerken (siehe Kapitel 1.3.1.3) genannt Die Problematik der Massenschadstoffe wird oft durch die Problematik der Spurenschadstoffe verdrängt. *Spurenschadstoffe darf man nicht zu Lasten der Massenschadstoffe überbewerten.*

Die Beseitigung der Massenschadstoffe erfolgt z.B. infolge Umwandlung in marktfähige Produkte oder aber in unbedenkliche Stoffe. So wird beispielsweise *Schwefeldioxid* zu *Schwefelsäure*, sowie zu reinem Schwefel und Gips weiterverarbeitet. Aus *Stickoxiden* wird z.B. durch einen Reduktionsprozeß molekularer Stickstoff hergestellt, der ohne Bedenken in die Atmosphäre geleitet werden kann.

Abscheideverfahren für gasfömige Schadstoffe: Die Abscheidung gasförmiger Stoffgemische aus Abluftströmen kann wie folgt erfolgen:
- Physikalische Verfahren,
- Chemische Verfahren,
- Kombination von physikalischen und chemischen Verfahren.

Physikalische Verfahen: Diese Verfahren bieten die Möglichkeit zur Rückgewinnung der Schadstoffe und zu ihrer Wiederverwendung. Physikalische Verfahren scheiden jedoch den Schadstoff nicht vollständig ab.

Chemische Verfahren: Diese Verfahren bieten die Möglichkeit zu einer weiterführenden Abscheidung der Schadstoffe aus dem Abluftstrom. Da die meisten chemischen Umsetzungen über mehrere Zwischenstufen erfolgen, muß mit der Bildung von *Sekundärschadstoffen* gerechnet werden. Ferner ist bei der Anwendung chemischer Verfahren ein hoher Energieaufwand erforderlich.

Kombinationsverfahren: Die Kombination von physikalischen und chemischen Verfahren sichert einen größeren Reinheitsgrad des Abluftstromes. Da der Schadstoff aber chemisch umgesetzt wird, ist eine Wiederverwendung beim Produktionsprozeß meist ausgeschlossen. Das bedeutet jedoch nicht, daß durch chemische Reaktionen kein anderer Wertstoff gewonnen werden kann.

Physikaliche Verfahren, diese Verfahren sind wie folgt:
- Absorption,
- Adsorption
- Kondensation

Absorption: Bei der Absorption wird der im *Abgas* enthaltene Schadstoff (Absortiv) von einer Waschflüssigkeit (Absobens) aufgenommen. Die aufgenommenen Schadstoffkomponenten werden in einer Flüssigkeit gelöst. Sind die Aufnahmemedien also flüssig, so spricht man von Wäschern. Hier wird die Löslichkeit der Verunreinigung z.B. in Wasser (Wasser ist ein

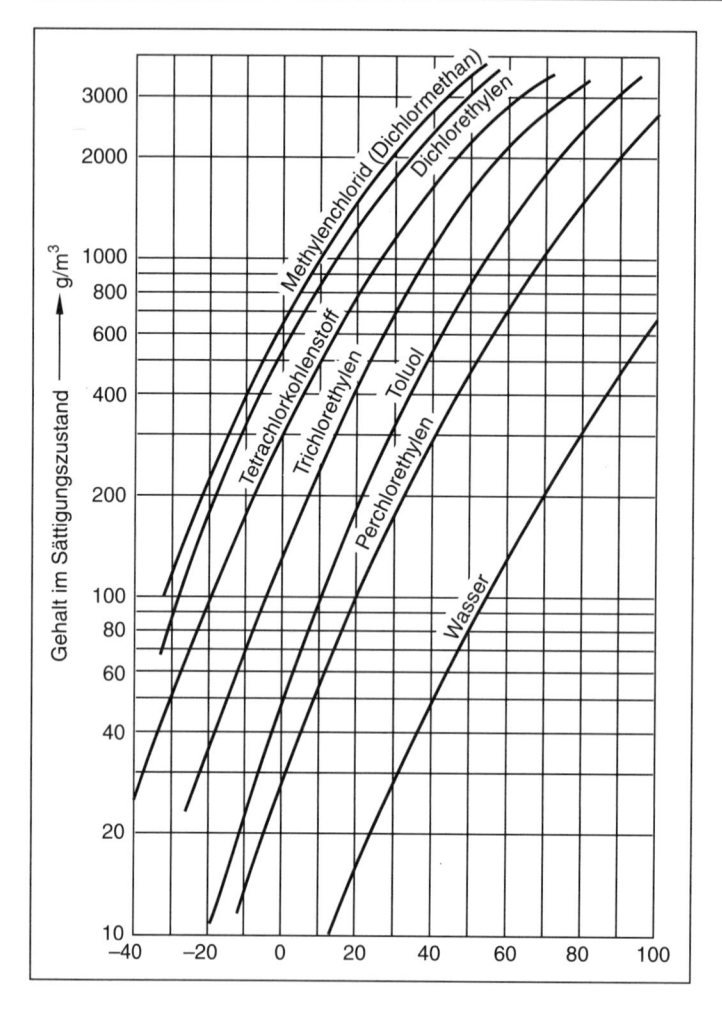

Bild 3.25: Dampfdruckkurven verschiedener Lösemittel

bevorzugtes Lösungsmittel) ausgenutzt. Dazu muß die zu reinigende Luft intensiv mit der Waschflüssigkeit in Kontakt gebracht werden. Entweder wird die Flüssigkeit in den Abluftstrom versprüht, oder die Luft wird über flüssigkeitsbenetzte Oberflächen von Füllkörperkolonnen geführt.

Gase haben in den Waschflüssigkeiten nur eine begrenzte Löslichkeit. Zur Vermeidung, insbesondere von Abwasserbelastungen ist grundsätzlich eine Regeneration oder Aufarbeitung der beladenen Waschflüssigkeit notwendig (der Waschflüssigkeit werden beispielsweise Chemikalien zugesetzt).

Adsorption: Auch die Adsorption ist eine Möglichkeit, unerwünschte Schadstoffe aus der Luft zu entfernen. Bei der Adsorption wird der im *Abgas* enthaltene Schadstoff an der Oberfläche eines Feststoffes (Adsorbens) angelagert. Der bekannteste solcher Stoffe ist die *Aktivkohle*.

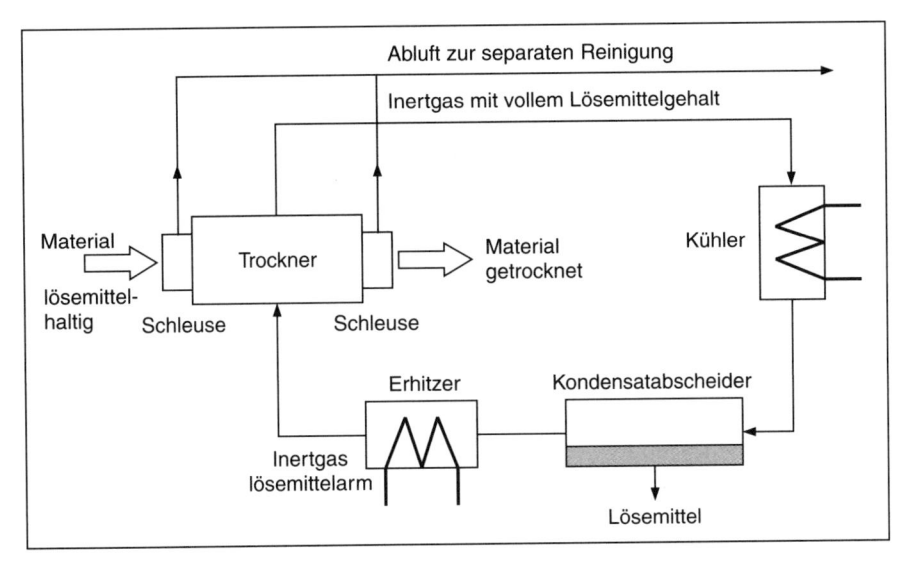

3.5 Abscheidung von gasförmigen Luftschadstoffen

Bild 3.26: Teilweise Schadstoffabsenkung durch Kondensation (wird in Spezialfällen eingesetzt)

Diese besitzt bezogen auf ihr Gewicht eine große Oberfläche[1] (ca. 1200 m²/g) und die Eigenschaft, organische Stoffe an sich zu binden.
Das Aufnahmevermögen des Feststoffs wird durch die Adsorptionsisotherme bestimmt, die experimentell ermittelt werden muß. Der an den Feststoff gebundene Schadstoff wird durch Desorption (Wiederherstellung der Adsorptionsfähigkeit des Materials), meist mittels Wasserdampf abgelöst und kann durch einen weiteren Prozeß zurückgewonnen werden.
Nach der Desorption liegt der aus dem Abgas entfernte Stoff in einer stark angereicherten Konzentration vor, so daß eine Rückgewinnung oder Weiterverwertung möglich ist.
Kondensation: Besitzen die vorhandenen Schadstoffe einen höheren Siedepunkt als die Hauptbestandteile der Luft, so kann der Schadstoffgehalt durch Temperaturabsenkung und somit Kondensation der Schadstoffe gesenkt werden. Während oberhalb des Siedepunktes die Stoffe in beliebiger Menge gasförmig im Abluftstrom vorhanden sind, sinkt ihr Anteil bei Unterschreiten des Siedepunktes mit abnehmender Temperatur.
Auf keinen Fall reicht schon eine geringfügige Unterschreitung des Siedepunktes aus. Ein besonderes Beispiel dafür ist Wasser, dessen Siedepunkt bei 100 °C liegt, das jedoch auch bis 20 °C noch umfangreich in der Luft sein kann.
Wie Bild 3.25 zeigt, sind für eine quantitative Kondensation von zahlreichen organischen Lösungsmitteln sehr niedrige Temperaturen erforderlich. Der für eine so starke Temperaturabsenkung notwendige Energieaufwand hat die Kondensation als Endreinigungsverfahren bis heute nicht zur Anwendung kommen lassen. Dagegen wird die Kondensation in geschlossenen

---

1) Adsorptionsisotherme:
    Adsorption: Aufnahme und pyhsikalische Bindung von Gasen, Dämpfen oder in Flüssigkeiten gelöster oder suspendierten Stoffen an der Oberfläche eines festen, vor allem gelösten Stoffes (Adsorbens). Die Adsorption ist ferner vom Druck des Gases oder Dampfes, bzw. von der Konzentration des gelösten Stoffes abhängig.
    Isotherme: Änderung des physikalischen Zustandes eines geschlossenen Gases bei konstanter Temperatur.

Kreisläufen zu einer *teilweisen Schadstoffabsenkung* benutzt. Ein in Spezialfällen eingesetztes Verfahren zeigt schematisch Bild 3.26.

Um die abzukühlenden Luftmengen und damit den Energieaufwand klein zu halten, wird der lösemittelabgebende Trockner mit inerter (träger) Atmosphäre hefahren. Damit ist eine Explosionsgefahr ausgeschlossen, und der Lösemittelgehalt kann über die, bei Anwesenheit von 21 % Sauerstoff geltende, untere Explosionsgrenze hinaus angehoben werden. Die so aufgeladene Abluft wird abgekühlt. Danach wird das Kondensat abgeschieden und abgeführt. Die aus dem Kondensator abströmende, im Lösemittelgehalt stark verringerte Luft wird aufgeheizt und zum Trockner zurückgeführt.

Um ein Eindringen von Sauerstoff in die inerte Ofenatmosphäre zu verhindern, muß der Trockner mit Schleusen versehen werden. Da aus dem Ofen keine Lösemittel austreten dürfen, muß die Schleuse gegenüber der Umgebung und dem Trockner einen Unterdruck aufweisen. Deshalb gelangt beim Ein- und Ausschleusen von lösemittelhaltigem Material sowohl Umgebungsluft mit O_2 als auch Inertgas aus dem Trockner in die Schleusen. Dieses Gasgemisch muß abgezogen und einer separaten Reinigung zugeführt werden.

Die technische Realisierung ist somit nicht sehr einfach, so daß von diesem Prozeß nur wenig Gebrauch gemacht werden kann.

3.5.2 Absorptionsverfahren für die Gasreinigung

Es gilt bei den Absorptionsverfahren zwischen einer physikalischen und einer chemischen Absorption zu unterscheiden.

Physikalische Absorbtion

Bei der physikalischen Absorption werden die Schadstoffe der Abluft von einer reinen Flüssigkeit aufgenommen. Es findet hier ein *rein* physikalischer Lösungsprozeß statt, ohne daß damit eine chemische Wandlung der absorbierten Schadstoffe verbunden ist. Es läßt sich z.B. die Absorption von Ammoniak in Wasser als einen reinen physikalischen Vorgang betrachten. Die physikalische Absorption wird dabei durch erhöhten Druck und niedrige Temperatur begünstigt.

Durch die physikalische Absorption läßt sich ein Schadstoff jedoch nicht vollständig aus der Abluft entfernen. Aufgrund nicht vermeidbarer physikalischer Gleichgewichtsbedingungen kann in technischen Prozessen die Konzentration des Schadstoffes in der Abluft somit nur bis zu einem bestimmten Wert abgesenkt werden.

Die physikalische Absorption bietet die Möglichkeit, den Schadstoff zurückzugewinnen. Zur Rückgewinnung dieses Wertstoffes bedient man sich der *Desorption*.

Chemische Absorption

Durch die chemische Absorption des Schadstoffes kann seine Konzentration in der Abluft weiter abgesenkt werden, als es durch die physikalische Absorption möglich ist. Aber auch bei der chemischen Absorption sind durch chemische Gleichgewichtsbedingungen untere Grenzwerte für die Schadstoffkonzentration gegeben.

Bei der chemischen Absorption erfolgt eine chemische Wandlung des Schadstoffes in der Flüssigkeit.

Als Beispiel für die chemische Absorption sei die Entfernung von Schwefeldioxid (SO_2) aus der Abluft in einer wässrigen Lösung von Calciumhydroxid ($Ca(OH)_2$) genannt.

Rauchgasreinigung mittels Quasi-Trockensorptionsverfahren (Fallbeispiel von Fa. NOELL, Umwelttechnik, Würzburg):

Der quasitrockene Prozeß zur Rauchgasreinigung kombiniert die Absorption von Schwefeldioxid und Chlorwasserstoff aus dem Rauchgas. Gleichzeitig werden entstehende Calciumverbindungen im Sprühabsorber getrocknet.

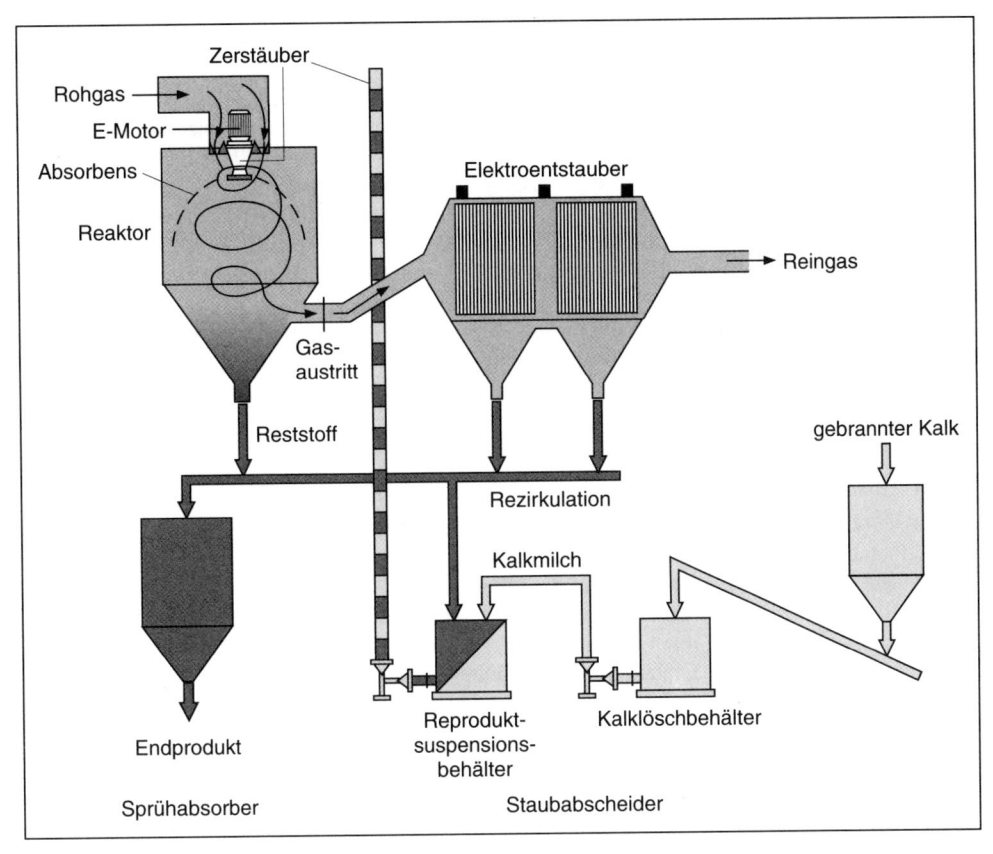

3.5 Abscheidung von gasförmigen Luftschadstoffen

Bild 3.27: Schema einer quasitrockenen Sprühabsorption (Begriff Absorbens: Waschflüssigkeit)

Das zu reinigende heiße Rauchgas wird vom Kessel kommend direkt über Strömungselemente in den Reaktor geführt. Ein Zentrifugalzerstäuber versetzt das Gas in eine rotierende Strömung. Über den zentrisch in die Reaktordecke eingebauten Rotationszerstäuber wird Kalkmilchsuspension als feinstverteilter Tröpfchennebel in das Rauchgas gesprüht. Die Größe der Tropfen wird hierbei durch die auftretenden Fliehkräfte und die entsprechenden Oberflächenspannungen bestimmt.

Eine homogene Durchmischung und die große Kontaktoberfläche bewirken einen optimalen Wärme- und Stoffübergang als Voraussetzung für einen hohen *Absorptionsgrad*. Das umgesetzte *Absorptionsmittel* wird vollständig getrocknet. Das gute Anpassungsverhalten bei Schwankungen der Schadstoffkonzentration und der Rauchgasmenge bewirkt den hohen Abscheidungsgrad mit optimaler Absorptionsmittelausnutzung.

Durch die gemeinsame Abscheidung des trockenen Reaktionsproduktes wie auch der Kesselflugasche in einem dem Reaktor nachgeschalteten *Staubabscheider* kann ein einfaches Anlagenkonzept verwirklicht werden (Bild 3.27 zeigt ein vereinfachtes Schema eines Quasi-Trockensorptionsverfahrens).

Die Prozeßtechnik gewährleistet einen ausreichenden Abstand zwischen Rauchgastemperatur und Rauchgastaupunkttemperatur auf dem gesamten Rauchgasweg. Dadurch wird die Korrosionsgefährdung der Anlagenkomponenten reduziert. Eine evtl. notwendige Wiederaufheizung der Rauchgase ist abhängig von der vorgeschriebenen Kaminmündungstemperatur. Als

Absorptionsmittel wird meist handelsüblicher Branntkalk eingesetzt, der in einer Löschanlage zu Kalkmilch (Ca(OH)$_2$) aufbereitet wird.
Zur Verbesserung der Absorptionsmittelausnutzung wird ein Teilstrom des im Staubabscheider abgeschiedenen trockenen Produktes zurückgeführt, mit Wasser angesetzt und mit frischer Kalkmilch vermischt. Auf diese Weise wird das bei einem einmaligen Durchlauf im Absorber noch nicht ausreagierte *Absorbens* dem Prozeß nochmals zugegeben.
Endprodukt: Aus der Rauchgasentschwefelung entstehende Rückstände lassen sich nicht vermeiden. Das trockene *REA-Endprodukt* kann z.B. wertvolle Rohstoffe ersetzen. Flugasche und das Entschwefelungsprodukt (Calciumsulfit/Calciumsulfat) können getrennt abgeschieden oder als trockenes Produkt ausgetragen werden. Durch spezielle Aufbereitung des Produktes oder einzeln abgeschiedene Komponenten entstehen wertvolle Wirtschaftsgüter. Der bei der Absorption von Schwefeldioxid gewinnbare Gips (REA-Endprodukt) kann z.B. auf dem Markt als Baustoff angeboten werden (siehe Kapitel 1.3.1.3).

3.5.3 Adsorptionsverfahren für die Abluftreinigung

Unter Adsorption versteht man die Anlagerung von gasförmigen und gelösten Substanzen an die Oberfläche einer festen Substanz (siehe Kapitel 2.5.2.1).

Im Unterschied zur *Absorption*, bei der der Stoff von dem Medium aufgenommen wird, erfolgt bei der *Adsorption* nur ein Anlagern an die Oberfläche.
Die im Innern eines festen Stoffes befindlichen Atome oder Moleküle üben nach allen drei Richtungen des Raumes ihre gegenseitigen Anziehungskräfte aus. Dagegen werden die Bindungskräfte der an der Oberfläche befindlichen Teilchen nur nach dem Innern des festen Stoffes hin beansprucht, während sie nach außen hin frei wirksam bleiben. So kommt es, daß die festen Stoffe befähigt sind, Gase oder gelöste Stoffe an ihrer ungesättigten Oberfläche anzureichern. Man nennt diese Verdichtung an der Oberfläche *Adsorption*.
Gewöhnlich beschränkt sich die Adsorption auf die Bildung einer einmolekularen Oberflächenschicht, da dann die Bindungskräfte der Oberflächenatome des festen Stoffes abgesättigt sind. Je höher bei gegebener Temperatur der Druck des zu adsorbierenden Gases oder die Konzentration des zu adsorbierenden gelösten Stoffes in der an das feste Adsorptionsmittel

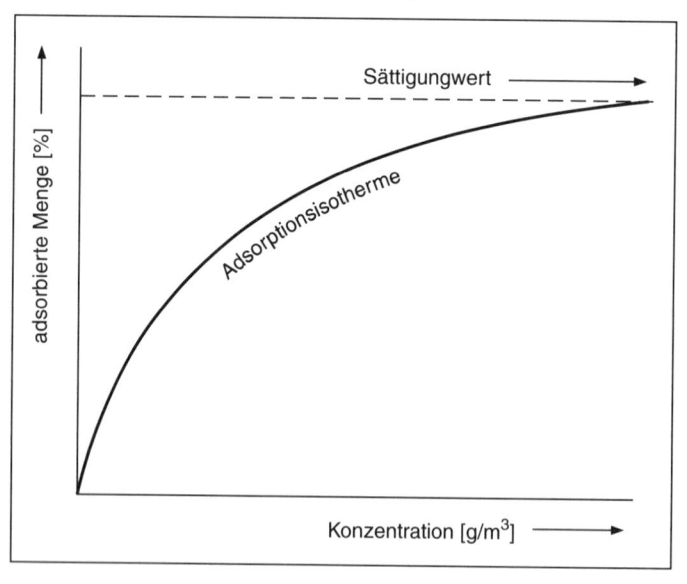

Bild 3.28: Adsorptionsisotherme

3.5 Abscheidung von gasförmigen Luftschadstoffen

angrenzenden Gas- oder Lösungsphase ist, desto größer ist auch die an der festen Oberfläche adsorbierte Stoffmenge, da es sich um einen Gleichgewichtszustand handelt. Die adsorbierte Stoffmengen kann aber mit steigendem Druck bzw. steigender Konzentration nur so lange zunehmen, bis die ganze feste Oberfläche belegt ist. Daher nähert sich entsprechend Bild 3.28 die je Flächeneinheit des Adsorptionsmittels adsorbierte Stoffmenge einem bestimmten Sättigungswert, nämlich dem der einmolekularen Oberflächenbesetzung.

Die Adsorption erfolgt durch freie molekulare Bindekräfte.
Man bezeichnet die zu adsorbierende Komponente im frei beweglichen Zustand „Adsorptiv" und die im gebundenen Zustand „Adsorpt". Der Feststoff, an dessen Oberfläche die Bindung erfolgt, wir „Adsorbens" genannt.
Bei der adsorptiven Bindung an die Oberfläche des Adsorbens wird die Beweglichkeit und somit die Energie der Moleküle herabgesetzt. Dabei wird Energie frei, die man „Adsorptionswärme" nennt. Demgemäß muß man jedoch auch, wenn man die gebundenen Moleküle vom Adsorbens wieder loslösen will, Energie zuführen. Das ist dann die „Desorptionswärme".

Die Regeneration von beladenen Adsorbentien (Desorption) erfolgt häufig durch Aufheizen. Nach der Desorption liegt der aus dem Abgas entfernte Stoff in einer stark angereicherten Konzentration vor, so daß eine Rückgewinnung oder Weiterverwertung möglich ist. Die *Lösemittelrückgewinnung* ist ein bedeutsames Anwendungsgebiet für Adsorptionsverfahren. Technische Adsorptionsanlagen arbeiten überwiegend mit einem körnigen Adsorbens im Festbett (Festbettadsorber). Gebräuchliche Bauformen sind Horizontal- und Vertikaladsorber. Festbettadsorber werden abwechselnd im Adsorptions- und Desorptionsbetrieb gefahren, so daß für eine kontinuierliche *Abgasreinigung* zwei Adsorber erforderlich sind (Bild 3.29).

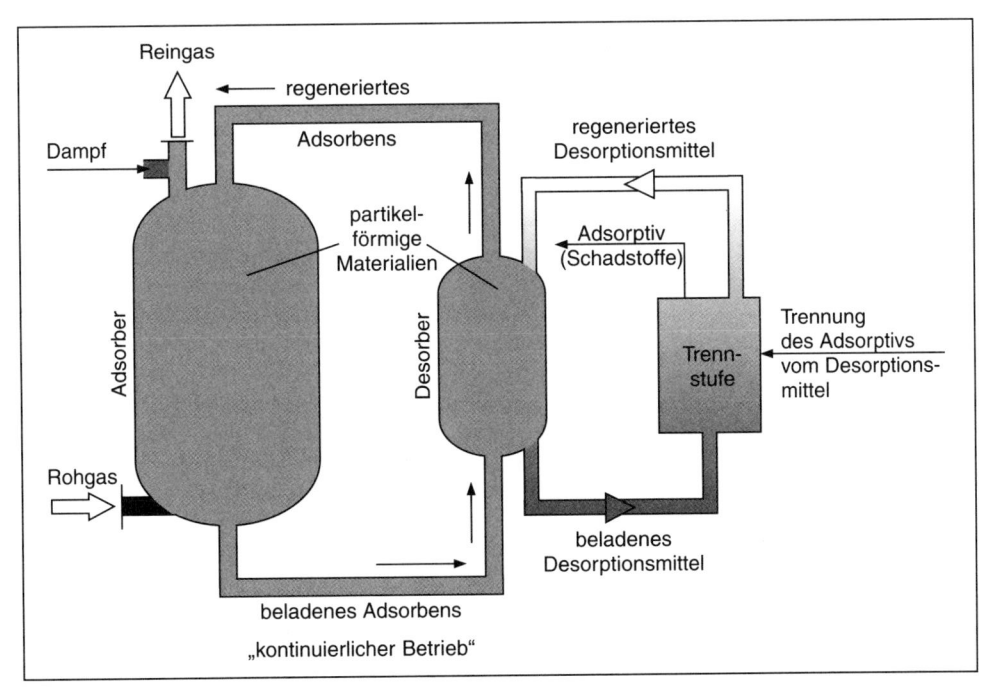

Bild 3.29: Schema einer Adsorptionsanlage für einen kontinuierlichen Betrieb

Tabelle 3.6: Merkmale eines kontinuierlichen Betriebes von Adsorptionsanlagen

Betriebsweise	Vorteile	Nachteile
Adsorption und Desorption finden in getrennten Apparaten statt	• Optimale Konstruktion für Adsorber und Desorber, • Desorber viel kleiner in den Abmessungen als der Adsorber, • einfache Meß- und Regeltechnik, • geringer Bedarf an Adsorbens, • geringer Bedarf an Desorptionsmittel, • Regeneration des Adsorbens bei hoher Temperatur zulässig, • unempfindlich gegen Staubabscheidung, • unempfindlich gegen Vergiftung des Adsorbens.	• in der Erprobung befindliche Technik, • Kreislauf des Adsorbens erfordert größeren mechanischen Aufwand, • größerer mechanischer Verschleiß des Adsorbens.

Es sind also zwei Apparate mit ruhender Adsorbensschicht erforderlich, die in periodischem Wechsel als Adsorber und Desorber betrieben werden.

Einen kontinuierlichen Betrieb kann man mittels einer beweglichen, partikelförmigen Adsorbermasse (Zylinder, Kugeln, gebrochenes Korn u.ä.) erreichen. Praktische Bedeutung haben hier Aktivkohle, Aktivkoks, Kieselgel, Aluminiumoxid usw. erlangt. Die Energie für die Anlage wird über Heißdampf oder Heißgas zugeführt.

Da die Desorption wesentlich schneller erfolgt als die Adsorption, ist der Desorber in seinen Abmessungen wesentlich kleiner als der Adsorber. Die Trennung des Adsorptivs von dem Desorptionsmittel erfolgt in einer besonderen Trennstufe. Die wichtigsten Vor- und Nachteile der kontinuierlichen Betriebsweise sind in Tabelle 3.6 zusammengestellt.

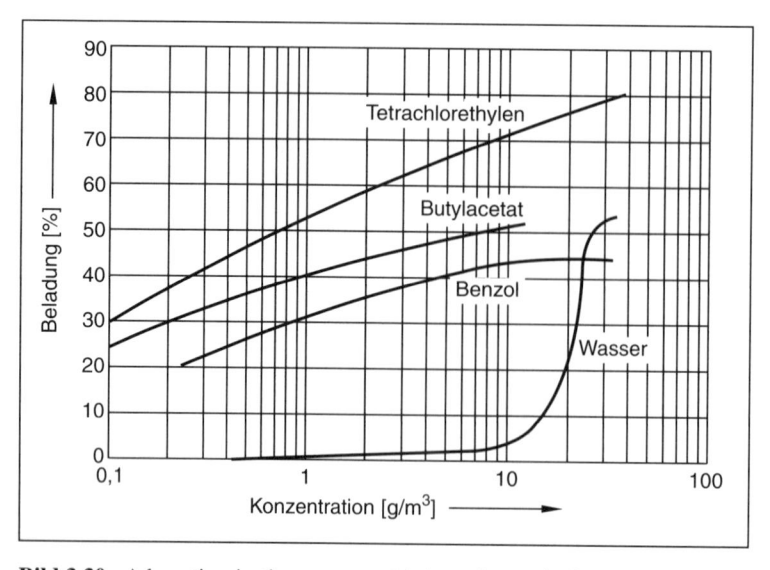

Bild 3.30: Adsorptionsisothermen verschiedener Lösemittel bei 30 °C

3.5 Abscheidung von gasförmigen Luftschadstoffen

Heute werden zur Reinigung der meist kontinuierlich anfallenden Abluftströme meist zwei Anlagentypen eingesetzt. Das sind zum einen der beschriebene Festbettadsorber, und zum anderen die in den letzten Jahren auf den Markt gekommenen Adsorptionsräder.

Asorptionsrad: Das Adsorptionsrad wurde entwickelt, weil die verschärfte Umweltschutzgesetzgebung immer häufiger die Entsorgung auch extrem gering belasteter Abluftströme verlangt. Dazu muß man sich vergegenwärtigen, daß das Aufnahmevermögen für Aktivkohle mit sinkender Lösemittelkonzentration abnimmt. In Bild 3.30 sind einige Adsorptionsisothermen dargestellt, die dies verdeutlichen.

Als Konsequenz daraus ergibt sich die Notwendigkeit, für die Abluftentsorgung über Festbettadsorber bei niedrigerer Schadstoffbelastung gleich große Anlagen wie bei hohen Belastungen zu installieren, d.h. die Anlagengröße wird hauptsächlich durch den Volumenstrom und nicht durch die Schadstoffkonzentration bestimmt. Hier ist dann oft der Einsatz von Adsorptionsrädern das bessere Konzept. Es ist z.B. verfahrenstechnisch weniger kosten- und platzaufwendig. Beim Adsorptionsrad (Bild 3.31) wird die zu reinigende Abluft auf einem Weg von nur 30–50 cm über das Adsorptionsmittel (z.B. speziell aufbereitete Aktivkohle) geführt. Die Regeneration muß häufiger als bei Festbettadsorbern vorgenommen werden. Da die Lösemittel aber nur geringe Wege im Adsorptionsmittel zurücklegen, kann auch die Desorption in kurzer Zeit erfolgen. Üblicherweise liegt die Adsorptionsphase solcher Räder bei ca. 20–60 min, während die Desorptionszeit ca. 2–6 min beträgt.

Grundsätzlich könnten die gleichen Desorptionsverfahren angewandt werden wie bei Festbettadsorbern, sofern beispielsweise das Trägermaterial dies zuläßt (Beständigkeit gegen H_2O bzw. gegen hohe Temperaturen). Meist wird Heißluft mit ca. 100–120 °C eingesetzt. Der Luftstrom fällt nach abgeschlossener Desorption mit etwa 10facher Beladung, aber nur ca. einem Zehntel an Volumen des ursprünglich zu entsorgenden Abluftstroms an. Dieser aufkon-

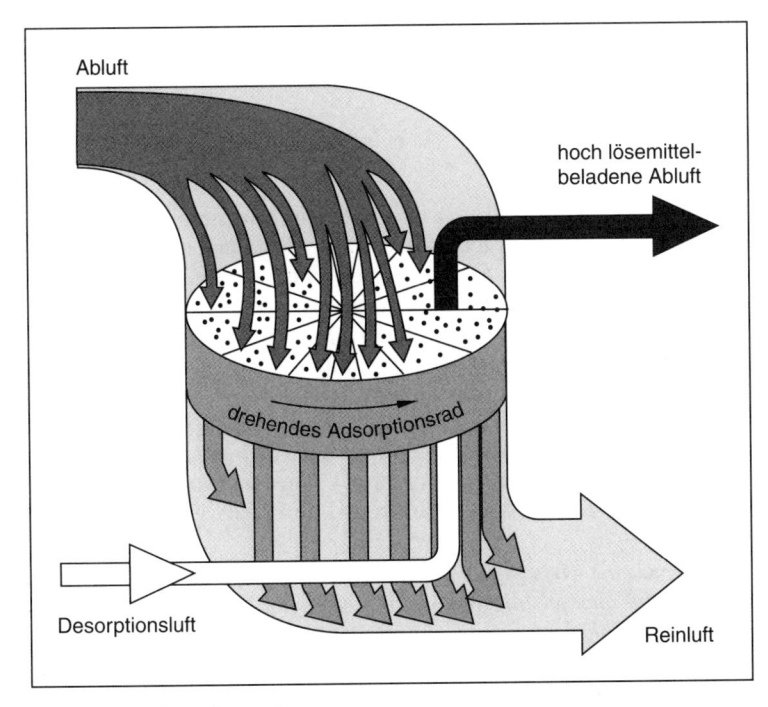

Bild 3.31: Adsorptionsrad

zentrierte und minimierte Luftstrom wird dann zur Entsorgung einer Verbrennung mit Wärmerückgewinnung oder einer Kondensation mit Lösemittelrückgewinnung zugeführt.

3.5.4 Abluftreinigungsverfahren durch thermische Nachverbrennung

Unter thermischer Abluftreinigung versteht man die „Oxidation" der in der Abluft enthaltenen Schadstoffe, vor allem von Kohlenwasserstoffen im Temperaturbereich von etwa 750–1000 °C in einem thermischen Reaktor. Es findet ein Verbrennungsprozeß statt, weshalb man auch von einer „thermischen Nachverbrennung" spricht.

Das mit Abstand am meisten verwendete Abluftreinigungsverfahren ist die thermische Nachverbrennung (TNV). Dank ihrer Robustheit und Zuverlässigkeit hat sich das Verfahren in den verschiedensten Industriezweigen bewährt, d.h. von der:

- Metallackierung,
- Papierbeschichtung,
- Band- und Tafelblechbeschichtung,
- Folienbeschichtung,
- Chemieproduktion,
- Kunststoffverarbeitung,
- Klebetrocknung u.a.m.

Bei der thermischen Abluftreinigung werden organische Schadstoffe (vorzugsweise Kohlenwasserstoffverbindungen) durch *Oxidation* in die unschädlichen Stoffe *Kohlendioxid* und *Wasser* umgewandelt. Gemäß Abluftreinigung können jedoch weiter im *Abgas* Elemente wie *Kohlenmonoxid, Stickoxide, Schwefeldioxid* oder Restbestandteile an *Kohlenwasserstoffen* enthalten sein. Im wesentlichen sind folgende Faktoren für eine einwandfreie Verbrennung bestimmend:

- Höhere Temperaturniveaus im Reaktionsraum (Reaktor),
- Temperaturgleichförmigkeit im Reaktionsraum,
- Intensität der Vermischung der Komponenten vor und im Reaktionsraum,
- Verweilzeit im Reaktionsraum,
- Intensität der Strahlung im Reaktionsraum,
- Schadstoffart,
- Sauerstoffgehalt der Abluft.

TNV-Anlagen ohne Wärmerückgewinnung sind angesichts der heutigen Energie- und Kostensituation praktisch nicht denkbar. Das Wärmerückgewinnungskonzept muß dabei den jeweiligen Betriebsverhältnissen angepaßt werden. Als gängigste Art der Wärmerückgewinnung wird die Vorwärmung der zu reinigenden Abluft durch die bereits gereinigte praktiziert. Die Temperaturerhöhung, die die ungereinigte Abluft hierbei erfährt, muß dann später nicht mehr durch Zufuhr von Heizenergie erzielt werden. Die Vorwärmung sollte dabei nicht soweit getrieben werden, daß aufgrund der hohen Temperaturen bereits im Wärmetauscher eine Vorreaktion der Inhaltsstoffe in größerem Umfang einsetzt. Eine Vorreaktion und der damit verbundene Temperaturanstieg im Wärmetauscher sind unerwünscht, weil sie unkontrolliert ablaufen und zu einer Zerstörung des Wärmetauschers führen können und weil außerdem die im Wärmetauscher freigewordenen Energieströme sofort an die bereits gereinigte Abluft zurückgetauscht werden.

Abluftvorwärmung stellt meistens eine wirtschaftlich und verfahrenstechnisch sinnvolle Rückgewinnung dar, weil hier als eine der wichtigsten Voraussetzungen Wärmeüberschuß und Wärmebedarf zur gleichen Zeit anstehen.

Die heutigen verschärften Anforderungen an die Reingaswerte (besonders bei CO) sind häufig nur durch Temperaturerhöhung innerhalb der Brennkammer zu erreichen, was oft eine verrin-

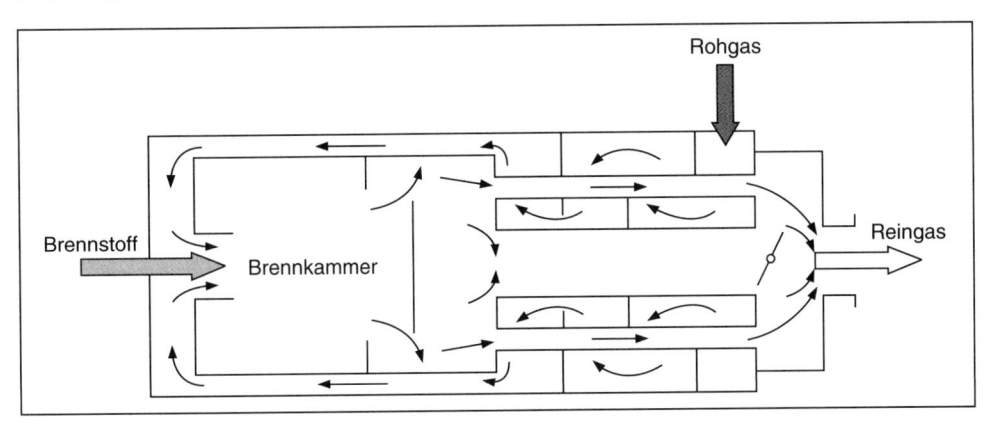

3.5 Abscheidung von gasförmigen Luftschadstoffen

Bild 3.32: TNV-Komponentenbauweise mit nachgeschaltetem Abluftwärmetauscher (mit Bypaß)

gerte Lebensdauer durch erhöhte Materialbeanspruchung wie auch erhöhten Energiebedarf bedeuten kann. Diese Nachteile umgehen speziell konzipierte TNV-Systeme, so z.B. die in Bild 3.32 schematisch dargestellte TNV in Komponentenbauweise, bei der der Abluftwärmetauscher dem Reinigungsgerät – d.h. der Brenn- oder Reaktionskammer – direkt nachgeschaltet ist.

Vorgang: Die zu reinigende Abluft durchströmt zunächst den Wärmetauscher und nimmt dabei Wärme von der bereits gereinigten Abluft auf. So vorgewärmt, gelangt die Abluft in die Reaktionskammer, in der sie unter Zugabe von Brennstoff auf ca. 650–800 °C erhitzt wird. Nach Durchströmen der Kammer gelangt sie an den reinseitigen Eingang des Abluftwärmetauschers, durchströmt diesen und wird als Reingas abgeleitet.

Explosionsgefahr: Bei der thermischen Abluftreinigung ist auch die *Explosionsgefahr* zu beachten. Denn in bestimmten Produktionsprozessen können Abluft- bzw. Abgasströme anfallen, die aufgrund ihrer hohen Schadstoffbelastung im explosionsfähigen Bereich liegen. Auch in solchen Fällen kann eine Abluftreinigung durch Verbrennung erfolgen. Allerdings sind dann umfangreiche Sicherheitsmaßnahmen erforderlich.

Beispiel: Wenn die Konzentration eines dispergierten brennbaren Stoffes in Luft einen Mindestwert, die untere Explosionsgrenze, überschreitet, so ist – bei gleichzeitiger Anwesenheit einer Zündquelle mit ausreichender Energie – eine *Explosion* möglich. Eine Explosion kommt nicht mehr zustande, wenn die Konzentration einen maximalen Wert, die obere Explosionsgrenze, überschritten hat. Werte für die untere und obere Explosionsgrenze sind für einige Stoffe in Tabelle 3.7 angegeben.

Tabelle 3.7: Werte für die Konzentration von Schadstoffen an der unteren und oberen Explosionsgrenze

Schadstoffe	unterer explosionsfähiger Bereich in Volumen-%	oberer explosionsfähiger Bereich in Volumen-%
Ethan	3,5	15,1
Ethylen	2,7	34,0
Kohlenmonoxid	12,5	74,0
Methan	4,6	14,2
Methanol	6,4	37,0
Pentan	1,4	7,8
Propan	2,4	8,5
Toluol	1,2	7,0
Wasserstoff	4,0	76,0

3.5.4.1 Praxis der Abluftreinigung

Die Abluftreinigung ist grundsätzlich ein Kostenfaktor. Es kann nur darum gehen, den Aufwand so gering wie möglich zu halten, d.h. die technisch sichere Methode zu wählen, die im individuellen Fall die kostengünstigste ist. Die optimale Problemlösung muß daher schrittweise erarbeitet werden.

Kathodische Tauchlackierung (KTL) mit geruchsbelästigenden Crackprodukten:
Überall da, wo für die gesamte in einer thermischen Nachverbrennung TNV erzeugte Energie zeitgleiche Wärmeabnehmer vorhanden sind, stellt sie eine wirtschaftliche Entsorgungslösung dar, und zwar unabhängig von Abluftmenge und Lösemittelkonzentration. Ein besonderes Einsatzgebiet für die TNV ist deshalb bis heute der Metallackierbereich – selbst da, wo es bei extrem niedriger Schadstoffbeladung praktisch nur um Geruchsbeseitigung geht.

Kathodische Tauchlackierung (KTL) von Automobilzubehör: Das wasserlösliche Beschichtungsmaterial enthält zwar mit nur noch rund 3 % extrem wenig Lösemittel, dafür aber Amine (Ammoniakderivate), die insbesondere durch die bei der Trocknung entstehenden Crackprodukte in erheblichem Maße geruchsbelästigend wirken. Die Behörden forderten deshalb nach § 3.1.9 TA Luft eine Abluftreinigung.

Dem installierten TNV wird die Abluft sowohl aus dem Trockner als auch aus dem Beschichtungsbereich zugeführt (vgl. Bild 3.33).

Entsprechend dieser Schemadarstellung sind dies insgesamt 6000 m³/h Abluft mit einer Mischtemperatur von 140 °C und einer Schadstoffbeladung unter 1 g/m³.

Bei einer Reaktionstemperatur von ca. 750 °C läuft die Verbrennung auf einen Reingaswert kleiner 20 mg c/m³ ab. Wärmerückgewinnung erfolgt zunächst in Form von Abluftvorwärmung, wobei sich das Reingas auf ca. 340 °C abkühlt. Daran schließt sich eine Warmwasser-

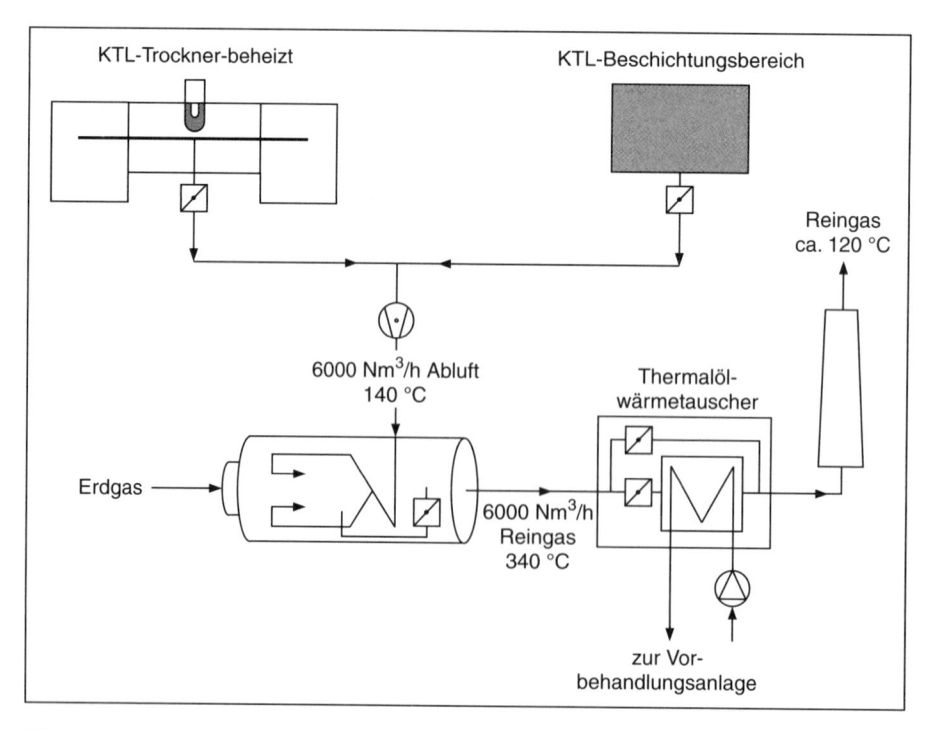

Bild 3.33: Abluftentsorgung einer kathodischen Tauchlackieranlage für Automobilzubehör (System Fa. Eisenmann, Umwelttechnik, Böblingen)

3.5.5 Abluftreinigung durch katalytische Nachverbrennung

Unter Abluftreinigung durch katalytische Nachverbrennung versteht man die Umwandlung der in der Abluft enthaltenen Schadstoffe, sowohl organische als auch anorganische, durch eine katalysierte chemische Reaktion in unbedenkliche Reaktionsprodukte.

Schon frühzeitig wurde versucht, das für die Abluftreinigung erforderliche Temperaturniveau durch Hilfseinrichtungen zu senken, um Primärenergie einzusparen bzw. den für eine Wärmerückgewinnung notwendigen Aufwand zu reduzieren. Deshalb wurde die katalytische Nachverbrennung (KNV) entwickelt.

Bei der katalytischen *Abluftreinigung* findet die chemische Umsetzung an der Oberfläche eines festen Katalysators statt, durch dessen Anwesenheit die erforderlichen Reaktionstemperaturen wesentlich abgesenkt werden. Katalytische Nachverbrennungsanlagen arbeiten in relativ niedrigen Temperaturbereichen von etwa 300–500 °C. Dabei werden organische Schadstoffe mit hohem Wirkungsgrad zu den Luftbestandteilen *Kohlendioxid* und Wasser oxidiert. Zur

bereitung für die Beheizung der Vorbehandlung an. Bei maximaler Wärmeabnahme beträgt die Reingaskamintemperatur nur noch ca. 120 °C. Das ist niedriger als die Abluft-Eingangstemperatur, d.h. die Anlage arbeitet also energiegünstiger als ohne TNV.

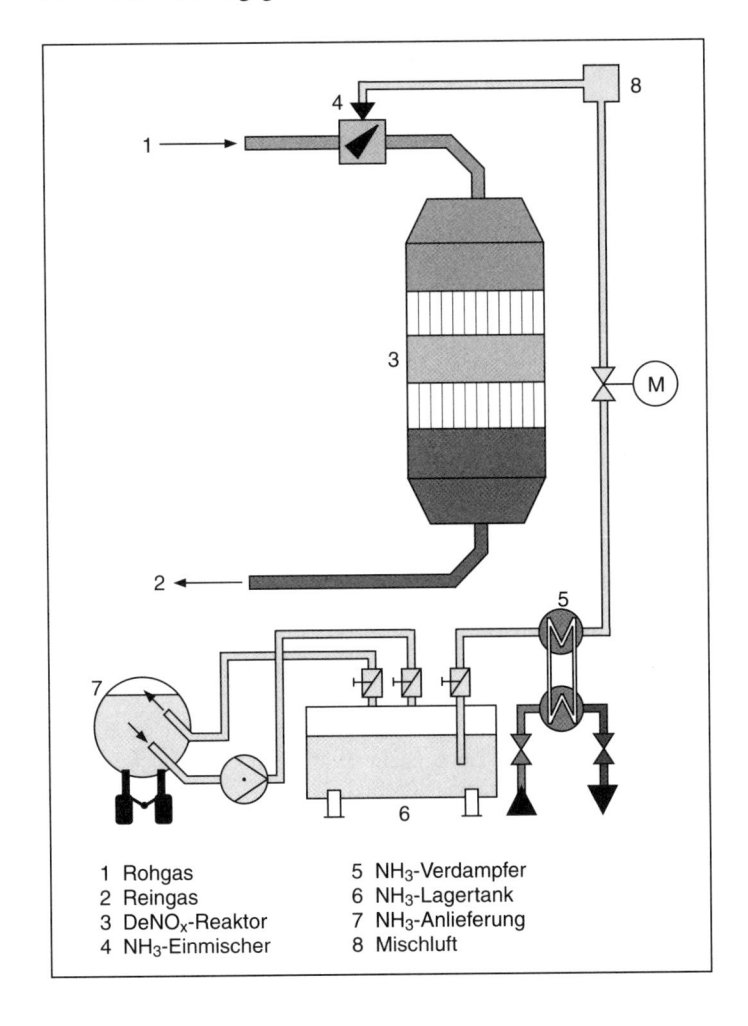

1 Rohgas
2 Reingas
3 DeNO$_x$-Reaktor
4 NH$_3$-Einmischer
5 NH$_3$-Verdampfer
6 NH$_3$-Lagertank
7 NH$_3$-Anlieferung
8 Mischluft

Bild 3.34:
SCR-Technologie: Schaltung vor dem Luvo

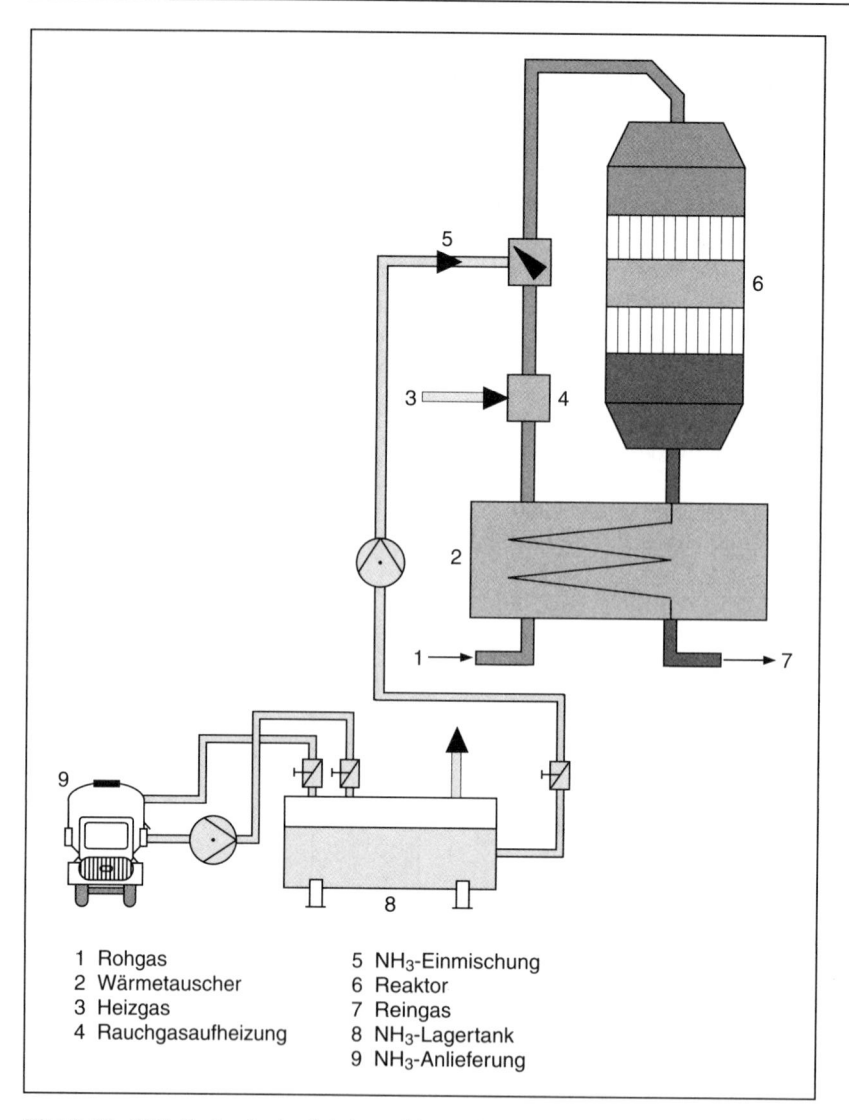

Bild 3.35: SCR-Technologie: Schaltung hinter einer Rauchgasreinigungsanlage

1 Rohgas
2 Wärmetauscher
3 Heizgas
4 Rauchgasaufheizung
5 NH_3-Einmischung
6 Reaktor
7 Reingas
8 NH_3-Lagertank
9 NH_3-Anlieferung

Abscheidung von *Stickstoffoxiden* aus Elementen von Chemieanlagen (z.B. Salpetersäureherstellung) und von Feuerungsanlagen hat die selektive katalytische Reduktion (SCR-Technik) große Bedeutung erlangt.

Selektive katalytische Reduktion (SCR): Die SCR-Technologie kann sowohl in staub- und SO_2-haltigen Rauchgasen nach dem Kessel - vor Luvo (siehe Bild 3.34) – wie auch auf der Reingasseite – z.B. hinter einer Rauchgasreinigungsanlage (siehe Bild 3.35) – eingesetzt werden. Die selektive katalytische Reduktion setzt mit Hilfe von Ammoniak (NH_3) als Reduktionsmittel das im Rauchgas enthaltene NOx in Stickstoff (N_2) und Wasserdampf (H_2O) um. Die Umssatzgleichungen sind folgende:

$$4\,NO + 4\,NH_3 + O_2 \rightarrow 4\,N_2 + 6\,H_2O$$

$$2\,NO_2 + 4\,NH_3 + O_2 \rightarrow 3\,N_2 + 6\,H_2O$$

3.5 Abscheidung von gasförmigen Luftschadstoffen   261

Der Arbeitsbereich für die Abgastemperatur liegt zwischen 250 °C und 450 °C.
Die Einbindung der SCR-Technik in die Kesselanlage erfolgt in enger Abstimmung zwischen Kesselhersteller und Anlagenbauer.
Kurze Beschreibung des Verfahrens (nach Bild 3.35): Das mit Schadstoff beladene Rohgas (1) durchströmt den Wärmetauscher (2), in dem seine Temperatur bis nahe an die Reaktionstemperatur erhöht wird. Die letzte Aufheizung erfolgt in einer Brennkammer (4) durch Zuführung von Heizgas (3). Die Eindüsung und Vermischung des Ammoniaks mit dem Rauchgas erfolgt durch ein Wirbelmischersystem (5), das im Kanalsystem vor dem Reaktor angeordnet ist. Diesem Mischsystem liegt der Gedanke zugrunde, der Strömung einen gezielten Impuls zu verleihen. Das auf Reaktionstemperatur erhitzte Gas durchströmt anschließend den katalytischen Reaktor (6). Der Reaktor hat z.B. die Aufgabe eine optimale Gasströmung zu gewährleisten, damit eine gute Funktion des Katalysators gesichert ist. Der Reaktor besteht im allgemeinen aus einer Schicht von partikelförmig oder auch wabenförmig angeordnetem Katalysatormaterial auf Titandioxidbasis mit Zusätzen aus Vanadium-Molybdän- und Wolframoxiden. Im Verlauf der chemischen Reaktion erhitzt sich dann der Abluftstrom. Das bei der Reaktion entstehende Reingas durchströmt anschließend den genannten Wärmetauscher (2) und gibt den größten Teil seiner Wärme an das Rohgas wieder ab. Zum Schluß wird das Reingas (7) in die Umgebung emittiert.
Praktische Anwendung des KNV-Verfahrens: In der praktischen Anwendung ging das KNV-Verfahren zeitweise stark zurück, weil die Katalysatoren gegenüber bestimmten Inhaltsstoffen der Abluft (z.B. Halogenen, Schwermetallen, Silikonen, Phosphor, Schwefel) höchst empfindlich waren und es jeweils sehr schnell zu einer rapiden Abnahme des Reinigungseffekts kam. Außerdem zeigte es sich, daß die erreichbare Reingasqualität unter der der thermischen Abluftreinigung ohne Katalysatoren liegt.
Inzwischen gewinnt das Verfahren der katalytischen Abluftreinigung wieder an Boden. Ein sehr gutes Beispiel ist hierfür die Reinigung der Automobilabgase. Denn im Zusammenhang mit der Automobil-Abgasentsorgung wurden neue Katalysatoren entwickelt, die gegenüber einer Reihe von Stoffen widerstandsfähiger sind. Durchschlagende Erfolge konnten vor allem erzielt werden, nachdem das als Katalysatorgift wirkende Blei dem Kraftstoff für Ottomotoren entzogen wurde.
Vor- und Nachteile der katalytischen Abluftreinigung: Ein erkennbarer Vorteil der katalytischen Abluftreinigung im Vergleich zur thermischen ist die verhältnismäßig niedrige Reaktionstemperatur. Daher kann man davon ausgehen, daß der Energieaufwand und damit die Betriebskosten verhältnismäßig vertretbar sind.
Diesem Vorteil stehen jedoch auch gewichtige Nachteile gegenüber. Besonders erwähnenswert ist die mit der Einsatzzeit nachlassende Wirksamkeit des Katalysators. Diese wird z.B. durch die sog. *Katalysatorvergiftung* hervorgerufen.
Katalysatorvergiftung: Unter Katalysatorvergiftung versteht man eine Vergiftung durch die Belegung mit Giftmolekülen oder der Reaktion mit Giftmolekülen. Die Form dieser Vergiftung tritt besonders bei erhöhten Temperaturen auf. Sie kann also durch Belegung der Oberfläche mit anderen als den gewünschten Molekülen entstehen.
Ein Vergleich zwischen der katalytischen und thermischen Behandlung von schadstoffhaltigen Abgasströmen ist nur dann möglich, wenn man beide Verfahren für ein bestimmtes Reinigungsproblem gleichermaßen einsetzen kann.

3.5.6 Rauchgasentschwefelung (siehe auch Kapitel 1.3.1.3)

Die Rauchgasentschwefelung wurde bereits unter Kapitel 1.3.1.3 ausführlich behandelt, so daß dieses Thema hier nur kurz dargestellt werden soll.
Je nach Schwefelgehalt fossiler Brennstoffe weisen deren Rauchgase mehr oder minder hohe Schwefeldioxidmengen auf, die weitestgehend entfernt werden müssen.
Schwefeldioxid entsteht während der Verbrennung aus dem im Brennstoff enthaltenen Schwefel und dem Luftsauerstoff.

3.5.6.1 Allgemeines

Für die Entschwefelung von Abgasen aus Feuerungs- sowie sonstigen Produktionsanlagen gibt es erprobte Verfahren, die den jeweiligen Bedingungen angepaßt sind. Aufgrund der prozeßtechnischen Anforderungen werden die *Entschwefelungsanlagen* den *Entstaubungsanlagen* nachgeschaltet.
Man unterteilt die heutigen Entschwefelungsverfahren in *nasse* und *trockene* Verfahren.

3.5.6.2 Nasses Entschwefelungsverfahren

Bei dem am häufigsten angewandten nassen Verfahren wird Schwefeldioxid mittels einer wäßrigen Lösung von *Kalkstein* absorbiert und umgesetzt zu Kalziumsulfid und Kalziumsulfat (Gips).

Rauchgasentschwefelung auf Kalksteinbasis (Fallbeispiel von Fa. Babcock Anlagenbau GmbH Oberhausen).

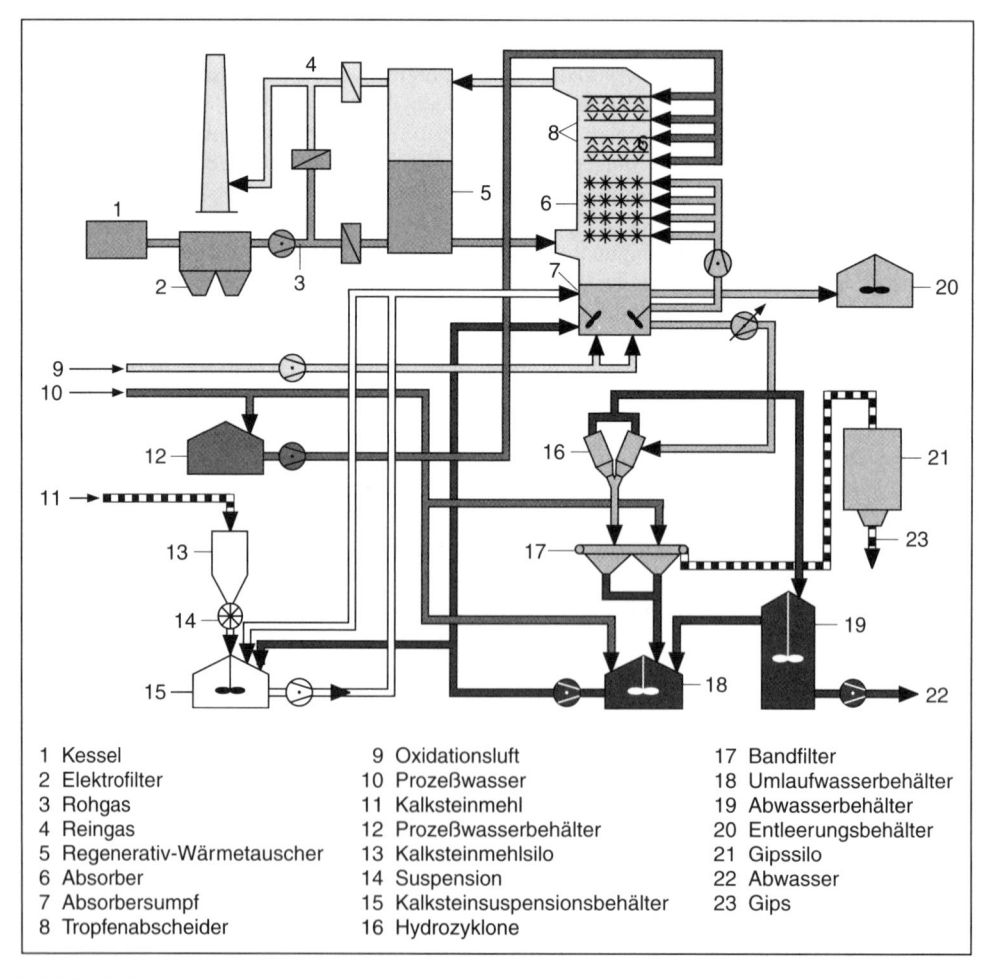

1 Kessel	9 Oxidationsluft
2 Elektrofilter	10 Prozeßwasser
3 Rohgas	11 Kalksteinmehl
4 Reingas	12 Prozeßwasserbehälter
5 Regenerativ-Wärmetauscher	13 Kalksteinmehlsilo
6 Absorber	14 Suspension
7 Absorbersumpf	15 Kalksteinsuspensionsbehälter
8 Tropfenabscheider	16 Hydrozyklone
17 Bandfilter	
18 Umlaufwasserbehälter	
19 Abwasserbehälter	
20 Entleerungsbehälter	
21 Gipssilo	
22 Abwasser	
23 Gips	

Bild 3.36: Schema eines Verfahrensfließbildes bezüglich des Rauchgasentschwefelungsprozesses (System: Deutsche Babcock Anlagen GmbH, Oberhausen)

Die Deutsche Babcock Anlagen GmbH hat den ursprünglich auf Kalkbasis betriebenen Rauchgasentschwefelungsprozeß weiter entwickelt, so daß das Mineral *Kalkstein* ($CaCO_3$) bei der SO_2-Wäsche eingesetzt wird. Es handelt sich hier um einen vereinfachten Prozeß, dessen Basis die Umsetzung:

$$CaCO_3 + SO_2 + 1/2\ O_2 \rightarrow CaSO_4 + CO_2$$

in wässriger Phase bildet. Bild 3.36 zeigt schematisch ein Verfahrensfließbild des Rauchgasentschwefelungsprozesses.

Das Rauchgas wird in einem Sprühturm in Kontakt mit der Waschflüssigkeit gebracht; dabei wird das sauer reagierende SO_2 absorbiert. Die Waschflüssigkeit läßt sich mit Kalkstein neutralisieren, wobei intermediär (als Zwischenprodukte) $CaSO_3$ (Calciumsulfit) und $Ca(HSO_3)_2$ (Calciumbisulfit) entstehen. Aufgrund des bei der Rauchgaswäsche ebenfalls absorbierten Sauerstoffs können sich diese Zwischenprodukte zu $CaSO_4$ umsetzen. Diese Reaktion verläuft jedoch nicht vollständig, so daß zusätzlich noch Luft als Sauerstofflieferant in die Waschflüssigkeit eingesprüht wird. Das entstehende Reaktionsprodukt $CaSO_4$ hat nur eine begrenzte Löslichkeit, so daß es unter Einbindung von Kristallwasser zu einer Fällung von $CaSO_4 \cdot 2\ H_2O$ (Gips) kommt. Die verfahrenstechnisch wesentliche Komponente des Entschwefelungsprozesses ist der als Sprühturm konzipierte Gegenstrom-Absorber mit integrierter Oxidationsstufe.

Als weitere wesentliche, aber nicht verfahrensspezifische Komponenten sind zu nennen:
- Neutralisationsmittelaufbereitung,
- Rauchgasförderung durch ein „heiß-" oder „naßgehendes" Gebläse,
- Rauchgaswiedererwärmungssystem (z.B. regenerativ arbeitender Gas/Gas-Wärmetauscher),
- Gips-Separierungsstufe bestehend aus Hydrozyklon und Bandfilter,
- Lagerung des pulverförmigen Gipses in Halden- oder Silotechnik.

Der Prozeßablauf läßt sich für dieses Beispiel wie folgt beschreiben:
- Das durch den Gas/Gas-Wärmetauscher abgekühlte Rohgas durchströmt den als Sprühturm konzipierten Absorber im Gegenstrom. Hier laufen die folgenden Prozeßschritte ab:
    - Absorption des Schadgases in einer Waschsuspension,
    - Neutralisation der Suspension durch Kalkstein,
    - Oxidation intermediärer Neutralisationsprodukte zu Gips,
    - Kristallisation des Gipses,
    - Trennung von Rauchgas und Waschsuspension.

Dem Absorber wird – abgesehen vom Rauchgas – Kalksteinsuspension zugeführt und Gipssuspension entnommen. Die Abtrennung des Gipses aus dieser Suspension erfolgt mit Hilfe einer Hydrozyklon-Bandfilter-Trennstufe.

Als Neutralisationsmittel dient bei dem SO_2-Waschprozeß Kalksteinmehl. Im Hinblick auf eine spezifisch gute Absorption ist also der Absorber als im Gegenstrom betriebener Sprühturm konzipiert. Den rauchgasseitigen Abschluß des Wäschers bildet ein zweistufiger Tropfenfänger (Grob-Fein-Abscheider). Die Tropfenabscheiderelemente sind dabei so geneigt, daß sie annähernd horizontal durchströmt werden.

3.5.6.3 Trockenes Entschwefelungsverfahren (Quasitrockenverfahren – siehe Kapitel 1.3.1.3)

Trockene Rauchgasentschwefelung in der zirkulierenden Wirbelschicht (Sprühabsorption)
(Fallbeispiel von Fa. Lurgi Umwelttechnik GmbH, Frankfurt)

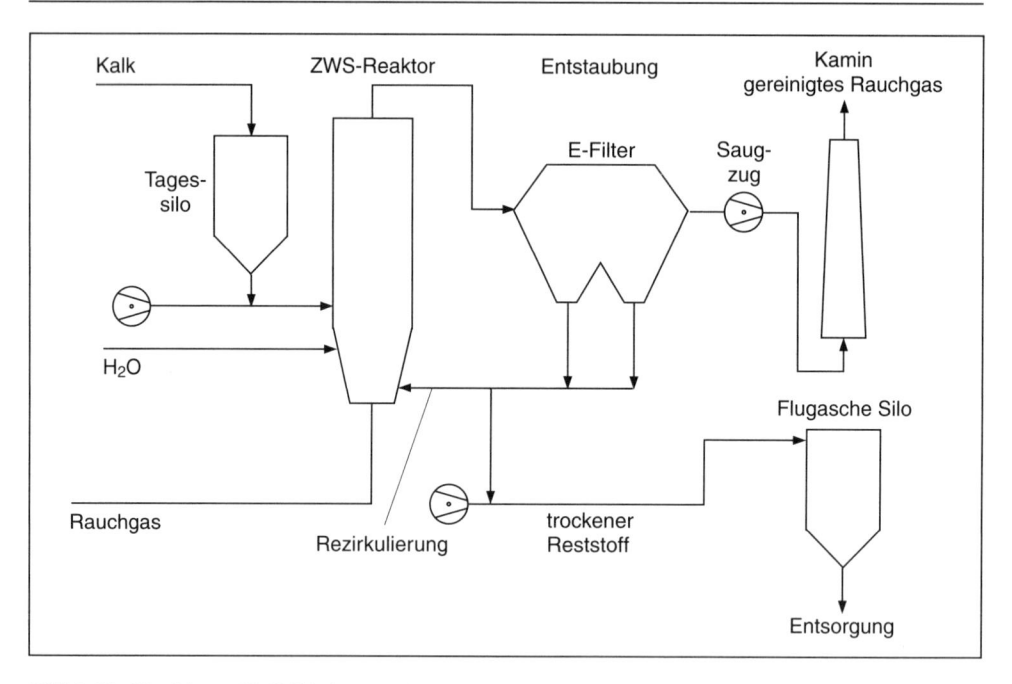

Bild 3.37: Verfahrensfließbild einer trockenen Entschwefelung

Die gasförmigen Schadstoffe reagieren mit einem in Wasser gelösten oder dispergierten Stoff, der zu feinsten Nebeltröpfchen zerstäubt wird. Durch den Kontakt mit dem heißen Rauchgas verdampfen die Nebeltröpfchen und ein trockener Niederschlag fällt aus; dieser kann vom Zerstäuberboden oder durch einen nachgeschalteten Elektrofilter ausgetragen werden.
Verfahrensbeschreibung: Bild 3.37 zeigt das vereinfachte Verfahrensfließbild der trockenen Entschwefelung.
Das Rohgas wird über einen mit Venturidüsen ausgestatteten Düsenrost von unten in den Reaktor (Venturireaktor) geleitet. Im Reaktor findet eine intensive Vermischung des Rauchgases mit dem feinkörnigen Reaktionsmittel, Kalk oder Kalkhydrat, statt. SO_2 und SO_3 und andere im Rauchgas enthaltene Schadgase wie z.B. HCl reagieren mit dem Kalkhydrat im wesentlichen unter Bildung von:
- $Ca SO_3 \cdot 1/2\ H_2O$,
- $Ca SO_4 \cdot 1/2\ H_2O$,
- $Ca CO_3$.

Das Reaktionsprodukt wird am oberen Reaktorteil kontinuierlich mit dem Abgas ausgetragen und in einem nachgeschalteten Entstauber (Elektrofilter) ausgeschieden.
Das Reingas wird mittels Saugzuggebläse über einen Kamin in die Atmosphäre gegeben. Der im Filter abgeschiedene Feststoff wird zum größten Teil mittels Fördereinrichtungen in den Reaktor zurückgeführt. Das ermöglicht eine Verlängerung der Verweilzeit der Feststoffpartikel und damit eine bessere Ausnutzung des Reaktionsmittels. Eine der Frischkalkhydratzugabe entsprechende Menge an Reaktionsprodukt wird aus dem Feststoffkreislauf ausgeschleust und zum Reststoffsilo gefördert.
Zur Erzielung einer maximalen Entschwefelungsleistung muß die Reaktionstemperatur so nahe wie möglich am Wassertaupunkt liegen. Das zu diesem Zweck benötigte Wasser kann dank der hohen Feststoffbeladung des Reaktors direkt in den unteren Teil des Reaktors

eingedüst werden. Die von der Rohgastemperatur und dem SO$_2$-Gehalt des Rohgases unabhängige Wasserzugabe ermöglicht für diesen Betrieb eine geringe Temperaturdifferenz zum Taupunkt und somit eine Entschwefelung, die über 95 % beträgt.

3.5.7 Rauchgasentstickung (siehe Kapitel 1.3.1.3)

Die Rauchgasentstickung wurde ebenfalls schon unter Kapitel 1.3.1.3 ausführlich behandelt, so daß eine kurze Beschreibung ausreicht.
Die erforderliche weitgehende Reinigung der Stickoxid-Emissionen wird nur durch geeignete Verfahren im Rauchgasweg erreicht. Die bisherigen Erfahrungen mit diesen sekundären NOx-Minderungsmaßnahmen haben gezeigt, daß man vor allem mit dem SCR-Verfahren (selektive katalytische Reduktion) gute Ergebnisse erzielen kann.
SCR-Verfahren: Die Umsetzung der im Abgas enthaltenen Stickoxide (NO/NO$_2$) mit Ammoniak (NH$_3$) zu N$_2$ und H$_2$O erfolgt am Katalysator bei Temperaturen zwischen 300 °C und 400 °C. Die Hauptreaktion läuft nach folgenden Summengleichungen ab:

$$4\,NO + 4\,NH_3 + O_2 \xrightarrow{\text{Katalysator}} 4\,N_2 + 6\,H_2O$$

$$2\,NO_2 + 4\,NH_3 + O_2 \xrightarrow{\text{Katalysator}} 3\,N_2 + 6\,H_2O$$

Der SCR-Reaktor kann an den folgenden Stellen im Rauchgasstrom eingebunden werden:

1.) Zwischen Kesselaustritt und Luvo (High Dust-Schaltung), nach Bild 3.38.
In diesem Fall ist der Gasstrom noch mit SO$_2$ beladen und noch nicht entstaubt. Eine Aufheizung des Gases auf die Betriebstemperatur des Katalysators ist bei dieser Anordnung nicht erforderlich.

2.) Zwischen Heißelektrofilter und Luvo (Low Dust-Schaltung), nach Bild 3.39.
Bei dieser Schaltung ist das Rauchgas entstaubt, aber noch nicht entschwefelt. Eine Aufheizung ist ebenfalls nicht notwendig.

3.) Hinter der Rauchgasentschwefelungsanlage (REA) (Reingasschaltung), nach Bild 3.40.
Durch den vorgeschalteten Luvo und die REA hat das Rauchgas nicht mehr die zur katalytischen Reaktion notwendige Temperatur und muß durch Wärmetauscher und Zusatzheizung auf die Reaktionstemperatur aufgeheizt werden. Da die Gase weitgehend entstaubt und entschwefelt sind und damit keine Katalysatorgifte mehr enthalten sind, ergibt sich bei dieser Schaltung eine wesentlich längere Standzeit als bei den beiden erstgenannten Schaltungen.

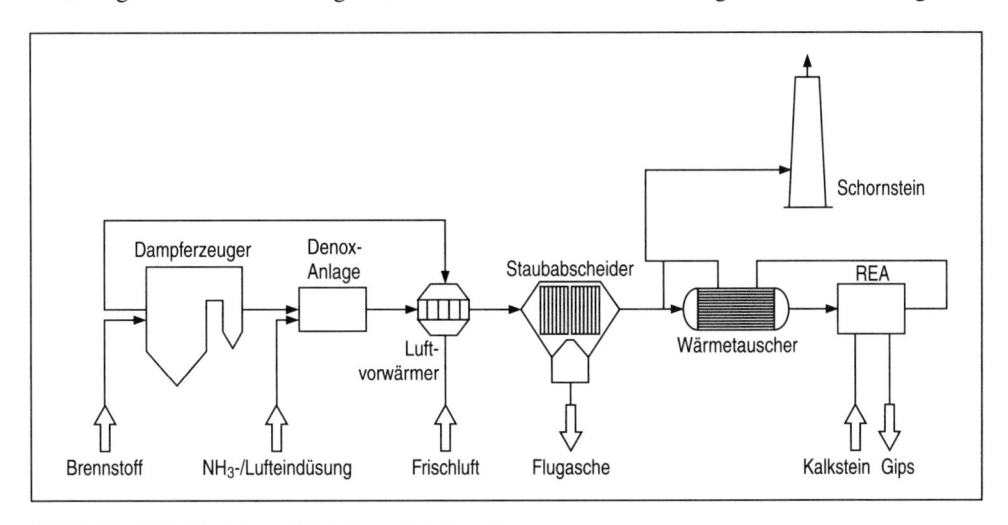

Bild 3.38: SCR-Verfahren (High Dust-Schaltung)

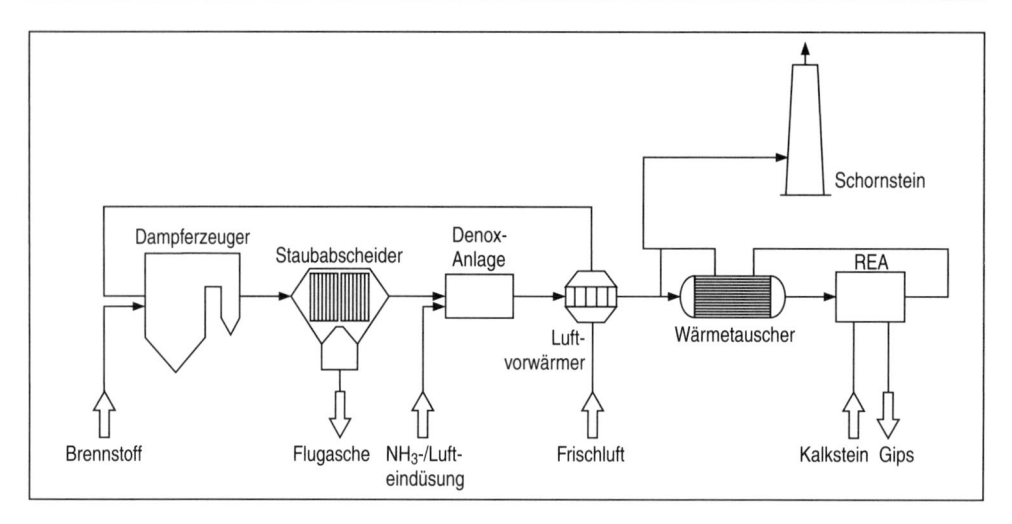

Bild 3.39: SCR-Verfahren (Low Dust-Schaltung)

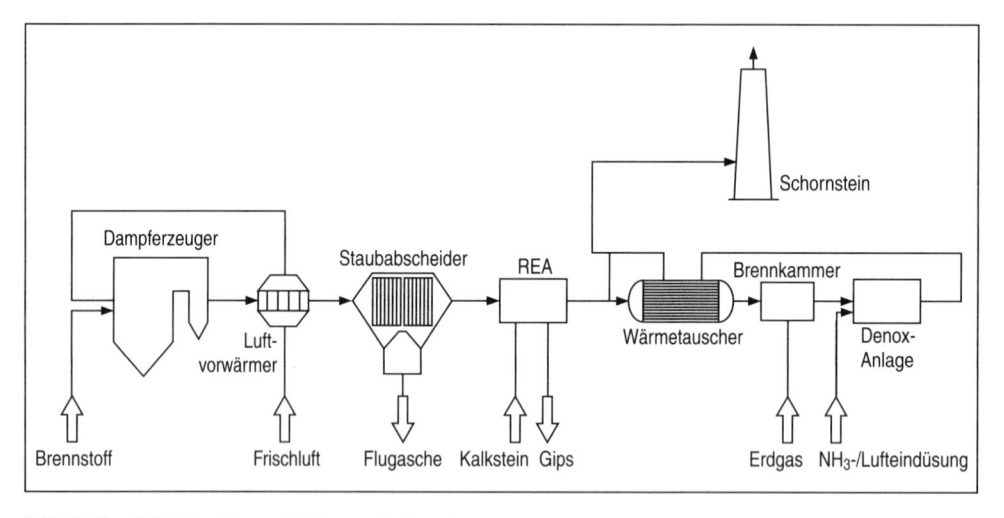

Bild 3.40: SCR-Verfahren (Reingasschaltung)

Für die optimale Ausnutzung des Katalysators und zur Erzielung eines hohen NOx/NH₃-Umsatzes ist es erforderlich, daß der Katalysator bezüglich Temperatur, Konzentration und Geschwindigkeit möglichst gleichmäßig angeströmt wird.

3.6 Bundesimmissionsschutzgesetz (BImSchG)

Das Bundesimmissionsschutzgesetz (BImSch G) ist ein Gesetz zum Schutz vor schädlichen Umwelteinwirkungen durch Luftverunreinigungen, Geräuschen, Erschütterungen und ähnlichen Vorgängen. Es dient als rechtliche Grundlage für einen wirksamen und vorbeugenden Immissionsschutz.

3.6 Bundesimmissionsschutzgesetz (BImSchG)

Anmerkung: Auf Einzelheiten dieses sehr umfangreichen Gesetzeswerks kann hier nicht näher Bezug genommen werden, d.h. es würde den Rahmen des Buches sprengen. Es bleibt an dieser Stelle nur der Hinweis, sich mit der einschlägigen Literatur über dieses Gesetz, insbesondere mit dem DIN A5 Taschenbuch „Umwelt-Recht", zu befassen.

3.6.1 Zweck des Bundes-Immissionsschutzgesetzes

Der Zweck des BImSchG ist:
- Menschen,
- Tiere,
- Pflanzen,
- den Boden,
- das Wasser,
- die Atmosphäre und
- Kultur- und sonstige Sachgüter

vor schädlichen Umwelteinwirkungen, die durch Immissionen verursacht werden, zu *schützen* sowie dem Entstehen schädlicher Umwelteinwirkungen *vorzubeugen* (Vorsorge treffen).

3.6.2 Begriffsbestimmung

- Immissionen.
- Emissionen.
- Anlagen:
  - Anlagen im Sinne des BImSchG sind unter anderem Grundstücke.
- Stand der Technik im Sinne des Gesetzes.

3.6.3 Errichtung und Betrieb von Anlagen

- Anlagenbezogener Immissionsschutz
  - Anlagenbezogener Immissionsschutz erfaßt sowohl die Errichtung wie auch den Betrieb von Anlagen.
- Genehmigungsbedürftige Anlagen
  - Sie bedürfen nach BImSchG § 4 für ihre Errichtung und ihren Betrieb einer besonderen immissionsschutzrechtlichen Genehmigung.

3.6.4 Pflichten der Betreiber genehmigungsbedürftiger Anlagen

Für Betreiber genehmigungsbedürftiger Anlagen ist es wichtig, die *gesetzlichen Grundpflichten* des § 5 BImSchG genau zu kennen, auf dessen Gesetzestext hier nicht näher eingegangen werden kann.

3.6.5 Genehmigungsvoraussetzungen

§ 6 BImSchG nennt als weitere Gesetzesvoraussetzung noch andere *öffentlich-rechtliche Vorschriften* und *Belange* des *Arbeitsschutzes*, welche der Errichtung und dem Betrieb der Anlage nicht entgegenstehen dürfen.

3.6.6 Rechtsanspruch auf eine immissionsschutzrechtliche Genehmigung

Sind die vorgenannten Voraussetzungen erfüllt, so besteht ein *Rechtsanspruch* auf die immissionsschutzrechtliche Genehmigung. In derartigen Fällen hat also die Genehmigungsbehörde kein Recht, eine beantragte Genehmigung abzulehnen.

3.6.7 Gesetzliche Pflichten der Betreiber nicht genehmigungsbedürftiger Anlagen

Nicht genehmigungsbedürftige Anlagen sind gemäß § 22 BImSchG so zu errichten und zu betreiben daß:
- schädliche Umwelteinwirkungen verhindert werden, die nach dem Stand der Technik vermeidbar sind,
- nach dem Stand der Technik vermeidbare, schädliche Umwelteinwirkungen auf ein Minimum beschränkt werden und
- die beim Betrieb der Anlage entstehenden Abfälle beseitigt werden können.

3.6.8 Vorsorgebestandteil des BImSchG für Betreiber genehmigungsbedürftiger Anlagen

Von besonderer Bedeutung ist für den Betreiber genehmigungsbedürftiger Anlagen, die gesetzliche Verpflichtung zur Vorsorge. Sie gilt nicht für Betreiber nicht genehmigungsbedürftiger Anlagen.

3.6.9 Rechtliche Konsequenzen des Vorsorgeprinzips

Das gesetzliche *Gebot* der *Vorsorge* (§ 5 BImSchG) bedeutet die verwaltungsrechtliche Umsetzung im jeweiligen Einzelfall, d.h., daß es auf die schädliche Umwelteinwirkung konkret nicht ankommt. Unabhängig davon, ob jemand von schädlichen Umwelteinwirkungen, die auf Emissionsverhalten von Anlagen zurückzuführen sind, betroffen ist, müssen Betreiber genehmigungsbedürftiger Anlagen Vorsorge gegen schädliche Umwelteinwirkungen treffen.

3.6.10 Verwaltungsdokumente nach BImSchG

Die rechtliche *Zulässigkeit* einer genehmigungsbedürftigen Anlage beginnt mit einem *Genehmigungsbescheid*.
Inhaltlich kann dies je nach Antrag bezüglich § 8 BImSchG z.B. eine:
- Teilgenehmigung lediglich für die *Errichtung* einer *Anlage*
- Teilgenehmigung lediglich für die *Errichtung* eines *Teils* der *Anlage*
- Teilgenehmigung lediglich für die *Errichtung* und den *Betrieb* eines *Teils* einer *Anlage* sein.

3.6.11 Vorbescheid

Gemäß § 9 BImSchG kann auf Antrag durch *Vorbescheid* über:
- einzelne Genehmigungsvoraussetzungen sowie
- den Standort der Anlage

entschieden werden.

3.6.12 Genehmigungsverfahren

Das Genehmigungsverfahren setzt einen schriftlichen Antrag voraus. Dem Antrag sind die zur Prüfung nach § 6 erforderlichen Zeichnungen, Erläuterungen und sonstige Unterlagen beizufügen.

3.6.13 Wesentliche Änderungen genehmigungsbedürftiger Anlagen

Nicht nur die Errichtung und der Betrieb einer genehmigungsbedürftigen Anlage bedarf einer Genehmigung, sondern gemäß § 15 BImSchG auch deren *wesentliche Änderung*. Über den Genehmigungsantrag ist innerhalb einer Frist von 6 Monaten zu entscheiden.

3.6 Bundesimmissionsschutzgesetz (BImSchG)

3.6.14 Vorzeitiger Beginn bei wesentlicher Änderung

Unter bestimmten eingeschränkten Voraussetzungen kann bei wesentlichen Änderungen genehmigungsbedürftiger Anlagen von der zuständigen Genehmigungsbehörde der vorzeitige Beginn der Errichtung sowie der vorzeitige Beginn des Anlagenbetriebes zugelassen werden (§ 15a BImSchG).

3.6.15 Mitteilungs- und Anzeigepflicht

Unbeschadet des § 15 Abs. 1 ist der Betreiber verpflichtet, der zuständigen Behörde nach Ablauf von jeweils zwei Jahren mitzuteilen, ob und welche Abweichungen vom Genehmigungsbescheid eingetreten sind.

3.6.16 Vereinfachtes Verfahren

Mit § 19 BImSchG ist es dem Vorhabenträger für eine Anlage, die dem vereinfachten Verfahren zugeordnet ist, möglich, bei Errichtung oder wesentlicher Änderung seiner Anlage sich dem förmlichen Genehmigungsverfahren zu unterwerfen.

3.6.17 Konzentrationsprinzip einer immissionsschutzrechtlichen Genehmigung

Eine Besonderheit bezüglich immissionsschutzrechtlicher Genehmigungen ist die als *Konzentrationsprinzip* bekannte Regelung des § 13 BImSchG. Danach werden im immissionsschutzrechtlichen Genehmigungsverfahren sämtliche, auch nicht den Immissionsschutz betreffende, öffentliche

- Genehmigungen,
- Zulassungen,
- Verleihungen,
- Erlaubnisse und
- Bewilligungen,

soweit sie die Anlage betreffen, eingeschlossen, so daß mit der Genehmigung nach dem Bundesimmissionsschutzgesetz gleichzeitig auch die übrigen erforderlichen Genehmigungen als erteilt gelten.

3.7 Bundesimmissionsschutzverordnung (BImSchV)

Anmerkung: Im vorliegenden Unterabschnitt (3.7) sollen lediglich nur die von der Bundesregierung aufgrund immissionsschutzrechtlicher Gesetzesermächtigung erlassenen *bundesrechtlichen Durchführungsverordnungen* zum Thema „BImSchV" knapp behandelt werden. Auf die Ermächtigung im Gesetz selbst soll dabei aufgrund des großen Umfangs nicht näher eingegangen werden; d.h. es soll nur eine Auflistung der Gesetze vorgenommen werden.

3.7.1 Gliederung der Gesetze

Die Bundesregierung hat inzwischen *22 Verordnungen* zur Durchführung des Bundesimmissionsschutzgesetzes (Stand 1994) erlassen mit der Kurzbeschreibung *BImSchV*. Die Gliederung der Durchführungsbestimmungen läßt sich wie folgt vornehmen:

- Anlagenbezogene Durchführungsverordnungen für genehmigungsbedürftige Anlagen:
  - 4. BImSchV: Verordnung über genehmigungsbedürftige Anlagen,
  - 5. BImSchV: Verordnung über Immissionsschutz und Störfallbeauftragte,
  - 9. BImSchV: Verordnung über Genehmigungsverfahren,
  - 11. BImSchV: Emissionserklärungsverordnung,
  - 12. BImSchV: Störfallverordnung,

- 13. BImSchV: Verordnung über Großfeuerungsanlagen,
- 14. BImSchV: Verordnung über Anlagen der Landesverteidigung,
- 17. BImSchV: Verordnung über Verbrennungsanlagen für Abfälle und ähnlich brennbare Stoffe.
• Anlagenbezogene Durchführungsverordnungen für nicht genehmigungsbedürftige Anlagen:
  - 1. BImSchV: Verordnung über Kleinfeuerungsanlagen,
  - 2. BImSchV: Verordnung zur Emissionsbegrenzung von leichtflüchtigen Kohlenwasserstoffen,
  - 7. BImSchV: Verordnung zur Auswurfbegrenzung von Holzstaub,
  - 20. BImSchV: Verordnung zur Begrenzung der Kohlenwasserstoffemissionen beim Umfüllen und Lagern von Otto-Kraftstoffen,
  - 21. BImSchV: Verordnung zur Begrenzung der Kohlenwasserstoffemissionen bei der Betankung von Kraftfahrzeugen.
• Produktbezogene Durchführungsverordnungen:
  - 3. BImSchV: Verordnung über Schwefelgehalt von leichtem Heizöl und Dieselkraftstoff,
  - 10. BImSchV: PCB-, PCT- und VC-Verbotsverordnungen nach dem Chemikalienrecht,
  - 19. BImSchV: Verordnung über Chlor- und Bromverbindungen als Kraftstoffzusatz.
• Flächenbezogene Durchführungsverordnungen:
  - 22. BImSchV: Verordnung über Immissionswerte
• Folgende Verordnungen gehören zu TA Lärm (nächstes Kapitel):
  - 8. BImSchV: Rasenmäherlärm.
  - 15: BImSchV: Baumaschinenlärmverordnung.
  - 16. BImSchV: Verkehrslärmschutzverordnung.
  - 18. BImSchV: Sportanlagenlärmschutzverordnung.

In Bild 3.41 werden in einer Übersicht nochmals alle vorkommenden Verordnungen dargestellt.

3.8 Verwaltungsvorschrift TA Luft

Diese 1983 erlassene und inzwischen mehrfach novellierte Vorschrift regelt die Genehmigung und Überwachung umweltgefährdender Anlagen bundesweit.

3.8.1 Allgemeines

In der „Technischen Anleitung zur Reinhaltung der Luft", einer allgemeinen Verwaltungsvorschrift zum *Bundesimmissionsschutzgesetz*, sind *Vorschriften* enthalten, die die zuständigen Behörden bei der Genehmigung und der Überwachung von *Anlagen* zu beachten haben. Hierzu gehören:

• Allgemeine Grundsätze zum *Genehmigungsverfahren* (z.B. auch zur Sanierung belasteter Gebiete und zum Schutz besonders empfindlicher Tiere, Pflanzen und Sachgüter).
• *Immissionswerte* für die wichtigsten luftverunreinigenden Stoffe.
• Verfahren zur Beurteilung von *Immissionen*.
• Standardisierte Verfahren zur Berechnung der *Ausbreitung* von *Emissionen* und zur Bestimmung von *Schornsteinhöhen*.

3.8 Verwaltungsvorschrift TA Luft

BImSchG
Bundesimmissionsschutzgesetz

Anlagenbezogener Immissionsschutz

Genehmigungsbedürftige Anlagen
- 4. BImSchV Verordnung über genehmigungsbedürftige Anlagen
- 5. BImSchV Verordnung über Immissionsschutz und Störfallbeauftragte
- 9. BImSchV Verordnung über Genehmigungsverfahren
- 11. BImSchV Emissionserklärungsverordnung
- 12. BImSchV Störfallverordnung
- 13. BImSchV Verordnung über Großfeuerungsanlagen
- 14. BImSchV Verordnung über Anlagen der Landesverteidigung
- 17. BImSchV Verordnung über Verbrennungsanlagen für Abfälle und ähnliche brennbare Stoffe

Nicht genehmigungsbedürftige Anlagen
- 1. BImSchV Verordnung über Kleinfeuerungsanlagen
- 2. BImSchV Verordnung zur Emissionsbegrenzung von leichtflüchtigen Kohlenwasserstoffen
- 7. BImSchV Verordnung zur Auswurfbegrenzung von Holzstaub
- 20. BImSchV Verordnung zur Begrenzug der Kohlenwasserstoffemissionen beim Umfüllen und Lagern von Ott-Kraftstoffen
- 21. BImSchV Verordnung zur Begrenzung der Kohlenwasserstoffemissionen bei der Betankung von Kraftfahrzeugen

Produktionsbezogener Immissionsschutz

- 3. BImSchV Verordnung über Schwefelgehalt von leichtem Heizöl und Dieselkraftstoff
- 10. BImSchV PCB-, PCT- und VC-Verbotsverordnungen nach dem Chemikalienrecht
- 19. BImSchV Verordnung über Chlor- und Bromverbindungen als Kraftstoffzusatz

Flächenbezogener Immissionsschutz

- 22. BImSchV Verordnung über Immissionswerte

Sonstiges

- Immissionsrichtwerte „Lärm"
- 8. BImSchV Rasenmäherlärm
- 15. BImSchV Bauminenlärmverordnung
- 16. BImSchV Verkehrslärmschutzverordnung
- 18. BImSchV Sportanlagenlärmschutzverordnung

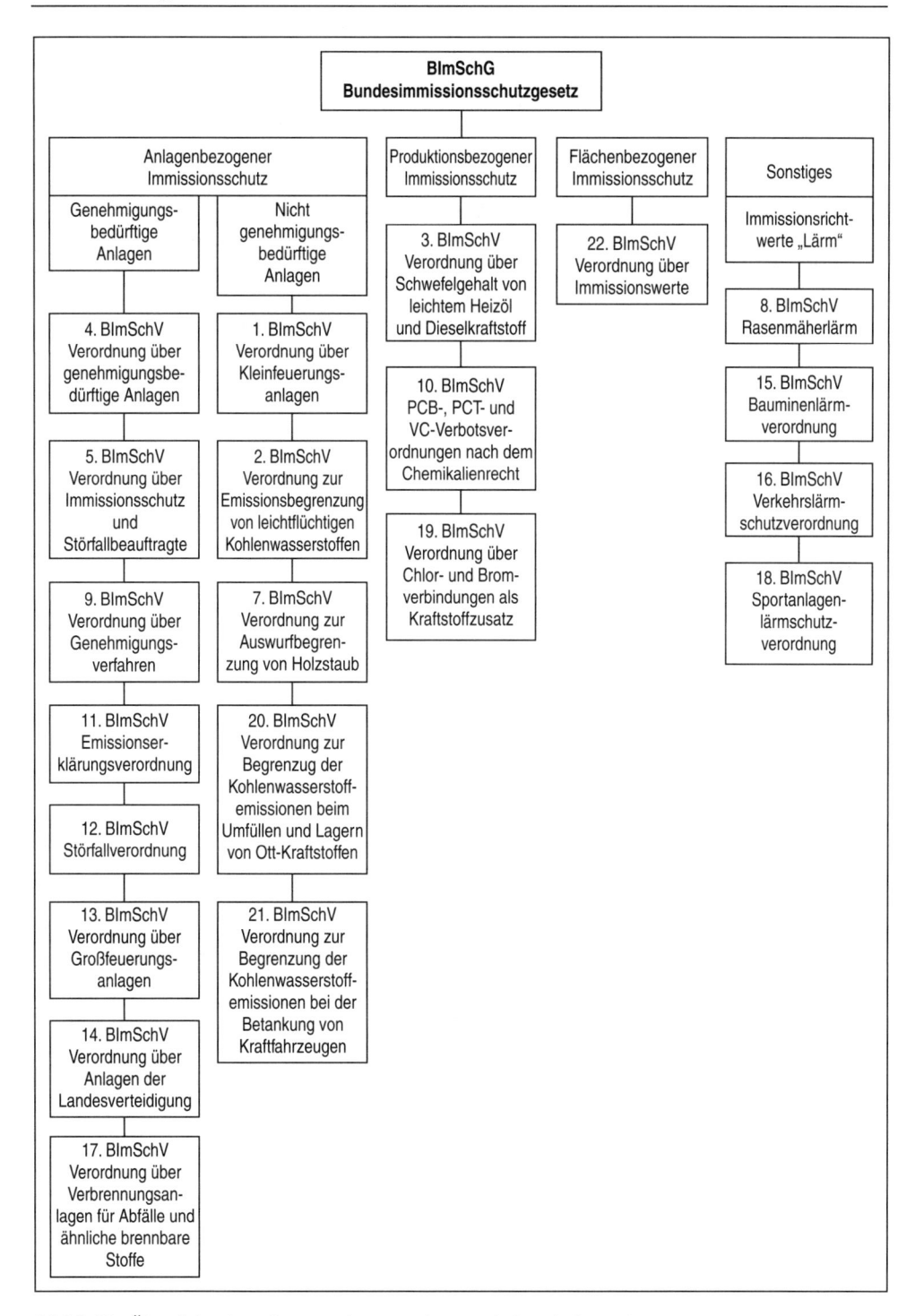

Bild 3.41: Übersicht über alle Verordnungen des Bundesimmissionsschutzgesetzes

Tabelle 3.8: Maßeinheiten über Umweltbelastungen

Maßeinheiten, die bei Umweltbelastungen verwendet werden		
• Emissionskonzentration [mg/m³]	Milligramm pro Kubikmeter	Schadstoffmenge je Kubikmeter Abgas
• Emissionsmassenstrom [kg/h]	Kilogramm pro Stunde	Emittierte Schadstoffmenge je Stunde
• Emissionsfaktor [kg/t]	Kilogramm pro Tonne	Emittierte Schadstoffmenge bezogen auf die Produktionsmenge
• Emissionsfaktor [kg/TJ]	Kilogramm pro Terajoule (von einer Anlage ausgehende Luftverunreinigung)	Emittierte Schadstoffmenge bezogen auf die Wärmeleistung (bei Feuerungsanlagen)
• Emissionskonzentration [µg/m³]	Mikrogramm pro Kubikmeter (1000 µg = 1 mg)	Schadstoffmenge je Kubikmeter Luft
• Staubniederschlag	Milligramm pro Quadratmeter und Tag	abgesetzte Schadstoffmenge pro Fläche und Zeit

Bemerkung: Volumenanteil ≙ 1 ppmV ≙ $\frac{\text{Molmasse}}{\text{Molvolumen}}$ mg/m³

1 ppm (Gewichts-ppm ≙ 1 mg/kg)
1 ppb (Gewichts-ppb ≙ 1 µg/kg)
Einheit ppm bedeutet: parts per million = 1 Millionstel
Einheit ppb bedeutet: parts per billion = 1 Milliardstel
Einheit ng heißt Nanogramm: 1 ng = 0,001 µg ≙ 10^{-9} g

- *Emissionsgrenzwerte* für staub- und gasförmige Luftverunreinigungen sowie besonders Regelungen für krebserzeugende Stoffe.
- Anforderungen an die Überwachung von *Emissionen* und
- Regelungen für Altanlagen.

Tabelle 3.8 enthält Maßeinheiten über diese Größen

3.8.2 Vorschriften zur Reinhaltung der Luft

Die TA Luft enthält Vorschriften zur Reinhaltung der Luft, die zu beachten sind bei:
- der Prüfung von Anträgen auf Erteilung einer Genehmigung zur Errichtung und zum Betrieb einer Anlage (§ 6 BImSchG) sowie zur Änderung der Lage, der Beschaffenheit oder des Betriebes einer Anlage (§ 15 BImSchG),
- der Prüfung der Anträge auf Erteilung einer Teilgenehmigung oder eines Vorbescheides (§§ 8, 9 BImSchG),
- nachträglichen Anordnungen (§ 17 BImSchG) und
- der Anordnung über Ermittlung von Art und Ausmaß der von einer Anlage ausgehenden Emissionen sowie der Immissionen im Einwirkungsbereich der Anlagen (§ 26 BImSchG).

3.8.3 Anlagenbezogene Festlegungen der TA Luft nach dem Vorsorgeprinzip

Dies ist besonders bedeutsam hinsichtlich der Festlegung in der TA Luft, dort wiederum insbesondere bei den anlagenbezogenen Festlegungen. Anlagenbezogene Festlegungen in der *TA Luft* folgen dem *Vorsorgeprinzip* gemäß § 5 Abs. 1 Nr. 2 des BImSchG. Die Einhaltung des Vorsorgeprinzips zählt zu den Pflichten der Betreiber genehmigungsbedürftiger Anlagen.

3.9 Technik der Luftreinhaltung

Entwicklung und Anwendung integrierter Umwelttechniken
Die Arbeiten im Bereich der Luftreinhaltung zielen auf die Entwicklung und Anwendung integrierter Umwelttechniken sowie von umweltverträglichen Produkten hin. Kennzeichnende Merkmale der vorsorgenden Luftreinhaltung sind:
- Anwendung und Weiterentwicklung von emissionsarmen Verfahren und Prozessen,
- Substitution oder Verringerung umweltschädlicher Einsatzstoffe und Produkte,
- Einsatz von wirksamen Abgasreinigungsverfahren,
- Entwicklung und Anwendung von Techniken zur Vermeidung, Verminderung und Verwertung von Reststoffen,
- rationelle Verwendung von Energie sowie Wärmenutzung,
- Verbesserung der Sicherheit technischer Anlagen.

Vermeidung der Schadstoffentstehung:
Die Entstehung von Luftverunreinigungen sowie von festen und flüssigen Reststoffen soll durch stoffliche sowie bauliche und betriebliche Maßnahmen von vornherein vermindert werden. Denn Schadstoffe, die nicht entstehen, brauchen auch nicht durch besondere Abgasreinigungsmaßnahmen abgeschieden werden.

Ersatz umweltschädlicher Stoffe:
Durch Auswahl von schadstoffarmen Roh- und Brennstoffen oder Verzicht auf umweltbelastende Zusatzstoffe, wie beispielsweise Lösemittel oder Schwermetalle werden Emissionen gering gehalten.

Optimierung der Abgasreinigung:
Primäre Emissionsminderungsmaßnahmen sind oft nicht ausreichend, um niedrige Emissionswerte zu erreichen, d.h., der Einsatz zusätzlicher Abgasreinigungsmaßnahmen (Sekundärmaßnahmen) ist auch künftig notwendig. Hinzu kommt, daß mit Abgasreinigungseinrichtungen in vielen Fällen eine vergleichsweise einfache Gesamtoptimierung der Anlagen im Hinblick auf eine Vermeidung oder Verwertung von Reststoffen möglich ist.

Reststoffvermeidung und -verwertung:
Luftreinhaltemaßnahmen dürfen nicht zu einer Problemverlagerung in andere Medien führen. Zur Ausfüllung des Reststoffvermeidungs- und verwertungsgebotes des Bundesimmissionsschutzgesetzes arbeitet das Umweltbundesamt an Anforderungen für Verwaltungsvorschriften mit.

Einsparung von Energie, Wärmenutzung:
Energieeinsparung ist in der Regel mit einer direkten Verringerung von Umweltbelasung verbunden. Aufgrund der Auswirkungen von Treibhausgasen wie Kohlendioxid und Methan auf das globale Klima (z.B. das durch menschliche Tätigkeit freigesetzte CO_2 enTsteht fast ausschließlich bei der Verbrennung fossiler Brennstoffe) haben Maßnahmen zur Energieeinsparung und Wärmenutzung eine besondere Priorität.

Störfallvorsorge:
Eine moderne Industriegesellschaft wird wesentlich von ihrer Technik geprägt. Sie hat dafür Sorge zu tragen, daß die durch die Technik bedingten Gefahren und Risiken auf ein vertretbares Maß begrenzt werden.
Im Zuge der Ausdehnung des Bundesimmissionsschutzgesetzes zu einem „Anlagensicherungsgesetz" ist die integrierte Betrachtung der Anlagensicherheit verstärkt und durch vielfältige störfallverhindernde Maßnahmen konkretisiert worden.

Internationale Zusammenarbeit:
Der konsequente Einsatz umweltfreundlicher Techniken und Produkte im nationalen Rahmen allein ist angesichts des grenzüberschreitenden Transports von Luftverunreinigungen und aufgrund der wirtschaftlichen Verflechtung der europäischen Staaten nicht ausreichend. Daher

arbeitet das Umweltbundesamt auf diesem Gebiet in internationalen Gremien mit, um den in Deutschland erreichten Stand moderner Umwelttechniken auch in den benachbarten europäischen Staaten verfügbar zu machen.

Schwerpunkte:
Die Arbeiten zur Entwicklung und Anwendung integrierter Umwelttechniken liefern die technisch-wissenschaftlichen Grundlagen für die Neufassung, Ergänzung oder Änderung mehrerer Rechtsvorschriften, insbesondere zum Bundesimmissionsschutzgesetz und zum Chemikaliengesetz. Hinzu kommt die Unterstützung der Behörden im Vollzug und die stark zunehmende fachliche Information aus Wirtschaft und Wissenschaft. Das alles wird durch folgende Schwerpunkte geprägt:

- Mitarbeit bei der Novellierung der Verordnung über Kleinfeuerungsanlagen (1. BImSchV).
- Unterstützung der Behörden und Betreiber beim Vollzug der Verordnung über Großfeuerungsanlagen bzw. der entsprechenden EG-Richtlinien.
- Mitwirkung bei der Umsetzung und Ausfüllung der Anleitung zur Reinhaltung der Luft (TA Luft).
- Unterstützung von Behörden, Betreibern und Herstellern bei Vollzug und Auslegung der Abfallverbrennungsanlagen-Verordnungen (17. BImSchV).
- Erarbeitung und Regelung zur internen und externen Wärmenutzung bei genehmigungsbedürftigen Anlagen.
- Mitwirkung bei Vorschriften zur Ausfüllung des Reststoffvermeidungs- und verwertungsgebotes nach § 5 Abs. 1 Nr. 3 BImSchG.
- Unterstützung der Behörden, Betreiber und Hersteller bei der Auslegung und Umsetzung der Anforderungen der 2. BImSchV.
- Mitarbeit bei Maßnahmen zur Durchführung der FCKW-Halon-Verbotsverordnung.
- Mitwirkung an einer Vielzahl von Regelungen im internationalen Bereich, z.B. zur Ermittlung und Festlegung der besten verfügbaren Techniken in den Mitgliedstaaten der EU.

Die Vorschläge und Maßnahmen zielen auf die konsequente Anwendung des Standes der Umwelttechnik bei Neu- und Altanlagen ab.

Wiederholungsfragen zu Kapitel 3

1. Was verstehen Sie unter dem Begriff „Luftverunreinigungen"?
2. Wie werden Luftverunreinigungen freigesetzt?
3. Was verstehen Sie unter Emissionen im Sinne der TA Luft?
4. Wie können Schadstoffe vom Menschen aufgenommen werden?
5. Wie äußert sich die Giftigkeit von Ozon?
6. Definieren Sie den Begriff Stäube!
7. Wozu dient die Luftanalyse?
8. Was ist bei Messungen einzelner Schadstoffe zu beachten?
9. Wovon hängen vorbereitende Tätigkeiten am Meßort ab?
10. Wozu dient die Reinigung von Abluft- oder Abgasströmen?
11. Welche Schadstoffakzeptoren kennen Sie?
12. Wie kann die Abscheidung gasförmiger Schadstoffe erfolgen?
13. Erläutern Sie den Begriff eines Staubabscheiders!
14. Welche Staubabscheider kennen Sie?
15. Beschreiben Sie allgemein die Arbeitsweise der Zyklone!
16. Was ist ein Schüttschichtfilter?

17. Wie arbeitet ein Elektroentstauber?
18. Nach welchen Abscheideverfahren kann die Abscheidung gasförmiger Schadstoffe vorgenommen werden?
19. Welche physikalischen Verfahren kennen Sie ?
20. Was verstehen Sie unter Absorption?
21. Wie unterscheiden sich physikalische und chemische Absorption?
22. Welches sind die günstigsten Bedingungen für Temperatur und Druck bei der Adsorption?
23. Wozu dient eine Nachverbrennung?
24. Welches sind die beiden Gruppen von Entschwefelungsverfahren?
25. Warum müssen Feuerungsabgase entschwefelt und entstickt werden?

4 Lärm und Lärmschutzmaßnahmen

4.1 Lärm

Unter Lärm sind alle Geräuschimmissionen zu verstehen, die für irgend jemanden auf irgendeine Art Gefahren, erhebliche Nachteile oder erhebliche Belästigungen bedeuten.

4.1.1 Allgemeines

Beim Lärm unterscheidet man in:
- Lärm am Arbeitsplatz (Arbeitsschutzproblem) und
- Lärm in der Nachbarschaft.

Der Lärm am Arbeitsplatz hat unmittelbaren Einfluß auf den Lärm in der Nachbarschaft.
Durch geeignete Maßnahmen an der Lärmquelle (Arbeitsplatz, Maschine) wird eine Belästigung der Nachbarschaft und Umwelt vermieden.
Der Lärm am Arbeitsplatz entwickelte sich in den letzten zwei Jahrzehnten zu einem bedeutenden sozialpolitischen Problem. Denn die Lärmschwerhörigkeit liegt weithin an der Spitze der Berufskrankheiten.
In der Bundesrepublik Deutschland sind über 4 Millionen Arbeitnehmer während der Arbeit gesundheitsschädlichen, insbesondere gehörgefährdenden Lärm von mehr als 85 dB(A) ausgesetzt. Jedes Jahr werden ca. 9000 neue Fälle der Berufskrankheit Lärmschwerhörigkeit angezeigt, ca. 3000 neue Fälle erstmals anerkannt und ca. 900 erstmals entschädigt.
Lärm kann aber nicht nur Gehörschäden verursachen, sondern gefährdet generell die Gesundheit von Personen im Arbeitsbereich sowie in Haushalt und Freizeit.
Die Lärmbelästigungen im Betrieb und im Büro sind vor allem durch die hohen Geräuschpegel von Maschinen, Geräten und Transportmitteln bedingt. Die Lärmminderung muß also demnach an der Quelle, d.h. der Maschine, beginnen.
Zwei neue EG-Richtlinien zum Schutz der Arbeitnehmer vor gesundheitsgefährdenden Lärm und zur Sicherheit von Maschinen geben dem Lärmschutz der Arbeitnehmer eine neue Qualität. Die UVV Lärm (1990) und die 3. Verordnung zum Gerätesicherheitsgesetz (3.GSGV-1991) setzen diese EG-Richtlinien in deutsche Vorschriften um.
Entsprechend dieser beiden Vorschriften muß nunmehr für Arbeitsmittel angegeben werden, wie laut sie sind, d.h. wieviel Lärm sie erzeugen.
Diese Geräuschangabe von Maschinen setzt neue Impulse zur Konstruktion und Beschaffung lärmärmerer Maschinen und Geräte. Damit wird dann die Lärmbelastung im Betrieb, im Büro, im Haushalt und in der Freizeit deutlich gesenkt.

4.1.2 Auswirkungen von Lärm

Von Schallquellen breiten sich Schallwellen aus, die von unserem Ohr (Bild 4.1) wahrgenommen werden.
Von Lärm spricht man, wenn die Schallwellen stören, belästigen, behindern, schmerzen und krank machen. Lärm erschwert die Verständigung, kann erschrecken oder akustische Warnsignale überdecken und somit Unfälle verursachen. Die vielen empfindlichen Hörzellen des Innenohres werden durch die Schallwellen gereizt, bei starkem Lärm überreizt bis zum Schmerzempfinden. Nach kurzfristigen Belastungen tritt eine Erholung ein. Aber bei Dauer-

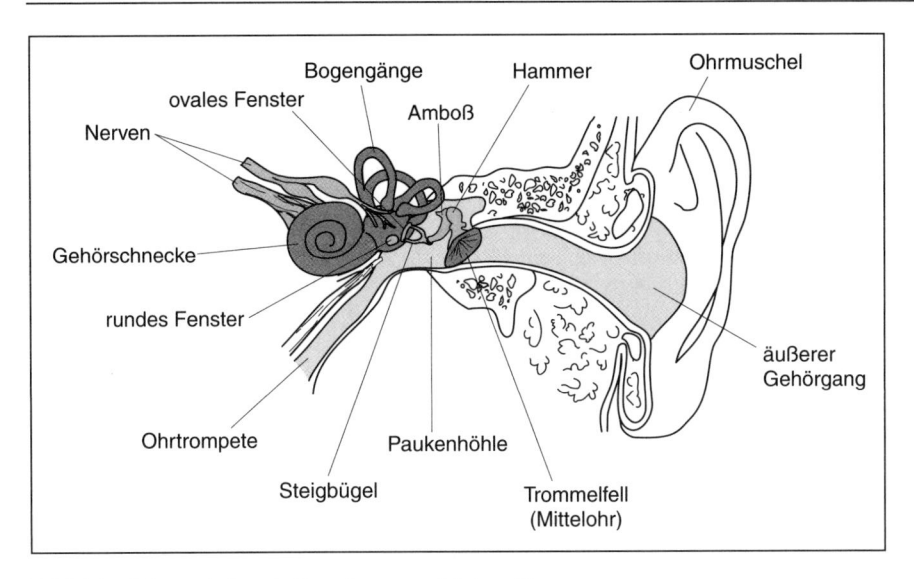

Bild 4.1: Schematischer Aufbau des menschlichen Ohres

belastung geht die Fähigkeit der Hörzellen, die Schallwellen in Nervenimpulse umzuwandeln, nach und nach für immer verloren. Lärmbedingte Schwerhörigkeit bis zu extremen Ausmaßen ist die Folge.

Schwerhörigkeit ist nicht heilbar und niemals rückgängig zu machen.

Die Berufsgenossenschaften haben in vielen Betrieben Lärmmessungen durchgeführt und Anordnungen zur Lärmbekämpfung getroffen.

Die Messung von Lärm ist aber nicht möglich, da Lärm ein sozialpsychologisches Phänomen ist und daher nicht meßtechnisch zu erfassen ist. Meßbar sind stattdessen Geräusche (Schalldruckpegel).

Physikalisch eindeutig beschreibbar ist jedoch der Schall.

4.1.3 Schall und Geräusch

Schall

Schall ist ein *Schwingungsvorgang* in Gasen, festen Stoffen oder Flüssigkeiten. Eine solche Schwingung breitet sich als *Schallwelle* in diesem Medium aus. Schall entsteht zumeist dann, wenn elastische Systeme durch Kräfte zum Schwingen angeregt werden. Je nach dem Medium, in dem sich die Schwingung ausbreitet, wird unterschieden zwischen

- Luftschall (in Gasen, Luft),
- Körperschall (in festen Stoffen),
- Flüssigkeitsschall (in Flüssigkeiten).

Die Zahl der Druckschwankungen pro Sekunde (Frequenz) bestimmt die Höhe des Schalls, und die Druckstärke bestimmt die Lautstärke. Die Höhe des Schalls wird in Hertz angegeben (1 Hz = 1 Schwingung pro Sekunde).

Als Schall werden mechanische Schwingungen von festen, flüssigen oder gasförmigen Stoffen mit Frequenzen von etwa 20 Hz bis maximal 20 000 Hz bezeichnet. Innerhalb dieser Frequenzspanne kann das menschliche Gehör Schwingungen als Schall wahrnehmen.

Die größte Empfindlichkeit hat das Ohr im Frequenzbereich zwischen 1000 Hz und 4000 Hz. Töne, die in der Freqenz darüber oder darunter liegen, werden bei gleichem Schalldruck leiser empfunden.

Diese Frequenzabhängigkeit des menschlichen Gehörs wird in der Schallmeßtechnik durch eine Frequenzbewertung (A-Bewertung) berücksichtigt. Das A-Bewertungsfilter dämpft die Meßsignale im tiefen und hohen Frequenzbereich und bildet so näherungsweise die Frequenzabhängigkeit des menschlichen Gehörs nach.

Im Hörbereich liegt der Schalldruck bei einem Effektivwert von 2×10^{-5} Pa (Pascal). Die Schmerzschwelle befindet sich etwa bei einem effektiven Schalldruck von 20 Pa. Das Ohr bewertet Grräusche nach Tonhöhe und Lautstärke. Die *Empfindlichkeit* des Ohres ist also frequenzabhängig; sie ist am empfindlichsten zwischen 1 und 4 KHz.

Ein Ton von 1 KHz wird gerade noch gehört, wenn der Schalldruck 2×10^{-5} Pa beträgt. Beispiel: Bei 100 Hz ist ein Schalldruck von 2×10^{-4} Pa und bei 50 Hz ein solcher von $2 \cdot 10^{-3}$ Pa notwendig. Die Frequenzabhängigkeit der Hörschwelle zeigt Bild 4.2.

Im gesamten Hörbereich werden Töne mit gleicher Energie, aber mit unterschiedlicher Frequenz vom Ohr verschieden beurteilt.

Die subjektiv empfundene Lautstärke hängt wesentlich von der Schallfrequenz ab. Bei gleichem Schalldruck werden tiefe Töne als wesentlich leiser empfunden als hochfrequente Töne.

Diese Tatsache hat zur Ermittlung einer empirischen subjektiven Lautstärkeskala geführt, der Phonskala (vgl. Bild 4.3). Stellt man Versuche über den gesamten Frequenzbereich an, dann ergeben sich die Kurven gleicher Lautstärke.

Schallpegel: Das Ohr des Menschen kann einen sehr großen Wertebereich des Schalldrucks verarbeiten (vgl. Bild 4.2). Aufgrund des großen Wertebereiches der in der Akustik auftretenden Meßgrößen, werden Schallkennwerte durch logarithmierte Pegelwerte in der dimensionslosen Größe *Dezibel (dB)* angegeben. Der Schalldruckpegel L_p ist der 10fache dekadische Logarithmus vom Quadrat des Schalldrucks bezogen auf das Quadrat des Bezugsschalldrucks p_O. Der Bezugsschalldruck $p_0 = 2 \times 10^{-5}$ Pa entspricht in etwa der Hörschwelle bei 1000 Hz.

Schalldruckpegel: $L_p = 10 \lg p^2/p_0^2$ [dB] $= 20 \lg p/p_0$ [dB]

Schalleistungspegel: $L_w = 10 \lg P/P_0$ [dB]

dabei ist: p der Effektivwert des Schalldrucks in Pa

p_0 der Bezugswert des Schalldrucks (2×10^{-5} [Pa])

p^2 proportional zur sogenannten *Schallintensität*

P die Schalleistung in Watt [W]

P_0 Bezugswert der Schalleistung (1×10^{-12} [W])

Pegel haben keine Dimension, die Angabe „dB" (Dezibel) dient also nur dem Zweck, zu zeigen, daß es sich um einen Pegel handelt.

Es ergibt sich nach Bild 4.2 bei der Hörschwelle ein L_p von 0 dB und bei der Schmerzschwelle ein L_p von 120 dB. Eine Verdopplung des Lautheitseindrucks beim Menschen entspricht in etwa einer Pegelerhöhung um 10 dB. Eine Geräuschquelle mit doppelter Schallenergie liefert einen um 3 dB höheren Pegelwert.

Schallwirkungen auf den Menschen: Die Wirkungen des Schalls auf den Menschen hängen ab von der:

- Schallintensität am Gehör,
- Einwirkungsdauer,
- Schallzusammensetzung,
- zeitlichen Verteilung des Schalls.

Zudem hat die Art der Tätigkeit, bzw. die Situation einen Einfluß auf die Wirkungen des Schalls. Bild 4.4 zeigt Schallausbreitungswege im Arbeitsraum.

4.1 Lärm

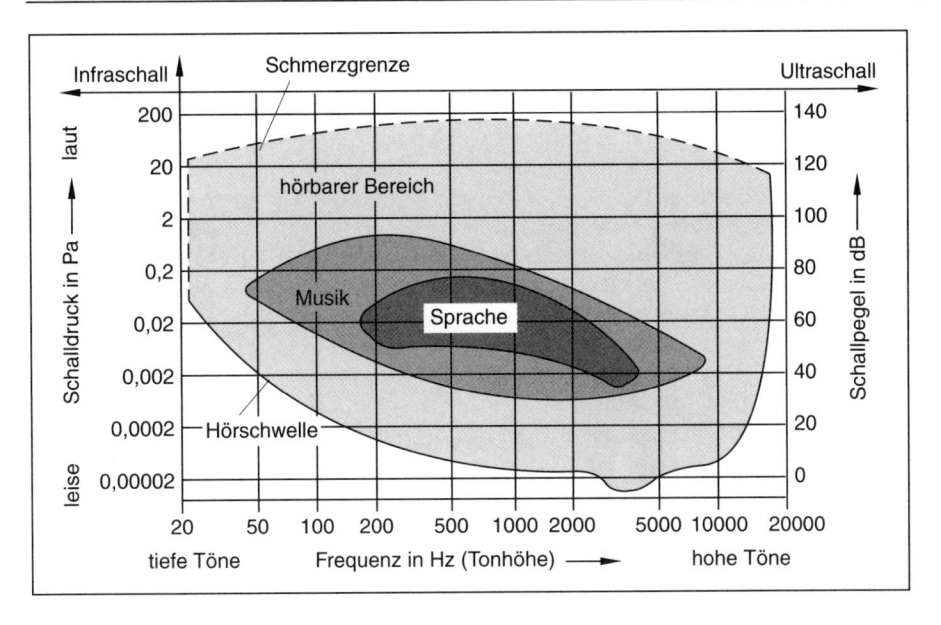

Bild 4.2: Hörfläche eines Menschen

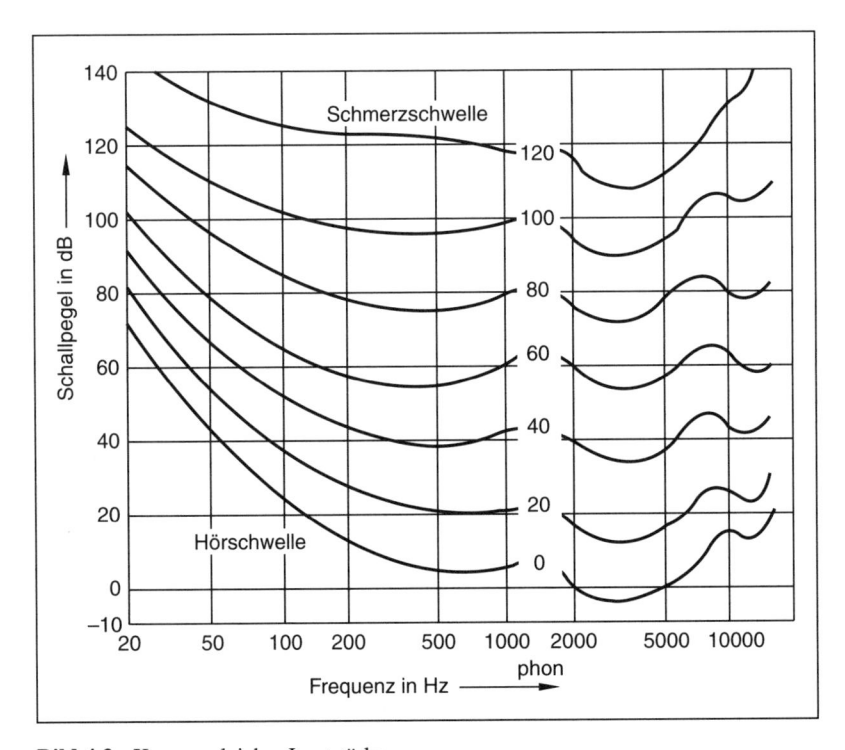

Bild 4.3: Kurven gleicher Lautstärke

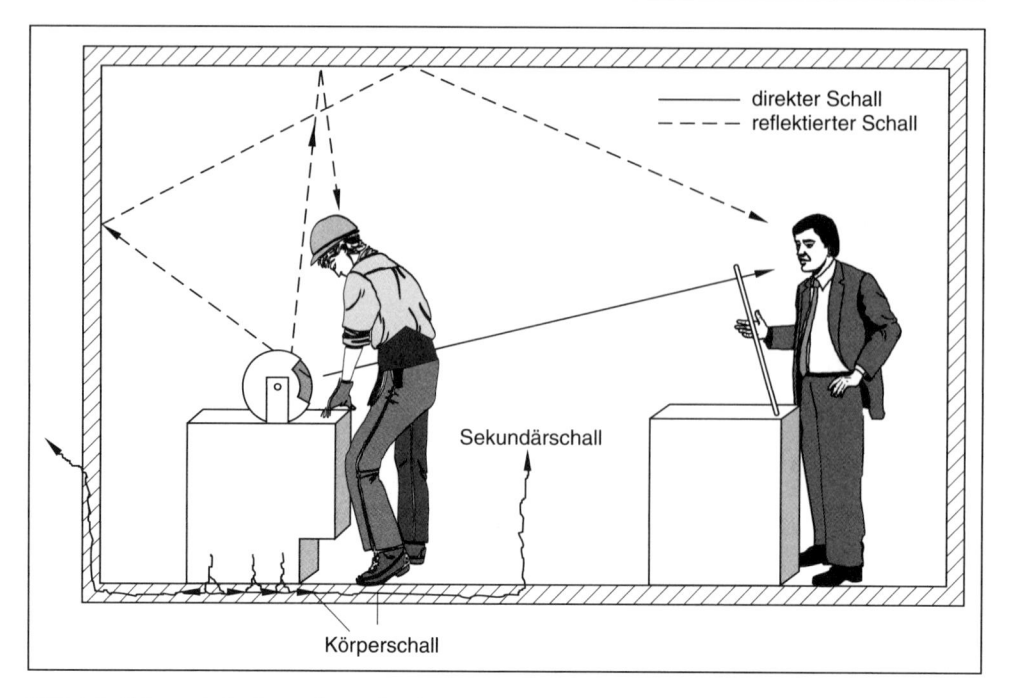

Bild 4.4: Schematische Darstellung über Schallausbreitungswege im Arbeitsraum

Geräusche

Bei vielen Vorgängen entsteht Schall, der mehrere verschiedene, voneinander unabhängige Frequenzen enthält; dieser Schall wird als *Geräusch* bezeichnet.

Geräusch ist ein Schallereignis, das sich aus mehreren Frequenzteilen mit unterschiedlicher Stärke zusammensetzt.

Geräuschbeurteilung: Sie ist eine Überprüfung einer Geräuschsituation auf Zulässigkeit oder Zumutbarkeit. Bei der Geräuschbeurteilung wird meist ein Zahlenwert für die Geräuschbelastung mit bestehenden *Grenz-, Richt-* oder *Orientierungswerten* verglichen. Die *Geräuschmessung* ist ein Verfahren zur objektiven Beschreibung von Geräuschen. Der *Schalldruckpegel* beschreibt die Größe des Schalldrucks eines Schallfeldes an einem bestimmten Ort. Bei Angabe eines Schalldruckpegels ist immer die Angabe des Bezugpunktes (Entfernung von der Quelle) notwendig. Bild 4.5 enthält die Schallpegelbereiche einer Anzahl üblicher Geräusche.

Schall nennt die Physik die Geräusche, die wir hören, und mißt die Lautstärke in Dezibel, abgekürzt dB(A) „A-bewerteter Schallpegel".
Ausgangspunkt des Schalls sind die Schwingungen und der wellenförmige Druck einer Schallquelle: Je größer die Anzahl der Schwingungen (Frequenz, in Hertz), desto höher empfindet man einen Ton. Je größer der Druck (in Dezibel), um so lauter wird der Ton gehört. Die Skala reicht von 0–130 dB(A), d.h. vom nicht wahrnehmbaren Geräusch bis zum ohrenbetäubenden Krach. Gesundheitliche Schäden entstehen jedoch bereits bei einer dauerhaften Belastung von 65 dB(A) tagsüber. Eine Pegelerhöhung von 10 dB(A) wird als Verdopplung des subjektiven Lautheitseindrucks wahrgenommen.

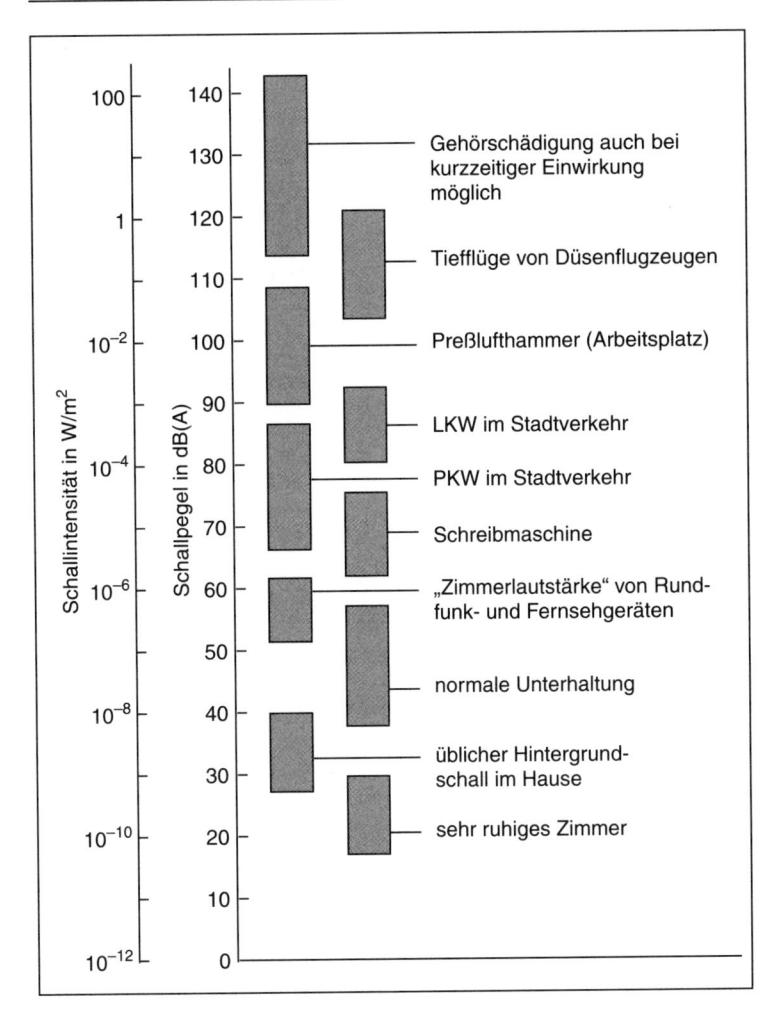

Bild 4.5: Schallpegelbereiche üblicher Geräuschsituationen

Schon Geräuschstärken ab 65 dB rufen also vegetative (unbewußte, vom Körper gesteuerte) Wirkungen hervor: Verengungen der Blutgefäße, verminderte Durchblutung der Haut, Veränderungen bei der Abscheidung von Magensäften u.ä. Diese Reaktionen gehen vom *vegetativen Nervensystem* aus und sind oft unabhängig davon, ob der Lärm als lästig empfunden wird oder nicht.

Tabellen über Lärmwerte (Schalleistungspegel, Immissionsrichtwerte)

Tabelle 4.1 enthält eine Zusammenstellung verschiedener Schalleistungspegel.
Tabelle 4.2 zeigt Lärm-Immissionswerte von Baugebieten

Tabelle 4.1: Schalleistungspegel einiger Schallquellen

Lautstärkeeindruck	Lautstärke in Dezibel dB(A)		Schallquelle
Hörschwelle	0–20 dB(A)	leise Lautstärke	Flüstern, Blätterrascheln im Wind, leise Unterhaltung, Ticken eines Weckers, tropfender Wasserhahn, Regentropfen
	20–40 dB(A)	geringe Lautstärke	
Beginn der Lärm-beeinträchtigung	40–60 dB(A)	mittlere Lautstärken, als unangenehm empfunden	Unterhaltungsgeräusche (z. B. Büroraum mit 10 Personen)
	60–80 dB(A)	belästigende Lautstärken	Büroraum mit 50 Personen, normales Fabrikgeräusch Straßenverkehr in Großstädten, Eisenbahnverkehr
	80–90 dB(A)	aufdringliche, gesundheitsgefährdende Lautstärken, beginnende Schmerzgrenze	
kritische Grenzen für Gehörschäden	90–100 dB(A)	starke Lautstärken mit Schädlichkeitscharakter	dichter Straßenverkehr, Schreinereimaschinen, Motorrad ohne Schalldämpfer, laute Kesselschmiede, laute Disco-Musik
	100–110 dB(A)	schwere Gesundheitsschäden, auslösende und zur Taubheit führende Lautstärken	
Schmerzschwelle	110–130 dB(A)	Lautstärke mit gleichzeitiger Schmerzgrenze	Düsenflugzeug im Tiefflug Preßlufthammer in 1 m Entfernung

Tabelle 4.2: Lärm-Immissionswerte nach TA Lärm

Baugebiet (Baunutzungsverordnung)	Immissionsrichtwert dB(A)	
	Tag (6–22 Uhr)	Nacht (22–6 Uhr)
Industriegebiet	70	70
Gewerbegebiet	65	50
Mischgebiet	60	45
Reines Wohngebiet	50	35
Kurgebiet, Krankenhaus, Pflegeanstalt	45	35

4.1 Lärm

Laute Haushaltsgeräte können im Haushalt Lärmwerte erzeugen, die denen der industriellen Arbeitsplätze entsprechen (Tabelle 4.3):

Tabelle 4.3: Schalleistungspegel über Haushaltsgeräte

Schallquelle	Geräteart	Emissionskennwert (Schalleistung) in dB(A)
Küchenmaschinen (Rührer und Kneter)	Standküchenmaschine	70–80
Geschirrspülmaschinen	Geschirrspülmaschine	65–75
Staubsauger	Bodenstaubsauger	75–85
Waschmaschinen	Waschbetrieb Schleuderbetrieb	60–70 65–80
Wäschetrockner	Ablufttrockner Kondensationstrockner	60–70 65–70
Kühl- und Gefriergeräte	Kühlschränke Gefrierschränke Gefriertruhen	35–45 40–50 45–55
Dunstabzugshauben	Umluftbetrieb 120-250 U/min Abluftbetrieb 135-330 U/min	55–75 (je nach Drehzahl) 50–75 (je nach Drehzahl)

Tabelle 4.4 enthält abschließend noch einige Beispiele für Schalldruckpegel von Kraftfahrzeugen und Baumaschinen.

Tabelle 4.4: Beispiele für Schalldruckpegel von Kraftfahrzeugen und Baumaschinen

Schallquelle	Schalldruckpegel in dB(A)
Düsenflugzeug beim Start	140
Schwerer LKW	100
PKW	90
verkehrsreiche Straße	80
Radlader	80–90
Kompressoren	85
Betonpumpen	80
Planierraupen	90
Kettenlader	85
Bagger	85
Kräne	75
Drucklufthämmer	80–90
Motorrasenmäher	95

4.2 Lärmmessung

Die Lärmbekämpfung ist ein wesentlicher Faktor des Umweltschutzes. Voraussetzung für jede Lärmabwehrmaßnahme ist jedoch eine exakte Messung des Schalls. Zur Feststellung der Lärmabstrahlung (Emission) sind Schalldruck- und Schalleistungsmessungen erforderlich. Die Folgen der Lärmwirkungen auf den Menschen werden über Schallpegelmessungen festgestellt.

4.2.1 Schallmeßinstrumente

Bei den heute verwendeten Meßgeräten, handelt es sich um Geräte, die aus einem Mikrophon, das die Druckschwankungen der Luft in elektrische Signale umwandelt, und einer elektrischen oder elektronischen Schaltung, mit deren Hilfe die gewünschte Meßgröße gebildet und angezeigt wird. In der Praxis werden oft einzelne Geräte zu *Schallpegelmeßeinrichtungen* zusammengestellt, die ganz bestimmte Meßaufgaben erfüllen.

Das einfachste und auch am häufigsten eingesetze Schallmeßgerät ist der *Handschallpegelmesser*. Als Mikrophon werden meistens Kondensatormikrophone verwendet, die Wechselspannungssignale erzeugen. Die sehr kleinen Wechselspannungen werden vorverstärkt und erfahren in einem Filter eine spezifische Frequenzbewertung. Diese entspricht einer Berücksichtigung der unterschiedlichen Empfindlichkeit des menschlichen Gehörs für verschiedene Tonhöhen. Zur weiteren Bearbeitung der Wechselspannungssignale werden diese in einem Gleichrichter in ein Gleichspannungssignal umgewandelt.

Meistens werden mit den Schallpegelmeßgeräten durchschnittliche Schallpegelwerte, d.h. über die Hörfrequenz integrierte Werte ermittelt. Für eine gezielte Lärmbekämpfung sind jedoch die jeweiligen Schalldruckwerte in den einzelnen Frequenzen wichtig .

Frequenzanalyse

Frequenzanalysen liefern Ansätze für Lärmminderungsmaßnahmen.

Mit Hilfe von *Frequenzanalysegeräten* können Geräusche näher untersucht werden. Denn aus dem Frequenzverlauf können vor allem auch Rückschlüsse auf die *Geräuschentstehungsmechanismen* und auf Lärmminderungsmaßnahmen gezogen werden. Die Zerlegung des Geräusches in Frequenzkomponenten geschieht mit *Bandpaßfiltern*, deren Bandbreite vorzugsweise Terzen oder Oktaven sind (eine *Oktave* entspricht jeweils einer Verdopplung der Frequenz). Nimmt man die Pegelwerte aller Frequenzkomponenten eines Geräusches zusammen, so erhält man das Spektrum (Terzpegelspektrum, Oktavpegelspektrum). Bild 4.6 zeigt das Meßprinzip zur Bestimmung dieser Werte. Es wird als Zusatzinstrument, ein vorschaltbares Terz- oder Oktavfilter verwendet, das enge Frequenzbereiche des gesamten Hörbereichs herausfiltert. Die

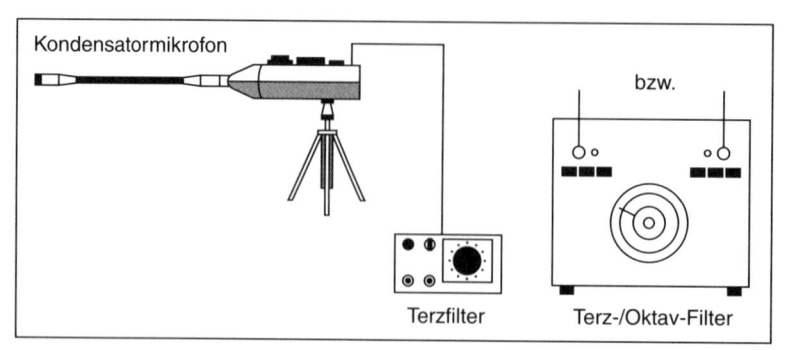

Bild 4.6: Präzisions-Schallpegelmeßgerät; Meßprinzip: Frequenzanalyse

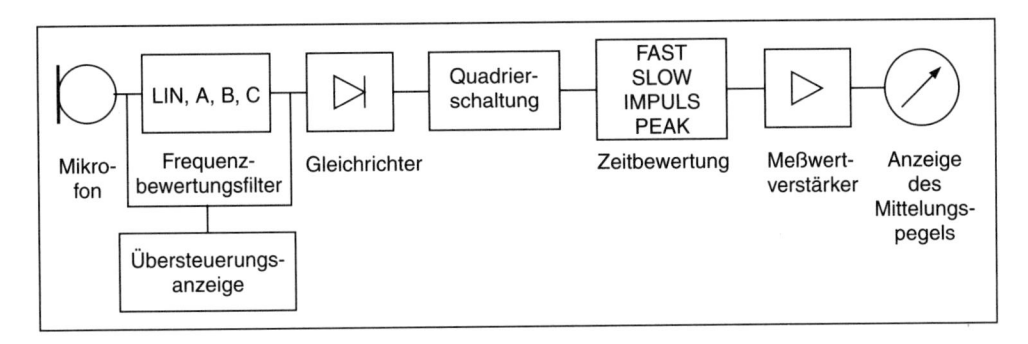

Bild 4.7: Blockschaltbild eines Schallpegelmessers

Anzeige der entsprechenden Schalldruckwerte erfolgt über das mit dem Filter verbundene Präzisions-Schallmeßgerät. Meßzeiten von wenigen Sekunden bis zu mehreren Tagen und Wochen sind möglich.

Die Meßgeräte enthalten gemäß Bild 4.7 als wesentlichen Bestandteil:
- ein Mikrophon, mit dem also die Druckschwankungen in der Luft in elektrische Signale umgewandelt werden,
- ein Filter zur Frequenzbewertung,
- einen Gleichrichter zur Bestimmung des effektiven Schalldrucks,
- eine Quadrierschaltung,
- eine Zeitbewertungsschaltung zur Berücksichtigung der Lautstärkeempfindung,
- ein Anzeigeinstrument zur Anzeige des Momentanwertes oder Mittelungspegels und
- einen Meßverstärker.

Momentanwert oder *Mittelungspegel* können entweder analog über ein Zeitgerät oder digital angezeigt werden. Mit ihnen können ca. 80–90 % aller Meßaufgaben bewältigt werden. *Der Mittelungspegel berücksichtigt die Einzelpegel des Beurteilungszeitraumes dient somit zur Erfassung einer Geräuschsituation des über bestimmte Zeiträume (z.B. Tages- oder Nachtzeit) gebildeten Schallpegelmittelwertes.*

Das „A-Filter" bildet die Empfindlichkeit des Ohres nach.
Im Schallpegelmesser kann ein Signal im allgemeinen mit mehreren, wählbaren *Frequenzbewertungsfiltern* (A, B und C) bewertet werden. Das gebräuchlichste Filter ist aber wie erwähnt das „A-Filter", da sowohl im Umweltschutz als auch bei arbeitsschutzrechtlichen Vorschriften stets die A-bewerteten Pegel vorgeschrieben werden. International hat es sich eingebürgert, das frequenzabhängige Empfinden des menschlichen Ohres mit dem A-Filter zu bewerten. Bild 4.8 zeigt die Frequenzbewertung durch das A-Filter.
Die Dämpfung der einzelnen Filter in Abhängigkeit von der Frequenz zeigt Bild 4.9.

Zeitbewertungen berücksichtigen unterschiedliche Geräuschcharakteristiken.
Es sind in der Regel verschiedene Zeitbewertungen einschaltbar, die verschiedene *Störwirkungen* unterschiedlicher *Geräusche* (z.B. konstant, schnell ändernde, impulsförmig) berücksichtigen sollen. Ferner kann man Momentanwerte mit Hilfe solcher Zeitbewertungen besser ablesen. Nachstehende Zeitbewertungen sind gebräuchlich:
- Zeitbewertung *S* (SLOW → langsam):
  – Anstiegszeit 1s
  – Abfallzeit 1s

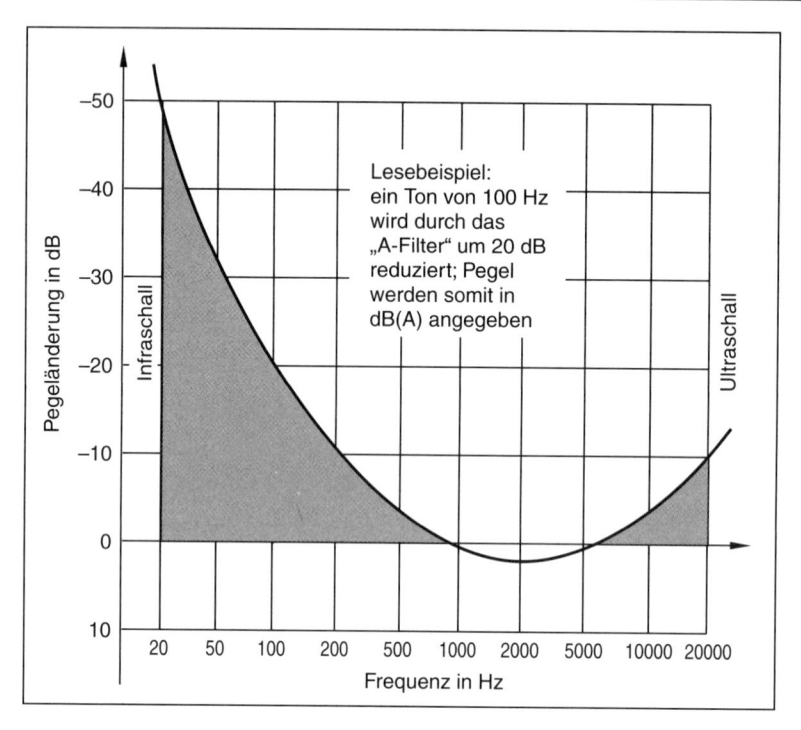

Bild 4.8: Frequenzbeurteilung durch das A-Filter

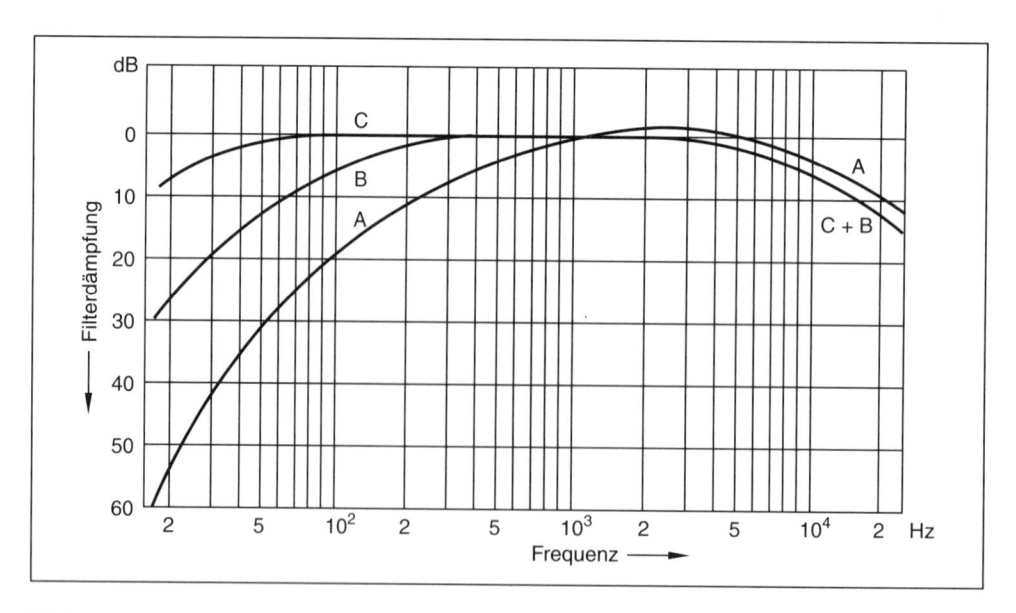

Bild 4.9: Dämpfung der Bewertungsfilter A, B und C, abhängig von der Frequenz

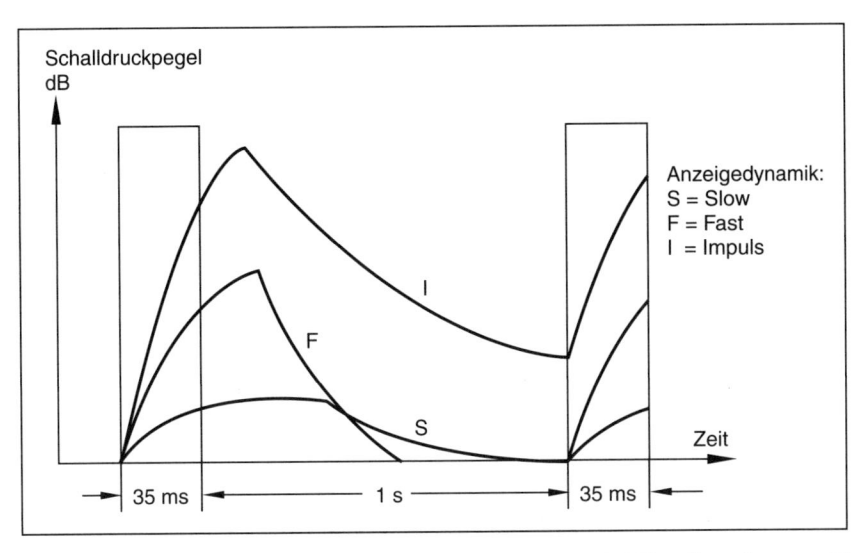

Bild 4.10: Anzeigenverlauf eines Impuls-Schallpegelmessers bei Einzelimpulsen von 35 ms Dauer (Prinzipdarstellung)

- Zeitbewertung *F* (FAST → schnell) :
  – Anstiegszeit 125s
  – Abfallzeit 125s
- Zeitbewertung *I* (Impuls):
  – Anstiegszeit 35s
  – Abfallzeit 1,5s

Bild 4.10 zeigt einen Anzeigenverlauf eines Impuls-Schallpegelmessers bei Einzelimpulsen von 35 ms Dauer.

Zeitbewertungen: Kurze Schallimpulse werden oftmals als wesentlich störender empfunden als längere Schallereignisse.

Deshalb wird bei Geräuschmessungen die Dauer der einzelnen Schallimpulse durch eine Zeitbewertung berücksichtigt.

Meßmethodik: Die Aufgaben der Schallmeßtechnik erstrecken sich auf:
- Messungen an Geräuschquellen zur Erfassung der Schallabstrahlung oder Schallemission (Meßpunkt meisten 1m Entfernung und 1 m Höhe vom Umriß der Schallquelle).
- Messungen an bestimmten Raumpunkten (z.B. an Arbeitsplätzen zum Erfassen des vorhandenen Schallpegels im Rahmen der Arbeitsplatzbewertung).
- Körperschallmessungen (im Rahmen einer gezielten Lärmbekämpfung).

4.3 Lärmschutz

4.3.1 Allgemeine Beschreibung des Lärmschutzes

Unter Lärmschutz versteht man Maßnahmen zum Schutz vor belästigenden oder gesundheitsgefährdendem Lärm.

Lärmschutz ist also eine Sammelbezeichnung für alle Vorrichtungen und Maßnahmen, die dazu dienen, schädlichen Lärm vom Menschen abzuhalten. Insbesondere hat der Vorgesetzte, der die Wirkungen des Lärms kennt, danach zu trachten, sich und seine Mitarbeiter vor Lärm zu schützen.

4.3.1.1 Lärmbereiche

Es gibt in manchen Betrieben sogenannte *Lärmbereiche*, die besonders zu beachten sind. Als Richtwert gilt hier ein Arbeitsplatzlärm , der höher als 90 dB (A) ist.
Danach sollten folgende Vorsorgemaßnahmen getroffen werden (Kurzfassung):
- Aufzeichen der Meßergebnisse.
- Kennzeichnen des Lärmbereichs.
- Benutzen persönlicher Schallschutzmittel (Gehörschutzstöpsel, Gehörschutzmittel, Schallschutzanzüge usw.).
- Überwachen durch Vorsorgeuntersuchungen (Eignungsuntersuchungen, Überwachungsuntersuchungen).
- Führen einer Gesundheitskartei.
- Berücksichtigen besonderer Unfallgefahren (Beeinträchtigung der Wahrnehmungsfähigkeit von Signalen u.a.).

Vorgenannte Vorsorgemaßnahmen können durch Istaufnahmen bezüglich Beurteilung des *Lärmzustandes* noch detaillierter dargestellt werden.

Istaufnahme zur Durchführung des Lärmzustandes durch Immissionsschutz- bzw. Störfallbeauftragte:
Der Lärmschutzstandard wird charakterisiert durch:
- Den technischen Lärmschutzstandard :
  - In welchem Maße gibt es durch Maschinen und Werkzeuge Lärm und neben dem Lärm möglicherweise zusätzlich schädigende Einflüsse?
- Den Stand der organisatorischen Voraussetzungen zum Lärmschutz:
  - kennt jeder seine Verantwortung und nimmt sie entsprechend wahr?
- Den Stand der Lärmschutzkenntnisse, des Lärmschutzbewußtseins sowie die gesundheitliche Konstitution der in Lärmbereichen arbeitenden Arbeitnehmer.

Durch diese detaillierte Untersuchung der Lärmschutzbereiche und deren Bewertung in einem übersichtlichen Schema gelingt ein Überblick über die Lärmsituation des Betriebes.

Die detaillierte Untersuchung des Lärmschutzstandards setzt voraus, daß in Lärmbereichen des Betriebes also Lärmmessungen vorgenommen werden, aus denen erkennbar wird:
- Der *Lärmbeurteilungspegel in dB (A)* mit einer Beschreibung des Lärms, da Hörschädigungen abhängig sind von Stärke, Einwirkungsdauer, Frequenz und Art der Einwirkung (intermittierender, impulsartiger, kontinuierlicher Lärm).
- Eine Erfassung der Maschinen, Werkzeuge und sonstigen Einrichtungen, die Lärm erzeugen bzw. Erfassung der einzelnen Bauelemente der technischen Einrichtungen, an denen der Lärm entsteht (Lärmquellen, z.B. Ablaßventil, Bohrer, Zahnrad- oder Reibradgetriebe usw.) Außerden sollen bei der technischen Aufnahme der Lärmsituation des Betriebes die Umgebungsverhältnisse beschrieben werden, damit zusätzliche Einflüsse, wie Belastung durch Hitze, Schwerarbeit, Monontie sowie Streßsituationen oder Einwirkungen von Gasen, Stäuben erkennbar werden.
- Die Zahl der Arbeitsplätze und Arbeitnehmer, die dem jeweiligen Lärmpegel ausgesetzt sind. Die gefundenen Werte können dann in Formblätter oder Lagepläne eingetragen werden.

4.3 Lärmschutz

Tabellen 4.5 : Lärmfaktoren aus Sicherheitstest

Betrieb:	Ja	Nein
Sind Lärmwerte – in dB(A) – von Arbeitsplätzen bekannt?		
Sind Lärmerzeuger/Lärmquellen bekannt?		
Ist bekannt, wieviele und welche Lärmbereiche und Klassen vorhanden sind?		
Sind Lärmwerten sonstige schädliche Einflüsse zugeordnet?		
Gibt es „Lärmeinrichtungen", die nicht dem technischen Lärmstandard entsprechen?		
Sind „Lärmbereiche" eindeutig gekennzeichnet?		
Gibt es Investitionen zur Verbesserung der Lärmsituation?		

Empfohlene Formblätter

Formblatt 1: Dieses Formblatt enthält die Zusammenfassung der Meßplätze des gesamten Betriebes mit dem ermittelten Beurteilungspegel in dB (A). Die Anzahl der dem Beurteilungspegels ausgesetzten Beschäftigten ist jedem Meßpunkt zuzuordnen.

Formblatt 2 (Lärmmeßprotokoll): In diesem Formblatt werden Erläuterungen über den einzelnen Meßpunkt bzw. über das Meßobjekt mit den Arbeitsvorgängen im Meßbereich angegeben, ebenso über die Einrichtungen und Maschinen mit Fabrikat und Baujahr, die Lärmquellen sowie die verwendeten Meßgeräte.
Falls eine Frequenzanalyse erforderlich ist, wird das Frequenzspektrum (Oktavband) in das Formblatt eingetragen.

Formblatt 3 (Angaben über Lärmbekämpfungsmaßnahmen): An Arbeitsplätzen mit festgestellter Lärmgefährdung werden Lärmbekämpfungsmaßnahmen durchgeführt. Die Festlegung von Maßnahmen erfolgt dann gemeinsam mit dem Betriebsarzt nach gegenseitiger Abstimmung.
Aufgrund der beschriebenen Lärmmessungen wird z.B. ersichtlich, wieviel Arbeitnehmer im Betrieb schädigendem Lärm ausgesetzt sind. Mit Prüfkarten nach Tabelle 4.5 können weitere lärmtechnische Verhältnisse des Betriebes aufgenommen werden.
Bild 4.11 zeigt eine schematische Darstellung über ein Lärmmeßprotokoll.

4.3.2 Lärmschutz durch Lärmbekämpfung

Es ist rationeller und meist wirkungsvoller, Lärm nicht erst entstehen zu lassen, ihn an der Quelle zu bekämpfen, d.h. dies als nachträgliche *Lärmschutzmaßnahme* zu ergreifen. Denn neuere Untersuchungen des Umweltbundesamtes zeigen, daß der Lärm nach wie vor für den überwiegenden Teil der Bevölkerung zu einer wesentlichen Beeinträchtigung der Umweltqualität führt. Dies gilt insbesondere für den Straßen-, Schienen- und Fluglärm.

Firma Eisenwerke AG	Lärmmeßprotokoll	Meßpunkt
		Blatt-Nr:

Betrieb	Abteilung	Uhrzeit der Messung: Datum
Beschäftigte in der Abteilung	Gesamt	50 Personen	Urlaub
	Lärmgefährdet	30 Personen	Pausen
	Arbeitszeit/Woche		ortsgebundene Arbeitszeit:

Meßgerät	Fabrikat	Typ	Serien-Nr:
Präzisionsschallpegelmesser			
Mikrofon			
Bewertungsfilter			
Verstärker			
Pegelschreiber			
Gleichrichter			
Zeitbewertungsnetzwerk			
Anzeigeinstrument des Mittelungspegels			

Beschreibung des Meßobjektes Arbeitsvorgang im Meßbereich:	Pfannenbau	Lärmpegel .... dB(A)
Ausbrechen von schadhaftem Pfannenfutter mittels Preßluftpickhammer		
Das Material für das neue Pfannenfutter wird mit Preßluftstampfer gefestigt.		
Die neu hergerichteten Pfannen werden mit Gasschildbrennern getrocknet.		

Bild 4.11: Schema eines Meßprotokolls

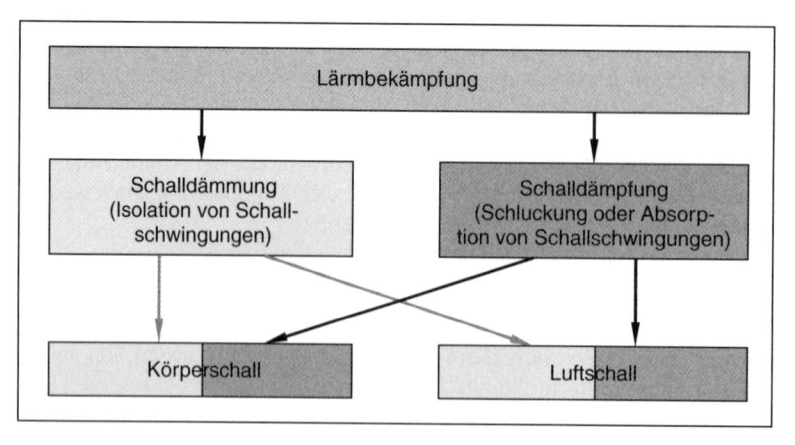

Bild 4.12: Schematische Darstellung über mögliche Arten der Lärmbekämpfung

4.3 Lärmschutz

Grundsätzlich gibt es z.B. drei Möglichkeiten, Lärm in seiner Wirkung zu mildern:
- Verminderung des Lärms an der Entstehungsquelle.
- Verminderung der Lärmausbreitung.
- Schutz gegen Lärm am Menschen (persönlicher Lärmschutz).

Die Reihenfolge der Aufzählung sollte auch eine Reihenfolge der Bemühungen bei der Lärmbekämpfung sein. Konkret werden die in Bild 4.12 gezeigten möglichen Arten der Lärmbekämpfung angewendet.

Körperschall ist der in festen Körpern (z.B. Wänden oder Decken) sich ausbreitende *Schall*. Der Körperschall ist von besonderer Bedeutung bei der Ausbreitung von *Geräuschen* innerhalb von Gebäuden.
Körperschalldämmung ist im Prinzip eine Schwingungsisolation, die man über eine elastische Lagerung oder Aufhängung erreicht. Hierdurch wird der Übergang von Schwingungen von einem auf einen anderen Körper reduziert oder evtl. auch vermieden. Man spricht von *aktiver Körperschalldämmung*, wenn die Umgebung von den Schwingungen einer Schwingungsquelle geschützt werden soll (elastische Lagerung von Motoren, Maschinenlagerung und federnden Plattformen usw.). Eine *passive Körperschalldämmung* liegt dann vor, wenn bestimmte Geräte, Meßwerkzeuge oder der Mensch von den Schwingungen der Umgebung isoliert werden.
Schwingungsisolation soll die Ausbreitung von Schwingungen innerhalb von Gebäuden verringern. Je nach *Frequenz* der auftretenden Schwingung und Masse des Erregers dienen hierzu:
- Luftfedern,
- Metallfedern,
- Gummifedern,
- Fasermatten,
- Verbundplatten u.a.

Unter *Luftschall* versteht man den in der Luft sich ausbreitenden Schall. Beim Luftschall werden durch hin- und herschwingende Moleküle schnelle, kleine Schwankungen des Luftdrucks erzeugt. Er ist somit der Anteil an mechanischer Schwingungsenergie, der von einem schwingenden System direkt an die umgebende Luft abgegeben und von dieser als Schall weitergeleitet wird.
Luftschalldämmung: Schallenergie soll nicht über die Luft von einem Raum in einen anderen übergehen oder von der Umgebung des Menschen auf dessen Ohr. Die Übertragung der Energie erfolgt über Trennwände, die auf der einen Seite erregt werden und diese Erregung auf der anderen Seite weitergeben. Hierbei gibt es folgende Möglichkeiten der Abhilfe:
- Dickes, schweres und biegeweiches Trennmaterial läßt sich nur schwer zu Schwingungen anregen und wirkt somit dämmend.
- Mehrschalige Wandbauweise der Trennwände.

Schalldämpfung: Das ist ein Vorgang in der Akustik, bei dem Schallenergie in Wärme umgewandelt wird. Bei der Schalldämpfung wird der *Luftschall* in poriges Material (z.B. Teppiche, Vorhänge usw.) geleitet und dort durch Reibung vernichtet.
Bei der Schalldämpfung (Schluckung oder Absorption) des Luftschalls wird also versucht, die Schallenergie in porösen Faserstoffen durch Reibung aufzuzehren.

4.3.3 Gesetzliche Bestimmungen zum Lärmschutz

Maschinen:

Die Belastung der Person am Arbeitsplatz durch lärmverursachende Maschinen muß so gering wie möglich gehalten werden. Die zugrundeliegenden Vorschriften, nach denen Lärm von Maschinen beim Kauf berücksichtigt werden muß, sind:
Die Unfallverhütungsvorschrift Lärm (VBG 121) - 1. Januar 1990

Sie verlangt in § 3 Arbeitsmittel:
- Der Unternehmer hat dafür zu sorgen, daß Arbeitsmittel, die zur Lärmgefährdung der Versicherten beitragen können, nach den fortschrittlichen, in der Praxis bewährten Regeln der Lärmminderungstechnik zu beschaffen sind und betrieben werden.
- Der Unternehmer hat bei der Beschaffung neuer Arbeitsmittel, die zur Lärmgefährdung beitragen können, dafür zu sorgen, daß ihm sachdienliche Informationen zur Verfügung stehen über:
  – die Geräuschemission der Arbeitsmittel und
  – die Betriebs- und Aufstellungsbedingungen, unter denen die Geräuschemission bestimmt worden ist.

§ 4 Arbeitsverfahren:
Der Unternehmer hat die Arbeitsverfahren nach den fortschrittlichen, in der Praxis bewährten Regeln der Lärmminderungstechnik so zu gestalten und anzuwenden, daß eine Lärmgefährdung der Versicherten soweit wie möglich verringert wird.

Die Arbeitsstättenverordnung - April 1976
Durchführungsverordnung zur Gewerbeordnung, zuletzt geändert am 1.8.1983. Sie verpflichtet den Arbeitgeber, die Arbeitsstätte so auszustatten, daß *Gesundheitsgefährdungen* von den Arbeitnehmern ferngehalten werden, wie es die Natur des Betriebes gestattet. Nach der Arbeitsstättenverordnung ist der *Schallpegel* in Arbeitsräumen so niedrig zu halten, wie es nach Art des Betriebes möglich ist (§ 15 Schutz gegen Lärm).
Der *Beurteilungspegel* am Arbeitsplatz und in Arbeitsräumen darf in Pausen-, Bereitschafts-, Liege- und Sanitärräumen 55 dB(A) nicht übersteigen.

Die Dritte Verordnung zum Gerätesicherheitsgesetz (3. GSGV) (Maschinenlärminformationsverordnung - Januar 1991).
- Wer als Hersteller oder Einführer technische Arbeitsmittel in den Verkehr bringt, hat ihnen eine Betriebsanleitung in deutscher Sprache beizufügen, die Angaben über das bei Einsatzbedingungen von dem technischen Arbeitsmittel ausgehende Geräusch enthält.
- In der Betriebsanleitung sind Angaben aufzunehmen über
  – die folgenden Geräuschemissionswerte:
    - den arbeitsplatzbezogenen Emissionswert an den Arbeitsplätzen des Bedienungspersonals, wenn dieser 70 dB(A) überschreitet; ist der arbeitsplatzbezogene Emissionswert gleich oder kleiner als 70 dB(A), reicht die Angabe *70 dB(A)* aus;
    - den Schalleistungspegel und den arbeitsplatzbezogenen Emissionswert an den Arbeitplätzen des Bedienungspersonals, wenn der letztere 85 dB(A) überschreitet;
    - den Höchstwert des momentanen C-bewerteten Schalldruckpegels an den Arbeitsplätzen, wenn dieser 130 dB überschreitet.
  – den Betriebszustand und die Aufstellungsbedingungen, bei denen die vorstehend genannten Werte bestimmt worden sind;
  – die Regeln der Meßtechnik (z.B. durch Angaben der zutreffenden DIN-Norm), die den Messungen und Angaben zugrunde liegen.

4.3 Lärmschutz

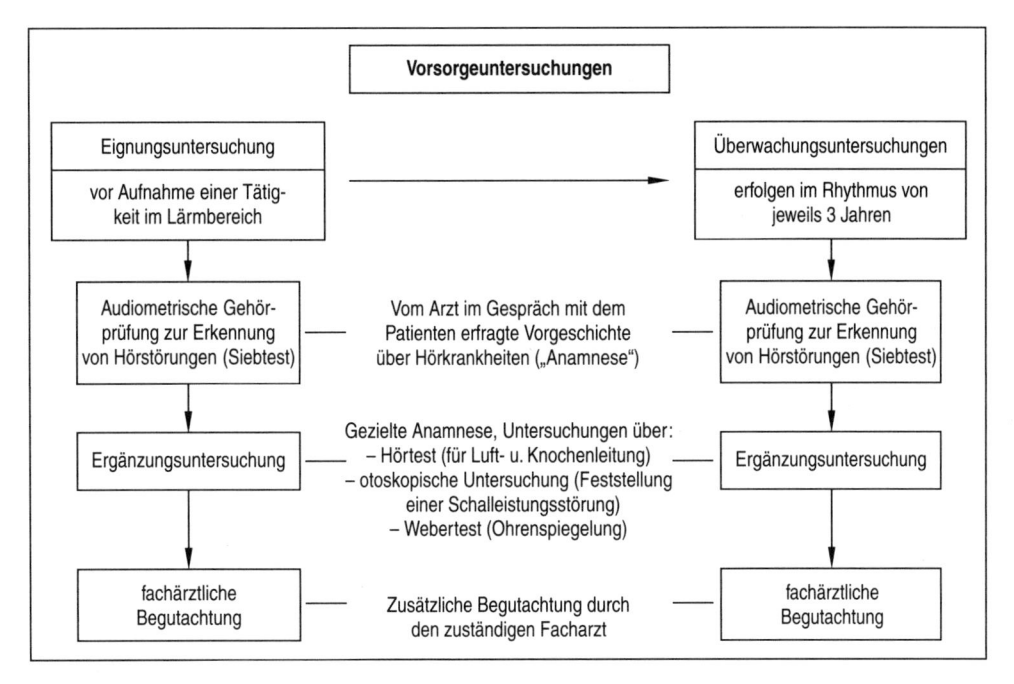

```
                            Vorsorgeuntersuchungen

  Eignungsuntersuchung                                        Überwachungsuntersuchungen
  vor Aufnahme einer Tätig-          ───────►                 erfolgen im Rhythmus von
  keit im Lärmbereich                                         jeweils 3 Jahren


  Audiometrische Gehör-        Vom Arzt im Gespräch mit dem     Audiometrische Gehör-
  prüfung zur Erkennung   ──── Patienten erfragte Vorgeschichte ──── prüfung zur Erkennung
  von Hörstörungen (Siebtest)  über Hörkrankheiten („Anamnese")  von Hörstörungen (Siebtest)

                               Gezielte Anamnese, Untersuchungen über:
                               – Hörtest (für Luft- u. Knochenleitung)
  Ergänzungsuntersuchung  ──── – otoskopische Untersuchung (Feststellung ──── Ergänzungsuntersuchung
                                 einer Schalleistungsstörung)
                               – Webertest (Ohrenspiegelung)

  fachärztliche                Zusätzliche Begutachtung durch          fachärztliche
  Begutachtung            ──── den zuständigen Facharzt         ──── Begutachtung
```

Bild 4.13: Vorsorgeuntersuchungen gemäß UVV-Lärm (medizinische Betreuung)

Die Unfallverhütungsvorschriften Lärm und die Arbeitsstättenverordnung enthalten z.B. klare Regelungen zum Schutz vor Lärm am Arbeitsplatz. Ab einem Beurteilungspegel von 85 dB(A), der sich aus der Dauer und Häufigkeit der Lärmwerte errechnet, muß den Betroffenen „Gehörschutz" zur Verfügung gestellt werden.
Ab 90 dB(A) ist dieser Gehörschutz unbedingt zu tragen, und der Arbeitgeber ist verpflichtet „arbeitsmedizinische Vorsorgeuntersuchungen" durchzuführen. Bevor jedoch auf den persönlichen Gehörschutz zurückgegriffen wird, gilt:
- Dem aktuellen Stand der Technik entsprechend müssen Industrie und Gewerbe Maschinenlärm auf das Mindestmaß beschränken.

Vorsorgeuntersuchungen gemäß UVV Lärm sind in Bild 4.13 dargestellt.

Audiometrische Gehörprüfungen geben Auskunft darüber, ob Hörschäden bei einer Person vorliegen und welcher Art sie sind.
Hörgeschädigte besitzen eine angehobene Hörschwelle. Der Schallpegelunterschied zwischen dem Normalwert und der erhöhten Hörschwelle heißt „Hörverlust" und wird in dB angegeben. Trägt man die bei einzelnen Frequenzen festgestellten Hörverluste auf einem Frequenzband auf, so erhält man das „Tonaudiogramm" (auch Audiogramm genannt).
Es werden zwei Arten von Messungen durchgeführt:
- *eine Messung für die Luftleitungshörschwelle und*
- *eine für die Knochenleitungshörschwelle.*

Lärmschutz für genehmigungsbedürftige Anlagen:
Grundlage für die Bekämpfung des Lärms in der Nachbarschaft von Anlagen ist das „Bundessimmissionsschutzgesetz" (BImSchG). Ziel des BImSchG ist es, Menschen, Tiere, Pflanzen, die Atmosphäre, den Boden und das Wasser vor schädlichen Umwelteinwirkungen zu schützen. Soweit es sich um genehmigungsbedürftige Anlagen handelt, soll es auch vor Gefahren,

erheblichen Nachteilen sowie erheblichen Belästigungen, die anderweitig herbeigeführt werden können, schützen. Ferner soll dem Entstehen schädlicher Umwelteinflüsse vorgebeugt werden.

Schädliche Umwelteinwirkungen: Alle Umwelteinwirkungen sind Immissionen, die je nach Art und Ausmaß geeignet sind, Gefahren, erhebliche Nachteile oder erhebliche Belästigungen für die Nachbarschaft hervorzurufen. Im Lärmbereich werden in der Nachbarschaft in der Regel kaum Gefahren durch Immissionen auftreten; im allgemeinen handelt es sich hier um erhebliche Nachteile, wenn z.B. ein *verlärmtes* Grundstück im Wert sinkt.

Genehmigungsbedürftige Anlagen (siehe Kapitel 3.7) sind so zu errichten und zu betreiben, daß Vorsorge gegen schädliche Umwelteinwirkungen getroffen wird, insbesondere durch die dem Stand der Technik entsprechenden Maßnahmen zur Emissionsbegrenzung.

Einer immissionsrechtlichen Genehmigung bedürfen Anlagen, die aufgrund ihrer Beschaffenheit oder ihres Betriebes in besonderem Maße geeignet sind, schädliche Umwelteinwirkungen hervorzurufen oder die Nachbarschaft zu belästigen (siehe 4. BImSchV). Die Genehmigung erfolgt nach den Grundsätzen der 9. BImSchV.

Der Begriff des *Standes der Technik* ist einer der Schlüsselbegriffe derBImSchV und der TA Lärm. Danach ist der Stand der Technik im Sinne des BImSchG der Entwicklungsstand fortschrittlicher Verfahren und Einrichtungen der Betriebsweisen, der die Eignung einer Maßnahme zur Begrenzung der Emission gesichert erscheinen läßt.

Der Stand der Technik wird durch fortschrittliche Maßnahmen zur Minderung der Emission dargestellt.

TA Lärm: Die TA Lärm wird im allgemeinen so angesehen, als ob sie lediglich nur nähere Ausführungen dazu mache, welche durch genehmigungsbedürftige Anlagen hervorgerufenen Geräuschimmissionen in der Nachbarschaft nicht überschritten werden dürfen, damit Menschen und Tiere vor schädlichen Umwelteinwirkungen und Gefahren durch Lärm geschützt werden.

Die TA Lärm wendet sich als sog. Verwaltungsvorschrift an die Genehmigungsbehörden und enthält Vorschriften zum Schutz gegen Lärm, die von den Behörden zu beachten sind, insbesondere bei der Prüfung der Anträge auf Genehmigung zur Errichtung sowie Änderung in Bau und Betrieb genehmigungsbedürftiger Anlagen.

Neben den Immissionswerten enthält die TA Lärm auch ein *Meß- und Beurteilungsverfahren* zur *Bestimmung* und *Bewertung* der *Geräuschimmissionen* sowie zur Ermittlung eines Wertes zum Vergleich mit den *Immissionsrichtwerten*.

Lärmschutz für nicht genehmigungsbedürftige Anlagen:
Für nicht genehmigungsbedürftige Anlagen wird nicht die TA Lärm, sondern die VDI-Richtlinie 2058 Blatt 1 benutzt; sie ist nicht vollständig inhaltsgleich mit der TA Lärm. In der VDI-Richtlinie 2058 Blatt 1 wird *auch* aus Dauer und Stärke des Geräusches ein *Beurteilungspegel* gebildet. Hierbei wird durch Zuschläge oder durch das Meßverfahren berücksichtigt, daß Geräusche als besonders lästig empfunden werden, wenn sie Impulse oder Töne enthalten und dann zu bestimmten Tageszeiten auftreten. Denn die *Auffälligkeit* eines Geräusches trägt ja wesentlich zur Wirkung in der Nachbarschaft bei.

Ein Geräusch ist dann auffällig, wenn es z.B.:
- das Hintergrundgeräusch insgesamt oder in einzelnen Frequenzbereichen um 10 dB(A) überschreitet,
- in Zeiten der Ruhe und Erholung auftritt,
- sich durch besondere Ton- und Impulshaltigkeit und
- in seiner Art in der betreffenden Umgebung nicht bekannt ist.

4.3 Lärmschutz

Die VDI-Richtlinie 2058 Bl. 1 verlangt, daß auffällige Gräusche (auch bei Einhaltung der Immissionsrichtwerte) beseitigt, vermindert oder in ihrer Einwirkungszeit abgekürzt werden sollen. Das *Meßverfahren* der VDI-Richtlinie 2058 Bl. 1 entspricht in etwa dem der TA Lärm. Außerdem sind weitere Möglichkeiten vorgesehen, Geräusche zu messen und zu bewerten, die nicht in der TA Lärm enthalten sind. Auf weitergehende Einzelheiten der Meß- und Beurteilungsverfahren der VDI-Richtlinie 2058 Bl.1 soll hier nicht eingegangen werden. Die Immissionsrichtwerte entsprechen denen der TA Lärm. Es sollen kurzzeitige Spitzen die Tagwerte nicht mehr als 30 dB(A) und die Nachtwerte um nicht mehr als 20 dB(A) überschreiten.

Die VDI-Richtlinie 2058 Bl.1 erhebt höhere Anforderungen als die TA Lärm.
Mit dem gegenüber der TA Lärm geändertem Verfahren bei der Berechnung des Beurteilungspegels aus dem Mittelungspegel ergeben sich teilweise nicht unerhebliche Verschärfungen. So kann sich beispielsweise bei dem Extremfall, daß ein Geräusch nur während einer Stunde der Nacht auftritt, eine unterschiedliche Bewertung nach VDI-Richtlinie 2058 Bl.1 im Vergleich zur TA Lärm von 12 dB(A) ergeben. In ähnlicher Weise wird ein von 6–22 Uhr herrschendes konstantes Geräusch mit der VDI-Richtlinie 2058 Bl.1 um 4 dB(A) schärfer beurteilt als es mit der TA Lärm der Fall ist.

Baulärm: Einen Sonderfall einer nicht genehmigungsbedürftigen Anlage stellen *Baustellen* dar. Baulärm wird z.B. durch rechtliche Regelungen gemäß einer allgemeinen Verwaltungsvorschrift (AVV) zu Immissionen, bekämpft. Diese AVV gibt den Aufsichtsbehörden eine Anleitung zur Beurteilung der durch Baustellen hervorgerufenen Immissionen und beschreibt Maßnahmen zur Minderung des Baulärms.

Folgende Minderungsmaßnahmen sind dabei vorgesehen:
- Maßnahmen bei der Einrichtung der Baustelle.
- Maßnahmen an Baumaschinen (z.B. Verwendung geräuscharmer Baumaschinen).
- Anwendung geräuscharmer Bauverfahren.
- Einschränkung der Betriebszeiten lauter Baumaschinen.

Zusätzlich zu der Immissions-AVV wurden auch allgemeine Verwaltungsvorschriften über die Emission (Emissionsvorschriften) von Baumaschinen erlassen.

Für:
- Kompressoren,
- Betonmischereinrichtungen und Transportbetonmischer,
- Rad- und Kettenlager,
- Bagger,
- Planierraupen,
- Drucklufthämmer,
- Betonpumpen,
- Turmdrehkrane,

wurden jeweils
- Emissionswerte für sofort und für einen späteren Zeitpunkt und
- Betriebsbedingungen für die Messung der Emission festgelegt.

Bei diesen Richtwerten handelt es sich um Geräuschemissionswerte in 10 m Entfernung. Damit sollte der Stand der Technik fortgeschrieben werden.

Rasenmäherlärmverordnung: Für Rasenmäher wurden in der 8. BImSchV Grenzwerte, das Meßverfahren, die Zulassungsüberprüfung und die Kennzeichnung verordnet.

Abschließend enthält Tabelle 4.6 in einer Übersicht gesetzliche Bestimmungen zum Lärmschutz.

Tabelle 4.6: Gesetzliche Bestimmungen zum Lärmschutz

Lärmauswirkungen auf die Umwelt
• BImSchG-Bundesimmissionsschutzgesetz • TA Lärm (Technische Anleitung zum Schutz gegen Lärm) • VDI-Richtlinien 2058 Blatt 1 („Beurteilung von Arbeitslärm in der Nachbarschaft")
Lärm am Arbeitsplatz
• Unfallverhütungsvorschrift „Lärm" (VGB 121) • Arbeitsstättenverordnung • VDI-Richtlinie 2058 Blatt 2 („Beurteilung von Lärm hinsichtlich Gehörgefährdung") und Blatt 3 („Beurteilung von Lärm am Arbeitsplatz unter Berücksichtigung unterschiedlicher Tätigkeiten") • 3. Verordnung zum Gerätesicherheitsgesetz - 3GSGV

4.4 Lärmminderung

4.4.1 Lärmminderungspläne und Maßnahmen zur Lärmminderung

Lärmminderungspläne:
Seit 1990 sind die Kommunen nach § 74a des Bundesimmissionsschutzgesetzes verpflichtet, unter bestimmten Voraussetzungen Lärmminderungspläne aufzustellen.
Für die Lärmminderung sind also die rechtzeitige Planung und die *Einbeziehung des Lärmschutzes* in alle *Vorüberlegungen* wichtig. Denn nur so ist eine erfolgreiche Bekämpfung des Lärms möglich. Nachträgliche Maßnahmen sind im allgemeinen technisch unbefriedigend, in ihrer Wirkung meist auch nicht optimal und in den meisten Fällen sogar noch wesentlich teurer.
Prüfung der möglichen Maßnahmen zur Lärmminderung
Maßnahmen zur Prüfung der Lärmminderung könnten nach folgenden (möglichen) Gesichtspunkten vorgenommen werden:

- Lärmminderung durch Anwendung *lärmarmer Technologien* oder *Arbeitsverfahren* (z.B. Preßnieten statt Schlagnieten).
- Lärmminderung an der Quelle (z.B. Lager, Welle, Zahnräder erneuern).
- Lärmminderung auf dem *Übertragungsweg* [z.B. durch Körperschallisolierung , Körperschalldämpfung (Antidröhnmittel), Schalldämpfer, Kapselung, Teilkapselung, Abschirmwände, bauliche Trennung, schallschluckende Raumauskleidung].
- Lärmminderung am *Empfangsort* (z.B. durch schalldämmende Leitstände, Kabinen).
- Lärmminderung durch *organisatorische Maßnahmen* (z.B. durch räumliche und/oder zeitliche Verlegung lärmintensiver Arbeiten, Einführung von Lärmpausen gegenüber Länge und Häufigkeit).
- Ist die *Planungsabteilung* des Betriebes davon unterrichtet, welche Bedeutung den *Lärmschutzvorschriften* der *Arbeitsstättenverordnung* insbesondere bei der Planung neuer Arbeitsstätten sowie bei wesentlichen Änderungen bestehender Arbeitsstätten zukommt?
- Ist der *Einkauf* des Betriebes informiert, daß bei Bestellung neuer Maschinen z.B. der Sicherheitsingenieur eingeschaltet werden muß? (z.B. können in die Bestell- und Liefervorschriften für technische Arbeitsmittel möglichst verbindliche Emissionskennwerte aufgenommen werden?)

Bild 4.14: Schallpegel an den Arbeitsplätzen in einer Maschinenhalle

4.4.2 Anwendung für die Planung von lärmarmen Arbeitsstätten

In üblichen Maschinenhallen (vgl. Bild 4.14) ist der Schallpegel an den Arbeitsplätzen von Maschinen höher als deren arbeitsplatzbezogene Emissionswerte, weil auch der von allen anderen Maschinen im Raum erzeugte Lärm einwirkt.

Der Schallpegel am Arbeitsplatz einer Maschine wird somit ihren arbeitsplatzbezogenen Emissionswert umso mehr übersteigen:
- je mehr Maschinen sich im Raum befinden,
- je höher deren Emissionswerte (Schalleistungspegel) sind,
- je kleiner der Raum und je reflektierender seine Wand- und Deckenflächen sind.

Für eine *geplante Maschinenhalle* können die Schallpegel an den Arbeitsplätzen vorausberechnet und mit den maximal zulässigen Werten nach der Arbeitsstättenverordnung und den UVV über Lärm verglichen werden, wenn:
- ein Maschinenaufstellungsplan,
- die vorgesehene Raumgeometrie und -ausstattung,
- eine Liste mit dem Schalleistungspegel und dem
- Emissionswert für alle vorgesehenen Maschinen

vorliegt.

Auch wenn dies eine Aufgabe für den Fachmann ist, ohne Kenntnis der Geräuschemissionswerte ist eine zielgerichtete Planung von human gestalteten Arbeitsstätten nicht möglich.

4.4.3 Organisatorische Handhabung der Geräuschangabe durch den Einkauf

Die Einkaufsabteilungen oder die für die Maschinenbeschaffung zuständigen Stellen können, wenn sie die Möglichkeit der gesetzlich vorgeschriebenen Geräuschangaben konsequent nutzen, ihr Unternehmen bei der Lärmminderung in den Arbeitsbereichen effektiv unterstützen. Sie können z.B. durch Zurückweisung von unnötig geräuschintensiven, nicht dem Stand der Lärmminderungstechnik entsprechenden Maschinen dazu beitragen, daß bei den Lieferanten die notwendigen Entwicklungen hierzu ausgelöst werden.

Die Unfallverhütungsvorschrift (UVV) Lärm verlangt für Produktionsbetriebe die ständige Aktualisierung eines Lärmkatasters, d.h. die Fortschreibung einer Liste (z.B. Datenzusammenstellung) mit den Beurteilungspegeln der einzelnen Arbeitsplätze. Dieser Kataster der Geräuschimmission ist eine wichtige Informationsquelle bei allen Investitions- und Planungsentscheidungen über die Istbelastung durch Lärm.

In ähnlicher Weise kann es in vielen Fällen empfehlenswert sein, für jeden Raum mit Arbeitsplätzen eine Liste mit den Emissionswerten der dort installierten Maschinen und technischen Einrichtungen zu führen. Damit kann bei derartigen planerischen Entscheidungen beurteilt werden, welche Veränderung durch neu zu beschaffende Maschinen hinsichtlich der Lärmbelastung der Arbeitsplätze zu erwarten ist

Bei Neuinvestitionen sollten organisatorische Maßnahmen sicherstellen, daß die entsprechende Ergänzung dieser besagten Liste vorgenommen wird. Schon von der Auftragsvergabe

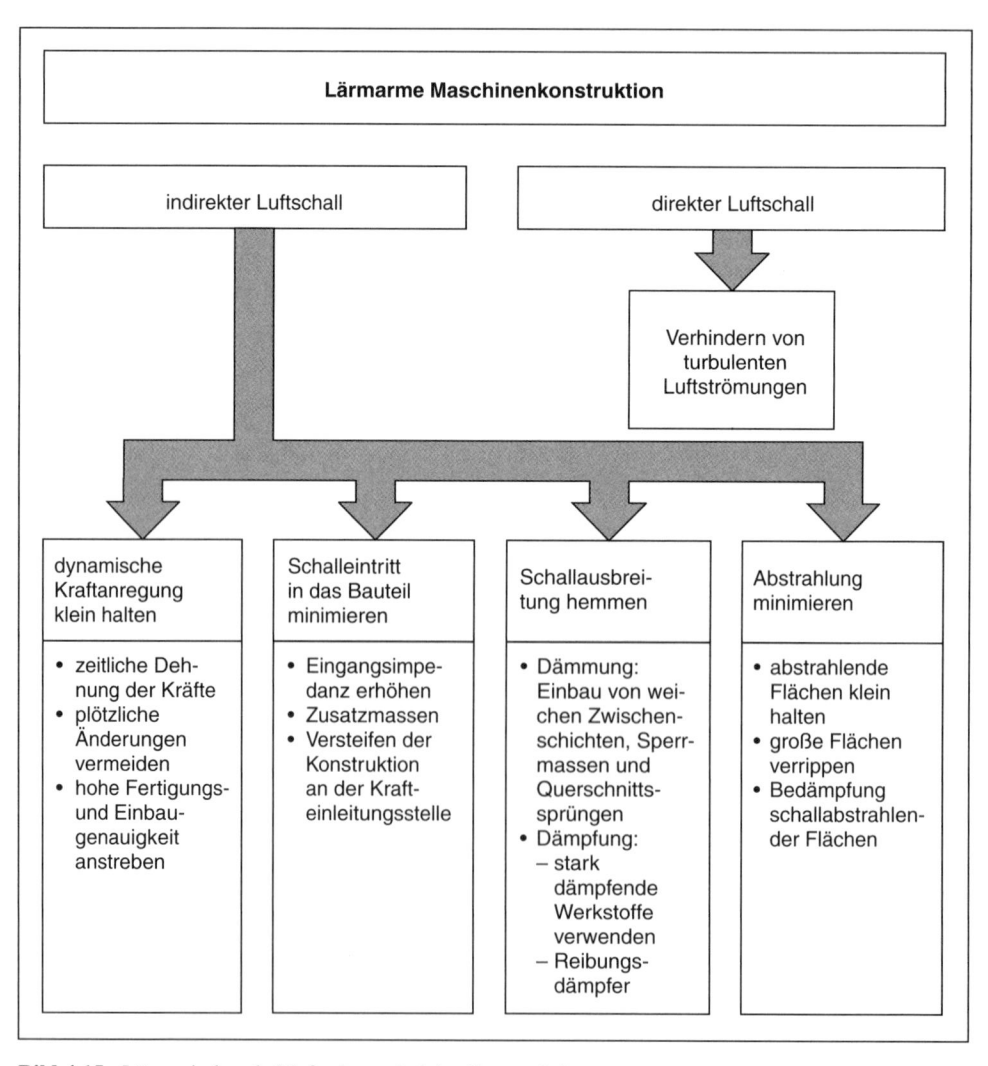

Bild 4.15: Lärmmindernde Maßnahmen bei der Konstruktion

könnte die von den Anbietern angegebenen Geräuschemissionswerte der für die Arbeitssicherheit zuständigen Stelle zur Stellungnahme vorgelegt werden.

Der Einkauf kann dann die angegebenen Geräuschemissionswerte in seine Preisbeurteilung einbeziehen.

Die für die Arbeitssicherheit zuständigen Stellen können diese Werte nutzen, um die hieraus zu erwartende Änderung der Lärmsituation zu beurteilen und die Kaufentscheidung, falls erforderlich. entsprechend, zu beeinflussen.

4.4.4 Lärmarm konstruieren

Eine große Anzahl von Beispielen mit dazugehörigen Anwendungsbeispielen enthält die VDI-Richtlinie 3720. Darüber hinaus enthält das von der *Kommission Lärmminderung* beim *VDI* herausgegebene „Handbuch der Lärmminderung" zahlreiche weitere Richtlinien zum Lärmschutz an Maschinen und Anlagen sowie am Arbeitsplatz und in der Wohnnachbarschaft. Bild 4.15 zeigt hierzu in einem Schema lärmmindernde Maßnahmen bei einer Maschinenkonstruktion.

4.4.4.1 Konstruktive Maßnahmen zur Reduzierung der Geräuschemission

Geräusche entstehen z.B. auf zwei Wegen; zum einem durch Oberflächenschwingungen der Maschinenbaugruppen, Werkzeuge und Werkstücke (indirekter Luftschall) und zum anderen in Form von Luftströmungen bzw. -verwirbelungen (direkter Luftschall).

Der indirekte Luftschall wird sowohl durch innere Wechselkräfte (z.B. Massenkräfte, Zahneingriffsstöße) als auch durch Prozeßkräfte verursacht. Diese Kräfte führen zur Geräuschanregung von Maschinenelementen, die entweder unmittelbar Schall an ihren Oberflächen abstrahlen und/oder andere Bauteile durch Körperschallübertragung zu Schwingungen anregen, die dann zu einer Schallabstrahlung führen. Beim direkten Luftschall handelt es sich um turbulente Luftströmungen z.B. in Gebläsen, Lüftern und pneumatischen Anlagen.

Da die Geräuschanregung, die Körperschallübertragung und die Schallabstrahlung zum größten Teil in der Konstruktionsphase der Maschine festgelegt werden, sollte hier bereits auf eine lärmarme Maschinenkonstruktion geachtet werden.

Der direkte Luftschall läßt sich verringern, in dem turbulente Luftströmungen reduziert werden. Das Geräusch durch ausströmende Luft aus pneumatischen Anlagen läßt sich z.B. auf einfachem Weg durch geeignete Schalldämpfer verringern.

Bei indirektem Luftschall sollte als erstes die dynamische Kraftanregung des Bauteils möglichst klein gehalten werden, da diese direkt proportional zum abgestrahlten Schall ist. Die Einleitung von Körperschall in ein Bauteil läßt sich durch Erhöhung der sog. Eingangsimpedanz (Impedanz = Quotient aus Schalldruck und Schallfluß) reduzieren. Eine Behinderung der Schallausbreitung innerhalb der Maschine wird durch schalldämmende Maßnahmen (z.B. Einbau weicher Zwischenschichten) oder durch Schalldämpfung (z.B. Einsatz stark dämpfender Werkstoffe) erreicht. Die Schallabstrahlung an der Maschinenoberfläche kann minimiert werden, indem abstrahlende Flächen klein gehalten, große Flächen verrippt und durch geeignete Materialien bedämpft werden.

Beispiele für lärmarme Maschinenkonstruktionen:
Beispiele für lärmarme Maschinenkonstruktionen finden sich wie erwähnt in der VDI-Richtlinie 3720 in Veröffentlichung der Bundesanstalt für Arbeitsschutz.

Im folgenden sollen einige Beispiele vorgestellt werden, die ohne Anspruch auf Vollständigkeit einen Überblick über die vielfältigen, oft mit geringem Aufwand verbundenen Lärmminderungsmaßnahmen geben sollen.

Kreissägemaschinen: Eine effektive Geräuschminderungsmaßnahme, die keine Änderung an der Maschinenkonstruktion erfordert, zeigt Bild 4.16.

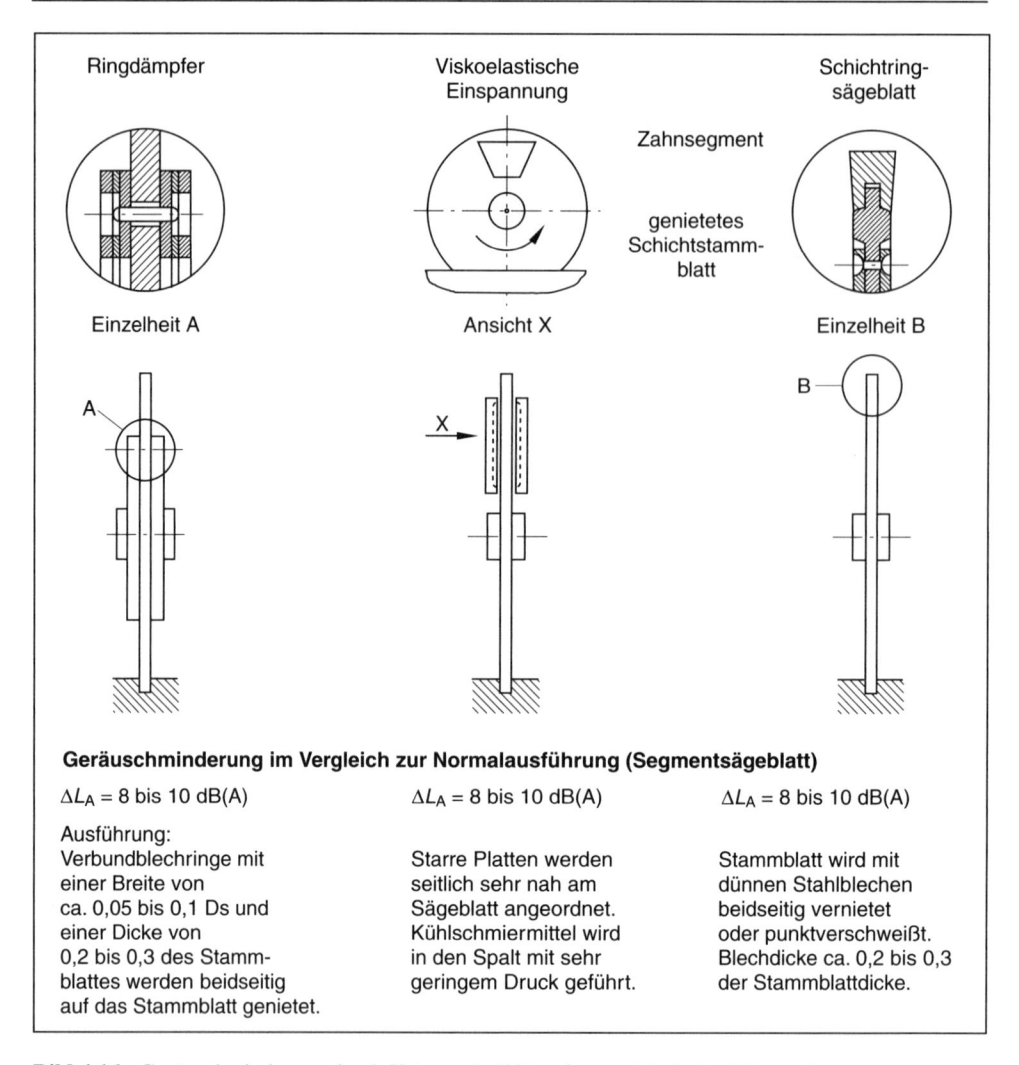

Geräuschminderung im Vergleich zur Normalausführung (Segmentsägeblatt)

Ringdämpfer (Einzelheit A)	Viskoelastische Einspannung (Ansicht X)	Schichtringsägeblatt (Einzelheit B)
$\Delta L_A = 8$ bis 10 dB(A)	$\Delta L_A = 8$ bis 10 dB(A)	$\Delta L_A = 8$ bis 10 dB(A)
Ausführung: Verbundblechringe mit einer Breite von ca. 0,05 bis 0,1 Ds und einer Dicke von 0,2 bis 0,3 des Stammblattes werden beidseitig auf das Stammblatt genietet.	Starre Platten werden seitlich sehr nah am Sägeblatt angeordnet. Kühlschmiermittel wird in den Spalt mit sehr geringem Druck geführt.	Stammblatt wird mit dünnen Stahlblechen beidseitig vernietet oder punktverschweißt. Blechdicke ca. 0,2 bis 0,3 der Stammblattdicke.

Bild 4.16: Geräuschminderung durch Körperschalldämpfung an Kreissägeblättern L_A: Schalleistungspegel „Anlage"

Bei Kreissägemaschinen wird das Sägeblatt durch die Schnittkräfte zu erheblichen Schwingungen angeregt. Aufgrund der großen Oberfläche strahlt das Sägeblatt dann eine hohe Schallenergie ab. Zur Dämpfung der Plattenschwingungen wurden drei unterschiedliche Maßnahmen durchgeführt, die zu einem beachtlichen Erfolg mit Pegelminderungen L_A zwischen 8 und 10 dB(A) führten. Die rechts bzw. links im Bild dargestellten Maßnahmen haben den Vorteil, daß diese sich allein auf das Werkzeug beziehen, die Maschine also unverändert bleiben kann. Sind konstruktive Änderungen jedoch leicht möglich, so kann bei der mittleren Lösung ein konventionelles Sägeblatt eingesetzt werden.

4.4 Lärmminderung

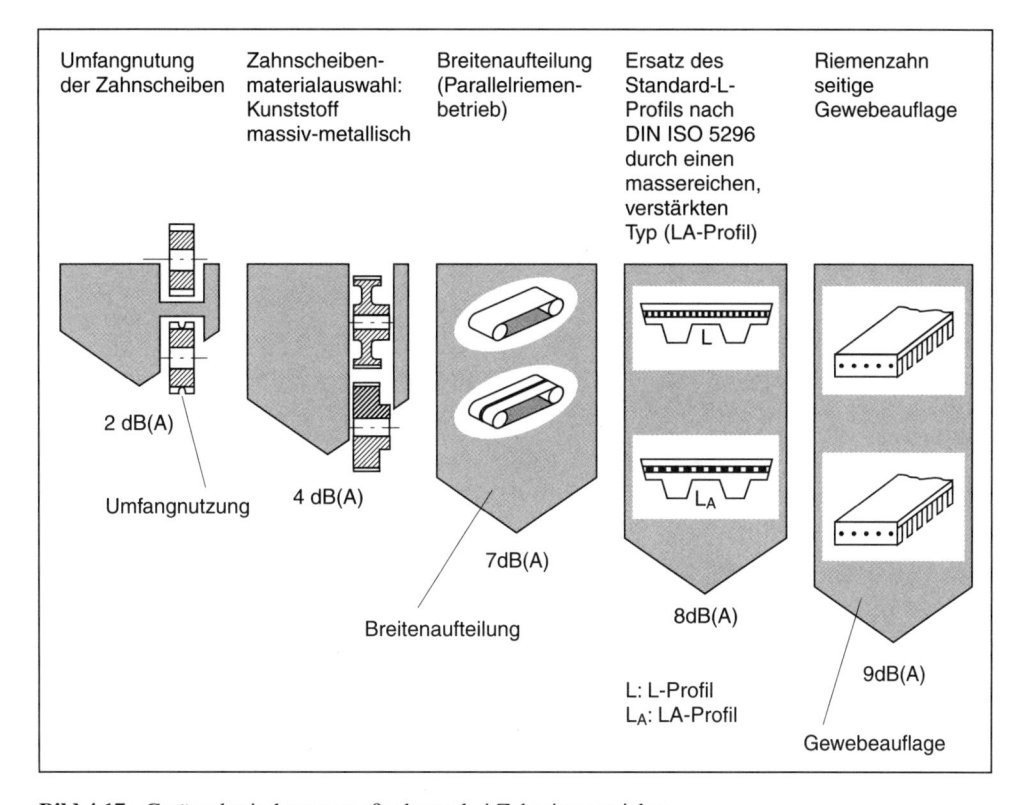

Bild 4.17: Geräuschminderungsmaßnahmen bei Zahnriementrieben

Zahnriementriebe: Zahnriementriebe weisen insbesondere bei hohen Drehzahlen ein erhebliches Laufgeräusch auf, welches besonders unangenehm und störend empfunden wird. Da die Zahnriementriebe aufgrund ihres sehr hohen Geräuschpegels für das gesamte Geräuschverhalten der Maschine verantwortlich sind, kommt der Lärmminderung dieses Antriebselementes eine Schlüsselstellung zu.

Sollen übliche Zahnriemen verwendet werden, so stehen folgende Lärmminderungsmaßnahmen zur Wahl, deren an einem Prüfstand getestete Wirksamkeit in Bild 4.17 dargestellt ist.

- Nutzung der Zahnriemenscheiben in Umfangsrichtung (Breite der Nutzung 1–3mm).
- Der Einsatz von Zahnriemenscheiben aus spanend bearbeitetem Material ist günstiger als der von Kunststoffscheiben.
- Werden anstelle eines Zahnriemens zwei parallele Riemen jeweils der halben Breite eingesetzt, so ergibt sich eine um 5–9 dB(A) geringere Schalleistung. Am Riementrieb sind geeignete Maßnahmen zu treffen, welche die gegenseitige Berührung der Riemen verhindern.
- Unterschiedliche Zahnriementypen verursachen bei gleichen Betriebsbedingungen stark abweichende Geräuschpegel. Durch die Auswahl eines akustisch günstigen Riementyps lassen sich deutliche Pegelsenkungen erreichen.

Allgemein gilt aus akustischer Sicht, daß die Verwendung kleiner Zahnscheiben günstiger ist, da hier bei gegebener Drehzahl geringere Riemenumlaufgeschwindigkeiten auftreten und der Geschwindigkeitseinfluß wesentlich größer ist als der Einfluß der Trumkraft im Riemen.

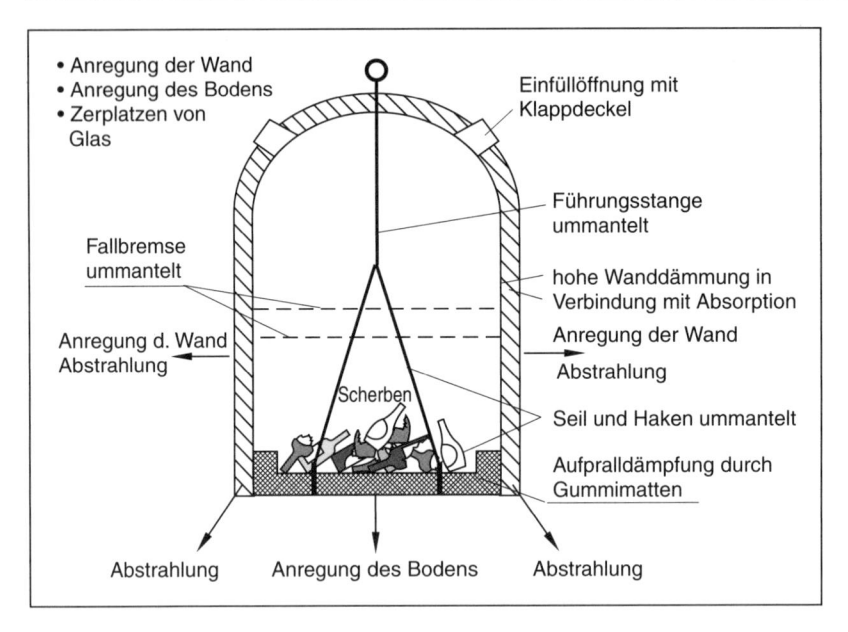

Bild 4.18: Lärmquellen und Lärmschutzmaßnahmen an Altglascontainern

Altglassammelbehälter (Altglascontainer): Im April 1993 wurden vom Forschungsinstitut „Geräusche und Erschütterungen GmbH" in Herzogenrath, im Auftrag des Umweltbundesamtes, 25 lärmgeminderte Altglascontainer von 16 Herstellern vermessen. Ziel dieser Lärmmessung war es, den technischen Stand moderner Lärmminderung auf dem Markt bei Altglascontainern zu ermitteln. Mit einem mobilen Meßwagen wurden die Altglascontainertypen beim Flascheneinwurf vermessen und kennzeichnende Schalldruckpegel bzw. Schalleistungspegel ermittelt. Die wichtigsten Lärmquellen beim Flascheneinwurf in den Behälter und die Minderungsmaßnahmen (mit geringem Aufwand verbunden) sind in Bild 4.18 dargestellt.

Moderne Altglascontainer (z.B. aus Stahl) mit wirksamen Lärmminderungskonzeptionen übertreffen sogar die Anforderungen des Umweltzeichens für lärmgedämpfte Altglascontainer (RAL-UZ 21) erheblich.

Die Bandbreite der ermittelten Schalleistungspegel ist in Tabelle 4.7 für leere und gefüllte Container angegeben.

Tabelle 4.7: Geräuschemissionen beim Einwerfen von Flaschen in Altglascontainer

Container Nenninhalt (m^3)	Schalleistungspegel in dB(A)					
	Container leer			Container gefüllt		
	Mittelwert	Minimum	Maximum	Mittelwert	Minimum	Maximum
1,5–3,2	97,3	91,9	107,8	94,6	89,5	101,4

4.4 Lärmminderung

Da die verstärkte Altglassammlung (verbunden mit einer Verdichtung der Containerstandorte) zur Zeit zunehmend zu Lärmbelästigungen führt, empfiehlt das Umweltbundesamt, in Wohngebieten, insbesondere in lärmsensiblen Bereichen, nur Container mit kennzeichnenden Schallleistungspegel einzusetzen, die ein entsprechendes Prüfzeugnis vorweisen können.

4.4.5 Schallschluckende Maßnahmen - Schalldämpfung

Dämpfung durch Abschirmung:
Bei Planungen von verkehrstechnischen Baumaßnahmen werden von den Behörden im Rahmen des immer akuter werdenden Umweltschutzes zunehmend Maßnahmen gefordert und vorgeschrieben, um die Anlieger vor dem wachsenden Verkehrslärm zu schützen (siehe Verkehrslärmgesetz).

Stahlspundbohlen bei Stützwänden als Schallschutzelement (Fallbeispiel von Höchst AG, Dortmund)

Mit dem Einsatz von Stahlspundbohlen bei Stützwänden will man das Problem der Lärmbelästigung lösen. Zwei Maßnahmen bieten sich hier an, die Lärmbelästigung zu mindern:
* Die Stützwand mit schallabsorbierenden Elementen zu verkleiden,
* Die Errichtung von Lärmschutzwänden auf der Spundwand.

Ziel beider Maßnahmen ist die Reduzierung des vom Verkehr erzeugten Schallpegels auf das am Immissionsort gesetzlich zulässige Höchstmaß.
Die Wirksamkeit der aufgeführten Maßnahmen ergibt sich somit aus schalltechnischen Überlegungen; sie ist für jede Baumaßnahme erneut zu ermitteln. Wesentlichen Einfluß haben dabei Entfernung und Höhenlage einerseits zwischen Schallquelle und möglichem Standort der Wand, andererseits zwischen Wandstandort und zu schützendem Bereich (siehe Bild 4.19).

Schalltechnisch erfüllen die Bereiche *a* und *b* (Bild 4.19) unterschiedliche Aufgaben:

Bereich a: Die Verkleidungselemente vor der Spundwand absorbieren den Lärm.
Wirkung: Durch die Schallabsorption wird die sonst auftretende Schallreflexion gemindert und damit der Schallpegel im Straßenbereich gesenkt.

Bereich b: Die Lärmschutzwand absorbiert und dämmt den Lärm.
Wirkung: Schallpegelminderung am Immissionsort.

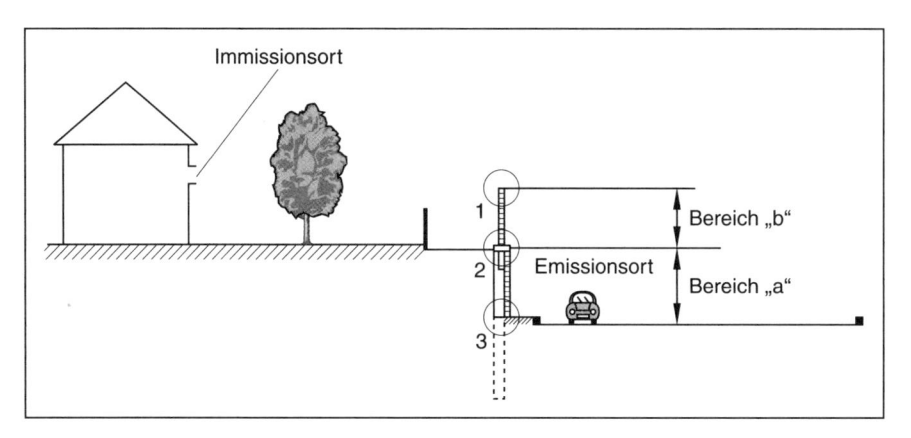

Bild 4.19: Schematische Darstellung über Schallquellen und Abschirmung durch die Wand

304   4 Lärm und Lärmschutzmaßnahmen

Bereich „a": Verkleidungselement   Bereich „b": Lärmschutzwandelement
           (absorbiert)   (absorbiert und dämmt)

$h = 330$, $t_2 = 60$

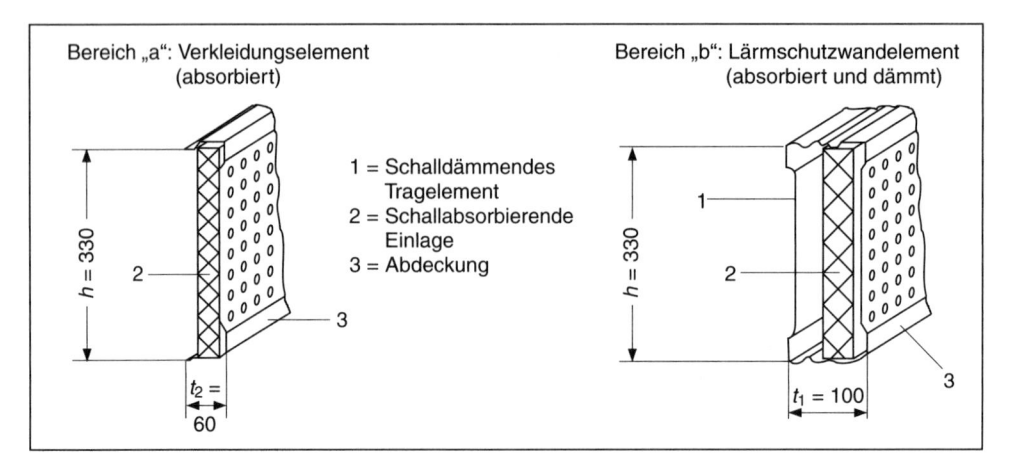

1 = Schalldämmendes
    Tragelement
2 = Schallabsorbierende
    Einlage
3 = Abdeckung

$h = 330$, $t_1 = 100$

Bild 4.20: Schalltechnische Aufgaben der Bereiche „a" und „b" (siehe Bild 4.19)

Für die aufgeführte Aufgabe stehen nach Bild 4.20 zwei unterschiedliche Einbauelemente zur Verfügung.

Die Schallpegelminderung wird unter Zugrundelegung eines schalltechnischen Taschenbuchs von H. Schmidt ermittelt; siehe hierzu Bild 4.21 aus Bild 4.19. Der Verkehrslärm liegt für dieses Beispiel in einem Frequenzbereich von ca. 500–6000 Hz. Hier wird die Pegelminderung für eine Frequenz von 1000 Hz ermittelt. Aufgrund der Schallbeugung ergibt sich eine Pegelminderung von ca. 23 dB (siehe Diagramm und Gegenüberstellung Wellenlänge - Freqenz, nach Schmidt).

Immissionsort — Abschirmwinkel = 50 °C — Wirksame Wandhöhe $h = 4$ m — 18 m — 6 m — Lärmquelle

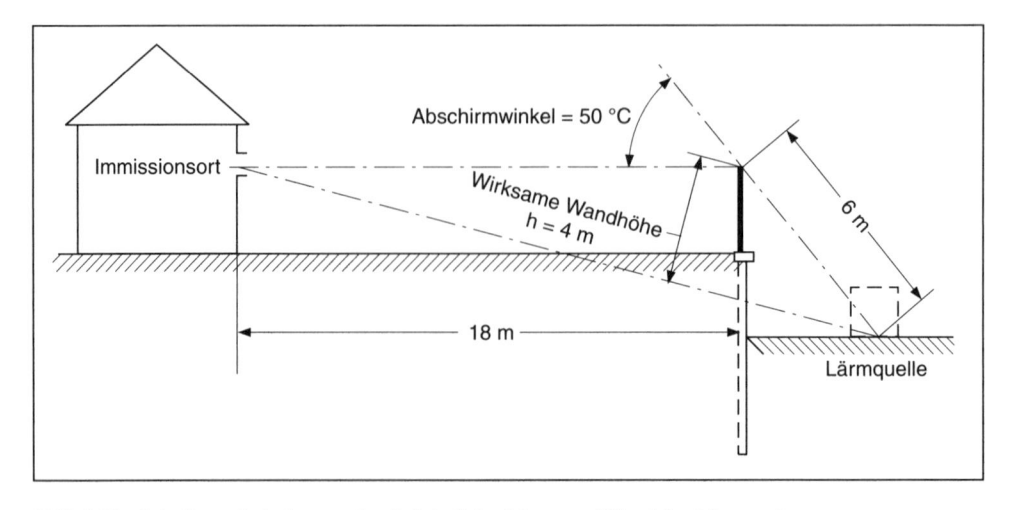

Bild 4.21: Schallpegelminderung durch Schallabschirmung (Wandabschirmung)

4.4 Lärmminderung

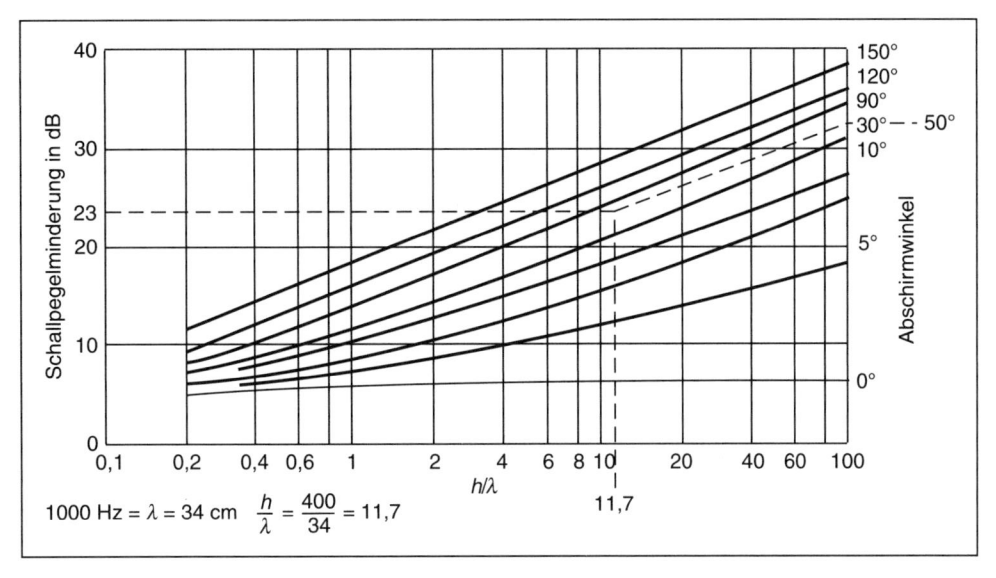

Bild 4.22: Diagramm über Schallpegelminderung durch Schallabschirmung (nach Schmidt)

Wellenlänge $\lambda = \dfrac{V}{F}$; $\quad V$ = Fortpflanzungsgeschwindigkeit (m/sec)
Frequenz F = Anzahl der Schwingungen pro Sekunde (Hz = 1/s)
$h = 400$ cm = wirksame Wandhöhe aus Bild 4.21

$$\dfrac{h}{\lambda} = \dfrac{400}{34} = 11{,}7$$

Tabelle 4.8 enthält Angaben über Wellenlängen entsprechend der Frequenzen.
Weiterhin ist für den Immissionsort die Entfernung zur Lärmquelle maßgebend.

Unabhängig von der jeweiligen Frequenz kann bei Linienschallquellen (fließender Verkehr) bei Entfernungsverdopplung des Meßortes eine Pegelminderung von 3 dB angenommen werden.

Tabelle 4.8: Wellenlängen entsprechend der Frequenz in Luft von 18 °C

Wellenlänge „λ" gemäß der Frequenzen „F" in Luft von 18 °C									
λ	1700	650	340	170	68	34	17	6,8	3,4	cm
F	20	50	100	200	500	1000	2000	5000	10000	Hz

4.4.6 Schalldämmung

Lärmschutzbauten:

Für den Schutz gegen Lärm – vor allem an Verkehrswegen – dienen bauliche Maßnahmen. Neben z.B. *Schallschutzfenstern* und einer vorbeugenden *Grundrißanordnung* mit Wohn- und Schlafräumen auf der dem Lärm abgewandten Seite (vgl. Bild 4.23) spielen dabei vor allem folgende Maßnahmen eine Rolle:

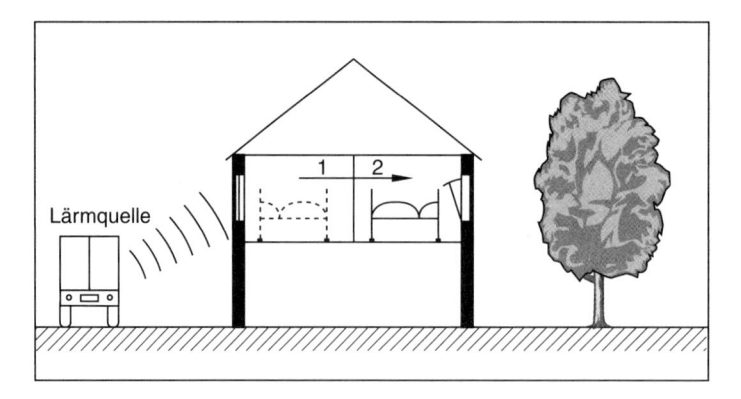

Bild 4.23: Verlegen lärmempfindlicher Räume

- Abschirmung durch *Lärmschutzwände* (siehe auch Abschnitt „Dämpfung durch Abschirmung") bei einer Entfernung bis etwa 200m.
- *Untertunnelung* oder *Abdeckungen*

Der von Flugplätzen ausgehende *Bodenlärm* kann ebenfalls durch Schutzbauten gemindert werden. Für die Lärmminderung bei Triebwerksprobeläufen an Flugplätzen haben sich *Lärmschutzhallen* bewährt. Die Lärmschutzhallen sind schallabsorbierend ausgekleidet und mindern die Geräusche um ca. 40–60 dB. Lärmschutz durch „Verlegen" lärmempfindlicher Räume zeigt Bild 4.23.
Als baulicher Schallschutz dient auch die sog. „Einhausung" und/oder die „Kapselung".

Einhausung: Unter Einhausung versteht man eine bauliche Maßnahme, bei der die Schallquelle mit einem Gebäude umgeben wird (siehe Bild 4.24). Mit der Einhausung können sowohl ganze Fertigungsstraßen, wie auch einzelne Aggregate (z.B. Pumpenstationen) umschlossen werden.

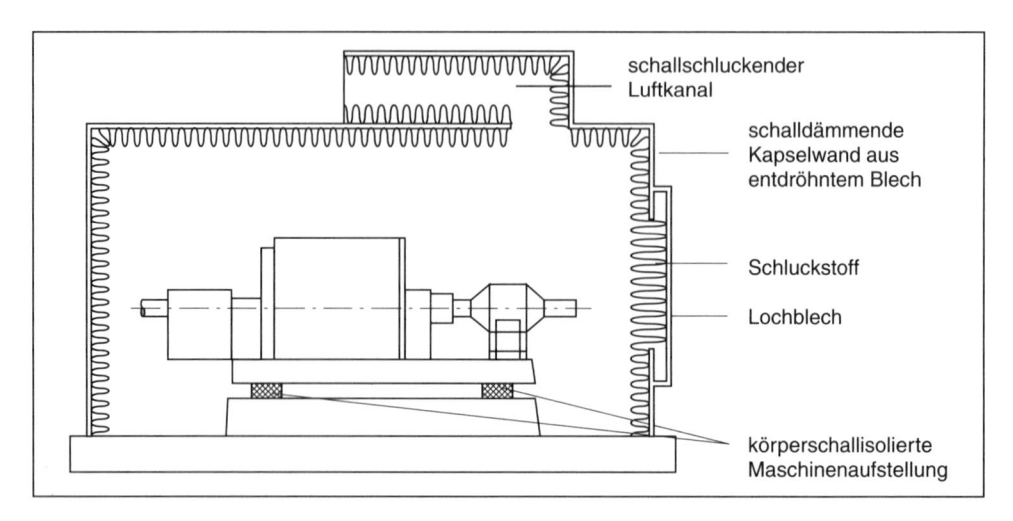

Bild 4.24: Lärmmindernde Maschinenkapselung

4.4 Lärmminderung

Der Aufwand für eine Einhausung kann erheblich sein, mit ihr läßt sich jedoch jede beliebig hohe *Schalldämmung* erreichen. Zu beachten sind jedoch Probleme der Wartung, Lüftung und Betriebssicherheit. Die Einhausung ist sogar ein Sonderfall der *Kapselung*.
Umschließt eine Kapsel größere Einheiten, so spricht man von Einhausung (siehe auch VDI 2711).

Kapselung: Oft ist es möglich, die *Lärmquelle* (z.B. ein Kraftfahrzeugmotor) einzuschließen und damit die Schallabstrahlung zu reduzieren. Es können hierbei ganze Aggregate als auch Teile davon gekapselt werden. Je nach Ausführung der Kapseln können Lärmminderungen zwischen 5–50 dB(A) erreicht werden.
Wenn die Aggregate Hitze entwickeln, müssen die erforderlichen Be- und Entlüftungsöffnungen mit geeigneten Schalldämpfern versehen werden. Ferner müssen die Fragen der Explosionssicherheit, der Bedienung und der Wartung beachtet werden.
Bild 4.25 zeigt als Beispiel, den Einfluß einer Motorkapselung auf die Lärmentwicklung von Omnibussen.
Eine *Kapsel* soll die Luftschallausbreitung von einer Schallquelle verhindern bzw. dämmen. Ihre einzelnen Elemente haben die Aufgabe, den Schall zu reflektieren und nur einen möglichst geringen Teil des Schalls durchzulassen. Dabei wird auch stets ein kleiner Teil Schallenergie in der Wand in Wärme umgewandelt (wird meist nicht berücksichtigt). Die Höhe der Schalldämmung wird aus dem Verhältnis der durchgelassenen Schalleistung P_2 zur auffallenden Schalleistung P_1 ermittelt.

$$R_w = 10 \log (P_1/P_2) \ [dB]$$

Die Dämmung steigt mit der Masse der Frequenz.
Als Näherung kann für einschalige Wände angenommen werden, daß die Schalldämmung sowohl bei Verdopplung der Frequenz als auch der Masse um jeweils ca. 6 dB steigt. Tiefere Frequenzen werden dabei schlechter gedämmt und hohe Frequenzen dagegen besser. Das bedeutet hier, daß für die Schalldämmung bei *tiefen Frequenzen* die Wände *dick* sein müssen. Meistens werden Stahlbleche von 1–3 mm Dicke als Kapselwand benutzt.

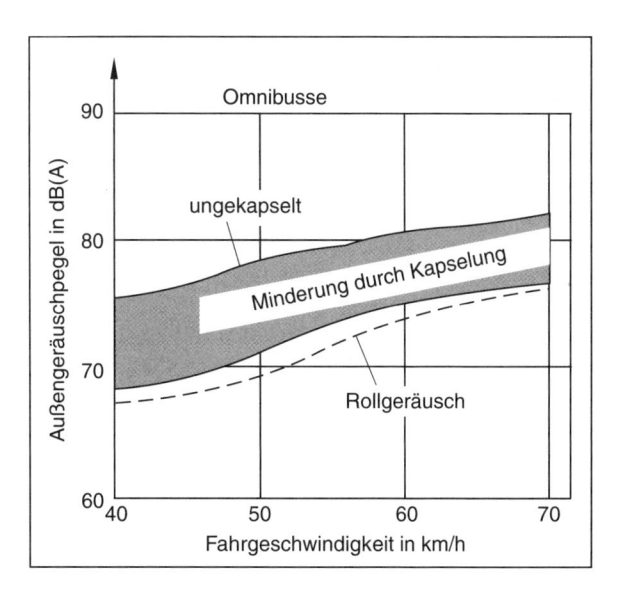

Bild 4.25: Einfluß der Motorkapselung auf die Lärmentwicklung von Omnibussen

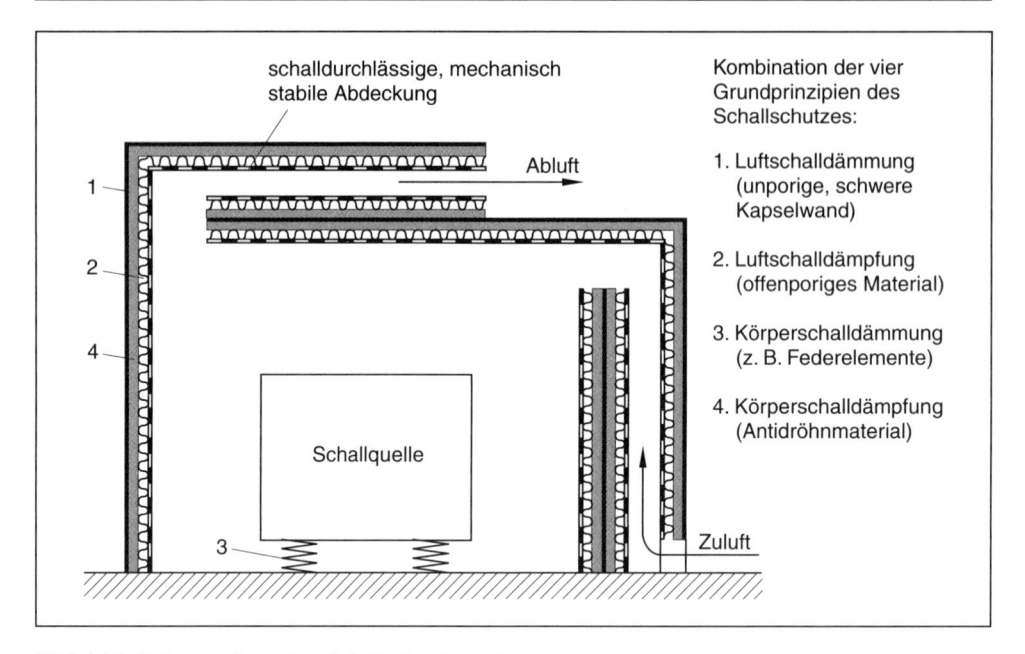

Bild 4.26: Prinzipaufbau einer Schallschutzkapsel

Wesentlich bessere Dämmeigenschaften haben *doppelschalige Wände*. Jedoch kann es bei diesen Wänden zu Resonanzeffekten zwischen beiden Schalen kommen, die dann die Dämmung bei bestimmten Frequenzen sehr verschlechtert. Diesem Umstand kann dadurch entgegengewirkt werden, indem das Absorptionsmaterial zwischen die Wände gepackt wird.
Kapseln müssen so dicht wie möglich sein und möglichst alle Teile der Quelle umschließen.
Bild 4.26 zeigt den Aufbau (schematisch) einer Schallschutzkapsel.

Schallabsorbierende Auskleidung: Wird eine Kapsel um eine Schallquelle herumgebaut, so trifft der von der Kapsel ausgehende Schall auf die Oberfläche der Kapselinnenwand und wird je nach Höhe der Dämmung reflektiert (ein geringer Teil wird durchgelassen). Die Reflexion bewirkt im Innern der Kapsel eine *Pegelerhöhung*. Die Pegelerhöhung kann bei schallharten Wänden (z.B. Stahlblech) sogar so hoch sein, daß die Wirksamkeit der Kapsel aufgehoben wird. Um das zuvermeiden, ist eine *schallabsorbierende Auskleidung* der Kapsel erforderlich. Diese Auskleidung sorgt für einen *Schalldämpfungseffekt*, d.h. in ihr wird die Schallenergie in Wärme umgewandelt und somit dem Schall in der Kapsel entzogen.

Maschinenkapselung: In vielen Fällen ist eine Teil- oder sogar Vollkapselung die einzig sinnvolle Maßnahme. Bild 4.27 zeigt als Beispiel die Kapselung des Antriebs einer Drehmaschine.
Die Kapselwand ist üblicherweise so aufgebaut, daß eine Dämpfungsschicht aus Steinwolle einen Teil der Schallenergie absorbiert. Um die Durchlässigkeit möglichst gering zu halten bzw. das Schalldämmaß so groß wie möglich zu gestalten, sollte die Außenhaut möglichst schwer und biegeweich sein. Dies bedingt aber schwere, teure Hauben.
Ein Kompromiß ist hier die in Bild 4.27 gezeigte Lösung. Ein dünnes, 2 mm dickes Stahlblech wird mit einer 6 mm dicken Entdröhnungsschicht belegt, die aus einem aufspachtelbaren Kunststoff mit hoher Eindämpfung besteht. Diese Schicht bewirkt zum einen eine Erhöhung

4.4 Lärmminderung

Minderung des Meßflächenschalldruckpegels $\Delta L_A = 7$ dB(A)

Spindelkasten — Luftführung — Spindelkasten — Kapselung — Motor

Anordnung der Kapselung

Motor mit seitlicher Kühlluftführung

Aufbau der einschaligen Kapselwand

1 Lochblech (40 % Lochanteil)
2 dünne Folie (0,2 mm Polyethylen)
3 schallabsorbierendes Material (30 mm Steinwolle)
4 Entdröhnungsmittel (6 mm)
5 Außenhaut (2 mm Stahlblech)

Körperschallisolierte Aufstellung der Kapsel

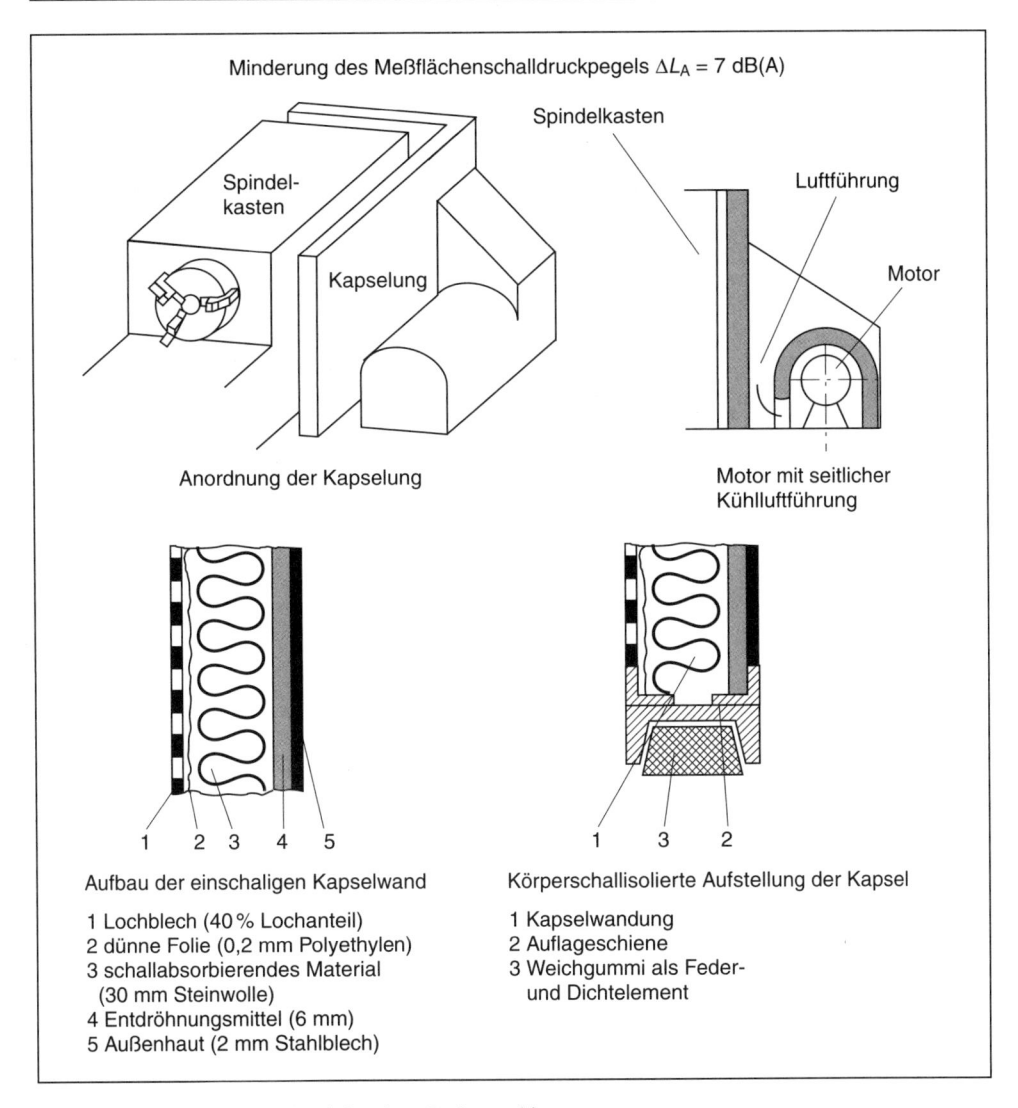

1 Kapselwandung
2 Auflageschiene
3 Weichgummi als Feder- und Dichtelement

Bild 4.27: Kapselung des Antriebs einer Drehmaschine

der Masse und zum anderen werden wegen ihrer hohen Materialdämpfung die Schwingungen drastisch reduziert. Wichtig ist die körperschallisolierte Aufstellung der Kapsel, so daß sie nur durch Luftschall beaufschlagt wird. Funktionsbedingte Öffnungen in der Kapsel, die den Schall nach außen treten lassen, werden so klein wie möglich gestaltet, da sie die Wirksamkeit der Kapsel erheblich reduzieren.

4.4.7 Verringerung der Schallemissionen bei einem Zerspannungsprozeß

Die Geräuschemission, z.B. bei spanenden Werkzeugmaschinen wird sowohl durch die Maschine selbst (z.B. Antriebe, Getriebe, Nebenaggregate) als auch durch den Bearbeitungsprozeß verursacht. Der Geräuschanteil, der allein auf die Maschinenaggregate zurückzuführen ist, kann als drehzahl- bzw. lastenabhängiger Anteil angesehen werden.

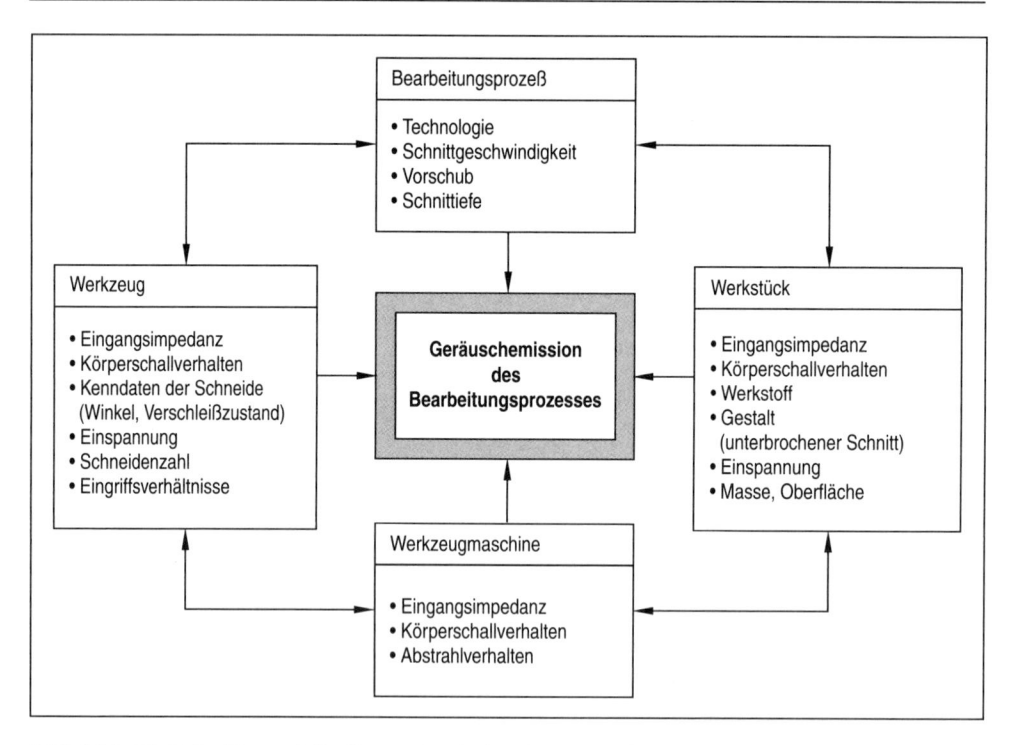

```
┌─────────────────────────────────────────────────────────────────────┐
│                        ┌─────────────────────┐                       │
│                        │   Bearbeitungsprozeß│                       │
│                        │  • Technologie      │                       │
│                        │  • Schnittgeschwin- │                       │
│                        │    digkeit          │                       │
│                        │  • Vorschub         │                       │
│                        │  • Schnittiefe      │                       │
│                        └─────────────────────┘                       │
│  ┌─────────────────────┐        │        ┌─────────────────────┐    │
│  │ Werkzeug            │        ▼        │ Werkstück           │    │
│  │ • Eingangsimpedanz  │  ┌───────────┐  │ • Eingangsimpedanz  │    │
│  │ • Körperschall-     │  │Geräusch-  │  │ • Körperschall-     │    │
│  │   verhalten         │──│emission   │──│   verhalten         │    │
│  │ • Kenndaten der     │  │des        │  │ • Werkstoff         │    │
│  │   Schneide          │  │Bearbei-   │  │ • Gestalt           │    │
│  │   (Winkel, Ver-     │  │tungspro-  │  │   (unterbrochener   │    │
│  │   schleißzustand)   │  │zesses     │  │    Schnitt)         │    │
│  │ • Einspannung       │  └───────────┘  │ • Einspannung       │    │
│  │ • Schneidenzahl     │        ▲        │ • Masse, Oberfläche │    │
│  │ • Eingriffsverhält- │        │        │                     │    │
│  │   nisse             │        │        │                     │    │
│  └─────────────────────┘        │        └─────────────────────┘    │
│                        ┌─────────────────────┐                       │
│                        │ Werkzeugmaschine    │                       │
│                        │ • Eingangsimpedanz  │                       │
│                        │ • Körperschall-     │                       │
│                        │   verhalten         │                       │
│                        │ • Abstrahlverhalten │                       │
│                        └─────────────────────┘                       │
└─────────────────────────────────────────────────────────────────────┘
```

Bild 4.28: Einflußgrößen auf die Geräuschemission des spanenden Bearbeitungsprozesses

Der Anteil der Geräuschemissionen einer Werkzeugmaschine wird noch durch eine Fülle zusätzlicher Parameter bestimmt. Die wichtigsten Einflußgrößen sind der Bearbeitungsprozeß selbst, die Maschine, das Werkzeug und das Werkstück. Wie in Bild 4.28 zu sehen ist, bestehen zwischen den genannten Gruppen vielfältige gegenseitige Abhängigkeiten.
So führen beispielsweise *Geräusche*, die an der Zerspanstelle infolge dynamischer Kräfte entstehen, zur Schallabstrahlung der Maschinenstruktur, indem *Körperschall* über Werkzeug und Werkstück in die Maschine eingeleitet wird.
Als Einflußparameter seitens des Bearbeitungsprozesses sind insbesondere die Technologie des Prozesses sowie die Einstellparameter wie beispielsweise Vorschub, Schnittiefe und Schnittgeschwindigkeit zu nennen. Werkzeugabhängige Einflußgrößen sind z.B. die Schneidengeometrie, die Anzahl der Schneiden und die Einspannung des Werkzeugs.
Der maschinenspezifische Einfluß auf die Schallemission des Zerspanprozesses beschränkt sich im wesentlichen auf die Fähigkeit der Maschine, über das Werkzeug oder Werkstück eingeleiteten *Körperschall* als *Luftschall* an ihren Oberflächen abzustrahlen. Das Werkstück beeinflußt durch seinen Werkstoff die bei der Bearbeitung auftretenden dynamischen Kräfte und durch seine Geometrie und Einspannung das von ihm abgestrahlte *Geräusch* sowie den in die Maschine eingeleiteten *Körperschall*.

Wiederholungsfragen zu Kapitel 4

1. Was verstehen Sie unter Lärm?
2. Welche schädigenden Wirkungen können durch den Lärm ausgelöst werden?
3. Wie stellt sich Lärmschwerhörigkeit ein?
4. Definieren Sie die Begriffe „Schalldruck", „Schalldruckpegel" und „Schalleistungspegel"!
5. Beschreiben Sie Meßgrößen bei der Lärmmessung!
6. Welche Komponenten hat ein einfacher Schallpegelmesser?
7. Nennen Sie Filtertypen und deren Anwendungsbereich!
8. Was verstehen Sie unter Lärmbereiche?
9. Aus welchem Grunde bedürfen genehmigungsbedürftige Anlagen einer Genehmigung?
10. Wozu dient die TA Lärm?
11. Welche Bedeutung hat der Beurteilungspegel?
12. Wozu dient eine Kapsel?
13. Welche Maßnahmen zur Verminderung von Lärm kann man in einem Betrieb ergreifen?

5 Umweltmanagementsystem

5.1 Einleitung

Bis Ende der 60er Jahre war betrieblicher Umweltschutz kein Diskussionsthema, da Ökologie und Ökonomie als Gegensatz betrachtet wurden. Mit Beginn einer Umweltgesetzgebung und der Einrichtung des Umweltbundesamtes als selbständige Behörde Anfang der 70er Jahre setzte allmählich ein Umdenkungsprozeß ein.

Heute gilt dagegen der betriebliche Umweltschutz als unverzichtbarer Bestandteil moderner Unternehmensführung. Es stellt sich dabei weniger die Frage nach der Notwendigkeit als vielmehr nach dem „wie", d.h. die Frage nach der Organisation des Umweltschutzes im Unternehmen.

Synchron dazu gerät aber der Umweltschutz in ein immer größeres Spannungsfeld. Denn er erlangt als Kostenfaktor im Unternehmen eine immer stärkere Bedeutung. Das Argument der steigenden Kosten für Umweltschutzmaßnahmen scheint auf den ersten Blick sogar berechtigt

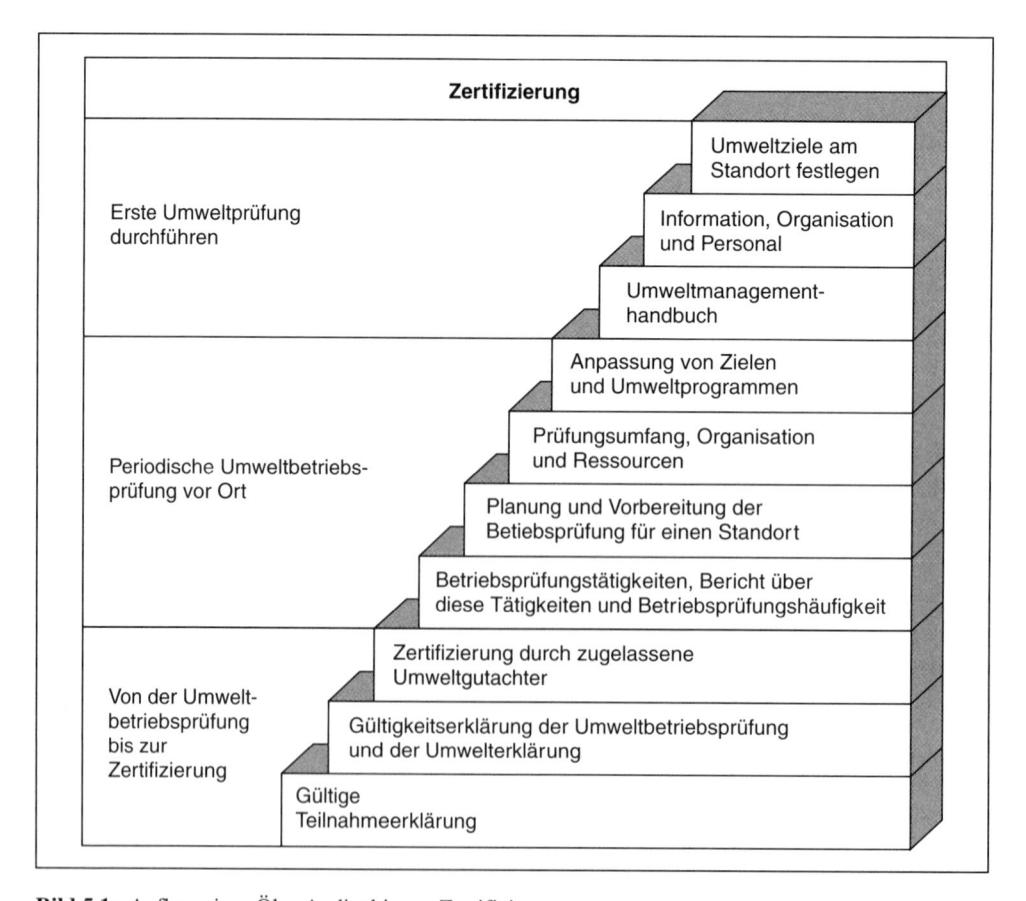

Bild 5.1: Aufbau eines Öko-Audits bis zur Zertifizierung

zu sein. Abfallbehandlungen, Abwasserreinigungen, Abgasreinigungen und sonstige Entsorgungskosten für Umweltschutztechniken schmälern zunächst den Gewinn. Auf der anderen Seite gewinnt aber der Umweltschutz zur Sicherung der Wettbewerbsfähigkeit immer größere Bedeutung. Der Druck der Kunden, umweltverträglich zu produzieren, sowie der Anspruch der Bevölkerung an eine saubere Umwelt werden zunehmend größer. Integrierter Umweltschutz, d.h. von der Technologie über das Managementsystem bis hin zum Mitarbeiter, wird für das Unternehmen zunehmend zu einem betrieblichen Erfolgsfaktor.

Durch die EG-Verordnung vom 29. Juni 1993 über die freiwillige Beteiligung gewerblicher Unternehmen an einem Gemeinschaftssystem für das Umweltmanagement und die Umweltbetriebsführung, wurde ein politisches Signal gesetzt, aktiven Umweltschutz zu betreiben. Diese Verordnung hat eine kontinuierliche und nachhaltige Verbesserung des betrieblichen Umweltschtzes zum Ziel.

Durch die EG-Verordnung werden in Zukunft Maßstäbe an das Management des Umweltschutzes angelegt. Als Nachweis für einen aktiven Umweltschutz im Sinne dieser Verordnung wird für die Unternehmen von unabhängigen (externen) Gutachtern eine Zertifizierung (siehe Bild 5.1) durchgeführt.

Der für diesen Vorgang vom Unternehmen im Rahmen einer Umweltbetriebsprüfung (Umweltaudit) zu beschreitende Weg ist also in obiger Abbildung dargestellt. Die notwendige Voraussetzung für ein Umweltaudit ist eine gut strukturierte innerbetriebliche Organisation des Umweltschutzes, d.h. ein gut strukturiertes Umweltmanagementsystem.

5.1.1 Bedeutung und Chancen eines modernen Umweltmanagments

Kaum ein Thema bestimmt zur Zeit die öffentliche Diskussion mehr als der Umweltschutz. Die Entwicklung der modernen Industriegesellschaft hat den materiellen Wohlstand des Menschen zwar verbessert, zugleich hat sie jedoch auch die Umwelt und somit die natürlichen Lebensgrundlagen erheblich beeinträchtigt. Das Wissen um die Umweltschädigung führte zu einer anderen Einstellung der menschlichen Lebensweise. Es soll nun eine verantwortungsvolle Verknüpfung wirtschaftlicher Interessen mit dem Umweltschutz hergestellt werden.

Der ökologische Umbau der Industriegesellschaft ist nicht nur aus ethischen Gründen unverzichtbar. Auch ökonomische Aspekte zwingen zum Handeln. In Deutschland werden von Wirtschaft und Staat pro Jahr rund 40 Mrd. DM für den Umweltschutz ausgegeben. Die volkswirtschaftlichen Schäden durch Umweltbelastungen belaufen sich dagegen auf Grund von Schätzungen auf mindestens 200 Mrd. DM pro Jahr; sie betragen somit ein Vielfaches der Umweltschutzausgaben.

Vor diesem Hintergrund werden sich die Rahmenbedingungen der Märkte zugunsten einer umweltschonenden Produktions- und Wirtschaftsweise verändern. Die Bedingungen für einen metallverarbeitenden Betrieb könnten sich demnächst wie folgt entwickeln:

- Das Umweltbewußtsein bei Kunden, Verbrauchern und Mitarbeitern, wird weiter zunehmen. Umweltverträglich hergestellte Produkte werden bevorzugt.
- Die Produktverantwortung schließt den gesamten Lebensweg der Produkte mit ein.
- Das Verursacherprinzip wird in die Umweltgesetzgebung konsequent umgesetzt. Die Umweltschutzgesetzgebung wird weiter verschärft und ihre Einhaltung stärker überwacht. Außerdem wird die Umwelthaftung ausgedehnt.
- Informationen über die Umweltauswirkungen aller umweltrelevanten Tätigkeiten des Unternehmens müssen zugänglich gemacht werden.
- Der Bedarf an Umweltschutztechnologie nimmt weiter zu.
- Energie- und Rohstoffpreise steigen weiter an. In der Minimierung des Einsatzes von Energie und Rohstoffen liegen bedeutende Kosteneinsparungspotentiale.

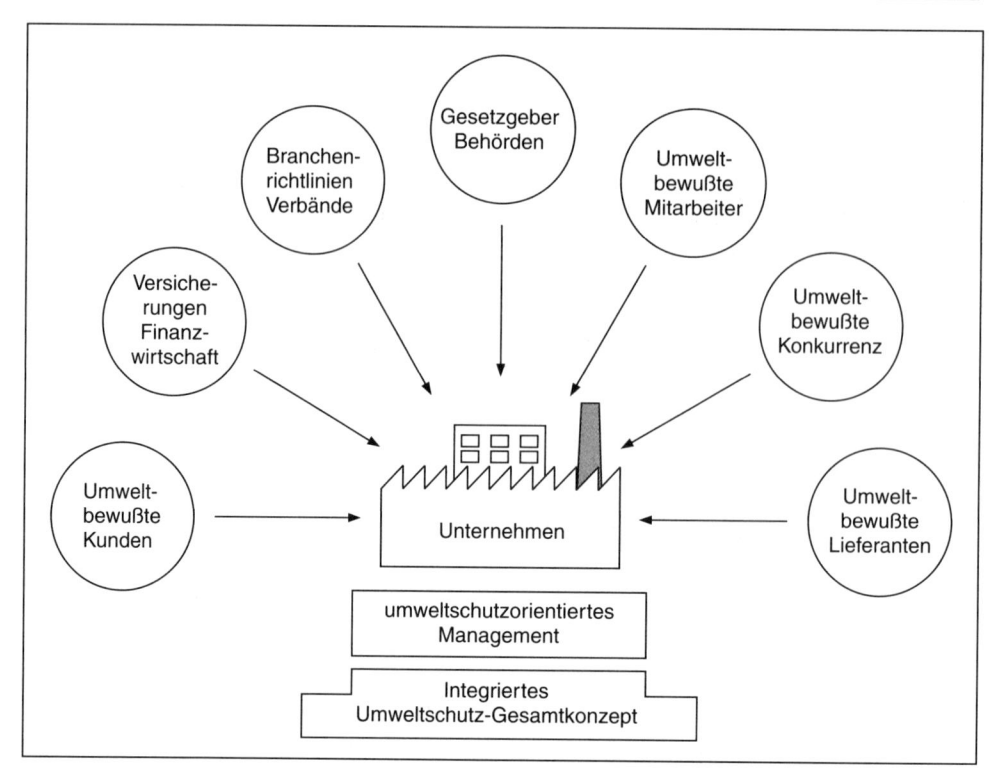

Bild 5.2: Betriebliches Umweltmanagement als Zukunftschance

Um wettbewerbsfähig zu bleiben, müssen die Unternehmen ihre Strategien so schnell wie möglich diesen Umfeldänderungen anpassen und deren Chancen und Risiken annehmen. Dies ist nur möglich mit einem modernen Umweltmanagement.

Das Umweltmanagement entwickelt sich somit zu einer wichtigen unternehmerischen Aufgabe der 90er Jahre. In vielen Betrieben ist Umweltschutz bereits in den Unternehmensleitlinien festgeschrieben. Bei dem Versuch der praktischen Umsetzung dieser Zielsetzung wird allerdings auch die Komplexität dieser Aufgabe deutlich. Denn in den Unternehmen müssen Bedürfnisse und Forderungen verschiedener Interessengruppen miteinander verknüpft und durch umweltschutzorientiertes Management zu einem integrierten Umweltschutzgesamtkonzept koordiniert werden (Bild 5.2).

Lange galten Ökonomie und Ökologie als unvereinbare Gegensätze. Diese Meinung, d.h. das Ökonomie und Ökologie im Widerspruch zueinander stehen, ist heute jedoch überholt.

Umweltschutz „rechnet sich" – kurzfristig oft und langfristig fast immer.

Um ein effizienteres Wirtschaften zu ermöglichen, ist es schon aus Gründen der Wettbewerbsfähigkeit notwendig, das Bestehende (z.B. das betriebliche Handeln) aus unterschiedlichen Blickwinkeln heraus zu betrachten. Es gilt, die Positionen neu zu überdenken und die Strukturen innovativ weiterzuentwickeln.

Das moderne Umweltmanagement bietet hier einen solchen Blickwinkel und damit die Chance, neue erfolgversprechende Entwicklungsfelder zu entdecken.

Ein effektives Management wird zu einer wesentlichen Voraussetzung für eine Unternehmenssicherung im kommenden Jahrzehnt.

5.1 Einleitung

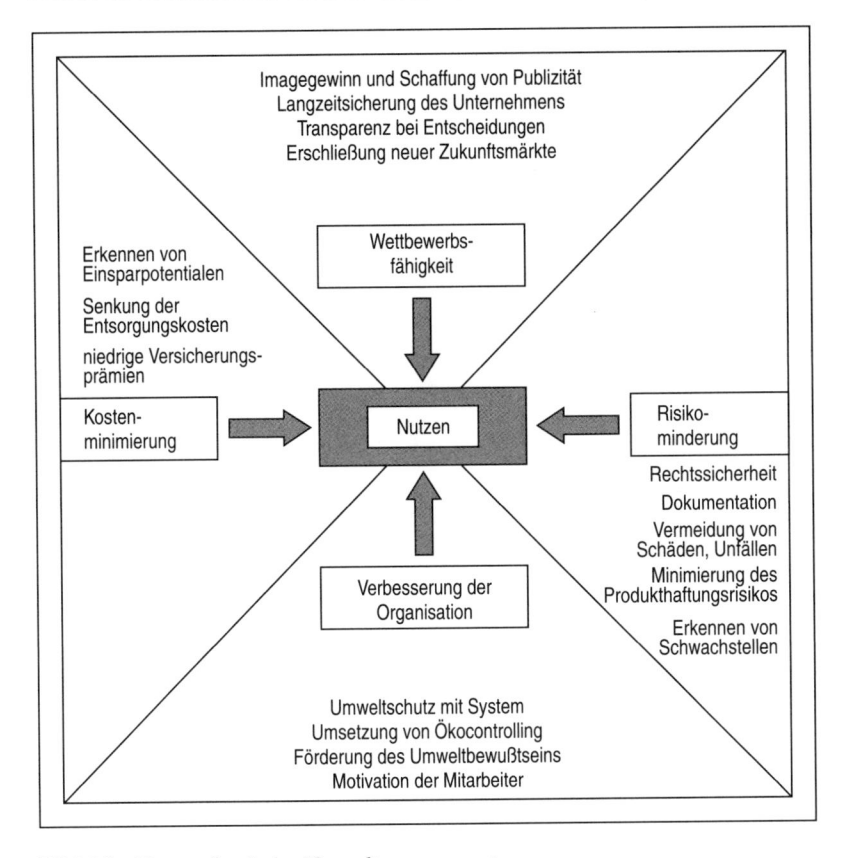

```
Imagegewinn und Schaffung von Publizität
Langzeitsicherung des Unternehmens
Transparenz bei Entscheidungen
Erschließung neuer Zukunftsmärkte

Erkennen von Einsparpotentialen
Senkung der Entsorgungskosten
niedrige Versicherungsprämien

Wettbewerbsfähigkeit

Kostenminimierung  →  Nutzen  ←  Risikominderung

Rechtssicherheit
Dokumentation
Vermeidung von Schäden, Unfällen
Minimierung des Produkthaftungsrisikos
Erkennen von Schwachstellen

Verbesserung der Organisation

Umweltschutz mit System
Umsetzung von Ökocontrolling
Förderung des Umweltbewußtseins
Motivation der Mitarbeiter
```

Bild 5.3: Nutzen durch das Umweltmanagement

Zielgerichtetes Handeln setzt folgende Faktoren voraus:
- die Kenntnis der Situation im eigenen Betrieb und
- die Beobachtung des Unternehmensumfeldes.

Das alles kann durch ein modernes Umweltmanagements verbessert werden. Denn die Instrumente des Umweltmanagements schaffen strategische Vorgaben, die zukünftige Entwicklungsrichtungen aufzeigen.

Der strategische Nutzen umweltorientierter Unternehmensführung und vor allem eines Umweltmanagement wird in Bild 5.3 verdeutlicht.

Die einzelnen Nutzkomponenten wie „Wettbewerbsfähigkeit"„Kostenminimierung", „Risikominderung" und „Organisationsverbesserung" sind also eng miteinander vernetzt.

In der Praxis ist es allerdings schwierig, den strategischen Nutzen von Umweltschutzaktivitäten genauer zu quantifizieren. Trotzdem sind die Unternehmen, die sich mit diesem Aspekt befassen, darüber einig, daß sich die Einführung eines Umweltmanagements auch betriebswirtschaftlich lohnt. Umweltmanagement zeichnet sich außerdem nicht nur längerfristig durch strategischen Nutzen aus, sondern bringt kurzfristig wichtige betriebliche Vorteile. Beispielsweise:

- werden Risikopotentiale, Korrekturmöglichkeiten und Handlungsprioritäten im betrieblichen Umweltschutz aufgezeigt,

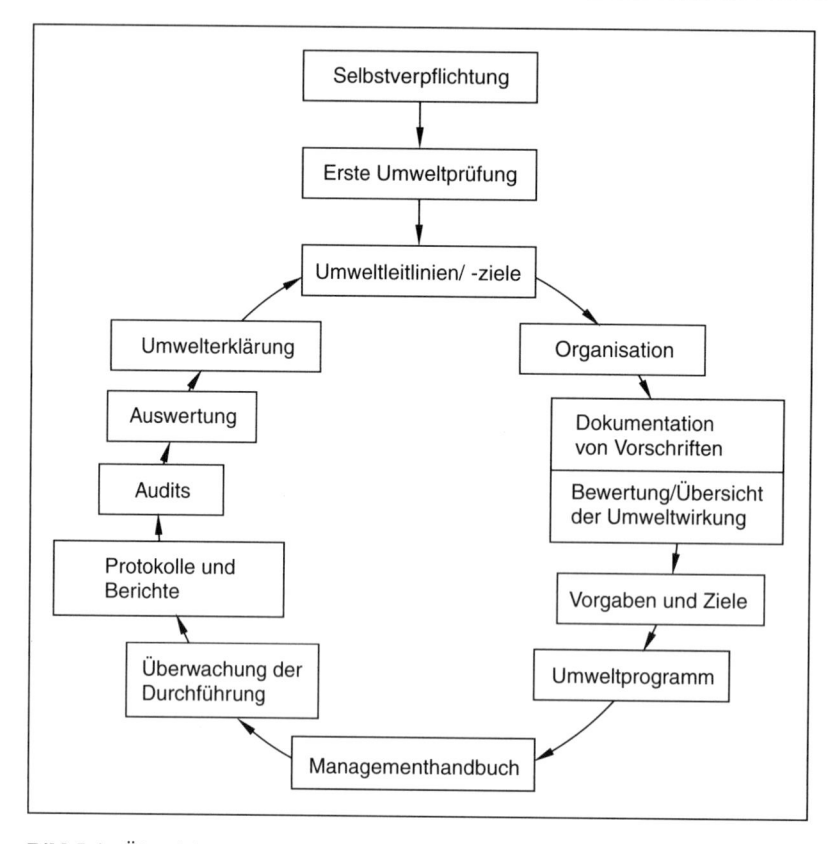

Bild 5.4: Übersichtsschema eines Umweltmanagementsystems

- werden Energie- und Rohstoffeinsparmöglichkeiten erkannt,
- kann Abfall noch stärker reduziert werden,
- werden Hinweise zur Verwendung umweltverträglicher Roh-, Betriebs- und Hilfsstoffe gegeben,
- werden Investitionsentscheidungen transparenter gestaltet,
- wird eine Grundlage zu einer glaubhaft umweltbezogenen Öffentlichkeitsarbeit gelegt.

Bild 5.4 zeigt in einem Übersichtsschema ein Umweltmanagementsystem.

5.2 Die Umweltpolitik

Die Umweltpolitik enthält Zielsetzungen des Unternehmens zum betrieblichen Umweltschutz. Ferner stellt sie das Bekenntnis des obersten Managements zum umweltgerechten Handeln dar.

Umweltschutz muß Chefsache sein

5.2 Die Umweltpolitik

Die Umweltpolitik sollte:
- auf höchster Führungsebene initiiert, entwickelt und aktiv unterstützt werden;
- in Einklang mit der Gesundheits-Sicherheitspolitik und sonstigen organisatorischen Praktiken stehen;
- die Organisation nicht nur dazu verpflichten, sämtliche relevanten, vorschriftsmäßigen und gesetzlichen Anforderungen zu erfüllen, sondern auch festlegen, in welcher Form die betroffenen Parteien erfüllen diese Anforderungen und darüberhinaus auch fortlaufende Verbesserung der Umweltleistung gewährleisten;
- den betroffenen Parteien in leicht verständlicher Form den Jahresbericht zur Verfügung stellen.

Die durch die Umweltpolitik behandelten Fragen sind beispielsweise von der Organisationsart abhängig. Falls die Organisation groß oder komplex ist, könnten erklärende Informationen in leicht verständlicher Form durch die umwelttechnischen Zielsetzungen und das Umweltprogramm geboten werden.

5.2.1 Festlegung der Umweltpolitik

Der Umweltpolitik kommt eine zentrale Rolle im Rahmen der Einführung umweltorientierter Unternehmensführung zu. Sie bringt eine Verpflichtung zum Umweltschutz sowohl gegenüber der Öffentlichkeit und dem Kunden als auch gegenüber den eigenen Mitarbeitern zum Ausdruck.

Die Festlegung der Umweltpolitik steht meist am Anfang des Umweltmanagement-Projektes. Vorgehensweise zur Umweltpolitik:
- Klärung der Bedeutung und Funktion einer betrieblichen Umweltpolitik.
- Formulierung von Umweltleitlinien.
- Diskussion der Umweltleitlinien auf verschiedenen Unternehmen.
- Verabschiedung der Umweltleitlinien als Umweltpolitik.
- Veröffentlichung der Umweltpolitik innerhalb und außerhalb des Unternehmens.
- Diskussion der Umweltpolitik im gesamten Unternehmen.

Die Ausarbeitung der Unternehmensleitlinien kann unterstützt werden durch die Arbeitsgruppe "Umweltmanagement". Die Einbeziehung der Abteilungsleiter in diese Diskussion ist unerläßlich, um ein Verständnis in den Abteilungen aufzubauen.

Die Umweltpolitik sollte alle Bereiche des Unternehmens betreffen.

Die Umweltpolitik will:
- den Umweltschutz gleichwertig wie wirtschaftliche und soziale Belange des Unternehmens behandeln;
- den Schutz unserer Umwelt verantwortlich fördern und mitgestalten;
- die Ressourcen der Natur auf allen Gebieten schonend einsetzen. Dies beginnt bei der Produktentwicklung und endet beim Recycling des Produktes;
- die Umweltauswirkungen jedes Produktes, jeder neuen Tätigkeit und jedes neuen Verfahrens vor ihrer Anwendung beurteilen und somit Umweltschäden und Sicherheitsrisiken vorbeugend vermeiden;
- Reststoffe in die Stoffkreisläufe zurückführen, soweit es möglich und wirtschaftlich vertretbar ist;
- das Verantwortungsbewußtsein für die Umwelt bei den Mitarbeitern auf allen Ebenen fördern;

- den offenen und sachlichen Dialog mit den Kunden, den Behörden und der Öffentlichkeit pflegen, der zum besseren gegenseitigen Verständnis beitragen soll

5.2.2 Umweltpolitische Prinzipien

Die umweltpolitischen Prinzipien lauten:
- Vorsorgeprinzip.
- Verursacherprinizip.
- Kooperationsprinzip.

5.2.2.1 Vorsorgeprinzip

Das *Vorsorgeprinzip* ist das materielle Leitbild für die Umweltpolitik. Durch die Festlegung von Rahmenbedingungen und Grenzwerten, beispielsweise in der Trinkwasserverordnung oder der Verordnung nach dem Bundesimmissionsschutzgesetz für Emissionen von Großfeuerungsanlagen, werden die Bedingungen für den Bau und Betrieb von Anlagen zum Schutz des Wassers oder zum Schutz der Luft nach dem Stand der Technik gesetzt.

5.2.2.2 Verursacherprinzip

Nach dem *Verursacherprinzip* werden demjenigen Kosten zugerechnet, der die Entstehung der Kosten verursacht hat. Die Haftung erfolgt unabhängig von einem Verschulden. Ein etwas untergeordneter Fall des Verursacherprinzips ist das Gemeinlastprinzip. Danach trägt im Falle der Unkenntnis des Verursachers die Allgemeinheit, d.h. die öffentliche Hand, wie z.B. das Land oder der Bund, die Kosten.

5.2.2.3 Kooperationsprinzip

Das *Kooperationsprinzip* bezieht sich auf die Zusammenarbeit zwischen Staat und Gesellschaft im Bereich des Umweltschutzes. Im Verhältnis zwischen Staat und Gesellschaft soll durch Mitwirkung Betroffener und durch Einbeziehung ihrer Bedenken in die Abwägung umweltrelevanter Entscheidungen, die Akzeptanz dieser Entscheidungen erleichtert werden, ohne daß sich die Verantwortungsbereiche verwischen. Eine frühzeitige Beteiligung aller Betroffenen kann dazu führen, daß diese ihr Verhalten so anpassen, daß der Erlaß eingreifender Maßnahmen nicht erforderlich wird.

5.2.3 Die Umweltpolitik bei Bizerba (Fallbeispiel von Bizerba, GmbH & Co, Werk Balingen)

Die Umweltpolitik der Bizerba GmbH & Co, richtet sich auf alle Bereiche des wirtschaftlichen Handelns sowie auf die gesellschaftliche Verantwortung des Unternehmens. Ziel des Bizerba-Umweltmanagements ist die stetige Verbesserung des betrieblichen Umweltschutzes.

Die Grundsätze der Bizerba-Umweltpolitik sind:
- *Umweltschutz ist Aufgabe von Management und Mitarbeitern*
  Umweltschutz ist eine wesentliche Führungsaufgabe. Alle Vorgesetzten und Mitarbeiter arbeiten somit gleichermaßen verantwortungsbewußt bei der täglichen Umsetzung von Umweltschutzmaßnahmen mit. Schulung und Motivation der Mitarbeiter zum umweltbewußten Handeln am Arbeitsplatz ist ein zentrales Element der Umweltpolitik von Bizerba.
- *Umweltgerechte Produkte und Prozesse*
  Bei der Entwicklung neuer Produkte und bei der Einführung neuer Produktprozesse werden diese auf umweltkritische Stoffe und Verfahren untersucht. Dabei wird das System als Ganzes betrachtet, um die Verlagerung von Umweltproblemen in andere Bereiche zu

vermeiden. Die gewonnenen Erkenntnisse werden zur Erarbeitung geeigneter organisatorischer und technischer Maßnahmen verwendet.
- *Schonung der Ressourcen*
Es werden Maßnahmen ergriffen, um den Einsatz an Energie, Rohstoffen und anderen natürlichen Ressourcen zu verringern.
- *Überprüfung des Erfolges*
Die Auswirkungen von vorhandenen umweltrelevanten Einrichtungen werden regelmäßig überprüft. Die Firma verpflichtet sich, Sicherheitseinrichtungen und Organisation in der Form zu gestalten, daß negative Auswirkungen auf die Umwelt möglichst vermieden bzw. weitgehend minimiert werden.
Zur Sicherstellung der Einhaltung dieser Umweltpolitik und Erfüllung vorgegebener Umweltziele werden interne und externe Produkt- und Systemaudits durchgeführt.
- *Integration der Lieferanten*
Lieferanten werden bei der Verbesserung ihres betrieblichen Umweltschutzes unterstützt.
- *Einhaltung und Umsetzung von Gesetzen und Vorschriften*
Bizerba verpflichtet sich zur Einhaltung aller einschlägigen Gesetze und Vorschriften. Die Zusammenarbeit mit den zuständigen Behörden und Institutionen wird dabei laufend gepflegt. Es wird sichergestellt, daß der aktuelle Stand der Technik und die geltenden Umweltvorschriften beschafft und den Verantwortlichen zugängig gemacht werden.
- *Vermeiden von Abfällen und Emissionen*
Abfälle, Reststoffe, Emissionen, Lärmbelästigungen und Abwässer werden vermieden bzw. auf ein Mindestmaß reduziert.
- *Verpflichtung gegenüber Kunden*
Jeder Bizerbakunde hat das Recht auf die Gewißheit, ein umweltgerechtes Produkt erworben zu haben. Daher wird informiert über anstehende Umweltaspekte der Produkte im Zusammenhang mit Handhabung, Verwendung, Rücknahme, Verwertung und Entsorgung.

5.3 Die Organisation

Der Beauftragte der obersten Leitung sollte ausreichend mit den Tätigkeiten der Organisation und den umweltspezifischen Fragen vertraut sein, um wirkungsvoll tätig werden zu können.

5.3.1 Organisatorische Regelungen

Beispiel: Die Organisation ist nach Bild 5.5 in vier Bereiche unterteilt. Die funktionellen Verantwortlichkeiten kann man aus dem Organisationsdiagramm (Bild 5.5) entnehmen.
Aus dem Diagramm soll der Bereich „Forschung und Entwicklung" kurz beschrieben werden: Die fachliche Verantwortung für den Umweltschutz ist dem Bereich *„Forschung und Entwicklung"* zugewiesen. Der beauftragte Vorgesetzte dieses Bereichs ist mit der Richtlinienkompetenz für den Umweltschutz im Unternehmen betraut. Hier sind auch die Verantwortlichkeiten für die Querschnittsfunktionen „Qualitätswesen" und „Arbeitssicherheit" angesiedelt. Dadurch ist bereits im Vorfeld der Produktentwicklung eine intensive Auseinandersetzung mit Fragen des Qualitätswesens, der Arbeitssicherheit und des Umweltschutzes gewährleistet. Erkenntnisse aus der laufenden Produktion lassen sich so leichter in eine betriebliche Weiterentwicklung umsetzen.
Der Umweltschutzbeauftragte ist diesem Bereich zugeordnet. Er hat jedoch keine direkte Weisungsbefugnis, sondern nur beratende Funktion. Anordnungen zum Umweltschutz erfolgen ausschließlich über den Vorgesetzten.

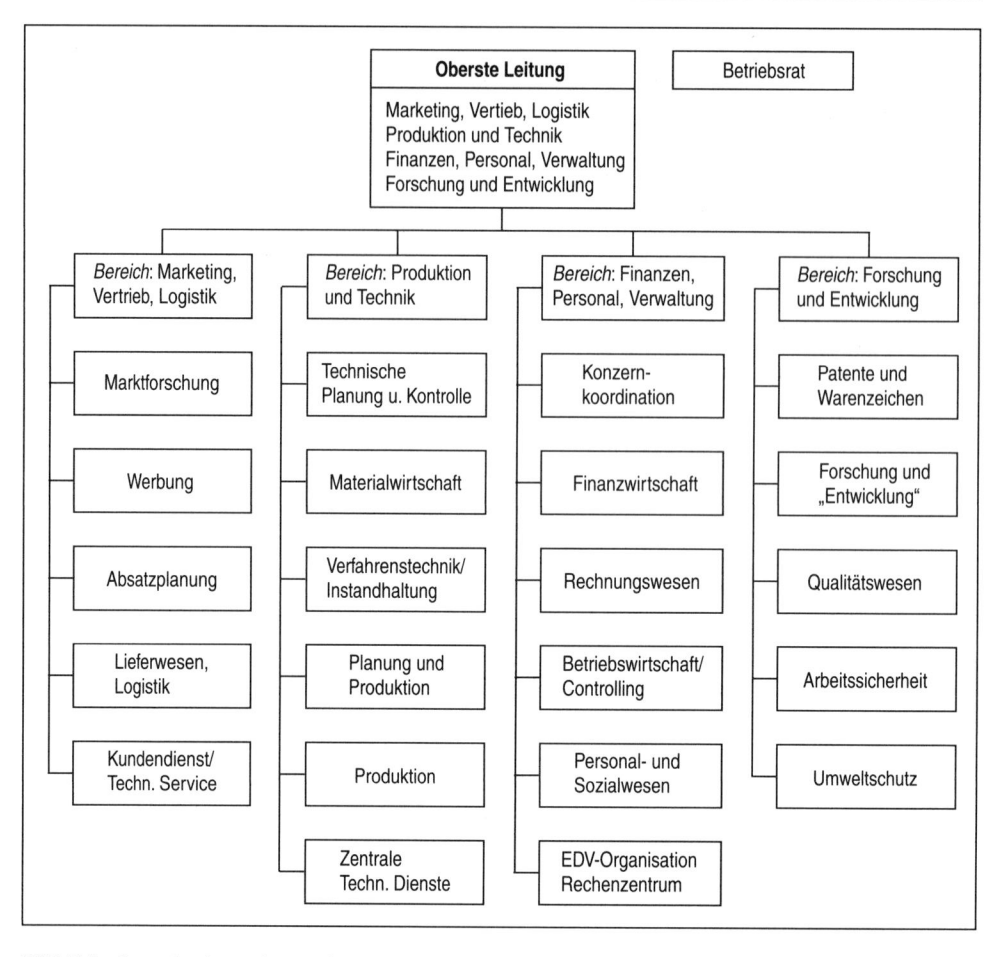

	Oberste Leitung		Betriebsrat
	Marketing, Vertieb, Logistik		
	Produktion und Technik		
	Finanzen, Personal, Verwaltung		
	Forschung und Entwicklung		

Bereich: Marketing, Vertrieb, Logistik	Bereich: Produktion und Technik	Bereich: Finanzen, Personal, Verwaltung	Bereich: Forschung und Entwicklung
Marktforschung	Technische Planung u. Kontrolle	Konzernkoordination	Patente und Warenzeichen
Werbung	Materialwirtschaft	Finanzwirtschaft	Forschung und „Entwicklung"
Absatzplanung	Verfahrenstechnik/ Instandhaltung	Rechnungswesen	Qualitätswesen
Lieferwesen, Logistik	Planung und Produktion	Betriebswirtschaft/ Controlling	Arbeitssicherheit
Kundendienst/ Techn. Service	Produktion	Personal- und Sozialwesen	Umweltschutz
	Zentrale Techn. Dienste	EDV-Organisation Rechenzentrum	

Bild 5.5: Organisationsschema eines Unternehmens

Unterstützung bei der betrieblichen Umsetzung des Umweltschutzes findet der Umweltschutzbeauftragten zum einen durch die betrieblichen Fachkräfte und Beauftragte für Arbeitssicherheit, deren Aufgabengebiet um diese Unterstützungsleistung erweitert wird. Bei der Bestimmung der gesetzlich vorgeschriebenen Einsatzzeiten soll dieser Mehraufwand berücksichtigt werden. Dadurch kann eine stärkere Durchdringung des gesamten Unternehmens in Fragen des betrieblichen Umweltschutzes gewährleistet werden. Zum anderen wird der Umweltschutzbeauftragte durch die Einrichtung gewisser Projektarbeitskreise unterstützt. Hier arbeiten Vertreter verschiedener Abteilungen und Bereiche sowie der Betriebsrat problemorientiert unter ganzheitlicher Betrachtung (Umwelt, Qualität, Wirtschaftlichkeit usw.) zusammen.

Bedeutung des Qualitätswesens

Das betriebliche Qualitätswesen ist ein wichtiger Aufgabenbereich im Unternehmen; in jüngster Zeit hat dieser noch an Bedeutung gewonnen, und zwar aufgrund folgender Gegebenheiten:

5.3 Die Organisation

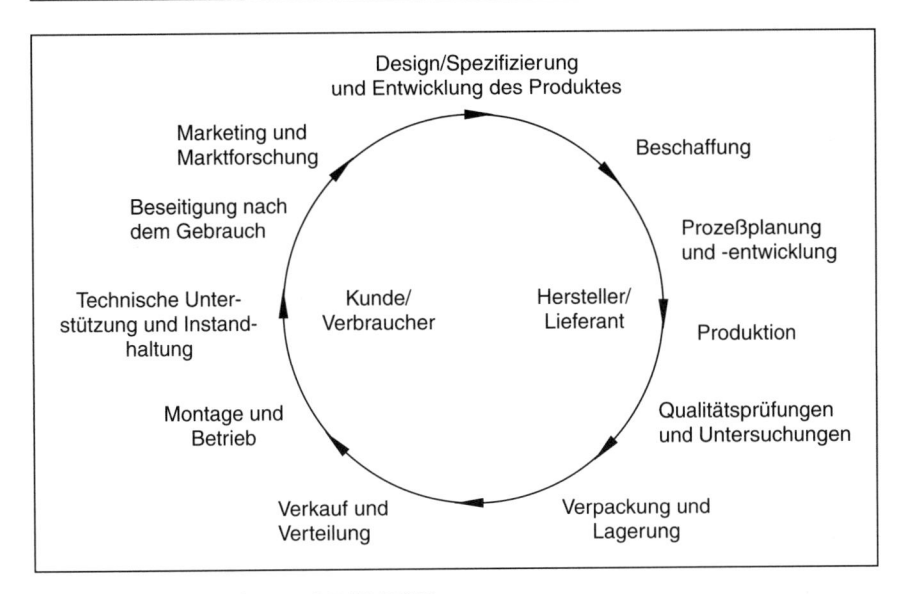

```
                    Design/Spezifizierung
                    und Entwicklung des Produktes
   Marketing und
   Marktforschung                      Beschaffung

   Beseitigung nach
   dem Gebrauch                        Prozeßplanung
                                       und -entwicklung
   Technische Unter-   Kunde/    Hersteller/
   stützung und Instand- Verbraucher Lieferant  Produktion
   haltung

   Montage und                         Qualitätsprüfungen
   Betrieb                             und Untersuchungen

            Verkauf und      Verpackung und
            Verteilung       Lagerung
```

Bild 5.6: Qualitätskreis gemäß DIN 55350

- Das neue Produkthaftungsgesetz (Umkehr der Beweislast bei Schäden im Zusammenhang mit dem Gebrauch eines Produktes) erhöht die Verantwortung des Unternehmens bezüglich der Qualität des Produktes.
- Die Tendenz zur Reduktion der im Unternehmen wahrgenommenen Fertigungsstufen und zur Steigerung des Anteils der Zukaufkomponenten erfordert es, das notwendige Qualitätsniveau derselben sicherzustellen.
- Das japanische Konzept des *„Total Quality Management"*, dem das Prinzip des *„Vorbeugens"* und die *„Null-Fehler-Qualität"* zugrunde liegen, zwingt die europäischen Unternehmen aufgrund der damit verbundenen Kostenreduktion und Wettbewerbsvorteile dazu, sich mit den Anwendungsmöglichkeiten intensiver zu beschäftigen. Dieser Bedeutung des Qualitätswesens wird dadurch Rechnung getragen, daß
  - die meisten Unternehmen über entsprechende Systeme der Qualitätssicherung verfügen,
  - ein allgemeiner konzeptioneller Rahmen geschaffen wurde, der auch Normen umfaßt, die beim Qualitätsbegriff beginnen.

Qualität kennzeichnet demnach die „Gesamtheit von Eigenschaften und Merkmalen eines Produktes, eines Prozesses oder einer Dienstleistung, bezogen auf deren Eignung zur Erfüllung vorgegebener Erfordernisse".

Die Norm macht auch deutlich, daß Qualitätssicherung eine Aufgabe aller Unternehmensbereiche – und nicht nur der Produktion – ist, was aus dem sog. *Qualitätskreis* gemäß Bild 5.6 ersichtlich wird.

5.3.1.1 Verantwortungszuordnung

Generell wird eine Verantwortungszuordnung von Art und Aufbau der jeweiligen Organisation abhängig gemacht.

Die nachstehenden Fälle sollen wieder als Beispiel dienen.

Für den Umweltschutz im beschriebenen Unternehmen sollen drei Verantwortungsebenen existieren:
1. Ebene: Oberste Leitung;
2. Ebene: Bereichsleiter;
3. Ebene: Meister;

Im Rahmen des betrieblichen Umweltschutzes arbeitet die *Oberste Leitung* die Umweltpolitik, -ziele und -programme des Unternehmens aus und überprüft sie regelmäßig. Die Öffentlichkeit wird jährlich über den Stand des betrieblichen Umweltschutzes in Form eines Umweltberichtes informiert. In Zusammenarbeit mit dem Betriebsrat werden die Mitarbeiter in den Informationsprozeß einbezogen.

Für die *Mitarbeiter der 2. und 3. Ebene* fallen dann weitere, zu erfüllende Umweltschutzaufgaben an (dazu gehören u.a. Verantwortlichkeiten und Vollmachten).

Zusätzlich geben die Schnittstellenpläne (Tabelle 5.1 und 5.2) eine Übersicht über die erwähnten Verantwortlichkeiten, sowie Mitarbeits- und Informationspflichten bei abteilungsübergreifenden, umweltrelevanten Tätigkeiten im Unternehmen.

Tabelle 5.1: Schnittstellenplan für die Entwicklung

Ablauf \ Bereich	Marketing/ Vertrieb	Entwicklung	Qualitätswesen	Verfahrenstechnik/ Instandhaltung	Materialwirtschaft	Produktion	Zentrale Techn. Dienste	Umweltschutz- Beauftragter	Logistik	Techn. Service/ Kundendienst
Marktanalyse	V	M	M	I	I	I				I
Entscheidung Entwicklungsprojekt	M	V								
Anforderungsliste Produkt	V	M	M	M	I	M				M
Anforderungsliste Umweltschutz	I	V	I	M	M	M	M	M		M
Projektbearbeitung	M	V	M	M	M			I		
Beurteilung der Realisierbarkeit	M	V	M	M	M	M		I		
Entscheidung Produktaufnahme	V	M	M	M	M	M		M		M
Erstellung von Zeichnung und Stücklisten		V	M	M	M					

V = verantwortlich   M = Mitarbeit   I = Information

5.3 Die Organisation

Tabelle 5.2: Schnittstellenplan für die Nutzungsphase

Ablauf \ Bereich	Marketing/Vertrieb	Entwicklung	Qualitätswesen	Verfahrenstechnik/Instandhaltung	Materialwirtschaft	Produktion	Zentrale Techn. Dienste	Umweltschutz-Beauftragter	Logistik	Techn. Service/Kundendienst
Vorhersage- und Bedarfsplanung	M				I				V	
Auftragsannahme	V									
Kommissionieren, Zusammenstellung und Versand	M								V	
Speditive Abwicklung	M							M	V	
Gefahrengut-begleitpapiere für Produkte								M	V	
Nutzungsphase, Kundenbetreuung	M	M	M					M		V

V = verantwortlich M = Mitarbeit I = Information

Die Verantwortung des Unternehmens für die Produkte erstreckt sich von der Entwicklung über die Nutzungsphase bis hin zu ihrer Entsorgung.

Die *Oberste Leitung* überträgt den *Bereichsleitern* (2. Ebene) entsprechende Verantwortlichkeiten und Vollmachten. Für sie besteht somit die Pflicht, die genannten Verantwortlichkeiten und Mitarbeiterpflichten in ihrem Bereich genauer (detaillierter) zu beschreiben und in weitere Abläufe (umweltrelevante Abläufe) umzusetzen.

Die *Meister* (3. Ebene) sind als Führungskräfte der untersten Ebene in ihrem Aufgabenbereich für den ordnungsgemäßen Umgang mit umweltrelevanten Anlagen und Tätigkeiten zuständig und verantwortlich.

Generell überprüfen die Vorgesetzten im Rahmen ihrer Sorgfaltspflicht die ordnungsgemäße Anwendung der für Ihre Aufgabengebiete zutreffenden Gesetze und Verordnungen. Sie werden vom Umweltschutzbeauftragten regelmäßig über die rechtlichen Entwicklungen in ihrem Zuständigkeitsbereich informiert. In einer Umweltverfahrensanweisung (UVA 1.1 Umweltschutzbeauftragter) sind seine Aufgaben näher beschrieben.

Die Vorgesetzten kennen die potentiellen Umwelteinwirkungen in ihrem Arbeitsbereich am besten. Sie sind also für die Einhaltung der Umweltschutzbestimmungen verantwortlich. In Ihrem Aufgabenbereich setzen sie die entsprechenden Vorgaben der Obersten Leitung zu

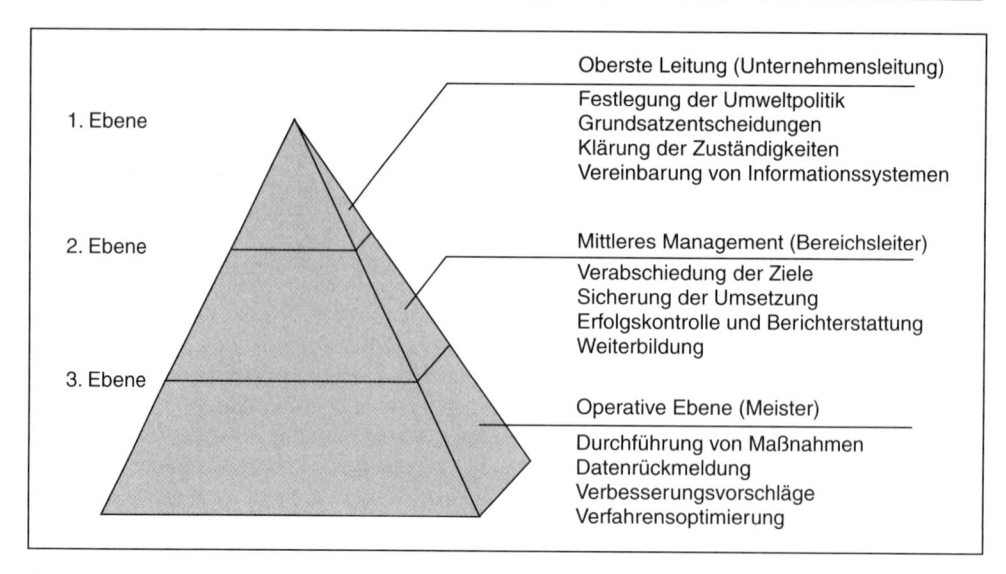

Bild 5.7: Aufgabenbereiche der drei Managementebenen (Verantwortungszuordnug)

1. Ebene — Oberste Leitung (Unternehmensleitung)
- Festlegung der Umweltpolitik
- Grundsatzentscheidungen
- Klärung der Zuständigkeiten
- Vereinbarung von Informationssystemen

2. Ebene — Mittleres Management (Bereichsleiter)
- Verabschiedung der Ziele
- Sicherung der Umsetzung
- Erfolgskontrolle und Berichterstattung
- Weiterbildung

3. Ebene — Operative Ebene (Meister)
- Durchführung von Maßnahmen
- Datenrückmeldung
- Verbesserungsvorschläge
- Verfahrensoptimierung

Umweltzielen und Umweltprogrammen im Rahmen der betrieblichen Umweltpolitik um. Mindestens einmal jährlich sollten sie die Umweltschutzbelange in ihrem Bereich prüfen. Neue Mitarbeiter sind von ihren Vorgesetzten in die Funktionsweise des betrieblichen Umweltmanagementsystems und die spezifischen Umweltbelange am jeweiligen Arbeitsplatz zu unterweisen. Alle Mitarbeiter sind im Rahmen ihrer Tätigkeit für die sachgerechte Durchführung der Umweltschutzaufgaben voll verantwortlich. Im Rahmen des betrieblichen Vorschlagswesen sind sie dann aufgefordert, Beiträge zur Verbesserung der innerbetrieblichen Umweltsituation zu liefern (Prämierungen für Verbesserungsvorschläge sollten in Aussicht gestellt werden). Bild 5.7 zeigt Aufgabenbereiche der drei Managementebenen.

Außer der Verteilung der Verantwortungsbereiche sollte das Umweltmanagement auch das notwendige Niveau an Fähigkeiten, Erfahrung, Qualifikation und Schulung des Personals feststellen, um die Eignung des Personals, vor allem für gewisse, spezielle umwelttechnische Managementfunktionen zu gewährleisten. Unter Umständen sollten auch Tätigkeiten, die auf die Umweltleistung der Organisation Einfluß haben, in einer Stellendefinition und bei Leistungsbeurteilungen berücksichtigt werden.

5.4 Schulung

Umweltorientierte Unternehmensführung bedeutet u.a., daß sich alle Mitarbeiter über die Umweltpolitik und -ziele des Unternehmens bewußt sind. Die Motivation der Mitarbeiter zu Eigenverantwortung und Umweltbewußtsein ist eine elementare Aufgabe. Diese kann dann durch Schulungen und Informationen über Neuerungen im Betrieb, neue Gesetze usw. erfolgen.

Durch eine gezielte Aus- und Weiterbildung der Mitarbeiter soll sichergestellt werden, daß an allen Arbeitsplätzen mit umweltrelevanten Tätigkeiten ausreichend qualifiziertes Personal vorhanden bzw. eingesetzt wird.

Die Personalabteilung sollte alle Bereiche und Abteilungen über das Weiterbildungsangebot informieren, und verantwortlich für die Organisation und Durchführung der Fortbildungsveranstaltungen sein.

Die Schulung ist unter Umständen erforderlich für:
- leitende Angestellte und Führungskräfte, um zu gewährleisten, daß sie das umwelttechnische Managementsystem verstehen, über die erforderlichen Kenntnisse verfügen, um ihre Aufgabe zu übernehmen und die Kriterien verstehen, anhand derer die Wirksamkeit des Systems beurteilt wird;
- andere Mitarbeiter, um zu gewährleisten, daß sie den entsprechenden Beitrag zum umwelttechnischen Managementsystem leisten können;
- neue Mitarbeiter, denen neue Aufgaben, Geräte und Verfahren zugeteilt werden.

Alle Mitarbeiter sollten dazu motiviert werden, umweltspezifischen Belangen die entsprechende Bedeutung beizumessen.

Die Notwendigkeit des betrieblichen Umweltschutzes läßt sich z.B. auch durch ein Programm zur Förderung des Umweltbewußtseins unterstreichen. Dazu gehören Anregungen für Verbesserungsvorschläge, Einführungslehrgänge für neue Mitarbeiter und wiederkehrende Lehrgänge für langjährige Mitarbeiter. Diese Maßnahmen geben ein tieferes Verständnis für die durchzuführenden Aufgaben und Tätigkeiten. So vermindert z.B. eine gute Arbeitsausführung die Umweltbelastung und erhöht die Zufriedenheit der Kunden. Dies hat letztlich sogar direkte Auswirkungen auf die wirtschaftliche Lage des Unternehmens.

Langfristig kann über die Personalentwicklung nicht nur die fachliche Qualifikation der Mitarbeiter, sondern auch ihre generelle Einstellung zum betrieblichen Umweltschutz weiterentwickelt werden. Dadurch erhöht sich dann die Mitarbeitermotivation, und es wird ein umweltbewußteres Verhalten am Arbeitsplatz erzielt.

5.5 Umweltmanagementhandbuch

5.5.1 Einleitung

Das *Umweltmanagementhandbuch* gilt als ein wichtiges „Bezugselement". Hier wird die Umweltpolitik fortgesetzt. Neben einer grundlegenden Funktionsbeschreibung enthalten die Kapitel des Handbuches Schnittstellenpläne mit Verantwortlichkeiten der einzelnen Unternehmensbereiche. Im Unternehmen müssen die Verantwortungszuordnungen in personenbezogenen Stellenbeschreibungen erläutert werden. Im Anschluß an den Schnittstellenplan werden die umweltrelevanten Abläufe beschrieben.

5.5.2 Gliederung eines Umweltmanagementhandbuchs nach DIN/ISO 9001

0 *Vorwort*
0.1 Erklärung der Unternehmensleitung.
0.2 Vorstellung des Unternehmens..

1 *Rechtliche Grundlagen*
1.1 Ziel und Zweck.
1.2 Relevante Gesetze und Verordnungen.
1.3 Behördliche Auflagen.

2 *Umweltmanagementsystem*
2.1 Ziel und Zweck.
2.2 Begriffsbestimmung.
2.3 Umweltschutzpolitik.
2.4 Umweltschutzprogramm.
2.5 Umweltschutzorganisation.
2.6 Planungs- und Kontrollinstrumente.
2.7 Gefahrenabwehr- und Sicherheitsmanagement

3 Vertragsüberprüfung
3.1 Ziel und Zweck.
3.2 Begriffsbestimmungen.
3.3 Vertragsarten.
3.4 Pflichtenheft.
3.5 Rücknahmeverpflichtung.
3.6 Forderungen von Auftraggebern.
3.7 Ablaufschema.
3.8 Verfahrensanweisung.

4 Forschung und Entwicklung
4.1 Ziel und Zweck.
4.2 Begriffsbestimmungen.
4.3 Forschungs- und Entwicklungsplanung.
4.4 Ergebnisse von Forschung und Entwicklung.
4.5 Ablaufschema.
4.6 Arbeitsanweisung.

5 Dokumentation
5.1 Ziel und Zweck.
5.2 Begriffsbestimmung.
5.3 Verfahren und Zuständigkeiten.
5.4 Dokumentenmatrix.

6 Beschaffung
6.1 Ziel und Zweck.
6.2 Begriffsbestimmungen.
6.3 Beschaffungsablauf.
6.4 Beschaffungsunterlagen.
6.5 Verfahrens- und Arbeitsanweisungen.
6.6 Ablaufschema.

7 Vom Auftraggeber zur Verfügung gestellte Produkte
7.1 Siehe Kapitel 6.

8 Identifikation und Rückverfolgbarkeit
8.1 Ziel und Zweck.
8.2 Begriffsbestimmungen.
8.3 Kennzeichnung von Produkten.
8.4 Kennzeichnung von Behältern.

9 Prozeßlenkung
9.1 Ziel und Zweck.
9.2 Begriffsbestimmungen.
9.3 Betriebsgenehmigung.
9.4 Umweltrelevante Produktionsverfahren.
9.5 Luft- und Lärmbelästigungen.
9.6 Abwasserbelastungen.
9.7 Vermeidung/Wiederverwertung von Abfällen.
9.8 Vorbeugende Wartung.
9.9 Verfahrens- und Arbeitsanweisungen.
9.10 Ablaufschema.

10 *Prüfungen*
10.1 Ziel und Zweck.
10.2 Begriffsbestimmungen.
10.3 Nachweis des bestimmungsgemäßen Betrieb.
10.4 Überwachungspläne und -protokolle.
10.5 Aufschreibungen.
10.6 Berichte.
10.7 Ablaufschema.

11 *Prüfmittel*
11.1 Ziel und Zweck.
11.2 Begriffsbestimmungen.
11.3 Umgang mit Prüfmitteln.

12 *Prüfkennzeichnung*
12.1 siehe Kapitel 8.

13 *Lenkung fehlerhafter Produkte*
13.1 Ziel und Zweck.
13.2 Behandlung fehlerhafter Produkte.

14 *Korrekturmaßnahmen*
14.1 Ziel und Zweck.
14.2 Begriffsbestimmung.
14.3 Verantwortlichkeiten.
14.4 Melde- und Entscheidungssystem.
14.5 Vorbeugende Maßnahmen, Gefahrenabwehr.
14.6 Sofortmaßnahmen bei Mängel und Störungen.
14.7 Verfahrens- und Arbeitsanweisungen.
14.8 Ablaufschema.

15 *Handhabung, Lagerung, Verpackung*
15.1 Querverweis auf das QMH und Versand.

16 *Aufzeichnungen*
16.1 Querverweis auf andere Kapitel und das QMH.

17 *Audits*
17.1 Ziel und Zweck.
17.2 Begriffsbestimmungen.
17.3 Zuständigkeiten und Auditpersonal.
17.4 Planung und Ablauf des Audits.
17.5 Auditbericht.
17.6 Verfahrensanweisungen.

18 *Schulungen*
18.1 Ziel und Zweck.
18.2 Ausbildungsbedarf.
18.3 Ausbildungsmaßnahmen.
18.4 Dokumentation.

19 *Kundendienst*
19.1 Ziel und Zweck.
19.2 Kundenberatung.

20 *Statistische Methoden*
20.1 Ziel und Zweck
20.2 Risikoabschätzungsmethode
20.3 EDV-Einsatz

5.5.2.1 Kurze Beschreibung zur Gliederung des Umweltmanagementhandbuchs

Aufgrund des umfangreichen Stoffs (Kurzbeschreibung der Gliederung von 1 bis 20) kann nur stichwortartig auf einige Themen Bezug genommen werden.

1.2 *Relevante Gesetze und Verordnungen:* Es wird erläutert, welchen Inhalt bzw. welche Bedeutung die jeweilige Rechtsnorm hat. Soweit es nötig ist, werden auch Rechtsnormen aufgeführt.

1.3 *Behördliche Auflagen:* Der Betrieb genehmigungsbedürftiger Anlagen und die Durchführung umweltrelevanter Tätigkeiten ist an behördliche Auflagen gebunden.

2.1 *Ziel und Zweck:* Managementsysteme haben den Zweck, strategische Unternehmenskonzepte zu formulieren und operative Prozesse zu unterstützen.

2.3 *Umweltschutzpolitik:* Dazu gehören die umweltbezogenen Gesamtziele und Handlungsgrundsätze eines Unternehmens, einschließlich der Einhaltung aller einschlägigen Umweltvorschriften.

2.4 *Umweltschutzprogramm:* Das ist eine Beschreibung der Ziele und Tätigkeiten des Unternehmens zum Schutz der Umwelt an einem bestimmten Standort. Das Umweltschutzprogramm soll Maßnahmen und Fristen zur Erreichung der gesteckten Ziele benennen.

2.5 *Umweltschutzorganisation:* Sie muß auf allen Ebenen in die Unternehmensplanung, -steuerung und -kontrolle integriert sein. Um das zu erreichen, führt man neben dem Organisationsplan des Unternehmens für jeden Standort einen Umweltschutzorganisationsplan, der die Aufgaben der einzelnen Organisationseinheiten zeigt.

2.6 *Planungs- und Kontrollinstrumente:* Voraussetzung für das Erreichen einer hohen Qualität des Umweltschutzes und die Minimierung der Umweltschutzkosten sind Planung und Kontrolle.

3.1 *Ziel und Zweck:* Die getroffenen Regelungen stellen sicher, daß bei der Angebots- und Vertragsgestaltung alle aufgrund von Umweltgesetzen, Normen und Datenblättern gestellten Anforderungen berücksichtigt werden.

3.4 *Pflichtenheft*: Eine Prüfung auf Vermeidung umweltbelastender Materialien und Tätigkeiten erfolgt sowohl in Pflichtenheften für *interne Entwicklungen* als auch bei *externen Angeboten.*

3.6 *Forderungen von Auftraggebern und Abnehmern:* Auftraggeber und Abnehmer erwarten, daß Produkte zumindest die gesetzlichen Anforderungen erfüllen. Darüber hinaus erwartet man, daß man den Umweltschutz zertifizieren läßt und eine Umwelterklärung dazu abgibt.

3.7 *Ablaufschema und 3.8 Verfahrensanweisung:* Wie Bild 5.8 zeigt, kommt es darauf an, schon vor den Vertragsverhandlungen zu prüfen, ob die Kundenanforderungen bzw. die eigenen Anforderungen mit dem geltenden Umweltrecht sowie den unternehmensintensiven Regelungen übereinstimmen und ob Verbesserungen möglich sind.

4.1 *Ziel und Zweck:* Dieses Element regelt die Betrachtung des Umweltschutzes bei der Planung und Entwicklung von Produkten. Alle Forschungs- und Entwicklungsvorhaben werden geplant, in Teilobjekte gegliedert und bezüglich der Termine und Einhaltung von Vorgaben (Pflichtenheft) überwacht.

4.3 *Forschungs- und Entwicklungsplanung:* Schon bei der Planung von Produkten sind umweltbezogene Restriktionen (Einschränkungen), die sich aus der Verwendung von Rohstoffen, Hilfsstoffen und dem Produktionsprozeß ergeben können, zu berücksichti-

5.5 Umweltmanagementhandbuch

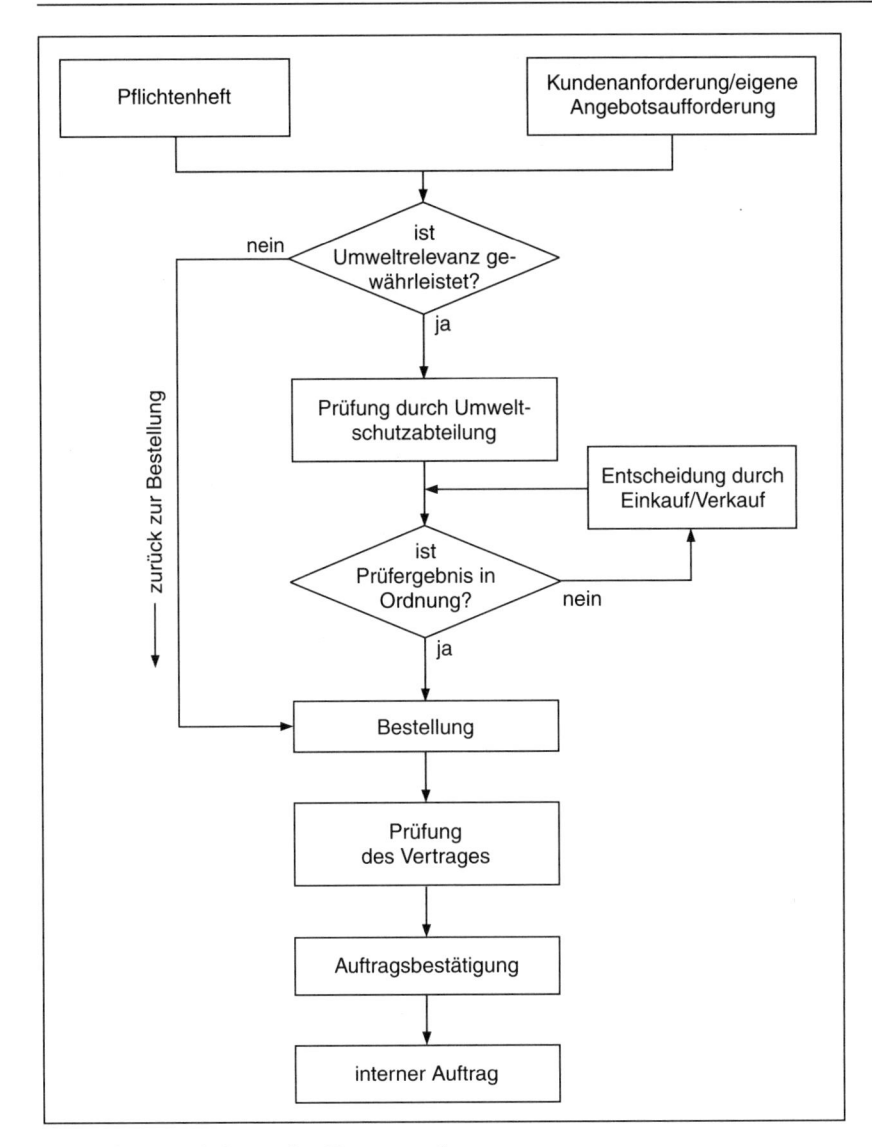

Bild 5.8: Ablaufschema über Vertragsprüfung

gen. Daher werden die Verfahren zur Herstellung von Produkten und die Produkte selbst einer Risikoabschätzung unterzogen. Verantwortlich dafür sind der Projektleiter, der Leiter der Qualitätssicherung und der Leiter für Umweltschutz.

4.4 *Ergebnisse von Forschung und Entwicklung:* Die Fertigungsvorschriften/Verfahrensanweisungen müssen alle umweltschutzrelevanten Aufgaben für den Produktionsprozeß, die Benutzung des Produktes und seine Wiederverwertung enthalten.

5.1 *Ziel und Zweck:* Zur Lenkung der Dokumente wird eine Systematik eingeführt, die sicherstellt, daß an allen vom Umweltschutz betroffenen Stellen nur gültige Versionen von Dokumenten vorliegen.

5.3 *Verfahren und Zuständigkeiten*
Dokumente unterliegen den Arbeitsvorgängen:

- *Erstellen:* Erarbeiten von Texten und Kennzeichen des Dokumentes;
- *Prüfen:* Auf Korrektheit, Vollständigkeit, Durchführbarkeit, Schnittstellen usw.;
- *Freigeben:* Kennzeichen des Dokumentes;
- *Verteilen:* An einen festgelegten und ständig zu aktualisierenden Verteiler;
- *Ändern:* Bearbeiten, Texten und Kennzeichen des Dokumentes durch die Stelle, die das Dokument freigegeben hat.;
- *Zurückziehen:* Aussortieren überholter Visionen;
- *Ablegen:* Eines Dokumentes an einem bestimmten Ort;
- *Aufbewahren:* Über die gesetzlich oder intern festgelegte Zeit;

6.1 *Zweck und Ziel:* Dieses Element regelt die Planung, Lenkung, Überwachung und Verbesserung der Beschaffung umweltgefährdender Stoffe und Materialien

6.3 *Beschaffungsablauf:* Anforderungen an zu beschaffende Stoffe und Materialien sind von der beschaffenden Abteilung eindeutig und vollständig zu beschreiben.
Welche Stoffe umweltgefährdend sind, wird dem Einkauf von der Umweltschutzabteilung mitgeteilt. Auch die zu stellenden Anforderungen an nicht vermeidbare Stoffe werden von der Umweltschutzabteilung in Zusammenarbeit mit der hierfür in Frage kommenden Abteilung (z.B. Abteilung A) festgelegt. Bild 5.9 zeigt ein Ablaufschema für Beschaffung. Falls die Materialanforderung in der Liste gesperrter Produkte enthalten ist, werden Ersatzstoffe gesucht.

6.4 *Beschaffungsunterlagen:* In Beschaffungsunterlagen werden die Bedingungen festgelegt, die Fremderzeugnisse, z.B. Rohstoffe, Hilfs- und Betriebsstoffe sowie Halbzeuge zu erfüllen haben.

7 *Vom Auftraggeber zur Verfügung gestellte Produkte:* 7.1 Querverweis auf Kapitel 6

8.1 *Ziel und Zweck:* Dieses Element beschreibt das Verfahen, mit dem der Werdegang und der Entstehungsort eines Produktes zurückverfolgt werden kann.

8.3 *Kennzeichnung der Produkte:* Produkte sind direkt oder mittels Begleitpapiere so zu kennzeichnen, daß eine Verwechslung ausgeschlossen wird.

9.1 *Ziel und Zweck:* Dieses Element beschreibt die bei Produktionsprozessen entstehenden Umweltbelastungen und die zur Gestaltung umweltfreundlicher Verfahren und Produkte zu treffenden Maßnahmen.

9.3 *Betriebsgenehmigung:* Wenn ein Produkt oder ein Stoff oder eine Produktionsanlage genehmigungsbedürftig ist, erfolgt schon in der Entwicklungs- und Erprobungsphase die Prüfung auf Genehmigungsfähigkeit und die Erstellung des Genehmigungsantrages.

9.5 *Umweltbeeinträchtigungen durch Produktionsverfahren (Beispiel Luftbelastungen):* Hier wird angegeben, welche Luftbelastungen entstehen und wie sie vermieden bzw. reduziert werden.

9.8 *Vorbeugende Wartung:* In diesem Abschnitt werden die Wartungsintervalle der genehmigungsbedürftigen und umweltrelevanten Anlagen festgehalten.

10.1 *Ziel und Zweck:* Die Überwachung von Produktions-, Entsorgungs- und Lagereinrichtungen ist eine sehr wichtige Aufgabe im Umweltschutz. Es gelten dabei die in Kapitel 5.5.2.1.3 aufgeführten Rechtsnormen. Zuständig für die Wahrnehmung dieser Aufgaben sind die Linienverantwortlichen.

10.3 *Nachweis des bestimmungsgemäßen Betriebes*: Aus unterlassenen oder unkorrekten Prüfungen können große straf- und haftungsrechtliche Konsequenzen entstehen. Daher gibt man für die Überwachung und Dokumentation des betreffenden Umweltschutzes genaue Anweisungen, die von jedem Mitarbeiter einzuhalten sind.

10.4 *Überwachungspläne und -protokolle:* Überwachungspläne enthalten z.B. folgende Aufgaben:
- Bezeichnung der Anlage oder Tätigkeit;
- Überwachungsperiode;

5.5 Umweltmanagementhandbuch

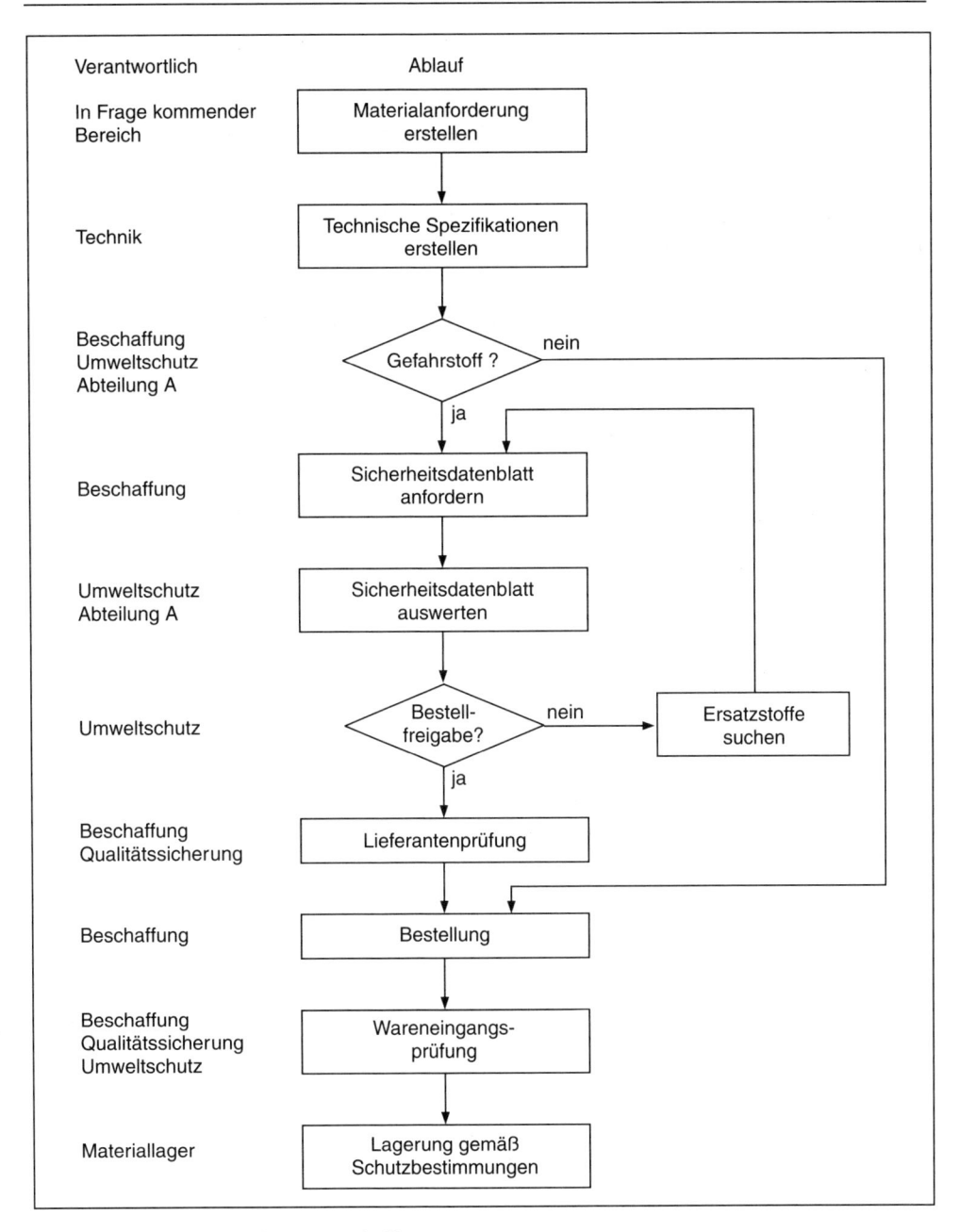

Verantwortlich	Ablauf
In Frage kommender Bereich	Materialanforderung erstellen
Technik	Technische Spezifikationen erstellen
Beschaffung Umweltschutz Abteilung A	Gefahrstoff? — nein / ja
Beschaffung	Sicherheitsdatenblatt anfordern
Umweltschutz Abteilung A	Sicherheitsdatenblatt auswerten
Umweltschutz	Bestellfreigabe? — nein → Ersatzstoffe suchen / ja
Beschaffung Qualitätssicherung	Lieferantenprüfung
Beschaffung	Bestellung
Beschaffung Qualitätssicherung Umweltschutz	Wareneingangsprüfung
Materiallager	Lagerung gemäß Schutzbestimmungen

Bild 5.9: Ablaufschema für die Beschaffung

- Überwachungsaufgaben;
- verantwortliche Personen;
- Überwachungstermine;

10.6 *Berichte:* Berichte werden z.B. zur internen Verwendung für die zuständigen Umweltbehörden erstellt.

11.1 *Ziel und Zweck:* Dieses Kapitel regelt die Beschaffung, Kalibrierung, Wartung und Überwachung von Prüf- und Meßgeräten.

11.3 *Umgang mit Prüfmitteln:* Für den Umweltschutz haben Prüfmittel nur geringe Bedeutung, weil sie außer Schallmeßgeräten, keine eigenen Meßgeräte besitzen.

12 *Prüfkennzeichnung:* 12.1 Querverweis auf Kapitel 8

13.1 *Ziel und Zweck:* Im Qualitätshandbuch beschreibt dieses Kapitel, wie fehlerhafte Materialien, Halbfabrikate und Produkte sicher von der Fertigung ausgeschlossen und evtl. einer Wiederverwendung zugeführt werden können. Diese Regelungen gelten für alle Beschaffungs-, Herstellungs- und Inbetriebnahmephasen.

13.2 *Behandlung fehlerhafter Produkte:* Aus Sicht des Umweltschutzes ist bei fehlerhaften Produkten zu unterscheiden, ob und wie sie intern wiederaufbereitet werden können, oder ob sie extern recycelt oder entsorgt werden müssen.

14.1 *Ziel und Zweck:* Dieses Kapitel regelt die Meldewege bei der Aufdeckung von Unregelmäßigkeiten und die Maßnahmen, die zur Korrektur durchzuführen sind.

14.3 *Verantwortlichkeiten:* Für Gefahrenabwehr und Störfallreaktion sind die Führungskräfte des Unternehmens verantwortlich. Sie werden von den Umweltschutzbeauftragten unterstützt.

14.4 *Melde- und Entscheidungssystem:* In einem Diagramm (z.B. Ablaufschema Melden, Entscheiden) wird dargestellt, wie im Unternehmen Meldewege ablaufen und Entscheidungen getroffen werden.

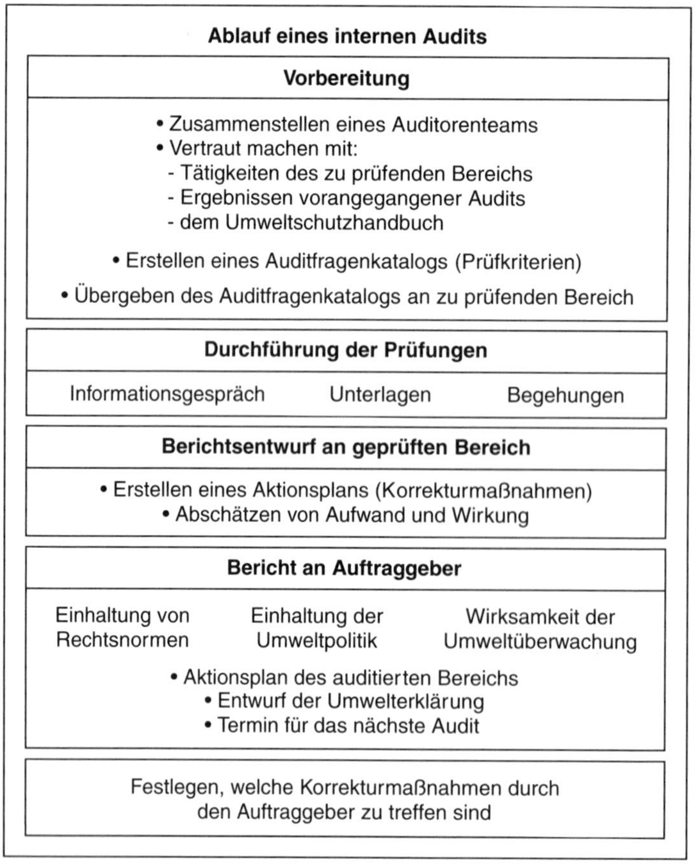

Ablauf eines internen Audits

Vorbereitung
- Zusammenstellen eines Auditorenteams
- Vertraut machen mit:
  - Tätigkeiten des zu prüfenden Bereichs
  - Ergebnissen vorangegangener Audits
  - dem Umweltschutzhandbuch
- Erstellen eines Auditfragenkatalogs (Prüfkriterien)
- Übergeben des Auditfragenkatalogs an zu prüfenden Bereich

Durchführung der Prüfungen
Informationsgespräch   Unterlagen   Begehungen

Berichtsentwurf an geprüften Bereich
- Erstellen eines Aktionsplans (Korrekturmaßnahmen)
- Abschätzen von Aufwand und Wirkung

Bericht an Auftraggeber
Einhaltung von Rechtsnormen   Einhaltung der Umweltpolitik   Wirksamkeit der Umweltüberwachung
- Aktionsplan des auditierten Bereichs
- Entwurf der Umwelterklärung
- Termin für das nächste Audit

Festlegen, welche Korrekturmaßnahmen durch den Auftraggeber zu treffen sind

Bild 5.10: Schematischer Ablauf eines internen Audits

14.5 *Vorbeugende Maßnahmen, Gefahrenabwehrplanung:* Dazu gehören die Erstellung und Aktualiesierung betrieblicher Gefahrenabwehrpläne und deren Abstimmung mit der örtlichen Feuerwehr. Die Gefahrenabwehr hat dafür zu sorgen, daß Gefahren unmittelbar bei ihrem Entstehen erkannt und bekämpft werden.

14.6 *Sofortmaßnahmen bei Mängeln und Störungen:* Zielsetzung ist es, Mängel schnell und wirkungsvoll zu beheben und im Störfall im voraus zu systematisieren.

15 *Handhabung, Lagerung, Verpackung und Versand:* 15.1 Querverweis auf das Qualitätshandbuch

16 *Aufzeichnung:* 16.1 Querverweis auf andere Kapitel und das Qualitätshandbuch

17.1 *Ziel und Zweck:* Umweltschutztechnik und Umweltschutzorganisation werden z.B. in regelmäßigen Abständen durch Audits geprüft.

17.3 *Zuständigkeit und Personal:* Für die Organisation und Durchführung von Umweltaudits ist der Leiter der Umweltschutzabteilung zuständig. Er schlägt den Prüf- und Berichtsumfang sowie das Auditorenteam vor.

17.4 *Planung und Ablauf interner Audits:* Bild 5.10 stellt den Ablauf eines internen Audits dar.

17.5 *Auditbericht:* Der Auditbericht wird von den Auditoren erstellt und an den Auftraggeber (geprüfter Bereich) übergeben. Dieser enthält u.a. die nötigen Korrekturmaßnahmen und Aussagen zu folgenden Themen:
- Einhaltung von Rechtsnormen und Auflagen
- Funktionsfähigkeit des Umweltmanagementsystems
- Korrektheit der Daten und Erklärungen

Die Durchführung interner Audits und die Umsetzung der Korrekturvorschläge sollen sicherstellen, daß das Zertifizierungsaudit reibungslos durchlaufen werden kann.

18.2 *Ausbildungsbedarf:* Für bestimmte Personengruppen werden Ausbildungsanforderungen festgelegt und Ausbildungen durchgeführt.

18.3 *Ausbildungsmaßnahmen:* Die Personalabteilung ist beispielsweise dafür zuständig, den Mitarbeitern bei Ausbildungsbedarf Seminare anzubieten bzw. dafür zu sorgen, daß gesetzlich vorgeschriebene Ausbildungen wahrgenommen werden.

19.1 *Ziel und Zweck:* Dieses Kapitel beschreibt die Anforderungen an Kundendienst und Kundenberatung, die aufgrund vertraglich festgelegter Leistungen zu erbringen sind.

19.2 *Kundenberatung:* Auf Wunsch werden Kunden über die Umweltverträglichkeit der Produkte beraten.

20.1 *Ziel und Zweck:* Zur Minimierung des Störfallrisikos wird die Störanfälligkeit der Anlagen untersucht; dies erfolgt meist schon in der Planungsphase.

20.2 *Risikoabschätzungsmethode:* Diese Maßnahme wird für Anlagen und Prozesse durchgeführt, bei denen Störungen zur Beeinträchtigung von Mitarbeitern und Umwelt zu erwarten sind.

5.6 EU-Öko-Audit-Verordnung über die freiwillige Beteiligung gewerblicher Unternehmen an einem Gemeinschaftssystem

5.6.1 Allgemeines

Das Umweltmanagement eines Unternehmens sollte sich z.B. an der EG-Verordnung Nr. 1836/93 über die freiwillige Beteiligung gewerblicher Unternehmen an einem Gemeinschaftssystem für das Umweltmanagement und die Umweltbetriebsprüfung (kurz Öko-Audit-System) der Europäischen Union orientieren. (Seit dem 29. Juni 1993 gültig)

Diese Verordnung wird ab April 1995 angewendet, und gilt somit als wesentlicher Baustein im Rahmen der europäischen Umweltpolitik.

Tabelle 5.3: Elemente der EU-Verordnung (EG-Verordnung)

Elemente	Kurze Beschreibung der Elemente
Durchführung einer Umweltprüfung.	Durchführung einer ersten standortbezogenen Umweltprüfung.
Festlegung einer Umweltpolitik.	Festlegung einer Umweltpolitik auf höchster Managementebene für den Standort.
Festlegung von Umweltzielen.	Definition von möglichst quantitativen Zielen im Einklang mit der Umweltpolitik im Hinblick auf kontinuierliche Verbesserung.
Festlegung eines Umweltprogramms für den Standort.	Definition eines Programms zum Erreichen der Ziele. Festlegen der Verantwortlichkeiten und der Mittel.
Schaffung eines Umweltmanagementsystems. (Das Umweltmanagementsystem ist Teil des Managementsystems, das die Organisation, Zuständigkeiten, Verhaltensweisen, Abläufe und Mittel für die Festlegung und Durchführung der Umweltpolitik enthält.)	Der Unternehmer soll, anhand eines Verhaltensmusters von guten Managementpraktiken, sich Ziele für die Verbesserung des Umweltschutzes und der Risikobehandlung in seiner Firma setzen, deren Umsetzung nach genormten Abläufen vollziehen und den Erfolg periodisch überprüfen.
Erstellen von Umwelterklärungen.	Die Umwelterklärung ist Bestandteil eines guten Umweltmanagements. Die Umwelterklärung - der technische Unterlagen beigefügt werden können - soll in knapper und verständlicher Form geschrieben werden und eine Reihe von Mindesthinweisen enthalten.
Durchführung von Umweltbetriebsprüfungen.	Umweltbetriebsprüfungen dienen insbesondere der Beantwortung der Frage nach der Wirksamkeit des Umweltmanagementsystems. Das Ziel der Umweltbetriebsprüfung besteht darin, eine Bewertung des bestehenden Umweltmanagementsystems vorzunehmen und die Übereinstimmung mit der Unternehmenspolitik und dem Programm für den Standort festzulegen.
Veranlassung der Prüfung vorgenannter Elemente durch einen dafür zugelassenen Umweltgutachter.	Umweltgutachter prüfen, ob betriebliche Umweltpolitik, das Umweltprogramm, das Umweltmanagementsystem, die Umweltprüfung und das Umweltbetriebsprüfungsverfahren mit den Vorschriften der Öko-Aaudit-Verordnung übereinstimmt.
Übermittlung einer für gültig erklärten Umwelterklärung an die für die Eintragung des Standortes zuständige Stelle	Wenn sich die Umwelterklärung als genau und mit den Anforderungen des Gemeinschaftssystems vereinbar erweist, dann erteilt der Umweltgutachter dem Unternehmen eine „Gültigkeitserklärung".

Die EU-Verordnung fordert die gewerblichen Unternehmen in den Mitgliedstaaten der Euopäischen Union auf, sich auf freiwilliger Basis an einem gemeinschaftlichen System des Umweltmanagements und der Umweltbetriebsprüfung zu beteiligen. Die Überprüfung kann sich auf einzelne als auch auf alle Standorte des Unternehmens beziehen. Sofern bestimmte Mindestanforderungen eingehalten werden, kann das Unternehmen jedoch Größe, Zeitraum und auch die Abfolge der Schritte selbst bestimmen.

Die von der EU-Verordnung geforderten Elemente sind in Tabelle 5.3 aufgeführt.

5.6 EU-Öko-Audit-Verordnung über die freiwillige Beteiligung gewerblicher ...

Bild 5.11: Öko-Audit-Zeichen

Die Abfolge der Elemente ist in der EU-Verordnung nur insoweit vorgesehen als für die Eintragung des Standorts bei der zuständigen Stelle eine gültige Umwelterklärung vorzulegen ist. Mit der Umwelterklärung erhält das Unternehmen das Recht zur Führung des Öko-Audit-Zeichens (Bild 5.11).

Eine Umwelterklärung wird erst für gültig erklärt, wenn der zugelassene Prüfer
- die Umweltpolitik,
- das Umweltprogramm und seine Anwendung,
- das Umweltmanagementsystem und seine Anwendung,
- die Durchführung der Umweltprüfung (bzw. die Umweltbetriebsprüfung) und
- die Umwelterklärung

geprüft und als mit den Anforderungen der EU-Verordnung übereinstimmend befunden hat.

Die enge Verwandtschaft von Umweltpolitik, Umweltzielen und Umweltprogramm legen sogar nahe, diese drei Elemente gemeinsam und parallel zueinander zu entwickeln. Dies ist jedoch nur möglich, wenn das Unternehmen hierfür die notwendigen personellen und sachlichen Mittel bereitstellen kann.

In Bild 5.12 ist ein Modell einer möglichen Abfolge der einzelnen Schritte dargestellt, die der Systematik der EU-Verordnung entspricht.

Teilnahme am Öko-Audit-System

Am EG-Gemeinschaftssystem können sich nach Artikel 3 diejenigen Unternehmen beteiligen, die an einem oder mehreren Standorten eine *gewerbliche* Tätigkeit ausüben.

Teilnahmevoraussetzungen: Vor Beginn der Teilnahme steht die Entwicklung eines systematischen Umweltmanagements. Dieses umfaßt die Festlegung der Umweltschutzpolitik und -ziele und des Managementsystems sowie die Analyse und Dokumentation aller umweltschutzrelevanter Aspekte am Standort.

Um am Gemeinschaftssystem erfolgreich teilnehmen zu können, müssen die Unternehmen gewisse Spielregeln beachten, die in Bild 5.13 dargestellt sind.

Die EU-Verordnung besteht aus 21 Artikeln und 4 Anhängen. Die vielen Querverweise und eine uneinheitliche Verwendung von Begriffen, zumindest in der deutschen Übersetzung, machen das Lesen und Verstehen der Verordnung schwer. Im folgenden sollen Ansätze zum Umweltmanagement (Anhang I der EU-Verordnung) und zur Durchführung von Umweltbetriebsprüfungen (Anhang II der EU-Verordnung) erläutert werden.

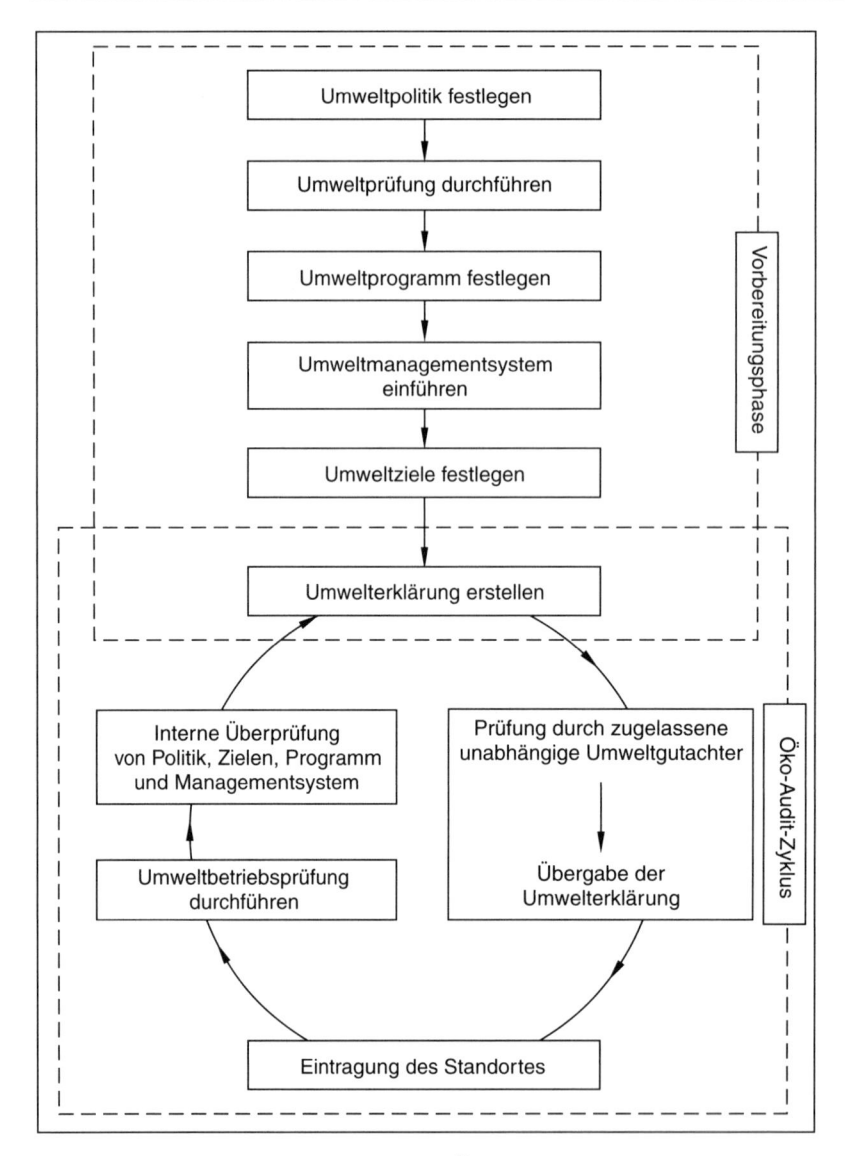

Bild 5.12: Elemente zur Umsetzung der EU-Öko-Audit-Verordnung

5.6.2 Bausteine des Umweltmanagements

Systematisches Umweltmanagement besteht aus verschiedenen Bausteinen. Anhand eines Schemas sollen die Verknüpfung der einzelnen Bausteine und der Ablauf gemäß EU-Verordnung verdeutlicht werden (Bild 5.14).

Die einzelnen Bausteine sollen hier knapp beschrieben werden (Definitionen der Fachbegriffe siehe EU-Verordnung, Artikel 2).

5.6 EU-Öko-Audit-Verordnung über die freiwillige Beteiligung gewerblicher ...

Teilnahme am EG-Gemeinschaftssystem

Wege zur Teilnahmeerklärung sind u. a.:
- Farbe bekennen:
  Festlegung einer standortübergreifenden Umweltpolitik
- Die „Ökologische" Eröffnungsbilanz:
  Durchführung einer ersten standortbezogenen Umweltprüfung
- Festlegung eines standortbezogenen Umweltprogramms und Umweltmanagementsystems
- Das eigentliche Öko.Audit:
  Durchführung interner Umweltbetriebsprüfungen
- Festlegung der Umweltziele aufgrund der Umweltbetriebsprüfung
- Erstellung einer standortspezifischen Umwelterklärung
- Prüfung und Gültigkeitserklärung durch zugelassene unabhängige (externe) Umweltgutachter
- Übermittlung der gültigen Umwelterklärung an die zuständige Stelle (z. B. Standort)
- Eintragung der Standorte in ein Verzeichnis durch die zuständige Stelle
- Veröffentlichung des Verzeichnisses der eingetragenen Standorte

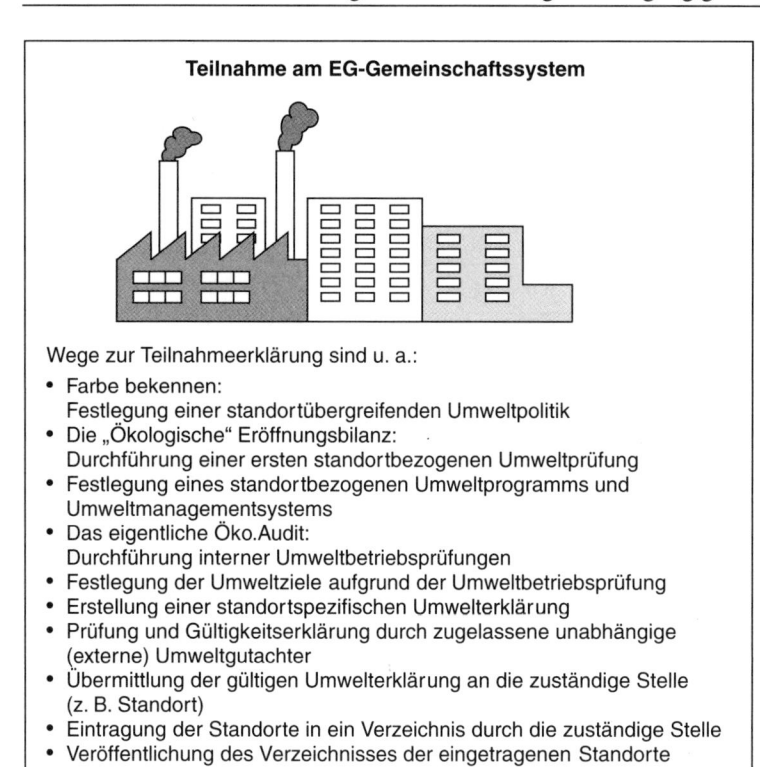

Bild 5.13: Regeln für Unternehmen, um am EG-Gemeinschaftssystem teilnehmen zu können

Umweltpolitik (ausführliche Beschreibung in Kapitel 5.2)

Am Anfang steht die Selbstverpflichtung des Unternehmens zum Umweltschutz. Diese Selbstverpflichtung wird durch die Festlegung einer Umweltpolitik nach außen und innen dokumentiert. Die Umweltpolitik sollte spätestens nach der Umweltprüfung erstmals schriftlich fixiert und nach jedem weiteren Prüfungszyklus überarbeitet werden. Auf höchster Managementebene werden die umweltbezogenen Gesamtziele auf Handlungsgrundsätze des Unternehmens festgeschrieben.

Die Umweltpolitik beinhaltet z.B. zwei Elemente:
- Einhaltung aller einschlägigen Umweltvorschriften und
- Verpflichtung zu angemessener, kontinuierlicher Verbesserung des betrieblichen Umweltschutzes.

Umweltprüfung

Die Gesamtziele gilt es zu konkretisieren. Aber bevor dies geschehen kann, braucht der Betrieb genaue Informationen über den betrieblichen Ist-Zustand. Daraus lassen sich die Schwerpunktbereiche und Prioritäten des Unternehmens ableiten. Dies ist die Aufgabe der Umweltprüfung. Sie stellt eine erste umfassende Untersuchung des Unternehmens hinsichtlich aller umweltbezogenen Fragestellungen dar. Es wird der augenblickliche Zustand des betrieblichen Umweltschutzes und der Auswirkungen auf die Umwelt festgestellt, beschrieben und soweit wie möglich bewertet.

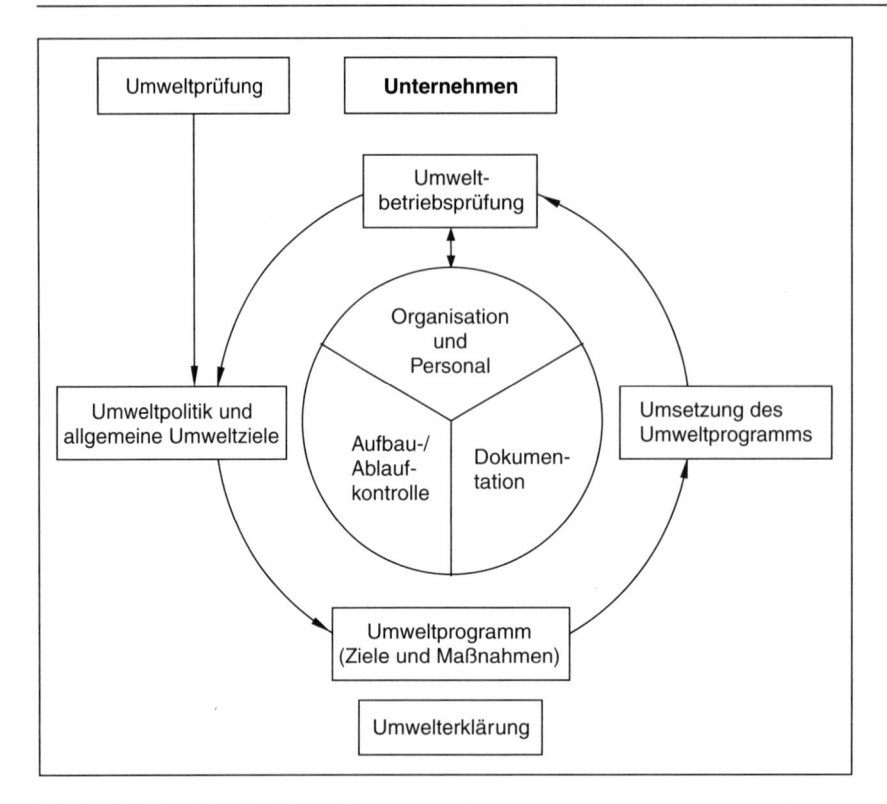

Bild 5.14: Bausteine des Umweltmanagements

Umweltprogramm

Auf der Basis der Ergebnisse der Umweltprüfung wird das Unternehmen ein sogenannten Umweltprogramm aufstellen. Dieses Umweltprogramm beschreibt die quantitativ bestimmten und mit Zeitvorgaben versehenen Umweltzielen und die zur Erreichung dieser Ziele in Betracht gezogenen Maßnahmen und Tätigkeiten. Darüber hinaus werden im Umweltprogramm bereits die Verantwortlichen für die Umsetzung der Maßnahmen und die zur Verfügung stehenden Mittel festgelegt.

Umsetzung des Umweltprogramms

Im nächsten Schritt werden die dokumentierten Ziele und Maßnahmen des Umweltprogramms umgesetzt.

Organisation und Personal

Dazu gehören im einzelnen die Entwicklung bzw. Bereitstellung der notwendigen Umweltschutzorganisation und des Personals. Ein Vertreter der Unternehmensleitung wird zuständig für den Umweltschutzbereich. Verantwortlichkeiten, Befugnisse und Beziehungen zwischen den Beschäftigten in Schlüsselfunktionen werden genau festgelegt. Das Personal wird geschult und bei allen Beschäftigten wird das Umweltbewußtsein gefördert.

5.6 EU-Öko-Audit-Verordnung über die freiwillige Beteiligung gewerblicher ...

```
Funktionelle Organisation und Einbindung eines
Umweltschutzbeauftragten (zentral)

                    Unternehmens- ------ Umweltschutzbeauftragter
                       leitung


   Beschaffung        Produktion         Verkauf

Zuständiger für Umweltschutzangelegenheiten
———— : disziplinarische Unterstellung
- - - - : fachtechnische Zuordnung
```

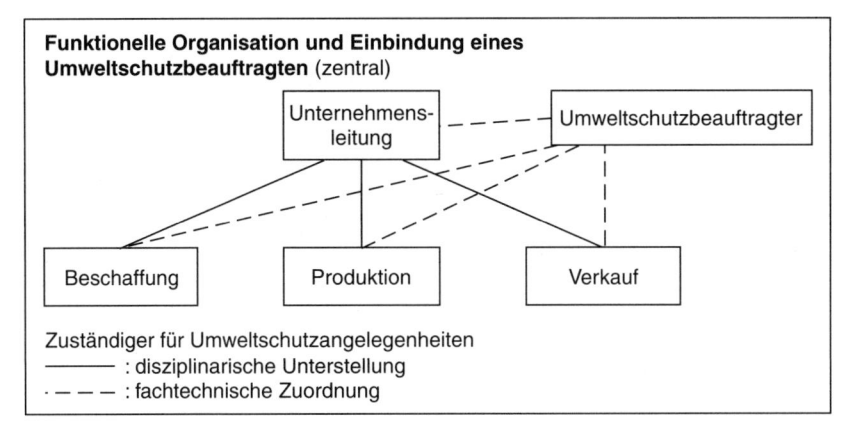

Bild 5.15: Beispiel einer Organisationsform

Beispiel: Bezüglich der Organisationsstruktur wird z.B. bei kleinen und mittleren Unternehmen in der Regel eine Vermischung von betrieblichen Aufgaben und Umweltschutzaufgaben vorgenommen und meist in Personalunion als *Chefsache* ausgeführt (Bild 5.15).

Aufbau- und Ablaufkontrolle

Eine weitere wichtige Aufgabe verkörpert die Aufbau- und Ablaufkontrolle. Es werden Aufbau- und Ablaufverfahren festgelegt, kontrolliert und bei Nichteinhaltung korrigiert. Dazu gehören z.B. Regelungen zum Umgang mit wassergefährdenden Stoffen, die Beseitigung von Abfällen, das Ermitteln von umweltrelevanten Funktionen usw.

Dokumentation

Die erforderlichen Dokumentationen umfassen das *Umweltmanagementsystem*, wie auch die Erhebung und Bewertung der umweltrelevanten *Daten*. Zur Darstellung des Managementsystems (vgl. Umweltmanagementsystem, Umweltmanagementhandbuch) gehören die Umweltpolitik, die Ziele und Maßnahmen, die Schlüsselfunktionen und -verantwortlichkeiten, sowie organisatorische Regelungen z.B. als Verfahrens- und Arbeitsanweisungen. Die Darstellung der umweltrelevanten Daten umfaßt die betrieblichen Inputs und Outputs sowie die betrieblichen Bestände. Die Dokumentation beinhaltet auch die dazu zugehörigen Datenquellen, die Rechenarten und Bewertungsmethoden. Bild 5.16 zeigt den Aufbau und die Dokumentation eines Umweltmanagementsystems der Firma Bizerba, Balingen. Das Umweltmanagementhandbuch und die Umweltverfahrensanweisungen werden von Bizerba regelmäßig überprüft und, bei Änderungen der Rechtslage oder der Umweltpolitik des Unternehmens, angepaßt.

Registrierung und Bewertung der Umweltauswirkungen

Um einen Überblick über das Spektrum betrieblicher Auswirkungen auf die Umwelt zu erhalten, werden zunächst alle betrieblichen Inputs (z.B. Ressourceneinsätze) und Outputs (z.B. Emissionen) registriert. Zur besseren Übersicht empfiehlt sich die Darstellungsform der Ökobilanz (siehe Bild 5.17).

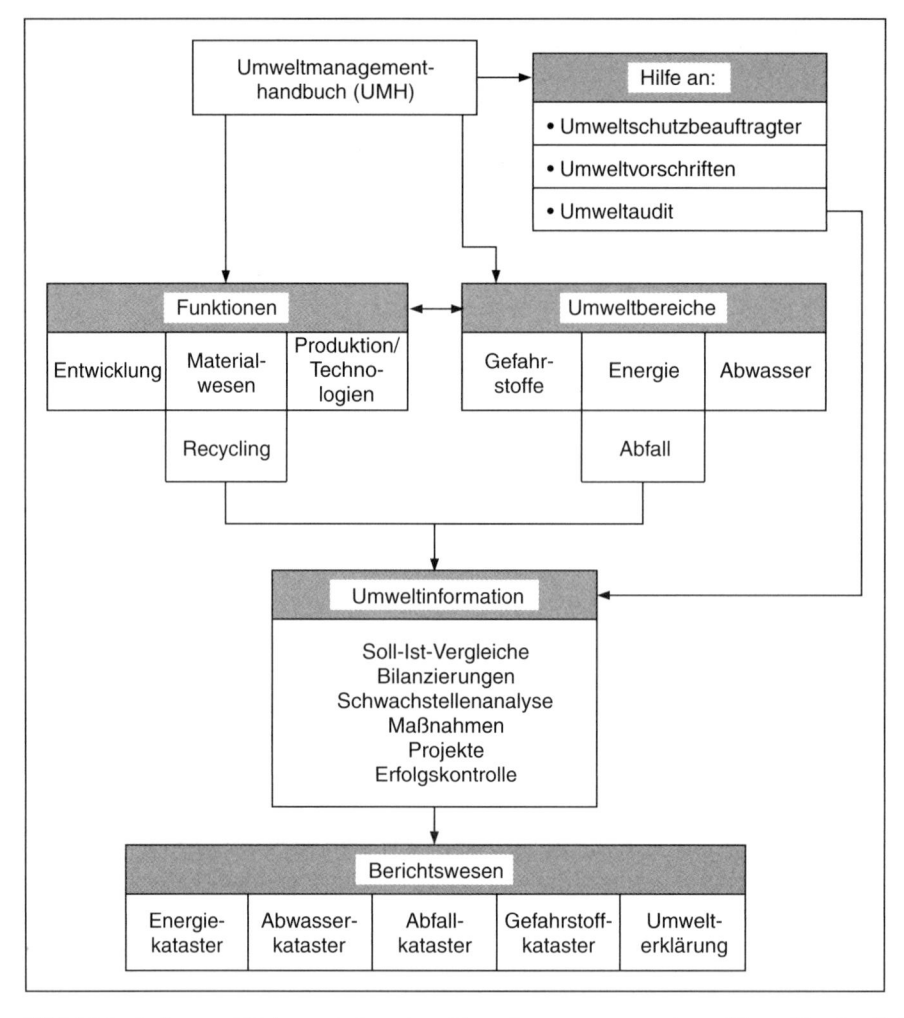

Bild 5.16: Aufbau und Dokumentation eines Umweltmanagementsystems (Firma Bizerba, Balingen)

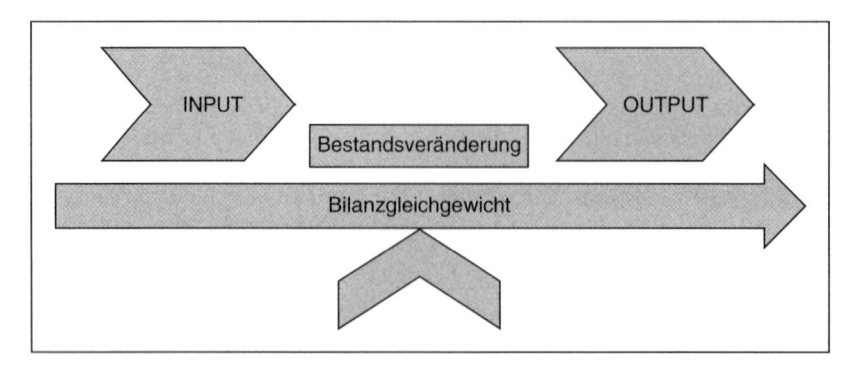

Bild 5.17: Bilanzgleichgewicht zwischen Input- und Outputmengen unter Berücksichtigung von Bilanzänderungen

5.6 EU-Öko-Audit-Verordnung über die freiwillige Beteiligung gewerblicher ...

Zwischen Input- und Outputmengen entsteht unter Berücksichtigung von Bestandsänderungen ein Gleichgewicht, das in Form einer Bilanz systematisch dargestellt werden kann; weitere Erläuterungen hierzu siehe Kapitel 5.7.1 „Ökobilanzen".

In einem weiteren Schritt werden die Auswirkungen auf die Umwelt bewertet. Zur Bewertung der *Auswirkungen auf die Umwelt* gehören:
- Registrieren, Prüfen und Beurteilen der Umweltauswirkungen, ausgehend von den Tätigkeiten des Unternehmens, folgender Sachverhalte sowie Vorfälle:
  - Emissionen, Abwässer, Abfälle, Kontaminierung von Erdreich, Nutzung von Boden, Energie, Freisetzung von Lärm, Staub, Geruch usw.

Umweltbetriebsprüfung

Die Umweltbetriebsprüfung dient schließlich als übergeordnetes Kontrollinstrument des Umweltmanagements. Mit Hilfe der unabhängigen Betriebsprüfer, die sowohl unternehmensfremd als auch betriebszugehörig sein können, überprüft das Unternehmen regelmäßig die Wirksamkeit des Umweltmanagementsystems für die Umsetzung der betrieblichen Umweltpolitik.
Nach Vorliegen der Umweltbetriebsprüfung schließt sich der Regelkreis, indem die Erkenntnisse direkt in die Umweltpolitik des Unternehmens einfließen und entsprechende Korrekturen erfolgen.

Umwelterklärung

Die Umwelterklärung ist wesentlicher Bestandteil eines guten Umweltmanagements. Sie stellt eine Antwort auf das öffentliche Interesse dar und wird regelmäßig nach der Umweltprüfung und nach jeder Umweltbetriebsprüfung verfaßt und veröffentlicht (Bild 5.18). Sie ist die einzige Veröffentlichung über die umweltrelevanten Leistungen des Unternehmens.

Umwelterklärung des Unternehmens

Gesichtspunkte für die Umwelterklärung sind u. a.:
- Name des Unternehmens
- Name und Anschrift des Standorts
- Beschreibung der Tätigkeiten des Unternehmens an dem betreffenden Standort
- Beurteilung aller wichtigen Umweltfragen in Zusammenhang mit den betreffenden Tätigkeiten
- Zusammenfassung der Zahlenangaben über Schadstoffemissionen, Abfallaufkommen, Rohstoff-, Energie- und Wasserverbrauch und gegebenenfalls über Lärm und andere bedeutsame umweltrelevante Aspekte
- sonstige Faktoren, die den betrieblichen Umweltschutz betreffen
- Darstellung der Umweltpolitik, des Umweltprogramms und des Umweltmanagementsystems des Unternehmens für den betreffenden Standort
- einen Termin für die Vorlage der nächsten Umwelterklärung
- Namen des zugelassenen Umweltgutachters

Bild 5.18: Mindestinhalte, die für eine Umwelterklärung erforderlich sind (weitere Inhalte siehe Abschnitt 5.6.3)

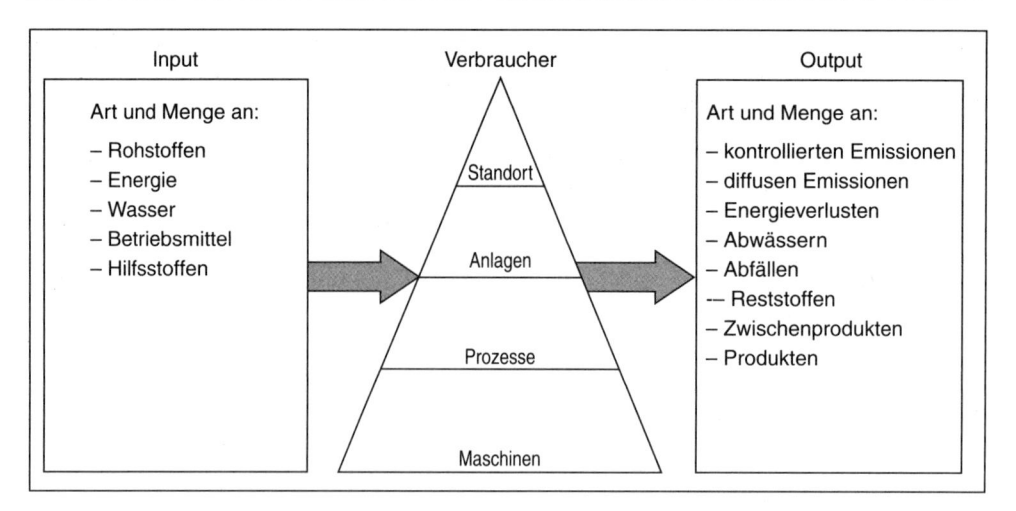

Input	Verbraucher	Output
Art und Menge an: – Rohstoffen – Energie – Wasser – Betriebsmittel – Hilfsstoffen	Standort Anlagen Prozesse Maschinen	Art und Menge an: – kontrollierten Emissionen – diffusen Emissionen – Energieverlusten – Abwässern – Abfällen – Reststoffen – Zwischenprodukten – Produkten

Bild 5.19: Darstellung der Stoff- und Energieströme

Umsetzung der Umwelterklärung in die betriebliche Praxis: Neben den wichtigsten Identifikationsmerkmalen des Standorts enthält die Umwelterklärung im wesentlichen eine Beschreibung des Umweltmanagements, der Umweltpolitik und des Umweltprogramms sowie eine Bilanz über die Art und Menge der eingesetzten Stoffe bzw. der hergestellten Produkte und abgegebenen Emissionen.

Die zusammenfassenden Zahlenangaben über Rohstoff-, Energie- und Wasserverbrauch sowie über Schadstoffemissionen, Abfallaufkommen und sonstige umweltrelevante Aspekte entsprechen z.B. einer umfassenden Input-Output-Analyse des Standorts. Entsprechend Bild 5.19 kann das Unternehmen am Standort als Verbraucher des Inputs an allen für den Betrieb erforderlichen Materialien und Energien angesehen werden. Gleichzeitig produziert es verschiedenartige Outputs z.B. als Produkt, Abwässer, Reststoffe, Emissionen usw.

Gültigkeitserklärung

Die Transparenz und Glaubwürdigkeit der Umwelterklärung werden verstärkt, wenn diese von einem zugelassenen Umweltgutachter (vgl. EG-Verordnung Artikel 4) auf Richtigkeit überprüft und für gültig erklärt wird.

Prüfung und Gültigkeitserklärung: Zugelassene, unabhängige Umweltgutachter prüfen, ob die betriebliche Umweltpolitik, das Umweltprogramm, das Umweltmanagementsystem, die Umweltprüfung und das Umweltbetriebsprüfungsverfahren mit den Vorschriften der Ökoauditverordnung übereinstimmen. Außerdem stellen die Umweltgutachter fest, ob die Umwelterklärung des Unternehmens mit den Bestimmungen der Ökoauditverordnung übereinstimmt. Wenn sich diese Erklärung als genau genug und hinreichend detailliert mit den Anforderungen des Gemeinschaftssystems vereinbar erweist, dann erteilt der Umweltgutachter dem Unternehmen eine *Gültigkeitserklärung*.

5.6.3 Von der Umweltbetriebsprüfung zur Zertifizierung

Die Betriebsprüfung zum Zweck der Zertifizierung wird also von zugelassenen Umweltgutachtern vorgenommen. Eine Liste der zugelassenen Umweltgutachter wird im Amtsblatt der Europäischen Gemeinschaft veröffentlicht. Bild 5.20 zeigt ein Schema der Zertifizierung

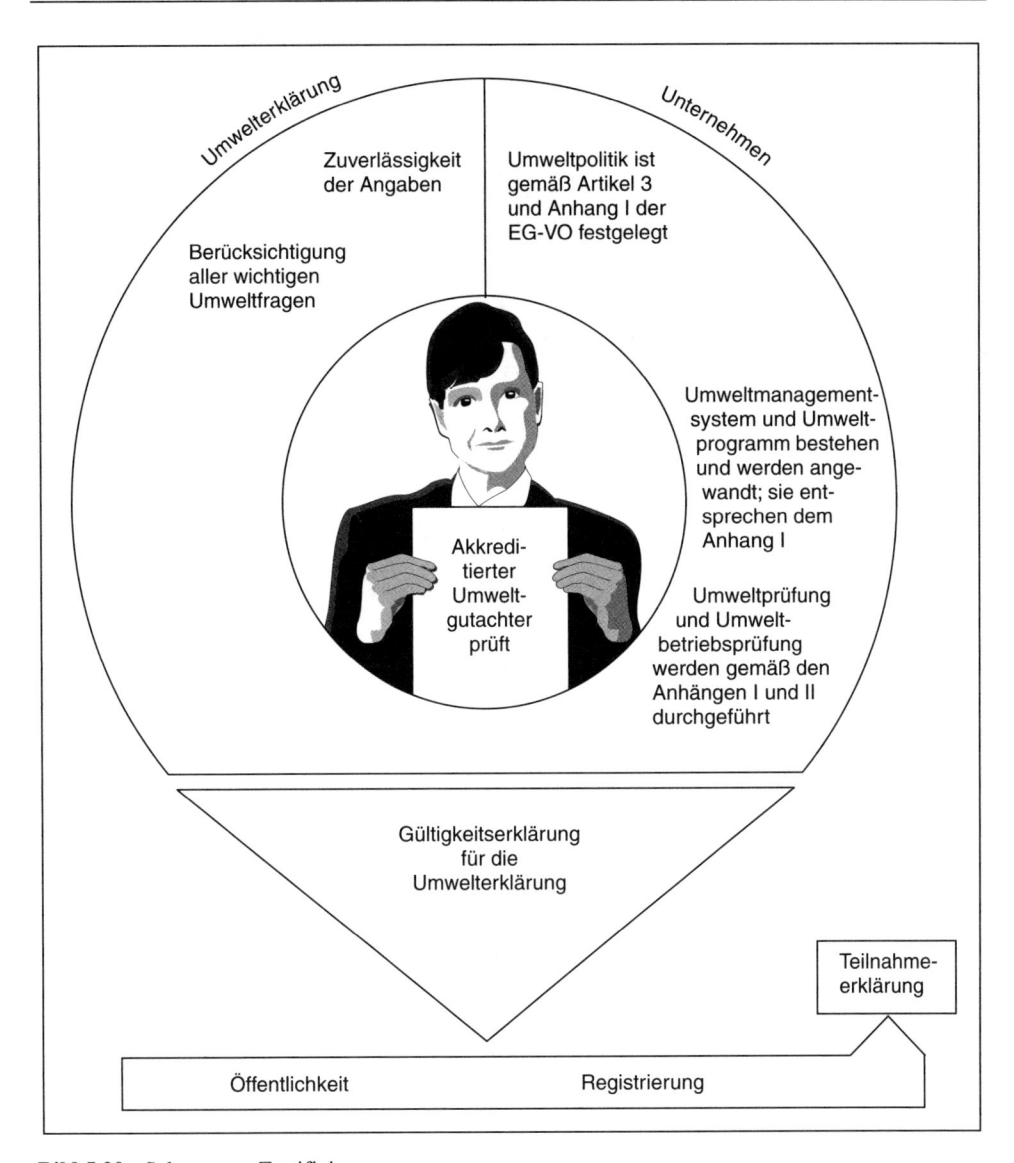

5.6 EU-Öko-Audit-Verordnung über die freiwillige Beteiligung gewerblicher ...

Bild 5.20: Schema zur Zertifizierung

Die Umwelterklärung wird dabei unter folgenden Gesichtspunkten geprüft:
- auf Zuverlässigkeit und Plausibilität der Daten und Informationen;
- ob alle wichtigen Umweltfragen in der Umwelterklärung berücksichtigt werden;
- ob die Umweltpolitik im Einklang mit den Vorschriften der EG-Verordnung 1836/93 festgelegt wurde;
- ob die Umweltprüfung bzw. Umweltbetriebsprüfung in technischer Hinsicht zufriedenstellend ist;

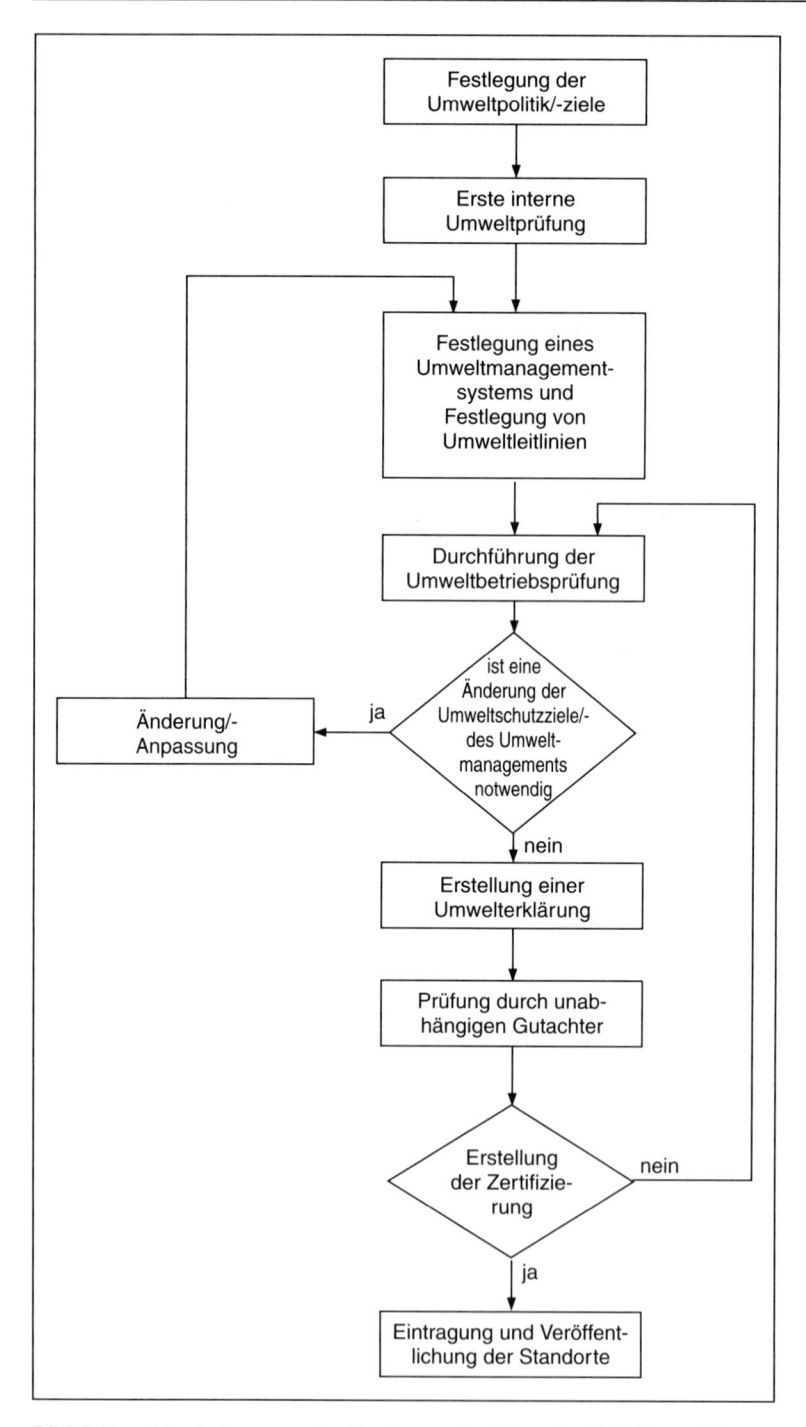

Bild 5.21: Ablaufschema von der Festlegung der Umweltpolitik bis zur Eintragung (in ein Verzeichnis) und Veröffentlichung der Standorte

- ob das Umweltmanagementsystem die Anforderungen des Anhangs I der EG-Verordnung erfüllt und
- ob die Umwelterklärung sich als genau genug, hinreichend detailliert und mit den Anforderungen der EG-Verordnung vereinbar erweist.

Treffen vorgenannte Gesichtspunkte zu, dann erklärt der Umweltgutachter die Erklärung für gültig.

Die für gültig erklärte Umwelterklärung wird vom Betrieb veröffentlicht und an die zuständige Registrierstelle weitergeleitet. Die Registrierstelle trägt den Betrieb oder den betreffenden Standort in ein entsprechendes Verzeichnis ein und teilt ihm eine Registriernummer mit. Die Verzeichnisse werden jährlich aktualisiert und an die EG weitergeleitet, wo sie im Amtsblatt veröffentlicht werden.

Der Betrieb oder die Standorte erhalten jetzt die Berechtigung, eine Teilnahmeerklärung (Anhang IV) nach Maßgabe des Artikels 10, in Form eines sog. EG-Symbols (Bild 5.21) verwenden zu dürfen. In Bild 5.21 werden die in Abschnitt 5.6 behandelten Punkte nochmals zusammenfassend dargestellt.

5.7 Ökobilanzen und Öko-Controlling

5.7.1 Ökobilanzen

In Ökobilanzen wird der Stoff- und Energiefluß (siehe Bild 5.19) in einem Unternehmen ermittelt, um daraus praktische Verbesserungsvorschläge zur Verminderung von Umweltbelastungen, wie z.B. Einkaufslisten schadstoffarmer Rohstoffe, Recycling von Abfällen oder Energieeinsparung, abzuleiten.

5.7.1.1 Ökoaudit und Ökobilanzen

Viel ist zur Zeit in den Medien und Unternehmen von *Ökoaudit* und *Ökobilanzen* die Rede. Die Begriffsverwendung ist bisher noch eher verwirrend und zum Teil auch noch widersprüchlich.

In der betrieblichen Praxis werden also neben Umweltaudits auch Ökobilanzen durchgeführt. Ökobilanzen und Umweltaudits sind im weitesten Sinne Verträglichkeitsprüfungen, die Produktionsprozesse auf ihre Umweltverträglichkeit überprüfen und dem umweltbewußten Unternehmer die Datengrundlage für eine umweltschonende Produktion liefern sollen. Darauf aufbauend kann ein Unternehmer seinen Produktionsprozeß nicht nur betriebswirtschaftlich, sondern auch umweltschonend optimieren und den Einklang zwischen Ökonomie und Ökologie anstreben.

5.7.1.2 Ökobilanzierung

Die Ökobilanzierung hat eine Aussage über die ökologischen Auswirkungen zum Ziel. Sie betrachtet die Bewegungen der Stoffe und Energien nach folgenden Gesichtspunkten: Was geht in welcher Menge in den Betrieb ein? Wie und in welcher Form verläßt es den Betrieb wieder?

Ihre Grundlage ist die Input-Output-Betrachtung.

Grundlage für die Input-Output-Bilanzierung bilden die Gesetze der Thermodynamik. Demzufolge kann Materie oder Energie weder erzeugt noch vernichtet werden. Was in den Betrieb eingeht, muß (sofern es nicht dort verbleibt) den Betrieb wieder verlassen, wenn auch in veränderter Form und Zusammensetzung.

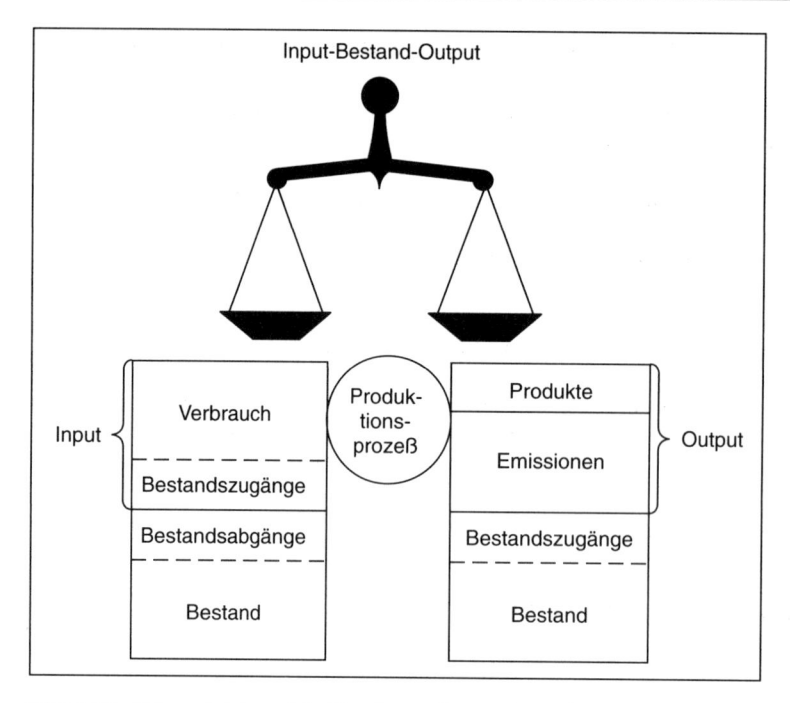

Bild 5.22: Bilanzgleichgewicht über Input-Output-Betrachtungen (siehe Kapitel 5.6.2, Bild 5.17)

Beispiel: Die Masse von 1 kg Heizöl mit einem Heizwert von 10 KWh geht durch die Verbrennung nicht verloren, sondern wandelt sich um. Das Heizöl verläßt den Betrieb als Luftemission in Form von CO_2, SO_2, NO_x usw. Auch die Energie bleibt erhalten in Form von 10 KWh Wärme. Bei dieser Betrachtung ist die Berücksichtigung von Beständen bzw. Bestandsveränderungen eine wichtige Voraussetzung, um eine korrekte *Bilanzierung* von ein- und ausgehenden Mengen bzw. Massen zu gewährleisten. Zudem können aufgrund dieser Mengenbetrachtung Verluste ausfindig gemacht werden.

Grundprinzip der Öko-Bilanzierung ist also die „Input-Output-Betrachtung". Was geht in den Betrieb ein? Wie und in welcher Form verläßt es den Betrieb wieder? Nach den Gesetzen der Thermodynamik kann Materie oder Energie weder erzeugt, noch vernichtet werden. Was in den Betrieb eingeht, muß (sofern es nicht dort verbleibt) den Betrieb auch wieder, wenn auch oft in veränderter Aggregatsform, verlassen. Dieses Gleichgewicht zwischen In- und Outputmengen, unter Berücksichtigung von Bestandsveränderungen, rechtfertigt den „Bilanzbegriff" (in Kapitel 5.6.2 wurde darauf bereits kurz hingewiesen). In Bild 5.22 wird ein sog. Bilanzgleichgewicht dargestellt.

Input-Betrachtung: Die Input-Betrachtung läßt einerseits eine Vorausberechnung zu:
Unter Kenntnis der physikalisch-chemischen Umwandlungsprozesse (z.B. Verbrennung) können aus den eingehenden Stoffmengen (z.B. Liter Erdöl) die Outputmenge z.B. Abluft (kg CO_2) oder Abwasserfrachten (kg CSB) berechnet werden. Umgekehrt kann die Messung der Outputmenge eine Kontrolle des Inputs ermöglichen: Stimmt z.B. die gemessene Abwassermenge mit der eingegangenen Wassermenge überein? Abweichungen zwischen Input und Output führen somit in vielen Fällen zur Feststellung von Leckagen.

Ziel der Ökobilanzierung ist es, einen möglichst umfassenden Überblick über die ökologischen Auswirkungen aller unternehmerischen Tätigkeiten eines Betriebes zu erhalten und diese transparent zu machen.

5.7 Ökobilanzen und Öko-Controlling

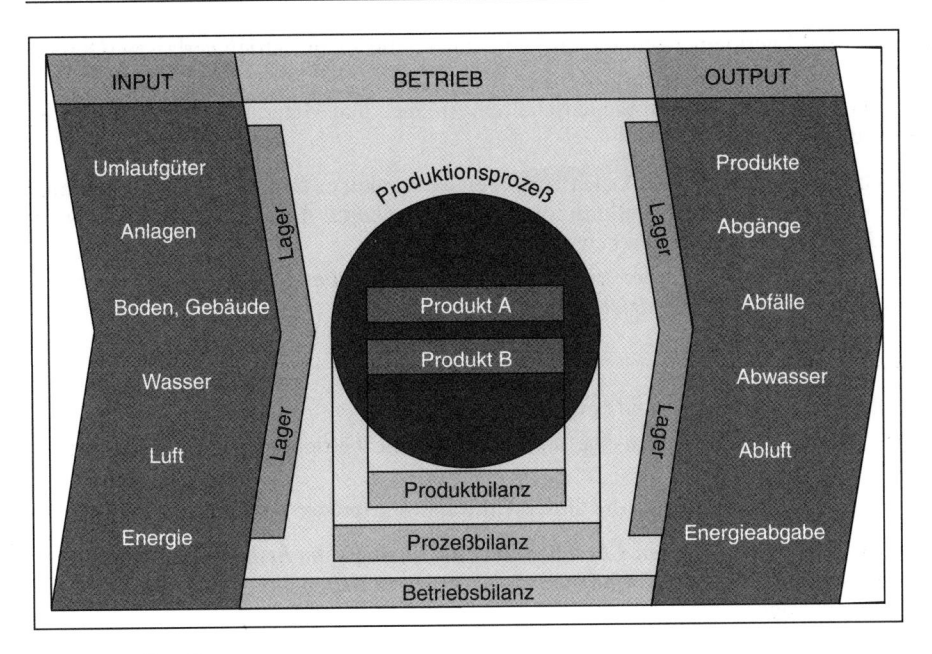

Bild 5.23: Ökobilanzen

Die Ökobilanzierung ist somit ein methodisches Hilfsmittel, um dem Anspruch der EG-Verordnung, alle umweltbedeutsamen Tatbestände festzuhalten, gerecht zu werden. Sie ist vor allem aber auch ein Instrument des internen *Controlling* zur Aufdeckung von Schwachstellen und Einsparpotentialen.

Es verdeutlicht, daß es bereits auf die Auswahl der eingekauften Roh-, Hilfs- und Betriebsstoffe ankommt, um z.B. den Abfall zu reduzieren. Sie macht also deutlich, daß die nach ökologischen Kriterien eingekauften Anlagen und Maschinen (z.B. Energieverbrauch, Lärm, Verwendbarkeit von umweltfreundlichen Materialien, Entsorgbarkeit) die Outputgrößen entscheidend vorherbestimmen.

Durch diese Betrachtungsweise wird es dem Betrieb leichter fallen, diejenigen Bereiche auszuwählen, die in einem weiteren Schritt genauer auf Schwachstellen und Verbesserungspotentiale untersucht werden sollen.

Eine wichtige Voraussetzung zur Erstellung von Ökobilanzen ist die genaue Abgrenzung des Bezugsobjektes. Soll z.B. das gesamte Unternehmen, ein Betriebsstandort, ein Betriebsteil oder nur ein Prozeß untersucht werden? Sollen z.B. der gesamte Lebensweg eines Produktes oder nur die betriebsintern verursachten Umweltauswirkungen betrachtet werden?

Demzufolge wird allgemein nach den unterschiedlichen Bezugsobjekten unterschieden (vgl. Bild 5.23):

- Ökobilanzen für Betriebe (Betriebsbilanz),
- Ökobilanzen für Prozesse (Prozeßbilanz),
- Ökobilanz für Produkte (Produktbilanz, Produktbaumanalyse).

Betriebsbilanz

Die Betriebsbilanz dokumentiert und bewertet:
- alle Stoff- und Energiemengen, die im Laufe eines Jahres in den Betrieb eingehen (Input),

- alle Stoff- und Energiemengen, die im Laufe eines Jahres den Betrieb verlassen (Output) sowie
- alle vorhandenen Bestände an Liegenschaften, Anlagen und Material sowie die Bestandsveränderungen.

Wurde noch keine Bewertung der Daten vollzogen, so handelt es sich zunächst um eine reine Datenerhebung und Gegenüberstellung, die sog. *Input-Output-Analyse*. Darauf aufbauend können z.B. Umweltauswirkungen bewertet werden.
Ziel der Betriebsbilanz ist es, einen umfassenden Überblick über die ökologisch relevanten Auswirkungen des gesamten Betriebes zu gewinnen.

Prozeßbilanz

Die Prozeßbilanz dokumentiert und bewertet:
- alle Stoff- und Energiemengen, die unmittelbar in die betriebliche Produktion oder in Teilprozesse eingehen sowie
- alle Stoff- und Energiemengen, die diesen Umwandlungsprozeß verlassen.

Ziel der Prozeßbilanz ist es, einen Überblick über die ökologische Bedeutung und Effizienz betriebsinterner Prozesse und Verfahren zu gewinnen, in denen Input- in Outputmengen umgewandelt werden.

Produktbilanz

Die betriebliche Produktbilanz dokumentiert:
- alle Stoff- und Energiemengen, die in den betrieblichen Herstellungsprozeß eines Produktes eingehen sowie
- alle ausgehenden Stoff- und Energiemengen, die bei der Herstellung dieses Produktes anfallen.

Ziel der betrieblichen Produktbilanz ist die ökologische Beurteilung der Herstellung und Zusammensetzung einzelner Produkte.
Im Rahmen der EG-Verordnung ist die Betriebsbilanz das geeignete Mittel, um die Daten zur Bestimmung der Umweltauswirkungen systematisch zu erfassen. Prozeß- und Produktbilanz sind mögliche Hilfsmittel für ein weiterführendes Umweltcontrolling.

5.7.1.3 Der Kontenrahmen

Im Sinne der EG-Verordnung dient die erste Umweltprüfung bekanntlich der Situationsbestimmung des Betriebes bezüglich seiner Umweltauswirkungen. Die Grundlage bildet die Betriebsbilanz.
Die Betriebsbilanz gibt Auskunft über die im Betrieb vorhandenen Anlagen, Einrichtungen und sonstige Bestände, über die betrieblichen Zu- und Abgänge an Materialien und Energien, vor allem über die Einkaufs- und Verkaufsmengen sowie über Emissionen und Abfälle. Zunächst werden hier die Inputs, Outputs und Bestände mengenmäßig erfaßt und dann einer ökologischen Bewertung unterzogen.
Die Erfassung von In- und Outputs sowie von Beständen kann nach einem Gliederungsschema (Kontenrahmen) bezüglich Tabelle 5.4 erfolgen.
Der in Tabelle 5.4 dargestellte Kontenrahmen ist in dieser Form weitgehend übertragbar auf unterschiedliche Firmengrößen und Branchen. Die einzelnen Konten müssen dann jedoch den betrieblichen Gegebenheiten angepaßt werden. So kann das Konto „Rohstoff" beispielsweise untergliedert werden in Eisenmetalle, Nichteisenmetalle, Kunststoffe usw.

5.7 Ökobilanzen und Öko-Controlling

Tabelle 5.4: Kontenrahmen einer Betriebsbilanz

INPUT	OUTPUT
1 Liegenschaften 1.1 Boden 1.2 Gebäude	**1 Produkte** 1.1 Halbzeuge 1.2 Fertigprodukte
2 Anlagegüter 2.1 betriebstechnische Anlagen 2.2 elektr. Kommunikation 2.3 Einrichtungen 2.4 Fuhrpark	**2 Abgänge** 2.1 Liegenschaften 2.2 Anlagen
3 Umlaufgüter 3.1 Rohstoffe 3.2 Halb- und Fertigwaren 3.3 Hilfsstoffe 3.4 Betriebsstoffe	**3 Abfälle** 3.1 Wertstoffe 3.2 Reststoffe 3.3 Sonderabfälle
4 Wasser 4.1 Trinkwasser 4.2 Brauchwasser 4.3 Regenwasser	**4 Abwasser** 4.1 Menge 4.2 Belastung
5 Luft 5.1 Menge 5.2 Belastung	**5 Abluft** 5.1 Menge 5.2 Belastung
6 Energie 6.1 Strom 6.2 Heizöl 6.3 Erdgas 6.4 Ferndampf 6.5 Treibstoffe	**6 Energieabgabe** 6.1 Strom 6.2 Heizenergie (Wärme/Licht/Lärm)

Die nach dem Kontenrahmen strukturierte Betriebsbilanz gliedert sich z.B. in einen *statischen* und einen *dynamischen* Teil.

Liegenschaften und Anlagegüter haben eher statischen Charakter, denn sie verbleiben längere Zeit im Unternehmen. Umlaufgüter, Produkte, Abfälle wie auch Energie, Wasser und Luft fließen „dynamisch" durch den Betrieb. Sie werden als Stoff- und Energiebilanz oder als Input-/Output-Bilanz dargestellt.

Liegenschaften und Anlagen ermöglichen die Transformation der eingehenden Materialien. Sie haben deshalb eine zweifache ökologische Bedeutung:

- zum einen in ihrer stofflichen Zusammensetzung und
- zum anderen in ihrer Bedeutung für die ökologische Transformation von Umlaufgütern, Energie, Wasser und Luft.

Die Erfassung und Bewertung von Liegenschaften und Anlagen setzt deshalb neben der stofflich-mengenmäßigen Erhebung und Bewertung auch eine Systembeschreibung und -bewertung voraus.

Neben den ein- und ausgehenden Mengen werden in der Betriebsbilanz insbesondere auch die vorliegenden Bestände ausgewiesen und damit einer ökologischen Bewertung zugänglich

Tabelle 5.5: Kontenrahmen einer Stoff- und Energiebilanz

INPUT	OUTPUT
3 Umlaufgüter	1 Produkte
4 Wasser	2 Abfälle
5 Luft	4 Abwasser
6 Energie	5 Abluft
	6 Energieabgabe

gemacht (z.B. Einkaufs-, Zwischen-, Auslieferungslager, Gefahrstoffbestände, gelagerte Abfälle usw.).
Die Stoff- und Energiebilanz konzentriert sich demgegenüber auf den betrieblichen Transformationsprozeß (vgl. Tabelle 5.5). Sie stellt die in die Produktion eingehenden Umlauf- und Verbrauchsgüter dem ausgehenden Output an Produkten und Reststoffen gegenüber.
Im ersten Erhebungsjahr werden nicht alle Bestände, Input (Zugänge) und Output (Abgänge) mengenmäßig bzw. gewichtsmäßig zu erfassen sein.
Der erste Erhebungsdurchgang wird sich auf die Erfassung der Bestände an einem Stichtag (z.B. am Inventurstichtag der Finanzbilanz) als Ausgangspunkt beschränken. Erst im Laufe der Jahre werden nach jährlicher Bilanzierung Vergleiche der Bestands- und Input-/Output-Größen und deren Veränderungen über mehrere Jahre möglich.

5.7.1.4 Die Arbeitsschritte zur Erstellung der ersten Betriebsbilanz

In der ersten Ökobilanz werden eine Menge von Einzeldaten zusammengefaßt. Zunächst ist die Erstellung eines betriebsinternen Kontenrahmens die Grundlage für die Erfassung der einzelnen Detaildaten. Eine Kommentierung zur Bedeutung dieser Konten für den Betrieb wird ergänzt durch die Interpretation der gesammelten Daten. Die nachfolgende Bewertung der Daten im Hinblick auf ihre ökologischen Auswirkungen ergibt die erste Ökobilanz.

Fünf Schritte zur ersten Ökobilanz:
- *Erstellung eines Kontenrahmens.*
- *Erfassung der Daten.*
- *Kommentierung der Konten.*
- *Dateninterpretation.*
- *Ökologische Bewertung der Betriebsbilanzdaten.*

Erstellung eines Kontenrahmens

Die Festlegung eines geeigneten Kontenrahmens bildet die Basis für eine systematische Datenerfassung. Die Erstellung des Kontenrahmens erfordert umfassende Kenntnise über alle relevanten Bereiche, Tätigkeiten und Datensysteme des Unternehmens.
Die Grobstruktur des Kontenrahmens (vgl. Tabelle 5.4) kann im Prinzip bei jedem produzierenden Unternehmen angewendet werden. Von Betrieb zu Betrieb unterschiedlich ist die weitere Untergliederung in die sog. Unterkonten. Die vorhandene Untergliederung der Buchhaltung bietet dabei einen Anhaltspunkt für den Kontenrahmen. Jedoch ist diese Untergliederung nicht unbedingt die ökologisch aussagefähigste und sinnvollste Aufteilung. Andererseits nützt eine ökologisch optimale Untergliederung nichts, wenn im Betrieb kaum Daten vorliegen. Es sollte somit ein Kompromiß zwischen ökologischer Aussagefähigkeit und Einfachheit der Datenbeschaffung gesucht werden.

5.7 Ökobilanzen und Öko-Controlling

Wichtig ist bei jedem Kontenrahmen die Nachvollziehbarkeit der Zuordnungen.
Im Laufe der Datenerhebung wird sich jedoch die zuerst bestimmte Untergliederung noch mehrfach ändern, da die sinnvollste Untergliederung die Kenntnis aller Daten voraussetzt.

Erfassung der Daten

Im nächsten Schritt werden die Daten entsprechend dem Kontenrahmen erfaßt. Im Hinblick auf die spätere Auswertung und Bilanzierung der Daten wäre es sinnvoll, wenn alle Daten in den Einheiten kg bzw. KWh erfaßt werden könnten; in manchen Fällen ist auch das Führen von zwei Maßeinheiten sinnvoll (z.B. Heizöl in Liter und KWh).

Grundsätze zur Datenerfassung:
- *Wähle als Einheit kg und KWh.*
- *Rechne andere Einheiten um.*
- *Schätze fehlende Daten ab oder lasse eine Datenlücke.*
- *Kennzeichne die Güte der Daten.*

Manche Daten werden im Betrieb nicht vorliegen. Beispielsweise werden Abwassermengen häufig nicht gemessen, da die Abwassergebühren über den Trinkwasser- bzw. Brauchwasserbezug abgerechnet werden. Auch Luft- und Abluftdaten sind in den seltensten Fällen im Betrieb bereits vorhanden. Fehlende Daten sollten im Kontenrahmen zunächst als Erfassungslücke markiert werden. Später kann dann überlegt werden, wie diese Daten beschafft werden können. Um für nachfolgende Jahre eine vergleichende Auswertung der Daten zu ermöglichen, ist bereits jetzt eine gute Dokumentation der Datenerhebung wichtig. Es sollte somit zu jeder Zeit genau Protokoll geführt werden.

Protokollinhalte:
- *Bilanzzeitraum.*
- *Herkunft der Daten, z.B. Dateien, Meßprotokolle.*
- *Verantwortliche bzw. Ansprechpartner.*
- *Art der Datenaufbereitung, z.B. welche Kontenschlüssel wurden zugrundegelegt.*
- *Umrechnungen, Umrechnungsfaktoren.*
- *Schätzungen.*
- *Anteil nicht erfaßter Daten.*

Kommentierung der Konten

Sobald die Daten der einzelnen Bereiche des Kontenrahmens vorliegen, sollten die Daten unter dem Gesichtspunkt der ökologischen Bedeutung der Konten dokumentiert werden:

Folgende Fragestellungen sind dabei von Interesse:
- Wo liegen die Probleme und Risiken?
  (z.B. Einhaltung der gesetzlichen Grenzwerte, Entsorgungsprobleme, Störfallrisiko.)
- Was ist in diesem Bereich bereits passiert?
  (z.B. Leckagen, Unfälle, Anwohnerbeschwerden, Behördenkontrollen.)
- Wie war die Entwicklung der letzten Jahre?
- Welche Verbesserungsmaßnahmen der letzten Jahre sind bekannt?

Dateninterpretation

Die Interpretation der Daten bezieht sich zunächst auf die ökologische Einschätzung der eingesetzten Materialien und Energien. Sie umfaßt auch die Effizienzbetrachtung der Stoff- und Energieflüsse.

Ziel dabei ist es, den Verbrauch und den Durchfluß von:
- Materialien/Rohstoffen,
- Hilfs- und Betriebsstoffen,
- Boden,
- Abwasser,
- Abluft,
- Energie (Heizung/Wärme) und
- Lärm

so gering wie zur Produktion nötig zu halten.

Die ökologische Bewertung der Betriebsbilanzdaten

Die ökologische Bewertung der Betriebsbilanz hat zum Ziel, die Umweltauswirkungen der einzelnen Bereiche dem Management transparent darzustellen. Ausgehend von diesen Bewertungen können dann ökologische Verbesserungspotentiale abgeleitet werden.
Grundlage für die ökologische Bewertung der Betriebsbilanz sind die Umweltgesetzgebung, die Umweltziele des Unternehmens und Grundlagen aus der Umweltforschung. Basierend auf der Kontenkommentierung und der Dateninterpretation werden einzelne Bereiche der vorliegenden Input-Output-Bilanz ausgewählt, die dann mit Hilfe von quantitativen Bewertungsmethoden untersucht werden.
Auf eine detaillierte Beschreibung der Betriebsbilanz (z.B. Boden, Gebäude, Anlagegüter, Umlaufgüter, Wasser, Luft, Energie, Produkte, Abfälle, Abwasser, Abluft usw.) soll hier verzichtet werden.

5.7.1.5 Ökologische Schwachstellenanalyse (Bewertungsverfahren)

Neben der Entwicklung von ökologischen Kennzahlen werden zur Zeit in der Praxis auch verschiedene Methoden zur ökologischen Bewertung von Betriebsbilanzdaten oder Ökobilanzdaten angewendet.
In erster Linie soll die ökologische Bewertung der Betriebsbilanzen dem Management bzw. der Unternehmensleitung dem betrachteten Betrieb transparent machen. Daraus können dann ökologische und ökonomische Schwachstellen und Verbesserungspotentiale abgeleitet werden. Grundlage für die ökologische Bewertung der Betriebsbilanzdaten sind die Umweltpolitik und die Umweltziele des Unternehmens sowie die Umweltgesetzgebung. Die Bewertung erfolgt somit anhand von:
- Gesetzlichen Vorgaben und daraus entwickelten Grenz- und Richtwerten, z.B.
  - Abwasser-/Emissionsgrenzwerte,
  - Maximale Arbeitsplatzkonzentration (MAK-Werte),
  - Technische Richtkonzentration (TRK-Werte),
  - Gefahrenstoffklasse,
  - Wassergefährdungsklasse (WGK).
- Betrieblichen Vorgaben, z.B.
  - Verringerung von Abfallabgaben, Abwassergebühren,
  - Vermeidung von Unfall-/Störfallrisiken,
  - Vermeidung von umstrittenen Stoffen, z.B. CKW,
  - Energieeinsparung,
  - Ressourcenschonung.

Ergebnisse hieraus können Prioritätsrichtlinien für den Einkauf sein oder eine Liste von Stoffen, die vollständig ersetzt werden sollen.

5.7.2 Öko-Controlling

5.7.2.1 Allgemeines

Was die Motivation zu umweltverantwortlichem Verhalten in den Betrieben anbelangt, so kann diese sich in marktwirtschaftlichen Unternehmungen nur herausbilden, sofern sie den Anforderungen des Marktes und der Rentabilität nicht widerspricht. Nun ging man bisher meist davon aus, daß ökologische Interessen den ökonomischen entgegengesetzt seien. Dies ist richtig und auch nicht richtig: Richtig insofern, als prinzipiell jede produzierende Tätigkeit immer eine Schädigung der Ökologie nach sich zieht. Falsch aber ist diese Annahme insofern, als es auch Gemeinsames gibt: Ökonomie als Wissenschaft ist auch die Wissenschaft vom sparsamen Umgang mit knappen Mitteln bzw. Ressourcen. Ihre Absicht deckt sich hierin unmittelbar mit der ökologischen Forderung nach Schonung der endlichen natürlichen Ressourcen.

Die Handlungsspielräume in der Wirtschaft für zugleich ökonomisches und ökologisches Verhalten sind noch nicht ausgeschöpft. Dies liegt meist daran, daß die Übertragung ökologischen Denkens in die betriebswirtschaftliche „Logik", welche vor allem mit *Kosten* und *Erträgen* operiert, erst in den Anfängen steckt. Die betriebswirtschaftliche Logik bleibt unberührt bei Maßeinheiten wie Schadstofffracht, Deponievolumen, Kilowattstunden oder Lärmpegel. Sie reagiert jedoch sofort, wenn diese Maßeinheiten übersetzt werden in: Abwassergebühren, Entsorgungskosten, Energiekosten und Abfallkosten. Eine Voraussetzung, daß ökologische Belange im Betrieb ernsthafter zur Kenntnis genommen werden, ist also der Ausbau einer *ökologischen Kosten- und Investitionsrechnung*.

Unter dieser Voraussetzung kann heute festgestellt werden, daß in den Betrieben ein großes, noch unausgeschöpftes Potential vorliegt, um ökologische Ziele zu verfolgen, die sich betriebswirtschaftlich rechnen.

Um diese Übersetzung und um die Integration von ökologischem und ökonomischem Denken sich leisten zu können, wird derzeit an Systemen wie das sog. „Öko-Controlling" gearbeitet.

5.7.2.2 Aufbau des Öko-Controlling

Aufgabe des *Öko-Controllings* ist es zunächst, einen Überblick über die ökologische Situation des Unternehmens zu schaffen. Die erste Bestandserhebung wird häufig auch als *Ökobilanzierung* (Kapitel 5.7.1.2) bezeichnet. Das Ergebnis der Erhebung wird in der *Ökobilanz* in einem überschaubaren Bericht dokumentiert. Aus den Daten der Bilanz und ihrer Interpretation werden Ziele und Maßnahmenprogramme abgeleitet, deren Realisierung wird kontrolliert

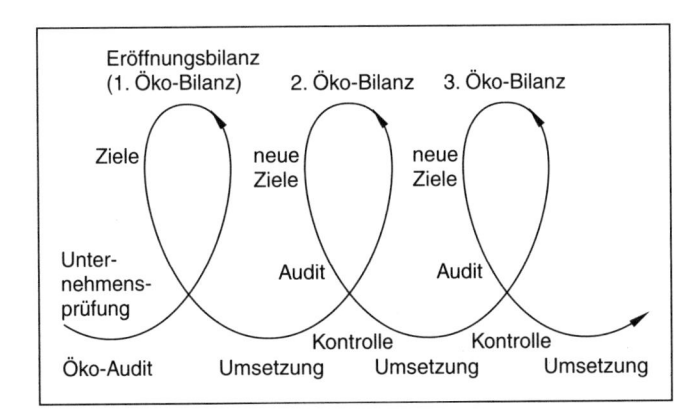

Bild 5.24: Controllingspirale

(daher *Controlling*). Soll-Ist-Abweichung führen dabei zu Korrekturmaßnahmen und zu neuen Zielvorgaben und schließen somit den Controllingkreislauf (Bild 5.24).

Auf der Basis eines so funktionierenden Öko-Controllings können nach den bisherigen Erfahrungen in den Unternehmen noch erhebliche, bisher brachliegende Einsparungspotentiale im ökologischen wie ökonomischen Sinne erschlossen werden.

5.7.2.3 Ablauf eines Öko-Controlling-Verfahrens

Eine gute Möglichkeit, ökologische Schwachstellen im Betrieb möglichst vollständig und systematisch zu überwinden, ist die Einbettung der betrieblichen Ökobilanzierung in ein kontinuierliches *Öko-Controlling* zur Planung, Steuerung und Kontrolle der ökologisch relevanten Aktivitäten des Unternehmens. Ein solches Unternehmen darf jedoch keine Insellösung sein, sondern muß eingebunden werden in den gesamten betrieblichen Informations- und Kommunikationsablauf sowie in das Führungssystems des Unternehmens. Der Ablauf eines Öko-Controlling als System ist eine die gesamte Unternehmensorganisation umfassende Aufgabe. Die Definition der Umweltpolitik des Unternehmens und seiner ökologischen Ziele steht am Beginn dieses Prozesses. Ausgehend davon wird der Öko-Controlling-Kreislauf zu einer Spirale (vgl. Bild 5.24), bei der mit jedem Umlauf weitere Unternehmensaktivitäten integriert werden können. Das Öko-Controlling-System ist somit selbst einem dauerhaften Veränderungs- und Optimierungsprozeß ausgesetzt.

Öko-Controlling wird als Kreislauf über folgende Phasen festgelegt:
- Anordnen der ökologischen Unternehmensziele und der Untersuchungsschwerpunkte (z.B. die Ermittlung aller Emissionen).
- Erfassung der Stoff- und Energieströme.
- Bewertung bezüglich Umweltwirkungen.
- Konkretisieren von Zielen (z.B. Verminderung von Emissionen).
- Ausarbeitung von technisch und strategisch möglichen Maßnahmen.
- Suche nach Alternativen und deren Umsetzung.
- Beurteilung des ökologischen Erfolges.

Bild 5.25 zeigt ein Öko-Controlling-Verfahren.

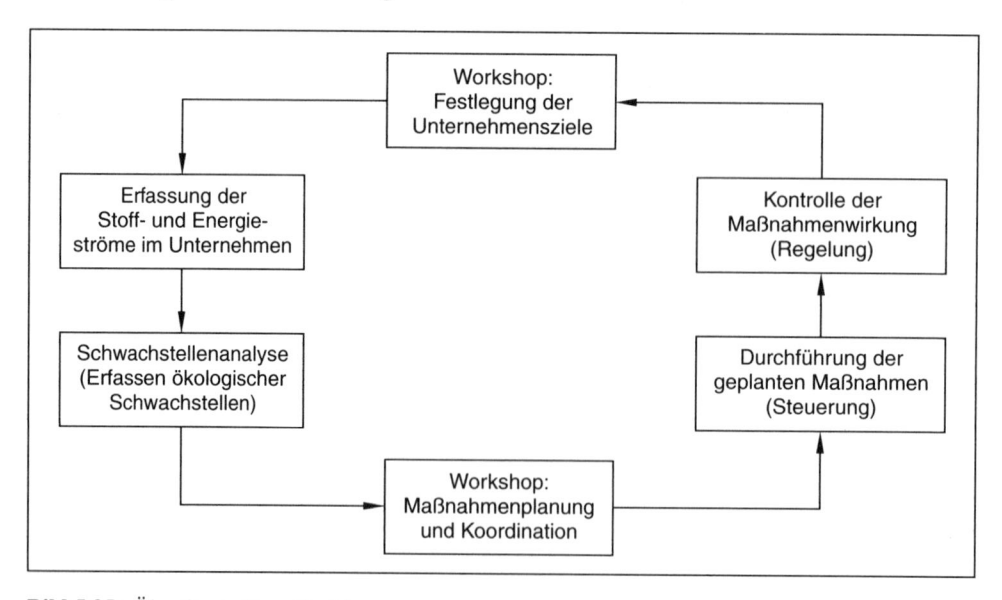

Bild 5.25: Öko-Controlling-Verfahren

5.7 Ökobilanzen und Öko-Controlling

Tabelle 5.6: Mögliche Strukturierung für die Erstellung einer Produktbilanz, bezogen auf ein Beispiel der Metallgießerei (Sandgießerei)

Produktgruppe A		Produktgruppe B	
INPUT	**OUTPUT**	**INPUT**	**OUTPUT**
Art/Menge	Art/Menge	Art/Menge	Art/Menge
Aluminium	verpackte Fertigteile	Aluminium	Fertigteile
Formsand	Abwärme	Formsand	Abwärme
Wasser	Abwasser	Wasser	Abwasser
Hilfsstoffe	Abluft	Hilfsstoffe	Abluft
Energie	Abfall	Energie	Abfall
Strahlmittel		Strahlmittel	
Verpackung			

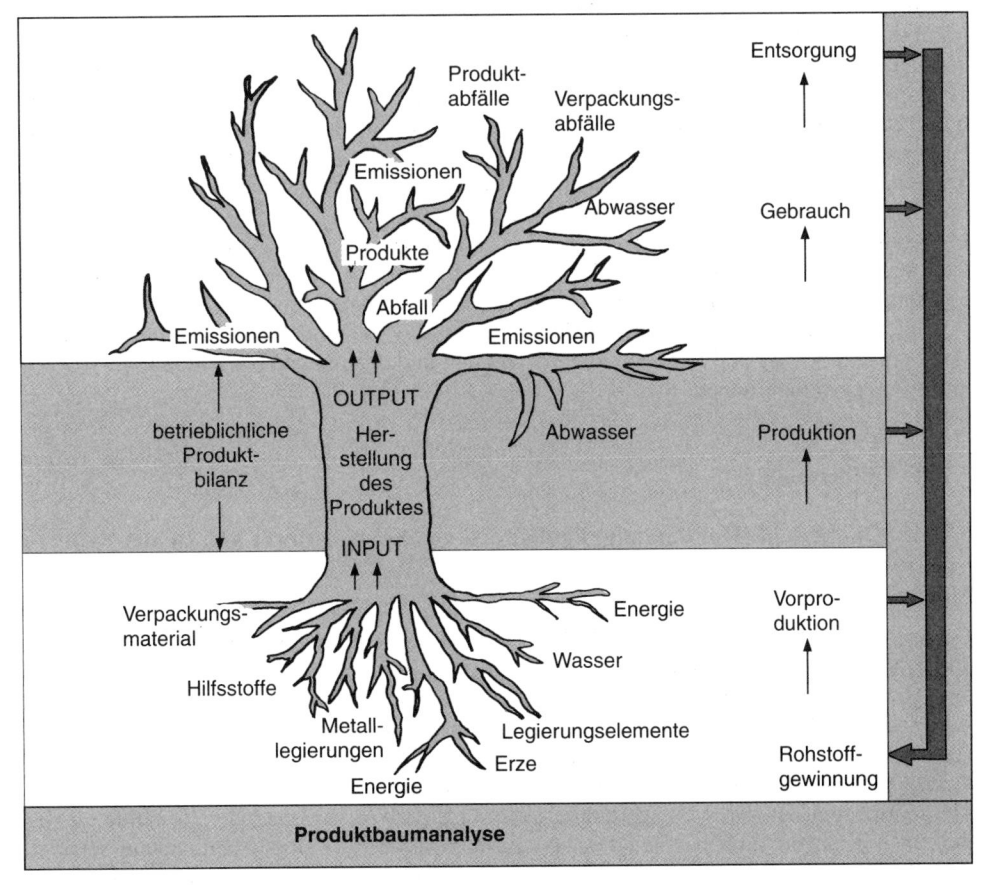

Bild 5.26: Produktbaumanalyse (erweiterte Analyse)

Das Öko-Controlling kann auch als *Organisationsentwicklungsprozeß* verstanden werden, daß die Einbindung des Verfahrens in das betriebliche Geschehen unter Einbeziehung der Mitarbeiter umfaßt. Die einzelnen Phasen des Öko-Controllings werden in Workshops (Arbeitsstätten) verarbeitet, koordiniert, kontrolliert und diskutiert.

5.7.2.4 Produktbilanz und Produktbaumanalyse

Die betriebliche Produktbilanz umfaßt alle zur Herstellung eines bestimmten Produktes erforderlichen Materialien und Energien sowie alle bei der Herstellung anfallenden Abfälle, Emissionen usw. Bei einem Unternehmen, das nur ein Produkt herstellt, entspricht die Betriebsbilanz unter Berücksichtigung der Bestandsveränderungen zugleich der betrieblichen Produktbilanz. In der Regel werden in einem Unternehmen jedoch mehrere Produkte bzw. Produktgruppen hergestellt, die sich dann aus unterschiedlichen Komponenten zusammensetzen. Um Aussagen über die ökologische Bedeutung einzelner Produkte hinsichtlich ihrer Zusammensetzung und ihrer Herstellung machen zu können, ist es notwendig, die Prozeßbilanz anteilig in Produktbilanzen aufzusplitten.

Sinnvollerweise übernimmt man hier die Strukturierung des Kontos der „Produkte" (z.B. Umlaufgüter, Wasser, Energie usw.). In Tabelle 5.6 ist eine mögliche Strukturierung nochmals als Beispiel dargestellt.

Eine derart erstellte (betriebliche) Produktbilanz dient der Analyse des Herstellungsprozesses innerhalb des Betriebes. Zur Beurteilung der ökologischen Bedeutung eines Produktes insgesamt reicht sie allerdings nicht aus. Zusätzlich zum betrieblichen Herstellungsprozeß müssen vor- und nachgelagerte Stufen mit betrachtet werden. Hierzu gehört beispielsweise die Rohstoffgewinnung sowie verschiedene Stufen der Vorproduktion und der Gebrauch des Produktes bis hin zur Entsorgung. Das heißt also, daß der gesamte Lebenszyklus eines Produktes (vom Rohstoff bis zum Fertigteil) untersucht wird. Diese Analyse wird *Produktbaumanalyse* genannt. Bild 5.26 macht deutlich, daß die vorgelagerten Herstellungsprozesse und die nachgelagerten Gebrauchsstufen samt Entsorgung ein komplexes Netz von Produkten bildet.

Um Aussagen über vor- und nachgelagerte Stufen im Produktlebenszyklus machen zu können, wird man sich aus der Vielzahl von Produktlinien im Wurzel- oder Astwerk zuerst einmal auf einzelne ausgewählte Linien bei der Analyse konzentrieren müssen.

Im folgenden wird deshalb der Begriff „Produktlinienanalyse" dem Begriff „Produktbaumanalyse" vorgezogen. Er soll vor allem die Vernetzung in den Vor- und Nachstufen, im Wurzel- und Astwerk verdeutlichen.

5.7.3 Fallbeispiele

5.7.3.1 Ökobericht (Kurzfassung) Fallbeispiel von Firma Kunert AG, Immenstadt

Methodik der Öko-Bilanz

Der methodische Schwerpunkt wurde 1993 auf die Verfeinerung der Bilanzsystematik und die Erhöhung der Datengenauigkeit gelegt. Durch die Erstellung eines Handbuches für Öko-Bilanz und Umwelt-Controlling (Öko-Controlling) wurden Bilanzierungsrichtlinien und -verantwortlichkeiten konzerneinheitlich dokumentiert. Dies erhöhte die Qualität der jährlichen Öko-Bilanzdaten und -kennzahlen und machte sie durch standardisierte Erfassung und Fortschreibung zu einem zuverlässigen Controllinginstrument.

Methodisch neu ist dabei die getrennte Erfassung und Ausweisung der Bestände zu den einzelnen Bilanzpositionen. Nach dem ersten Hauptsatz der Thermodynamik bleibt bekanntlich die Menge an Energie (KWh) und Materie (kg) über alle betrieblichen Umwandlungsschritte unverändert, das Bilanzgewicht zwischen In- und Output kann aber nur unter Berück-

5.7 Ökobilanzen und Öko-Controlling

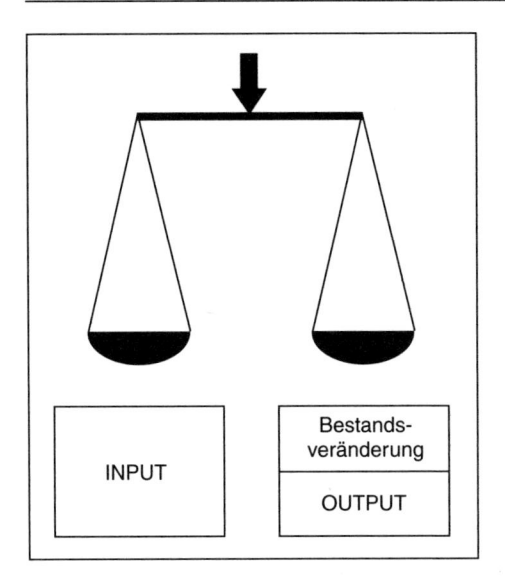

Bild 5.27: Bilanzgleichgewicht unter Berücksichtigung der Bestandsveränderungen
(siehe hierzu die Bilder 5.17 und 5.22)

sichtigung der Bestandsveränderungen hergestellt werden. Erst diese Ausgewogenheit rechtfertigt den *Bilanzbegriff* (Bild 5.27).
Es ist dabei zu beachten, daß methodisch zwischen Input-Beständen, z.B. an Roh-, Hilfs- und Betriebsstoffen, und Output-Beständen, z.B. Fertigwaren oder zu entsorgende Abfälle, unterschieden werden muß; Halbfertigwaren in innerbetrieblichen Zwischenlägern können bzw. werden in der Betriebsbilanz nicht erfaßt.

In einem Öko-Controllingsystem kommt der Ausweisung der Bestände eine doppelte Bedeutung zu :
- Der erste wesentliche Aspekt betrifft die periodengerechte Belastungs- oder Stoffflußrechnung. Denn nur mit genauen Bilanzrichtlinien sowie einer parallelen Erfassung konnten die Probleme gelöst und periodengerecht zugeordnet werden.
- Weiterhin ermöglicht die parallele Führung von Beständen in physikalischen Größen ein effektives Instrument zur Optimierung der Lagerhaltung. Die physische Erfassung der Bestände (z.B. Roh-, Hilfs- und Betriebsstoffe oder Gefahrenstoffe) zeigt überraschende Größen und damit verbundene Einsparungs- oder Risikopotentiale auf.

Zusammengefaßt spiegeln sich diese Erfahrungen in einer neuen, erweiterten Bilanzsystematik von Kunert wieder. Umgruppiert wurden vor allem die Konten über Anlagen und Boden, die als Systemgrößen in einer Bilanzübersicht (siehe Öko-Bilanz-Kontenrahmen der Kunert AG - Tabelle 5.7) zu finden sind.
Durch die Fortschreibung der Bestände an Systemgütern im Vergleich mit Zu- und Abgängen während des Bilanzierungszeitraumes konnten, sinnvoll gegliedert, wichtige Neuerungen in der Produktionstechnik oder Veränderungen in der Firmenstruktur im Überblick dargestellt werden. Im fließenden Übergang stehen darunter die Stoff- und Energieflüsse, die im Bilanzierungszeitraum in das Unternehmen eingegangen sind bzw. dieses wieder verlassen sowie die dazugehörigen Bestände (Zahlengrößen sind in der Tabelle nicht aufgeführt).

Systemgrößen (Anlagen, Boden) werden somit von Flußgrößen (Roh-, Hilfs- und Betriebsstoffe, Wasser, Energie im INPUT, Produkte und Emissionen im OUTPUT) abgehoben.

Tabelle 5.7: Öko-Bilanz-Kontenrahmen (Konzernübersicht der Öko-Bilanzen)

Input	Bestand	Output
1 Boden (m^3) 1.1 versiegelte Flächen 1.2 Grünflächen 1.3 überbaute Flächen		**1 Boden (m^3)** 1.1 versiegelte Flächen 1.2 Grünflächen 1.3 überbaute Flächen
2 Gebäude (Nutzfläche in m^2) 2.1 Produktion 2.2 Lager und Vertrieb 2.3 Verwaltung		**2 Gebäude (Nutzfläche in m^2)** 2.1 Produktion 2.2 Lager und Vertrieb 2.3 Verwaltung
3 Anlagegüter 3.1 Produktionsmaschinen 3.2 Büroausstattung 3.3 Büro- und Kommunikationsmaschinen 3.4 Fuhrpark 3.5 Technische Anlagen		**3 Anlagegüter** 3.1 Produktionsmaschinen 3.2 Büroausstattung 3.3 Büro- und Kommunikationsmaschinen 3.4 Fuhrpark 3.5 Technische Anlagen

4 Umlaufgüter (kg)
4.1 Rohstoffe
   4.1.1 Garne
   4.1.2 Stoffe
4.2 Halb- und Fertigwaren
4.3 Hilfsstoffe
   4.3.1 Farben
   4.3.2 Chemikalien
4.4 Betriebsstoffe
   4.4.1. Öle/Schmiermittel
   4.4.2 Lösemittel
   4.4.3 Büromaterial
	.	**4 Produkte** (kg)
		4.1 Beinbekleidung
		4.2 Oberbekleidung
		4.3 Garne
		4.4 Transportverpackung
		4.5 Produktverpackung

5 Energie (KWh) 5.1 Gas 5.2 Strom 5.3 Öl 5.4 Fernwärme 5.5 Treibstoff		**5 Energieabgabe** 5.1 fremdgenutzte Energie 5.2 ungenutzte Energie (z. B. Wärme)
6 Wasser 6.1 Stadtwasser 6.2 Rohwasser 6.3 Regenwasser		**6 Abwässer (m^3)** 6.1 Menge 6.2 Belastung
7 Luft (m^3)		**7 Abluft** 7.1 Abluftmenge 7.2 Abluftbelastungsmenge

Eine der schwierigsten und wichtigsten Leistungen zur Erstellung von Ökobilanzen bestand also darin, das allgemeine Input-Output-Schema in hinreichender und für das spezifische Unternehmen angemessener Weise zu einem ökologischen Kontenrahmen zu konkretisieren. Ist dessen Struktur erarbeitet, konnten dann im nächsten Schritt die jeweiligen Daten, d.h. Mengenangaben zu den einzelnen Bilanzpositionen erhoben werden.

Auf eine detaillierte Beschreibung der Betriebsbilanzen nach Tabelle 5.7 soll hier, aufgrund der Fülle des Stoffes, wieder verzichtet werden.

Öko-Audit nach EU-Verordnung

Öko-Controlling und Umweltmanagement nach EU-Verordnung ergänzen sich gegenseitig. Das Öko-Controlling findet eher im internen Steuerungsinteresse des Managements statt. Das EU-Audit zielt dagegen stärker auf externe Prüfung und Veröffentlichung ab.
Controlling stellt im klassischen Sinne (wie beschrieben) einen Kreislaufprozeß von Planung, Steuerung und Kontrolle dar. Während Öko-Controlling mit Öko-Bilanz und Schwachstellenanalyse Schwerpunkte auf der stofflich-energetischen Seite des Umweltmanagements setzt, betont das Öko-Audit nach EU-Verordnung zusätzlich die organisatorischen Regelungen und deren Dokumentation.

Das Öko-Audit nach EU-Verordnung umfaßt zwei Untersuchungs- bzw. Controllingschwerpunkte:
- Die Prüfung, Dokumentation und Bewertung aller umweltrelevanten Tatbestände, also vor allem der Stoff- und Energieströme eines Unternehmens sowie der Bestände. Für die Dokumentation dieser stofflich-energetischen Daten empfiehlt sich die systematisierte Darstellung in Form einer Öko-Bilanz.
- Zum anderen sieht die Verordnung die Prüfung und Dokumentation des Umweltmanagementsystems vor, d.h. der organisatorischen Regelungen und Verantwortlichkeiten, Arbeitsanweisungen, Ablauf- und Aufbaukontrollen usw. Die Dokumentation dieser organisatorischen Regelungen erfolgt meist in Form eines Umweltschutzhandbuchs.

Zur Umsetzung der EU-Verordnung empfiehlt sich somit die parallele Einführung der Öko-Bilanz und des dokumentierten Umweltmanagementsystems. Bild 5.28 zeigt einen Controlling-Kreislauf nach EU-Verordnung

Erfahrungen mit Öko-Bilanz und Öko-Audit

Aus der bisher gemachten Erfahrung mit Öko-Bilanzen und der EU-Audit-Verordnung läßt sich folgendes ableiten:
- Zur Überprüfung des ökologischen Istzustandes (Umweltprüfung) müssen die mengenmäßigen Angaben zu Stoff- und Energieströmen um den Aspekt der Einhaltung aller umweltrechtlichen Vorschriften ergänzt werden.
- Die Definition von ökologischen Zielen und Maßnahmen, welche im Rahmen der Bilanzierung der Stoff- und Energieflüsse erfolgt, ist zugleich Grundlage für das Umweltprogramm nach EU-Verordnung. Konkrete Verantwortlichkeiten, Fristen und Mittel zur Umsetzung der einzelnen Punkte des Programms müssen ergänzt werden.
- Die Einrichtung von Umweltmanagementsystemen auf Standortebenen kann bei international stark arbeitsteiligen Industrien zu einer suboptimalen (unteroptimalen) Reduzierung der Umweltbelastung führen (d.h. Einzeloptimierung der Betriebsstätten anstelle einer Gesamtoptimierung des Unternehmens). Ein fest in das bisherige Managementsystem (Rechnungswesen, Einkauf, Produktentwicklung) integriertes Öko-Controlling stellt somit eine schlanke Alternative zum Öko-Audit mit aufwendiger Dokumentation und externer Validierung (Prüfung) dar.

Die „Schwarze Liste" - Ökologischer Filter der Kunert AG

Der Zentraleinkauf spielt im Öko-Controlling-System der Unternehmensgruppe Kunert eine Schlüsselrolle. Nach dem Grundsatz „von Anfang an so wenig Schadstoffe wie möglich" filtert

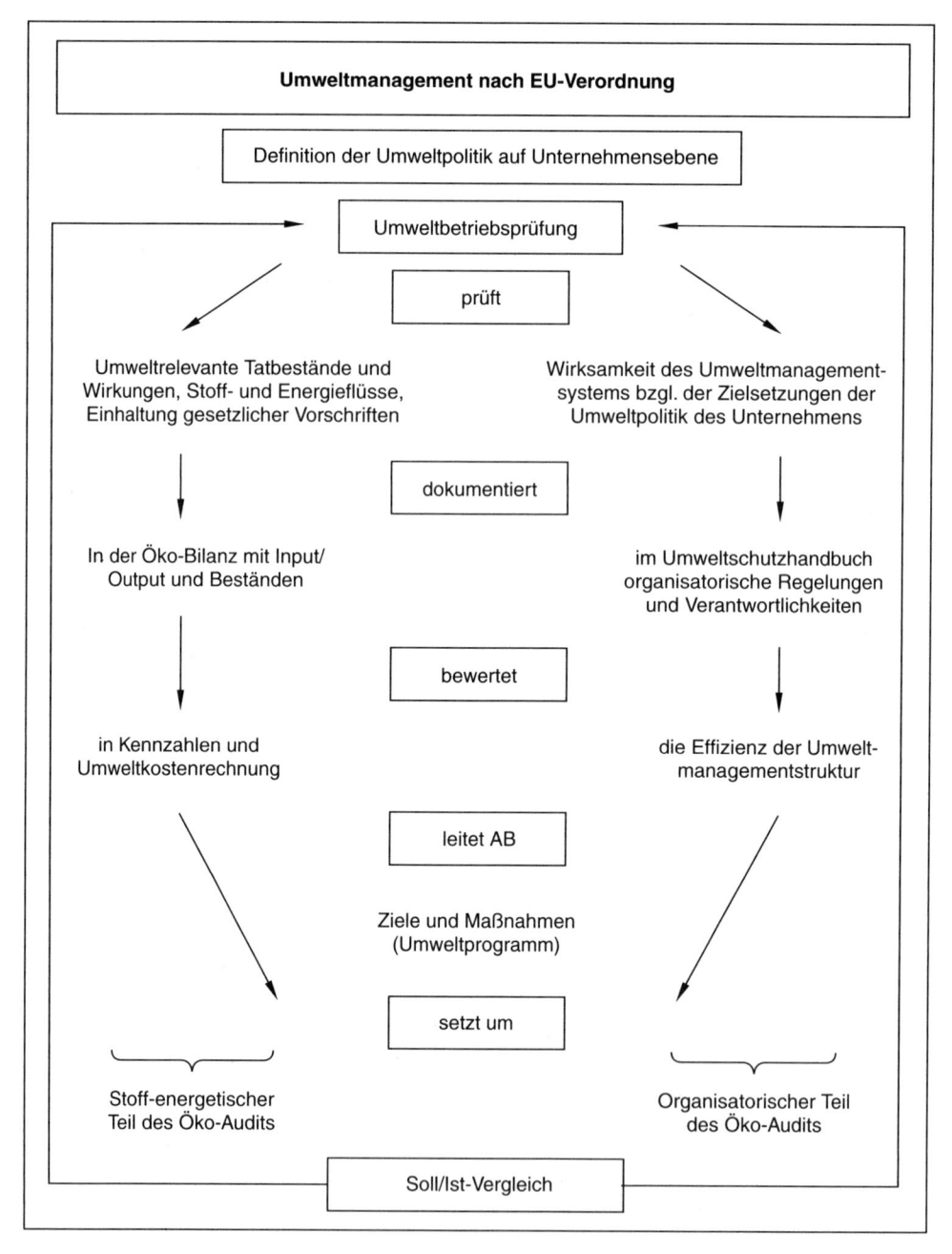

```
                    Umweltmanagement nach EU-Verordnung

              Definition der Umweltpolitik auf Unternehmensebene

                         Umweltbetriebsprüfung

                              prüft

  Umweltrelevante Tatbestände und          Wirksamkeit des Umweltmanagement-
  Wirkungen, Stoff- und Energieflüsse,     systems bzgl. der Zielsetzungen der
  Einhaltung gesetzlicher Vorschriften     Umweltpolitik des Unternehmens

                           dokumentiert

  In der Öko-Bilanz mit Input/             im Umweltschutzhandbuch
  Output und Beständen                     organisatorische Regelungen
                                           und Verantwortlichkeiten

                            bewertet

  in Kennzahlen und                        die Effizienz der Umwelt-
  Umweltkostenrechnung                     managementstruktur

                           leitet AB

                       Ziele und Maßnahmen
                        (Umweltprogramm)

                            setzt um

  Stoff-energetischer                      Organisatorischer Teil
  Teil des Öko-Audits                      des Öko-Audits

                         Soll/Ist-Vergleich
```

Bild 5.28: Controlling-Kreislauf nach EU-Verordnung

er aus der Vielzahl der eingehenden Roh-, Hilfs- und Betriebsstoffe, die ökologisch bedenklichen heraus. Auf diese Weise werden alle Produktionsstufen im Herstellungsprozeß ökologisch optimiert. Dieser Produktionsprozeß führt am Ende zu ökologisch optimierten Produkten und Verpackungen. Bei rund 80 000 unterschiedlichen Artikeln, die jährlich von der Unter-

5.7 Ökobilanzen und Öko-Controlling

ÖKO-BILANZEN

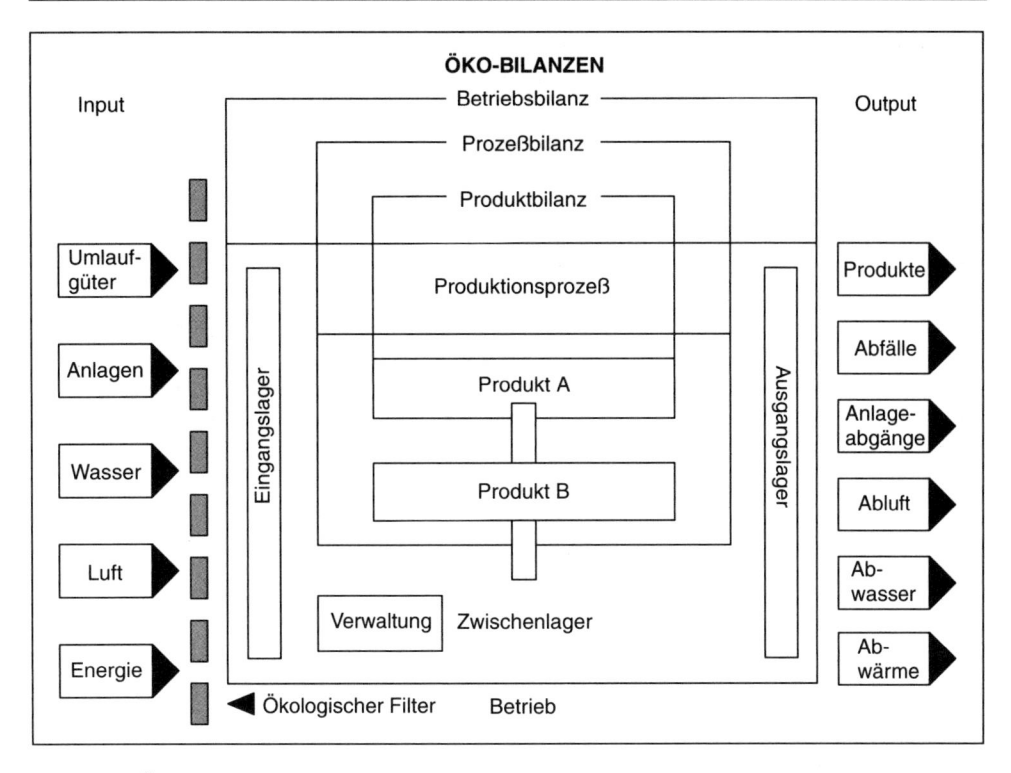

```
Input                    Betriebsbilanz                    Output
                         Prozeßbilanz
                         Produktbilanz
Umlaufgüter →                                              → Produkte
              Eingangslager  Produktionsprozeß  Ausgangslager
Anlagen →                                                  → Abfälle
                             Produkt A
                                                           → Anlageabgänge
Wasser →
                             Produkt B                     → Abluft
Luft →
                                                           → Abwasser
              Verwaltung | Zwischenlager
Energie →                                                  → Abwärme
              ◄ Ökologischer Filter   Betrieb
```

Bild 5.29: Ökologischer Filter verhindert den Eingang umweltbelastender Stoffe in die Produktion

nehmensgruppe eingekauft werden, war es nicht leicht, diesen Grundsatz in der täglichen Betriebspraxis umzusetzen. Relativ einfacher gestaltete sich diese Aufgabe noch für die Inputströme *Wasser, Luft* und *Energie*. Wesentlich aufwendiger war die Vorgehensweise für die *Roh-, Hilfs-* und *Betriebsstoffe*. Bild 5.29 zeigt das Prinzip eines ökologischen Filters der Kunert AG.

Öko-Datenbank: Zunächst wurden alle Farbstoffe, Chemikalien und Öle, die in der Unternehmensgruppe (Kunert) eingesetzt werden, am PC erfaßt (Software : MS ACCESS). Grundlage war eine *Öko-Daten-Maske* mit ökologischen und toxikologischen Kriterien, beispielsweise Hautverträglichkeit, allergene oder kanzerogene Einstufung, Wassergefährdungsklasse, Schadstoffanteile wie Schwermetalle/AOX usw. (siehe Tabelle 5.8).

Begriffe:
Allergene: Stoffe, die aufgrund ihres molekularen Aufbaus als Antigene wirken.
Antigene: Substanzen, die im Körper von Menschen und Tieren eine Immunreaktion hervorrufen.
Kanzerogene: Krebsauslösende Stoffe.

Schwarze Liste: Vorgenannte Stoffe wurden von internen und externen Fachexperten ökologisch bewertet und in die Kategorie „geeignet", „bedingt geeignet" und „ungeeignet" eingestuft. Die als „ungeeignet" charakterisierten Farbstoffe, Chemikalien und Öle fanden dann Eingang in die „Schwarze Liste". Darin enthalten sind alle Materialien, die in der Unternehmensgruppe nicht verwendet werden sollen, da sie die Umwelt bzw. die Gesundheit von Mitarbeitern und Endverbrauchern schädigen könnten.

Tabelle 5.8: Angaben über Materialcharakteristik, toxikologische Daten und ökologische Daten der Stoffe (nach Öko-tex Standard 100)

Hersteller:	Datenblatt vom:	F = Farbstoffe, C = Chemikalien
Produktname:		Ö = Öle; G = Garne
Materialnummer:	verwendet von	
Material-Charakteristik	Toxikologische Daten	Ökologische Daten
Chemische Charakterisierung: - Colour Index-Nr.: - Chem. Charakter - Zustand - CAS-Nr. (Kennz. von Chemikal.)	Betroffene Gesetze: - BImSchG (TA Luft) - MAK - MAK-Klasse	Wassergefährdungsklasse:
Kennzeichnung laut: - GGVS (Transport): - GefStoffV:	Toxizität (LD 50): - Fischtoxizität: - Bakterientoxizität:	Potentielle Abbaubarkeit: - CSB-Wert: - BSB_5-Wert: - pH-Wert (min./max.):
Hinweis zu: - Handhabung, Lagerung und Schutzmaßnahmen in Notfällen: - Flammpunkt: - Zündtemperatur: - Explosionsgrenzen: (obere/untere) - Dampfdruck: - Siedetemperatur: - Schmelzpunkt:	Verträglichkeit gegenüber: - Haut: - Schleimhaut: - Sensibilisierend: - Allergen: - Kanzerogen:	Schadstoffanteil, Grenzwerte (Abwasser, Textilien) Aluminium: Arsen: Blei: Cadmium: Chrom III: Kobalt: Nickel: Zinn: Silber: Chlor: organische Halogene: Phosphor: 1,1,1-Trichlorethan: Tetrachlorethan: Trichlormethan: freies Formaldehyd: aromatische Kohlenwasserstoffe:
Entsorgung: - Abfallschlüssel: - Schadstoffe bei Verbrennung:	Inhaltsstoffe:	
Anwendungstechnische Zusatzinformationen - Farbstoffklasse		

5.7 Ökobilanzen und Öko-Controlling

Ökologische Einkaufsrichtlinien: Die „Schwarze Liste" und die bisherigen Einkaufsrichtlinien der Unternehmensgruppe wurden 1994 zu den ökologischen Einkaufsrichtlinien der Kunert AG zusammengefaßt. Sie werden demnächst verbindlicher Vertragsbestandteil für Lieferanten. In einer Art Garantieerklärung verpflichten sich darin die Hersteller von Roh-, Hilfs- und Betriebsstoffen zur Einhaltung definierter Umwelt-Standards bei Lieferungen an die Kunert AG. Mit Hilfe des Projektes „Schwarze Liste" gelang es in der Unternehmensgruppe den umweltrelevanten Bereich der Farbstoffe, Chemikalien und Betriebsstoffe noch transparenter zu machen.

Im Bereich der Verpackungen hatten bestehende Einkaufsrichtlinien schon vor Jahren zum Ersatz aller PVC-Bestandteile durch den umweltfreundlichen Kunststoff Polypropylen geführt.

Neue Farben, neue Garne und neue Produkte führen Jahr für Jahr dazu, daß die Inputströme des Unternehmens immer wieder von neuem „ökologisch gefiltert" werden müssen.

Verbraucherinformationen: Qualitätskriterien für ökologische Beinbekleidung
Repräsentative Studien belegen: „Die Umweltfreundlichkeit" von Produktion, Produkt und Verpackung zählt zu den wichtigsten Anforderungen, die Trägerinnen und Träger von Beinbekleidung heute an Textilien stellen. Doch allzuoft kann die umweltbewußte Einstellung nicht in umweltbewußtes Handeln umgesetzt werden. Den Verbrauchern fehlen oft praktikable Bewertungskriterien, die ihnen beim Einkauf eine umwelt- und gesundheitsbewußte Entscheidung ermöglichen.

Die Verpackung: Erste Antworten auf die Frage „welches Produkt ist umweltfreundlicher?" gibt dem Verbraucher die Verpackung. Wie aufwendig ist das Produkt verpackt? Welche Anstrengungen hat der Hersteller unternommen, um den Verpackungsaufwand zu minimieren? Wurden umweltverträgliche und sortenreine Materialien verwendet? Befinden sich Entsorgungshinweise auf der Verpackung?

Das Produkt: Feinstrumpfhosen, Strümpfe und Socken werden direkt auf der Haut getragen. Für den Endverbraucher sind deshalb in erster Linie die gesundheitlichen Risiken eines Produktes neben der Umweltverträglichkeit wichtig. Vor dem Kauf dienen z.B. folgende Fragen zur Orientierung:
- Nach welchen ökologischen Standards wurde das Produkt hergestellt?
- Beziehen sich Ökohinweise (z.B. Umweltzeichen) nur auf ein Kriterium oder eine ganze Reihe von Prüfkriterien?
- Welche Grenzwerte wurden zugrunde gelegt?

Wesentlicher Bestandteil von Textilien ist der Rohstoff. Die Qualität der verwendeten Garne beeinflußt neben den klassischen Qualitätskriterien (z.B. Haltbarkeit, Tragekomfort) auch die ökologischen. Denn 100 Prozent Naturfaser ist dabei nicht gleichbedeutend mit 100 Prozent Umweltverträglichkeit.

Für den Endverbraucher schwer überprüfbar sind die für ein Produkt verwendeten Farbstoffe. Während einerseits gesundheitlich unbedenkliche Farbstoffe verwendet werden, sind andererseits auch immer noch Farbstoffe im Einsatz, die allergieauslösend und im Einzelfall auch krebserregend sind. Ein große Hilfe für den Endverbraucher sind hierbei ökologische Prüfverfahren für Produkte mit nachweisbaren Prüfkriterien und Grenzwerten (z.B. Öko-tex-Standard 100). Sie bieten dem Endverbraucher die Gewähr, daß ökologische und toxikologische Grenzwerte vom geprüften Produkt eingehalten werden.

Die europaweite Akzeptanz bietet erstmals die Chance, daß große Teile der Textilindustrie ihre Produkte und zwangsläufig auch die Produktion nach den vorgeschriebenen Grenzwerten ausrichten.

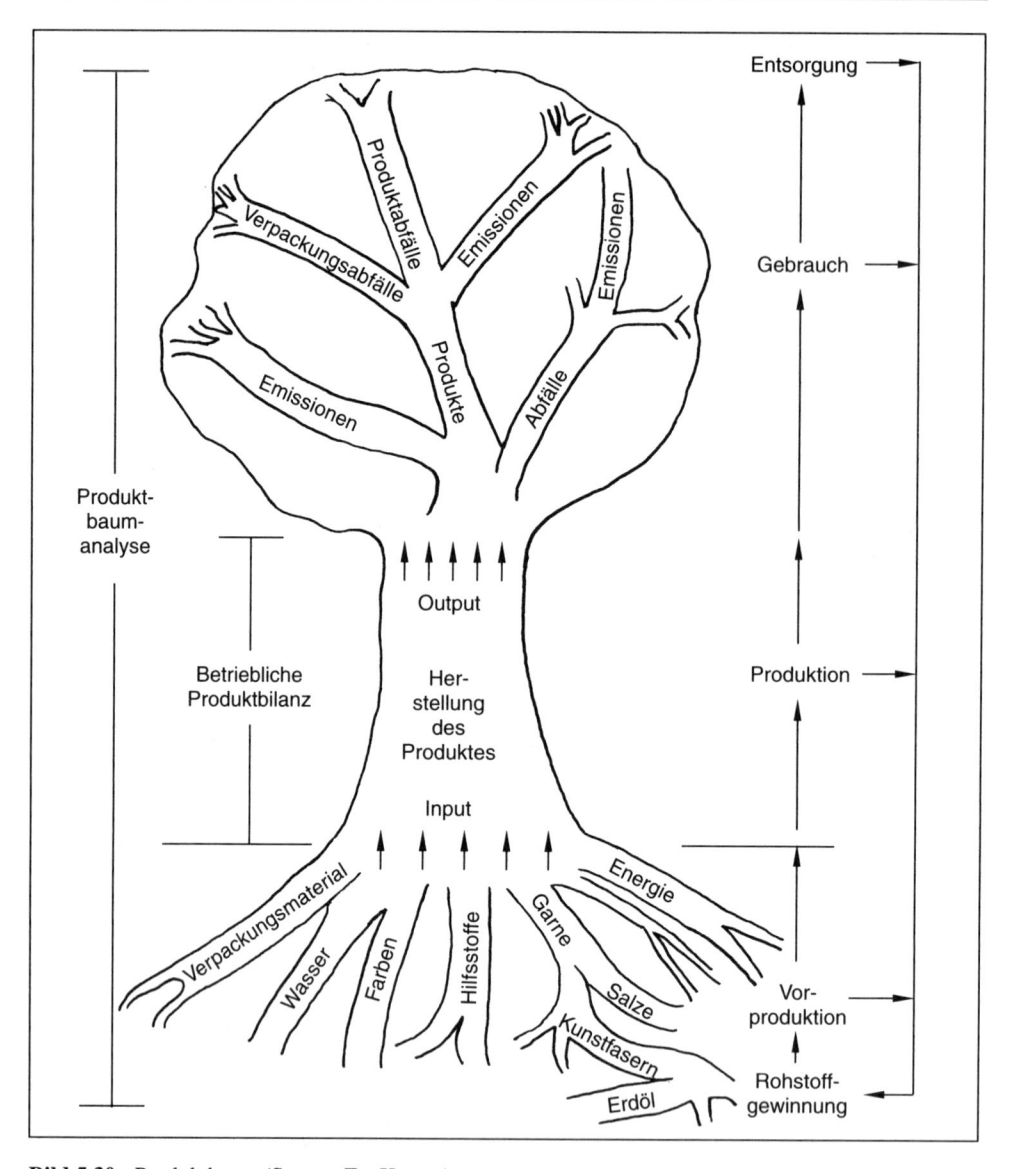

Bild 5.30: Produktbaum (System Fa. Kunert)

Die Herstellung: Immer mehr Textilhersteller haben begonnen, Teile ihrer Kollektion bzw. Verpackungen ökologisch zu verbessern. Will der Endverbraucher die Ernsthaftigkeit der ökologischen Bemühungen eines Textilherstellers auf den Grund gehen, sollte er Antworten auf folgende Fragen fordern:
- Wurde Umweltschutz zum Unternehmensziel erklärt?
- Veröffentlicht das Unternehmen regelmäßig einen öffentlich zugänglichen Bericht der ökologischen Aktivitäten?
- Verfügt das Unternehmen über ein definiertes Umweltmanagementsystem?

5.7 Ökobilanzen und Öko-Controlling

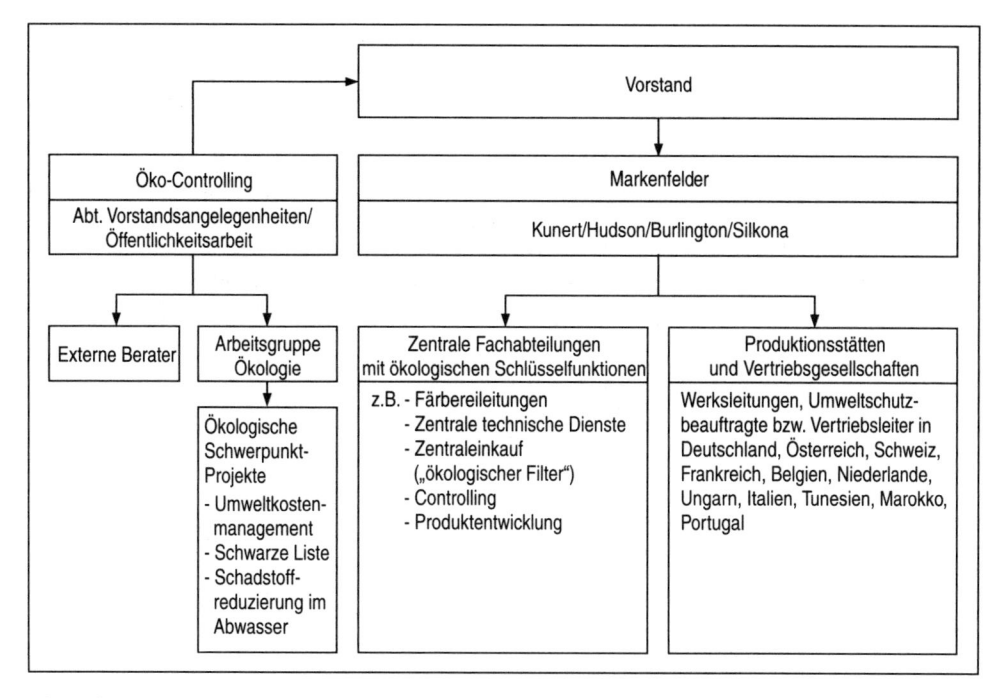

Bild 5.31: Aufbauorganisation des Umweltmanagements in der Unternehmensgruppe Kunert

- Entspricht es den Anforderungen der EU-Umweltbetriebsprüfungsverordnung?
- Führt das Unternehmen Umweltbetriebsprüfungen durch und erstellt es Öko-Bilanzen?
- Werden dabei nur einzelne Standorte oder das gesamte Unternehmen erfaßt?
- Entwickelt bzw. bietet das Unternehmen Wiederverwertungsmöglichkeiten für seine Produkte und Verpackungen?

Produktbaumanalyse

Die betriebliche Produktbilanz einer Feinstrumpfhose „glatt & softig" (als Beispiel) legte den Grundstein für ökologische Produktbewertungen mit Hilfe der *Produktbaumanalyse*. Erstmals wurde damit der Herstellungsprozeß eines Hauptproduktes der Kunert-Unternehmensgruppe über den betrieblichen Lebensweg (Bild 5.30) verfolgt und die ein- und ausgehenden Stoff- und Energieströme über alle Prozeßstufen bilanziert.

Diese Analyse aller In- und Outputs im Herstellungsprozeß ist Voraussetzung, um die Produktbaumanalyse in die Bereiche der Vor- und Nachstufen der Herstellung ausdehnen zu können (siehe Bild 5.30). Darauf aufbauend wurden Schwerpunkte, die sog. Prioritätslinien, im Bereich der Garne, Farbstoffe und Verpackungen gesetzt. Die Bereiche inner- und außerbetriebliche Transporte sowie die Verfolgung der Nachstufen vom Handel bis hin zu Gebrauch und Entsorgung wurden vorerst noch nicht untersucht.

Die Umweltmanagement-Organisation der Unternehmensgruppe Kunert:

Das Umweltschutzmanagement ist in der Unternehmensgruppe Kunert direkt dem Vorstand unterstellt, in den Unternehmenszielen verankert und in Handlungsgrundsätzen formuliert. Als Vorstandsaufgabe wird das Umweltschutzmanagement von der Abteilung „Vorstandsangelegenheiten und Öffentlichkeitsarbeit" betreut. Die zentrale Funktion des Umweltcontrollers übernimmt der Leiter der Arbeitsgruppe Ökologie. Zusammen mit externen Beratern und den Mitgliedern der Arbeitsgruppe Ökologie wird das Umweltmanagement und - Controlling der Unternehmensgruppe weiterentwickelt. Gemeinsam mit den Fachabteilungen übernehmen sie alljährlich Öko-Datenerhebungen (siehe Bild 5.31), die Erstellung der Öko-Bilanz und des Öko-Berichtes. Ein wesentliches Ergebnis dieser Arbeit sind die im Öko-Bericht formulierten Zielsetzungen. Diese Ziele werden vom Vorstand geprüft und an die zuständigen Geschäftsbereichsleiter bzw. Geschäftsführer der Teilkonzerne in Auftrag gegeben. Am Ende des Jahres erfolgt im Rahmen des „Öko-Ergebnisberichtes" die schriftliche Rückmeldung an den Vorstand, inwieweit die Ziele realisiert wurden. Diese Öko-Ergebnisberichte bilden zusammen mit der neuen Öko-Bilanz die Grundlage für den folgenden Öko-Bericht.

Im Handbuch der „Öko-Bilanz und Umwelt-Controlling" der Kunert AG sind Verantwortlichkeiten, Arbeitsabläufe und Zuständigkeiten des Umweltschutzmanagements der Unternehmensgruppe Kunert festgeschrieben. Die Erhebung und Berechnung der Öko-Bilanzdaten ist darin detailliert und jederzeit nachprüfbar dokumentiert.

5.7.3.2 Öko-Bilanz und Öko-Controlling (Fallbeispiel von der Neumarkter Lammsbräu)

Die Öko-Bilanz als umfassende ökologische Schwachstellenanalyse

Ähnlich wie Umweltschecklisten und die ökologische Buchhaltung erhebt auch die Öko-Bilanz den Anspruch auf eine möglichst komplette Auflistung aller Umwelteinwirkungen eines Unternehmens.

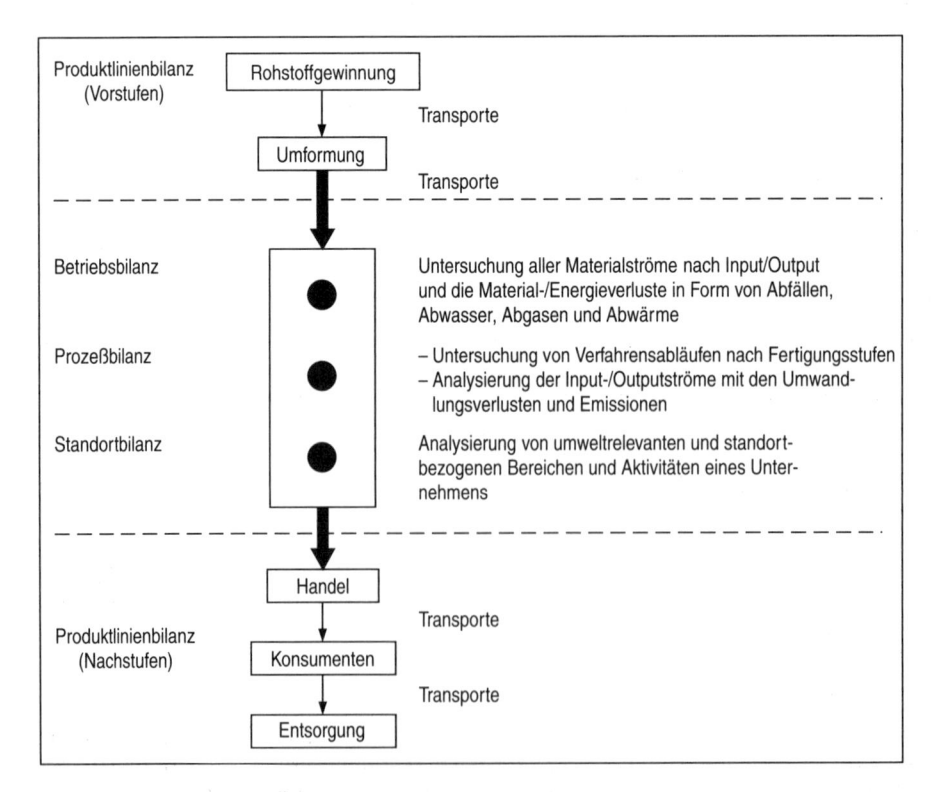

Bild 5.32: Schema einer Öko-Bilanz

Die Neumarkter Lammsbräu entwickelt eine ökologische Bilanzierung nach der ABC-Bewertungsmethode.

Der Begriff *Bilanz* beinhaltet dabei nicht eine Gegenüberstellung von Aktiva und Passiva, sondern den Vergleich zwischen Menge und Art von stofflichen Einsatzfaktoren und ihren Umwelteinwirkungen nach unterschiedlichem Untersuchungshorizont. Es sollen hier ökologische Ungleichgewichte (Schwachstellen) ursachengerecht bilanziert sowie nach vorgegebenen Erfassungsschritten und Richtlinien ermittelt werden. Ziel ist die Beseitigung dieser Schwachstellen und die Wiederherstellung eines Gleichgewichts mit den Ressourcenpotentialen und Kreislaufprozessen der Natur (bilancio, ital. = Gleichgewicht).

Die Öko-Bilanz umfaßt hierbei die Umwelteinwirkungen eines Unternehmens in 4 Teilbilanzen:
- Betriebsbilanz,
- Prozeßbilanz,
- Produktlinienbilanz,
- Standortbilanz.

Das Schema einer Öko-Bilanz ist in Bild 5.32 dargestellt.

Die anschließende Bewertung erfolgt über ein Kriterienraster, das eine Abstufung der Umweltrelevanz von Stoffen, sowie Verfahren und Standortfaktoren innerhalb ausgewählter ökologischer Kriterien ermöglicht.

Die Öko-Bilanz soll:
- durch ein angemessenes Bewertungsschema eine praktikable Grundlage für operative und strategische Entscheidungen sein,
- eine umweltorientierte Unternehmensführung mit verläßlichen Informationen unterstützten,
- eine Ökologisierung des Unternehmens durch Organisations- und Personalentwicklung vorantreiben,
- ein Öko-Controlling zum schrittweisen Abbau von Umweltbelastungen ermöglichen mit dem Nachweis einer effizienten ökologischen Unternehmenspolitik.

Die Öko-Bilanz läßt sich somit definieren als eine umfassende und systematische ökologische Schwachstellenanalyse und -bewertung des Unternehmens mit dem Ziel der dauerhaften Reduzierung von Umweltbelastungen durch operative und strategische Entscheidungen im Rahmen eines Lernprozesses aller Mitarbeiter und eines kontinuierlichen Öko-Controlling.

Jede ökologische Schwachstellenanalyse eines Unternehmens muß mit einer Bestandsaufnahme aller Input- und Outputstoffe/Emissionen beginnen und diese qualitativ und quantitativ genau definieren und erfassen. Aus der Gegenüberstellung der Input- und Outputströme (Arten, Mengen, Struktur) eines Betriebes lassen sich schon erste grobe Umweltschwachstellen erkennen (z.B. spezifische Rohstoffabhängigkeiten, hohe Abwärmeverluste, Abwasser- und Abfallintensität). Verfolgt man die Materialströme *innerhalb* des Betriebes weiter, so entstehen Prozeßbilanzen, die den Input/Output-Vergleich auf einzelne Fertigungsstufen konzentrieren.

Da die Umwelteinwirkungen des Unternehmens nicht nur unmittelbar am Betriebsstandort und in den Fertigungsprozessen auftreten, sondern auch indirekt über die Beschaffungs- und Distributionslogistik ausgelöst werden, sind Stofflinien- bzw. Produktlinienbilanzen aufzustellen.

Mit einer gezielten Auswahl der Stoffe bei Konstruktion und Einkauf können Umweltbelastungen der Vor- und Nachstufen (z.B. Risiken der Vorstufenherstellung oder Entsorgungsschwierigkeiten bei chlorhaltigen Reinigungsmitteln) abgebaut werden.

Ziel und Inhalt der Öko-Bilanzen lassen sich – vor dem Hintergrundbeispiel der Brauerei – wie folgt darstellen:
- *Betriebsbilanz:* In der Betriebsbilanz werden alle Materialströme nach Input/Output und die Materie/Energieverluste in Form von Abfällen, Abwasser, Abgase und Abwärme untersucht.

Das *„Betriebsinnere"* (Verfahren, Maschine, Abwicklungsprozesse) bleibt zunächst unberücksichtigt, d.h. eine *black box* (Schwarzer Kasten). Als Input werden alle Verbrauchsstoffe erfaßt, die vom Betrieb eingekauft werden und dann in den Produktionsprozeß einfließen (zur Umwandlung in unfertige bzw. fertige Erzeugnisse)

Das sind im einzelnen:
- Rohstoffe (z.B. Gerste, Hopfen, Wasser).
- Hilfstoffe (Flaschen, Korken, Etiketten).
- Betriebsstoffe für die Produktion (z.B. Brauchwasser, Gas, Heizöl, Schmieröl, Verbrauchswerkzeuge, Reinigungsmittel).
- Kaufteile (z.B. Verpackungsmaterial, Kästen, Fässer).
- Bezüge von Grundstoffen (Sirup für Abfüllgetränke).
- Handelswaren (z.B. Mineralwasser, Schanktheken, Kühlschränke).

Langlebige Wirtschaftsgüter wie Maschinen, Anlagen, Gebäude usw. sind zwar auch Bestandteil des *Stoffstromes* im Unternehmen, erscheinen aber nicht als *durchlaufende Posten* und werden somit aus den Input-Output-Betrachtungen ausgeklammert. Sie finden in der Prozeßbilanz oder der Standortbilanz Beachtung. Ebenfalls in der Standortbilanz werden die Betriebs-

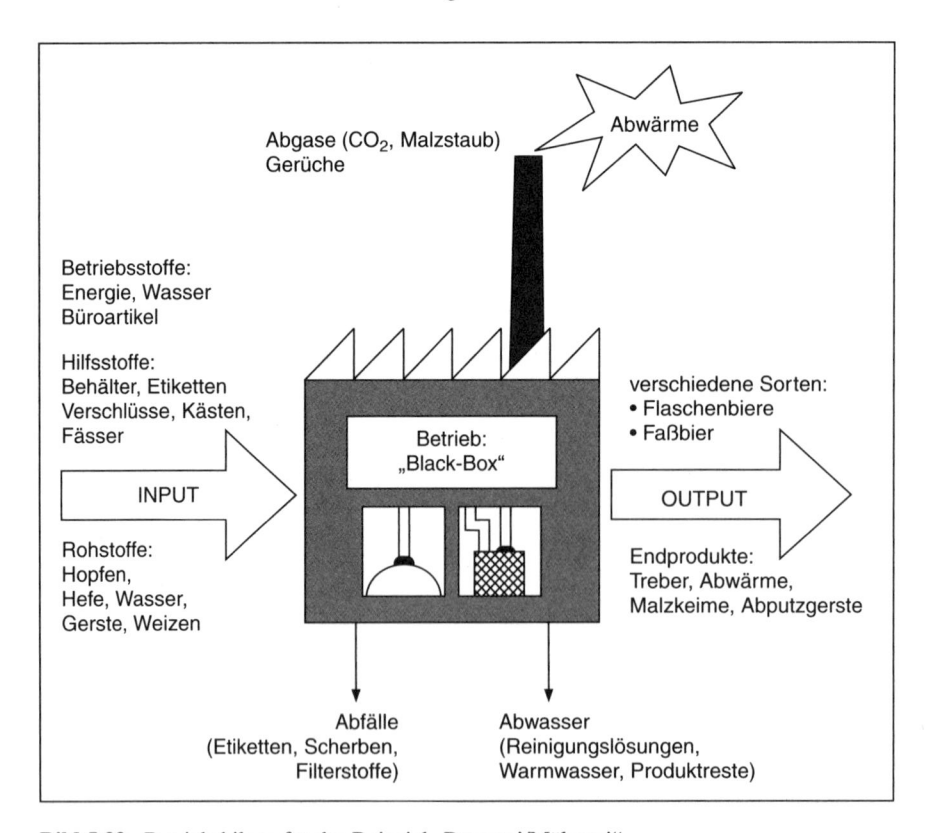

Bild 5.33: Betriebsbilanz für das Beispiel „Brauerei/Mälzerei"

5.7 Ökobilanzen und Öko-Controlling

stoffe des Verwaltungsbereichs aufgelistet (Büromaterialien, Hygiene- und Putzmittel) sowie Betriebsstoffe, die in Betriebswerkstätten (Schlosserei, Lackiererei u.a.) Verwendung finden. In Bild 5.33 ist eine Betriebsbilanz dargestellt.

Da es nach dem ersten Hauptsatz der Thermodynamik Verluste von Energie und Materie bekanntlich nicht gibt, müssen die eingesetzten Rohstoffe in den Throughputstoffen (Durchsatzstoffen) (Zwischenprodukten, unfertigen Erzeugnissen) sowie Endprodukten nachweisbar sein bzw. in Abfällen, Abwasser usw. auftauchen. Bei den Betriebsstoffen, wie z.B. Energie, geht ein Teil in Arbeitsenergie über, der andere Teil entweicht als Abwärme, Schall oder

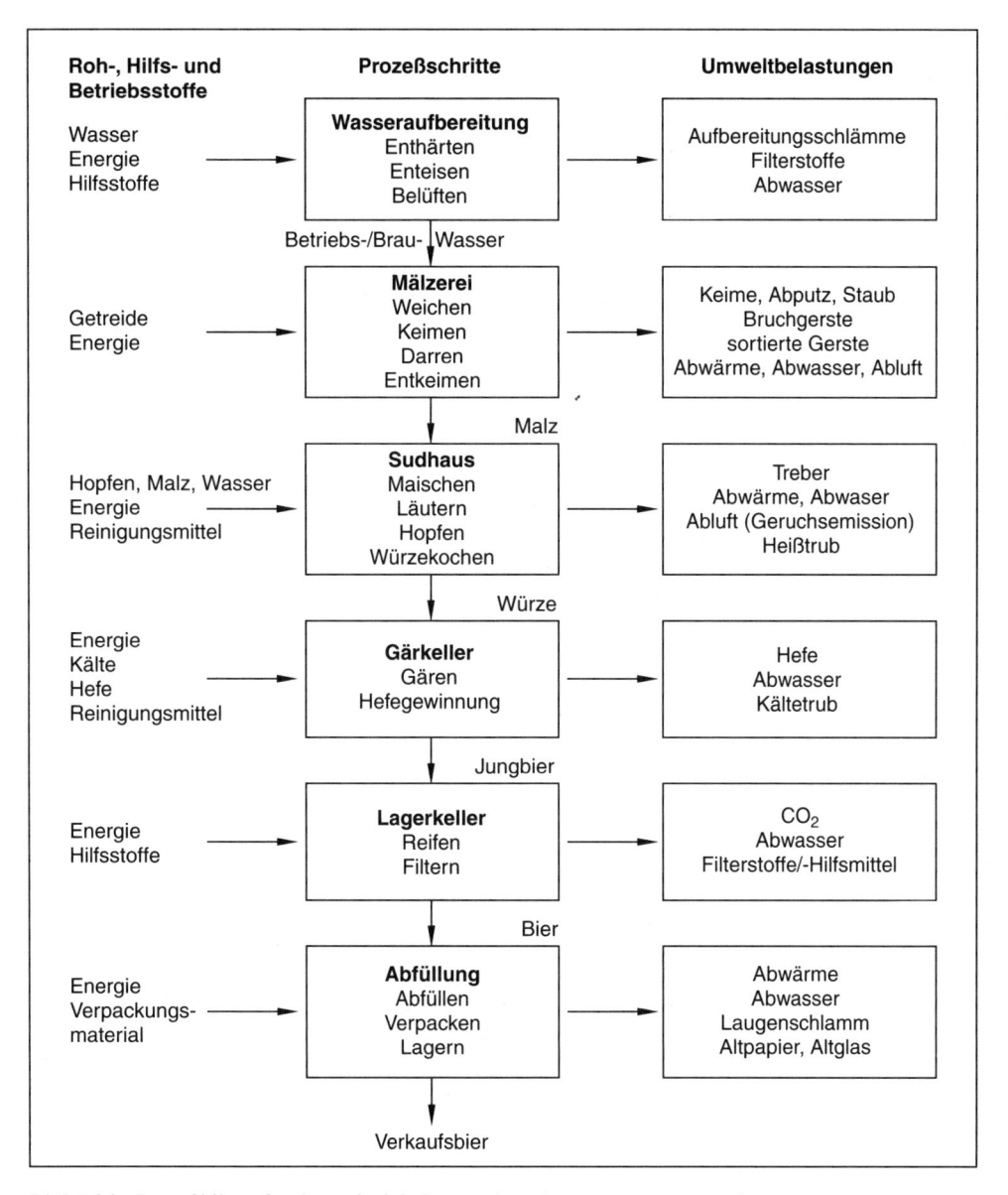

Roh-, Hilfs- und Betriebsstoffe	Prozeßschritte	Umweltbelastungen
Wasser Energie Hilfsstoffe	**Wasseraufbereitung** Enthärten Enteisen Belüften	Aufbereitungsschlämme Filterstoffe Abwasser
	↓ Betriebs-/Brau-Wasser	
Getreide Energie	**Mälzerei** Weichen Keimen Darren Entkeimen	Keime, Abputz, Staub Bruchgerste sortierte Gerste Abwärme, Abwasser, Abluft
	↓ Malz	
Hopfen, Malz, Wasser Energie Reinigungsmittel	**Sudhaus** Maischen Läutern Hopfen Würzekochen	Treber Abwärme, Abwaser Abluft (Geruchsemission) Heißtrub
	↓ Würze	
Energie Kälte Hefe Reinigungsmittel	**Gärkeller** Gären Hefegewinnung	Hefe Abwasser Kältetrub
	↓ Jungbier	
Energie Hilfsstoffe	**Lagerkeller** Reifen Filtern	CO_2 Abwasser Filterstoffe/-Hilfsmittel
	↓ Bier	
Energie Verpackungs- material	**Abfüllung** Abfüllen Verpacken Lagern	Abwärme Abwasser Laugenschlamm Altpapier, Altglas
	↓ Verkaufsbier	

Bild 5.34: Prozeßbilanz für das Beispiel „Brauerei"

warmes Abwasser zunächst ungenutzt. Aus dieser Aufteilung werden bereits grobe Schwachstellen (Energieverbrauch, Abwasser) in einer ersten *Rohbilanz* der Input-Output-Rechnung sichtbar. Das eingesetzte Material wird nach Artikelnummern (Sachnummern bzw. Einkaufsschlüsselnummer) qualitativ und quantitativ (nach Daten eines Geschäftsjahres) gegliedert. Dabei sind alle Inhaltsstoffe zu spezifizieren, so daß eine spätere ABC-Schlüsselung aller Materialien mit möglichst genauer Detaillierung gelingt. Erste ABC-Einstufungen von Materialien können bereits in der Betriebsbilanz unter Hinzuziehung verfügbarer Informationsquellen vorgenommen werden (z.B. Gefährlichkeit von Stoffen, gesetzliche Verbote usw.). Ergänzungen zur Stoffklassifizierung ergeben sich im weiteren Bearbeitungsverlauf aus der Prozeß-, Produktlinien- und Standortbilanz. Für den Verbrauch von Roh-, Hilfs- und Betriebsstoffen ist eine XYZ-Klassifizierung vorzunehmen.

- *Prozeßbilanz:* Die Prozeßbilanz untersucht Verfahrensabläufe nach einzelnen Fertigungsstufen (inklusive Rohstofflager, Zwischenlager und Auslieferungslager), wobei die Input-Outputströme mit den entsprechenden Umwandlungsverlusten und Emissionen analysiert werden. Bild 5.34 zeigt eine Prozeßbilanz.

Die Umweltbelastungen pro Jahr werden nach den Arten Abfall, Abgase/Abluft, Abwasser, Lärm und Abwärme unterschieden. Aus der Prozeßbilanz werden die Informationen über Materialien in der Betriebsbilanz ergänzt, woraus dann auch fehlende ABC-Beurteilungen pro Einsatzstoff komplettiert werden können (z.B. Produktivitätsverluste, Überschreitung von Grenzwerten). Die Input-Output-Untersuchung der Betriebsbilanz wird verlängert durch Throughputstoffe, deren Umweltwirkungen neu zu beurteilen sind. Aus der Prozeßbilanz ist außerdem die Umweltverträglichkeit von Verfahren oder Maschinen zu entnehmen. Auch hierfür kann das ABC-Raster angelegt und eine XYZ-Einteilung nach Anzahl oder Einsatzhäufigkeit der Verfahrensschritte ermittelt werden. Maschinen und maschinelle Anlagen werden nur im Betriebszustand auf mögliche Umwelteinwirkungen untersucht (also in erster Linie die Emissionen und der Einsatz von Betriebsstoffen und Ersatzteilen).

Auf der anderen Seite ist (gerade für eine umweltorientierte Investitionsplanung) die Frage nicht unerheblich, welche Emissionen, welchen Energie- und Materialverbrauch die Vorstufen der Produktion auslösen. Inwieweit hier auch Produktlinienanalysen durchgeführt werden, hängt letztlich vom Untersuchungsobjekt und dem zeitlich und inhaltlich gesteckten Rahmen ab. Grundsätzlich ist eine Produktlinienuntersuchung im Rahmen der Prozeßbilanz für Fertigungsstufen/Maschinen/Anlagen methodisch möglich.

- *Produktlinienbilanz:* Die Produktlinienbilanz untersucht in der Vorstufenanalyse den Weg repräsentativer Produkte von der Rohstoffgewinnungsphase über verschiedene Transporte und Weiterveredelungsstufen bis zur Ablieferung in das Wareneingangslager (bzw. direkt in die Produktion).
Bild 5.35 stellt in einem Schema den Ablauf einer Produktlinienbilanz dar.

Auf der anderen Seite wird der Materialfluß der vertriebenen Erzeugnisse in einer Nachstufenanalyse über Handel, Transporte und Konsum bis hin zur Nachkonsumphase (Entsorgung, Recycling usw.) verfolgt. Dabei sollen Fragen der Ressourcenschöpfung, des Energieverbrauchs, der Transportmittel und Emissionen, Anbaumethoden von Hopfen und Gerste, Herkunft von Glasbehältern, Korken usw. nach Umweltbelastungen abgeschätzt werden. Da sich die Betrachtung nicht nur auf den Materialfluß der selbsterstellten Produkte bezieht, sondern auf Werkstoffe generell sowie auf Betriebsstoffe im Verwaltungsbereich, ist die Produktlinienbilanz im erweiterten Sinne als Vor- und Nachstufenanalyse für alle Einsatzstoffe und -produkte relevant.

- *Standortbilanz:* In der Standortbilanz werden alle umweltrelevanten standortbezogenen Bereiche und Aktivitäten eines Unternehmens analysiert.

5.7 Ökobilanzen und Öko-Controlling

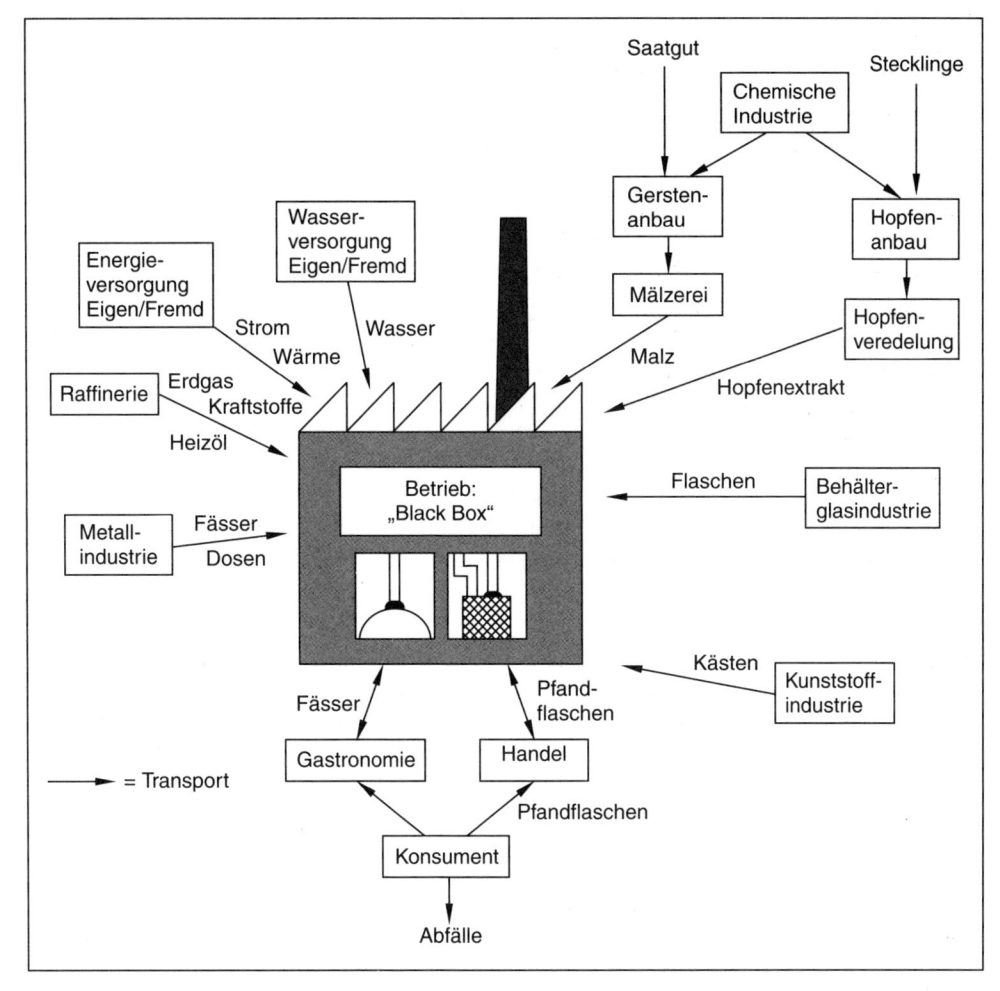

Bild 5.35: Produktlinienbilanz für das Beispiel „Brauerei"

Dies sind z.B.:
- in der Prozeßbilanz nicht untersuchte Betriebswerkstätten, Läger im Nichtproduktionsbereich, Abwasserreinigungsanlagen, eigene Energieversorgungsanlagen (Heizkraftwerk),
- allgemeine Verwaltungseinrichtungen/-materialien (z.B. Kantine, Gebäude, Bürogeräte usw),
- externe Dienstleistungen (Gebäudereinigung),
- Fuhrpark und Verkehrsmittel (inkl. der Mitarbeiter),
- Grundstückbeschaffenheit (Grünflächen und Flächennutzung),
- Altlasten.

Die Standortbilanz gliedert sich auch in verschiedene Unterbilanzen auf, die nach gezielten Checklistenbefragungen ebenfalls weitgehend nach dem durchgängigen ABC/XYZ-Bewertungsschema beurteilt werden können.

Büromaterial/-ausstattung:	Büromaterialien, Büromobilar Bürogeräte...
Gebäudereinigung:	Reinigungsmittel...
Betriebswerkstätten:	KFZ-Werkstatt, Schreinerei, Schlosserei...
Lagerwesen:	Produktionslager Betriebsstofflager ...
Fuhrpark und Verkehr:	LKW, PKW, Tourenoptimierung
Flächennutzung und Begrünung:	Flächenversiegelung, Grünanlagen, Dachbegrünung
Altlasten:	Abfallablagerungen
Gebäudesubstanz und Fabrikanlagen:	Baustoffe, Energieanlagen...
Abfallwirtschaft:	Getrenntsammlung (Wertstoffhof), Recyling

Bild 5.36: Standortbilanz für das Beispiel „Brauerei"

Bestimmte Umweltbelastungen lassen sich aber gerade hier nur unstandardisiert untersuchen (z.B. Handling von Gefahrenstoffen, Laufenlassen von Motoren, Dosierung von Reinigungsmitteln). In Bild 5.36 wird nochmals in einer Übersicht eine Standortbilanz dargestellt.

Die Methode der ABC-/XYZ-Bewertung:

Die der Öko-Bilanz maßgeblich zugrundegelegte Bewertungsmethode liefert nicht numerisch quantifizierend (wie z.B. Äquivalenzkennziffern) absolute Rechenergebnisse, sondern stuft die Umwelteinwirkungen verschiedener umweltrelevanter Faktoren eines Unternehmens (nach qualitativer oder quantitativer Ermittlung) über ein ABC-Klassifizierungsschema ab. Vereinfacht ausgedrückt weist die Häufung von *A-Fällen* auf besonders dringlichen Handlungsbedarf hin, während dieser bei *B-Fällen* weniger (akut bzw.) wichtig ist, vielmehr mittelfristig wirksame Maßnahmen erfordert. C-Fälle dagegen sind eher als unbedenklich zu bezeichnen.

Mit dieser Abstufung wird dem Tatbestand Rechnung getragen, daß die Bewertung der Umwelteinwirkungen eines Unternehmens nie mit völliger naturwissenschaftlicher Exaktheit erfolgen kann, da Umweltphänomene äußerst komplex und schwer abschätzbar sind. Nicht selten fließen somit subjektive Maßstäbe und politische Kompromisse in numerische Größen ein, die eher eine wissenschaftliche Annahme darstellen, selbst wenn damit dem Quantifizierungsbedürfnis des Unternehmens entsprochen würde.

Mit der ABC-Klassifizierungsmethode wird darauf verzichtet, Umwelteinwirkungen verschiedener Unternehmen untereinander zahlenmäßig vergleichbar zu machen. Die Aufstellung einer ökologischen Buchführung nach Maßgabe und Norm einer Behörde (z.B. dem Umweltbundesamt) – mit der Möglichkeit einer externen Revision – wird mit dieser Methode weniger gestützt, als die Förderung eines auf freiwilliger Basis organisierten *Umwelt-Audits* bzw. *Umwelt-Controlling*.

Alle vom Unternehmen beeinflußbaren Umwelteinwirkungen müssen systematisch und umfassend dargestellt werden; d.h. fehlende Informationen dürfen nicht Anlaß zur Ablehnung sein, sondern müssen sichtbar gemacht werden. Gleichzeitig darf die Fülle von Umweltfakten nicht zu totaler Unübersichtlichkeit führen. Das Management muß vielmehr schnell erkennen, wo sich Umweltschwachstellen besonders häufen (z.B. bei welchen Produkten, Stoffen, Verfahren, Anlagen usw.) und aus welchen ökologiebezogenen Problemfeldern diese Schwachstellen resultieren. Hier bietet die ABC-Klassifizierung die Möglichkeit zur Transparenz bzw. zur Unterscheidung des Unwesentlichen vom Wesentlichen.

Fehlende Informationen dürfen dabei nicht zu einer Lahmlegung ökologischer Verantwortlichkeit führen. Manager müssen sogar regelmäßig Entscheidungen fällen, lange bevor alle nötigen Informationen bekannt sind. Dies gilt besonders für eine *ökologieverträgliche* Entscheidungsfindung. Aufgrund der ABC-Gewichtung nach *6 Ökologie-Kriterien* (die einzelnen Kriterien sollen nur knapp erläutert werden - s. Tab. 5.9) kann ein Unternehmen seine Entscheidungen im strategischen oder operativen Bereich umweltbezogen absichern. Man kann je nach Umweltorientierung, Ressourcenpotentialen und Unternehmensstrategien – außer nach *A*- oder *B-Fällen* – auch nach einzelnen *Ökologie-Kriterien* auswählen. Damit läßt sich ein Katalog *ökologischer Prioritäten* mit einem Bündel ökonomischer Ziele abstimmen. Durch Prioritätenrangfolgen (qualitativ/quantitativ nach *ABC/XYZ* absteigend) lassen sich die wesentlichen Umwelteinwirkungen in der Betriebsbilanz (Stoffe, Produkte, Emissionen), der Prozeßbilanz (Verfahrensschritte) und der Standortbilanz festlegen.

Mit dem abstufenden Instrument der ABC-Bewertung wird man mehreren Anforderungen gerecht, nämlich:
- der Transparenz des Bewertungsrasters und der Übersichtlichkeit der Ergebnisse,
- der für das Management einfachen sowie verständlichen Handhabung und Schärfung des Blicks für das Wesentliche,
- der Möglichkeit zu Vergleichen innerhalb von Stoffen, Produkten und Verfahren,
- der Schaffung von Spielräumen für innovative und präventive Entscheidungen in Abstimmung mit internen Rahmenbedingungen.

Die nachstehend aufgeführten 6 ökologiebezogenen Kriterien prüfen Umweltwirkungen von der Restoffentnahme bis hin zur akuten und potentiellen Belastung von Umweltmedien mit stofflichen und nichtstofflichen Emissionen (siehe Tabelle 5.9).

Je nach Fertigungsverfahren kann die Anzahl der verwendeten Maschinen bzw. Verfahren oder die Maschinenlaufzeiten (z.B. Werkstattfertigung) als „XYZ-Abstufungskriterium" Verwendung finden.

Die Kombination zwischen ABC- und XYZ-Bewertung soll qualitative und quantitative Einwirkungseffekte von Stoffen, Produkten und Verfahren auf die Umwelt schwerpunktartig verdeutlichen.

Entwicklung eines Öko-Controlling

Mit der Analyse und managementgerechten Aufbereitung ökologischer Schwachstellen wird ein erster wichtiger Schritt zur Schärfung des Umweltbewußtseins im Unternehmen getan. Es werden dabei Umweltrisiken, Vollzugsdefizite und mediale Umweltbelastungen durch Stoffe, Produkte und Verfahren sichtbar gemacht. Soll die Öko-Bilanz auf Dauer eine aktuelle Informationsgrundlage für umweltorientierte Entscheidungen sein, so muß sie laufend ergänzt, korrigiert und fortgeschrieben werden. Für diesen Zweck werden die Ergebnisse und ABC-Bewertungen EDV-gerecht erfaßt.

In vielen Fällen ergibt sich bereits während des Prozesses der ökologischen Bilanzierung eine enge Kooperation mit vorhandenen (gesetzlich vorgeschriebenen) Betriebsbeauftragten für den Umweltschutz. Durch Gespräche und Korrespondenz im Rahmen der Datenerfassung mit verschiedenen Abteilungen entwickelt sich außerdem eine Sensibilität für Umweltfragen. Dementsprechend wird auch ein Öko-Controlling (Bild 5.37) aufgebaut.

Tabelle 5.9: Ökologie-Kriteren

	ABC-Gewichtung nach 6 ökologischen Kriterien	
ABC-Bewertung 1	Umweltrechtliche/-politische Anforderungen	*Grundlage*: nationales und EG-Umweltrecht, Umweltgesetze, Verordnungen, Richtlinien, Satzungen des Bundes, der Länder, der Kommunen. *Bewertung*: qualitativ/quantitativ
ABC-Bewertung 2	Gesellschaftliche Akzeptanz	*Grundlagen*: Anforderungen verschiedener gesellschaftlicher Gruppen (Konsumenten, Kunden, Verbraucherverbände, Bürgerinitiativen, Gewerkschaften, Naturschutzverbände); Kritik, die sich auf Produkte, Stoffe, Emissionen, Anlagen oder sonstige umweltrelevante Aktivitäten richtet. *Bewertung*: qualitativ
ABC-Bewertung 3	Gefährdungs-/Störfallpotential	*Grundlage*: Einstufung des ökologischen Risikopotentials von Stoffen und Verfahren anhand des ökologischen Normal- bzw. Störfallrisikos, z. B. abzuleiten aus medialen Umweltvorschriften (Luft, Wasser, Boden) bzw. ökotoxikologischen Untersuchungen. *Bewertung*: qualitativ
ABC-Bewertung 4	Internalisierte Umweltkosten	*Grundlage*: Ermittlung (freiwillig oder gesetzlich) internalisierter Umweltkosten (Vermeidungs-, Schadens-, Beseitigungs- und Reduzierungskosten), die sich auf Produkte, Stoffe, Verfahren, Anlagen beziehen. Sie treten in verschiedenen Kostenarten auf (z. B. Abschreibungen auf Kläranlagen, Rohstoffmehrkosten) oder machen sich als Umsatzverluste bemerkbar. Über eine umweltorientierte Kostenarten-, -stellen- und -trägerrechnung erfolgt eine quantitative Klassifizierung. Ebenso werden Produktivitätsverluste erfaßt. *Bewertung*: quantitativ
ABC-Bewertung 5	Negative externe Effekte (Produktlinienanalyse)	*Grundlage*: Untersuchung der Umweltbelastung von Werkstoffen und Rohstoffgewinnung, z. B. über Umwandlungen und Transporte bis zum Einsatz im Unternehmen sowie Untersuchung von Werkstoffen ab Auslieferung der Produkte, Transporten, Konsum (Anwendung), Nachkonsumphase (Recycling). Verfolgung negativer externer Effekte auf Boden, Luft und Wasser. *Bewertung*: qualitativ/quantitativ
ABC-Bewertung 6	Erschöpfung nichtregenerativer/regenerativer Ressourcen	*Grundlage*: Reichweite der Rohstoffreserven (nach Veröffentlichungen der Fachliteratur). Berücksichtigung, ob potentiell nachwachsende pflanzliche Rohstoffe bzw. Tiere ausgebeutet oder aus Monokulturen bezogen werden. *Bewertung*: qualitativ/quantitativ

5.7 Ökobilanzen und Öko-Controlling

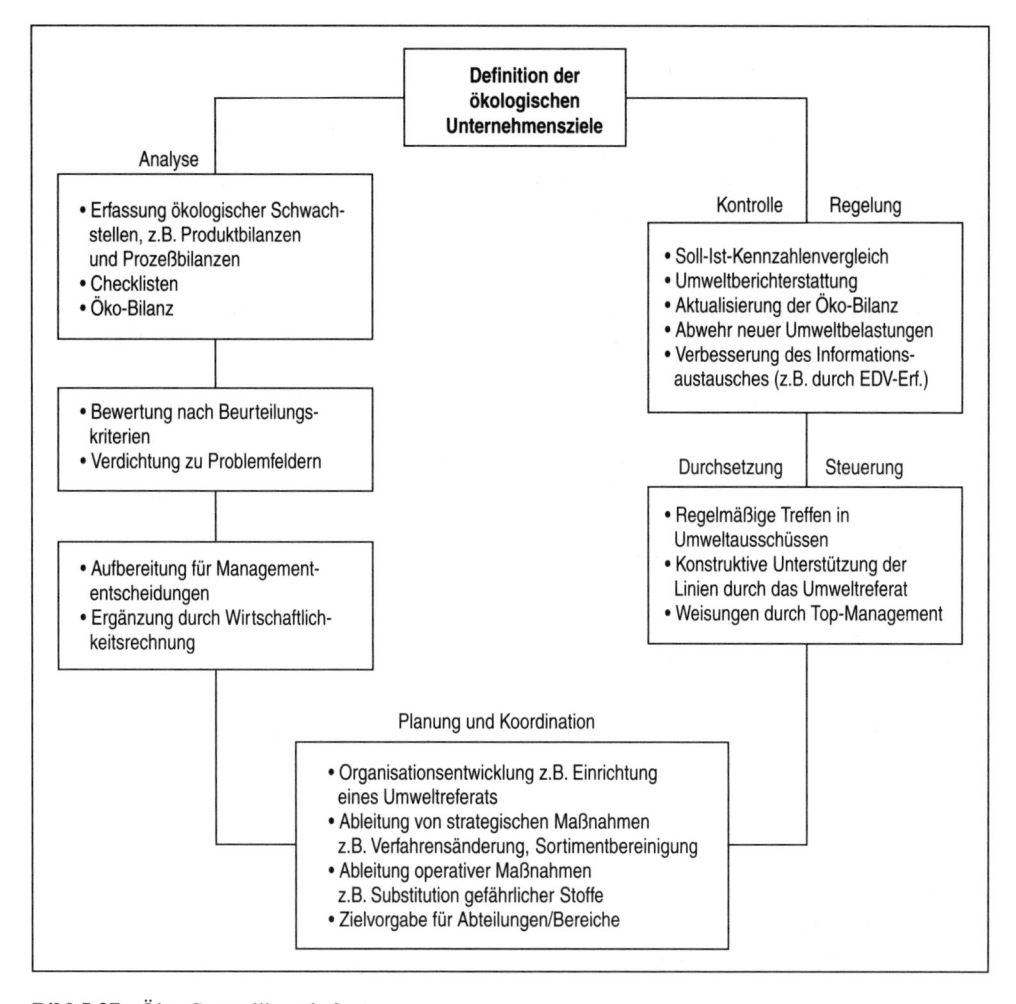

```
                    Definition der
                    ökologischen
                    Unternehmensziele

   Analyse                              Kontrolle      Regelung

 • Erfassung ökologischer Schwach-    • Soll-Ist-Kennzahlenvergleich
   stellen, z.B. Produktbilanzen      • Umweltberichterstattung
   und Prozeßbilanzen                 • Aktualisierung der Öko-Bilanz
 • Checklisten                        • Abwehr neuer Umweltbelastungen
 • Öko-Bilanz                         • Verbesserung des Informations-
                                        austausches (z.B. durch EDV-Erf.)

 • Bewertung nach Beurteilungs-
   kriterien                           Durchsetzung    Steuerung
 • Verdichtung zu Problemfeldern
                                      • Regelmäßige Treffen in
                                        Umweltausschüssen
 • Aufbereitung für Management-       • Konstruktive Unterstützung der
   entscheidungen                       Linien durch das Umweltreferat
 • Ergänzung durch Wirtschaftlich-    • Weisungen durch Top-Management
   keitsrechnung

                    Planung und Koordination

                    • Organisationsentwicklung z.B. Einrichtung
                      eines Umweltreferats
                    • Ableitung von strategischen Maßnahmen
                      z.B. Verfahrensänderung, Sortimentbereinigung
                    • Ableitung operativer Maßnahmen
                      z.B. Substitution gefährlicher Stoffe
                    • Zielvorgabe für Abteilungen/Bereiche
```

Bild 5.37: Öko-Controlling als System

Das Öko-Controlling hat folgende Aufgaben:
- es koordiniert als führungsunterstützende und abteilungsübergreifende Querschnittsfunktion alle Umweltaktivitäten des Unternehmens,
- ergänzt und aktualisiert die Öko-Bilanz durch weitere Analysen,
- plant Maßnahmen in Abstimmung mit den Fachabteilungen und
- betreut diese während der Durchführung.

Diese Einrichtung wird einer Stelle übertragen, die eine umweltorientierte Unternehmensführung unterstützt und ökologische Informationen mit den Alltagsentscheidungen verbindet. Aufbauorganisatorisch kann eine solche Koordinationsstelle für einen Umweltauftrag, in eine bestehende Controllingfunktion integriert werden. Es ist hier auch denkbar, in materialintensiven Industriebetrieben diese Funktion schwerpunktmäßig einer Stabsstelle der Materialwirtschaft/Logistik einzugliedern. In jedem Falle sollte der strategischen Bedeutung einer aktiven

Umweltpolitik des Unternehmens dadurch Rechnung getragen werden, daß ein Mitglied des Vorstands bzw. der Geschäftsleitung sich für den Umweltschutz verantwortlich zeichnet und das „Umweltreferat" organisatorisch direkt unter der Geschäftsleitung angesiedelt ist (Bild 5.38). Leitidee des Öko-Controlling ist es, mit Hilfe des Instruments der Öko-Bilanz eine umweltaktive Unternehmensführung im Regelkreis handeln zu lassen mit dem Ziel der Früherkennung, der Vorwärtssteuerung und Selbstregelung. Danach sollen Umweltbelastungen abgebaut und neu hinzukommende verhindert werden, so daß die Unternehmensführung zu einem optimalen Planungs- und Kontrollprozeß zur Umweltverbesserung beiträgt (Prinzip der Controllingspirale).

Ein Umwelt-Controlling baut somit auf einer ökologischen Schwachstellenanalyse (hier: Öko-Bilanz) auf und leitet hieraus Gegenmaßnahmen im Bereich der Produkte, Stoffe oder Verfahren ab.

Das Umweltreferat: Das Umweltreferat ist nicht weisungsgebunden gegenüber den Linien, erteilt diesen aber Empfehlungen, die ggf. über die Geschäftsleitung durchgesetzt werden. Die Geschäftsleitung erläßt in Absprachen mit dem Umweltreferat bereichsspezifische Umweltziele. Über einen kontinuierlichen Controllingprozeß werden schrittweise die aufgezeigten Umweltschwachstellen beseitigt und die Öko-Bilanz laufend aktualisiert.
Bild 5.38 zeigt eine Umweltorganisation bei Neumarkter Lammsbräu

Die Aufgaben des Umweltreferats enthalten:
- Aktualisierung und Fortschreibung der Öko-Bilanz anhand von realisierbaren Maßnahmen, veränderten Umweltdaten, -gesetzen, -politik.
- Suche nach innovativen, ökonomischen und ökologischen Problemlösungen,
- Abstimmung von Umweltentlastungsmaßnahmen bzw. Besprechungen auftretender neuer Umweltprobleme mit den einzelnen Abteilungen bzw. den dezentralen Umweltverantwortlichen.
- Sammlung von Umweltinformationen und Verarbeitung in eine Öko-Bilanz.
- Koordination und Information eines regelmäßig tagenden Umweltausschusses.
- Förderung und Schulung des Umweltbewußseins aller Mitarbeiter des Unternehmens.
- Zusammenarbeit mit den Umweltbehörden.
- Achtung auf Einhaltung behördlicher Umweltauflagen und innerbetrieblicher Vorschriften.
- Gefahrenabwehr und Mängelbeseitigung.

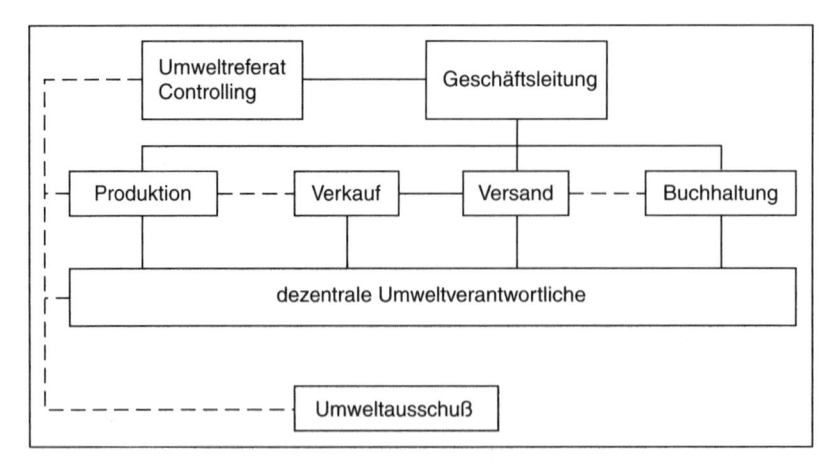

Bild 5.38: Umweltorganisation bei der Neumarkter Lammsbräu

- Periodische Berichterstattung (Quartals-, Jahresberichte) anhand der Fortschreibung der Öko-Bilanz, Planung, Analyse und Kontrolle von Umweltmaßnahmen; diese werden anhand der bewerteten Schwachstellen und der Empfehlungen aus der Öko-Bilanz durchgeführt.

5.8 Normung zum Thema Umweltmanagement

5.8.1 Normenbezug zum Qualitätsmanagement (nach Darstellung von DGQ, Frankfurt/Main)

In den Qualitätssicherungsnormen DIN ISO 9000–9004 finden sich einzelne Hinweise zum Umweltschutz. In Tabelle 5.10 sind Forderungen des Umweltmanagementsystems den Forderungen an das Qualitätssicherungssystem nach DIN ISO 9001 gegenübergestellt. Ein direkter Bezug zwischen beiden Systemen ist bisher noch nicht möglich.

DIN ISO 9001 wird angewendet, wenn Forderungen an neue Produkte und Dienstleistungen und Prozesse gemäß erstmaligen Spezifikationsvorgaben erfüllt werden müssen und wenn der Lieferant (Auftragsnehmer) die volle Verantwortung von der Entwicklung bis zum Kundendienst übernimmt.

Unter Berücksichtigung des Begriffs *Qualität* werden alle QS-Elemente der DIN ISO 9001 hinsichtlich ihrer Umweltrelevanz bewertet.

Im Gegensatz zu den in den Normen DIN ISO 9001–9003 dargelegten, spezifikationsorientierten Forderungen, sind die umweltrelevanten Vorgaben allgemein gehalten. Dieses Defizit

Tabelle 5.10: Umweltmanagementsystem im Vergleich zum Qualitätssicherungssystem

Qualitätsmanagementsystem nach DIN ISO 9001 (QM-System)	Umweltmanagementsystem (UM-System)
• Verantwortung der obersten Ebene • Qualitätsmanagementsystem • Vertragsprüfung • Designlenkung • Lenkung der Dokumentation • Beschaffung • Vom Auftraggeber beigestellte Produkte • Identifikation und Rückverfolgbarkeit von Produkten • Prozeßlenkung in Produktion und Montage • Prüfungen • Prüfmittel • Prüfstatus • Lenkung fehlerhafter Produkte • Korrekturmaßnahmen • Handhabung, Lagerung, Verpackung und Versand • Qualitätsaufzeichnungen • Interne Qualitätsaudits • Qualitätsaufzeichnungen vom Zulieferer • Schulung • Kundendienst • Statistische Methoden	• Umweltpolitik, Managementaufgaben • Umweltmanagementsystem • Unterlagenprüfung und Dokumentation • Entwicklung • Prozeß- und Verfahrenstechnik • Materialwirtschaft • Produktion • Prüfmittel • Produkte und Nutzungsphase • Schulung (Aus- und Weiterbildung der Mitarbeiter) • Umweltschutzorganisation • Umweltinformationssystem • Umweltschutzaufzeichnungen • Korrekturmaßnahmen • Umweltaudits (Öko-Audits) -Zertifizierungsaudit • Umweltbericht

läßt sich leicht beseitigen, wenn man die ökologischen Empfehlungen der Norm *DIN ISO 9004* zusätzlich fordert, d.h. diese hinsichtlich der QS-Elemente des Darlegungsmodells auf Anwendbarkeit und Nützlichkeit überprüft und auf die spezifikationsorientierten Forderungen abstimmt.

Die Darlegungen der Norm DIN ISO 9004 fordern an mehreren Stellen Maßnahmen zum Umweltschutz.

Durch Zuordnung der so definierten Forderungen zu den einzelnen Elementen der DIN ISO 9001 führen zu einem *Darlegungsmodell* des Qualitätsmanagements, das die Qualitätssicherung und den Umweltschutz einbindet.

Die diesem Modell zugrunde liegenden Überlegungen lassen sich wie folgt zusammenfassen: Durch einen Prozeß wird die Eingabe (Input) in ein Ereignis (Output) umgewandelt, dessen Qualität (Beschaffenheit bezüglich der gestellten Qualitätsforderungen) beurteilt wird und ggf. wird mittels Rückkopplung die Eingabe verändert.

Die Organisation (Unternehmen) ist als *black box* darstellbar, in der ein Netzwerk von Prozessen abläuft, durch die Eingaben in Ergebnisse als materielle und immaterielle Produkte umgewandelt werden, deren Qualitäten (Beschaffenheiten bezüglich gestellter Qualitätsforderungen) und Auswirkungen beurteilt werden und ggf. werden mittels Rückkopplung die Eingaben verändert.

Die Eingaben sind beschaffte Materialien, Stoffe, Energie, Wasser, Luft, Land usw. Die Ergebnisse sind einerseits die Angebotsprodukte und andererseits die unerwünschten Produkte, die bei der Realisierung der Angebotsprodukte in Form von Nebenprodukten, Abfall, Emissionen, Ressourcenverbrauch usw. anfallen. Sowohl Angebotsprodukte als auch unerwünschte Produkte wirken direkt auf die Umwelt als Immission (z.B. während Transport, Lagerung, Gebrauch).

Angebotsprodukte werden entwickelt (Designlenkung). Im Sinne des Normenvorschlags werden also auch unerwünschte Produkte entwickelt, d.h. auch auf sie werden das QM-Element *Designlenkung* wie auch die anderen QM-Elemente angewandt. Auf diese Weise wird dann der Umweltschutz am wirksamsten in die Prozesse integriert.

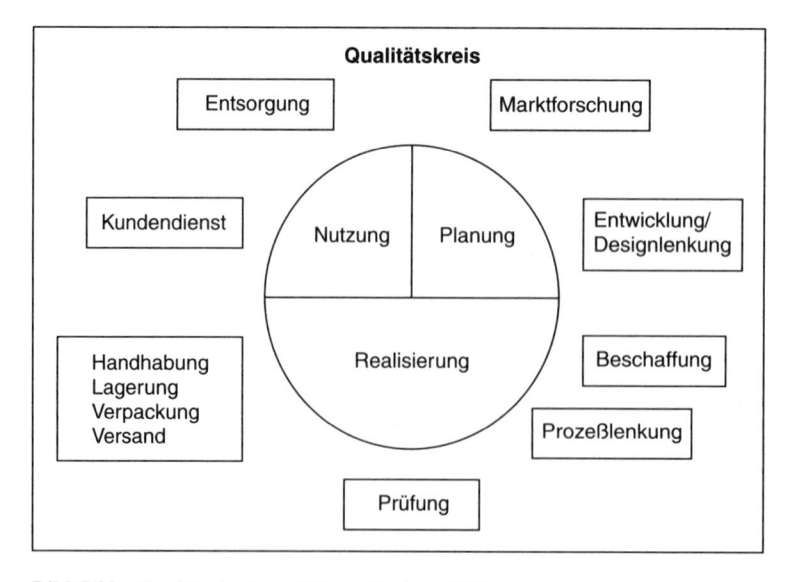

Bild 5.39: Qualitätskreis und Umweltschutz (US)

5.8 Normung zum Thema Umweltmanagement

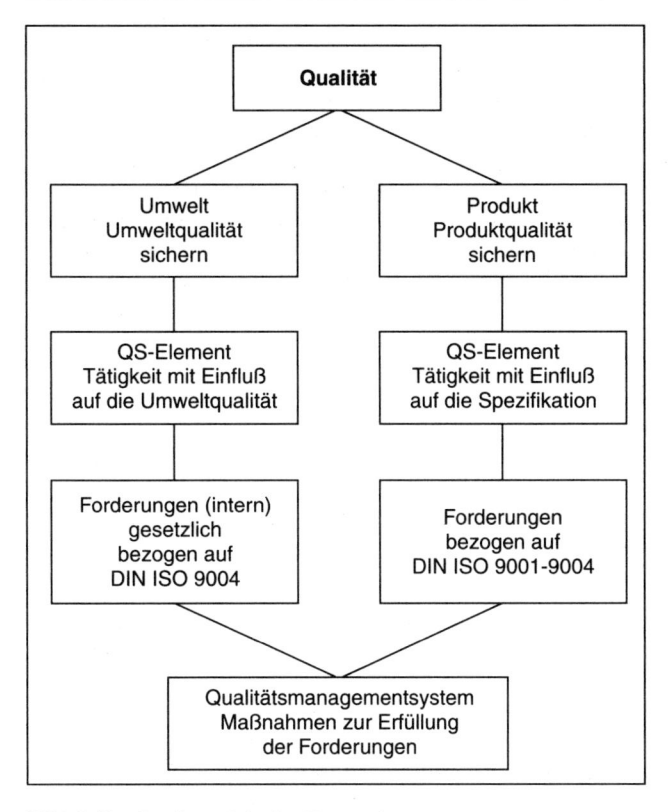

```
                        ┌──────────┐
                        │ Qualität │
                        └──────────┘
                        ╱          ╲
              ┌──────────────┐   ┌──────────────┐
              │   Umwelt     │   │   Produkt    │
              │Umweltqualität│   │Produktqualität│
              │   sichern    │   │   sichern    │
              └──────────────┘   └──────────────┘
                     │                  │
              ┌──────────────┐   ┌──────────────┐
              │  QS-Element  │   │  QS-Element  │
              │Tätigkeit mit │   │Tätigkeit mit │
              │Einfluß auf   │   │Einfluß auf   │
              │die Umwelt-   │   │die Spezifi-  │
              │qualität      │   │kation        │
              └──────────────┘   └──────────────┘
                     │                  │
              ┌──────────────┐   ┌──────────────┐
              │Forderungen   │   │ Forderungen  │
              │(intern)      │   │ bezogen auf  │
              │gesetzlich    │   │DIN ISO       │
              │bezogen auf   │   │9001-9004     │
              │DIN ISO 9004  │   │              │
              └──────────────┘   └──────────────┘
                          ╲          ╱
                    ┌──────────────────────┐
                    │Qualitätsmanagement-  │
                    │system Maßnahmen zur  │
                    │Erfüllung der         │
                    │Forderungen           │
                    └──────────────────────┘
```

Bild 5.40: Qualitätsziele des Unternehmens

Das Qualitätsmanagementsystem (QMS) dient primär der Erfüllung der Qualitätsforderung an die Angebotsprodukte, wobei die Qualitätsforderung auch Umweltschutzforderungen an die Angebotsprodukte einschließt.

Das UMS dient sowohl der Erfüllung der Qualitätsforderung an die Angebotsprodukte als auch der Umweltschutzforderung an die unerwünschten Produkte.

Alle QM-Elemente der DIN ISO 9001 werden auch als UM-Elemente angesehen (vgl. Tabelle 5.10), d.h. als Tätigkeiten mit Einfluß auf die Erfüllung der Spezifikationsforderungen an das Endprodukt und als Tätigkeiten mit Einfluß auf die Umweltverträglichkeit der Produkte und Prozesse.

Bild 5.39 zeigt unter dem Aspekt „Qualität und Umweltschutz (US)" einen Qualitätskreis (siehe hierzu auch Bild 5.6).

In Bild 5.40 werden in einem Schema Qualitätsziele des Unternehmens dargestellt.

5.8.2 Qualitätsmanagement und Umweltmanagement

5.8.2.1 Allgemeines

In den letzten Jahren wurden die Anforderungen des Umweltschutzes an die Unternehmen immer schärfer. Die Unternehmen haben zur Erfüllung der vielen Anforderungen aus dem deutschen Recht, dem europäischen Regelwerk sowie Verordnungen nach einer Lösung

gesucht. Es bot sich hier ein Weg an, der bei den Qualitätsmanagementsystemen bereits erfolgreich beschritten wurde. Durch analoges Übertragen der Prinzipien des Qualitätsmanagements auf den Umweltschutz kam man dabei schnell zu guten Ergebnissen. Umweltschutz und Qualitätsmanagement, beide Aufgaben haben ihre spezifischen Organisationsformen und Fachleute hervorgebracht. Es scheint daher sinnvoll, diese Organisation auf operationaler Ebene unabhängig voneinander bestehen zu lassen und weiterzuentwickeln. Für den Umweltschutz heißt das in erster Linie, das Managementsystem zu verbessern und auditierfähig zu machen. Für das Qualitätsmanagement ist eine Erweiterung des Managementsystems auf den gesamten Lebenszyklus des Produktes vorzunehmen. Darüber hinaus ist es sinnvoll, bei speziellen Aufgaben wie folgt zusammenzuarbeiten:
- bei der Reststoffentsorgung,
- den Input/Output-Analysen,
- den Öko-Bilanzen,
- der Öffentlichkeitsarbeit und
- der strategischen Planung.

5.8.2.2 Implementierung von Qualitätsmanagementsystemen mit integriertem Umweltschutz (Fallbeispiel von DGQ, Frankfurt am Main)

Einführungsphase
Informations-/Motivationsphase: Die Einführung von Qualitätsmanagementsystemen mit integriertem Umweltschutz erfolgt nach gleichen Prinzipien wie die Einführung eines Qualitätssicherungssystems (QS).
Vor Durchführung der ersten Aktivitäten sind die Mitarbeiter über das Vorhaben und damit einhergehend über Sinn und Zweck der Systemeinführung durch die Unternehmensleitung zu informieren. Wichtig ist, daß alle Mitarbeiter unter den Begriff *Qualität* das gleiche verstehen und Kompetenzprobleme zwischen den Abteilungen Umweltschutz und Qualitätssicherung vermieden werden.
Bereitstellung der Ressourcen: Das Management bestellt den Beauftragten der Unternehmensleitung, legt Schulungsmaßnahmen für Mitarbeiter fest, die direkt in das Verfahren des Systems eingebunden sind. Der Beauftragte der Unternehmensleitung sollte in einer entsprechenden Position für das gesamte Qualitätsmanagement zuständig sein. Das bedeutet aber nicht, daß diesem Beauftragten die mit der Systemeinführung und Umsetzung erforderlichen Tätigkeiten obliegen.
Definition der Forderungen: Unter Berücksichtigung der firmenspezifischen Gegebenheiten und der firmenspezifischen Definition des Begriffs *„Qualität"* werden Unternehmenspolitik, meßbare Qualitätsziele und das Modell zur Darlegung des Qualitätsmanagementsystems festgelegt.
Die Forderungen des Modells zur Darlegung der Qualitätssicherung (DIN ISO 9001–9003) sowie die Forderungen an die Darlegung eines Umweltmanagementsystems werden ermittelt und in firmenspezifische Forderungen transformiert.
Bestandsaufnahme: Die Dokumente (Anweisungen zur Ausführung einer Tätigkeit) werden dahingehend überprüft, ob die beschriebenen Maßnahmen geeignet sind, die Erfüllung der firmenspezifischen Forderungen sicherzustellen.
Planung: Die für die Erstellung und Optimierung von Verfahrensanweisungen zuständigen Organisationseinheiten werden festgelegt. Die firmenspezifischen Forderungen, die in der Bestandsaufnahme als nicht aufgedeckt festgestellt wurden, werden den Organisationseinheiten zwecks Erstellung der Dokumente zugewiesen.
Umsetzung: Die Unternehmenspolitik wird in Kraft gesetzt. Die erstellten Verfahrensanweisungen werden nach erfolgter Prüfung freigegeben und nach festgelegten Plänen auf Wirksamkeit überprüft. Das QM-/UM-Handbuch wird erstellt.

Überprüfung auf Wirksamkeit: Die Systemwirksamkeit wird mittels interner Audits überprüft, wobei der Nachweis der Wirksamkeit indirekt über die Bewertung (Review) erfolgen kann.

Organisation
Der Beauftragte der Unternehmensleitung:
Die als Entwurf vorliegende Normenreihe DIN ISO 9000 stellt Forderungen an gewisse Funktionen. Demnach muß die für die Qualität verantwortliche Unternehmensleitung ein Mitglied seiner Führung benennen, das die festgelegte Befugnis besitzt um:
- sicherzustellen, daß die Forderungen zur Darlegung des QM-Systems festgelegt, verwirklicht und aufrechtgehalten werden (in Übereinstimmung mit der internationalen Norm),
- der Leitung des Lieferanten einen Überblick über die Leistung des QM-Systems als Grundlage für dessen Verbesserung zu geben.

Die direkte Einbindung der obersten Führungsebene in das Qualitätsmanagement ist als eine Selbstverständlichkeit zu betrachten, da letzten Endes diese die Qualitäts- und Umweltpolitik und die sich daraus ableitenden Qualitätsziele festgelegt.
Die Wirksamkeit des Systems ist dann sichergestellt, wenn der Beauftragte der Unternehmensleitung aufgrund seiner Motivation und Führungsqualifikation das Qualitätsbewußtsein der Mitarbeiter ständig zu aktivieren weiß. Das Anforderungsprofil sollte klare Forderungen hinsichtlich der Kriterein:
- Unternehmenserfahrungen,
- Führungsqualifikation,
- Erfahrung auf dem Gebiet des Qualitätsmanagements und der
- umweltrelevanten Gesetzesgebung

enthalten.
Die Verantwortung und organisatorische Zuordnung muß eindeutig festgelegt werden. Wird aufgrund der vorgeschlagenen Definition des Qualitätsbegriffs das Qualitätssicherungssystem mit dem Umweltmanagementsystem kombiniert, ergibt sich dann eine sinnvolle Lösung, wenn dem Beauftragten der Unternehmensleitung die Managementverantwortung sowohl für das UMS als auch für das QMS übertragen wird.
Organisationseinheiten des Qualitätsmanagements: Organisationseinheiten des Qualitätsmanagements sind firmenspezifisch und unter Berücksichtigung des ausgewählten Darlegungsmodells festzulegen (Bild 5.41).

Eine Einteilung in Gruppen, denen jeweils die Verifizierung (Bestätigung) eines speziellen Qualitätssicherungselements unter Berücksichtigung der umweltrelevanten Forderung übertragen wird, hat sich in der Praxis bewährt. Die Tätigkeiten dieser Gruppe beinhalten:
- das Festlegen von Maßnahmen zur Erfüllung der Normenforderungen,
- das Beschreiben der Maßnahmen in Form strukturierter Verfahrensanweisungen,
- die ständige Suche nach Optimierungsmöglichkeiten von Verfahrensabläufen und
- die gegenseitige Auditierung

Die Organisationsstrukturen, die der Unternehmensgröße anzupassen sind, tragen zur Integration des gesamten Managements in den Prozeß der Systemoptimierung bei. Sie verhindern die *unsinnige* Aufteilung in Management mit und ohne Qualitätsverantwortung bzw. Umweltverantwortung und fördern die Teamarbeit.

Dokumentation
Die Dokumentation ist das organisatorische Kernstück eines Managementsystems. Sie ist die Basis eines reibungslosen Informationsflusses zur Fehlervermeidung, gleichzeitig aber auch Grundlage für die Bewertung des Systems anhand überprüfbarer und nachvollziehbarer

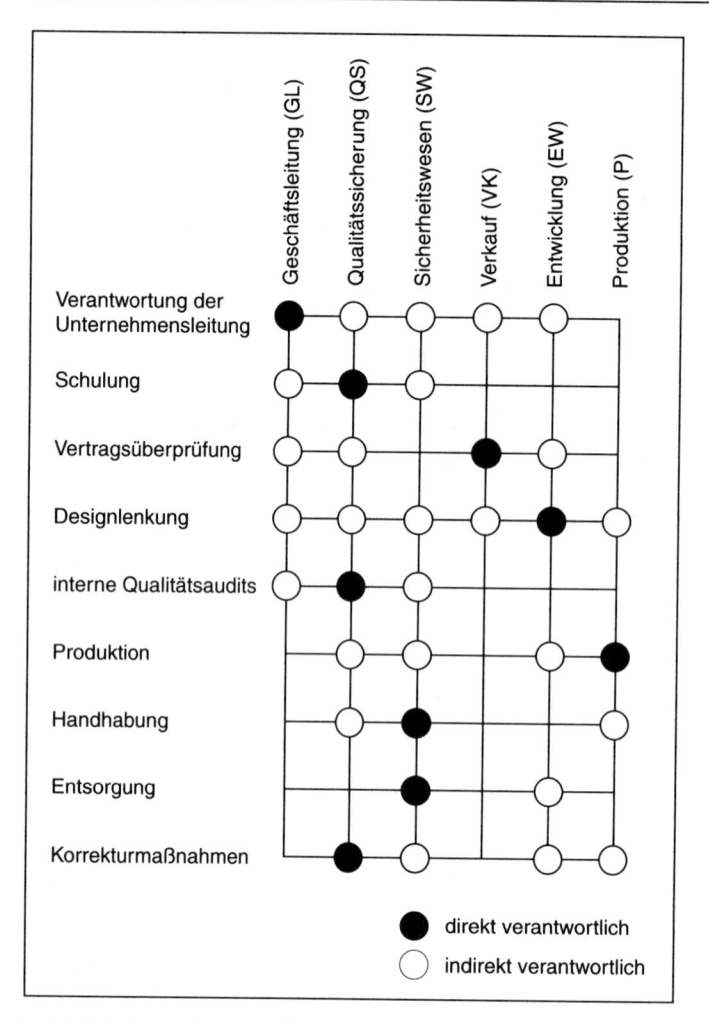

Bild 5.41: Organisationseinheiten des Qualitätsmanagements

Abläufe. Für den neuen Mitarbeiter ist die Dokumentation als Informationsquelle eine große Einarbeitungshilfe und für das Unternehmen ein gutes Mittel zur Erhaltung von Firmen Know How.

Dokumente sind also Anweisungen zur Ausführung von Tätigkeiten. Sie müssen daher durch die Funktionsträger erstellt, geändert und freigegeben werden. Bezogen auf die Wirtschaftlichkeit, muß der Ersteller auch über das fachliche Wissen verfügen, d.h. um solche Maßnahmen sinnvoll festlegen zu können (z.B. des durch diese Maßnahmen erreichbaren Nutzeffektes).

Integration des Umweltschutzes in ein vorhandenes System: Verfügt das Unternehmen bereits über ein spezifikationsorientiertes Qualitätssicherungssystem, können zusätzliche umweltrelevante Zielsetzungen und Maßnahmen in die vorhandene, strukturierte Dokumentation eingearbeitet werden. Diese Vorgehensweise erfordert eine Neudefinition des Qualitätsbegriffs (Bild 5.42), eine Umstrukturierung bzw. Erweiterung der vorhandenen Organisationseinheiten sowie die Abstimmung der zusätzlich festzulegenden umweltrelevanten Maßnahmen und deren Dokumentation als Verfahrensanweisungen.

5.8 Normung zum Thema Umweltmanagement

Spezifikationsorientiertes Qualitätssicherungssystem

Umweltrelevante Qualitätszielsetzungen

DIN ISO 9001-9003 → Systemforderungen

Malcolm Baldrige
DIN ISO 9004 → Interpretationsforderungen

↓

Transformation der Forderungen auf die unternehmensspezifischen Belange

↓

Bestandsaufnahme existierender Anweisungen, in denen Maßnahmen beschrieben werden, die geeignet sind, die Forderungen zu erfüllen.

↓

Definition fehlender Verfahrensanweisungen

↓

Dokumentation der Maßnahmen:
– zur Erfüllung der Forderung und
– als Verfahrensanweisungen

↓

Festlegung der Maßnahmen

↓

Einführung & Anwendung

↓

Audit

↓

Abweichung ?
— ja → (zurück zu Einführung & Anwendung)
— nein ↓

Korrekturmaßnahmen

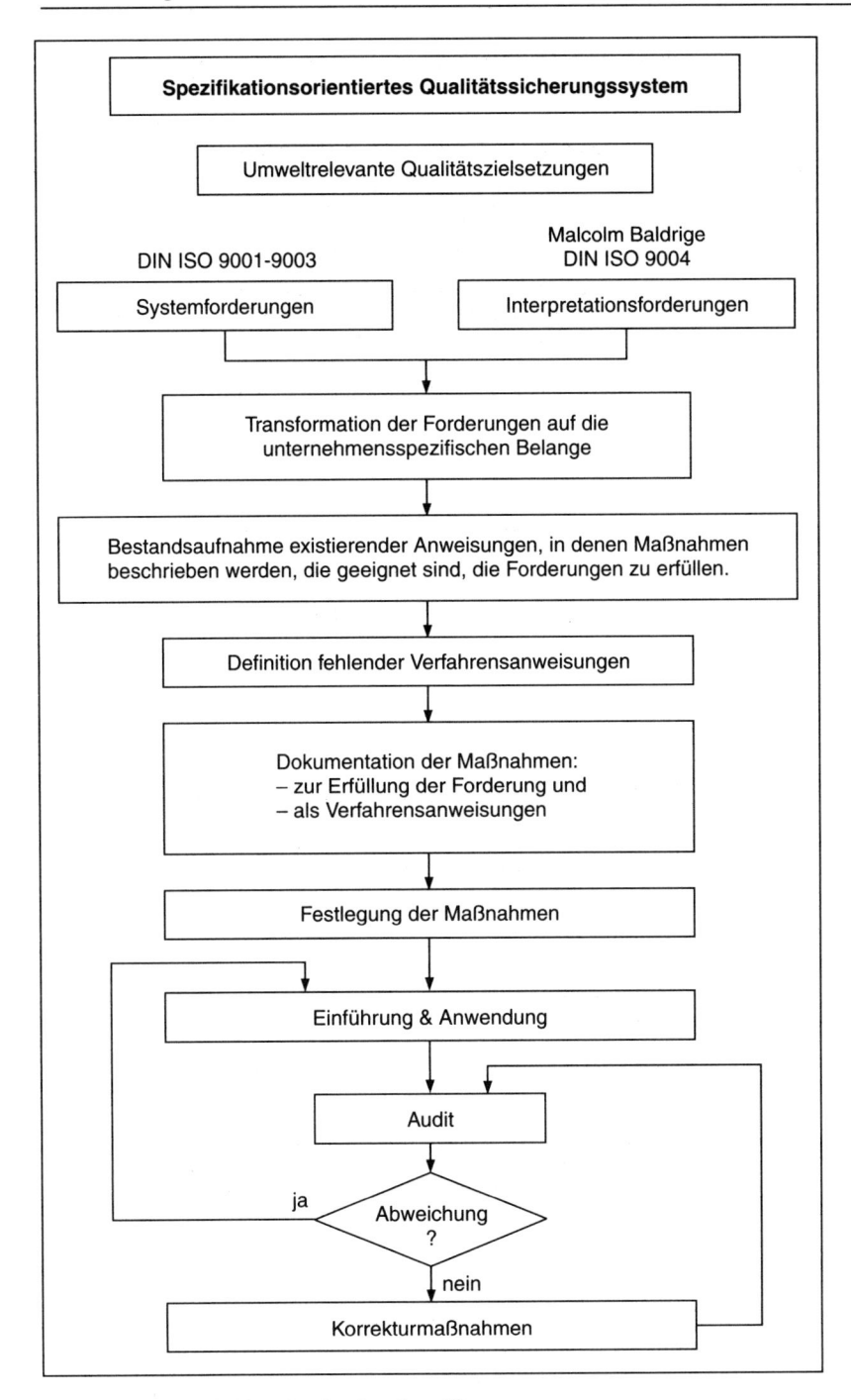

Bild 5.42: Neudefinition des Qualitätsbegriffs

Tabelle 5.11: Getrennte Darlegung von Qualitätssicherung und Umweltschutz (künftige Betrachtungsweise)

Qualität	Qualität von Produkten und Prozessen	
Qualitätsmerkmale	- unternehmensrelevant - kundenrelevant - gesellschaftsrelevant	
Ziel	Erfüllung von festgelegten und erwarteten Erfordernissen durch wirtschaftliche und umweltschützende Maßnahmen	
Summe der Tätigkeiten	Qualitätssicherung	Umweltschutzmanagement
Verantwortliche Organisation	Qualitätssicherung (Q-Management)	Umweltschutzmanagement (Umweltschutz)
Managementverantwortung	Beauftragte der Unternehmensleitung (der obersten Leitung)	
Linienverantwortung	Funktionsträger	Umweltbeauftragte
System	Qualitätsmanagementsystem	
	Qualitätssicherungssystem	Umweltmanagementsystem
Dokumente	Qualitätssicherungshandbuch	Umweltschutzhandbuch
	Qualitätssicherungsverfahrensanweisungen	Umweltschutzverfahrensanweisungen
Aufzeichnungen	Qualitätsaufzeichnungen	umweltrelevante Aufzeichnungen
Prüfung	internes Qualitätsaudit (klassisches Audit)	Umweltaudit
Verbesserungsmaßnahmen	Korrekturmaßnahmen	Korrekturmaßnahmen
Konsequenz:	direkte Beziehung zwischen Qualitätssicherung und Umweltschutz	

Die Integration umweltrelevanter Maßnahmen in die Qualitätssicherung bietet den Vorteil, analoge Methoden zur Systemüberwachung und -Optimierung anwenden zu können.

Umweltschutzmaßnahmen müssen ebenso wie die Maßnahmen zur Sicherstellung der spezifikationsrelevanten Erfordernisse von den Organisationseinheiten des Qualitätsmanagements ständig überprüft, bewertet und verbessert werden.

Tabelle 5.12: Gemeinsame Darstellung von QS und US = QM (als künftige Betrachtungsweise)

Qualität	Qualität von Produkten und Prozessen
Qualitätsmerkmale	- unternehmensrelevant - kundenrelevant - gesellschaftsrelevant
Ziel	Erfüllung von festgelegten und erwarteten Erfordernissen durch wirtschaftliche und umweltschützende Maßnahmen
Summe der Tätigkeiten	Qualitätsmanagement
Verantwortliche Organisation	Qualitätsmanagement
Managementverantwortung	Beauftragte der Unternehmensleitung
Linienverantwortung	QS-Beauftragte & Umweltbeauftragte
System	Qualitätsmanagementsystem
Dokumente	Qualitätsmanagementhandbuch Qualitätsmanagementverfahrensanweisungen
Aufzeichnungen	Qualitätsaufzeichnungen
Prüfung	internes Qualitätsaudit
Verbesserungsmaßnahmen	Korrekturmaßnahmen
Konsequenz:	direkte Beziehung zwischen Qualitätssicherung und Umweltschutz

5.8.2.3 Anwendung des Qualitätsmanagement auf den Umweltschutz

Gründe für die Ausweitung des Qualitätsmanagements führen derzeit zu einer analogen bzw. direkten Anwendung auf den Umweltschutz.

Es entsteht also jetzt in den Unternehmen ein systembezogener Umweltschutz, d.h. eine festgelegte Aufbau- und Ablauforganisation zur Durchführung des Umweltschutzes. Das Ganze wird wie in einem Qualitätsmanagementhandbuch mitdazugehörigen Richtlinien und Arbeitsanweisungen jetzt in einem Umweltmanagementhandbuch (siehe Kapitel 5.5) dokumentiert. Die Systeme zum Umweltschutz werden durch Audits immer besser, und die Mitarbeiter werden durch sog. Motivationsprogramme in das System eingebunden. Eine Gegenüberstellung einiger wichtigen Kriterien des Qualitätsmanagements unter den Begriff Qualität einerseits und Umweltschutz andererseits zeigt eine Analogie auf (Tabelle 5.13).

Tabelle 5.13: Analogie von Qualitätsmanagement zu Umweltmanagement
(Vertiefung zu Tabelle 5.10.)

Anforderungskriterien zum Umweltschutz	Qualitätsmanagement	Umweltmanagement
festgelegte Aufbau- und Ablauforganisation	Qualitätsmanagementsystem	Umweltmanagementsystem
unternehmensweites Management aller Funktionen	unternehmensweite Qualitätskultur	unternehmensweite Umweltkultur
Dokumentation	Qualitätsmanagementhandbuch	Umweltmanagementhandbuch
Motivation der Mitarbeiter	Schulung der Mitarbeiter	Schulung der Mitarbeiter
Systemmanager	Qualitätsmanager	Umweltmanager
Haftung	Produkthaftung, Produktionsanlagenhaftung im Zivil-/Strafrecht Organisationshaftung im Zivil-/Strafrecht	Umwelthaftung, Produktionsanlagenhaftung Organisationshaftung im Zivil-/Strafrecht
Dokumentation zur Entlastung	Entlastungszwang (Beweislastumkehr) beim Beschuldigten	Entlastungszwang (Beweislastumkehr) beim Beschuldigten
Beauftragung von Auftragnehmern	Qualifikation und Überwachung	Qualifikation und Überwachung
Selbststeuerung durch Audit	Auditsystem zur Überwachung auf Anwendung und Wirksamkeit	zusätzlich: Öko-Audit-Verordnung
Zweitüberprüfung	Audit durch den Auftraggeber	Audit durch den Auftraggeber
Drittüberprüfung (third party)	Zertifizierung	Prüfung und Gültigkeitserklärung der Umwelterklärung

5.8.2.4 Eine fast vollständige Analogie zwischen beiden Systemen

Die formale und inhaltliche Analogie zwischen Qualitätsmanagementsystemen und Umweltmanagementsystemen geht inzwischen sehr weit. Die Qualitätsmanagementsysteme als festgelegte Aufbau- und Ablauforganisation können in vielen Fällen z.B. bei der Produkthaftung als Entlastungsbeweis dienen. Eine festgelegte und dokumentierte Aufbau- und Ablauforganisation zum Umweltschutz kann man ebenfalls als Entlastungsbeweis nutzen. Dies gilt vor allem bei Umweltstraftaten oder bei Schadensersatzprozessen gemäß Umwelthaftungsgesetz. Hier sind sie eine Auffangbasis, als Grundstufe eines Entlastungskonzepts zum Nachweis des bestimmungsgemäßen Betriebes von Anlagen, die der Umwelthaftung unterliegen (gemäß Paragraph 6 des Umwelthaftungsgesetzes).
Gerade letztere Analogie veranlaßt jetzt viele Unternehmen, Umweltmanagementsysteme als festgelegte Aufbau- und Ablauforganisation einzuführen und dies in Handbüchern, Richtlinien

5.8 Normung zum Thema Umweltmanagement

und Arbeitsanweisungen zu dokumentieren. Die Anforderungen bezüglich Umwelthaftungsgesetz sind sogar noch schärfer als bei der Produkthaftung.

Beim Umwelthaftungsgesetz wird im Wege der verschuldensunabhängigen Gefährdungshaftung den Betreibern von den unter das Gesetz fallenden Anlagearten – die im Umwelthaftungsgesetz aufgelistet sind – unterstellt, aufgetretene Umweltschäden verursacht zu haben.

Die bislang getrennt geführten Diskussionen um die Begriffe Qualität und Umwelt greifen also zusehends ineinander. Qualität hat sich zu einem weitreichenden Erfolgsfaktor entwickelt. Mit dem Total Quality Management (TQM) entstand dabei ein Führungsmodell, das die ganzheitliche und strategische Qualitätsbetrachtung in den Mittelpunkt unternehmerischer Aufgabenfelder stellt.

Während Qualitätsmanagement auf die Erfüllung der Kundenwünsche ausgerichtet ist, orientiert sich Umweltschutz an der Erfüllung gesetzlicher Forderungen.

Zusammenfassend kann festgestellt werden, daß der Gedanke des Qualitätsmanagements auch im Bereich des Umweltschutzes anwendbar ist. Das TQM wird ergänzt durch ein „Total Environmental Management" (TEM). Ginge man davon aus, daß der weitgehende Schutz der Umwelt ein Qualitätskriterium wäre, brauchte man nicht einmal ein neues Umweltmanagement zu entwickeln, sondern könnte gar die bekannten Philosophien und Methoden des Qualitätsmanagements einfach nur mit erweitertem Horizont anwenden. Allerdings müßten einige Methoden ergänzt werden, um die Auswirkungen des Verhaltens von Menschen, Produkten und Prozessen auf die Umwelt bewerten zu können.

Im Gegensatz zum Qualitätsmanagement handelt es sich beim Umweltmanagement um eine Aufgabe, die ein hohes Fachwissen zur Entwicklung, Bewertung und zur Ausführung von Verbesserungsmaßnahmen erfordert.

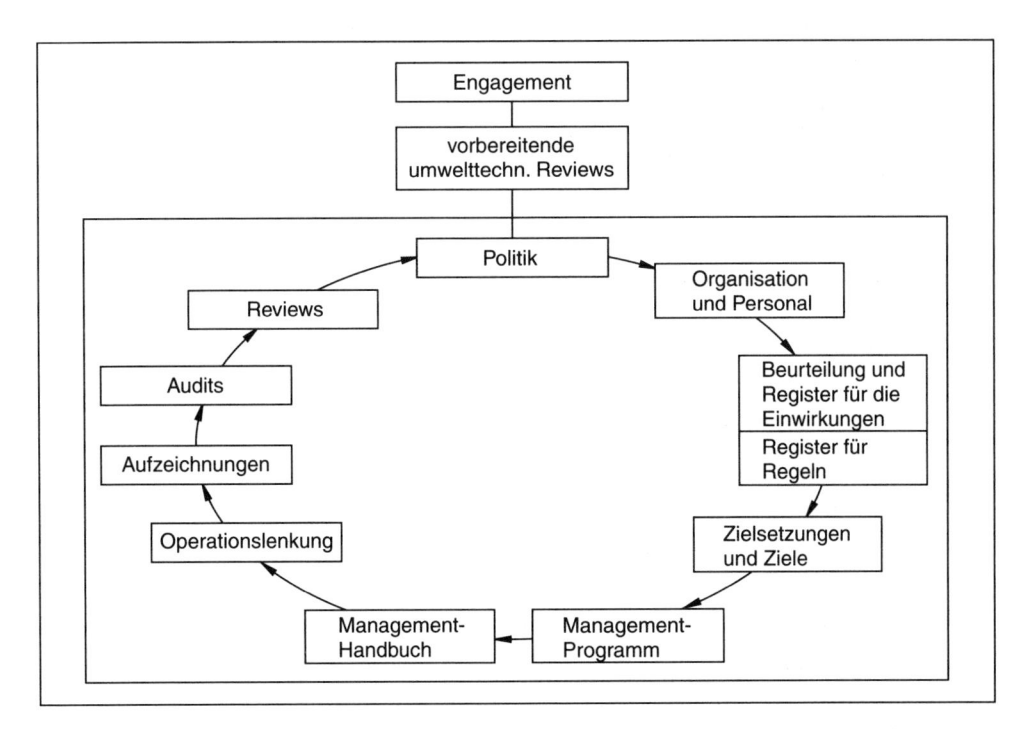

Bild 5.43: Schematische Darstellung der Implementierungsstufen eines umwelttechnischen Managementsystems

5.8.2.5 Normen zum Umweltschutz : Analogie der Managementsysteme

In den Standardwerken zur Qualitätssicherung fehlte, wie erwähnt, bis vor wenigen Jahren noch jeglicher Hinweis auf die Umwelt oder auf den Umweltschutz. Qualitätssicherung und Umweltschutz haben sich demnach gegenseitig nicht zur Kenntnis genommen. Das scheint sich jedoch seit 1990 zu ändern:

- Die Deutsche Gesellschaft für Qualität (DGQ), Frankfurt, hat 1992 ihre Jahrestagung unter das Motto „Qualität in Dienstleistung und Umwelt" gestellt.
- Ebenfalls 1992 erschien der British Standard 7750 (BS 7750).

Diese Britische Norm wurde unter der Leitung des Environmental Management Standards Policy Committee (Normenausschuß für Umwelttechnisches Management) angesichts des steigenden Problembewußtseins in bezug auf den Umweltschutz erarbeitet. Sie stellt eine

Tabelle 5.14: Umweltmanagement: Gegliedert nach Britisch Standard 7750

British Standard 7750 (BS 7750):
Leitfaden für das Umweltmanagement

Einleitung
- Geltungsbereich
- Begriffsdefinitionen
- Forderungen an ein Umweltmanagementsystem
  - Umweltmanagementsystem
  - Umweltpolitik
  - Organisation und Personal
  - Umweltauswirkungen
  - Umweltziele und -zwecke
  - Umweltmanagementprogramm
  - Umweltmanagementhandbuch und -dokumentation
  - Prozeßbesteuerung
  - Umweltmanagementaufzeichnungen
  - Umweltmanagement-Audits
  - Umweltmanagement-Reviews

Anhänge
A Leitlinien zu Anforderungen an Umweltmanagementsysteme
  A 1 Umweltmanagementsystem
  A 2 Umweltpolitik
  A 3 Organisation und Personal
  A 4 Umweltauswirkungen
  A 5 Umweltziel und -zwecke
  A 6 Umweltmanagementprogramm
  A 7 Umweltmanagementhandbuch und -dokumentation
  A 8 Prozeßsteuerung
  A 9 Umweltmanagementaufzeichnungen
  A10 Umweltmanagement-Audits
  A11 Umweltmanagement-Reviews

B Verweise auf BS 5750 „Qualitätssystem"

C Verweise auf den Entwurf der EG-Öko-Audit-Verordnung

D Bibliographie

5.8 Normung zum Thema Umweltmanagement

Tabelle 5.15: EG-Öko-Audit-Verordnung „Umweltbetriebsprüfung" (nach ISO 10011, Teil 1)

EG-Öko-Audit-Verordnung Umweltbetriebsprüfung (nach ISO 10011, Teil 1)	
Qualitätssicherungssystem	= Umweltmanagementsystem
Qualitätssicherungsnorm	= Umweltnorm
Qualitätsmanagementhandbuch	= Umweltmanagementhandbuch
Qualitätsaudit	= Umweltbetriebsprüfung
Kunde/Auftraggeber	= Unternehmensleitung
Auditierte Organisation	= Standort

Spezifikation für ein umwelttechnisches Managementsystem zur Gewährleitung und Erfüllung der dargelegten Umweltpolitik und Zielsetzung dar. Des weiteren bietet sie Richtlinien zur Spezifikation und ihrer Implementation innerhalb des Managementsystems einer Organisation. Bild 5.43 zeigt eine schematische Darstellung der Implementierungsstufen (Ergänzungsstufen) eines umwelttechnischen Managementsystems.

- Die Europäische Gemeinschaft (EG) setzte – wie bereits beschrieben – die „Verordnung Nr. 1836/93 des Rates vom 29. Juni 1993 über die freiwillige Beteiligung gewerblicher Unternehmen an einem Gemeinschaftssystem für das Umweltmanagement und die Umweltbetriebsprüfung" in Kraft; sie ist besser bekannt als *EG-Öko-Audit-Verordnung* (Tabelle 5.15).

Der Titel deutet zunächst auf eine reine Umweltangelegenheit hin. Anhang 2 verweist jedoch ausdrücklich auf die ISO 10011 „Leitfaden für das Audit von Qualitätssicherungssystemen". Die EG-Verordnung schlägt sinngemäß vor, in der Qualitätsnorm einfach das Wort Qualität durch Umwelt zu ersetzen, um so einen Leitfaden zum Auditieren von Umweltmanagement (UM)-Systemen zu erhalten. Somit gibt es Brücken zwischen Qualität und Umwelt.
Bezogen auf „Analogien der Managementsysteme" finden sich also Ähnlichkeiten und Beziehungen zwischen Qualität und Umwelt. Zunächst liefert der Anhang zur Umweltnorm BS 7750 eine Korrelationsmatrix (Wechselbeziehungsmatrix) zwischen ISO 9001 und BS 7750. Ähnlichkeiten liegen besonders im grundsätzlichen Aufbau beider Normen (Tabelle 5.16). Darüber hinaus lassen sich einige Tools (Instrumente) und Techniken des Qualitätsmanagements problemlos in das Umweltmanagement übertragen (Bild 5.44). Offensichtlich hat die stetige Entwicklung der QM-Systeme von der reinen Produktkontrolle über die Prozeßsteuerung und das System DIN ISO 9000 (DIN ISO 9000-Serie) hin zum Total Quality Management ein Managementsystem mit universellen Strukturen erzeugt. Sie lassen sich ohne weiteres über den Bereich der Qualitätssicherung hinaus auch auf andere Managementbereiche, z.B. auf den Umweltschutz übertragen.

Der Umweltschutz für die zu schützenden Medien muß im Unternehmen durch bewährte technische und organisatorische Maßnahmen geregelt werden. Die Regelansätze von ISO 9000 ff oder BS 7750 müssen im Unternehmen zum gleichen Ziel führen wie die durch die Industrie entwickelten Umweltmanagementsysteme. Letztere Systeme orientieren sich an den Medien, Luft, Wasser u.ä. Beide Systemansätze – der nach Medien und der nach Elementen – stimmen schließlich im Ergebnis überein. Sie wollen beide den Schutz der Umwelt durch eine festgelegte Aufbau- und Ablauforganisation in Ergänzung zu technischen Maßnahmen.

Tabelle 5.16 : Normen zum Qualitätsmanagement (ISO 9001) und zum Umweltmanagement (BS 7750)

ISO 9001 \ BS 7750	4.1 Managementsystem	4.2 Umweltpolitik	4.3 Organisation und Personal	4.4 Umwelteinwirkungen	4.5 Zielsetzungen	4.6 Management-Programm	4.7 Anleitung u. Dokumente	4.8 Operationslenkung	4.9 Aufzeichnungen	4.10 Audits	4.11 Reviews
4.1 Verantwortung der obersten Leitung	•	•	•								•
4.2 Qualitätssicherungssystem	•						•				
4.3 Vertragsüberprüfung				•	•	•					
4.4 Designlenkung						•	•	•			
4.5 Lenkung der Dokumente							•				
4.6 Beschaffung				•			•				
4.7 Vom Auftraggeber beigestellte Produkte				•							
4.8 Identifikation u. Rückverfolgbarkeit von Produkten									•		
4.9 Prozeßlenkung								•			
4.10 Prüfungen								•			
4.11 Prüfmittel								•			
4.12 Prüfstatus								•			
4.13 Lenkung fehlerhafter Produkte								•			
4.14 Korrekturmaßnahmen								•			
4.15 Handhabung, Lagerung, Verpackung und Versand					•			•			
4.16 Qualitätssicherungsaufzeichnungen									•		
4.17 Interne Qualitätsaudits										•	
4.18 Schulung			•								
4.19 Kundendienst					•			•			
4.20 Statistische Methoden								•			

Ein praktisches Umweltmanagementsystem kann also teils nach QM-Elementen, teils nach Medien gegliedert werden.

Dies gilt unabhängig von der zugrundeliegenden Norm, d.h. ob DIN ISO 9001–9004, bzw. EN 29000 ff oder BS 7750.

Es kann somit festgestellt werden, daß der Gedanke des Qualitätsmanagements auch im Bereich Umweltschutz angewendet wird. Ziel dürfte dabei ein „Unternehmensweites Qualitätsmanagement" sein, das bekannt ist als „Total Quality Management" oder „Unternehmensweite Qualitätskultur".

5.8 Normung zum Thema Umweltmanagement

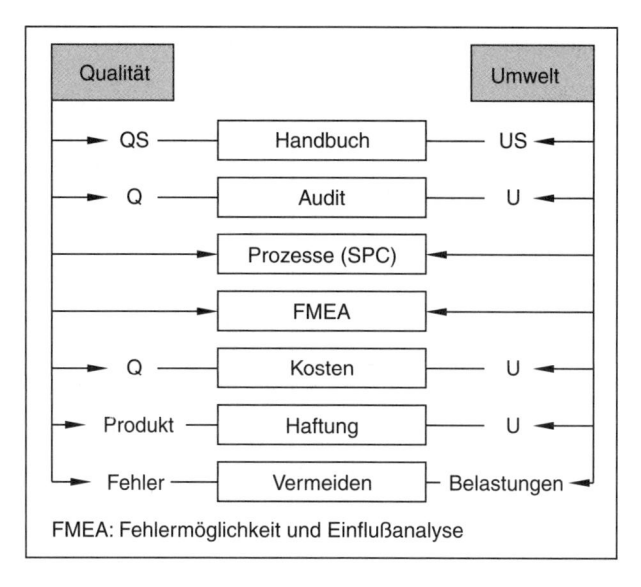

```
Qualität                                    Umwelt

  → QS ──── [ Handbuch ] ──── US ←
  → Q  ──── [ Audit    ] ──── U  ←
           ─[ Prozesse (SPC) ]─
           ─[ FMEA     ]─
  → Q  ──── [ Kosten   ] ──── U  ←
  → Produkt ─[ Haftung  ] ──── U  ←
  → Fehler ─[ Vermeiden ]─ Belastungen ←

FMEA: Fehlermöglichkeit und Einflußanalyse
```

Bild 5.44: Qualitätstechniken, die sich auf das Umweltmanagement übertragen lassen

Tabelle 5.17: Gliederung des Umweltmanagements nach Medien

Umweltschutz nach medialen Gesichtspunkten
• **Leitlinien, strategische Zielsetzung**
• **Rechtliche Grundlagen**
• **Standard- bzw. Mindestanforderungen**
• **Aufbauorganisation:**
- Organisation des Umweltschutzes im Unternehmen
- Umweltbeauftragte im Unternehmen
• **Ablauforganisation:**
- Allgemeingültige Regelungen
- Reinhaltung der Luft
- Reinhaltung des Wassers
- Abfallbeseitigung/Reststoffe und Abfallbehandlung
- Gefahrstoffe
- Lärm
- Ökologiefragen
- Einzelregelungen/Abläufe
- Forschung und Entwicklung
- Projektabwicklung
- Planung und Dokumentation
- Auflageneinhaltung/Konzessionswesen
- Instandhaltung/Änderung
- Beschaffung
- Lagerung
- Transport
- Verpackung
- Personalqualifikation/Schulungen
- Durchführung interner Audits
• **Umweltberichterstattung**
• **Aktualisierungsdienst**

Tabelle 5.18: Gliederung des Umweltmanagementsystems nach QM-Elementen

Umweltmanagementsystem – nach QM-Elementen gegliedert

• Umweltmanagement
  - Umweltpolitik
  - Organisation
  - Beurteilung der Wirksamkeit des Umwelt-
    managementsystems
• Umweltmanagementsystem
• Vorgaben und Anforderungen; Prüfung auf Er-
  füllbarkeit des Vertrages
• Entwicklung
• Handhabung interner Unterlagen
• Beschaffung
• Beigestellte Produkte vom Auftraggeber
• Identifizierung und Rückverfolgbarkeit der Daten
• Lenkung der Produktion
• Kontrollen
• Prüfmittelüberwachung
• Prüfstatus
• Behandlung fehlerhafter Einheiten/Abweichungen
  vom bestimmungsgemäßen Betrieb
• Korrekturmaßnahmen
• Umgang mit den Produkten
• Aufzeichnungen zu Umweltbelangen
• Interne Audits
• Schulung
• Serviceleistungen
• Statistische Verfahren

5.8 Normung zum Thema Umweltmanagement

Qualitätsmanagementelemente		Bausteine (Module) des Umweltmanagementsystems													
Verantwortung der obersten Leitung (Unternehmensleitung)	↑ Managementaufgaben Umweltschutz	Verantwortung der obersten Leitung (Unternehmensleitung)													
Qualitätsmanagmentsystem		Umweltmanagementsystem													
Vertragsüberprüfung		Vertragsüberprüfung													
Lenkung des Entwurfs (Designlenkung)		Entwicklung													
Lenkung der Dokumente		Handhabung im Umweltschutz													
Beschaffung		Beschaffung													
Vom Auftraggeber beigest. Produkte	↑ Medienbezogener Umweltschutz		Gefahrstoffe	Lärmschutz	Immissionsschutz	Gewässerschutz	Bodenschutz	Abfälle	Altlasten	Abgase	Planung von Anlagen	Ausführungsüberwachung	Genehmigungsverfahren	Betrieb von Anlagen	Auflageneinhaltung
Identifikation und Rückverfolgbarkeit von Produkten															
Prozeßlenkung (Produktion und Montage)															
Prüfungen															
Prüfmittel															
Prüfstatus															
Lenkung fehlerhafter Produkte															
Korrekturmaßnahmen															
Handhabung, Lagerung, Verpackung und Versand	↑ Querschnittsfunktionen Umweltschutz	Handhabung, Lagerung, Verpackung und Versand													
Qualitätsaufzeichnungen		Umweltschutzaufzeichnungen													
Interne Qualitätsaudits		Interne Qualtätsaudits													
Schulung		Schulung													
Kundendienst		Kundendienst													
Statistische Methoden		Statistische Methoden													

Bild 5.45: Umweltmanagementsysteme gegliedert nach:
- Medien und
- QM-Elementen

Wiederholungsfragen zu Kapitel 5

1. Welche Bedeutung hat die Umweltpolitik für das Unternehmen?
2. Welche Vorteile hat ein Betrieb von der Festlegung und Dokumentation einer umweltorientierten Organisation?
3. An wen wendet sich das Umweltmanagementhandbuch?
4. Welche Ziele hat die EG-Verordnung vom 29. Juni 1993 (Nr. 1836/93)?
5. Lohnen sich Ökoaudits?
6. Welche Punkte sind im Rahmen eines Ökoaudits nach den Vorstellungen der EG-Kommisionen zu berücksichtigen?
7. Nennen Sie Bausteine des Umweltmanagements!
8. Welche Bedeutung hat die Umweltbetriebsprüfung?
9. Wozu dient eine Umwelterklärung?
10. Nach welchen Gesichtspunkten erfolgt die Erstellung einer Umwelterklärung?
11. Was wissen Sie über Umweltbetriebsprüfer?
12. Beschreiben Sie in kurzen Worten „zugelassene Umweltgutachter"!
13. Welches Ziel wird mit der Erstellung von Ökobilanzen verfolgt?
14. Welche Teilbereiche umfaßt die Ökobilanz?
15. Nennen Sie die Phasen des Öko-Controlling-Verfahrens!
16. Was beinhaltet die Produktbaumanalyse?
17. Welche Bedeutung hat der Normenausschuß als Grundlage des Umweltschutzes?

Beantwortung der Wiederholungsfragen

Kapitel 1

Antwort zu Frage 1
1. *Hausmüll:* Hierunter fallen alle festen Abfälle, die in den Haushalten anfallen, sogenannter Hausmüll.
2. *Hausmüllähnliche Gewerbeabfälle:* Sind Abfälle aus dem Gewerbe und den Industriebetrieben, die zusammen mit dem Hausmüll entsorgt werden können
3. *Sonderabfälle* (z.B. besonders überwachungsbedürftige Abfälle): Sind Abfälle, die nach Art, Beschaffenheit oder Menge in besonderem Maße gesundheitsgefährdend sind. Sie dürfen daher nicht zusammen mit dem hausmüllähnlichen Gewerbeabfall entsorgt werden.

Antwort zu Frage 2
Weitere Verordnungen sollen die Abkehr von der Wegwerfgesellschaft bringen.
Beispiel: In Umsetzung von § 14 Abs. 2 Satz 1 des Abfallgesetzes will die Bundesregierung zusätzliche Verordnungen erlassen, um eine endgültige Abkehr von der Wegwerfgesellschaft zu erreichen.

Antwort zu Frage 3
Die thermische Behandlung von Abfällen umfaßt folgende Methoden:
- Verbrennung,
- Entgasung oder Pyrolyse und
- Vergasung.

Die Verbrennung besteht aus den Einzelvorgängen Entgasung, Vergasung, Ausbrand des fixen Kohlenstoffs und Verbrennung der entstandenen Gase zu Kohlendioxid, Wasser, Schwefel- und Stickoxiden und Asche.
Die Entgasung ist eine thermische Zersetzung von organischen Verbindungen unter weitergehendem Sauerstoffabschluß. Dieses Verfahren ist bekannt unter dem Namen Pyrolyse. Die Vergasung ist eine thermische Umsetzung bei hohen Temperaturen unter Einsatz eines geeigneten Vergasungsmittelns wie Dampf, Sauerstoff, Kohlendioxid und Luft.

Antwort zu Frage 4
Klärschlamm ist ein bei der Behandlung von Abwasser in kommunalen und entsprechenden industriellen Abwasserbehandlungsanlagen anfallender Schlamm, auch soweit er entwässert oder getrocknet oder in sonstiger Form behandelt wurde.
Klärschlamm ist somit die Bezeichnung für den angefaulten Schlamm aus Kläranlagen.

Antwort zu Frage 5
Beim selektiven katalytischen Reduktionsverfahren – kurz SCR-Verfahren (selectiv catalytic reduction) genannt – wird in den Rauchgasstrom Ammoniak (NH_3) eingedüst, was bewirkt, daß sich die im Rauchgas enthaltenen Stickoxide umwandeln in Stickstoff (N_2) und Wasser (H_2O). Die entsprechende chemische Reaktion wird durch den Katalysator beschleunigt. Aus

dem Namen SCR geht also hervor, daß es sich um eine gezielt auf NO_x-Minderung ausgerichtete, katalytische Reduktion handelt:

$$NO_x \xrightarrow[NH_3,\ Katalysator]{Reduktion} N_2, H_2O$$

Antwort zu Frage 6
Bei der Kohleverbrennung entsteht unter anderem Asche, die den Kessel mit den heißen Rauchgasen verläßt. Damit der Aschestaub nicht in die Atmosphäre gelangt, scheiden Elektrofilter die Aschepartikel aus den Rauchgas ab. Der gesammelte Flugstaub wird in die Brennkammer des Kessels zurückgeführt und in die Schlacke mit eingeschmolzen. Einziger Reststoff aus der verbrannten Kohle ist somit das Granulat aus der Entschlackung.

Antwort zu Frage 7
Die abgekühlten Abgase werden in einem Elektro- oder Gewebefilter entstaubt und in der nachfolgenden Rauchgaswäsche von den anorganschen Schadgasen gereinigt.

Antwort zu Frage 8
Es gibt bei der Pyrolyse zwei Verfahrensprinzipien, die sich in Deutschland als großtechnisch einsetzbar erwiesen haben:
- das indirekt beheizte Drehrohr (Drehtrommel) und
- die indirekt beheizte Wirbelschicht.

Antwort zu Frage 9
Wirbelschichtreaktoren arbeiten stationär oder zirkulierend.

Antwort zu Frage 10
Das mitgerissene Wirbelbettmaterial wird in einem Zyklon (Staubabscheider) abgeschieden und in die Wirbelschicht rezirkuliert (zirkulierende Wirbelschicht).

Antwort zu Frage 11
Die Anwendung des Verfahrens der zirkulierenden Wirbelschichtfeuerung in der Kraftwerkstechnik ermöglicht durch die Verbrennung der Kohle bei niedriger Temperatur und durch die Zugabe von Kalkstein eine wirksame Minderung der Schadstoffemissionen

Antwort zu Frage 12
Die zu erwartenden Vorteile des Schwelbrennverfahrens sind:
- Minimales verbleibendes Deponievolumen.
- Qualitativ hochwertige Schlacke.
- Rückgewinnung der Wertstoffe.
- Weitgehende Einbindung der Schwermetalle in die Schlacke.
- Nahezu vollständige Zerstörung der organischen Schadstoffe in der Hochtemperaturverbrennung.
- Garantiewerte deutlich unter denen in der 17. BImSchVgenannten.

Antwort zu Frage 13
Die thermische Behandlung von Sonderabfällen ist zentraler Teil der Entsorgungsverfahren für Abfälle und erfolgt im wesentlichen durch Verbrennung. Ziel ist es, das Gefährdungs- und Schadstoffpotential der Abfälle so weit als möglich zu verringern, sowie deren Menge und

Volumen zu reduzieren. Die Verbrennung liefert meist auch noch eine ablagerungsfähige Form der Reststoffe und die freiwerdende thermische Energie kann verwertet werden.

Antwort zu Frage 14
Deponiegas entsteht bei der Ablagerung von organischen Abfällen, insbesondere auf Hausmülldeponien. Deponiegas besteht in der Hauptsache aus brennbarem Methangas (ca. 55 Vol.%) und aus Kohlendioxid (rd. 45 Vol.%). Darüber hinaus enthält Deponiegas aufgrund des Eintritts von Luft in geringeren Konzentrationen Sauerstoff und Stickstoff sowie eine Anzahl von zum Teil giftigen Spurenstoffen.

Antwort zu Frage 15
Das Deponiebasisabdichtungssystem soll für eine lange Zeit unterbinden, daß Sickerwasser in den Untergrund gelangt.

Antwort zu Frage 16
Der Deponiebetrieb ist ein Sammelbegriff für alle auf der Deponie in Zusammenhang mit der Abfallablagerung ablaufenden Vorgänge. Er wird für das Betriebspersonal durch eine Betriebsanweisung geregelt.

Antwort zu Frage 17
Die Kompostierung ist der vom Menschen steuerbare Prozeß zusammenhängender Umbauvorgänge organischer Substanzen unter Einwirkung von Bodenfauna und -flora, bei dem einerseits der Luftzufuhr entsprechende aerobe Abbauwege beschritten und andererseits mit zunehmendem Rotteverlauf spezifisch hochmolekulare Verbindungen aufgebaut werden. Ferner ist die Kompostierung ein Abfallbehandlungsverfahren zur Verwertung organischer Abfälle (Hausmüll, Klärschlamm, Rinde, Laub usw.). Bei der Kompostierung werden die organischen Bestandteile durch Mikroorganismen und Kleintiere abgebaut. Den Kompostierungsprozeß beginnen die Kleinstlebewesen. Die Temperaturen im Kompost steigen bis ca. 65 °C an. Sinken die Temperaturen wieder ab, bevölkern die Organismen den Kompost.
Das Bild zu Frage 17 zeigt den Temperaturverlauf im Kompost und die verschiedenen Phasen der Kompostierung. Je nach Phase bevölkern unterschiedliche Organismen den Kompost.

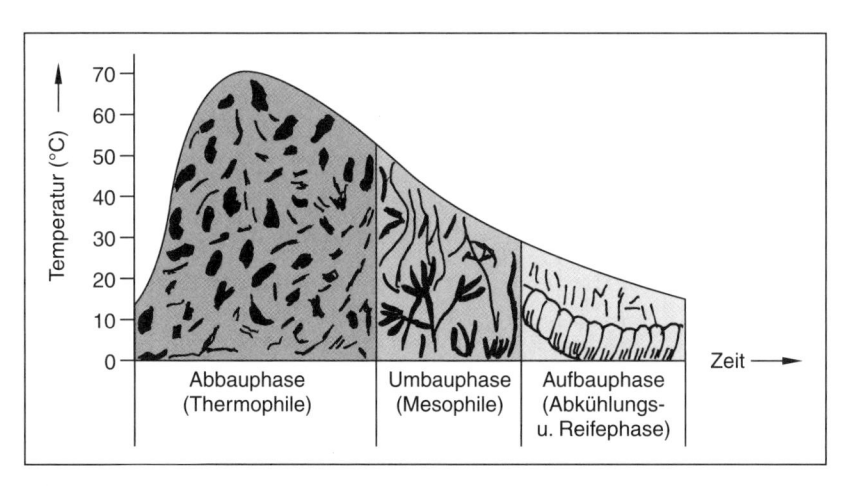

Bild zu Frage 17: Temperaturverlauf im Kompost und die verschiedenen Phasen der Kompostierung

Antwort zu Frage 18

Kompost ist in erster Linie ein brauchbares Bodenverbesserungsmittel. Schwer bindige Böden werden zur besseren Durchlüftung aufgelockert und sandige Böden erhalten eine bessere Wasserhaltekraft und insbesondere eine erhöhte Widerstandskraft gegen Erosion. Hauptanwendungsgebiet sind zur Zeit der Weinbau, die Rekultivierung von Deponien und die Landwirtschaft.

Antwort zu Frage 19

Man kann folgende Arten des Recyclings unterscheiden:
- die **Wiederverwendung** (wiederholte Verwendung eines Produktes oder Materials für den für die Erstverwendung vorgesehenen Verwendungszweck, wie z.B. Pfandflaschen),
- die **Weiterverwendung** (Einsatz von Abfällen für ein neues Produkt nach geeigneter Vorbehandlung),
- die **Wiederverwertung** (Wiedereinsatz von Stoffen und Produkten, wie z.B. Altglaseinsatz bei der Glasherstellung),
- die **Weiterverwertung** (Wiedergewinnung chemischer Grundstoffe oder Energien aus Abfällen und Rückführung in den Produktionsprozeß, wie z.B. Einschmelzen von Autoschrott in Stahlwerken).

Die Stoffe (z.B. Rohstoffe) können also auf verschiedenen Wegen zyklisch wiederkehren (siehe Bild zu Frage 19).

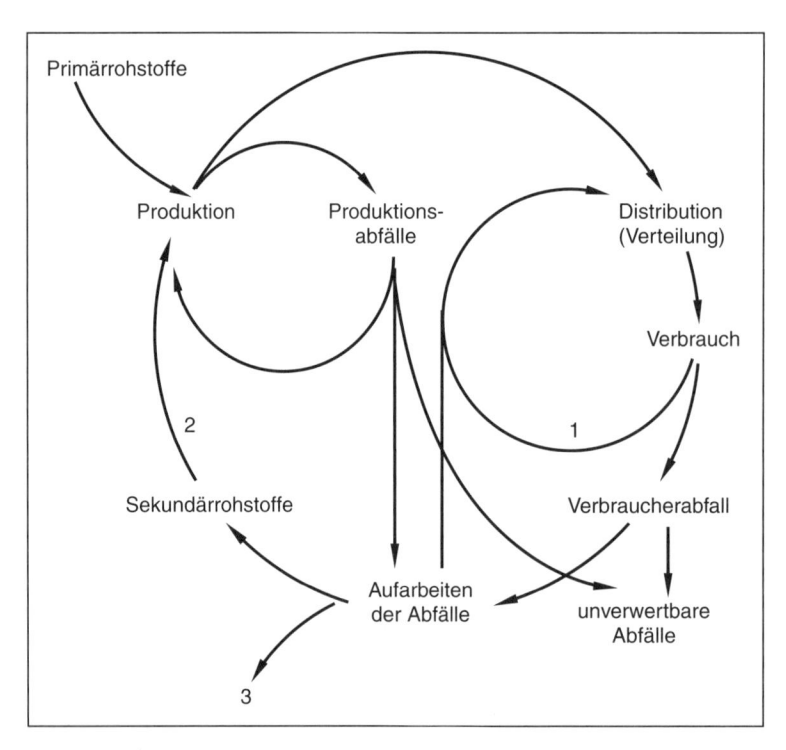

Bild zu Frage 19: Der Recyclingkreislauf (z.B. aus alt macht neu)

Antwort zu Frage 20
Die Vorteile des Recyclings sind u.a. die Verminderung der Abfallmenge bei gleichzeitiger Schonung knapper werdender Rohstoffe.
Wachsender Bedarf an Rohstoffen und Energie sowie steigende Rohstoffpreise machen außerdem das Recycling zunehmend wirtschaftlicher.

Antwort zu Frage 21
Recycling ist nicht in jedem Fall sinnvoll und möglich. Denn auch das Recycling kann die Umwelt belasten. Eine Verwertung ist dann nicht mehr sinnvoll, wenn der Energieaufwand und die Umweltbeeinträchtigung infolge Sammlung, Transport und Aufbereitung „größer" sind als bei der Produktion der Primärrohstoffe.
Beispiel: Viele Produkte können nur eine gewisse Anzahl von Wiederverwendungen zulassen. So verkürzt sich beispielsweise beim Recycling von Altpapier die Faserlänge stetig. Die Wiedergewinnung von Stoffen, die feinverteilt in Produkten enthalten sind, ist sogar sehr energieaufwendig.

Antwort zu Frage 22
Die Erkennung der Altlasten beginnt meist dann:
- wenn nach der Erfassung für einen speziellen Standort ein ausreichender Verdacht auf Umweltgefährdung besteht,
- wenn besondere Vorkommnisse an einem Standort bekannt geworden sind,
- wenn eine empfindliche (störende) Nutzung des Standortes oder der Umgebung vorliegt,
- wenn Informationen über die Ablagerung bezüglich Umgang mit gefährlichen Stoffen vorliegen,
- wenn ein Schadensverursacher gesucht wird.

Antwort zu Frage 23
Die Bewertung des Gefahrenpotentials einer Verdachtsfläche muß naturwissenschaftlich begründet, transparent und nachvollziehbar sein.
Um eine weitgehend vollständige Erfassung aller Verdachtsflächen zu erreichen, sind systematische flächendeckende Vorgehensweisen erforderlich. Folgende Erfassungsmethoden haben sich dabei bewährt:
- Auswertung von Luftbildern.
- Auswertung von Plänen, Karten und schriftlichen Aufzeichnungen
- Befragung von Mitarbeitern oder anderen ortskundigen Personen

Antwort zu Frage 24
Durch eine Einkapselung sollen Schadstoffe daran gehindert werden, in die Umweltbereiche zu immittieren.
Die Einkapselung kontaminierter Böden geschieht durch Umschließen mit Dichtungswänden (z.B. Spundwand), die bis in den undurchlässigen Untergrund geführt werden. Ein weiteres Ausbreiten der Schadstoffe kann so verhindert werden.

Antwort zu Frage 25
Bei Ex-situ-Verfahren wird der belastete Boden ausgehoben (ausgekoffert) und dann entsprechend behandelt – das kann vor Ort oder in einem Entsorgungszentrum erfolgen. Die Ex-situ-Sanierung beinhaltet in einer speziellen Bodenreinigungsanlage (Off-site-Verfahren) folgende Arbeitsschritte:
- Auskofferung des Materials.
- Verladen.
- Transport.

- Behandlung.
- Wiedereinbau des dekontaminierten Erdreichs.

Kapitel 2

Antwort zu Frage 1
Die Grundwasserentnahme führt in der Regel zu einer Senkung der Druckhöhe und damit des Wasserstandes. Dadurch bildet sich eine Absenkung, die abhängig ist von der Durchlässigkeit der Böden, dem Fließgefälle und vor allem der Entnahmemenge. Bei der Grundwasserentnahme handelt es sich meist um einen größeren Eingriff in den Wasserhaushalt, der eine Erlaubnis oder Bewilligung erfordert. Die durch die Entnahme verursachten Grundwasserabsenkungen dürfen nicht zu Schäden in der Land- und Forstwirtschaft führen.

Antwort zu Frage 2
Schwermetalle sind Metalle mit einer Dichte von über 5 g/cm³. Im kommunalen Abwasser und Klärschlamm sind die Schwermetalle Quecksilber, Cadmium, Kupfer, Zink, Nickel, Chrom und Blei als Schadstoffe von besonderer Bedeutung. Sie kommen in Gewässern in gelöster oder gebundener Form vor.
Schwermetallbelastungen von kommunalem Abwasser sind hauptsächlich auf Abwassereinleitungen aus Haushalten, Industrie- und Gewerbebetrieben sowie auf Oberflächenanflüssen bei Mischwasserkanalisation zurückzuführen.

Antwort zu Frage 3
Direkteinleiter müssen insbesondere folgende Regelungen beachten: Die Herkunftsbereiche für Abwässer, die gefährliche Stoffe enthalten können, sind durch die Abwasserherkunftsverordnung festgelegt (z.B. Metallbearbeitung). Es bestehen Mindestanforderungen an das Einleiten gemäß den Anhängen der Allgemeinen Rahmenverwaltungsvorschrift zu § 7a WHG.
Direkteinleiter benötigen eine wasserrechtliche Erlaubnis und müssen für die abgeleiteten Schadstoffe eine Abwasserabgabe bezahlen.
Indirekteinleiter fallen demgegenüber unter das kommunale Satzungsrecht, wobei beim Einsatz von gefährlichen Stoffen die Indirekteinleiterverordnungen der Länder zum Tragen kommen. In der Indirekteinleiterverordnung und Satzung werden die Anforderungen an die Beschaffenheit des Abwassers bei Einleitung in das öffentliche Kanalnetz festgelegt.
Indirekteinleiter bezahlen nach dem Beitrags- und Gebührenrecht eine Gebühr an den Betreiber der Abwasseranlage, in der Abwässer behandelt werden.

Antwort zu Frage 4
Ziel des Abwasserabgabengesetzes ist es, Anreize zu schaffen, damit mehr Abwasser besser behandelt wird. Mit diesem Gesetz soll also für die Zukunft eine wirksame Reinhaltung der Gewässer erreicht und die Kostenlast für die Vermeidung, Beseitigung und den Ausgleich von Gewässerschädigungen gerecht verteilt werden.

Antwort zu Frage 5
Abgabepflichtig ist, wer Abwasser einleitet (Einleiter).

Antwort zu Frage 6
Mehrfachnutzung von Wasser kann z.B. so definiert werden, das Wasser im Gegenstrom von der reinen Seite bis hin zur ersten Waschstufe genutzt wird (siehe Nahrungs- und Genußmittelindustrie). Es muß gewährleistet sein, daß das wiederzuverwendende Wasser in einer Qualität vorliegt, die für den jeweiligen Einsatzzweck geeignet ist.

Unter Mehrfachnutzung versteht man generell den Einsatz eines Wasservolumens für verschiedene, nacheinander folgende Nutzungen.

Antwort zu Frage 7
Eine weitere Möglichkeit zur Verminderung der Abwassermenge liegt in der Spültechnik. Denn durch die Anwendung wassersparender Spültechniken kann der Frischwassereinsatz stark reduziert werden.

Antwort zu Frage 8
Zur Abwasserreinigung werden folgende Verfahren eingesetzt:
- Mechanische Verfahren.
- Physikalische Verfahren.
- Biologische Verfahren.
- Chemische Verfahren.
- Chemisch-physikalische Verfahren.

Antwort zu Frage 9
Unter einem Rechen versteht man eine Einrichtung zum Zurückhalten von Grobstoffen im Abwasser (Beispiel: Stabrechen, Bogenrechen, Feinrechen, Grobrechen usw.).

Antwort zu Frage 10
Unter Filtration versteht man die Trennung eines Flüssigkeits-Feststoff-Gemisches in seine Bestandteile über ein für die Flüssigkeit durchlässiges Filtermittel, das den Feststoff zurückhält.

Antwort zu Frage 11
Zu den Membran-Trennverfahren zählen u.a.
- Mikrofiltration.
- Ultrafiltration.
- Nanofiltration.
- Umkehrosmose.

Antwort zu Frage 12
Die Ultrafiltration arbeitet mit einem größeren Porendurchmesser und entsprechend geringerem Druck.
Sollen aber im Wasser gelöste kleine Moleküle entfernt werden, so wird statt der erwähnten Membran-Trennverfahren die Umkehrosmose eingesetzt.

Antwort zu Frage 13
Bekannte Adsorptionsmittel sind:
- Aktivkohle.
- Adsorberharze.
- Kieselgel.
- natürliche Silikate.
- Kieselsäure usw.

Antwort zu Frage 14
Unter Sedimentation versteht man die Ausnutzung von Dichteunterschieden in dispersen (fein verteilten) Phasen, wobei die schwere Phase nach unten gebracht wird.

Antwort zu Frage 15
Belüfteter Sandfang mit Fettfang

Antwort zu Frage 16
Die Flotation ist ein Verfahren zum Abtrennen von Schwebe- und Schwimmstoffen aus dem Abwasser. Bei der Flotation beruht die Phasentrennung ebenfalls auf dem Prinzip der Schwerkraft: Stoffe, die leichter sind als das Abwasser, steigen nach oben und schwerere sinken ab.

Antwort zu Frage 17
Dieses Reinigungsverfahren ermöglicht eine Agglomeration (Anhäufung) der kolloidal vorliegenden Öltröpfchen in die vorgegebene Gerüststruktur des Polymers. In dieser Phase wird fein dispergierte Luft eingetragen. Sie bildet zusammen mit den Öltröpfchen Agglomerate, die entsprechend ihrem spezifischen Gewicht flotieren und an der Oberfläche als ölbeladener Schaum erscheinen.

Antwort zu Frage 18
Bei organisch hochbelasteten Abwässern weist die anaerobe Reinigung im Vergleich zur aeroben Reinigung einige entscheidende Vorteile auf:
- Anaerob arbeitende Anlagen werden mit höheren Raumbelastungen als aerobe betrieben, so daß die Abmessungen der Anlage geringer sind.
- Energie für eine Belüftung ist nicht erforderlich
- Die organischen Abwasserinhaltsstoffe setzen sich größtenteils in die Gase Methan und Kohlendioxid um. Es entsteht nur wenig Überschußschlamm, so daß die Kosten der Schlammbehandlung und -entsorgung gegenüber aeroben Verfahren verringert werden.
- Die in den Substraten enthaltene chemische Energie geht überwiegend in die nutzbare Energie des Biogases über.
- Der anaerobe Abbau erfolgt in geschlossenen Behältern, so daß Geruchsbelästigungen entfallen.
- Der Aufwand an maschinellen- und apparativen Einrichtungen ist im Vergleich zur aeroben Abwasserreinigung geringer.

Antwort zu Frage 19
Einsatzschwerpunkte von Festbettreaktoren sind:
- Elimination schwer abbaubarer CSB-verursachender organischer Schadstoffe.
- Nitrifikation.
- Denitrifikation.

Antwort zu Frage 20
Das Verhältnis von chemischem Sauerstoffbedarf (CSB) zum biologischen Sauerstoffbedarf (BSB_5) gibt an, ob es sich um biologisch schwer oder biologisch leicht abbaubare organische Inhaltsstoffe handelt. Ist z.B. das Verhältnis ca. 2 : 1, so handelt es sich um kommunales gut abbaubares Abwasser. Wird z.B. das Verhältnis größer als 2 : 1, nimmt der Anteil an biologisch schwer abbaubaren Abwasserinhaltsstoffen zu.

Antwort zu Frage 21
Eine weitgehende Neutralisation tritt beim biologischen Schmutzstoffabbau ein (biogene Neutralisation).

Antwort zu Frage 22
Aluminiumsulfaft [$Al_2(SO_4)_3$], Aluminiumchlorid (A Cl_3), Eisen-III-chlorid ($FeCl_3$), Eisensulfat [$Fe(SO_4)$], Kalk (CaO) usw. Synthetische, langkettige, wasserlösliche Polymere, Polyelektrode genannt.

Antwort zu Frage 23
Unter Strippen versteht man das Austreiben flüchtiger Bestandteile aus Flüssigkeiten
- mittels Dampf,
- inerten Strippgasen und
- durch Belüften.

Antwort zu Frage 24
Das Faulgas nutzt man zum Heizen oder zum Antrieb von Gasmotoren. Es gibt sogar Kläranlagen, die ihre gesamte Energie selbst erzeugen.

Kapitel 3

Antwort zu Frage 1
Unter Luftverunreinigungen versteht man die Verunreinigung des natürlichen Luftgemisches mit Stoffen, die den Menschen und seine Umgebung beeinträchtigen, wenn sie in ungewöhnlicher, naturfremder Konzentration oder Art einwirken.

Antwort zu Frage 2
Luftverunreinigungen werden als Emission freigesetzt. Sie verteilen und verdünnen sich in der Atmosphäre und wirken als Immissionen.

Antwort zu Frage 3
Emissionen im Sinne der TA Luft sind die von einer Anlage ausgehenden Luftverunreinigungen.

Antwort zu Frage 4
Schadstoffe können vom Menschen mit der Atmung, über die Haut, durch das Trinkwasser oder mit Nahrungs- und Genußmitteln (Nahrungskette) aufgenommen werden.

Antwort zu Frage 5
Die Giftigkeit von Ozon äußert sich bei kurzfristigem Einatmen einer sehr geringen Konzentration von 1–2 ppm durch Kopfschmerzen und vorübergehendem Verlust des Geruchsinns. Bei einer längeren Einwirkung dieser Konzentration stellt sich Müdigkeit, Reizung des Bronchialraumes und der Schleimhäute sowie Atemnot ein.

Antwort zu Frage 6
Stäube sind die in der Luft verteilten festen Teilchen, die je nach Größe in Grobstäube und Feinstäube unterteilt werden.

Antwort zu Frage 7
Die Luftanalyse dient der Feststellung der in der Luft enthaltenen verunreinigenden Stoffe. Denn die Luftanalyse soll Aufschluß geben über die Art der in der Luft enthaltenen Schadstoffe und deren Konzentration.

Antwort zu Frage 8
Die Messungen der Schadstoffe erfordern die Anwendung vielfältiger und auch unterschiedlicher Meßverfahren, die den Schadstoffen anzupassen sind.

Antwort zu Frage 9
Die vorbereitenden Tätigkeiten am Meßort hängen in starkem Maße davon ab, ob die durchzuführenden Messungen im Immissionsbereich oder im Emissionsbereich vorgenommen werden sollen.

Antwort zu Frage 10
Die Reinigung von Abluft- oder Abgasströmen dient der Abtrennung solcher Stoffe, die in der Atmosphäre selbst oder in anderen Bereichen der natürlichen sowie in der vom Menschen geschaffenen Umwelt Schäden unterschiedlicher Art hervorrufen.

Antwort zu Frage 11
Menschen, Tiere, Pflanzen und Sachgüter.

Antwort zu Frage 12
Die Abscheidung bzw. Umwandlung gasförmiger Schadstoffe kann mit Hilfe von Absorptions-, Adsorptions-, thermischen, katalytischen und biologischen Verfahren erfolgen.

Antwort zu Frage 13
Staubabscheider sind Stofftrennapparate, in denen bestimmte physikalische Effekte, z.B. Massenträgheit oder elektrische Kräfte, zur Trennung von Staubpartikeln und Gas genutzt werden.

Antwort zu Frage 14
Nach dem vorherrschenden Abscheideprinzip werden Staubabscheider in vier Typen eingeteilt:
- Zyklone.
- Elektroentstauber.
- Filternde Entstauber.
- Naßentstauber.

Antwort zu Frage 15
In einem zylindrischen Abscheideraum werden durch rotierende Strömungen des zu reinigenden Gases hohe Fliehkräfte erzeugt, welche die Staubpartikel zur Außenwand schleudern. Dort sinken sie auf schraubenförmiger Bahn in den Staubbunker; das gereinigte Gas strömt dann durch ein zentrales Rohr ab.

Antwort zu Frage 16
Aus schüttfähigen Kornmassen gebildete Filterschicht.

Antwort zu Frage 17
Der Elektroentstauber arbeitet mit kontinuierlicher Durchströmung und zeitlich konstanter Feldstärke.
Die in das elektrische Feld gelangenden Staubpartikel werden von den Elektronen, die von der Sprühelektrode ausgesandt werden, elektrisch aufgeladen. Auf der Sammelelektrode bildet sich dann der Staub als Niederschlag.

Antwort zu Frage 18
Die Abscheidung gasförmiger Stoffgemische aus Abluftströmen kann mittels folgender Verfahren vorgenommen werden:
- Physikalische Verfahren.
- Chemische Verfahren.
- Kombination aus physikalischen und chemischen Verfahren.

Antwort zu Frage 19
Absorbtion, Adsorption und Kondensation.

Antwort zu Frage 20
Unter Absorption versteht man die Aufnahme eines Gases in eine Flüssigkeit.

Antwort zu Frage 21
Bei der physikalischen Absorption wird ein Gas in der Flüssigkeit gelöst. Bei der chemischen Absorption wird die in der Flüssigkeit gelöste Komponente chemisch umgesetzt.

Antwort zu Frage 22
Günstige Adsorptionsbedingungen herrschen bei hohem Druck und niedriger Temperatur. Denn je höher bei gegebener (niedriger) Temperatur der Druck des zu adsorbierenden Gases oder die Konzentration des zu adsorbierenden gelösten Stoffes in der an das feste Adsorptionsmittel angrenzenden Gasphase ist, desto größer ist auch die an der festen Oberfläche adsorbierte Stoffmenge (Gleichgewichtszustand).

Antwort zu Frage 23
Organische Verbindungen können durch eine Nachverbrennung zu unbedenklichen Reaktionsprodukten umgewandelt werden, d.h. vor allem in Kohlendioxid und Wasserdampf.

Antwort zu Frage 24
Es gibt hier die Naß- und Trockenentschwefelungsverfahren.

Antwort zu Frage 25
Weil Schwefeloxide und Stickoxide in der Umwelt große Schäden anrichten können. Beispiele hierzu sind:
- Saurer Regen,
- Versauerung des Bodens,
- photochemischer Smog

Kapitel 4

Antwort zu Frage 1
Lärm wird üblicherweise als unerwünschter, störender oder gesundheitsschädlicher Schall definiert. Hierunter lassen sich diejenigen Geräuschemissionen zusammenfassen, die das körperliche, seelische und soziale Wohlbefinden beeinträchtigen.

Antwort zu Frage 2
Schädigungen durch den Lärm können auf zwei getrennten Wegen erfolgen. Der erste Weg führt über die Beeinflussung des zentralen und vegetativen Nervensystems. Die bekanntere Art der Lärmschädigung ist die direkte Beeinflussung des Gehörorgans.
Lärm macht uns taub und krank.

Antwort zu Frage 3
Lärmschwerhörigkeit stellt sich allmählich ein, manchmal schon nach einem halben Jahr, wenn jemand täglich mehrere Stunden bei einem Schallpegel von über 90 dB(A) arbeitet.

Antwort zu Frage 4
Schalldruck: Ist die durch das Schallereignis hervorgerufene Änderung des Luftdrucks; die physikalische Einheit heißt **Pascal** (1 Pascal = 1 Newton/m²).
Schalldruckpegel: Ist ein Maß für die Stärke eines Schallereignisses; Einheit ist „Dezibel".
Schalleistungspegel: Ist ein Maß für die Emission einer Schallquelle (Dezibel, Frequenzbewertung).

Antwort zu Frage 5
Geräusche kann man nach ihrer Stärke (Schalldruck, bzw. Schalldruckpegel in Dezibel), nach ihrem Klangcharakter (Frequenz) und nach ihrer zeitlichen Dauer unterscheiden. Um Geräusche unterschiedlicher Art und Dauer, wie sie z.B. an Verkehrswegen auftreten, hinsichtlich ihrer Stärke (Pegel) miteinander vergleichbar zu machen, werden Mittelwerte, sog. **Mittelungspegel** gebildet.

Antwort zu Frage 6
Die Komponenten des Schallpegelmessers sind:
- Mikrofon.
- Gleichrichter.
- Quadrierschaltung.
- Frequenzbewertung.
- Zeitbewertung.
- Anzeige des Mittelungspegels.

Antwort zu Frage 7
Oktav- und Terzfilter. Filter dienen zur exakteren Untersuchung des von der Quelle angestrahlten oder hervorgerufenen Geräusches. Insbesondere Töne können dabei erkannt werden. Mittelbar dient eine Frequenzanalyse der Auswahl von Lärmminderungsmaßnahmen.

Antwort zu Frage 8
Unter Lärmbereiche versteht man, entsprechend der Unfallverhütungsvorschrift *Lärm*, Arbeitsplätze, an denen der *Arbeitsplatzlärm* höher als 90 dB(A) ist. Lärmbereiche müssen als solche ausgewiesen werden (Bild zu Frage 8). Arbeitnehmer müssen hier einen persönlichen Gehörschutz tragen, da ansonsten *Lärmschwerhörigkeit* droht.

Antwort zu Frage 9
Sie bedürfen deshalb einer Genehmigung, weil davon ausgegangen wird, daß von ihnen im besonderem Maße schädliche Umwelteinwirkungen ausgehen.

Antwort zu Frage 10
Die TA Lärm wendet sich z.B. als sog. Verwaltungsvorschrift an die Genehmigungsbehörden und enthält Vorschriften zum Schutz gegen Lärm, die von den Behörden zu beachten sind, vor

Bild zu Frage 8: Kennzeichnung von Lärmbereichen (Gehörschutz tragen)

allem bei der Prüfung der Anträge auf Genehmigung zur Errichtung sowie Änderung von Bau und Betrieb genehmigungsbedürftiger Anlagen.
Die TA Lärm regelt den Lärmschutz.

Antwort zu Frage 11
Um festzustellen, ob von Geräuschen negative Wirkungen ausgehen, reicht es im allgemeinen nicht aus, den mittleren Schalldruckpegel (Mittelungspegel) zu erfassen. Zu einer besseren Beurteilung müssen daher z.B. Dauer, Zeitpunkt und Häufigkeit des Auftretens, Frequenzzusammensetzung, ggf. auch Auffälligkeit (Impulshaltigkeit, Tonhaltigkeit) sowie Art und Betriebsweise der Geräuschquelle erfaßt werden.
Werte, die diese Geräuscheigenschaften berücksichtigen, werden „Beurteilungspegel" genannt.
Die Einzelheiten hierzu sind in den Verwaltungsvorschriften (z.B. TA Lärm) und Regelwerken (z.B. VDI 2058, Blatt 1) enthalten.

Antwort zu Frage 12
Eine Kapsel soll die Luftschallausbreitung von einer Schallquelle verhindern, bzw. dämmen. Ihre einzelnen Elemente haben die Aufgabe, den Schall zu reflektieren und nur einen möglichst geringen Teil des Schalls durchzulassen.

Antwort zu Frage 13
Es können in einem Betrieb beispielsweise folgende Maßnahmen getroffen werden:
- anlagetechnische Maßnahmen, z.B. Kapselung der Anlage,
- bauliche Maßnahmen, z.B. Einsatz von Schallschluckstoffen zur Schallabsorption in Wänden und Decken.
- organisatorische Maßnahmen, z.B. geräuschintensive Maschinen zusammenlegen, Lärmbereiche einrichten, die durch bauliche Maßnahmen abgeschirmt sind.

Kapitel 5

Antwort zu Frage 1
Die Umweltpolitik ist Bestandteil der Unternehmenspolitik und basiert auf der Erkenntnis, daß keine nachteiligen Folgen für spätere Generationen des Unternehmens entstehen. Sie muß aber auch beim Management die Überzeugung erwecken, daß mittelfristig gesehen nur eine nachhaltige umweltgerechte Entwicklung das *wirtschaftliche* Überleben des Unternehmens sichert.
Die Umweltpolitik hat zwei Elemente zu beinhalten:
- Einhaltung aller einschlägigen Umweltvorschriften und
- Verpflichtung zu angemessener, kontinuierlicher Verbesserung des betrieblichen Umweltschutzes.

Die Umweltpolitik ist also Ausdruck der strategischen Grundausrichtung im Verhältnis zu anderen Zielsetzungen des Unternehmens.

Antwort zu Frage 2
Zur Erreichung von umweltorientierten Unternehmenszielen ergänzt der Betrieb seine bestehende Organisation beispielsweise so, daß die Funktionen der im Umweltschutz tätigen Mitarbeiter und deren Zusammenwirken für die umweltrelevanten Aktivitäten festgelegt werden. Die Vorteile für den Betrieb bei Festlegung und Dokumentation einer umweltorientierten Organisation sind:
- bestmögliche Auslastung der Kapazitäten,
- kundengerechte Leistungen erstellen und Termine einhalten,

- das Umweltimage des Betriebes und der Produkte verbessern,
- langfristige Kosten einsparen und Risiken minimieren,
- Erfüllung von gestezlichen und behördlichen Anforderungen im zeitlich vorgegebenen Rahmen.

Antwort zu Frage 3

Das Umweltmanagementhandbuch wendet sich z.B. an Führungskräfte aller Industriezweige und Unternehmensbereiche, an Fachkräfte aus Qualitätssicherung und Umweltschutz, an Unternehmensberater usw.

Antwort zu Frage 4

Ziele der Verordnung ist die Verpflichtung zu einer angemessenen, kontinuierlichen und dauerhaften Verbesserung des betrieblichen Umweltschutzes, indem
- eine Umweltpolitik, Umweltprogramme, Umweltziele und ein Umweltmanagementsystem etabliert und umgesetzt werden,
- regelmäßige Umweltbetriebsprüfungen durchgeführt werden,
- die Öffentlichkeit über die Umweltaspekte der Betriebstätigkeit unterrichtet wird.

Antwort zu Frage 5

Aus ökologischer Sicht lohnen sich Ökoaudits schon allein dann, wenn sie dazu beitragen, Vollzugsdefizite an den Standorten des Unternehmens zu beseitigen. Vor allem die Verringe-

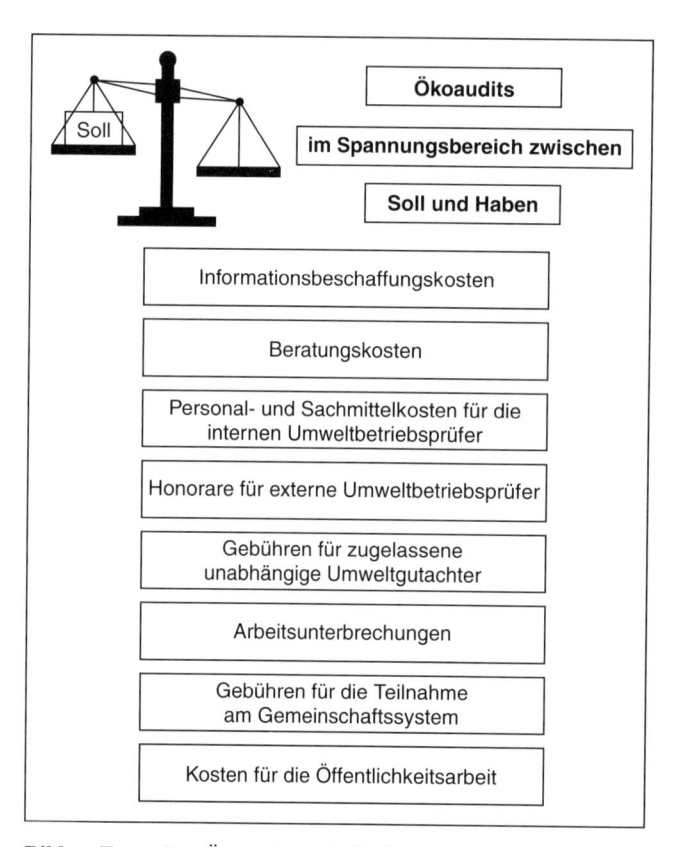

Ökoaudits im Spannungsbereich zwischen Soll und Haben

- Informationsbeschaffungskosten
- Beratungskosten
- Personal- und Sachmittelkosten für die internen Umweltbetriebsprüfer
- Honorare für externe Umweltbetriebsprüfer
- Gebühren für zugelassene unabhängige Umweltgutachter
- Arbeitsunterbrechungen
- Gebühren für die Teilnahme am Gemeinschaftssystem
- Kosten für die Öffentlichkeitsarbeit

Bild zu Frage 5a: Ökoaudits – die Sollseite

> **Ökoaudits**
> **im Spannungsbereich zwischen**
> **Soll und Haben**
>
> Die Kriterien hierzu sind:
> - Minderung der Umweltrisiken
> - Niedrigere Versicherungsprämien für die Umweltrisikoabsicherung
> - Sicherstellung und Nachweis der Einhaltung von Umweltvorschriften
> - Verminderung der Gefahr von Rechtsstreitigkeiten
> - Weniger Bußgelder und Strafen wegen des Verstoßes gegen Vorschriften
> - Höhere Glaubwürdigkeit gegenüber der Öffentlichkeit
> - Förderung guter Beziehungen zu Behörden
> - Minderung des Risikos einer Betriebsunterbrechung aufgrund eines Zwischenfalls
> - Erhöhtes Verantwortungsbewußtsein der Mitarbeiter
> - Höhere Zufriedenheit der Mitarbeiter
> - Hinweise auf Kostensenkungspotentiale
> - Verbesserte Statistik über umweltrelevante Vorkommnisse und Störfälle
> - Hinweise auf erforderliche Mitarbeiterschulung
> - Verbesserung der Gesundheit der Mitarbeiter
> - Verbesserung des Umweltvorschlagwesens

Bild zu Frage 5b: Ökoaudits – die Habenseite

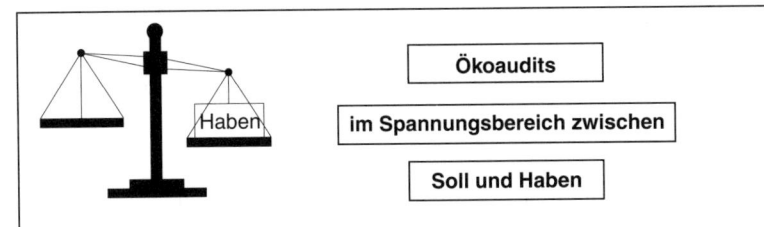

rung der Wahrscheinlichkeit von Störfällen steht mit den Zielen einer nachhaltigen Wirtschaftlichkeit in besonderem Einklang. Je nach Art, Umfang und Dauer eines Umweltaudits können bei dessen Durchführung beträchtliche betriebliche Ressourcen gebunden werden.

Ein Eigenaudit verursacht beispielsweise Personalkosten für den unternehmensinternen Auditor und evtl. Reisekosten für Betriebsstättenbesichtigungen. In erster Linie fallen Kosten an für Arbeitsunterbrechungen, die daraus resultieren können, daß das Personal den Auditoren für Besprechungen und Interviews zur Verfügung stehen muß. Die Kosten für Fremdaudits können ebenfalls beträchtlich sein; das gilt auch für Honorarforderungen von Beratungsfirmen.
Den betrieblichen Kosten von Ökoaudits sind jedoch deren *Nutzen* entgegenzuhalten.

Antwort zu Frage 6
Im Rahmen eines Ökoaudits sind nach den Vorstellungen der EG-Kommission folgende Punkte zu berücksichtigen:
- Bewertung, Kontrolle und Verhütung der Auswirkungen der betreffenden Tätigkeiten auf die verschiedenen Umweltmedien, insbesondere Luft, Wasser, Boden, Biotope;
- Management, Einsparung und Wahl von Energieträgern;
- Bewirtschaftung, Auswahl und Transporte von Rohstoffen, Wasserwirtschaft und -einsparung; - Recycling, Transport und Entsorgung von Abfällen;
- Produktmanagement (Entwurf, Transport, Verwendung und Entsorgung);
- Verhütung und Verringerung von umweltrelevanten Unfällen;
- Information, Ausbildung und Beteiligung des Personals in bezug auf ökologische Fragestellungen;
- externe Information und Beteiligung der Öffentlichkeit, insbesondere Bearbeitung der Klagen aus der Öffentlichkeit.

Antwort zu Frage 7
Bausteine des Umweltmanagements sind:
- Umweltpolitik.
- Umweltprüfung.
- Umweltprogramm und deren Umsetzung.
- Organisation und Personal.
- Aufbau- und Ablaufkontrolle.
- Dokumentation.
- Registrierung und Bewertung der Umweltauswirkungen.
- Umweltbetriebsprüfung.
- Umwelterklärung und deren Umsetzung.
- Gültigkeitserklärung.

Antwort zu Frage 8
Die Umweltbetriebsprüfung ist ein wichtiges Instrument zur Bewertung umweltrelevanter Leistungen der Unternehmen im Sinne einer kontinuierlichen Verbesserung des betrieblichen Umweltschutzes. Die Umweltbetriebsprüfung ist als ein Teil des Umweltmanagementsystems anzusehen.

Antwort zu Frage 9
Die Umwelterklärung ist eine Information an die Öffentlichkeit über die vom Unternehmen ausgehenden Umweltbelastungen. Sie ist die einzige Veröffentlichung über die umweltrelevanten Leistungen des Unternehmens und enthält eine Reihe von Mindesthinweisen.

Antwort zu Frage 10
Nach der ersten Umweltprüfung und jeder folgenden Umweltbetriebsprüfung wird anhand der schriftlich fixierten Ziele und Daten eine Umwelterklärung in knapper und verständlicher Form erstellt.

Antwort zu Frage 11
Es ist eine Person oder eine Gruppe, die zur Belegschaft des Unternehmens gehört oder unternehmensfremd sein kann, die im Namen der Unternehmensleitung handelt, über fachliche Qualifikationen verfügt und deren Unabhängigkeit eine objektive Beurteilung gestattet.

Antwort zu Frage 12
Ein zugelassener Umweltgutachter ist eine vom zu begutachtenden Unternehmer unabhängige Person, die über eine amtliche Zulassung verfügt.

Antwort zu Frage 13
Ökobilanzen dienen einer vergleichbaren Beurteilung der ökologischen Folgen von Produkten, Dienstleistungen, Betrieben oder Produktionsprozessen.

Antwort zu Frage 14
Die Ökobilanzierung umfaßt die Ökoteilbereiche:
- Betriebsbilanz.
- Prozeßbilanz.
- Produktbilanz.
- Standortbilanz.

Antwort zu Frage 15
Die Phasen des Öko-Controlling-Verfahrens sind:

- Definieren der ökologischen Ziele und deren Schwerpunkte.
- Erfassung der Stoff- und Energieströme.
- Beurteilung der Stoff- und Energieströme.
- Beurteilung der Stoffe, Produkte und Emissionen auf ihre Umwelteinwirkungen.
- Konkretisieren von Zielen.
- Konzeptionelles Planen von Maßnahmen zur Umsetzung der Ziele.
- Alternativensuche, -auswahl und Umsetzung.
- Beurteilung der ökologischen Erfolge.

Antwort zu Frage 16

Aus der Produktbaumanalyse ist folgendes zu entnehmen:
- sie geht aus von der innerbetrieblich erstellten Produktbilanz,
- wählt aus den Konten der Produktbilanz Schwerpunkte der vertiefenden Analyse, sog. Prioritätslinien aus und
- verfolgt diese über verschiedene Stufen der Vorproduktion bis hin zur Urproduktion, bzw. in umgekehrter Richtung bis zur Endlagerung (also vom Rohstoff bis zum Fertigteil).

Antwort zu Frage 17

Im Oktober 1992 ist eine Vereinbarung über die Berücksichtigung von Umweltbelangen in der Normung zwischen Bundesumweltministerium und dem Deutschen Institut für Normung (DIN) geschlossen worden. Die Vereinbarung enthält neben einer Regelung über Arbeit und Aufgaben der Koordinierungsstelle Umweltschutz im DIN auch die Gründung des Normenausschusses „Grundlagen des Umweltschutzes" seit Februar 1993. Der Normenausschuß „Grundlagen des Umweltschutzes" ist das zuständige Arbeitsgremium des DIN für die

Arbeitsgremien des NAGUS	Gremien in bezug auf ISO/TC 207
Terminologie	Terms and definitions (Fachbegriffe u. Definitionen)
Umweltmanagement/ Umweltaudit	Environmental management systems (Umgebungsmanagementsystem)
Tools (Werkzeuge) Umweltmanagementsysteme Produkt-Ökobilanzen Grundsätze der Ökobilanzen Sachbilanz Energie- und Transportmix Daten Wirkungsbilanz/ Bewertung	Life cycle analysis Life cycle code of practice Life cycle inventory Life cycle impact analyses Life cycle evaluation and improvement analysis
Umweltbezogene Kennzeichnung	Environmental labelling Environmental performance evaluation

Tabelle zu Frage 17: Normenausschuß „Grundlagen des Umweltschutzes" (NAGUS) und ISO/TA 207 Environmental Management

fachübergreifende Normung auf den Gebiet Terminologie des Umweltschutzes, Umweltmanagement/-audit, Ökobilanzen und umweltbezogene Kennzeichnung auf nationaler, europäischer und internationaler Ebene. Die aktuellen Themen auf die darauf basierende Arbeitsstruktur des Normenausschusses ergeben sich aus den im internationalen Normenausschuß ISO/TC 207 „Environmental Management" (oder TEM) laufenden Arbeiten (vgl. Tabelle zu Frage 17). Der Ausschuß ISO/TC 207 ist im Juni 1993 gegründet worden und setzt die im Rahmen der zeitweiligen ISO-Initiative *Strategie Advisory Group on Enviroment* (SAGE) begonnenen umweltbezogenen Normungsarbeiten fort.

Obwohl die EG-Verordnung ohne zusätzliche Normung angewandt werden kann, besteht doch der Wunsch, wesentliche Aspekte zum Umweltmanagement international zu normen, um international gleichartige bzw. vergleichbare Vorgehensweisen einzuführen. Das neu gegründete Komitee ISO/TC 207 „Environmental Management" beschäftigt sich mit der Normung zu Umweltmanagementsystemen, Umweltaudits, Grundlagen zu umweltbezogenen Leistungsnormen, Umweltkennzeichnung von Produkten.

Literaturverzeichnis

Bücher

1. Kompostierung: Optimale Aufbereitung und Verwendung organischer Materialien im ökologischen Landbau. Verlag C. F., Müller Karlsruhe, 1990
2. Einführung in die Umwelttechnik: Grundlagen und Anwendungen aus Technik und Recht. Verlag Friedr. Vieweg & Sohn Verlagsgesellschaft mbH, Braunschweig/Wiesbaden, 1994
3. Behandlung fester Abfälle: Vermeiden, Verwerten, Sammeln, Beseitigen, Sanieren. Vogel Buchverlag, Würzburg, 1992
4. Behandlung von Abwasser: Emissionsarme Produktionsverfahren, mechanisch-physikalische, biologische, chemisch-physikalische Abwasserbehandlung, rechtliche Grundlagen. Vogel Buchverlag, Würzburg, 1995
5. Muster-Handbuch Umweltschutz, Umweltmanagement nach DIN/ISO 9001. Hermann Luchterhand Verlag GmbH, Berlin, 1993
6. Lexikon Technik und Umwelt. Holland + Josenhans Verlag, Stuttgart, 1994

Fernstudienlehrgang „Betrieblicher Umweltschutz" von RKW, Rationalisierungs-Kuratorium der Deutschen Wirtschaft e.V., Eschborn, und Landesgruppe-Hessen, Kassel

a) Gewässerschutz
b) Luftreinhaltung
c) Quellen, Ursachen, Auswirkungen von Lärm
d) Darstellung der natürlichen Funktionen des Bodens und des Grundwassers. Rationalisierungs-Kuratorium der Deutschen Wirtschaft e.V. (RKW), Landesgruppe Hessen Kassel

Seminar „Qualitätsmanagement und Umweltschutz"

Deutsche Gesellschaft für Qualität e.V. Frankfurt am Main

Zeitschriften

QZ: Qualität und Zuverlässigkeit, Zeitschrift für industrielles Qualitätsmanagement, Heft 9/94
QZ: Qualität und Zuverlässigkeit, Zeitschrift für industrielles Qualitätsmanagement, Heft 4/94
QZ: Qualität und Zuverlässigkeit, Zeitschrift für industrielles Qualitätsmanagement, Heft 11/94
QZ: Qualität und Zuverlässigkeit, Zeitschrift für industrielles Qualitätsmanagement, Heft 6/95

Verbände und Ministerien

a) Verband Deutscher Maschinen- und Anlagenbau e.V. (VDMA), Fachabteilung Wasser- und Abwassertechnik, Frankfurt am Main
b) Schriftenreihe der Bundesanstalt für Arbeitsschutz „Geräuschangaben für Maschinen", Bundesanstalt für Arbeitsschutz, Dortmund
c) Aus der Tätigkeit des LIS, Landesamt für Immissionsschutz Nordrhein-Westfalen (LIS)
d) Jahresbericht des Umweltbundesamtes, Die europäische Öko-Audit-Verordnung Umweltbundesamt, Berlin
e) Ökologische Qualität von Produkten: „Ein Leitfaden für Unternehmer", Hessisches Ministerium für Umwelt, Energie und Bundesangelegenheiten, Wiesbaden

f) Öko-Audit: „Ein Leitfaden für Interessenten am EU-Umweltmanagement- und Betriebsprüfungssystem", Arbeitsgemeinschaft hessischer Industrie und Handwerkskammern Frankfurt am Main.
g) Umweltmanagementsystem: „Ein Modellhandbuch", Landesanstalt für Umweltschutz, Baden-Württemberg, Karlsruhe
h) Umweltmanagement in der metallverarbeitenden Industrie: „Leitfaden zur EG-Umwelt-Audit-Verordnung", Landesanstalt für Umweltschutz Baden-Württemberg, Karlsruhe
i) Umweltorientierte Unternehmensführung: „Ein Praxisleitfaden", Landesanstalt für Umweltschutz Baden-Württemberg
j) Öko-Audit, Betrieb und Umwelt, Landesanstalt für Umweltschutz, Baden-Würtemberg, Karlsruhe

Verzeichnis von Firmenberichten

1. Deutsche Babcock Anlagen GmbH, Oberhausen, Abfallbehandlungsanlagen, schadstofffreie Abfallverbrennung, Rauchgasreinigung hinter Müllverbrennungsanlagen, Rauchgasentschwefelung, katalytische NO_x- und PCDD/F-Reduktionsanlagen
2. Degussa, Frankfurt am Main, Konzernkommunikation Öffentlichkeitsarbeit, Wasserbehandlungssysteme zur Reduzierung von Schadstoffen im Wasser
3. Lurgi AG, Frankfurt am Main, Altlastsanierung durch naßmechanische Schadstoffabtrennung, Bodensanierung mittels Bodenluftabsaugung, Verglasungsverfahren zur Inertisierung von Rückstandsprodukten aus der Schadgasbeseitigung, Abfall entsorgen, ZWS-Kraftwerke, Wasserreinigung mit körnigen Aktivkohlen
4. Krauss-Maffei, München, Ökologie durch Ökonomie
5. RWE Energie AG, Essen, Öffentlichkeitsarbeit und Information, Lehrfachheft Erzeugung der elektrischen Energie, Nebenprodukte aus Steinkohlekraftwerken, Rauchgasreinigung bei Großfeuerungsanlagen, Entschwefelung und Entstickung, Strombasiswissen Rauchgasreinigung
6. Siemens AG, München, Umweltschutz: Versuch einer Systemdarstellung
7. Forschungszentrum Karlsruhe, Karlsruhe, Technik und Umwelt, Entsorgung radioaktiver Abfälle
8. Eisenmann Umwelttechnik, Böblingen, Leitfaden Umwelttechnik „Abluftreinigung", „Abwasserbehandlung", „Reststoffnutzung" und Tendenzen in der Wasserreinigung
9. Dürr GmbH, Dortmund, Systemlösungen in der Wassertechnik
10. Abwassertechnische Vereinigung e.V. (ATV), Schwermetalle im kommunalen Abwasser, Desinfektion von Abwasser, St. Augustin 1
11. Roediger Anlagenbau GmbH, Hanau, Abwassertechnik, Intensivierte Schlammbehandlung, ROEFILT Filtertrommelkonzentrator
12. WABAG, Gruppe Balcke-Dürr AG, Leipzig, Biologische Reinigung von kommunalem Abwasser mit Festbett/Flockungsfilter, Anaerobe Abwasserbehandlung, Getauchte Unterdruckmembran
13. Petrolit GmbH, Bad Homburg, Freising, Abwasser Reinigungssystem, Reinigung ölhaltiger Abwässer durch Turboflotation
14. Süd-Chemie AG, Abwasser- und Umwelttechnik, Freising, Einsatz von Südflock zur Leistungssteigerung in der papier- und zellstofferzeugenden Industrie, Flockungsmittel, Neue Strategie zur Bekämpfung der Eutrophierung und zur Entfernung von Krankheitserregern in kommunalen Abwässern mittels Mikrofiltration
15. Mercedes-Benz AG, Sindelfingen, Umweltschutz in der Produktion, Daimler-Benz Umweltbericht

16. Uhde GmbH, Dortmund, Reinigung von kommunalem und industriellen Abwasser mit einer Belebtschlammanlage, kommunale Abwasserreinigung mit einer Hochbiologie und einer Flotation zur Nachreinigung. Die Flotation anstelle der Sedimentation. Die biologische Abwasserreinigung
17. Zweckverband Abfallreinigung Rangau, Fürth, Schwefel-Brennanlage
18. Netzsch-Filtrationstechnik, Selb, Rauchgasentschwefelung, nach dem quasitrockenen Sprüh-Absorptionsverfahren, Rauchgasentstickung nach dem SCR-Verfahren, Anlagen mit anorganischers Konditionierung mittels Kammerfilterpresse
19. GEA Wiegand GmbH, Ettlingen, Gaswaschanlagen für Prozeß- und Umwelttechnik
20. Vorgehensweisen bei der Sanierung von Altlasten, Sonderdruck der Fachzeitschrift Galvanotechnik, Leutze Verlag, Saulgau
21. Bizerba GmbH & Co KG, Balingen, Umwelterklärung
22. Kunert AG, Immenstadt, Ökobericht der Kunert AG
23. Neumarkter Lammsbräu, Neumarkt, Öko-Bilanz und Controlling

Sachwortverzeichnis

3R-Verfahren zur Behandlung von
   Schwermetallen 18

A
Abbau, mikrobieller (M.A.) 71
Abbauprozeß, anaerober 174
ABC-/XYZ-Bewertung 372
ABC-Bewertung 373
ABC-Bewertungsmethode 367
A-Bewertungsfilter 278
Abfallarten 3
Abfälle 3
Abfallerfassung 8
Abfallgesetz 5
Abfallmenge 6
Abfallrecht 5
Abfallverbrennung 10
Abfallwirtschaft 6, 45
Abgasreinigung 234, 273
Abluft 233
Abluftreinigung 258
–, katalytische 259
–, thermische 256
Abluftreinigungsverfahren 256
Abreinigungsphase 240
Absatzbecken 165f.
Absorption 247, 405
–, chemische 250
–, physikalische 250
Absorptionsmittel 251
Absorptionsverfahren 250
Abwasser 116ff, 400
Abwasserabgabengesetz (AbwAG) 130f.
Abwasseranlage 127
Abwasserbehandlung 117f., 122, 183, 188
–, anaerobe 173
Abwasserreinigung 120, 122, 197
–, aerobe 173
Abwasserreinigungsverfahren 191
Additivverfahren 29, 32
Adsorber 163, 254
Adsorption 162, 224, 247f., 252f.
Adsorptionsrad 255
Adsorptionsverfahren 253
Adsorptiv 162
Aerobe Abwasserreinigung 173
– Bedingungen 75
– Verfahren 172

Aerosole 216, 219, 224
A-Filter 285
Agglomerate 240, 402
Aktivkohle 163
Altglas 83
Altglasanfall 83
Altlasten 98, 109, 399
Altpapier 81f.
Anaerob 173, 402
Anaerobe Abwasserbehandlung 173, 179, 181
– Verfahren 172
Anaerober Abbauprozeß 174
Anareobe Abwasserreinigung 180
Anionenaustauscher 192
Anorganische Schadstoffe 13
Arbeitsplatzkonzentration, maximale (MAK)
   215, 233
Asbest 225
Asche 34
Assimilation 210
Aufbau- und Ablaufkontrolle 339
Aufbau- und Ablauforganisation 385ff.

B
Bakterien 71
Baulärm 295
Bedingungen, aerobe 75
Belebtschlamm 121, 123, 153
Belebungsbecken 121f., 154, 166, 174
Belebungsverfahren 174f.
Betriebsbilanz 347f., 352, 356f., 368
Betriebsbilanzdaten 352
Beurteilungspegel 294, 298, 407
Bio-Hochreaktor 181f.
Bodenaustausch 101
Bodenluftabsaugung 104
Bodenreinigung, mikrobiologische 108
Bringsystem 80
Britisch Standard 7750 (BS 7750) 388
BSB 185f.
BSB_5 : N-Verhältnis 188

C
Chemische Absorption 250
Chemische Verfahren 183, 247
Chemische Verwertungsverfahren von
   Kunststoffen 91
Chemisch-physikalische Verfahren 191

Sachwortverzeichnis 417

Controlling 347
Cross-Flow-Betrieb 159, 162
CSB 175, 190, 197
- -Absenkung durch Hochleistungsbiologie 177
- -Gehalt 180

D

Dämmung 308
Dämpfe 219
Dekanterzentrifugen 203
Denitrifikation 72, 76, 122f., 182, 188, 402
Deponie 58
Deponiebasisabdichtungssystem 59, 61, 397
Deponiebetrieb 63
Deponieentgasung 64
Deponiegas 63f., 397
Deponiegasbehandlung 64
Deponiegasfackeln 65
Deponiegasnutzung 65f.
Deponiekörper 61
Deponienachsorge 63
Deponieoberflächenabdichtung 61f.
Deponiestandort 58
Desorber 254
Desorption 249f., 253, 255
Dibenzodioxine (PCDD) 14, 64
Dibenzofurane (PCDF) 13f.
Dioxine 13, 45
Direkteinleiter 119, 400

E

EG-Öko-Audit-Verordnung 389
EG-Verordnung 348, 412
Eindampfanlage 199
Eindampfung 198
Eindampfverfahren 198
Eindicker 182, 200
Eindicker 200
Eindickung 202f., 207
Einhausung 306f.
Einkapselung 101, 399
Elektrodialyse 193
Elektroentstauber 234
Elektrofilter 24, 29, 33
Elektroflotation 171
Elektrolyse 193
Emission 219, 228, 356, 403
Emissionsanalyse 229
Emissionskataster 219
Emissionskonzentrationen, maximale (MEK-Werte) 233
Emissionsüberwachung 219
Emissionswerte 298
Emulsion 170
Entgasung 395

Entschwefelung 32f.
Entschwefelungsverfahren, nasses 262
-, trockenes 263
Entsorgung 122
Entstauber, filternde 234, 237
Entwässerung 207
EU-Audit 359
EU-Verordnung 335f., 359
Explosionsgefahr 257
Explosionsgrenze 257
Ex-situ-Verfahren 96, 105, 399
Extraktion 197

F

Fällung 123, 187
Faulbehälter 122
Faulgas 403
Festbettadsorber 255
- reaktoren 175
- verfahren 163
Filterkuchen 205f., 239
Filternde Entstauber 234, 237
Filtration 147, 154f., 401
Flockenbildung 187, 189, 202
Flockenzerfall 202
Flockung 123, 163, 187, 206
Flockungshilfsmittel (FHM) 187, 189
Flockungsmittel 187, 189, 202, 207
Flockungsvorgang 187
Flotation 106f., 168, 169f., 203, 402
Flüssig-Flüssig-Extraktion 198
Flüssigkeitsschall 277
Frequenzanalyse 284, 289
Frequenzbewertungsfilter 285
Füllkörperkolonnen 243
Furane 13, 45

G

Gase 219, 221
Gegenstromlamellenabscheider 167
Gegenstrom-Schwebebettverfahren 194
Geräusche 280, 284, 295, 406
Geräuschemissionen 310
Gerüche 219
Gewebefilter 239
Gewerbeabfälle, hausmüllähnliche 4, 395
Gleichstromextraktion 198
Gleichstrom-Festbettverfahren 194
Grundwasser 114f.
Gültigkeitserklärung 342

H

Hausmüll 80, 88, 395
Hausmüllähnliche Gewerbeabfälle 4, 395
Hausmüllentsorgung 11
Hausmüllverbrennungsvorgang 16

Hochleistungsbiologie 176
Holsystem 80
Hörschwelle 278, 293
Hörverluste 293

I

Immissionen 219ff., 294
Immissionsanalyse 229
Immissionskataster 220
Immissionskenngrößen 220
Immissionskonzentrationen, maximale
 (MIK-Werte) 233
Indirekteinleiter 119, 400
In-site-Verfahren 96
In-situ-Sanierung, 101
–, mikrobiologische 102
In-situ-Verfahren 101
Ionenaustauscher 192, 194
Ionenaustauscheranlage 192
Ionenaustauscherverfahren 192

K

Kammerfilterpresse 170, 205, 207
Kapselung 307, 407
Katalytische Abluftreinigung 259, 261
Kationenaustauscher 192, 196
Kläranlagen 116, 120, 122
Klärschlamm 21, 122, 400
Klärschlammbehandlung 21
Koagulation 187
Kolonnenwäscher 243
Kombinationsverfahren 247
Kompostierung 69f., 73f., 77, 397
– in Rottezellen 77
Kondensation 247, 249
Konditionierung 203f.
Konditionierungsmittel 204
Konditionierungsverfahren 204
Kontenrahmen 348ff.
Konzentration 229, 277, 291, 310,
Körperschalldämmung 291
Kreislaufführung 137, 196
Kreislaufwirtschaftsgesetz 6
Kristallisation 197
Kunststoffe, chemische Verwertungsverfahren
 von 91

L

Lacke im Kreislauf 94
Lackschlämme 91f.
Lackschlammverwertung 91
Lamellenabscheider 167
Lärm 276, 291
Lärmbelästigungen 276
Lärmbereiche 288
Lärmbeurteilungspegel in dB 288

Lärmminderung 296, 301f., 306
Lärmpegel 288
Lärmschutz 287f.
Lärmschutzmaßnahme 289
Lärmschwerhörigkeit 276, 405f.
Luftanalyse 403
Luftschadstoffe 229f.
Luftschall 277, 291, 299, 309
Luftschalldämmung 291
Luftverschmutzung 115
Luftverunreinigungen 219, 221f.,225, 403
Luftvorwärmer (LUVO) 36

M

Management 313f., 352, 407
Managementebenen 324
Managementsystem 313, 325, 389
Maximale Arbeitsplatzkonzentration
 (MAK-Werte) 215, 233
Maximale Emissionskonzentrationen
 (MEK-Werte) 233
Maximale Immissionskonzentrationen
 (MIK-Werte) 233
Membranfilterpresse 206
Membranfiltration 152
Membran-Trennanlagen 152
Membran-Trennverfahren 151, 162, 401
Mieten 76
Mietenkompostierung 76
Mikrobieller Abbau (M.A.) 71
Mikrobiologische Bodenreinigung 108
– In-situ-Sanierung 102
Mikrofiltration 154f., 158
Mikroorganismen 71f., 76
Mittelungspegel 406
Mülldeponien 113
Müllvolumen 8

N

Nacheindicker 122
Nachklärbecken 121, 188, 200
Nachklärung 173
Nachverbrennung 405
–, thermische (TNV) 256
Nanofiltration 141, 159
Naßabscheider 39
Naßentstauber 234, 236, 241
Nasses Entschwefelungsverfahren 262
Naßoxidation 190
Naßverfahren 29
Naßwäscher 244
Naßwaschverfahren 31
Neutralisation 183, 186f., 190
Neutralisationsmittel 186
Nitrifikation 71f., 76, 122, 182, 188, 402

O

Oberflächenwasser 114f.
Off-site 105
- -Verfahren 96
Ökoaudits 35, 345, 408
- bilanzen 345, 347, 359, 366f., 410
Ökobilanzdaten 352
- -Controlling 353f., 356, 359, 367, 373, 375
- - -System 354, 357, 359
- - -Verfahren 410
On-site 105
- -Verfahren 109
Organisation 319, 381
Organische Stoffe 13
Osmose 160
Ozon 215, 218, 223, 403
Ozonloch 210, 214

P

Permeate 158, 162, 176
Permeatbehälter 152
Phosphorelimination 123
PH-Wert 183f., 186, 213
- -Bereich 183
- -Regelung 184
- -Verschiebung 183
Physikalische Absorption 250
- Verfahren 247
Plattenentstauber 237
Prinzipien, umweltpolitische 318
Produktbaumanalyse 356, 365, 411
Produktbilanz 348, 356
Produktlinienbilanz 370
Prozeßbilanz 348, 370f.
Prozeßwasser 138f.
Puls-Jetschlauchfilter 240
Pyrolyse 39f., 42, 44, 395f.

Q

Qualitätskreis 321
Qualitätsmanagement 380f., 387
- -handbuch 385
- -system (QMS) 379f.
Qualitätssicherung 321, 380, 388
Qualitätssicherungssystem 381
Qualitätswesen 319ff.
Quasi-Trockensorptionsverfahren 250
Quellwasser 115

R

Radialstromwäscher 242
Rauch 219, 224
Rauchgas 263
- -entschwefelung 261
- -entstickung 265
- -reinigung 15, 27, 33, 250
- -wäsche 263
REA-Gips 32
REA-Gipsverwertung 32
Rechenanlage 143
Recycling 77, 135, 139, 399
Recyclinghof 81
Regen, saurer 210
Reinigungsstufe 121
Riesler 196
Röhrenentstauber 236f.
Rotte 69f., 74
Rottezellen, Kompostierung in 77
Ruß 219

S

Sandfang 164f.
Saurer Regen 210
Schadstoffe 12
-, anorganische 13
Schall 277
Schallabsorption 303
Schallabstrahlung 299, 307
Schalldämmung 305, 307
Schalldämpfung 291, 299
Schalldruck 278, 405
Schalldruckpegel 278, 280, 405
Schalleistungspegel 278, 405
Schallfrequenz 278
Schallimpulse 287
Schallmeßinstrumente 284
Schallpegel 278, 297, 303
Schallquellen 276, 308
Schallwellen 276f.
Schlacken 15
Schlamm 200
Schlammbehandlung 120, 122, 200, 202
Schlammbeschaffenheit 204
Schlammentsorgung 188
Schlammentwässerung 122
Schlammfaulung 201f.
Schlammräumung 168
Schmerzschwelle 278
Schmutzwasser 116
Schulung 325
Schüttschichtfilter 237f.
Schwachstellenanalyse 366f., 376
Schwermetalle 117
-, 3R-Verfahren zur Behandlung von 18
SCR-Technik 261
SCR-Technologie 260
- -Verfahren 265
Sedimentation 163f., 401
Selektivaustauscher 141
Siebanlagen 145
Smog 210, 212

Smog-Frühwarnsystem 212
Sonderabfalldeponien 66
Sonderabfälle 4, 9, 50f.
Sprühabsorptionsverfahren 29, 35
Spülkaskade 137
Spülkriterium 136
Spültechniken 136, 401
Spülwasser 196
Standortbilanz 370f.
Staub 219, 221, 224, 234
Staubabscheider 404
Staubabscheidung 234
Stickstoffelimination 122
Stoffe, organische 13
Strippen 170, 197, 403

T
TA Lärm 294f., 406
TA Luft 13, 45, 219f., 230, 403
Thermische Abluftreinigung 256
– Nachverbrennung (TNV) 256
Total Environmental Management (TEM) 387
Total Quality Management (TQM) 321, 387, 389
Transmission 221, 228
Treibhauseffekt 210f.
Trennverfahren 89
Trockenes Entschwefelungsverfahren 263
Trockenfiltration 150
Trockenverfahren 29, 35
Trübung 190
Turboflotation 170

U
Ultrafiltration 95, 139, 141, 158, 401
Ultrafiltrationsmembranen 158
Ultrafiltrationsverfahren 140
Umkehrosmose 139ff., 159, 161f., 401
Umweltschutzmaßnahmen 313
Umweltaudits 313, 345
Umweltbetriebsprüfung 313, 334, 341, 343, 410
Umwelteinwirkungen 294
Umwelterklärung 335, 341ff., 410
Umweltmanagement 314f., 324, 334
– -handbuch 325
– -system 316, 324, 339, 341, 359, 381, 390

Umweltpolitik 316f., 324, 335, 337, 407
Umweltpolitische Prinzipien 318
Umweltprogramm 335, 338, 342
Umweltprüfung 337, 341, 343, 410
Umweltschutz 312ff.
Umweltschutzbeauftragter 319f., 323
Umweltschutzmaßnahmen 384
Umweltziele 335, 338
Untertagedeponien 67
UV-Oxidation 190

V
Venturiwäscher 241, 244
Verbrennung 33, 199, 395, 397
Verfahren, aerobe 172
–, chemische 183, 247
–, chemisch-physikalische 191
–, physikalische 247
Verfestigung 18
Vergasung 46, 49, 395
Verpackungsmaterial 82
Verwertungsverfahren 89
–, chemische, von Kunststoffen 91

W
Wanderschichtverfahren 163
Wasch- und Reinigungsmittelgesetz (WRMG) 132
Waschflüssigkeit 248
Wasserhaushaltsgesetz 128
Wasserkreislauf 114f.
Wirbelbettreaktoren 177
Wirbelschicht (ZWS) 42
–, zirkulierende 34
Wirbelschichtfeuerung (ZWS), zirkulierende 33
Wirbelschichtofen 22
Wirbelschichtreaktoren 42, 396

X
XYZ-Klassifizierung 370

Z
Zirkulierende Wirbelschicht (ZWS) 34
– Wirbelschichtfeuerung (ZWS) 33
Zyklone 234f., 238, 244, 396

U97-1

KCH

Damit Sie sicher sind, daß alles sauber läuft: umwelttechnische Anlagen von KCH

Abluft, Abwässer und Abfallstoffe aus Produktionsprozessen, sowie Sickerwässer aus Deponien enthalten eine Vielzahl von anorganischen und organischen Schadstoffen.

KCH entwickelt, plant und baut Anlagen zur Verminderung von Emissionen, zur Wertstoffrückgewinnung und Stickstoffausschleusung. Die Konzepte stehen für Wirtschaftlichkeit und moderne Verfahrenstechnik.

Ihr Vorteil: Optimale, kundenspezifische Komplettlösungen aus einer Hand – von der Problemdefinition bis zum Betrieb der Anlage.

KERAMCHEMIE GMBH
Bereich Verfahrenstechnik

Postfach 1163 · D-56425 Siershahn
Tel.: (0 26 23) 6 00-0 · Fax: 6 00-7 95

KCH – Ihr Partner für Oberflächentechnik, Umwelttechnik, Beiz- und Regeneriertechnik, Kunststofftechnik, Keramik.

Ein Unternehmen der Th. Goldschmidt Gruppe

Bücher von Vieweg

Handbuch Abfallwirtschaft und Recycling

Gesetze, Techniken, Verfahren

herausgegeben von
Karl O. Tiltmann

1993. VIII, 368 Seiten mit 166 Abbildungen und 62 Tabellen. Gebunden. ISBN 3-528-04119-6

Über den Autor:
Dr. Karl Tiltmann ist Sachverständiger für Recycling und Lehrbeauftragter an der Technischen Hochschule in Aachen.

Aus dem Inhalt:
Gesetze – Verordnungen – Abfallwirtschaft in der EG – Zulassungsverfahren – Deponietechnik – Abfallbeseitigung – Altlastsanierung – Abfallbörse – Recycling von Bauschutt – Hausmüll – Kunststoff und Metall

Dieses Buch führt zu den wichtigsten Problemkreisen im Umgang mit Abfall. Neben den gesetzlichen Verordnungen und Bestimmungen wird Abfall als Wirtschaftsgut in der EG betrachtet. Ein großer Teil des Buches beschäftigt sich mit den Abfallarten, deren Beseitigung und den erforderlichen Deponietechniken.

Verlag Vieweg · Postfach 15 47 · 65005 Wiesbaden · Fax 06 11/ 78 78-420

INTERNET-SERVICE

Mehr Informationen mit dem

VIEWEG INTERNET-SERVICE

Das vollständige Angebot an Studienbüchern, Infos über Vertrieb, Lektorat und Neue Medien finden Sie unter

http://www.vieweg.de

vieweg

Tauchkörper
Tropfkörper
Festbett

Biologische
Abwasserreinigung
durch BIO-NET® und SESSIL®

- die platzsparende Alternative
- Prozeßstabilität
- problemlose Um- und Nachrüstung
- günstige Investitions- und Betriebskosten
- kürzeste Bauzeiten

NORDDEUTSCHE SEEKABELWERKE GMBH

NSW - Umwelttechnik

26944 Nordenham · Postfach 1464
Tel.: 04731/82-293 · Fax: 82-538

Bücher von Vieweg

Chemie und Umwelt

Ein Studienbuch für Chemiker, Physiker, Biologen und Geologen

von Andreas Heintz und Guido A. Reinhardt

4., aktualisierte und erweiterte Auflage 1996. X, 366 Seiten mit 123 Abbildungen und 85 Tabellen. Gebunden. ISBN 3-528-36349-5

Eine Aktualität erfährt diese dritte, neubearbeitete Auflage durch die Einbeziehung der Daten aus den neuen Bundesländern und anderen europäischen Staaten. Treibhauseffekt, Ozonloch, Waldsterben, Rauchgasreinigung oder der Kfz-Katalysator werden ebenso behandelt wie Probleme des Bodens und der Gewässer, beispielsweise die Kreisläufe von Schwermetallen, Düngemitteln, Pestiziden oder chlorhaltigen Chemikalien. Besonderes Gewicht messen die Autoren den Strategien zur Vermeidung und Verringerung von Schadstoffen sowie den Wiederverwertungsmöglichkeiten bei. Die Autoren weisen auf gesetzliche Regelungen und Grenzwerte hin und zeigen auch politische und wirtschaftliche Konsequenzen auf.

Verlag Vieweg · Postfach 15 47 · 65005 Wiesbaden · Fax 06 11/ 78 78-420